MATLAB®&Simulink®开发实例系列丛书

MATLAB GUI 设计学习手记
（第 4 版）

罗华飞　邵　斌　编著

北京航空航天大学出版社

内 容 简 介

本书在《MATLAB GUI 设计学习手记》(第 3 版)的基础上,结合 MATLAB 2018b 的新特性,完善了全书知识架构,突出了 GUI 设计重点,对读者经常遇到的 38 个问题做了透彻的解答,提炼出 13 个专题并做了详尽的介绍,还对多达 113 个经典例题做了全面细致的讲解。全书由浅入深,全面系统地介绍了 GUI 设计的基础知识和高阶技巧,旨在使读者在较短时间内熟练掌握 GUI 设计的精要所在。

本书首先介绍了 GUI 设计的预备知识;然后详细讲解了 GUIDE 对象的属性以及两种创建 APP 的方法:采用纯代码创建和采用 GUIDE 创建;之后针对新一代 GUI 开发平台 App Designer,深入讲解了使用 App Designer 设计 GUI 的方法与步骤、重点与难点;同时介绍了串口编程等相关知识。书中穿插大量图表与注释,方便读者学习。

本书适合需要在短时间内掌握 MATLAB GUI 设计的初学者,也可作为高等院校相关专业师生、科研与工程开发人员的参考手册。

图书在版编目(CIP)数据

MATLAB GUI 设计学习手记 / 罗华飞,邵斌编著. --
4 版. -- 北京 : 北京航空航天大学出版社,2019.10
  ISBN 978 - 7 - 5124 - 3205 - 5

Ⅰ. ①M… Ⅱ. ①罗… ②邵… Ⅲ. ①算法语言—程序设计 Ⅳ. ①TP312

中国版本图书馆 CIP 数据核字(2020)第 000656 号

MATLAB GUI 设计学习手记(第 4 版)

罗华飞 邵 斌 编著

责任编辑 陈守平

*

北京航空航天大学出版社出版发行

北京市海淀区学院路 37 号(邮编 100191)　http://www.buaapress.com.cn
发行部电话:(010)82317024　传真:(010)82328026
读者信箱:goodtextbook@126.com　邮购电话:(010)82316936
北京宏伟双华印刷有限公司印装　各地书店经销

*

开本:787×1 092　1/16　印张:34.25　字数:899 千字
2020 年 8 月第 4 版　2021 年 9 月第 2 次印刷　印数:3 001～6 000 册
ISBN 978 - 7 - 5124 - 3205 - 5　定价:99.00 元

前　　言

本书在第 3 版的基础上，主要做了如下改进：

① 新增了"**采用 App Designer 设计 APP**"一章，详细讲解了如何采用新一代 GUI 设计平台 App Designer 设计 APP。

② 新增了"**MATLAB 基本编程步骤**"专题，详细介绍了高效、高质量编程的必需步骤。

③ 新增了"**字符数组与字符串数组**"一节，详细介绍了字符数组与字符串数组，以及与字符处理相关的函数。

④ 大量使用表格，使本书内容更加直观易懂，删除了部分应用面偏窄的章节、专题、例题。

⑤ 进一步规范了代码的结构，增强了可读性，优化了代码的效率。

⑥ 代码注释率达到了 90％以上，代码更加通俗易懂。

本书共 8 章，每章由以下 4 节内容组成：知识点归纳、重难点讲解、专题分析和精选答疑。**知识点归纳**全面介绍了本章的内容与知识点，容易理解错的知识点用【注意】标明，个别地方配以典型例题讲解；**重难点讲解**简要概括了本章的重点和难点，便于读者重点学习掌握；**专题分析**系统全面地对某个知识点进行专门讲解，达到一针见血的目的；**精选答疑**筛选出读者在学习过程中经常遇到的问题，配合习题进行解答。本书包含大量例题，建议读者先自行完成例题，然后参考例题解析，配合代码注释，分析比较程序代码。这样边学边练，可以进一步牢固地掌握 GUI 设计技巧和方法。

第 1 章：GUI 设计预备知识。主要介绍了 MATLAB 的基本程序元素、几种设计中经常使用的数据类型和矩阵操作函数，以及程序设计的 5 种句型（for、while 循环结构，if、switch 条件分支结构和 try… catch 结构）。之后以专题形式，分别详细讲解了编程步骤、编程风格、代码优化以及编程技巧等内容。

第 2 章：文件 I/O。主要介绍了文件 I/O 操作的相关函数，分高级文件 I/O 和低级文件 I/O 两部分。高级文件 I/O 介绍了读写 MAT、ASCI、TXT、Excel、图片和音频等文件的方法及相关函数；低级文件 I/O 介绍了读写二进制和文本文件的方法及相关函数。以专题形式全面讲解了读写文本文件的技巧与方法。

第 3 章绘图简介。主要介绍了与 GUI 设计密切相关的绘图工具函数。绘图函数常用于 GUI 设计中的数据可视化。

第 4 章：句柄图形系统。主要介绍了 GUI 对象的概念及其操作函数，各种 GUI 对象的纯代码创建方法、属性及含义。之后以专题形式，全面讲解了超文本标记语言（HTML）在 MATLAB 中的应用、表格设计及坐标轴设计。本章是 GUI 设计的重点内容，需要熟练掌握。

第 5 章：预定义对话框。介绍了 GUIDE 可调用的所有预定义对话框，包括公共对话框和自定义对话框。预定义对话框使得 GUI 设计更加直观、灵活。

第 6 章：采用 GUIDE 建立 GUI。本章首先介绍了采用 GUIDE 建立 GUI 的方法、GUI 的 M 文件构成、回调函数的分类以及回调函数的编写方法，然后举例介绍了 GUIDE 环境下 GUI 组件的使用方法。最后以专题形式，系统讲解了 GUI 对象之间的数据传递方法以及回调函数的应用实例。通过本章的学习，读者可以设计出精美的 GUI 界面，实现复杂的功能。本

章是 GUI 设计的重点内容,需要熟练掌握。

第 7 章:串口编程。介绍了 GUI 设计中串口的使用方法。

第 8 章:采用 App Designer 设计 APP。系统地介绍了 App Designer 对象以及各对象的功能、使用方法;以重难点讲解的方式详细介绍了数据、函数的传递方法;以专题分析的方式介绍了两窗口 APP 以及复杂多窗口 APP 的设计方法与关键点;本章同时介绍了如何将 GUIDE 设计的 APP 导入 App Designer 进行再开发。最后以精选答疑的方式将本章知识点串联讲解,使读者的认识更为深刻。本章知识体系独立,可单独学习。

最后,附录部分列出了常用的 GUI 设计相关函数,供读者参考查询。

本书在编写过程中,参考了大量的网络资料,也得到了 math、lyqmath、makesure5、lskyp、谢中华、MATLAB 学徒、midland 等很多 MATLAB 中文论坛(http://www. ilovematlab. cn)上的朋友的热心帮助,没有他们的帮助,本书会缺少很多闪光点。感谢 MATLAB 中文论坛提供的珍贵资源!

另外,我要特别感谢我的妻子王一,在创作本书的过程中,她在背后给予我无微不至的照顾和鼓励。

由于篇幅有限,还有很多案例不能一一在书中呈现,我们在 MATLAB 中文论坛设立了在线交流版块,在版块里补充了一些案例,详见 https://www. ilovematlab. cn/forum-155-1. html。

读者可以登录北京航空航天大学出版社的官方网站,选择"下载专区"→"随书资料"下载本书配套的程序代码。也可以关注"北航科技图书"公众号→回复"3205"获得本书的免费下载链接。下载过程中遇到任何问题,请发送电子邮件至 goodtextbook@126. com 或致电 010 - 82317738 咨询处理。

由于作者水平有限,加之时间仓促,书中难免有不足与疏忽之处,敬请读者批评指正。本书勘误网址:http://www. ilovematlab. cn/thread-295336-1. html。

邵 斌

2019 年 10 月于重庆大学

目　　录

2

若您对此书内容有任何疑问,可以登录MATLAB中文论坛与同行交流。

3

5

第 1 章

GUI 设计预备知识

1.1 知识点归纳

本章内容:

- ◆ 基本程序元素
  - ◇ 变量
  - ◇ 特殊值
  - ◇ 关键字
  - ◇ 运算符
- ◆ 数据类型
  - ◇ 数值型
  - ◇ 逻辑型
  - ◇ 字符数组
  - ◇ 结构数组
  - ◇ 单元数组
  - ◇ 函数句柄
  - ◇ 日期和时间
- ◆ 矩阵操作
  - ◇ 创建矩阵
  - ◇ 连接矩阵
  - ◇ 重塑矩阵形状
  - ◇ 矩阵元素移位和排序
  - ◇ 向量(数集)操作
- ◆ 程序设计
  - ◇ 函数参数
  - ◇ for、while 循环结构
  - ◇ if、switch 条件分支结构
  - ◇ try…catch 结构
  - ◇ continue、break 和 return
  - ◇ 其他常用函数

1.1.1 基本程序元素

1. 变 量

程序中,为了方便操作内存中的值,需要给内存中的值设定一个标签,这个标签称为变量。

变量不需事要先声明,MATLAB 遇到新的变量名时,会自动建立变量并分配内存。给变量赋值时,如果变量不存在,会创建它;如果变量存在,会更新它的值。

变量名命名规则如下:

① 始于字母,由字母、数字或下画线组成。

② 区分大小写。

③ 最大长度为 N,可用 namelengthmax 函数查看变量名最大允许长度 N,一般 N=63。

④ 不能使用关键字作为变量名。

⑤ 避免使用函数名作为变量名。

如果变量采用函数名,该函数失效。如在命令行键入:

```
>> clear = 3;
>> clear
clear =
  3
```

clear 函数失效,不能清除基本工作空间里的变量。

```
>> i = 3;
>> 1 + 2 * i
ans =
  7
```

虚数单位 i 失效。

与变量有关的函数见表 1.1。

表 1.1 与变量有关的函数

函数名	函数说明
clear	移除工作空间中的数据项,释放内存
clearvars	从内存中清除变量
who	列出工作空间中的所有变量
whos	列出工作空间中的所有变量及其数据类型
isvarname	检查输入的字符串是否为有效的变量名
matlab. lang. makeValidName	采用字符串构建有效的变量名
ans	当不指定输出变量时,运算结果存储在 ans 中
global	声明全局变量,共享工作空间
persistent	声明持久变量,只在 matlab 退出时清除
assignin	指派变量到基本工作空间或当前空间

【注】

① clear 移除工作空间的变量,而 clc 则清空命令窗口的输出。

② clearvars 可以清除内存中的某些或全部变量,也可以保留指定的变量。例如:

```
>> a = 1;
>> b = 1;
>> clearvars - except b          % 清除工作空间中除变量 b 以外的所有其他变量
>> a
??? Undefined function or variable 'a'.
```

```
>> b
b =
    1
```

MATLAB 将变量存储在一块内存区域中,该区域称为基本工作空间。脚本文件(没有输入输出参数、不带 function 关键字、由一系列命令语句组成的 M 文件)或命令行创建的变量都存在基本工作空间中。

函数不使用基本工作空间,每个函数都有自己的函数空间。

在函数空间生成的变量,只在函数空间有效;在基本工作空间生成的变量,只在基本工作空间有效。若需要在函数空间中指派变量到基本工作空间,使用 assignin 函数:

assignin(workSpace, 'varName', varValue)

指派变量 varName 到 workSpace 表示的空间中,且变量 varName 的值初始化为 varValue。workSpace 取值为 'base' 表示基本工作空间;取值为 'caller' 表示当前回调函数空间。

不能在基本工作空间中指派变量到函数空间。

变量有以下 3 种基本类型:

① 局部变量。每个函数都有自己的局部变量,这些变量只能在定义它的函数内部使用。当函数运行时,它的变量保存在自己的工作空间里,一旦函数退出,这些局部变量将不复存在。如果要获取函数的局部变量,可以在函数内部设置断点。

脚本没有单独的工作空间,只能共享脚本调用者的工作空间。当从命令行调用,脚本变量存在基本工作空间内;当从函数调用,脚本变量存在函数空间内。

② 全局变量。在函数或基本工作空间内,用 global 声明的变量为全局变量。例如,声明变量 a 为全局变量:

```
global a
```

声明了全局变量的函数或基本工作空间,共享该全局变量,都可以给它赋值。

如果函数的子函数也要使用全局变量,也必须用 global 声明。

全局变量要放在函数开始处声明。

为增强程序的逻辑性、可读性和封装性,应谨慎使用全局变量。

③ 永久变量。永久变量用 persistent 声明,只能在 M 文件函数中定义和使用,只允许声明它的函数存取。当声明它的函数退出时,MATLAB 不会从内存中清除它。例如,声明变量 a 为永久变量:

```
persistent a
```

最好在函数开始处声明永久变量。声明后,默认初始值为空矩阵[]。

2. 特殊值

一些函数返回重要的特殊值,这些值可以在 M 文件中使用,见表 1.2。

表 1.2   特殊值

函　　数	函数说明
eps	浮点数相对精度;MATLAB 计算时的容许误差
intmax	本计算机能表示的 8 位、16 位、32 位、64 位的最大整数

函　　数	函数说明
intmin	本计算机能表示的 8 位、16 位、32 位、64 位的最小整数
realmax	本计算机能表示的最大浮点数
realmin	本计算机能表示的最小浮点数
pi	3.1415926535897…
i,j	虚数单位
inf	无穷大。当 n>0 时，n/0 的结果是 inf；当 n<0 时，n/0 的结果是 −inf
NaN	非数，无效数值。比如：0/0 或 inf/inf，结果为 NaN
computer	MATLAB 运行平台。比如：当返回字符串 PCWIN 时，操作系统为 Microsoft Windows
version	MATLAB 版本字符串。比如：7.8.0.347（R2009a）

【注】 eps 为 MATLAB 进行数学运算(如平方、开方、求正弦)时，计算结果所容许的误差。因为浮点数的计算存在容许误差，因此，在比较浮点数的值是否相等，或查找数组中某个浮点值时，要考虑这个容许误差。例如，查找数组 a 中是否存在 1.01 这个元素，不要采用以下方法：

```
find(a == 1.01)
```

而应该考虑容许误差：

```
find(abs(a - 1.01) <= eps)
```

3. 关键字

MATLAB 为程序语言保留的一些字，称为关键字。变量名不能为关键字。

MATLAB 所有的关键字有 break、case、catch、continue、else、elseif、end、for、function、global、if、otherwise、persistent、return、switch、try、while、classdef、parfor、spmd。

查看或检查关键字用 iskeyword 函数。例如：

```
>> iskeyword('if')
ans =
     1
```

4. 运算符

运算符主要分为算术运算符、关系运算符和逻辑运算符 3 大类，此外，还包括一些特殊运算符。

（1）算术运算

算术运算符分为两类：矩阵运算和数组运算。矩阵运算按线性代数的规则进行运算，而数组运算是数组对应元素间的运算，见表 1.3。

表 1.3　算术运算符

运算符	运算方式	说　明	运算符	运算方式	说　明
+、−	矩阵运算、数组运算	加、减	+、−	矩阵运算、数组运算	单目的加、减
*、/	矩阵运算	乘、除	.*	数组运算	数组乘
\	矩阵运算	左除，左边为除数	.\	数组运算	数组左除

续表 1.3

运算符	运算方式	说　明	运算符	运算方式	说　明
^	矩阵运算	乘方	./	数组运算	数组右除
'	矩阵运算	转置	.^	数组运算	数组乘方
:	矩阵运算、数组运算	索引,用于增量操作	.'	数组运算	数组转置

　　MATLAB 数组的算术运算,是两个同维数组对应元素之间的运算。一个标量与数组的运算,是标量与数组每个元素的运算,这种特性称之为标量扩展。

　　(2) 关系运算

　　关系运算比较两个同维数组或同维向量的对应元素,结果为一个同维的逻辑数组。如果运算对象有一个为标量,另一个是数组或向量,那么先进行标量扩展,然后再比较。关系运算符见表 1.4。

表 1.4　关系运算符

运算字符	说　明	运算字符	说　明	运算字符	说　明
<	小于	>	大于	==	等于
<=	小于或等于	>=	大于或等于	~=	不等于

例如:

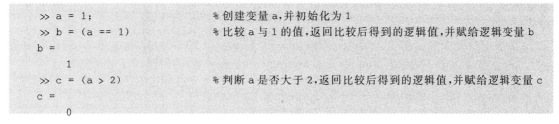

```
>> a = 1;              % 创建变量a,并初始化为1
>> b = (a == 1)        % 比较a与1的值,返回比较后得到的逻辑值,并赋给逻辑变量b
b =
     1
>> c = (a > 2)         % 判断a是否大于2,返回比较后得到的逻辑值,并赋给逻辑变量c
c =
     0
```

　　(3) 逻辑运算

　　MATLAB 提供了两种类型的逻辑运算:元素运算和捷径运算,见表 1.5。

表 1.5　逻辑运算符与函数

运算类型	运算符与函数	说　明	运算类型	运算符与函数	说　明
元素运算	&　(and)	逻辑与	捷径运算	&&	对标量值的捷径与
	|　(or)	逻辑或			
	~　(not)	逻辑非		||	对标量值的捷径或
	xor	逻辑异或			

　　捷径运算首先判断第 1 个运算对象,如果可以知道结果,直接返回,而不继续判断第 2 个运算对象。捷径运算提高了程序的运行效率,可以避免一些不必要的错误。例如:

```
>> x = b && (a / b > 10)    % 相当于 x = (b && (a / b > 10))
```

　　如果 b 为 0,捷径运算符就不会计算(a/b > 10)的值了,也就避免了被 0 除的错误。

【注意】 捷径运算符只能对标量值执行"逻辑与"和"逻辑或"运算,而元素运算则可以对向量进行逻辑运算。例:

```
>>[1 2 3] || [1 1 0]
??? Operands to the || and && operators must be convertible to logical scalar values.
>>[1 2 3] | [1 1 0]
ans =
     1     1     1
```

（4）位运算

位运算相关函数见表 1.6。

表 1.6　位运算相关函数

位运算函数	说　明	位运算函数	说　明
bitand	位与	bitget	返回指定位的数值,值为 0 或 1,double 型
bitor	位或	bitset	设定指定位的值为 0 或 1,返回运算结果
bitcmp	位比较,反码	bitshift	移位运算,返回运算结果
bitxor	位异或	swapbytes	翻转字节的位顺序,返回运算结果

【注意】

① 位运算函数的输入必须同为无符号整数、无符号整数数组或标量浮点数,且输出与输入的数值类型一致。若输入为标量浮点数,MATLAB 会先将其转换为无符号整数,再进行位运算。

② 字节的合并可以采用位运算。例如,有一个整数由 2 字节组成:低字节为 120,高字节为 1。那么这个整数的值为 $120+1\times256=376$,可以采用位函数计算:

```
low_uint8 = uint8(120);                        %低字节为 uint8 型值
high_uint8 = uint8(1);                          %高字节为 uint8 型值
value_uint16 = bitor(uint16(low_uint8), bitshift(uint16(high_uint8), 8));   %返回 uint16 整型值
value_double = double(value_uint16);            %返回 double 值
```

（5）特殊运算符

除了以上运算符,还有一些特殊的运算符经常使用,见表 1.7。

表 1.7　特殊运算符

特殊运算符	说　明
[ ]	生成向量和矩阵
{ }	给单元数组赋值,或创建一个空单元数组
( )	在算术运算中优先计算;封装函数参数;封装向量或矩阵的下标
=	用于赋值语句
'	在矩阵或向量之后表示复共轭转置;两个"'"之间的字符为字符串
.	域访问
...	续行符
,	分隔矩阵下标和函数参数

续表 1.7

特殊运算符	说　明
;	在括号内结束行;禁止表达式显示结果;隔开声明
:	创建矢量、数组下标;循环迭代
%	注释;格式转换定义符中的初始化字符
@	函数句柄,类似于 C 语言中的取址运算符 &.
~	逻辑非;参数占位,禁止特定输入或输出参数

（6）运算优先级

在包含前面介绍的运算符的表达式中,运算顺序按优先级进行。优先级高的先执行,同优先级的从左至右执行。运算符按优先级从高到低排列见表 1.8。

表 1.8　运算优先级

序 号	运算符	备 注	序　号	运算符	备　注
1	( )	优先级最高	7	< <= > >= == ~=	
2	.' .^ ' ^		8	&.	
3	+ — ~	单目运算	9	|	
4	.* ./ .\ * / \		10	&&.	
5	+ —	双目运算	11	||	优先级最低
6	:				

1.1.2　数据类型

MATLAB 有 17 种基本的数据类型,每种类型的数据都以矩阵或数组形式存在。矩阵或数组的最小尺寸是 0×0,它能够扩展为任意大小的 n 维数组。所有的基本数据类型用小写字符显示在图 1.1 中。

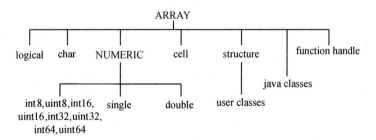

图 1.1　基本数据类型

表 1.9 详细描述了这些数据类型。

表 1.9　数据类型

数据类型	描　述	举　例
int8,uint8,int16, uint16,int32,uint32, int64,uint64	带符号和无符号整数数组。存储空间比单精度或双精度小。除 int64 和 uint64 外,都可用于数学运算	flag＝uint16(0); a＝uint8(3)＋uint8(10); b＝int8(1:10)

续表 1.9

数据类型	描 述	举 例
single	单精度数数组。存储空间比双精度小，数的精度和范围也比双精度小	single(5 * 10⁻³⁸)
double	双精度数组。默认的数字类型。二维数组可为稀疏数组	$3 * 10^{-300}$ $5 + 6$
logical	逻辑值数组。逻辑值 1 或 0 分别代表真和假。二维数组可为稀疏数组	magic(4) > 7
char	字符数组。字符串表示为字符向量。多个字符串的数组最好用单元数组	'MATLAB'
cell array	单元数组。各单元可存储不同维数、不同数据类型的数组	a{1,1} = 'Red'; a{1,2} = magic(4)
structure	结构数组。类似于 C 语言中的结构体。每个域可保存不同维数和不同类型的数组	a. day = 12; a. color = 'Red'
function handle	函数句柄，指向一个函数，能传递给其他函数	@sin
user class	从用户定义的类构造的对象	polynom([0 −2 −5])
Java class	从一个 Java 类构造的对象	java. awt. Frame

1. 数值型

数值型数据包括无符号和带符号整数、单精度和双精度浮点数。MATLAB 默认将所有数值存为双精度浮点数（double 型），但整数和单精度数组更节省内存空间。

所有的数值型数据都支持基本的数组操作，如下标操作和尺寸重塑。除 int64 和 uint64 外，都可用于数学运算。

下面介绍整数、浮点数、复数和其他常用函数。

（1）整　数

整数类型有 8 种：4 种带符号整数和 4 种无符号整数。带符号整数可表示负整数、0 和正整数，最高位为符号位，而无符号整数只能表示 0 和正整数。它们表示的数值范围一样大，只是对范围进行了"平移"。整数的数据类型及其表示范围见表 1.10。

表 1.10 整数的数据类型及其表示范围

数据类型	值的范围	转换函数	数据类型	值的范围	转换函数
单精度 8 位整数	$-2^7 \sim 2^7 - 1$	int8	无符号 8 位整数	$0 \sim 2^8 - 1$	uint8
单精度 16 位整数	$-2^{15} \sim 2^{15} - 1$	int16	无符号 16 位整数	$0 \sim 2^{16} - 1$	uint16
单精度 32 位整数	$-2^{31} \sim 2^{31} - 1$	int32	无符号 32 位整数	$0 \sim 2^{32} - 1$	uint32
单精度 64 位整数	$-2^{63} \sim 2^{63} - 1$	int64	无符号 64 位整数	$0 \sim 2^{64} - 1$	uint64

整数算术运算的操作数可以为：

◆ 具有相同数据类型的整数或整数数组。运算结果的数据类型与操作数相同。例如：

```
>> x = uint8([13 34 52]) .* uint8(3);
```

◆ 整数或整数数组与标量 double 型浮点数。运算结果的数据类型与整数操作数的一样。例如：

```
>> x = uint32([132 347 528]).* 75.49;   % 相当于 x = uint32(round([132 347 528].* 75.49));
```

常见的整数操作函数见表 1.11。

表 1.11　其他常见的整数操作函数

函数名	函数说明	函数名	函数说明
ceil	向无穷大方向取整	round	四舍五入
fix	向 0 取整	isinteger	判断输入是否为整数数组
floor	向无穷小方向取整	isnumeric	判断输入是否为数值数组

（2）浮点数

浮点数有单精度（single）和双精度（double）两种格式，默认是 double 格式。两种格式之间可进行强制转换。

double 型数据共 64 位，位存储格式见图 1.2 和表 1.12。

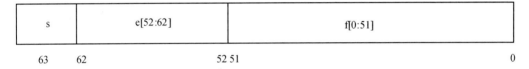

图 1.2　IEEE 定义的 double 型数据存储格式

数值计算公式为：

当 $0 < e < 2047$ 时，$value = (-1)^s \times 2^{e-1023} \times 1.f$；

当 $e = 0, f \neq 0$ 时，$value = (-1)^s \times 2^{e-1022} \times 0.f$；

当 $e = 0, f = 0$ 时，$value = (-1)^s \times 0.0$；

当 $e = 2047, f = 0, s = 0$ 时，$value = +\inf$；

当 $e = 2047, f = 0, s = 1$ 时，$value = -\inf$；

当 $e = 2047, f \neq 0$ 时，$value = NaN$。

表 1.12　double 型数据的位存储格式

位	用途	位	用途
63	符号位，0 为正，1 为负	51～0	数 1.f 的小数 f
62～52	指数，偏移量为 1023		

例如，$-1 = (-1)^1 \times 2^{1023-1023} \times 1.0$，即 -1 的位存储值为：$s=1, e=1023, f=0$。所以，双精度数 -1 的二进制值为 10111111 11110000 00000000 00000000 00000000 00000000 00000000 00000000。

double 可把其他数值型数据、字符或逻辑数转换成双精度。如：

```
>> a = double(uint8(44))
a =
   44
```

若您对此书内容有任何疑问，可以登录 MATLAB 中文论坛与同行交流。

```
>> b = double('c')
b =
    99
```

single 型数据共 32 位,位存储格式见表 1.13。

常见的浮点数操作函数见表 1.14。

<table>
<tr><td colspan="2">表 1.13　single 型数据的位存储格式</td></tr>
<tr><th>位</th><th>用　途</th></tr>
<tr><td>31</td><td>符号位,0 为正,1 为负</td></tr>
<tr><td>30～23</td><td>指数,偏移量为 127</td></tr>
<tr><td>22～0</td><td>数 1.f 的小数 f</td></tr>
</table>

<table>
<tr><td colspan="2">表 1.14　其他常见的浮点数操作函数</td></tr>
<tr><th>函数名</th><th>函数说明</th></tr>
<tr><td>isfloat</td><td>检查输入是否为浮点数</td></tr>
<tr><td>realmax</td><td>返回本计算机能够表示的最大浮点数</td></tr>
<tr><td>realmin</td><td>返回本计算机能够表示的最小浮点数</td></tr>
<tr><td>eps</td><td>浮点相对精度</td></tr>
<tr><td>isreal</td><td>检查是否数组的所有元素为实数</td></tr>
</table>

（3）复　数

复数由两部分构成:实部和虚部。基本虚数单位为 -1 的开方,用 i 或 j 表示。

生成复数有两种方法:

① 直接生成。如:

```
>> a = 2 + 4i
a =
   2.0000 + 4.0000i
```

这种方法不能生成虚部为 0 的复数。如:

```
>> a = 2 + 0i
a =
    2
>> isreal(a)        % 判断变量 a 是否为实数
ans =
    1
```

② 用 complex 函数生成。complex 函数有两种调用格式,见表 1.15。

<table>
<tr><td colspan="4" align="center">表 1.15　complex 函数</td></tr>
<tr><th>函数调用格式</th><th>函数格式说明</th><th>函数调用格式</th><th>函数格式说明</th></tr>
<tr><td>c = complex(a,b)</td><td>生成复数 c,且 c = a + bi</td><td>c = complex(a)</td><td>生成复数 c,且 c=a。c 虚部为 0</td></tr>
</table>

用 complex 函数可生成虚部为 0 的复数。在命令行输入以下语句:

```
>> a = complex(2)
a =
    2
>> isreal(a)
ans =
    0
```

从复数中提取实部和虚部,分别用 real 和 imag 函数。如:

```
>> z = 2 + 3i;
>> real(z)
ans =
     2
>> imag(z)
ans =
     3
```

（4）其他常用函数

数字型数据还经常用到一些其他函数，见表 1.16。

表 1.16　其他常用函数

函数名	函数说明	函数名	函数说明
isnan	检查数组元素是否为 NaN	format	控制输出的显示格式
isinf	检查数组元素是否为无穷大或无穷小	find	查找非零元素的值和索引号
isfinite	检查数组元素是否为有限值	setdiff	返回第 1 个向量中存在而第 2 个向量中不存在的元素
isa	检查输入是否为指定的数据类型		
class	创建对象或返回对象类型	setxor	返回两个向量中单独存在的元素
whos	显示输入的数据类型	nnz	返回矩阵中非零元素的个数

表中的 find、setdiff、setxor（向量异或）、nnz（number of nonzero 的缩写）函数用法举例如下：

```
>> A = [0 1 2 3 4 3 2 1 0 1 2 3 4];     %第 1 个向量
>> B = [2 4 6 8];                        %第 2 个向量
>> index_3 = find(A == 3)               %向量 A 中查找元素 3，返回 3 的位置
index_3 =
     4     6    12
>> num = nnz(A)                          %返回向量 A 中非零元素个数
num =
    11
>> element_diff = setdiff(A, B)          %返回 A 中存在而 B 中不存在的元素
element_diff =
     0     1     3
>> element_xor = setxor(A, B)           %返回 A、B 中单独存在的元素
element_xor =
     0     1     3     6     8
```

【注意】　一般不用 find 函数查找数组的下标，数组下标直接用逻辑数组来代替，运算效率更高。例如，对于数组 [1 : 100]，不要使用下面的写法查找元素：

```
>> a = 1 : 100;
>> a(find(a < 10))
```

而要使用下面的写法：

```
>> a(a < 10)
```

表 1.16 中,format 函数用于控制命令窗口中数值的显示格式,调用格式见表 1.17。

表 1.17 format 函数

函数调用格式	函数格式说明
format	按默认格式输出,即 5 位短定点格式
format type	改变输出为 type 指定的格式
format('type')	改变输出为 type 指定的格式。format 的函数形式

表 1.17 中的 type 为数值显示格式。常用的数值显示格式见表 1.18。

表 1.18 format 常用的数值显示格式

显示格式	格式说明	备 注
short(default)	十进制短格式,保留 4 位小数,如 3.1416	浮点变量
shortE	短科学记数法,保留 4 位小数,如 3.1416e+00	
shortG	短的、固定的十进制格式或科学记数法,选两者中更紧凑的一种,共 5 位数,如 3.1416	
shortEng	短工程记数法,保留 4 位小数,指数取 3 的倍数,如 3.1416e+000	
long	长固定小数格式,double/single 含 15/7 位小数,如 3.141592653589793	
longE	长科学记数法,double/single 含 15/7 位小数,如 3.141592653589793e+00	
longG	择紧凑取 long 或 longE 格式,double/ single 共 15/7 位,如 3.14159265358979	
longEng	长工程记数法,含 15 位有效位数,指数取 3 的倍数,如 3.1416e+000	
+	对正、负和 0 元素显示+、—和空字符	数字变量
hex	十六进制数	
rat	分数形式,用小整数之比来近似数字值,如 355/113	
compact	紧凑格式,除去多余的换行	所有变量
loose	松散格式,加换行	

例如:

```
>> format compact        %临时修改当前命令窗口文本的显示方式为紧凑格式
>> a = 1
a =
     1
```

【注意】

① format 仅改变数值显示的方式,并不影响 MATLAB 怎样计算和保存数值。

② 若要设置命令窗口文本默认的显示方式,可以进入 MATLAB 主菜单:【Home】→【Preferences】→【Command Window】→【Text display】,修改【Numeric format】和【Numeric display】这两项的值。

2. 逻辑型

逻辑型数据分别用 1 和 0 表示真和假两种状态。一些函数和运算返回逻辑真或假,以表明某个条件是否满足。逻辑值 1 或 0 组成的数组,称为逻辑数组。如:

```
>> [10 40 55 69 74] > 40
ans =
     0    0    1    1    1
```

上面生成的变量 ans 为逻辑数组。

生成逻辑数组有两种方法：

① 使用 true 和 false 函数直接生成。如：

```
>> a = [true false true false]
a =
     1     0     1     0
```

② 通过逻辑运算生成。逻辑运算函数见表 1.19。

表 1.19　逻辑运算及逻辑运算函数

逻辑运算函数（括号内为函数对应的运算符）	说　　明
true 或 false	值为真或假
logical	数字值转化为逻辑值
and(&)、or(|)、not(~)、xor、any、all	逻辑运算
&&、||	捷径与和捷径或
eq(==)、ne(~=)、lt(<)、gt(>)、le(<=)、ge(>=)	关系运算
is * (* 为通配符)、cellfun	测试运算
strcmp、strncmp、strcmpi、strncmpi	字符串比较

表 1.19 中 any 和 all 函数的调用格式见表 1.20。

表 1.20　any 和 all 函数的调用格式

函　数	调用格式	格式说明
any	B = any(A)	A 至少有一个元素非零返回真,全零返回假。忽略 NaN 值
	B = any(A, dim)	dim=1,列向量非全零返回真,否则返回假。返回行向量。 dim=2,行向量非全零返回真,否则返回假。返回列向量
all	B = all(A)	A 所有元素非零返回真,否则返回假。忽略 NaN 值
	B = all(A, dim)	dim=1,列向量所有元素非零返回真,否则返回假。返回行向量。 dim=2,行向量所有元素非零返回真,否则返回假。返回列向量

【注】　any 与 all 区别速记:any——全假返回假,否则返回真;all——全真返回真,否则返回假。

例如：

```
>> A = [1,0,1;0,0,1];
>> any(A,1)
ans =
     1     0     1
>> any(A,2)
ans =
     1
     1
>> all(A,1)
ans =
     0     0     1
>> all(A,2)
ans =
     0
     0
```

若您对此书内容有任何疑问，可以登录MATLAB中文论坛与同行交流。

any 和 all 函数的用法见图1.3。

3. 字符数组和字符串数组

字符数组和字符串数组用来存储 MATLAB 文本数据。

（1）字符数组

可使用 char 函数创建 m×n 的字符数组。创建字符数组时，需把字符放在单引号内，如语句：

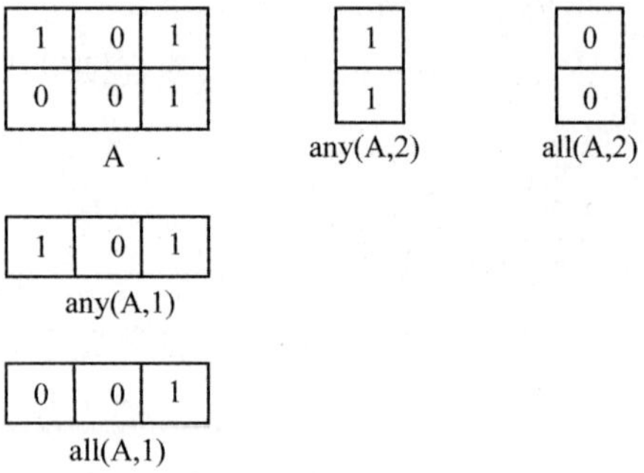

图 1.3　any 和 all 函数用法示例

```
>> A = char('Hello')
A =
    'Hello'
```

创建一个 1×5 的字符数组 A。

```
>> B = char('Hello','Hi! ')
B =
  2×5 char array            %2×5 字符数组
    'Hello'
    'Hi!  '
```

创建一个 2×5 的字符数组 B。

【注】　字符数组的元素为字符，其中

① 1×n 的字符数组，例如 'Hello'，也被称为字符向量。A 仅由一个字符向量 'Hello' 构成；B 由两个字符向量构成，分别为第一行的字符向量 'Hello' 和第二行的字符向量 'Hi! '。

② 若字符向量长度各不相同，char 函数自动使用空格填充较短的向量，使每一行具有相同数量的字符。例如 B 将 1×3 的字符向量 'Hi! ' 填充两个空格，变为 1×5 的字符向量 'Hi! '。

（2）字符串数组

可使用 string 函数将字符数组转换为字符串数组。如语句：

```
>> C = string(B)
C =
  2×1 string array          %2×1 字符串数组
    "Hello"
    "Hi!  "
```

将 2×5 的字符数组 B 转换为 2×1 的字符串数组 C。

字符串数组的每个元素为一个字符序列，一个字符序列放在一对双引号内。

【注】　字符串数组的元素为字符序列，仅有一个元素（1×1 的字符串数组）的字符串数组也被称为字符串标量或字符串。

【辨析】　1×n 的字符数组 'Hello'（字符向量）与 1×1 的字符串数组 "Hello"（字符串标量），其区别是什么？

```
>> A = 'Hello'
A =
    'Hello'
>> whos A
```

```
    Name        Size                Bytes  Class      Attributes
    A           1×5                   10   char
>> C = "Hello"
C =
    "Hello"
>> whos C
    Name        Size                Bytes  Class      Attributes
    C           1×1                  158   string
```

函数 whos 用于列出变量的名字(Name)、尺寸(行列维数)(Size)、所占字节数(Bytes)、类型(Class)以及属性(Attributes)信息。

字符数组 'Hello' 中的每一个字符,例如 H,为一个元素,每个元素占用 2 字节,'Hello' 共10 字节。"Hello"为 1×1 字符串数组,理应占据 10 个字节,为什么实际占据 158 字节? 看如下语句:

```
>>    name = "a"                    %字符串仅包含 1 个字符
name =
    "a"
>> whos name
    Name        Size                Bytes  Class      Attributes
    name        1×1                  158   string
```

"a"占用 158 字节。

```
>>    name = "abcdefg"              %字符串包含 7 个字符
name =
    "abcdefg"
>> whos name
    Name        Size                Bytes  Class      Attributes
    name        1×1                  158   string
```

"abcdefg"仍然占用 158 个字节。

```
>> name = "abcdefgh"               %字符串包含 8 个字符
name =
    "abcdefgh"
>> whos name
    Name        Size                Bytes  Class      Attributes
    name        1×1                  174   string
```

而"abcdefgh"占用的总字节数为 174,这是为什么? MATLAB 规定,除字符所占存储空间外,字符串本身作为一种特殊的文本存贮形式,对这种形式的表征也需要占用存储空间,在MATLAB 2018b 中,这种形式的表征需占用 142 B,不可更改。

字符串所占空间以阶梯形式变化,即 8 个字符(16 字节)为一个阶梯。实际所占存储空间的大小为 $142+[(n+1)/8] * 8 * 2$ B。其中 n 为字符个数,$[*]$ 表示向上取整。

例如,"a"对应 $n=1$,实际所占空间为 $142+[(1+1)/8] * 8 * 2 = 142+1 * 8 * 2 = 158$ B;"abcdefg"对应 $n=7$,实际所占空间为 158 B;"abcdefgh "对应 $n=8$,实际所占空间为174 B。图 1.4 中,曲线表示字符串标量所占存储空间大小与所存储字符个数关系。

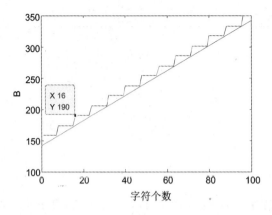

图 1.4 字符串所占存储空间大小与字符串长度关系

（3）常用字符数组/字符串数组操作函数

常用字符数组/字符串数组操作函数见表 1.21。

表 1.21 常用操作函数

类　型	函　数	调用格式	功　能	备　注
创建与转换	string	s＝string(A)	由字符数组 a 创建字符串数组	字符串数组
	strings	s＝＝strings(n1,n2)	创建 n1×n2 的空字符串数组	
	join	s＝join(str)	合并字符串	
	char	c＝char(A)	字符串数组/数组转为字符数组	字符数组
	cellstr	c＝cellstr(A)	转为字符向量元胞数组	
	blanks	c＝blanks(n)	生成空白字符数组	
	newline	c＝newline	创建换行符	
	compose	s＝compose(formatSpec,A)	数组转字符串数组,格式可设置	字符串数组或字符数组
	sprintf	s＝sprintf(formatSpec,A)	数组转字符向量,格式可设置	
	strcat	s＝strcat(s1,…,sN)	水平串联字符串/字符向量 s1,…,sN	
	append	str＝append(str1,…,strN)	合并字符串 str1,…,strN	
	convertCharsToStrings	B＝convertCharsToStrings(A)	字符数组转字符串数组	
	convertStringsToChars	B＝convertStringsToChars(A)	字符串数组转字符数组	
	convertContainedStringsToChars	B＝convertContainedStringsToChars(A)	元胞数组或结构体转换字符数组	
连接与拆分	join	s＝join(str)	合并字符串	连接
	strjoin	c＝strjoin(C)	连接数组中的字符串	
	split	s＝split(str)	空格处拆分字符串	拆分
	splitlines	s＝splitlines(str)	换行处拆分字符串	
	strsplit	C＝strsplit(str,delimiter)	指定的分隔符处拆分字符串	
	strtok	t＝strtok(str)	找出预定义的的字符串	

续表 1.21

类　型	函　数	调用格式	功　能	备　注
查找与替换	contains	TF＝contains(str,str_want)	搜索字符串 str 中是否有想要的字符串 str_want	查找
	count	A＝count(str, str_want)	计算字符串中 str_want 的出现次数	
	endsWith	TF＝endsWith(str, str_want)	确定字符串是否以 str_want 结尾	
	startsWith	TF＝startsWith(str, str_want)	确定字符串是否以 str_want 开头	
	strfind	k＝strfind(str, str_want)	在一个字符串内查找另一个字符串	
	sscanf	A＝sscanf(str,formatSpec)	从字符串读取格式化数据	
	replace	s＝replace(str,old,new)	用 new 字符替换 old 字符串	替换
	replaceBetween	s＝replaceBetween(str, s1, s2,newstr)	用 newstr 替换 s1 与 s2 字符串之间的所有字符	
	strrep	s＝strrep(str,old,new)	用 new 字符替换 old 字符串	
编　辑	erase	s＝erase(str,match)	删除字符串内的子字符串	—
	eraseBetween	s＝eraseBetween(str,s1,s2)	删除 s1 和 s2 之间的子字符串	
	extractAfter	s＝extractAfter(str,startStr)	提取指定位置后的子字符串	
	extractBefore	s＝extractBefore(str,endStr)	提取指定位置前的子字符串	
	extractBetween	s＝extractBetween(str,s1,s2)	提取 s1 和 s2 之间的子字符串	
	insertAfter	s＝insertAfter(str,startStr,newstr)	在指定的子字符串后插入字符串	
	insertBefore	s＝insertAfter(str,endStr,newstr)	在指定的子字符串前插入字符串	
	pad	s＝pad(str)	为字符串添加前导或尾随空格	
	strip	s＝strip(str)	删除 pad 函数添加的前导和尾随字符	
	lower	newTxt＝lower(txt)	字符转化为小写	
	upper	newTxt＝upper(txt)	字符转化为大写	
	reverse	s＝reverse(str)	反转字符顺序	
	deblank	newTxt＝deblank(txt)	删除字符串或字符数组末尾的尾随空白	
	strtrim	s＝strtrim(txt)	删除前导与后置空白	
	strjust	s＝strjust(txt,side)	对齐字符串	
比　较	strcmp	tf＝strcmp(s1,s2)	比较字符串	—
	strcmpi	tf＝strcmpi(s1,s2)	比较字符串,不区分大小写	
	strncmp	tf＝strncmp(s1,s2,n)	比较字符串的前 n 个字符	
	strncmpi	tf＝strncmpi(s1,s2,n)	比较字符串的前 n 个字符,不区分大小写	

若您对此书内容有任何疑问，可以登录MATLAB中文论坛与同行交流。

17

类　型	函　数	调用格式	功　　能	备　注
判断类型与属性	ischar	tf＝ischar(A)	确定输入是否为字符数组	数据类型
	iscellstr	tf＝iscellstr(A)	确定输入是否为字符向量元胞数组	
	isstring	tf＝isstring(A)	确定输入是否为字符串数组	
	isStringScalar	tf＝isStringScalar(A)	确定输入是否为包含一个元素的字符串数组	
	strlength	L＝strlength(str)	确定字符串的长度	文本属性
	isstrprop	TF＝isstrprop(str, category)	确定字符串是否为指定类别	
	isletter	TF＝isletter(A)	字母定位	
	isspace	TF＝isspace(A)	空白定位	
计算	eval	eval(expression)	执行由 MATLAB 表达式组成的字符串	—
	feval	[y1, y2, …]＝feval(fhandle, x1,…, xn)	只执行函数；fhandle 为函数句柄，x1,…,xn 为被执行函数的输入参数	
	evalin	evalin(workSpace, expression)	在指定的工作空间内执行表达式	
数据类型变换	num2str	str＝num2str(A)	将数字转换为字符数组	—
	str2num	x＝str2num('str')	将字符数组或字符串数组转换为数字	
	int2str	str＝int2str(N)	将整数 N 转换为字符向量 str	
	str2double	x＝str2double('str')　　X＝str2double(C)	将字符数组转换为双精度数组；输入若不是有效标量值返回 NaN	
	mat2str	str＝mat2str(A, n)	将矩阵转换为字符串数组，n 为数字精度	
	cell2mat	A＝cell2mat(C)	将单元数组转换为数值数组或字符向量数组	
正则表达式	regexp	startIdx＝regexp(str,exp)　　out＝regexp(str,exp,'match')	匹配正则表达式(区分大小写)	—
	regexpi	startIdx＝regexpi(str,exp)　　out＝regexpi(str,exp,'match')	匹配正则表达式(不区分大小写)	
	regexprep	newStr＝regexprep(str,exp,rep)	使用正则表达式替换文本	
	regexptranslate	s2＝regexptranslate(type, s1)	将文本转换为正则表达式	

表 1.21 中部分函数的用法举例如下：

1) strcat

strcat 函数用于横向连接字符数组、字符串数组、字符向量元胞数组。调用句型为：

str = strcat(s1, s2, s3, …)

① 当 s1, s2, s3, … 为字符数组时，所有字符数组的行数必须相等，各行相连组成新的字符数组；若 s1, s2, s3, … 中含 1×n 的字符数组，则将 1×n 的字符数组纵向扩展成与其他字符数组行数相同的字符数组，然后各行相连，组成新的字符数组。

例如，字符数组 s1 和 s2：

```
>> s1 = ['a';'b'];
>> s2 = 'c';
```

将 s1 和 s2 相连：

```
>> strcat(s1,s2)
ans =
  2×2 char 数组
    'ac'
    'bc'
```

② 字符串数组的连接规则与字符数组类似：

```
>> s1 = ["a";"b"];
>> s2 = "c";
>> strcat(s1,s2)
ans =
  2×1 string 数组
    "ac"
    "bc"
```

2）strcmp

strcmp 函数用于比较两个字符数组或字符串数组是否相同，参与比较的两个对象必须具有相同的大小。

① 比较字符数组是否相同。相同，返回逻辑 1，否则，返回逻辑 0。例如：

```
>> strcmp('ab ', 'ab')        % 第一个字符串后面多一个空格
ans =
  logical
   0
```

比较字符串数组是否相同。相同，返回逻辑 1，否则，返回逻辑 0。例如：

```
>> strcmp("ab", "ab")
ans =
  logical
   1
```

【注】　与字符数组不同的是，字符串数组比较后输出结果为逻辑矩阵，例如：

```
>> a = ["a","a";"a","a"]
a =
  2×2 string 数组
    "a"    "a"
    "a"    "a"
>> b = ["a","a";"a","b"]
b =
  2×2 string 数组
    "a"    "a"
    "a"    "b"
>> strcmp(a,b)
ans =
```

```
  2×2 logical 数组                    % 字符串数组中对应元素进行比较
   1   1
   1   0
```

还可使用"＝＝"算符判断两个字符串数组是否相同,例如:

```
>> a = ["a","a";"a","a"];
>> b = ["a","a";"a","b"];
>> a = = b
ans =
  2×2 logical 数组
   1   1
   1   0
```

② strcmp 函数还可用于在字符向量元胞数组中查找文本,或对文本定位。例如:

```
>> a = 'target'
a =
    'target'
>> b = {'this','is';'target','! '}
b =
  2×2 cell 数组
    {'this'  }    {'is'}
    {'target'}    {'! '}
>> strcmp(a,b)
ans =
  2×2 logical 数组
   0   0
   1   0
```

a 定位在 b(2,1)处。

3) sprintf、sscanf

sprintf 和 sscanf 函数类似于 C 语言中的 printf 和 scanf 函数。

[s,errmsg] = sprintf(format,A,…):输出格式化的数据到字符串;

A = sscanf(s, format)或 A = sscanf(s, format, size):按格式读字符串。

格式字符串 format 以初始化字符%开始,并依次包含以下可选或必要的元素:

① 标志位(可选);

② 宽度和精度域(可选);

③ 转换字符(必要)。

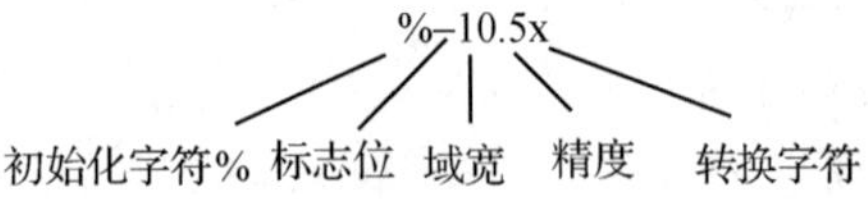

格式字符串示意图如图 1.5 所示。

标志位控制输出的对齐方式,可能的取值见表 1.22。

%－10.5x

初始化字符% 标志位 域宽 精度 转换字符

图 1.5 格式字符串示意图

表 1.22 标志位

标志位	含　义	举　例	标志位	含　义	举　例
－	左靠齐	%－5.2d	0	前导零	%05.2f
＋	右靠齐	%＋5.2d			

域宽是指数字字符串打印的最少位数;精度是指数字字符串小数点后保留的位数。

20

有效的转换字符见表1.23。

表 1.23　转换字符

转换字符	说　明	转换字符	说　明
%c	单个字符	%G	%E 和%f 的紧凑模式,小数点后无意义的 0 不输出
%d	十进制记数	%o	无符号八进制记数
%e	指数记数法,小写字母 e	%s	字符串
%E	指数记数法,大写字母 e	%u	无符号十进制记数
%f	浮点记数	%x	十六进制记数,使用小写 a～f
%g	%e 和%f 的紧凑模式,小数点后无意义的 0 不输出	%X	十六进制记数,使用大写 A～F

另外,还可使用转义字符,见表1.24。

表 1.24　转义字符

转义字符	说　明	转义字符	说　明
\b	退格符	\t	跳格符
\f	换页符	\\	反斜线
\n	换行符	''	单引号
\r	回车符	%%	百分号

例如:

```
>> sprintf('6 = \n%dx%d', 2, 3)
ans =
    '6 =
    2x3'
>> data = [85 170 5 2 4 6 8 10 35];
>> sprintf('%02X %02X %02X %02X %02X %02X %02X %02X %02X', data)
ans =
    '55 AA 05 02 04 06 08 0A 23'
```

4) isstrprop

isstrprop 函数使用非常灵活,其作用是确定输入中的哪些字符属于指定类别。调用格式为:

tf = isstrprop('str', 'category')

字符类型 'category' 的所有可能取值见表1.25。

表 1.25　isstrprop 的字符类型取值

类型取值	类型含义
alpha	字母,如 'a'
digit	数字,如 '0'

21

续表 1.25

类型取值	类型含义
alphanum	数字或字母,如 '0' 'a'
cntrl	控制字符,如 char(0:20)
print	图形字符,包括空格字符,即 char(32)
graphic	图形字符,即不包括下列字符的任意其他字符:unassigned, space, line separator, paragraph separator, control characters, Unicode format control characters, private user – defined characters, Unicode surrogate characters, Unicode other characters
lower	小写字母,如 'a'
upper	大写字母,如 'A'
punct	标点符号,如 ','
wspace	空线间隔符,包括:' ', '\t', '\n', '\r', '\v', '\f'
xdigit	有效的十六进制数,如 'F'

例如,创建字符数组,确定哪些字符为字母:

```
>> a = 'test 123 char'
a =
    'test 123 char'
>> isstrprop(a,'alpha')
ans =
  1×13 logical 数组
   1  1  1  1  0  0  0  0  0  0  1  1  1  1
```

创建字符串数组,确定哪些字符为数字:

```
>> a = "test 123 char"
a =
    "test 123 char"
>> isstrprop(a,'digit')
ans =
  1×13 logical 数组
   0  0  0  0  0  1  1  1  0  0  0  0  0
```

5) num2str、str2num、str2double

num2str 和 str2num 函数在 GUI 设计中经常使用,须重点掌握。num2str 将数值数组转换为字符数组,而 str2num 将字符数组或字符串转换为数值数组,如:

```
>> num2str(eps)
ans =
    '2.2204e - 16'
>> num2str(pi, '%7.3f')
ans =
    '3.142'
>> num2str(pi, '%7.4f')
ans =
```

```
    '3.1416'
>> num2str('shaobin')                  %若输入本身就是字符串,直接返回所输入的字符串
ans =
    'shaobin'
>> str2num('3.14159e0')
ans =
    3.1416
>>  str2num("3.14159e0")               %字符串也可转换为数字
ans =
    3.1416
>> str2num(['1 2';'3 4'])
ans =
    1    2
    3    4
>> str2double('1.1')
ans =
    1.1000
>> str2double('1 1')
ans =
   NaN
```

数据类型转换函数还包括一些进制转换函数,在 GUI 设计中经常使用,见表 1.26。

表 1.26　进制转换函数

函　　数	调用格式	含　　义
dec2bin	str = dec2bin(d) str = dec2bin(d,n)	返回整数 d 的二进制表示为字符串。d 为小于 2^{52} 的非负整数;n 为返回的二进制表示最少的位数,高位补 0
dec2hex	str = dec2hex(d) str = dec2hex(d,n)	转换十进制数 d 为十六进制形式,d 为小于 2^{52} 的非负整数;n 为返回的十六进制表示最少的位数,高位补 0
dec2base	str = dec2base(d,base) str = dec2base(d,base,n)	转换非负整数 d 为指定的进制格式,d 为小于 2^{52} 的非负整数;base 为 2~36 之间的整数;str 为字符串;n 为 str 的最少位数,高位补 0
bin2dec	bin2dec(binarystr)	二进制字符串转换为十进制数
oct2dec	d = oct2dec(c)	八进制矩阵转换为同维的十进制矩阵;c 为数字型
hex2dec	d = hex2dec('hex_value')	十六进制字符串转换为十进制浮点型整数,$d < 2^{52}$
base2dec	d = base2dec('strn',base)	将 base 进制的字符串转换为十进制

【注】　bin2dec、hex2dec 和 base2dec 函数,会自动忽略输入字符串中的空格符。

6) newline

Newline 等效于 char(10) 或 sprintf('\n'),用于在文本中另起一行,如:

```
>> s1 = 'I love Matlab.';           %14 个字符
s2 = [s1 newline 'Do you love? ']   %字符向量的连接需要使用方括号,Do you love? 共12个字符
s2 =
    'I love Matlab.
    Do you love? '
>> whos s2
  Name      Size            Bytes  Class     Attributes
  s2        1x27              54  char
```

23

尽管 s2 显示为两行,但 s2 是 1×27 的字符向量,它包含两个句子,由换行符 newline 分隔,newline 为 1 个字符,占 2 个字节。

若连接字符串,则需要在字符串与 newline 函数之间使用加号"＋",如下:

```
>> s1 = "I love Matlab.";
>> s2 = [s1 newline "Do you love?"]
s2 =
  1×3 string 数组
    "I love Matlab."     "↵"     "Do you love?"        % 连接格式错误
>> s3 = s1 + newline + "Do you love?"
s3 =
    "I love Matlab.                                     % 连接格式正确
     Do you love?"
>> strlength(s3)
ans =
    27
```

7)eraseBetween

eraseBetween 函数用于删除起始字符串为 s1 和结束字符串为 s2 之间的所有字符,但不删除 s1 和 s2 本身。eraseBetween 返回其余的文本作为新的字符串。例如:

```
>> s = "He is a very nice boy"            % 创建字符串
s =
    "He is a very nice boy"
>> s1 = eraseBetween(s,"a"," nice")       % 删除"a"与" nice"字符串之间的所有字符
s1 =
    "He is a nice boy"
```

对字符数组或字符串数组,需设置每个元素对应的起始与结束字符串,函数调用方式为:$s1 = eraseBetween(s, startPos, endPos)$,例如:

```
>> s = ["I love Matlab very much";"Do you like it?"]
s =
    "I love Matlab very much"
    "Do you like it?"
>> startPos = ["Matlab"; "Do"];           % 设置各元素的起始删除位置
>> endPos = [" much"; " like"];           % 设置各元素的结束删除位置
>> s1 = eraseBetween(s, startPos, endPos)
s1 =
    "I love Matlab much"
    "Do like it?"
```

24

此外,MATLAB 还提供函数 $s1 = eraseBetween(s, n1, n2)$,该函数从第 n1 个字符开始删除,直到第 n2 个字符结束,n1 与 n2 位置处的字符也会被删除。

8)pad

pad 函数使用范围较广。它可以实现固定长度字符串输出,可以实现字符串的左、右及居中对齐,还可以实现特殊数据格式的设置。例如固定长度字符串输出:

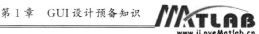

```
str =
    "Luo‐Huafei"     "Shao‐Bin"        "Matlab"
    "Apple"          "Apple tree"      "Apple juice"
>> newStr = pad(str,15)              %在字符后补充空格,直到字符总长度为15
newStr =
    "Luo‐Huafei     "  "Shao‐Bin       "  "Matlab         "
    "Apple          "  "Apple tree     "  "Apple juice    "
>>  newStr = pad(str)                %字符补空格后的总长度为最长字符"Apple juice"的长度11
newStr =
    "Luo‐Huafei "  "Shao‐Bin   "  "Matlab     "
    "Apple      "  "Apple tree "  "Apple juice"
```

若设置的字符串总长度小于字符串实际最大长度,则 pad 函数无效,如:

```
>>  newStr = pad(str,2)              %pad 函数失效,字符串按原格式输出
newStr =
    "Luo‐Huafei"     "Shao‐Bin"        "Matlab"
    "Apple"          "Apple tree"      "Apple juice"
```

利用 pad 函数进行右对齐、居中对齐,如:

```
>> str = ["we";"are";"happy"]
str =
    "we"
    "are"
    "happy"
>> newStr = pad(str,'left')          %在左边添加空白字符,实现右对齐
newStr =
    "   we"
    "  are"
    "happy"
>> newStr = pad(str,'both')          %居中对齐
newStr =
    " we  "
    " are "
    "happy"
```

还可利用 pad 函数进行简单的数据格式操作,例如:

```
>> A = [52.36 0.68 71.12];
>> str = string(A)                   %数组转字符串
str =
    "52.36"    "0.68"    "71.12"
>> newStr = pad(str,8,'right','0')   %数据右补 0,总长度为8
newStr =
    "52.36000"    "0.680000"    "71.12000"
```

9) regexp、regexpi、regexprep 和 regexptranslate

这 4 个函数是与正则表达式相关的处理函数。正则表达式使用单个字符串来描述、匹配一系列符合某个句法规则的字符串,常用来检索、替换那些符合某个模式的文本。先看看这 4 个函数的基本用法:

```
>> regexp('abcd', 'b.d', 'match')    % 用 'b.d' 匹配 'abcd',匹配成功。区分大小写
ans =
    'bcd'
>> regexpi('abcd', 'B.d', 'match')   % 用 'B.d' 匹配 'abcd',匹配成功。不区分大小写
ans =
    'bcd'
>> regexprep('abcd', 'b.d', 'bbb')    % 用 'b.d' 匹配 'abcd',匹配成功后将匹配的字符串替换
ans =
abbb
>> regexprep('a\b\c\d', regexptranslate('escape', '\'), '-')
                            % 将 '\' 转义后匹配 'a\b\c\d',匹配成功后替换
ans =
a-b-c-d
```

在正则表达式中,'.' 用来匹配任一字符,包括空格。regexp(regular expression)与 regexpi(regular expression, case insensitive)都是用正则表达式匹配字符串,返回匹配成功的字符串或其索引值;regexp 匹配时区分大小写,regexpi 匹配时不区分大小写。regexprep(regular expression, replace)是用正则表达式匹配字符串,将匹配成功的字符串用指定的字符串替换掉,并返回新的字符串。regexptranslate(regular expression, translate)是将含转义字符或通配符的字符串转换为能用于正则表达式的标准字符串。

下面对 regexp 函数的用法作详细的介绍。

regexp 函数最基本的语法格式为:

index0 = regexp(str, expr)

用正则表达式 expr 匹配字符串 str,返回每个匹配成功字符串的起始位置,如:

```
>> indx = regexp('I love matlab', 'love')    % 返回匹配字符串的起始位置
indx =
    3
```

[index0, index1] = regexp(str, expr)

用正则表达式 expr 匹配字符串 str,返回每个匹配成功字符串的起始位置和结束位置,如:

```
>> [indx0, indx1] = regexp('I love matlab', 'love')    % 返回匹配字符串的起始和结束位置
indx0 =
    3
indx1 =
    6
```

out = regexp(str, expr, outkey)

用正则表达式 expr 匹配字符串 str,并根据输出规则参数 outkey 返回相应的内容。输出规则参数的用法见表 1.27。

表 1.27   正则表达式输出规则

输出规则取值	含　义
'start'	返回每个匹配字符串的起始地址
'end'	返回每个匹配字符串的结束地址

续表 1.27

输出规则取值	含　义
'tokenExtents'	返回每个标记字符串的起始和结束地址
'match'	返回每个匹配成功的字符串
'tokens'	返回每个匹配成功的标记字符串
'names'	返回每个匹配成功且已命名的标记字符串
'split'	返回除匹配字符串之外的所有字符串

下面给出一些输出规则参数的用法示例。

```
>> indx = regexp('I love matlab', 'l..e', 'end')     % 返回匹配字符串的结束位置
indx =
     6
>> indx = regexp('I love matlab', '(l..e)', 'tokenExtents')    % 返回标记字符串的起始和结束位置
indx =
     [1x2 double]
>> [indx{:}]   % 显示返回结果
ans =
     3     6
>> indx = regexp('I love matlab', '(?<n>lo..)', 'names')    % 返回已命名的标记字符串
indx =
     n: 'love'
>> indx = regexp('I love matlab', '\s', 'split')    % 返回除空白符之外的字符串
indx =
     'I'     'love'    'matlab'
```

[out1, … , outN] = regexp(str, expr, option1, … , optionM)

用正则表达式 expr 匹配字符串 str,匹配规则由 option1,…,optionM 确定。匹配规则参数的取值见表 1.28。

表 1.28　正则表达式匹配规则

匹配规则	取　值	含　义
匹配次数	'all'	默认值,多次匹配
	'once'	匹配成功一次就返回
警告信息	'nowarnings'	默认值,不显示警告信息
	'warnings'	正则表达式语法错误时显示警告信息
大小写敏感	'matchcase'	默认值,大小写敏感
	'ignorecase'	大小写不敏感
空值敏感	'noemptymatch'	默认值,匹配结果不包含空值
	'emptymatch'	匹配结果包含空值
换行敏感	'dotall'	默认值,'.' 匹配任一字符,包括换行符 '\n'
	'dotexceptnewline'	'.' 匹配任一字符,但不包括换行符 '\n'
多行匹配	'stringanchors'	默认值,'^' 和 '$' 分别匹配字符串的开头和结尾
	'lineanchors'	'^' 和 '$' 分别匹配字符串每行的开头和结尾
空格匹配、支持注释	'literalspacing'	默认值,支持空格符匹配,支持注释语法
	'freespacing'	不支持注释语法,空格匹配时用 '\ ','#' 匹配时用 '\#'

若您对此书内容有任何疑问,可以登录MATLAB中文论坛与同行交流。

下面给出一些输出规则参数的用法示例。

```
>> out = regexp('I love matlab', '\w*', 'match')   % 匹配尽可能多的字符串
out =
    'I'    'love'    'matlab'
>> out = regexp('I love matlab', '\w*', 'match', 'once')   % 匹配成功一次即返回
out =
I
>> out = regexp('I love matlab', '\w*', 'match', 'emptymatch')  % 匹配结果包含空值
out =
    'I'    ''    'love'    ''    'matlab'    ''
>> out = regexp('I love matlab', '\w*', 'match')   % 默认的匹配结果不含空值
out =
    'I'    'love'    'matlab'
>> out = regexp(['I love', sprintf('\n'), 'matlab'], '^\w+', 'match', 'lineanchors')  % 多行匹配
out =
    'I'    'matlab'
```

4. 结构数组

与 C 语言类似，MATLAB 也具有结构类型的数据。结构数组，也称为结构或结构体，是一种用字段来容纳数据的 MATLAB 数组。结构数组的字段能包含任何类型的数据，如图 1.6 所示。

创建结构有两种方法：

① 使用点号(.)运算符。如创建一个名为 dafei 的学生的成绩信息：

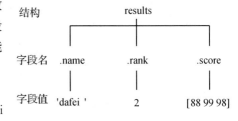

图 1.6　一个简单的结构体

```
>> results.name = 'dafei';
>> results.rank = 2;
>> results.score = [88 99 98];
>> results
results =
    name: 'dafei'
    rank: 2
    score: [88 99 98]
```

结构也是一种数组，上例创建的 results 是一个 1×1 的结构数组。

访问结构的字段可以采用点号运算符：

```
>> results.name
ans =
dafei
>> results.(['ra' 'nk'])       % 采用字符串作为字段名
ans =
    2
```

如果要再添加一个名为 liuqin 的学生的成绩信息，就将结构 results 扩展为 1×2 的结构数组：

```
>> results(2).name = 'liuqin';
>> results(2).rank = 1;
>> results(2).score = [98 89 99];
>> results
results =
1x2 struct array with fields:
    name
    rank
    score
```

对于多维结构数组，当输入结构数组名字时，MATLAB 不会显示单个字段的内容，而只显示结构数组包含的各类信息概略。这些信息页可以通过 fieldnames 函数获取：

```
>> fieldnames(results)
ans =
    'name'
    'rank'
    'score'
```

数组中所有的结构都有相同的字段。扩展一个结构数组时，MATLAB 用空矩阵填充未指定的字段。

② 利用 struct 函数创建结构数组。struct 函数调用格式：

s = struct('field1', {}, 'field2', {}, …)

用指定字段 field1、field2 等创建一个空结构。

如果要创建一个没有字段的结构数组，使用下列语句：

创建 0×0 的无字段结构数组：

```
>> struct([])
ans =
0x0 struct array with no fields.
```

创建 1×1 的无字段结构数组：

```
>> struct()
ans =
1x1 struct array with no fields.
```

s = struct('field1', values1, 'field2', values2, …)

field1、field2 等为字段名，values1、values2 等为对应的字段数据，必须是同样大小的单元数组或标量；s 为生成的结构数组。

struct 函数用指定的字段名和字段值创建一个结构数组。如果字段值均为同维的单元数组，s 的大小与单元数组的大小一样；如果字段值只是标量，不含单元数组，那么 s 为 1×1 的结构数组。如：创建 1×1 的结构数组：

```
>> s = struct('names',{{'dafei','liuqin'}},'ranks',[2 1])
s =
    names: {'dafei'   'liuqin'}
    ranks: [2 1]
```

29

创建 1×2 的结构数组：

```
>> s2 = struct('names',{'dafei','liuqin'},'ranks',{2,1})
s2 =
1x2 struct array with fields:
    names
    ranks
```

有关结构数组的函数见表 1.29。

表 1.29　有关结构数组的函数汇总

函　数	调用句型	说　明
deal	[Y1,Y2,Y3，…] = deal(X) [Y1,Y2,Y3，…] = deal(X1,X2,X3，…)	将输入的 X 分别分配给每个输出，即 Y1＝X，Y2＝X，Y3＝X，…，或将 X1 分配给 Y1，X2 分配给 Y2，X3 分配给 Y3，…
isfield	tf = isfield(A, 'field')	检查结构数组 A 中是否含字段名为 field 的字段
rmfield	s = rmfield(s,'field') s = rmfield(s,FIELDS)	从结构体 s 中移除指定的字段 field；或 FIELDS 为一个字段名组成的字符数组或字符单元数组，移除 s 中多个字段
struct2cell	cellc = struct2cell(s)	将结构数组 s 转换为单元数组
fieldnames	names = fieldnames(s) names = fieldnames(obj)	返回结构数组的字段名，或对象的属性名
isstruct	tf = isstruct(A)	检查 A 是否为 MATLAB 结构数组
struct	s＝struct('field1', {}, 'field2', {}，…) s＝struct('field1', {}, 'field2', {}，…) s＝struct('field1',values1,'field2',values2，…)	创建结构数组

5. 单元数组

单元数组是一种特殊数组，它为一个数组中存储不同类型的数据提供了机制。所谓单元数组，是在一个数组中包含多个单元(cell)，每个单元作为一个独立的存储单元存储数据，如图 1.7 所示。

cell 1,1 数字数组	cell 1,2 字符数组	cell 1,3 逻辑数组
cell 2,1 向量	cell 2,2 结构数组	cell 2,3 单元数组

图 1.7　单元数组示意图

在结构数组中，从命名字段中获取信息；而在单元数组中，通过矩阵索引操作获取数据。如 A{2,3}表示单元数组 A 第 2 行第 3 列的单元内容。

创建单元数组有使用大括号{}和使用 cell 函数两种方法。

① 使用大括号赋值语句。此时有两种方法给单元数组赋值：单元索引和内容索引。

例如，创建一个如图 1.8 所示的单元数组：第 1 个单元为一个 1×2 的单元数组，第 2 个单元为一个 2×1 的字符数组，第 3 个单元为一个 2×3 的数字矩阵。

单元索引：赋值语句左边，像普通数组的索引一样，将单元的下标括在括号中；右边把单元

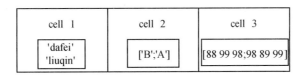

图 1.8   单元数组举例

内容放在花括号中。

```
>> clear A
>> A(1) = {{'dafei';'liuqin'}};
>> A(2) = {['B';'A']};
>> A(3) = {[88 99 98;98 89 99]};
>> A
A =
      {2x1 cell}    [2x1 char]    [2x3 double]
```

内容索引:赋值语句左边,把单元的下标放在花括号中;右边,指定单元内容。

```
>> clear B
>> B{1} = {'dafei';'liuqin'};
>> B{2} = ['B';'A'];
>> B{3} = [88 99 98;98 89 99];
>> B
B =
      {2x1 cell}    [2x1 char]    [2x3 double]
```

② 使用 cell 函数初始化单元数组。cell 调用格式见表 1.30。

表 1.30   cell 函数调用格式

调用格式	格式说明
c = cell(n)	创建一个 n×n 的各单元为空矩阵的单元数组
c = cell(m,n) c = cell([m n])	创建一个 m×n 的各单元为空矩阵的单元数组
c = cell(m,n,p, …) c = cell([m n p …])	创建一个 m×n×p×…的各单元为空矩阵的单元数组
c = cell(size(A))	创建一个与 A 同维的各单元为空矩阵的单元数组

例如:

```
>> C = cell(1,3);
>> C
C =
      []      []      []
>> C(1) = {{'dafei';'liuqin'}};
>> C(2) = {['B';'A']};
>> C(3) = {[88 99 98;98 89 99]};
>> C
C =
      {1x2 cell}    [2x1 char]    [2x3 double] cell
```

如果想查看单元数组的全部内容,使用 celldisp 函数:

若您对此书内容有任何疑问,可以登录 MATLAB 中文论坛与同行交流。

```
>> celldisp(C)
C{1}{1} =
dafei
C{1}{2} =
liuqin
C{2} =
B
A
C{3} =
    88    99    98
    98    89    99
```

【思考】 单元数组占用的内存空间如何计算?

可以把每个单元数组想象成一个链表,而每个单元(即链表的节点)想象成一个类或者结构体。大家知道,链表不一定存储在连续的内存块中,但每个节点为一个数据结构,必须存储在连续的内存中。因此,单元数组不一定存储在连续的内存块中,但单元数组的每个单元必须存储在连续的内存中。

对于一个已定义且初始化了的单元数组,每个单元都附带了两个位置指针(类似于链表指针,共 4 字节),来指明该单元所在位置,另外还有一块 56 字节的区域用来记录单元信息,比如单元的长度,数值类型等。因此每个单元的长度应该等于单元内元素的实际长度,加上 60 字节。

对于一个仅定义而未初始化的单元数组,每个单元仅附带一个 4 字节的位置指针,即每个未初始化的单元的长度应该等于 4 字节。

有关单元数组的函数,见表 1.31。

表 1.31   有关单元数组的函数汇总

函 数	调用格式	说 明
cell	见表 1.28	创建空的单元数组
celldisp	celldisp(C) celldisp(C,name)	显示单元数组的内容
cell2struct	s = cell2struct(c,fields,dim)	转换单元数组为结构数组
cellfun	D = cellfun('fname',C) D=cellfun('size',C,k)	将函数应用到单元数组的每个元素
cellplot	cellplot(c) cellplot(c,'legend') handles=cellplot(…)	显示单元数组的图形描述
iscell	tf = iscell(A)	检查数组 A 是否为单元数组
num2cell	c = num2cell(A) c = num2cell(A,dims)	转换数值数组为单元数组
mat2cell	c = mat2cell(x, m, n)	转换矩阵为矩阵单元数组
cell2mat	m = cell2mat(c)	转换矩阵单元数组为单个矩阵

表 1.29 中,num2cell、mat2cell 和 cell2mat 需要重点掌握,使用方法举例如下:

(1) num2cell

num2cell 函数的调用格式为:

C = num2cell(a)

将数值数组 a 转换为单元数组 C,且 C 的每个单元尺寸为 1×1。

```
>> a = [1 2 3;4 5 6]
a =
     1     2     3
     4     5     6
>> b = num2cell(a)
b =
    [1]    [2]    [3]
    [4]    [5]    [6]
```

C = num2cell(a, dim)

将数值数组 A 转换为单元数组 C。若 dim＝1，C 的每个单元尺寸为 $1 \times \text{size}(A, \text{dim})$；若 dim＝2，C 的每个单元尺寸为 $\text{size}(A, \text{dim}) \times 1$。

```
>> a = [1 2 3;4 5 6];
>> c = num2cell(a, 1)
c =
    [2x1 double]    [2x1 double]    [2x1 double]
>> d = num2cell(a, 2)
d =
    [1x3 double]
    [1x3 double]
```

（2）mat2cell

mat2cell 函数的调用格式为：

C = mat2cell(x, m, n)

将矩阵 x 转换成单元数组 C。矩阵 x 的行按向量 m 来依次分解，x 的列按向量 n 来依次分解。单元数组 C 的尺寸与 m、n 的关系为：$\text{size}(C) = (\text{sum}(m), \text{sum}(n))$。矩阵 x 可以是二维数值数组、二维字符数组等。

```
>> a = ['abc'; 'bca'; 'cab']
a =
abc
bca
cab
>> b = mat2cell(a, [1 2], 3)
b =
    'abc'
    [2x3 char]
>> b = mat2cell(a, 3, [1 2])
b =
    [3x1 char]    [3x2 char]
```

（3）cell2mat

cell2mat 函数的调用格式为：

m = cell2mat(C)

将单元数组 C 转换为单个矩阵 m。要求单元数组 C 的每个单元列数必须相等。

```
>> a = {[1 2], [3 4 5]; [6 7; 1 2], [8 9 10; 3 4 5]}
a =
```

若您对此书内容有任何疑问，可以登录MATLAB中文论坛与同行交流。

```
        [1x2 double]      [1x3 double]
        [2x2 double]      [2x3 double]
>> b = cell2mat(a)
b =
        1      2      3      4      5
        6      7      8      9     10
        1      2      3      4      5
```

6. 函数句柄

函数句柄是一种特殊的数据类型，它提供了间接调用函数的方法，类似于 C 语言中的指针，只不过这里仅指向一个函数而已。

函数句柄包含了函数的路径、函数名、类型以及可能存在的重载方法，必须通过专门的定义创建，而一般的图像句柄是自动建立的。

可使用函数句柄来调用其他函数，也可以将函数句柄存储在数据结构中，方便以后使用（例如句柄图形的回调函数）。

创建函数句柄使用 @ 运算符、str2func 函数或 matlabFunction 函数。符号 @ 可以创建普通函数（这里是指"非匿名函数"）和匿名函数的句柄。采用符号 @ 创建普通函数的句柄，是在函数名前加一个"@"标志，即函数句柄＝@函数名；采用符号 @ 创建匿名函数的句柄，采用格式为：函数句柄＝@（输入参数）函数体。没有输入参数时，（）内为空；str2func 函数将函数名字符串转换为函数句柄；matlabFunction 函数用于将符号表达式转换为函数句柄。例如，创建正弦函数的函数句柄，有以下 4 种方法：

```
fh1 = @sin;
fh2 = @(x) sin(x);
fh3 = str2func('sin');
fh4 = matlabFunction(sin(x));            % 需要在该命令前用 syms x 命令创建符号变量 x
```

下面验证这 4 个函数句柄是否创建成功：

```
>> [feval(fh1, pi/2),feval(fh2, pi/2),feval(fh3, pi/2),feval(fh4, pi/2)]
ans =
        1      1      1      1
```

MATLAB 映射句柄到指定的函数，并在句柄中保存映射信息。由于没有附加函数的路径信息，如果同一个名字的函数有多个，函数句柄映射到哪个函数呢？

这取决于函数调用的优先原则。函数调用的优先级从高到低排列如下：

① 变量：调用优先级最高。MATLAB 搜索工作空间看是否存在同名变量，有则停止搜索。

② 子函数（subfunction）。

③ 私有函数（private function）。

④ 类构造函数（class constructor）。

⑤ 重载方法（overloaded method）。

⑥ 当前目录中的同名函数。

⑦ 路径中其他目录中的函数：调用优先级最低。

如果要查询同名函数中究竟哪个被调用了，用 which 函数查询。如：

```
>> which zoom
D:\program files\MATLAB\R2014a\toolbox\matlab\graph2d\zoom.p
```

当一个函数句柄被创建时,它将记录函数的详细信息。因此,当使用函数句柄调用该函数时,MATLAB 会立即执行,不进行文件搜索。当反复调用一个文件时,可以节省大量的搜索时间,从而提高函数的执行效率。

函数句柄可用来标识子函数、私有函数和嵌套函数。一般这些函数对于用户来说都是"隐藏"的,这些标识对于用户正确使用这些函数非常有用。例如,当编写一个含有子函数的 M 文件时,可以为子函数创建一个句柄,并作为主函数的一个输出参数提供给用户。下面的 M 文件函数框架演示了一个在主函数中返回子函数句柄的例子:

```
function out = myDiff(a, b)
% 文件名:myDiff.m
    if(a > b)
        out = feval(@fun1, a, b);
    else
        out = feval(@fun1, b, a);
    end
end

function out = fun1(a,b)
    out = a - b;
end
```

将该函数保存为 myDiff.m,测试代码如下:

```
>> myDiff(3,5)
ans =
     2
>> myDiff(3,-5)
ans =
     8
```

MATLAB 中用函数句柄作为操作对象的函数,如表 1.32 所列。

表 1.32　用函数句柄作为操作对象的函数

函　数	调用格式	函数说明
functions	S = functions(funhandle)	得到函数句柄的信息:函数名、类型、文件名等
func2str	s = func2str(fhandle)	由函数句柄构造函数名字符串
str2func	fhandle = str2func('str')	由函数名字符串构造函数句柄
save	save('filename')	保存当前工作空间的函数句柄到一个.mat 文件
load	load('filename')	从一个.mat 文件加载函数句柄到当前工作空间
isa	K = isa(obj,'class_name')	检查变量是否包含函数句柄
isequal	tf = isequal(A,B, …)	检查两个函数句柄是否是相同函数的句柄
feval	[y1, y2, …] = feval(fhandle, x1, …, xn)	采用参数 x1, …, xn 来执行函数句柄

例如,创建一个正弦函数的函数句柄:

```
h_sin = str2func('sin');
```

执行 sin 函数可使用 feval 函数：

```
>> feval(h_sin,pi/2)
ans =
     1
```

再如,若在当前目录创建一个函数 plotSin.m：

```
function x = plotSin(fhandle, data)
    plot(data, fhandle(data))
end
```

保存后,在命令行输入：

```
>> t = -pi:0.01:pi;
>> plotSin(@sin,t)
```

结果如图 1.9 所示。

如果函数只用一次,则可以创建一个匿名函数(可以理解为内存中的函数)的函数句柄替代它：

```
>> plotSin2 = @(x) plot(x,sin(x));
%创建一个匿名函数,并返回函数句柄
>> t = -pi:0.01:pi;
>> plotSin2(t)
```

讲到这里,需要把匿名函数简单地介绍一下。匿名函数是一种没有函数名、只有函数句柄的特殊函数。使用匿名函数可以使编写的代码很简洁,而且执行效率更高。匿名函数的用法见下面的几个例子：

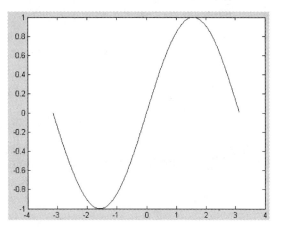

图 1.9 使用句柄的一个实例

```
>> getTime = @() datestr(now);        %创建匿名函数,该函数获取当前时间并返回时间字符串
>> getTime()                          %执行匿名函数
ans =
16 - Mar - 2014 13:35:24
>> sqr = @(x) x.^2;                    %创建匿名函数,该函数返回输入值的平方值
>> sqr(20)                            %执行匿名函数
ans =
    400
>> axby = @(x, y)(10 * x + 20 * y);    %创建匿名函数,该函数对输入值进行线性变换
>> axby(1, 2)                         %执行匿名函数
ans =
    50
```

【思考】 使用函数句柄有什么好处呢?

① 提高运行速度。因为 MATLAB 对函数的调用每次都要搜索所有的路径,而这些路径非

常多,所以如果一个函数在用户的程序中需要经常用到,则使用函数句柄,会提高运行速度。

② 使用可以与变量一样方便。比如说,用户在某个目录运行后,创建了该目录的一个函数句柄,当用户转到其他目录下时,创建的函数句柄还是可以直接调用的,而不需要把那个函数文件复制过来。因为在用户创建的函数中,已经包含了路径。

③ 可以将函数句柄作为输入参数传递给 GUI 对象。例如,设置 GUI 对象的回调函数,可以将函数句柄设置为该 GUI 对象对应属性的值。比如,设置定时器的定时回调函数为函数func,同时将变量 handles 作为输入参数传递给 func:

```
t = timer('Period', 2, 'TimerFcn', {@func, handles});
```

④ 函数句柄是将函数的“变量化”,因此函数句柄可以实现批量函数的执行,相关函数是arrayfun。比如,下面的代码实现了统计 3 个不同函数计算结果的元素个数:

```
fun{1} = rand(3, 6);
fun{2} = magic(12);
fun{3} = ones(5, 10);
counts = arrayfun(@(x) numel(x{:}),fun)
```

结果如下:

```
counts =
    18    144    50
```

再比如,下面的代码实现了对 3 个匿名函数执行时间的统计:

```
fun{1} = @() rand(1, 10^6);
fun{2} = @() magic(1000);
fun{3} = @() ones(1000, 1000);
counts = arrayfun(@(x) timeit(x{:}), fun)
```

结果如下:

```
counts =
    0.0184    0.0235    0.0042
```

7. 日期和时间

MATLAB 中表示日期和时间信息有 3 种格式:日期字符串、串行日期数(serial date numbers)和日期向量。用户可选择其中任何一种格式显示日期和时间,而且它们之间可通过函数相互转换。

(1) 当前的日期或时间

3 种 MATLAB 的日期或时间格式见表 1.33。

表 1.33　当前的日期或时间函数

日期和时间格式	当前日期与时间函数	例　子
日期字符串	date	'18−Jan−2009'
串行日期数	now	7.3379e+005
日期向量	clock	[2009　1　18　23　31　36]

例如，要查看当前的日期：

```
>> date
ans =
16 - Mar - 2014
```

（2）日期与时间的格式转换

日期与时间的格式转换函数有以下 3 个：

① datenum：将输入转换为串行日期数；

② datestr：将输入转换为日期字符串；

③ datevec：将输入转换为日期向量。

最常用的是将输入转换为日期字符串，即 datestr 函数。有时用户需要获取当前的日期和时间字符串，然后提取出一部分，作为自动保存文件时的默认文件名，这就需要用到 datestr 函数。

datestr 函数的调用格式为：

str = datestr(DT)

转换串行日期数或日期向量为日期字符串。例如：

```
>> datestr(date)
ans =
15 - Mar - 2014
>> datestr(now)
ans =
15 - Mar - 2014 22:38:26
>> datestr(clock)
ans =
15 - Mar - 2014 22:38:33
```

str = datestr(DT, dateform)

转换串行日期数、日期向量或日期字符串 DT 为指定日期格式 dateform 的字符串 str。指定格式 dateform 可以为一个 0～31 的正整数或一个字符串，默认值为 0，见表 1.34。

表 1.34　日期格式

日期格式的数字形式	日期格式的字符串形式	例　子
0	'dd - mmm - yyyy HH:MM:SS'	19 - Jan - 2009 00:37:26
1	'dd - mmm - yyyy'	19 - Jan - 2009
2	'mm/dd/yy'	01/19/09
3	'mmm'	Jan
4	'm'	J
5	'mm'	01
6	'mm/dd'	01/19
7	'dd'	19
8	'ddd'	Mon
9	'd'	M

若您对此书内容有任何疑问，可以登录MATLAB中文论坛与同行交流。

日期格式的数字形式	日期格式的字符串形式	例　子
10	'yyyy'	2009
11	'yy'	09
12	'mmmyy'	Jan09
13	'HH:MM:SS'	00:37:26
14	'HH:MM:SS PM'	12:37:26 AM
15	'HH:MM'	00:37
16	'HH:MM PM'	12:37 AM
17	'QQ-YY'	Q1-09
18	'QQ'	Q1
19	'dd/mm'	19/01
20	'dd/mm/yy'	19/01/09
21	'mmm. dd. yyyy HH:MM:SS'	Jan. 19. 2009 00:37:26
22	'mmm. dd. yyyy'	Jan. 19. 2009
23	'mm/dd/yyyy'	01/19/2009
24	'dd/mm/yyyy'	19/01/2009
25	'yy/mm/dd'	09/01/19
26	'yyyy/mm/dd'	2009/01/19
27	'QQ-YYYY'	Q1-2009
28	'mmmyyyy'	Jan2009
29	'yyyy-mm-dd'	2009-01-19
30	'yyyymmddTHHMMSS'	20090119T003726
31	'yyyy-mm-dd HH:MM:SS'	2009-01-19 00:37:26

例如：

```
>> datestr(now, 29)
ans =
2014-03-16
>> datestr(now,'HH:MM:SS')
ans =
08:59:07
```

（3）其他与日期和时间相关的函数

除上面介绍的基本日期与时间函数外，还有一些其他与日期和时间相关的函数，见表 1.35。

表 1.35　其他与日期和时间相关的函数

函　数	函数说明	函　数	函数说明
addtodate	修改日期数	weekday	返回输入日期是一周的第几天
calendar	返回指定年月的日历表	cputime	返回 MATLAB 启动后使用的总 CPU 时间

函　数	函数说明	函　数	函数说明
datetick	用日期作为坐标轴的标注	tic,toc	返回调用 tic 和 toc 函数之间流逝的时间
eomday	返回指定年月的最后一天	etime	返回两个日期向量之间流逝的秒数
daysdif	返回两个日期之间的天数	timeit	返回函数句柄所指函数的执行时间

例如：

```
>> calendar        %返回本月的日历,可见第1列的星期日 Sunday 是1个星期的第1天
                   Mar 2014
        S     M    Tu     W    Th     F     S
        0     0     0     0     0     0     1
        2     3     4     5     6     7     8
        9    10    11    12    13    14    15
       16    17    18    19    20    21    22
       23    24    25    26    27    28    29
       30    31     0     0     0     0     0
>> weekday(now)        %今天是一个星期的第1天,所以今天是星期日
ans =
     1
>>  tic,plot(sin(0:0.1:2 * pi)),toc        %采用 tic 与 toc 计算 plot 语句消耗的时间
Elapsed time is 0.013339 seconds.
>> a1 = clock; plot(sin(0:0.1:2 * pi));etime(clock, a1) %采用 etime 计算 plot 语句消耗的时间
ans =
     0.0130
>> timeit(@() plot(sin(0:0.1:2 * pi)))        %采用 timeit 计算 plot 语句消耗的时间,速度最快
ans =
     0.0078
>> a = datestr(now, 31)        %获取当前时间的字符串
a =
2014 - 03 - 16 13:53:56
>> daysdif(datenum('2014 - 01 - 01'), date)        %返回 2014 - 03 - 16 是 2014 年的第几天
ans =
    74
```

1.1.3　矩阵操作

MATLAB 中最基本的数据结构是矩阵。矩阵的元素可以是数字、字符、逻辑真假或其他类型的 MATLAB 结构。用 1×1 维矩阵可以表示一个数；用 $1 \times n$ 维的矩阵可以表示向量，n 是向量的长度。MATLAB 还支持大于二维的数据结构，这种数据结构在 MATLAB 中称为数组。本节仅简要讨论矩阵操作方面的知识。

1. 创建矩阵

在 MATLAB 中，建立矩阵最简单的方法，是利用矩阵构造操作符：方括号[ ]。

在方括号中写入元素，元素之间用空格或逗号隔开，能建立矩阵的一行。如：

```
>> a = [1 2,3]
a =
     1     2     3
```

在方括号中,每行之间用分号隔开,这样就创建了一个矩阵。如:

```
>> b = ['1'  '2'  '3';'456']
b =
123
456
```

可见,字符矩阵的每一行字符可被看成一个字符串。

将上面生成的矩阵 b 与下面的矩阵 c 比较:

```
>> c = ['123'  char(13)  '456']
c =
123
456
```

回车符的 ASCII 码为 13,所以 char(13) 就等价于回车。b 与 c 形式上完全一样。但如果用 size 函数查看它们的大小:

```
>> size(b)
ans =
     2     3
>> size(c)
ans =
     1     7
```

可见,矩阵在 M 文件中创建新行不能采用回车符,只能用分号。当然,如果在命令行采用回车(Enter)键创建新行,是可以的,例如:

```
>> a = [1,2,3
4 ,5,6]
a =
     1     2     3
     4     5     6
>> size(a)
ans =
     2     3
```

此外,MATLAB 提供字符串数组来存储文本。字符串数组的每个元素为双引号括起来的字符串,例如:

```
>> a = ["May","be","she";        %创建一个 2×3 字符串矩阵
    "is","right","!"]
a =
    "May"     "be"       "she"
    "is"      "right"    "!"
>> size(a)
ans =
     2     3
```

常用的特殊矩阵函数见表 1.36。

表 1.36　常用的特殊矩阵函数

函　数	函数说明
ones	创建一个全 1 的矩阵或数组
zeros	创建一个全 0 的矩阵或数组
eye	创建一个对角线为 1，其余位置为 0 的矩阵
diag	从一个向量中建立对角矩阵
rand	创建一个随机数在 [0,1] 区间均匀分布的矩阵或数组
randn	创建一个随机数为标准正态分布的矩阵或数组
randi	创建一个由均匀分布的整数组成的矩阵。该函数为 randint 的新版函数
randperm	创建一个将 1~n 之间的整数随机排列的 1×n 维向量
randerr	生成位误差形式，可指定数据二进制序列中 0 或 1 的个数
accumarray	将输入矩阵元素分布到输出矩阵指定位置，元素值可累加
magic	创建一个元素值从 $1 \sim n^2$ 的 n 维方阵，使得行、列和对角线的数加起来相等

如：

```
>> ones(1,5)                %生成1行5列的全1矩阵
ans =
     1     1     1     1     1
>> zeros(2,3,'uint8')       %生成2行3列uint8型矩阵
ans =
     0     0     0
     0     0     0
>> rand(2,3)
ans =
    0.5828    0.5155    0.4329
    0.4235    0.3340    0.2259
>> randn(2,3)               %生成2×3阶,正态分布的随机数组
ans =
    0.1746    0.7258    2.1832
   -0.1867   -0.5883   -0.1364
>> randi([0,1],3,4)         %生成3×4阶,元素值为[0 1]之间整数,均匀分布的随机数组
ans =
     0     0     0     0
     1     1     1     0
     0     1     1     1
>> randperm(9)              %将1~9的整数随机排列
ans =
     8     2     3     1     6     9     5     4     7
```

【注意】　使用 zeros 或 ones 函数为矩阵预分配内存，可加快程序的执行。重复扩展数组的尺寸，会影响程序的性能。因为每增加一次数组的尺寸，会花费更多的时间分配内存，而且这些内存很可能是不连续的，这将减慢对该数组的任何操作。更好的方法是预估数组的极限尺寸，使用 zeros 或 ones 函数预分配一块连续的内存给该数组。例如，新建一个 M 脚本文件：

```
clear x
tic
x(1) = 1;
```

```
for i = 1:10000
    x(i + 1) = 2 * x(i);
end
toc
```

运行该脚本,命令行显示结果如下:

```
Elapsed time is 0.184538 seconds.
```

如果在上面脚本函数中加一条预分配指令:

```
clear x
tic
x = zeros(1,10000);
x(1) = 1;
for i = 1:10000
    x(i + 1) = 2 * x(i);
end
toc
```

运行该脚本,命令行显示结果如下:

```
Elapsed time is 0.016057 seconds.
```

可见,预分配内存后的执行时间不到之前的 10%。

2. 连接矩阵

连接矩阵最简单的方法就是使用方括号[]。C=[A B]是横向连接矩阵 A 和 B,要求 A 与 B 有相同的行数;C=[A;B]是纵向连接矩阵 A 和 B,要求 A 和 B 有相同的列数。如:

```
>> a = [48 49 50];
>> b = [98 99 100];
>> [a;b]
ans =
    48    49    50
    98    99   100
```

【思考】　如果连接的两个矩阵的数据类型不一样,会出现什么情况呢?

构造矩阵时,如果包含了不同数据类型的元素,MATLAB 会将其转换为同一种数据类型,这涉及数据类型的预设优先级,见表 1.37。

表 1.37　数据类型之间的转换

数据类型	字符	整数型	单精度	双精度	逻辑型
字符	字符	字符	字符	字符	非法
整数型	字符	整数型	整数型	整数型	整数型
单精度	字符	整数型	单精度	单精度	单精度
双精度	字符	整数型	单精度	双精度	双精度
逻辑型	非法	整数型	单精度	双精度	逻辑型

43

由表 1.37 可知，如果矩阵 A 为 double 型数组，B 为字符数组，生成的矩阵为字符数组。如：

```
>> b = [98.2 99.6 100.9];
>> c = 'abc';
>> [b;c]
ans =
bcd
abc
```

连接矩阵的函数见表 1.38。

表 1.38　连接矩阵的函数

函　数	函数说明	函　数	函数说明
cat	按指定的方向连接矩阵	repmat	通过复制和拼接创建新矩阵
horzcat	横向连接矩阵	vertcat	纵向连接矩阵

例如，[a;b]等价于 cat(1,a,b)或 vertcat(a, b)，[a b]等价于 cat(2,a,b)或 horzcat(a,b)，[a;a]等价于 repmat(a, [2 1])，[a a]等价于 repmat(a, [1 2])。

3. 重塑矩阵形状

获取矩阵的形状与大小信息，经常使用 length、size、numel 和 ndims 4 个函数。其说明见表 1.39。

表 1.39　获取矩阵大小与形状的函数

函　数	函数说明	函　数	函数说明
length	返回矩阵最长维的长度	size	返回矩阵的每一维长度
numel	返回矩阵的元素数	ndims	返回矩阵的维数

如：

```
>> a = ['abc';'cde']
a =
abc
cde
>> length(a)
ans =
    3
>> numel(a)
ans =
    6
>> size(a)
ans =
    2    3
>> ndims(a)
ans =
    2
```

重塑矩阵形状的函数,见表 1.40。

表 1.40　重塑矩阵形状的函数

函　数	函数说明	函　数	函数说明
reshape	重塑矩阵形状	flipdim	按指定方向翻转
rot90	翻转矩阵 90°	transpose	沿主对角线翻转
fliplr	沿纵轴左右翻转	ctranspose	共轭转置
flipud	沿横轴上下翻转		

下面重点讲解 reshape 函数。

reshape 函数常用的调用格式为:

B = reshape(A,m,n) 或 **B = reshape(A,[m n])**

m、n 为新矩阵的行数和列数。A 为原矩阵。矩阵在内存中是逐列存储的,reshape 函数先将原矩阵 A 排成一列数据,然后再构成[m n]的矩阵 B。如果 A 的元素不是 m×n 个,将产生错误。如:

```
>> a = ['abc';'cde']
a =
abc
cde
>> reshape(a,[3,2])
ans =
ad
cc
be
>> reshape(a,3,3)
??? Error using ==> reshape
To RESHAPE the number of elements must not change.
>> reshape(a,[2,2])
??? Error using ==> reshape
To RESHAPE the number of elements must not change.
```

B = reshape(A,…,[],…)

[]表示新矩阵的某一维长度待定,其长度由 reshape 函数计算。只能有一个[],而且也必须保证新矩阵与原矩阵的元素个数相等。如:

```
>> a = ['abc';'cde'];
>> reshape(a,1,[])
ans =
acbdce
>> reshape(a,4,[])
??? Error using ==> reshape
Product of known dimensions, 4, not divisible into total number of elements, 6.
```

【注】 重塑矩阵为一个列向量,可以采用":"来实现;而将矩阵的行和列互换,可以采用"'"来实现。例如:

```
>> a = eye(2)
a =
     1     0
```

```
            0       1
>> b = a(:)
b =
            1
            0
            0
            1
>> c = b'
c =
            1       0       0       1
```

4. 矩阵元素移位和排序

元素的排序,应用于矩阵、多维数组和字符串单元数组,能对任何一维的元素按升序或降序排列。元素的移位,只应用于矩阵。

矩阵元素移位和排序的相关函数见表 1.41。

表 1.41　矩阵元素移位和排序的相关函数

函　数	函数说明	函　数	函数说明
circshift	循环移动矩阵的元素	sort	对数组行或列进行升序或降序排列
sortrows	按列值的升序或降序排列行	issorted	确定数组元素是否排序

下面重点讲解 sort 和 sortrows 函数。

1) sort

sort 函数的调用格式为:

[B, index] = sort(A, dim, mode)

对数组 A 的行或列进行升序或降序排列,返回排序后的数组 B,以及排序索引值 index。

若数组 A 为字符串单元数组,按字符的 ASCII 码排序;若数组 A 包含复数,先按模值排序,若模值相等则按相位排序;若数组 A 包含 NaN 元素,NaN 排在最后。

dim 可取值 1 或 2,默认值为 1。当 dim = 1 时,对矩阵 A 每列的元素排序;当 dim = 2 时,对矩阵 A 每行的元素排序。

mode 可取值 'ascend' 或 'descend',默认值为 'ascend'。mode = 'ascend' 为升序排列;mode = 'descend' 为降序排列。

index 为排序的索引值。当 dim = 1 时,index 为 A 中元素在 B 中按列的索引值;当 dim = 2 时,index 为 A 中元素在 B 中按行的索引值。例如:

```
>> a = [1 5 7;3 6 9;2 4 6]
a =
            1       5       7
            3       6       9
            2       4       6
>> [b, index] = sort(a)
b =
            1       4       6
            2       5       7
            3       6       9
index =
```

```
          1       3       3
          3       1       1
          2       2       2
>> sort(a, 2, 'descend')
ans =
          7       5       1
          9       6       3
          6       4       2
```

2）sortrows

sortrows 函数的调用格式为：

[B, index] = sortrows(A, column)

对数组 A 的行，按列值的升序排列，返回排序后的数组 B，以及排序索引值 index。

若数组 A 为字符串单元数组，按字符的 ASCII 码排序；若数组 A 包含复数，先按模值排序，若模值相等则按相位排序。

column 为列向量，依次按 column 所指定的列，对数组 A 的行进行排序。

若 column 某项值为正数，按升序排序；若 column 某项值为负数，按降序排序。

index 为排序的索引值。index 满足恒等式：B == A(index(:), :)。

例如：

```
>> A = randi([0, 100], 6, 7);        %随机生成矩阵 A
>> A(1:4,1) = 95;                     %修正矩阵 A
>> A(5:6,1) = 76;
>> A(2:4,2) = 7;
>> A(3,3) = 73
A =
     95      4     55     37     49     82     35
     95      7     29     63     44     80     94
     95      7     73     78     45     65     88
     95      7     19      8     30     38     55
     76     65     69     93     51     81     62
     76     45     18     78     51     53     59
>> B = sortrows(A,[1 2])  %先按第 1 列的升序对行排序；当列元素相等时，再按第 2 列的升序对行排序
B =
     76     45     18     78     51     53     59
     76     65     69     93     51     81     62
     95      4     55     37     49     82     35
     95      7     29     63     44     80     94
     95      7     73     78     45     65     88
     95      7     19      8     30     38     55
>> C = sortrows(A, -3)                %按第 3 列的降序对行排序
C =
     95      7     73     78     45     65     88
     76     65     69     93     51     81     62
     95      4     55     37     49     82     35
     95      7     29     63     44     80     94
     95      7     19      8     30     38     55
     76     45     18     78     51     53     59
```

47

```
>> [D, index] = sortrows(A, [3 - 2])    % 先按第 3 列的升序对行排序;当列元素相等时,再按第 2 列的
                                         % 降序对行排序
D =
    76    45    18    78    51    53    59
    95     7    19     8    30    38    55
    95     7    29    63    44    80    94
    95     4    55    37    49    82    35
    76    65    69    93    51    81    62
    95     7    73    78    45    65    88
index =
     6
     4
     2
     1
     5
     3
>> isequal(D, A(index(:), :))            % 验证 index 恒等式
ans =
     1
```

5．向量(数集)操作

行或列的维数为 1 的矩阵就是向量。数集在 MATLAB 中表现为元素互斥的向量。向量和数集有一些特殊的操作函数,见表 1.42。

表 1.42　矩阵元素移位和排序的相关函数

函　数	函数说明	函　数	函数说明
intersect	返回两个数集的交集	setxor	找出不在数集交集内的所有元素
ismember	检查数值是否为数集的元素	union	返回两个数集的并集
issorted	检查数集元素是否按序排列	unique	去掉向量中重复的元素
setdiff	找出在第 1 个向量内,不在第 2 个向量内的元素		

假设存在两个数集(向量)A、B 如下:

```
>> A = 1:10
A =
     1     2     3     4     5     6     7     8     9    10
>> B = 6:15
B =
     6     7     8     9    10    11    12    13    14    15
```

数集 A 与 B 的关系如图 1.10 所示。

由图 1.10 可知:

$A \cap B = \{6, 7, 8, 9, 10\}$;

$A \cap \overline{B} = \{1, 2, 3, 4, 5\}$;

$\overline{A \cap B} = \{1, 2, 3, 4, 5, 11, 12, 13, 14, 15\}$;

$A \cup B = \{1, 2, 3, 4, 5, 6, 7, 8, 9, 10, 11, 12, 13, 14, 15\}$。

intersect(A, B) 相当于集合运算 $A \cap B$:

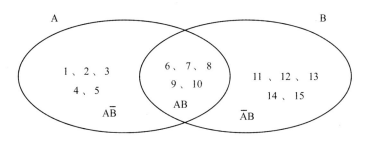

图 1.10　数集 A 与 B 之间的关系

```
>> intersect(A, B)
ans =
     6     7     8     9    10
```

setdiff(A，B)相当于集合运算 $A \cap \overline{B}$：

```
>> setdiff(A, B)
ans =
     1     2     3     4     5
```

setxor(A，B)相当于集合运算 $\overline{A \cap B}$：

```
>> setxor(A, B)
ans =
     1     2     3     4     5    11    12    13    14    15
```

union(A，B)相当于集合运算 $A \cup B$：

```
>> union(A, B)
ans =
     1     2     3     4     5     6     7     8     9    10    11    12    13    14    15
```

1.1.4　程序设计

1. 函数参数

调用函数时，经常会有一些数据传递给被调用的函数，这些数据被称为输入参数；函数结束时返回给调用函数的数据，称为输出参数。MATLAB 按值传递参数，优化了任何不必要的复制操作。

程序设计中，经常用到的函数见表 1.43。

表 1.43　函数文件相关函数

函数名	函数说明	函数名	函数说明
function	定义 M 文件函数	varargin	接收函数的输入参数到单元数组
nargin	返回函数输入参数个数	varargout	返回函数输出参数到单元数组
nargout	返回函数输出参数个数	inputname	返回第 n 个输入参数的实际调用变量名
nargchk	验证输入参数个数	mfilename	返回当前所执行 M 文件的文件名
nargoutchk	验证输出参数个数		

【注】　nargin 可以分解为 n＋arg＋in,即 number＋argument＋input,输入参数的个数。

同理:

nargout 可分解为 number＋argument＋output;

nargchk 可分解为 number＋argument＋(input)＋check;

varargin 可分解为 variable＋argument＋input;

varargout 可分解为 variable＋argument＋output。

1) function 用来定义 M 函数。M 文件有两种类型:脚本与函数。脚本,是包含一系列 MATLAB 语句的简单文件。它不能接受输入参数,输出结果显示在命令窗口,变量保存在基本工作空间。而函数使用自己的局部变量,临时建立自己的函数空间,接受输入参数,也能返回输出参数。

【注意】

① 表 1.43 中的所有函数,除 mfilename 能用于所有 M 文件外,其他函数均只能用于 M 函数中,而不能用于脚本中。

② 函数名必须由数字、字母或下画线组成,以字母开头。例如,a 1.m,_1.m,1a.m 等都是错误的函数名。

③ 函数文件的文件名必须与函数名一致。例如,函数 fun1.m,开头的函数定义应该为: function varargout ＝ fun1(varargin)。

④ 函数的输入参数可以是数值数组、字符数组,但不能是单元数组。函数名、脚本文件名,甚至是 MATLAB 语句,都可以采用字符串的形式,传入另一函数。例如:

run('fun1')可以执行函数或脚本文件 fun1.m;eval('y ＝ x^2 ')可以执行 MATLAB 语句 y ＝ x^2。

2) nargin 与 nargout 返回函数参数的个数。函数体中的 nargin 与 nargout 函数,能够在调用一个函数时,指明函数有几个输入和输出参数。调用格式:

n = nargin

返回所在函数的输入参数个数。

n = nargin('fun')

返回函数 fun 定义的输入参数个数;如果定义的输入参数个数不确定,返回－1。

n = nargout

返回所在函数的输出参数个数。

n = nargout('fun')

返回函数 fun 定义的输出参数个数。

例如,在当前目录下有一个 M 函数 myfun.m:

```
function c = myfun(a, b)
c = a + b;
```

在命令行键入:

```
>> myfun(5, 3)
ans =
    8
```

如果对函数 myfun.m 进行如下更改:

```
function c = myfun(a,b)
if nargin < 2
    error('Not enough input arguments.');
elseif nargin > 2
    error('Too many input arguments.');
else
    c = a + b;
end
```

输入命令,执行结果如下:

```
>> myfun(5,3,3)
??? Error using ==> myfun
Too many input arguments.
>> myfun(5)
??? Error using ==> myfun
Not enough input arguments.
```

3) varargin 和 varargout 传送或返回不定数目的参数。有一些函数,输入的参数或返回到调用函数的参数个数不确定,这就需要用到 varargin 和 varargout 函数。调用格式:

function y = bar(varargin)

如果在函数声明行将 varargin 作为最后一个输入参数,则函数在调用时可接受任意个变量。函数 bar 接受任意个输入参数,组成一个单元数组,varargin 为单元数组名。该单元数组第 i 个单元就是从 varargin 位置算起的第 i 个输入参数。例如,如果对于上面的函数 myfun. m,将其声明更改如下:

function c = myfun(varargin)

如果该函数采用 myfun(x,y)的格式来调用,则在函数内部,varargin 包含两个单元,其中 varargin{1}由参数 x 组成,varargin{2}由参数 y 组成。

如果某些参数在任何情况下都必须出现,可在函数声明时将其加在 varargin 之前,但必须保证 varargin 作为最后的参数。如:

function c = myfun(x,varargin)

如果调用格式为 myfun(a,b,c),则 varargin 是长度为 2 的单元数组,并且 varargin{1}＝b,varargin{2}＝c。

function varargout = foo(n)

从函数 foo 返回任意个输出参数,返回的参数包含在 varargout 中。varargout 也是一个预定义的单元数组,第 i 个单元是从 varargout 位置算起的第 i 个输出参数。例如:

function varargout = myfun(x,y)

如果该函数采用[a b]＝myfun(c,d)的格式调用,则在函数内部,varargout 由两个单元组成,varargout{1}的值赋给 a,varargout{2}的值赋给 b。

如果某些输出参数在任何情况下都必须出现,可在函数声明中将其加入到 varargout 之前,但必须保证 varargout 作为最后的参数。如:

function [z varargout] = myfun(x,y)

使用 varargin 和 varargout 函数,需要注意以下几点:

① 只能用在 M 文件函数中;

② 它们必须是小写字母;

51

③ 它们必须是输入参数或输出参数列表中的最后一个参数。

4) nargchk 和 nargoutchk 在函数体内使用,分别用于验证输入参数和输出参数的个数是否在规定的范围内。它们经常与 error、nargin 和 nargout 函数一起用。nargchk 和 nargoutchk 函数调用格式:

msg = nargchk(minargs, maxargs,numargs)或**msg = nargchk(minargs, maxargs,numargs,'string')**

其中,minargs 为输入参数个数的下限;maxargs 为输入参数个数的上限;numargs 为输入参数个数,一般为 nargin。当 numargs< minargs 或 numargs> maxargs 时,返回错误信息字符串;当 minargs≤numargs≤maxargs 时,返回空字符串。如对于函数 myfun. m:

```
function c = myfun(a,varargin)
error(nargchk(2, 3, nargin))
```

在命令行输入命令后,执行结果如下:

```
>> myfun(5)
??? Error using ==> myfun
Not enough input arguments.
```

msg = nargchk(minargs, maxargs, numargs, 'struct')

其中,minargs 为输入参数个数的下限;maxargs 为输入参数个数的上限;numargs 为输入参数个数。当 numargs< minargs 或 numargs> maxargs 时,返回错误信息组成的结构,该结构包括错误信息字符串和错误信息的标识符;当 minargs≤numargs≤ maxargs 时,返回空结构。

例如,当输入参数过少时,该结构内容为:

```
message: 'Not enough input arguments.'
identifier: 'MATLAB:nargchk:notEnoughInputs'
```

当输入参数过多时,该结构内容为:

```
message: 'Too many input arguments.'
identifier: 'MATLAB:nargchk:tooManyInputs'
```

msg = nargoutchk(minargs,maxargs,numargs)或**msg = nargoutchk(minargs,maxargs,numargs, 'string')**

其中,minargs 为输出参数个数的下限;maxargs 为输出参数个数的上限;numargs 为输出参数个数,一般为 nargout。当 numargs<minargs 或 numargs> maxargs 时,返回错误信息字符串;当 minargs≤numargs≤maxargs 时,返回空字符串。

msg = nargoutchk(minargs, maxargs, numargs, 'struct')

其中,minargs 为输出参数个数的下限;maxargs 为输出参数个数的上限;numargs 为输出参数个数。当 numargs<minargs 或 numargs> maxargs 时,返回错误信息组成的结构,该结构包括错误信息字符串和错误信息的标识符;当 minargs≤numargs≤ maxargs 时,返回空结构。

例如,当输入参数过少时,该结构内容为:

```
message: 'Not enough output arguments.'
identifier: 'MATLAB:nargoutchk:notEnoughOutputs'
```

当输入参数过多时,该结构内容为:

```
message: 'Too many output arguments.'
identifier: 'MATLAB:nargoutchk:tooManyOutputs'
```

5）inputname 返回第 n 个输入参数的实际调用变量名。

inputname(argnum)

在函数体内使用,给出第 argnum 个输入参数的实际调用变量名。假如这个参数没有名字(比如是一个表达式或常数),那么返回空字符串。

例如,在当前目录有一个函数 myfun. m:

```
function c = myfun(a,b)
sprintf('First calling variable is " % s".',inputname(1))
```

在命令行输入命令,执行结果如下:

```
>> x = 5;
>> y = 3;
>> myfun(x,y)
First calling variable is "x".
```

此时,如果将 myfun(x,y)换成 myfun(5,3)或 myfun(x+1,3):

```
>> myfun(5,3)
First calling variable is "".
>>    myfun(x + 1,3)
First calling variable is "".
```

2. for、while 循环结构

程序中总会有对某些量的迭代计算,或对某个过程的重复处理,这就需要使用循环来简化程序。有两种循环:循环次数确定的 for 循环和依条件结束的 while 循环。

（1）for 语句

for 语句用于循环次数确定的循环,调用格式为:

```
for index = start: step: end
    statements
end
```

增量 step 的默认值为 1。

```
for k = A
    statements
end
```

假定 A 为 m×n 数组,则循环次数为 n 次,即数组按列循环。执行时,依次按列赋值给 k,即 for k=A(:,i),i 为循环次数,值从 1~n。k 顺序从列向量中取元素,每取一个,执行一次循环。

for 循环也可写在一行,语句用逗号隔开,如:

```
>> for k = eye(2),k,end
k =
    1
    0
```

```
k =
     0
     1
```

【注意】

① for 循环是完全按照条件数组[start：step：end]或数组 A 中的值进行的,不能通过在 for 循环中给循环变量赋值来终止 for 循环,如:

```
>> for i = 1:5
x(i) = sin(pi/i);
i = 5;
end
>> x
x =
     0.0000    1.0000    0.8660    0.7071    0.5878
```

② 由于 for 循环频繁地访问并更改循环变量的值,因此 for 循环运行时间较长。C 语言采用寄存器变量,将循环变量存入 CPU 内的寄存器,很好地解决了循环频繁读取内存的问题。而 MATLAB 并不提供寄存器变量,一般将变量存入内存中。解决此问题可取的方法是,尽量将循环运算替换为矩阵运算。

(2) while 语句

while 语句是依条件结束的循环,调用格式为:

while expression
    statements
end

由逻辑表达式 expression 控制循环,expression 为真,执行 statements 语句;否则退出循环。

与 for 循环类似,while 语句也可写在一行,用逗号隔开。

如果 expression 的结果为数组,只有在该数组的所有元素为 true 时,while 循环才反复执行;如果 expression 的结果为空数组,expression 为假,跳出 while 语句。

3. if、switch 条件分支结构

程序的分支语句,依据条件表达式的值选择执行的代码模块。

(1) if 语句

if 语句根据逻辑表达式的值选择执行一组代码。if 语句可任意嵌套。if 语句最简单的形式为:

if expression
    statements;
end

如果逻辑表达式 expression 的值为真,执行 statements 语句;如果 expression 的值为假,直接跳出该 if 语句;如果 expression 为数组,只有 expression 的所有元素为 true 时,MATLAB 才执行 statements 语句;如果 expression 为空数组,直接跳出该 if 语句;如果 expression 包含多个逻辑子表达式,MATLAB 将采用捷径运算,即使 expression 中并没有使用‖或 &&。

```
if expression1
    statements1;
elseif expression2
    statements2;
end
```

先判断逻辑表达式 expression1，如果 expression1 为真，执行 statements1 语句；如果 expression1 为假，判断 expression2 的真假，若 expression2 为真，执行 statements2 语句。

```
if expression1
    statements1;
elseif expression2
    statements2;
else
    statements3;
end
```

expression1 为真，则执行 statements1 语句；否则，如果 expression2 为真，执行 statements2 语句；否则，执行 statements3 语句。

（2）switch 语句

switch 语句根据表达式的值执行相应的代码。常用的调用格式为：

```
switch expression
    case val1
        statements1;
    case val2
        statements2;
    otherwise
        statementsn;
end
```

在 val1，val2，… 中找出表达式 expression 的值，执行第 1 个匹配的 case 语句；如果没有找到匹配的值，执行 otherwise 语句。otherwise 语句也可以省略。

表达式 expression 的值必须为一个数值、字符或字符串；val1，val2，…，valn 的值可以为数值、字符、字符串、多个数值的组合。多个数值之间用"|"隔开，或用大括号括起来，值之间用逗号隔开，例如：

```
a = 1;
switch a
    case 1|2
        1
    case {3, 4}
        2
    otherwise
        3
end
```

运行该脚本，命令行显示：

```
ans =
    1
```

4. try…catch 结构

错误检查语句。当程序运行在复杂的环境下时，一些语句可能会产生错误，导致程序停止执行，这时需要将这些语句放在 try…catch 结构中。

try…catch 结构的一般形式为：

try
　　程序段 A；
catch
　　程序段 B；
end

逐行运行程序段 A，一旦运行出错，就跳过程序段 A 后面的语句，改为执行程序段 B，此时命令行并不显示出错信息；

若程序段 A 运行完没有出现错误，则跳过程序段 B，继续执行后面的程序。

该语句结构也可以只包含 try 语句，不含 catch 语句：

try
程序段 A；
end

逐行运行程序段 A，若运行出错，就跳过程序段 A 后面的语句，继续执行后面的程序。

【注意】

① 只有程序段 A 出现错误才会跳过程序段 A 余下的语句，若出现警告信息，则并不跳过。

② 若运行程序段 B 时出错，则程序停止执行并在命令行显示出错误信息，除非程序段 B 中嵌套一个 try…catch 结构。

③ 若程序段 A 运行出错，错误信息会存入一个结构体中。要获取该结构体可使用 lasterror 函数(lasterror 可理解为 last＋error)。该函数返回一个包含错误信息的结构体，字段名分别为 message、identifier 和 stack，出错信息包含在字段 message 中。

例如：

```
try
    a = [1 2 3];
    b = [1 2];
    c = a * b
catch
    s = lasterror;
    disp(s.message)
end
```

运行该脚本程序，命令行显示：

```
Error using ==> mtimes
Inner matrix dimensions must agree.
```

④ 在 M 文件编辑器中编辑程序时，对于上面的 for、while 循环结构，if、switch 分支结构和 try…catch 结构，均可以单击 for、while、if、switch 或 try 等关键字前的 ⊟ 或 ⊞ 将整段代码进行隐藏或显示，如图 1.11 所示。

5. continue、break 和 return

① continue：用于 for 或 while 循环控制。当不想执行循环体的全部语句，只想在做完某

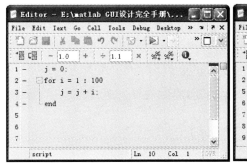 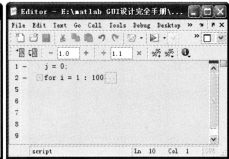

图 1.11　M 代码的显示与隐藏

一步后直接返回到循环头时,在此处插入 continue。continue 后面的语句将被跳过。如果在嵌套循环中使用 continue,它只跳过所在层的循环里 continue 之后的语句。

例如使用 continue 语句输出 1～25 内能被 8 整除的数,代码如下:

```
>> for n = 1:25
      if mod(n,8)                % 如果不能被 8 整除,则直接跳到下一个循环
          continue
      end
      disp(['Divisible by 8: ' num2str(n)])    % 输出可以被 8 整除的数
end
Divisible by 8: 8
Divisible by 8: 16
Divisible by 8: 24
```

【注】　MATLAB 的 if 判断语句中,如果表达式的结果是非空的,并且只包含非零元素(逻辑或实际数值),则表达式为 true,因此当 mod(n,8) 非 0 时,跳到下一循环。

② break:用在 for 或 while 循环中。完全退出 for 或 while 循环,不执行循环内的 break 语句之后显示的语句。嵌套语句中,它只跳出所在层的循环。例如:

```
>> upper = 0.5;        % 设置数值上限
i = 0;                 % 设置变量 i,赋初值 9
while 1
      a = rand;        % 生成(0,1)之间的随机数
      if a > upper     % 如果随机数大于上限 0.5,完全退出 while 循环
          break        % 注释:break 退出最内层的 while 或者 for 循环
      end
      i = i + a;       % 如果随机小于上限 0.5,进行累加
end
```

其中一次运行过程及结果为:第一个生成的随机数为 0.9649,大于上限 0.5,因此 break 语句生效,完全退出 while 循环。程序输出为:a=0.9649,i=0,upper=0.5000。

③ return:终止当前命令的继续执行,控制权交给调用函数或键盘。即,若在函数文件中使用了 return 语句,则执行到该语句就结束函数的执行,程序流程转回到调用该函数的位置。若被调用的程序没有 return 语句,被调用函数执行完成后自动返回。比如,利用 return 来判断输入数据是否 0,这在实际应用中较为常见,如生成文件名为 myfunc.m 的函数脚本。

57

```
a = input('please input a matrix:\n');        % 输出数据
if a = = 0
    disp('0 is invalid number ')              % 如果是 0,直接结束程序
    return
else
    b = 2 * a                                  % 如果是非零数,进行 2 倍运算
end
disp('end! ')                                  % 输出 end!
```

程序运行结果如下:

```
>> myfunc
please input a matrix:                         % 0 时,输出提示信息"0 is invalid number"并直接
                                               % 结束程序

0
0 is invalid number
>> myfunc
please input a matrix:                         % 2 时,运算结果为 4,且输出提示信息"end!"
2
b =
    4
end!
```

6. 其他常用函数

M 文件程序设计时,还经常用到表 1.44 中的一些函数。

表 1.44　其他常用函数

函数名	说　明	函数名	说　明
input	请求用户输入	pcode	创建伪码文件
pause	暂停程序的执行	echo	回显执行中的 M 文件
run	运行一个脚本文件	diary	命令行的操作记录
global	定义全局变量	ls	列出当前目录所有文件夹和文件名
pack	内存整理	cd	更改或显示当前工作路径
dir	列出当前目录所有文件夹和文件	pwd	显示当前工作路径
delete	删除文件或 GUI 对象	display	显示字符串、数组、变量值

现对 input、dir、ls、cd、pwd 等函数举例说明。

(1) input

input 函数提示用户输入一个数或一个字符串,并将用户输入返回给一个变量。其调用格式:

user_entry = input('prompt')

prompt 为屏幕的提示字符串,用户输入一个数值或变量名后,返回给变量 user_entry。如:

```
>> a = input('please enter the amount of money:\n')
please enter the amount of money:
10000
```

```
a =
        10000
>> b = [1 1;3 4];
>> c = input('please enter the variable name:\n')
please enter the variable name:
b
c =
        1        1
        3        4
```

user_entry = input('prompt','s')

返回用户输入的文本字符串给 user_entry 变量。如：

```
>> a = input('Do you love me? Y/N\n','s')
Do you love me? Y/N
Y
a =
Y
```

【例 1.1.1】　函数 $f(n)$ 有以下递推公式：

$f(1)=1$；

$f(2)=2$；

$f(n)=f(n-1)+f(n-2)$。　　　　　$(n>2)$

编写一个脚本文件，用户输入一个大于 2 的整数 m，返回 $f(m)$ 的值到命令行。

【解析】　先用 input 函数提示用户输入一个正整数，若输入为大于 2 的正整数，采用 for 循环执行递归计算。下面给出两种计算方法。

程序一：

```
m = input('请输入一个大于 2 的整数:\n');
    f = zeros(m);
    f([1,2]) = [1,2];
if (m > 2) && (m == floor(m))
    for i = 3 : m
        f(i) = f(i - 1) + f(i - 2);
    end
end
sprintf('f( % d) = % d', [m f(m)])
```

程序二：

```
m = input('请输入一个大于 2 的整数:\n');
if (m > 2) && (m == floor(m))
    a = 1;
    b = 2;
    for I = 3 : m
        temp = a + b;
        a = b;
        b = temp;
```

若您对此书内容有任何疑问，可以登录 MATLAB 中文论坛与同行交流。

```
        end
        sprintf('f( % d) = % d', [m temp])
end
```

运行结果为：

```
请输入一个大于 2 的整数：
6
f(6) = 13
```

（2）dir、ls、cd、pwd

这 4 个函数不仅在 MATLAB 命令窗口中经常用到，在其他与用户交互的终端中，也经常用到。如 Linux 终端中经常用到 ls、cd、pwd，Windows 终端（即 DOS）中经常用到 cd、dir。例如：

```
>> cd e:\example\                  % 切换到指定目录
>> ls                              % 显示当前目录所有文件和文件夹的名称
.                   RS485.doc              数据结构(C 语言版).pdf
..                  a1.gif                 新建文件夹
>> ls *.doc                        % 显示扩展名为.doc 的文件名称
RS485.doc
>> a = ls                          % 将当前目录下的所有文件和文件夹的名称存到字符数组 a 中
a =
.
..
RS485.doc
a1.gif
数据结构(C 语言版).pdf
新建文件夹
>> cd 新建文件夹                    % 进入目录 e:\example\新建文件夹
>> cd ..                           % 返回上一级目录
>> pwd                             % 显示当前路径
ans =
e:\example
>> dir                             % 列出当前目录所有文件和文件夹
.                   RS485.doc              数据结构(C 语言版).pdf
..                  a1.gif                 新建文件夹
>> dir *.gif                       % 显示扩展名为.gif 的文件名称
a1.gif
>> a = dir('*.gif')                % 存储扩展名为.gif 的文件的相关信息到结构体 a 中
a =
    name: 'a1.gif'
    date: '22 - 六月 - 2009 14:49:07'
    bytes: 42873
    isdir: 0
    datenum: 7.3395e + 005
```

1.2　重难点讲解

1.2.1　矩阵、向量、标量与数组

　　MATLAB 又称为矩阵实验室,是基于矩阵运算的操作环境。MATLAB 中的所有数据都是以矩阵或多维数组的形式存储的。向量和标量是矩阵的两种特殊形式。矩阵、向量、标量与数组的概念如下:

　　① 矩阵是二维的,由行和列组成。空矩阵是一类特殊的矩阵,其具有一个或两个等于 0 的维度。两个维度都等于 0 的二维矩阵在 MATLAB 中显示为[ ],表达式 A＝[ ]表示将一个 0×0 维的空矩阵赋给 A。若要创建维度为 0×n 或 n×0 的矩阵,可以使用 zeros(0,n)或 zeros(n,0)函数。

　　② 向量:一维长度为 1,另一维长度大于 1 的矩阵,称为向量。向量分为行向量和列向量,行向量的每个数值用逗号或空格隔开,列向量的每个数值用分号隔开,例如:

　　创建一个行向量:

```
>> a = [1,2 3]
a =
     1     2     3
```

　　创建一个列向量:

```
>> b = [1;2;3]
b =
     1
     2
     3
```

　　也可通过转置将行向量与列向量相互转换:

```
>> b'
ans =
     1     2     3
```

　　③ 标量:两维长度都为 1 的矩阵,称为标量。标量就是一个实数或复数。当然,字符也可被当成一个标量,因为它在 MATLAB 中是以整数形式存储的。

　　④ 数组:理论上,数组的维数可为任意非负整数。数组包括数值数组、字符数组、结构数组和单元数组。

　　如果矩阵不进行线性代数运算,而只进行算术运算,它就是一个二维数值数组。例如,对于矩阵 a 和 b:

```
>> a = ones(2,2);
>> b = [1,2;3,4];
```

　　若执行运算:

```
>> a * b
ans =
```

若您对此书内容有任何疑问,可以登录 MATLAB 中文论坛与同行交流。

```
        4       6
        4       6
```

则 a 与 b 被看成矩阵,因为它们执行的是线性代数运算。

若执行运算:

```
>> a.* b
ans =
        1       2
        3       4
```

则 a 与 b 被看成数组,因为它们执行的是对应元素之间的算术运算。

若执行运算:

```
>> a + b
ans =
        2       3
        4       5
```

则 a 与 b 被看成数组或矩阵,因为此时可被看成线性代数运算,也可被看成算术运算。

1.2.2 数据类型转换

(1) 转换为字符、字符串

① int2str:整数转换为字符串。如:

```
>> int2str([2.5 3.1])
ans =
3 3
```

② num2str:数值转换为字符串。如:

```
>> num2str(3.145)
ans =
3.145
```

③ mat2str:矩阵转换为字符串。如:

```
>> mat2str([1 2;3 4])
ans =
[1 2;3 4]
```

④ char:数值转换为字符(字符为数值对应的 Unicode 值),或者单元数组转换为字符数组。如:

```
>> char([109 97 116 108 97 98])
ans =
matlab
>> char({'1', '2', '3'})
ans =
```

```
1
2
3
```

⑤ dec2bin：十进制转换为二进制字符串。如：

```
>> dec2bin(9)
ans =
1001
```

⑥ dec2hex：十进制转换为十六进制字符串。如：

```
>> dec2hex(30)
ans =
1E
```

⑦ num2hex：转换单精度或双精度值为 IEEE 标准的十六进制数。如：

```
>> num2hex(-1)
ans =
bff0000000000000
```

⑧ dec2base：十进制转换为任意进制。如：

```
>> dec2base(33,17)
ans =
1G
```

⑨ cast：数据类型强制转换。如：

```
>> cast(123,'char')
ans =
{
```

（2）转换为数值、数组

① str2num：字符串转换为数值。如：

```
>> str2num('1  2')
ans =
     1     2
```

② str2double：字符串转换为 double 值，或字符串单元数组转换为数值数组。如：

```
>> str2double('1,000.3')
ans =
  1.0003e+003
>> s = {'1.23', ' '; '3.48', '3.88'};
>> d = str2double(s)
d =
    1.2300       NaN
    3.4800    3.8800
```

63

③ double:字符转换为对应的 Unicode 码,或者字符数组转换为数值数组。如:

```
>> double('a + 1')
ans =
    97    43    49
>> double('大飞')
ans =
      22823      39134
```

④ int8、uint8、int16、uint16、int32、uint32、single:数值或字符转换为指定类型。例如:

```
>> int8('a')
ans =
    97
>> int16('飞')        % 字符"飞"的 Unicode 码为 39134,数值溢出,返回 int16 型数据的最大值
ans =
  32767
```

⑤ eval:转换数值字符串为数值。如:

```
>> eval('3e1')
ans =
    30
```

⑥ hex2num:十六进制字符串转换为对应的双精度浮点数。双精度浮点数共 64 位,位存储格式参见表 1.12。输入的十六进制字符串转换为二进制后不足 64 位,在低位补 0。例如,双精度数 -1 的十六进制值为 0XBFF0000000000000,那么:

```
>> hex2num('bff')
ans =
    - 1
```

⑦ hex2dec:十六进制字符串转换为十进制数。如:

```
>> hex2dec('3ff')
ans =
        1023
```

⑧ bin2dec:二进制字符串转换为十进制数。如:

```
>> bin2dec('010111')
ans =
    23
```

⑨ oct2dec:八进制数转换为十进制数。如:

```
>> oct2dec(12)
ans =
    10
```

⑩ base2dec:任意进制转换为十进制。如:

```
>> base2dec('120', 3)
ans =
    15
```

⑪ cell2mat:单元数组转换为矩阵。如:

```
>> cell2mat({'1'; '2'; '3'})
ans =
1
2
3
```

⑫ cast:数据类型强制转换。如:

```
>> cast('123', 'double')
ans =
    49    50    51
```

（3）转换为单元数组

① mat2cell:字符数组或数值数组转换为单元数组。如:

```
>> a = ['abc'; 'bca'; 'cab'];
>> b = mat2cell(a, [2 1], [1 2])
b =
    [2x1 char]      [2x2 char]
    'c'             'ab'
```

② num2cell:数值数组转换为单元数组。如:

```
>> a = [1 2;3 4];
>> num2cell(a, 2)
ans =
    [1x2 double]
    [1x2 double]
```

1.3 专题分析

专题 1 MATLAB 基本编程步骤

科学研究与工程项目中,编写程序的首要目的在于处理实际问题,解放劳动力。在给定具体问题后,需要考虑如何编写程序来解决问题。如果对问题没有深入分析就直接编程,很容易造成编程效率低下、程序逻辑混乱,甚至需要花费大量时间进行故障调试。因此,要想高效、高质量地完成程序编写,一般需要按以下几个步骤进行。

① 问题的科学凝练;

② 确定程序的输入及输出(此处指广义的输入、输出);

③ 设计程序的基本流程;

④ 在 MATLAB 中编写程序;

⑤ 用大量数据集进行程序的鲁棒性验证;

⑥ 程序最优化。

为了对以上各个步骤有直观清晰的认识,下面来看一个简单例子:求立体空间中给定两点之间的距离。

1. 问题的科学凝练

第一步首先进行问题的科学凝练,即需要对待解决的问题进行清楚而又简洁的陈述,避免引起任何误解。此外,清楚简洁的陈述有助于寻找解决问题的办法。

比如,待解决问题可凝练为:计算三维空间中两点之间的直线距离。

2. 确定程序的输入及输出

在第二步,我们要确定为解决该问题,别人给了你什么信息(输入),而该问题解决后,别人需要获得什么信息(输出)。一般利用黑盒子来表示解决方案,如图1.12所示。

3. 设计程序的基本流程

程序的基本流程设计完成后,一般需要手工或借助计算器完成简单数据的计算验证。本步骤十分必要,即使遇到的问题很简单,也不应该被省略,因为这是确定解决方案技术细节的步骤,也是解决问题的核心关键。若遇到棘手的问题,通常需要回到第一步重新审视问题,或查阅与算法相关的参考资料。若本步骤没有做好,一定不要进行下一个步骤。

比如,对于目标问题,令输入的两个点坐标分别为 $P1(x_1,y_1,z_1)$ 与 $P2(x_2,y_2,z_2)$,计算两点之间的距离,可以借助算法:$d=\sqrt{(x_1-x_2)^2+(y_1-y_2)^2+(z_1-z_2)^2}$。

图1.12　待解决问题的输入输出

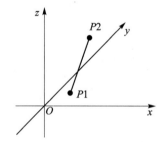

图1.13　两点坐标示意图

用简单的点 $P1(0,0,0)$ 与 $P2(1,1,1)$ 进行验证,有 $d=\sqrt{(1-0)^2+(1-0)^2+(1-0)^2}=\sqrt{3}$,因此算法有效性得以验证。

4. 在 MATLAB 中编写程序

本步骤需要将第3步中的算法转化为 MATLAB 代码。

因此,MATALB 程序可写作:

```
% 该程序用于计算两点之间的距离
tic
p1 = [0,0,0]; % initialise point 1
p2 = [1,1,1]; % initialise point 2
d = sqrt((p2(1) - p1(1))^2 + (p2(2) - p1(2))^2 + (p2(3) - p1(3))^2)      %计算距离
toc
```

5. 用大量数据集进行程序的鲁棒性验证

本步是 MATLAB 程序设计的最后一步,在程序完成后,需要用大量数据对程序的有效性和可靠性进行检验。做 MATLAB 程序验证时,可以令输入数据取简单数据,判断程序计算值与手工计算值是否相同。若计算结果不同,需要反复检验,确定是第 3 步手工计算出错还是第 4 步编写程序出错,直到第 3、4 步计算结果相同为止。

例如,上述程序运行后,结果为

```
d =
    1.7321
时间已过 0.006978 秒。
```

程序计算结果与手工计算结果相同,程序编写才能结束。

6. 程序最优化

尽管编写的 MATLAB 程序可以有效地解决问题,但程序可能仍然处于非最优化状态,如运行时间过长等。因此,在追求运算速度的前提下,还应当着手程序的最优化,以期程序达到更快的运行速度。

由线性代数可知:2 维空间上的距离可以推广为 n 维空间内向量的欧氏距离,即 n 维空间向量的的 2 - 范数。例如,对上述问题,n 维空间向量可取 $\boldsymbol{P} = \boldsymbol{P}2 - \boldsymbol{P}1$,其 2 - 范数为 $d = \|p\|_{2-\mathrm{norm}} = \sqrt{p \cdot p}$。2 - 范数计算可借助 MATLAB 自带函数 norm,因此上述问题的 MATLAB 解为

```
tic
p1 = [0,0,0]; % initialise point 1 (notice the vector is a column vector)
p2 = [1,1,1]; % initialise point 2 (notice the vector is a column vector)
d1 = norm(p2 - p1) % calculate distance
toc
```

运行结果为

```
d1 =
    1.7321
时间已过 0.000761 秒。
```

可以看出,代码优化后的运行时间相较于未优化前缩小一个数量级。由此可见,在追求程序更短时间运行完毕的情况下,代码优化是必不可少的步骤。

以上 6 个步骤就是利用 MATLAB 编程时所要遵循的基本原则,希望大家在今后的编程中刻意训练自己这方面的技能,为高效高质量地编程夯实基础。

专题 2　编程风格

在学习 MATLAB 编程之前,大家有必要了解一些编程风格方面的知识。代码格式要正确,表达要清晰、通用,这样才能写出具有共享性和容易维护的代码。良好的代码写作规范,使得程序容易调试,便于修改。因此,从一开始就考虑代码风格是必要的。

1. 命名规则

(1) 变　量

1) 变量名应该能够反映该变量的含义或用途,以小写字母开头,采用大小写混用模式或下画线分割模式,如 isOpened、serial_open 等。

若您对此书内容有任何疑问,可以登录 MATLAB 中文论坛与同行交流。

【思考】 为什么要约定以小写字母开头呢?

大家采用 C++ 编程时,经常用到类和指针,用户在查找类的成员函数或成员变量时,不可能把所有的类成员记得清清楚楚,一般是先输入类成员的首字母或开始几个字母,然后根据编辑器的提示下拉列表框,寻找需要的类成员。于是,大家约定,所有类成员均以小写字母开头,以方便类成员的查找。

2) 临时变量的变量名尽量短小。习惯上,m、n、i、j、k 表示 int 类型的临时变量(不推荐使用 i、j,因为与虚数单位冲突);c、ch 等表示字符类型的临时变量;a 表示临时数组;x、y 或 z 表示双精度临时变量。

3) 前缀 m 或 n 通常用于声明数值对象,m 代表 matrix,n 代表 number,如 mRows(或 nRows)、nSegments、nFiles 等。

4) 前缀 p 表示指针;前缀 str 表示字符串;前缀 st 表示枚举、结构或联合体;前缀 b 表示布尔型变量。

5) 表示对象与对象集合的变量名,不要仅仅只相差一个后缀"s",可以考虑多对象的变量名后面添加一个 Array。例如,point 表示一个点,而 pointArray 表示一个点集。

6) 尽量避免变量名以数字区别、以大小写区别或以后缀 s 区别。例如 Row 和 Rows、Temp 和 temp、Value1 和 Value2 都是不好的命名习惯,因为变量名太相似,容易混淆或拼写错。

7) 只表示单个实体数据的变量,可以添加前缀 i 或后缀 No(源自英文单词"No."),如 dataNo、iData 等。

8) 循环变量应该以 i、j 或 k 为前缀。当涉及复数运算时,应禁用 i 和 j 作为循环变量。对于嵌套循环,循环变量应该以字母表的顺序命名。如:

```
for iRow = 1 : mRows
    for jLine = 1 : nLines
        ...
    end
end
```

line、row 都可以翻译成"行"或"列",column 翻译成"列"。本书中,line 与 row 一起用时,row 理解为"行",line 理解为"列";row 或 line 与 column 一起用时,row 或 line 理解为"行",column 理解为"列"。

9) 布尔变量禁止使用否定式的变量名。例如,使用 isOpened,而禁止使用 isNotClosed。这有两个原因:一是因为 ~isNotClosed 相当于是双重否定,看起来很别扭;二是 isOpened 比 isNotClosed 更简洁。

10) 缩写形式即使全部为大写字母,在变量命名时也应该与小写字母混合使用。如:可使用 udpSoket,而避免使用 UDPSoket。

11) 避免使用关键字或保留字作为变量名,如 clear、clc、while、end、global 等。

(2) 常　量

1) 常数名、全局变量名、永久变量名应该全部采用大写字母,且用下画线分割单词。至于为什么 pi 不是 PI,tic 不是 TIC,原因也是因为 pi 和 tic 在 MATLAB 内部都是函数名(同理,可以在 MATLAB 安装目录内搜索到 pi.m 和 tic.m 文件)。

2）可以采用对象的类型名作为前缀。如：COLOR_RED、POS_CENTER（或 POSITION_CENTER）等。

（3）结构体

1）结构体命名应该以大写字母开头，如：Segment。这么约定是为了与普通变量名区别开来。

2）结构体的字段名不需要包含结构体名的含义。如：应采用 Segment. length 而避免采用 Segment. SegmentLength。

（4）函　数

1）MATLAB 中定义的大部分系统函数都是采用纯小写字母作为函数名的，新版 MAT-LAB 的部分函数采用小驼峰命名法（第一个单词以小写字母开始；第二个单词的首字母大写）来命名，如前面讲到的 matlabFunction 函数。

2）函数名应该具有意义。可以采用大家广泛使用或约定俗成的缩写，如：max、min、disp、std、diff 等。

3）所有的函数命名应该采用英文形式，禁止使用汉语拼音。因为英语是国际研发交流中最适合的语言。

4）单输出参数的函数，可以根据输出参数的含义命名，如：mean、sum 等。

5）前缀 get 和 set 作为访问 GUI 对象的保留前缀；后缀 get 和 set 作为位运算的保留后缀，如：getappdata、setappdata、bitget、bitset 等。

6）前缀 find 用于具有查询功能的函数，如 findobj、findall；前缀 compute 用于具有计算功能的函数；前缀 initialize 用于具有初始化对象功能的函数；前缀 is 用于布尔函数，如 iscellstr、iscell、ischar 等。

2．文件与结构

1）模块化设计。不同的功能分成不同的模块，单独进行设计。

2）函数之间尽量采用输入输出参数进行通信。当输入参数较多时，考虑采用结构体。如：每个 GUI 回调函数都有一个 handles 结构体作为输入参数。

3）多处出现的代码块，要考虑封装在一个函数中，以提高代码的简洁性和复用性。

4）只被另外一个函数调用的函数，应该作为一个子函数，写在同一个文件中。

3．基本语句

总体原则：避免使用含糊代码。代码不是越简洁越好，而是越清楚越好。

（1）变　量

1）在内存充足的情况下，变量尽量不要重复使用，赋予每个变量唯一的含义，可以增强代码的可读性。

2）同种类型且意义相近的变量，可以在同一语句中定义；不同意义的变量，不要在同一语句中定义。例如，可以这样定义：

```
>> global POS_X POS_Y
>> global COLOR_RED COLOR_BLUE
```

而不要这样定义：

```
>> global POS_X POS_Y COLOR_RED COLOR_BLUE
```

3) 在文件开始的注释中,为重要变量编写文档。

4) 在常量定义处,为该常量编写注释。

5) 尽量少地使用全局变量。全局变量过多,不利于代码的维护和阅读。

6) 浮点数的逻辑运算要当心系统误差。如:

```
>> 0.05^2 == 0.03^2 + 0.04^2          % 浮点值的比较
ans =
     0
>> a = 0.01 : 0.01 : 2;
>> n = find(a == 0.15)                           % 查找数组 a 中值为 0.15 的元素,产生系统误差
n =
   Empty matrix: 1 - by - 0
>> n = find(abs(a - 0.15) <= eps)               % 查找数组 a 中值为 0.15 的元素
n =
     15
```

(2) 常 数

1) 尽量在表达式中少用数字,可能会改变的数字用常数代替,便于程序的修改。

2) 浮点常数应该在小数点前写上 0。如:0.5 不要写成 .5。

(3) 循环语句

1) 不要在循环语句中扩展数组的维数,而应该预先给数组分配内存。如:

```
result = zeros(1, 100);
for i = 1 : 100
    result(i) = i^2;
end
```

2) 循环中尽量少用 break 和 continue,以增强代码的可读性。

3) 嵌套循环时,应该在每个 end 后添加注释,注明该层循环完成什么功能。

(4) 条件语句

1) 避免使用复杂的条件表达式,而采用临时逻辑变量代替。例如,避免使用如下格式:

```
if (value > = lowerLimit) && (value < = upperLimit) && (~isMenber(value, valueArray))
    ...
end
```

建议采用如下格式:

```
isValid = (value > = lowerLimit) && (value < = upperLimit);
isNew = ~isMenber(value, valueArray);
if (isValid) && (isNew)
    ...
end
```

2) 在 if…else 结构中,频繁事件放在 if 部分,偶尔发生的事件放在 else 部分。如:

```
fid = fopen(fileName);
if (fid ~ = - 1)
    ...
else
    ...
end
```

3) switch 语句应该包含 otherwise 条件,以免出现不可预料的错误。

4) switch 变量通常应该是字符串。

4. 排版与注释

(1) 排　版

1) 每行代码控制在 80 列之内,代码分行采用符号"…"。M 文件编辑器中第 75 列有一条灰色的竖线,尽量选择在该竖线附近分行。

2) 代码分行显示的 3 条原则:

① 在一个逗号或者空格之后分行;

② 在一个操作符之后分行;

③ 分行时对齐表达式。

例如:

```
sum = a + b + c + ...
        d + e;                  % 在空格、操作符之后分行;对齐表达式
str = ['e:\example\' ...
        '新建文件夹']);          % 在空格之后分行;对齐表达式
```

3) 代码的缩排一般为 3 个空格或 1 个"Tab",建议采用 MATLAB 默认的缩排格式。

4) 一行代码应该只包含一个可执行语句。当然,短的 if、for、while 语句可以写在一行。一行写多条执行语句,不仅影响代码的美观,更会减慢代码的运行速度。

5) 合理使用空格。使用空格有以下 5 条原则:

① 在 =、= =、~ =、>、> =、<、< =、:、+、-、* 、/、%、&、|、& &、| | 的前后添加空格。

② 在 ~、、等符号前后不需要添加空格。冒号表达式中为了直观有时不需要添加空格。总之,以代码的美观和直观为原则。例如,2 ^ x 建议写成 2^x;~ a 建议写成 ~a;for i = 1:a/2:c+d 建议写成 for i = 1:(a / 2) : (c + d) 或者 for i = 1:a/2:c+d。

③ 在逗号、分号的后面添加空格,前面不添加空格。例如:

```
a = [1, 2, 3];
```

④ 关键字后面添加空格,而函数名后不能添加空格。据此可以区分关键字与函数。

⑤ 块内部的 1 个逻辑组语句前后用空白行隔开;块之间用多个空白行隔开。

(2) 注　释

1) 注释应该简洁易读。

2) 函数头部的注释应该支持 help 和 lookfor 对该函数的查询,因此,该行注释中应尽可能包含可能的搜索关键字。

3) 函数头部的注释应描述该函数的功能,并列出输入参数不同时该函数的语法和功能。

4) 在函数头部注释中,建议该函数的函数名全部大写。

5) 在函数头部注释中,最后要加上版权声明和程序版本。

6) 函数头部的注释建议全部用英文。

专题 3　代码优化

要优化 MATLAB 程序,加速程序的运行,可以考虑以下方法:

71

1. 遵守 Performance Acceleration 的规则

具体简化为以下 7 条：

1) 只有使用以下数据类型，MATLAB 才会对其加速：logical、char、int8、uint8、int16、uint16、int32、uint32、double。而语句中如果使用了以下数据类型则不会加速：numeric、cell、struct、single、function handle、java classes、user classes、int64、uint64。

2) 超过三维的数组不会进行加速。

3) 当使用 for 循环时，只有遵守以下规则才会被加速：

① 循环范围只用标量值来表示；

② 循环内部的每条语句都要满足上面的两条规则，即只使用支持加速的数据类型，只使用三维以下的数组；

③ 循环内只调用了内建函数（build-in function）。

4) 当使用 if、elseif、while 或 switch，其条件测试语句中只使用了标量值时，将加速运行。

5) 不要在一行中写入多条操作，这样会减慢运行速度。

6) 当某条操作改变了原来变量的数据类型或形状（大小、维数）时将会减慢运行速度。

7) 应该这样使用复常量：x＝1＋3i，而不应该这样使用：x＝1＋3＊i。后者会降低运行速度。

2. 遵守 5 条规则

1) 尽量避免使用循环。可以有 3 种改进方法：

① 优先考虑用向量化的运算来代替循环操作。例如：

```
tic;
for i = 1 : 10000
    t(i) = i / 100;
    y(i) = sin(t(i));
end
toc
```

命令行输出：

```
Elapsed time is 0.128331 seconds.
```

现将循环改为矩阵运算：

```
tic;
t = 0.01 : 0.01 : 100;
y = sin(t);
toc
```

命令行输出：

```
Elapsed time is 0.000332 seconds.
```

当然，新版的 MATLAB 在循环算法上做了较大优化和改进，如果向量化运算远比循环运算复杂且调用的函数过多，推荐还是用循环方式，而不要强行用矩阵运算，毕竟，"强扭的瓜不甜"。

② 在必须使用多重循环时，循环次数少的放在外层，循环次数多的放在内层。

例如,将循环次数多的放在外层:

```
clear;
data = zeros(1000, 500);
tic;
for iLine = 1 : 1000
  for jRow = 1 : 500
      data(iLine, jRow) = iLine + jRow;
  end
end
toc
```

命令行输出:

```
Elapsed time is 0.005671 seconds.
```

而将循环次数少的放在外层:

```
clear;
data = zeros(1000, 500);
tic;
for iRow = 1 : 500
  for jLine = 1 : 1000
      data(jLine, iRow) = jLine + iRow;
  end
end
toc
```

命令行输出:

```
Elapsed time is 0.003665 seconds.
```

2) 预分配数组空间,即先给数组分配好空间再使用。给数值型数组分配空间,优先使用 zeros 和 ones;给单元数组分配空间,使用 cell;给结构体分配空间,使用 struct;扩充数组,使用 repmat。

当要预分配一个非 double 型变量,或扩充一个变量的维数时,使用 repmat 函数以加速。例如:

```
>> A = zeros(100, 100, 'uint8');        % 给数值型数组分配空间
>> B = repmat(A, 2, 2);                 % 扩充数组
```

避免使用下面的语句:

```
>> A = uint8(zeros(100, 100));
>> B = [A A;A A];
```

73

3) 优先使用 MATLAB 内建函数,将耗时的循环编写成 MEX 文件(C 语言处理循环更快),以获得加速。

有关 MEX 文件如何编写请参考\matlab\R2010b\extern\examples\refbook 目录下的 findnz.c、phonebook.c 和 timestwo.c 等 C 文件,以及在 Help 中查阅一下 MEX-File 和 mex-

Function 的相关内容。

MEX 文件编译成 MATLAB 可以直接调用的共享库文件（扩展名为 mexw32 或 mexw64），方法为：

```
mex mexFileNme.c
```

编译后的文件为 mexFileName.mexw32（32 位操作系统）。例如，上面的 timestwo.c 编译和调用方法为（假设已经将该文件拷贝到 e:\example\目录下）：

```
>> cd e:\example\            % 切换到 timcstwo.c 所在目录
>> mex timestwo.c            % 生成 timestwo.mexw32
>> delete timestwo.c         % 删除 c 源文件
>> y = timestwo(2)           % 输出值为输入值的 2 倍
y =
    4
```

4）尽量使用函数而不要使用脚本。脚本文件转换为函数文件的方法很简单，就是在脚本文件开头加一行无输入参数和输出参数的函数声明即可。注意函数声明时，函数名要与文件名一致。

5）认真检查代码中有波浪线提示的部分。新版 MATLAB 具有代码检查的功能，对于一些常见的错误或需要优化的地方，都进行了提示。一定要仔细检查每个出现波浪线的地方。

▲【例 1.3.1】 自守数问题。

如果某个数的平方的末尾几位等于这个数，那么就称这个数为自守数。例如，5 和 6 是一位自守数（$5 \times 5 = 25$；$6 \times 6 = 36$）而 $25 \times 25 = 625$；$76 \times 76 = 5776$，所以 25 和 76 是两位自守数。而 0 和 1 虽然其平方的个位数仍然是 0 和 1，但是由于研究它们没有意义，所以 0 和 1 不算自守数。

现要求分别采用循环和矩阵运算的方式，分别计算出 5～100 000 之间所有的自守数。并比较两种计算方法所花费的时间。

【解析】 思路 1：采用循环计算。假设某个数为 x，其十进制位数为 n。根据自守数的定义，只要对于每个数作如下判断：x^2 对 10^n 求模，如果所得的余数等于 x，则 x 为自守数。众所周知，对于十进制数 x，对其求以 10 为底的对数，所得值的整数部分加 1，就等于 x 的位数。

程序如下：

```
tic;
index = 0;
data = zeros(1, 100);
for i = 5 : 100000
    n = 1 + floor(log10(i));    % 获取数值 i 的十进制位数
    if i == mod(i^2, 10^n)      % 若 i 等于其平方的末尾几位,判断 i 为自守数,存入 data 数组中
        index = index + 1;
        data(index) = i;
    end
end
answer = data(1 : index)        % 命令行打印出查询到的所有自守数
toc
```

命令行输出：

```
answer =
          5        6       25       76      376      625     9376    90625
Elapsed time is 0.709977 seconds.
```

思路 2：采用矩阵运算。将 5～100 000 之内的所有整数放在一个矩阵 x 中，同时计算出 x 中每个元素平方的尾数，放入矩阵 y 中。查找 x 与 y 中对应位置相等的元素即可。

程序如下：

```
tic;
x = 5 : 100000;
y = mod(x.^2, 10.^(1 + floor(log10(x))));
x(x == y)       % 采用逻辑数组作为索引值,比 find 函数运算速度更快
toc
```

命令行输出：

```
ans =
          5        6       25       76      376      625     9376    90625
Elapsed time is 0.028646 seconds.
```

可见，采用矩阵运算，可以显著地提高代码的运算效率。

专题 4　M 文件编程小技巧

在编写 M 文件中，有以下几点小技巧经常用到：

（1）Tab 键右移整段代码

选中一段代码或一段代码中的部分代码，将整段代码右移一个制表符长度（4 个空格的长度）。例如，可将图 1.14 左图中的代码右移一个制表符长度，如图 1.14 的右图所示。

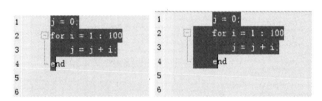

图 1.14　Tab 键右移整段代码

（2）Shift＋Tab 组合键左移整段代码

选中一段代码或一段代码中的部分代码，将整段代码左移一个制表符长度（4 个空格的长度）。例如，可将图 1.15 左图中的代码左移一个制表符长度，如图 1.15 的右图所示。

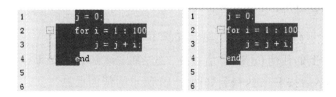

图 1.15　Shift＋Tab 组合键左移整段代码

若您对此书内容有任何疑问，可以登录 MATLAB 中文论坛与同行交流。

（3）Tab 键自动补全函数名

输入函数名的前几个字符后按 Tab 键，M 文件编辑器会试图补全该函数名，弹出所有可能的已有函数名列表。例如，想输入 figure 这个函数，在 M 文件编辑器内输入 fi 然后按 Tab 键，得到图 1.16 所示的列表。

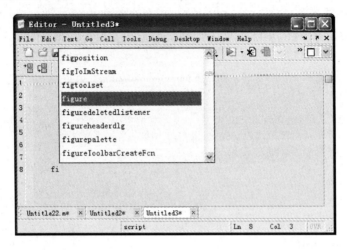

图 1.16　函数名自动补全

（4）自动补全函数调用格式

输入函数名和左括号后，M 文件编辑器会提示该函数的所有调用格式，并根据用户输入，自动识别用户所选中的调用格式，高亮显示当前要输入的参数项。例如，对于 waitbar 函数，输入左括号后停顿数秒，显示该函数的调用格式信息，如图 1.17 所示。

图 1.17　自动补全函数调用格式

继续输入 0.5 和逗号，高亮显示当前要输入的参数，如图 1.18 所示。

（5）F1 键显示帮助信息，Ctrl＋F1 组合键显示函数概要信息

鼠标点到函数名上的任何位置，然后按 F1 键，弹出该函数的帮助信息页面。例如，鼠标点到 figure 函数上，然后按 F1 键，得到如图 1.19 所示的帮助信息。

若按 Ctrl＋F1 组合键，显示函数的调用格式，如图 1.20 所示。

图 1.18　高亮显示 waitbar 函数的第 2 个输入参数

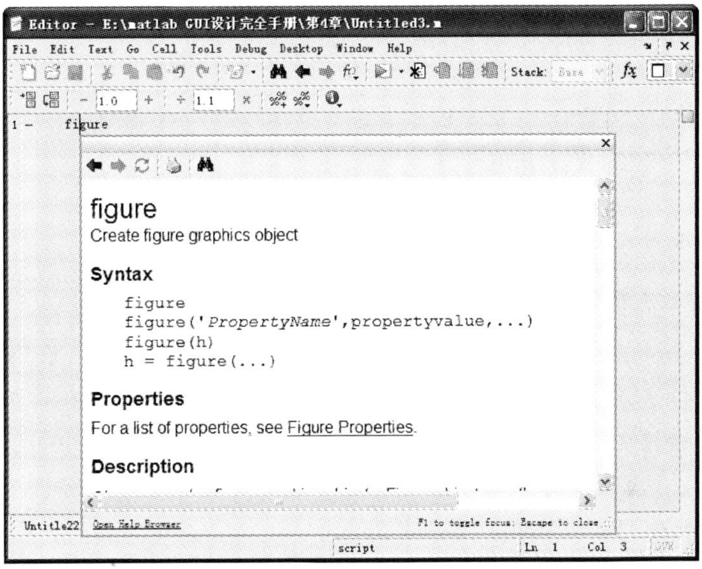

图 1.19　显示帮助信息

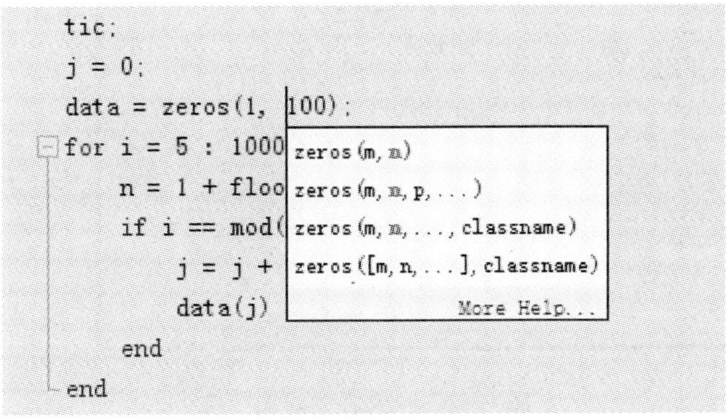

图 1.20　显示函数的概要信息

若您对此书内容有任何疑问，可以登录 MATLAB 中文论坛与同行交流。

（6）采用代码分段符%%对代码进行分段高亮显示

在每个要分段的代码前后一行输入两个百分号，或两个百分号后加一个空格，再加注释，可以对代码进行分段高亮显示，如图 1.21 所示。

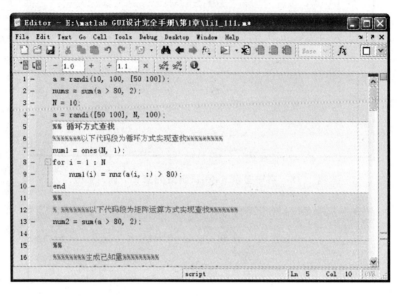

图 1.21　代码的分段高亮显示

当然，也可以右键选择【Insert Cell Break】添加%%。

（7）注意检查红色波浪线所选中的语法部分

MATLAB 会对 M 文件执行代码检查，并提供一些合理性的建议。在需要优化的语法部分下方添加红色波浪线，并在该行代码最右端添加一条红线（即消息指示器）。

例如，图 1.22 中有三条红色波浪线，分别位于 randint、＝和 str2num 的下方，M 文件编辑器最右端同样有三个红色线段指示该行代码存在警告信息。

代码检查：该函数存在警告信息

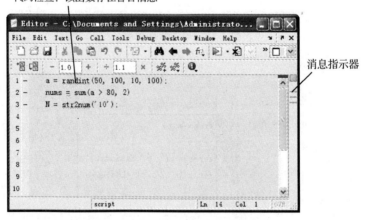

消息指示器

图 1.22　M 文件的语法检查

首先，鼠标停留在 randint 函数上数秒，或停留在右侧的红色线段上，会提示"该函数将被移除，建议使用 randi 代替"的信息，如图 1.23 所示。该行代码改为：

```
a = randi([10 100], 50, 100);
```

警告信息自动清除。

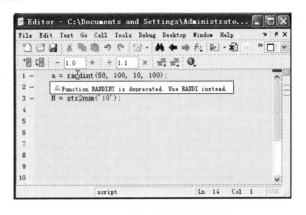

图 1.23　语法检查的警告信息

第 2 行代码的"="下方也有一条红色波浪线,鼠标停留在"="上数秒,会提示"该行代码将输出结果到命令行,在该行代码后添加分号终止输出",如图 1.24 所示。

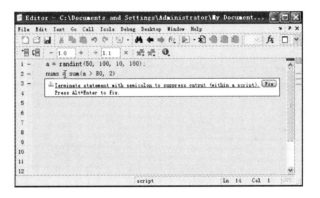

图 1.24　查看语法检查的警告信息

单击警告信息上的链接,弹出的信息窗口进一步解释"在脚本文件中有时需要打印信息",如果要忽略该警告信息,可以根据需要右键选择【禁止警告该条信息】、【禁止警告所有信息】或【禁止警告该类信息】。选择【禁止警告该类信息】选项后,不再提示表达式后未加分号的警告了。

第 3 行代码的 str2num 函数下方也有一条红色波浪线,鼠标停留在 str2num 函数上数秒,会提示"str2double 函数运算更快,但 str2double 只进行标量运算。请根据需要选择合适的函数",如图 1.25 所示。

(8) Shift+F1 组合键或右键选择【Function Browser】,打开函数浏览器

在 M 文件编辑器内空白位置按 Shift+F1 组合键,可以打开函数浏览器;选中要查看的函数然后按 Shift+F1 组合键,可以打开函数浏览器并搜索该函数。例如,在 M 文件编辑器内输入 randi,选中 randi 并按 Shift+F1 组合键,打开函数浏览器并搜索 randi,如图 1.26 所示。

(9) Ctrl+I 组合键或右键选择【Smart Indent】,执行代码格式自动缩排

例如,缩排前的代码如图 1.27 所示。

若您对此书内容有任何疑问,可以登录MATLAB中文论坛与同行交流。

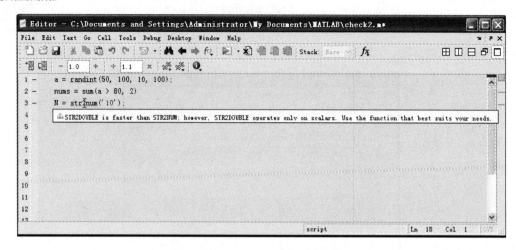

图 1.25　str2num 函数的警告信息

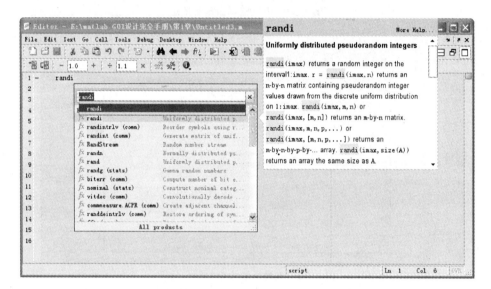

图 1.26　打开函数浏览器

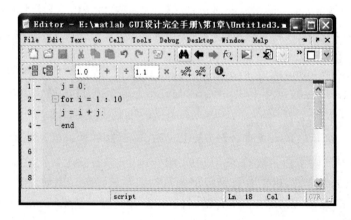

图 1.27　未缩排的代码

选中所有代码,按 Ctrl+I 组合键缩排后的效果如图 1.28 所示。

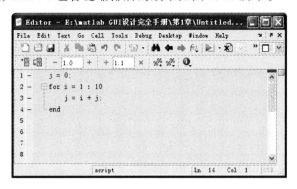

图 1.28 自动缩排后的代码

(10) Ctrl+D 组合键或右键选择【Open Selection】,打开该函数的源代码

例如,在 M 文件编辑器内输入 waitbar,并在该函数上按 Ctrl+D 组合键,自动打开所调用的 waitbar 函数源代码 waitbar.m,如图 1.29 所示。

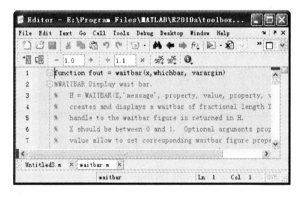

图 1.29 查看函数的源代码

(11) Ctrl+R 组合键注释整段代码,Ctrl+T 组合键取消注释整段代码

选中要注释的代码段,按 Ctrl+R 组合键或右键选择【Comment】;选中要取消注释的代码段,按 Ctrl+T 组合键或右键选择【Uncomment】。

(12) 采用 %{……%}结构注释整段代码

这类似于 C 语言中的/*……*/结构,如图 1.30 所示。

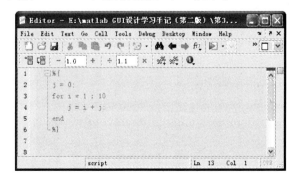

图 1.30 M 代码的整段注释

若您对此书内容有任何疑问,可以登录 MATLAB 中文论坛与同行交流。

1.4 精选答疑

问题1 单元数组占用的内存空间如何计算

【例 1.4.1】 有 3 个 2×2 的单元数组:数组 a 仅定义而未初始化,数组 b 除第一个单元初始化为字符 'a' 外,其余单元均未初始化,数组 c 除第一个单元初始化为空值外,其余单元均未初始化。试计算数组 a、b 和 c 所占用的内存空间大小。

【解析】 一个已定义且初始化了的单元数组,每个单元都附带位置指针(类似于链表指针,共 8B),来指明该单元所在位置,另外还有一块 104B 的区域用来记录单元信息,比如单元的长度,数值类型等。因此每个单元的长度应该等于单元内元素的实际长度,加上 112B。

对于一个仅定义而未初始化的单元数组,每个单元仅附带 8B 的位置指针,即每个未初始化的单元的长度应该等于 8B。

数组 a 由于仅定义而未初始化,故每个单元占用 8B,4 个单元 32B。

数组 b 的第 1 个单元初始化为字符 'a',占用 2B。所以数组 b 的第 1 个单元占用空间 104+8+2=114B。后 3 个单元未初始化,共占用 3×8=24B。故数组 b 共占用 114+24=138B。

数组 c 第 1 个单元初始化为空,所以第 1 个单元占用空间 104+8+0=112B。后 3 个单元共占用 3×8=24B。故数组 c 共占用 112+24=136B。

数组 d 所有 4 个单元均初始化,每个单元占 112+2=114B,4 个单元共 456B。

程序代码如下:

```
>> clear;
>> a = cell(2,2);
>> b = a;
>> b{1} = 'a'
b =
    {'a'        }    {0×0 double}
    {0×0 double}    {0×0 double}

>> c = a;
>> c{1} = []
c =
    {0×0 double}    {0×0 double}
    {0×0 double}    {0×0 double}
>> d = a;
>> d{1} = '1';d{2} = '2';d{3} = '3';d{4} = '4'
d =
    {'1'}    {'3'}
    {'2'}    {'4'}
>> whos
  Name      Size            Bytes  Class     Attributes
  a         2x2                32  cell
  b         2x2               138  cell
  c         2x2               136  cell
  d         2x2               456  cell
```

问题 2　如何生成指定格式的常矩阵、字符串

【例 1.4.2】 产生如下矩阵：

$$\begin{bmatrix} 1+1 & 1+2 & \cdots & 1+10 \\ 2+1 & 2+2 & \cdots & 2+10 \\ \vdots & \vdots & & \vdots \\ 10+1 & 10+2 & \cdots & 10+10 \end{bmatrix}$$

要求使用函数生成。

【解析】 考查矩阵的加法和矩阵扩展的方法。该矩阵可被看成下列两个矩阵 a 和 b 相加：

$$a = \begin{bmatrix} 1 & 1 & \cdots & 1 \\ 2 & 2 & \cdots & 2 \\ \vdots & \vdots & & \vdots \\ 10 & 10 & \cdots & 10 \end{bmatrix}, b = \begin{bmatrix} 1 & 2 & \cdots & 10 \\ 1 & 2 & \cdots & 10 \\ \vdots & \vdots & & \vdots \\ 1 & 2 & \cdots & 10 \end{bmatrix}。$$

程序如下：

```
>> temp = 1 : 10;
>> a = repmat(temp', 1, 10);
>> b = repmat(temp, 10, 1);
>> c = a + b
```

运行结果为：

```
c =
     2     3     4     5     6     7     8     9    10    11
     3     4     5     6     7     8     9    10    11    12
     4     5     6     7     8     9    10    11    12    13
     5     6     7     8     9    10    11    12    13    14
     6     7     8     9    10    11    12    13    14    15
     7     8     9    10    11    12    13    14    15    16
     8     9    10    11    12    13    14    15    16    17
     9    10    11    12    13    14    15    16    17    18
    10    11    12    13    14    15    16    17    18    19
    11    12    13    14    15    16    17    18    19    20
```

【例 1.4.3】 批量产生字符串 001.jpg，002.jpg，003.jpg，…，100.jpg。

【解析】 由表 1.22 可知，字符串以数字前填零的方式输出，格式字符串可以使用 '%03d' 的形式。程序如下：

```
str1 = sprintf('%03d.jpg',[1:100]);
str2 = reshape(str1, 7, 100);
picName = str2'
```

字符数组 picName 为：

```
picName =
```

```
001.jpg
002.jpg
003.jpg
...
100.jpg
```

提取字符串时采用 picName(n,:) 的方式。例如，picName(30,:) 为 '030.jpg'。

【思考】 如果采用循环的方式批量产生这些字符串，如何编写程序？哪种方法执行效率更高？

代码 1（采用循环方式）：

```
N = 100;
tic;
picNames = repmat(' ', N, 7);      % 为字符数组 picNames 预分配内存
for i = 1 : N
    picNames(i, :) = sprintf('%03d.jpg', i);
end
toc
```

命令行输出：

```
Elapsed time is 0.001760 seconds.
```

代码 2（仍然采用循环方式，不过是将字符串存入字符串单元数组中）：

```
N = 100;
tic;
picNames = cell(N, 1);      % 为字符串单元数组 picNames 预分配内存
for i = 1 : N
    picNames{i} = sprintf('%03d.jpg', i);
end
toc
```

命令行输出：

```
Elapsed time is 0.001593 seconds.
```

代码 3（采用矩阵运算方式）：

```
N = 100;
tic;
str1 = sprintf('%03d.jpg', [1:100]);
str2 = reshape(str1, 7, 100);
picName = str2';
toc
```

命令行输出：

```
Elapsed time is 0.000097 seconds.
```

这个结果再次证明，矩阵运算的运行效率远远高于循环运算。

【例 1.4.4】 输出九九乘法表到命令行，输出格式如下：

1×1=1

1×2=2 2×2=4

1×3=3 2×3=6 3×3=9

1×4=4 2×4=8 3×4=12 4×4=16

1×5=5 2×5=10 3×5=15 4×5=20 5×5=25

1×6=6 2×6=12 3×6=18 4×6=24 5×6=30 6×6=36

1×7=7 2×7=14 3×7=21 4×7=28 5×7=35 6×7=42 7×7=49

1×8=8 2×8=16 3×8=24 4×8=32 5×8=40 6×8=48 7×8=56 8×8=64

1×9=9 2×9=10 3×9=15 4×9=36 5×9=45 6×9=54 7×9=63 8×9=72 9×9=81

【解析】 输出字符串到命令行，可以采用 disp 和 sprintf 函数。共 9 行，每行最多为 7×9=63 个字符。乘号"×"可以从 Word 里粘贴到程序文件中。程序如下：

```
N = 9;
rows = [1 : N];              % 行
lines = rows;                % 列
strTemp = blanks(7 * N);     % 将每行的字符串预存到字符数组 strTemp 中，由 disp 函数显示到命令窗口
for iRow = 1 : 9
    for jLine = 1 : iRow
        m = jLine * 7 - 6;
        n = m + 7;
        strTemp(1, m : n) = sprintf('%d× %d= %2d  ',jLine, iRow, jLine * iRow);
    end
    disp(strTemp);
end
```

运行结果如图 1.31 所示。

```
1×1= 1
1×2= 2  2×2= 4
1×3= 3  2×3= 6  3×3= 9
1×4= 4  2×4= 8  3×4=12  4×4=16
1×5= 5  2×5=10  3×5=15  4×5=20  5×5=25
1×6= 6  2×6=12  3×6=18  4×6=24  5×6=30  6×6=36
1×7= 7  2×7=14  3×7=21  4×7=28  5×7=35  6×7=42  7×7=49
1×8= 8  2×8=16  3×8=24  4×8=32  5×8=40  6×8=48  7×8=56  8×8=64
1×9= 9  2×9=18  3×9=27  4×9=36  5×9=45  6×9=54  7×9=63  8×9=72  9×9=81
>>
```

图 1.31 例 1.4.4 运行结果

问题 3 如何生成随机矩阵

【例 1.4.5】 产生一个随机矩阵：size 为 1×100，元素为区间[−50 50]内的整数。查找该矩阵中值在(20 40)范围内的元素，返回其下标。

【解析】 产生元素为整数的随机矩阵使用 randi 函数，返回指定范围内的元素下标用 find 函数。

程序如下:

```
>> a = randi([-50 50], 1, 100);
>> b = find(a > 20 & a < 40)
```

运行结果为:

```
b =
     22    31    36    40    42    50    63    67    72    75    77    78    85    87
```

【例1.4.6】 产生一个元素为0和1、size为100×5的随机矩阵,返回元素全为1的行对应的行索引。

【解析】 元素全为1可以使用all函数来判断。

程序如下:

```
>> a = randi([0, 1], 100, 5);
>> b = find(all(a,2))
```

运行结果为:

```
b =
     66
```

【例1.4.7】 随机产生10个12位的0、1二进制序列,要求每个序列中包含7个1和5个0,形式如:

```
111111100000
111111000001
001110101110
```

【解析】 要指定一个位随机序列中1的个数,需要用到randerr函数,其调用格式为:

out = randerr(mRow, nLine, nums)

随机产生一个尺寸为[mRow nLine]的double数组,数组元素为0或1,其中每行1的个数为nums。

程序如下:

```
N = 10;
//随机产生一个N行12列数组,每个元素都为0或1,并且其中1的个数为7
data = randerr(N, 12, 7);
//将该数组转换为字符序列,字符为'0'或'1'
str = dec2bin(data);
str2 = reshape(str, N,12 );
```

运行结果为:

```
seque =
100110100111
111101100010
001010011111
100011111100
010101101101
```

```
010101111100
101001011011
111001100011
100011110011
001110101101
```

问题 4　如何查找或删除数据中满足条件的元素

【例 1.4.8】 产生一个随机矩阵：size 为 10×100，元素为区间 $[50\ 100]$ 内的整数。查找该矩阵每行中值大于 80 的元素，返回其个数。

【解析】 产生元素为整数的随机矩阵用 randi 函数；查找每行中值大于 80 的元素虽然可以轻松地用循环来解决，但是建议尽量少用循环而改用矩阵运算。

程序如下：

```
N = 10;
a = randi([50 100], N, 100);

%%%%%%%以下代码段为循环方式实现查找%%%%%%%%%%%%
num1 = ones(N, 1);
for i = 1 : N
    num1(i) = nnz(a(i, :) > 80);
end
num1

%%%%%%%以下代码段为矩阵运算方式实现查找%%%%%%%%%
num2 = sum(a > 80, 2)
```

【例 1.4.9】 有一个大小为 8×6 的数值型单元矩阵：

$$
\begin{array}{cccccc}
[0\ 0] & [1\ 0] & [0\ 0] & [0\ 1] & [0\ 0] & [1\ 1] \\
[0\ 0] & [0\ 0] & [1\ 1] & [0\ 0] & [1\ 1] & [0\ 0] \\
[1\ 1] & [0\ 0] & [1\ 1] & [0\ 0] & [0\ 0] & [1\ 0] \\
[1\ 0] & [0\ 0] & [0\ 0] & [1\ 0] & [0\ 0] & [0\ 0] \\
[0\ 0] & [0\ 0] & [1\ 1] & [0\ 0] & [1\ 1] & [0\ 0] \\
[1\ 1] & [0\ 0] & [0\ 0] & [0\ 0] & [0\ 0] & [0\ 0] \\
[0\ 0] & [0\ 0] & [0\ 1] & [0\ 1] & [1\ 1] & [0\ 1] \\
[0\ 0] & [0\ 0] & [1\ 1] & [0\ 0] & [0\ 0] & [0\ 0]
\end{array}
$$

不使用循环语句，查找该矩阵中某一列的特定矩阵，返回该特定矩阵所在的行号。本例假定查找第 1 列中的特定矩阵 $[1, 1]$，并返回 $[1, 1]$ 所在的行号。

【解析】 有两种思路解决这个问题。

思路 1：将特定矩阵 $[1, 1]$ 的行扩展，与提供的数值单元矩阵执行数组减法运算，然后用 any 查找全零行；

思路 2：将数值单元矩阵转化为字符串单元数组，采用前面提到的 3 个字符串查找函数 strcmp、ismember 和 strmatch 中的任何一个查找特定矩阵 $[1, 1]$ 所转化成的字符串。

程序代码如下：

```
%%%%%%%%生成已知量%%%%%%%%%%
A = {[0 0] [1 0] [0 0] [0 1] [0 0] [1 1]
    [0 0] [0 0] [1 1] [0 0] [1 1] [0 0]
    [1 1] [0 0] [1 1] [0 0] [0 0] [1 0]
    [1 0] [0 0] [0 0] [1 0] [0 0] [0 0]
    [0 0] [0 0] [1 1] [0 0] [1 1] [0 0]
    [1 1] [0 0] [0 0] [0 0] [0 0] [0 0]
    [0 0] [0 0] [1 0] [0 1] [1 1] [0 1]
    [0 0] [0 0] [1 1] [0 0] [0 0] [0 0]};
nLine = 1;
mat = [1, 1];
a = cell2mat(A(:, nLine));

%%%%%%%%直接数值比较%%%%%%%%%%%%%%%%
% b = repmat(mat, size(A, 1), 1);
% index1 = find(~any(a - b, 2))
%%%%%%%%转化为字符串比较%%%%%%%%
mLines = size(A, 1);
str_a = num2str(a);
str_b = num2str(mat);
cell_a = mat2cell(str_a, ones(1, mLines), length(str_b));
index2 = find(strcmp(cell_a, str_b))        % 采用 strcmp 函数
index3 = find(ismember(cell_a, str_b))       % 采用 ismember 函数
index4 = strmatch(str_b, cell_a)             % 采用 strmatch 函数
```

思路 1 直接进行数值比较，速度最快，其次是思路 2 的 strcmp 比较、strmatch 查找、ismember 判断。

【例 1.4.10】 有一个矩阵 A：

$$\begin{bmatrix} -5 & -4 & -3 & -2 \\ -1 & 0 & 1 & 2 \\ 3 & 4 & 5 & 6 \end{bmatrix}$$

将矩阵 A 中小于等于 -2 的值替换为 0，大于 -2 小于等于 3 的值替换为 1，大于 3 的值替换为 2。要求矩阵 A 中的每个值只进行一次替换。

【解析】 可以查找到满足条件的值的位置，将每次的替换值存入 1 个临时矩阵中，该矩阵中除替换值外的其他元素均为 0。最后，将全部替换后得到的 3 个临时矩阵直接相加即可。

程序如下：

```
A = [-5, -4, -3, -2; -1, 0, 1, 2; 3, 4, 5, 6];
%转换方法:a <= -2 ---> 0;  -2 < a <= 3 ---> 1;  a > 3 -------> 2。其中a为A中
%的元素
sizeA = size(A);
a1 = zeros(sizeA);
a2 = a1;
a3 = a1;
a1(A <= -2) = 0;            % 采用逻辑数组作为索引值
a2(A > -2 & A <= 3) = 1;    % 采用逻辑数组作为索引值
a3(A > 3) = 2;              % 采用逻辑数组作为索引值
B = a1 + a2 + a3
```

运行结果如下：

```
B =
     0    0    0    0
     1    1    1    1
     1    2    2    2
```

【例 1.4.11】 有两个矩阵 A 和 B，矩阵 A 为：

$$\begin{bmatrix} 2 & 2 & 2 & 0 \\ 3 & 3 & 1 & 3 \\ 2 & 1 & 1 & 3 \\ 0 & 0 & 1 & 0 \end{bmatrix}$$

矩阵 B 为：

$$\begin{bmatrix} 2 & 1 & 1 & 0 \\ 2 & 3 & 1 & 2 \\ 3 & 2 & 2 & 2 \\ 0 & 1 & 2 & 3 \end{bmatrix}$$

用矩阵 B 中第 1 行和第 1 列的元素，将矩阵 A 中第 1 行和第 1 列的元素替换掉，求生成的矩阵 C。

【解析】 逆向思考一下，题目的意思等价为：用矩阵 A 中位置为 $[2：4，2：4]$ 的元素，将矩阵 B 中位置为 $[2：4，2：4]$ 的元素替换掉。

程序如下：

```
A = [2    2    2    0
     3    3    1    3
     2    1    1    3
     0    0    1    0];
B = [2    1    1    0
     2    3    1    2
     3    2    2    2
     0    1    2    3];
B(2：4,2：4) = A(2：4,2：4);
C = B
```

运行结果如下：

```
C =
     2    1    1    0
     2    3    1    3
     3    1    1    3
     0    0    1    0
```

问题 5　如何给数组元素排序

【例 1.4.12】 有一个 2×5 的矩阵：

$$\begin{bmatrix} 1 & 5 & 9 & 8 & 7 \\ 2 & 6 & 4 & 3 & 0 \end{bmatrix}$$

将其元素随机排列，生成一个新的 2×5 阶矩阵。

【解析】 采用 randperm 函数对原矩阵的元素索引值进行随机排序,从而获得所求矩阵。
程序如下:

```
data = [1 5 9 8 7; 2 6 4 3 0];
index = randperm(10);
data = data(reshape(index, size(data)))
```

运行结果如下:

```
data =
     3     0     2     4     5
     1     6     7     9     8
```

【例 1.4.13】 有一个大小为 1×26 的字符串单元数组,内容如下:

'0−0−0.xls' '1−0−0.xls' '10−0−0.xls' '11−0−0.xls' '12−0−0.xls'
'13−0−0.xls' '14−0−0.xls' '15−0−0.xls' '16−0−0.xls' '17−0−0.xls'
'18−0−0.xls' '19−0−0.xls' '19−39−52.xls' '2−0−0.xls' '20−0−0.xls'
'21−0−0.xls' '22−0−0.xls' '23−0−0.xls' '23−0−29.xls' '3−0−0.xls'
'4−0−0.xls' '5−0−0.xls' '6−0−0.xls' '7−0−0.xls' '8−0−0.xls' '9−0−0.xls'

要求对该单元数组的单元进行排序,生成新的字符串单元数组如下:

'0−0−0.xls' '1−0−0.xls' '2−0−0.xls' '3−0−0.xls' '4−0−0.xls' '5−0−0.xls'
'6−0−0.xls' '7−0−0.xls' '8−0−0.xls' '9−0−0.xls' '10−0−0.xls'
'11−0−0.xls' '12−0−0.xls' '13−0−0.xls' '14−0−0.xls' '15−0−0.xls'
'16−0−0.xls' '17−0−0.xls' '18−0−0.xls' '19−0−0.xls' '19−39−52.xls'
'20−0−0.xls' '21−0−0.xls' '22−0−0.xls' '23−0−0.xls' '23−0−29.xls'

注意,单元内容以 19、23 开头的单元各有两个,它们之间的排序也要考虑。

【解析】 每个单元的字符串依次包含 3 个数值,可以用 strtok 函数将这些数值都提取出来。首先按第 1 个数值从小到大排序;当第一个数值相等时,按第 2 个数值排序;第 2 个数值相等时,按第 3 个数值排序。

注意,不能采用 sort 函数排序,因为 sort 函数虽然也可以对字符串单元数组排序,但是它是完全按 ASCII 值排序的,不会分析每个字符串中包含的数值。

可以采用两种方法进行排序。

方法 1:直接用 sortrows 函数对生成的 26×3 数值矩阵排序。

方法 2:将每个单元内的 3 个数值,按排序的权重大小组合成 1 个新数值,最后将新数值进行排序,得到最终的单元排序方案。

程序如下:

```
data = {'0-0-0.xls' '1-0-0.xls' '10-0-0.xls'...
    '11-0-0.xls' '12-0-0.xls' '13-0-0.xls' '14-0-0.xls'...
    '15-0-0.xls' '16-0-0.xls' '17-0-0.xls' '18-0-0.xls'...
    '19-0-0.xls' '19-39-52.xls' '2-0-0.xls' '20-0-0.xls'...
    '21-0-0.xls' '22-0-0.xls' '23-0-0.xls' '23-0-29.xls'...
    '3-0-0.xls' '4-0-0.xls' '5-0-0.xls' '6-0-0.xls'...
```

```
                  '7-0-0.xls' '8-0-0.xls' '9-0-0.xls'};    % 原始的字符串单元数组
remain = data;                                             % remain 用于保存提取数值后的字符串,用于
                                                           % 再次提取其中剩余的数值
num = zeros(length(data), 3);                              % 用于保存每次提取的数值
[str_num1, remain] = strtok(remain, '-');                 % 提取第 1 组数值
num(:, 1) = str2double(str_num1)';
[str_num2, remain] = strtok(remain, '-');                 % 提取第 2 组数值
num(:, 2) = str2double(str_num2)';
[str_num3, remain] = strtok(remain, '.');                 % 提取第 3 组数值
num(:, 3) = str2double(str_num3)';
num = abs(num);                                            % 对数值取绝对值
% % % % % % % % 以下为方法 1 的实现代码 % % % % % % % % % % % % %
[num2, index1] = sortrows(num, [1 2 3]);  % 依次按第 1 列、第 2 列、第 3 列的数值进行排序
data2 = data(index1)
% % % % % % % % 以下为方法 2 的实现代码 % % % % % % % % % % % % %
num3 = num(:, 1) * 10000 + num(:, 2) * 100 + num(:, 3);   % 根据数值的权重,获得新数值
[num4, index2] = sort(num3);                              % 新数值排序
data3 = data(index2)                                      % 获得最终字符串单元数组
```

运行结果如下:

```
data2 =
    Columns 1 through 7
      '0-0-0.xls'    '1-0-0.xls'    '2-0-0.xls'    '3-0-0.xls'    '4-0-0.xls'    '5-
0-0.xls'    '6-0-0.xls'
    Columns 8 through 13
      '7-0-0.xls'    '8-0-0.xls'    '9-0-0.xls'    '10-0-0.xls'    '11-0-0.xls'
'12-0-0.xls'
    Columns 14 through 19
      '13-0-0.xls'    '14-0-0.xls'    '15-0-0.xls'    '16-0-0.xls'    '17-0-0.xls'
'18-0-0.xls'
    Columns 20 through 25
      '19-0-0.xls'    '19-39-52.xls'    '20-0-0.xls'    '21-0-0.xls'    '22-0-0.xls'
'23-0-29.xls'
    Column 26
      '23-0-0.xls'
data3 =
    Columns 1 through 6
      '0-0-0.xls'    '1-0-0.xls'    '2-0-0.xls'    '3-0-0.xls'    '4-0-0.xls'    '5-
0-0.xls'
    Columns 7 through 12
      '6-0-0.xls'    '7-0-0.xls'    '8-0-0.xls'    '9-0-0.xls'    '10-0-0.xls'
'11-0-0.xls'
    Columns 13 through 18
      '12-0-0.xls'    '13-0-0.xls'    '14-0-0.xls'    '15-0-0.xls'    '16-0-0.xls'
'17-0-0.xls'
    Columns 19 through 24
      '18-0-0.xls'    '19-0-0.xls'    '19-39-52.xls'    '20-0-0.xls'    '21-0-0.xls'
'22-0-0.xls'
    Columns 25 through 26
      '23-0-29.xls'    '23-0-0.xls'
```

若您对此书内容有任何疑问,可以登录 MATLAB 中文论坛与同行交流。

问题6　如何从文本中查找数值

【例1.4.14】 某文本内容如下:

N1　x＝1　y＝2　z＝3.5

N2　x＝4　y＝5　z＝6.8

N3　x＝1.2e＋001　y＝8.1311e－001　z＝1.8104e＋002

假定已经将该文本内容读取到一个字符串单元数组 s 中,请将该文本内容中"＝"后面的数值提取出来,存到一个数值数组 d 中。

【解析】 该文本字符串中包含了两种格式的数值:不带 e 或 E 的数值、带 e 或 E 的数值。采用正则表达式提取数值时需要用到条件匹配表达式"(?(cond)expr)",判断是否含 e 或 E,如果含 e 或 E,则后面应该跟符号"＋数值"或"－数值"。另外,数值的前面必须有一个"＝",因此需要用到后发断言表达式"(?<=test)expr"。

另外一种提取数值的方法是采用函数 textscan,将每行字符串以空格或等号为间隔符分割成 7 部分,返回其中的第 3、5、7 部分,格式字符串为"%＊s%＊s%f%＊s%f%＊s%f"。其中"%＊s"表示匹配一个字符串,但是该字符串忽略而不返回;"%f"表示匹配一个浮点数且返回。textscan 函数会在第 2 章详细介绍,这里先不要求掌握,只需了解即可。相关代码如下:

```
s = {'N1 x = 1 y = 2 z = 3.5','N2 x = 4 y = 5 z = 6.8','N3 x = 1.2e + 001 y = 8.1311e - 001 z = 1.8104e + 002'};
% % % % % % % 采用正则表达式实现 % % % %
res = regexp(s,'(? <= \ = )\d + \.? \d * (e|E)? (? (1)[ + - ]? \d *)','match');  % 后发断言 + 条件匹配
d = str2double([res{:}])
% 以下为命令行输出
d =
1.0000   2.0000   3.5000   4.0000   5.0000   6.8000   12.0000   0.8131   181.0400
% % % % % % % % 采用 textscan 函数实现,该函数在第 2 章详细讲解 % % % %
res = textscan(strjoin(s),'% * s% * s%f% * s%f% * s%f','Delimiter','  = ');  % 空格或等号为间隔符
d = [res{:}]
% 以下为命令行输出
d =
    1.0000     2.0000     3.5000
    4.0000     5.0000     6.8000
   12.0000     0.8131   181.0400
```

用正则表达式匹配的方式,速度要快得多。

第 2 章

文件 I/O

2.1 知识点归纳

本章内容：

- ◆ 高级文件 I/O 操作
  - ◇ 读写 MAT 或 ASCII 文件
  - ◇ 读写 TXT 文件
  - ◇ 读写 Excel 文件
  - ◇ 读写图像文件
  - ◇ 读写音频文件
- ◆ 低级文件 I/O 操作
  - ◇ 打开文件和关闭文件
  - ◇ 读写二进制文件
  - ◇ 控制文件位置指针
  - ◇ 读写格式化的文本文件

2.1.1 高级文件 I/O 操作

数据输入，是指从磁盘文件或剪贴板中获取数据，加载到 MATLAB 工作空间；数据输出，是指将 MATLAB 工作空间的变量保存到文件中。

高级文件 I/O，针对不同的数据格式文件，提供不同的文件 I/O 函数，有现成的函数供使用，仅需少量的编程；低级文件 I/O，使用文件标识符访问任何类型的数据文件，更加灵活地完成相对特殊的任务，需要较复杂的编程。

文本用 Unicode 码来表示字符。ASCII 码是 Unicode 码的子集。Unicode 码不仅可以表示字母和数字，还可以表示大部分汉字。例如字符"1"的 ASCII 码是 49，而汉字"飞"的 Unicode 码是 39134。文本格式的数据之间采用空线间隔（空格、'\t'、'\n' 等）来分隔。二进制格式的数据长度可以是 8 位、16 位、32 位或 64 位。

文件 I/O 函数见表 2.1。

表 2.1 文件 I/O 函数

类 别	函 数	说 明	类 别	函 数	说 明
加载/保存 工作区	load	加载到工作区	文件状态	delete	删除文件
	save	保存工作区		exist	检查文件是否存在

续表 2.1

类 别	函 数	说 明	类 别	函 数	说 明
文件打开/关闭	fopen	打开文件	文件低级 I/O	ferror	文件 I/O 操作的错误情况
	fclose	关闭文件		feof	检测文件的结尾
二进制 I/O	fread	从文件中读取二进制数据		fseek	设置文件的位置
	fwrite	把二进制数据写入文件		ftell	检查文件的位置
格式化 I/O	fscanf	从文件中读取格式化数据		frewind	文件指针重定位
	fprintf	把格式化数据写入文件	临时文件、日录	tempdir	得到临时目录名
	fgetl	读取文件的一行,忽略换行符		tempname	得到临时文件名
	fgets	读取文件的一行,不忽略换行符	载入数据	importdata	从磁盘文件中加载数据到结构体

【注】 打开 Windows 平台的应用程序,可以采用 winopen 函数。例如:

```
>> cd e:\example\          %切换到目录 e:\example\
>> a = ls                  %显示当前目录下的文件
a =
.
..
RS485.doc
a1.gif
>> winopen(a(3, :))        %采用应用程序默认的打开方式打开文件 RS485.doc
>> b = dir('*.gif')        %查看当前目录下所有的 GIF 文件
b =
       name: 'a1.gif'
       date: '22 - 六月 - 2009 14:49:07'
      bytes: 42873
      isdir: 0
    datenum: 7.3395e + 005
>> winopen(b.name)         %采用应用程序默认的打开方式打开文件 a1.gif
```

1. 读写 MAT 或 ASCII 文件

MATLAB 提供一种特殊的数据格式文件用来保存工作空间中的变量:MAT 文件。MAT 文件是一种双精度、二进制的 MATLAB 格式文件,扩展名为. mat。

MAT 文件具有可移植性。一台机器上生成的 MAT 文件,在另一台装有 MATLAB 的机器上可以正确读取,而且还保留不同格式允许的最高精度和最大数值范围。它们也能被 MATLAB 之外的其他程序(如 C 或 FORTRAN 程序)读写。

MAT 文件分为两部分:文件头部和数据。文件头部主要包括一些描述性文字和相应的版本标识;数据依次按数据类型、数据长度、数据内容三部分保存。

将数据输出到 MAT 文件使用 save 函数,其调用格式见表 2.2。

表 2.2 save 函数调用格式

函数调用格式	函数格式说明
save	将工作空间中所有变量保存到当前目录下的文件:matlab. mat
save filename	将工作空间中所有变量保存到当前目录下的文件:filename. mat
save filename x1 x2…xn	将变量 x1,x2,…,xn 保存到当前目录下的文件:filename. mat

续表 2.2

函数调用格式	函数格式说明
save('filename', '−struct', 's')	保存结构体 s 的所有字段为文件 filename. mat 里的独立变量
save('filename','−struct','s','f1','f2',…)	保存结构体 s 的指定字段为文件 filename. mat 里的独立变量
save filename s *	将工作空间中 s 开头的变量全部保存到 filename. mat 中；* 为通配符
save('filename',…)	save 指令的函数格式用法
save(…,'format')	按照不同的输出格式 format 来保存数据,见表 2.3

表中,

① 如果要查看 filename. mat 中已经保存了哪些变量,使用 whos−file:

```
whos − file filename
```

如:

```
>> clear
>> str1 = 'dafei';
>> str2 = 'dafei2';
>> str3 = 'dafei3';
>> save strs str *          %使用通配符 *,存储所有以 str 开头的字符串
>> whos − file strs         %查看文件 strs.mat 中保存有哪些变量
  Name        Size                Bytes  Class                 Attributes
  str1        1x5                    10  char array
  str2        1x6                    12  char array
  str3        1x6                    12  char array
```

② 如果要保存结构体,用户可选择保存整个结构体或每个字段为独立变量,或只保存指定的字段为独立变量。例如,对于结构体 S:

```
>> S.a = 12.7;
>> S.b = {'abc', [4 5; 6 7]};
>> S.c = 'Hello! ';
>> S
S =
    a: 12.7000
    b: {'abc'   [2 × 2 double]}
    c: 'Hello! '
```

若要保存整个结构体到 s1. mat:

```
>> save s1 S                %将结构体 S 保存到 s1.mat
>> whos − file s1
  Name        Size                Bytes  Class       Attributes
  S           1 × 1                 810  struct
```

若保存结构的每个字段为独立的变量:

```
>> save s2 '− struct' S     %将结构的字段保存为独立的变量
>> whos − file s2
  Name        Size                Bytes  Class       Attributes
  a           1 × 1                   8  double
  b           1 × 2                 262  cell
  c           1 × 6                  12  char
```

95

若只保存指定的字段为独立的变量:

```
>> save s2 '-struct' S a c        %保存结构S内的字段a和c为独立的变量
>> whos -file s2
Name       Size         Bytes     Class      Attributes
  a        1×1          8         double
  c        1×6          12        char
```

③ 扩展已存在的 MAT 文件,使用－append 选项,覆盖 MAT 文件中已存在的同名变量。如:

```
>> a = 1;
>> b = 2;
>> c = 3;
>> save ('d1', 'a', 'b')          %保存变量a和b到d1.mat中
>> save ('d1', 'c', '-append')    %使用-append在d1.mat中追加变量c
>> whos -file d1
Name       Size         Bytes     Class      Attributes
  a        1×1           8        double
  b        1×1           8        double
  c        1×1           8        double
```

如果不使用－append 选项,同名 MAT 文件中的所有内容丢失。

输出数据默认采用二进制的 MAT 格式。若要输出为 ASCII 格式,调用格式见表 2.3。

表 2.3　save 输出格式

调用格式	说　明
save filename －ascii	8 位 ASCII 格式
save filename －ascii －tabs	8 位 ASCII 格式,制表符定界
save filename －ascii －double	16 位 ASCII 格式
save filename －ascii －double －tabs	16 位 ASCII 格式,制表符定界

保存为任何 ASCII 值时,要注意:

① 被保存的变量要么是二维的 double 型数组,要么是二维的字符数组。如果包含复数,会引起虚部丢失,因为 MATLAB 不能加载非数“i”。

② 为了能用 load 函数读文件,必须保证所有变量有相同的列数。如果使用 MATLAB 以外程序读,可放松这个限制。

③ 字符数组中的每个字符都被转换成等于其 ASCII 码的浮点数,以浮点数字符串的形式写入文件;保存的文件中没有信息显示原来的值是数字还是字符。

④ 所有保存的变量值合并为一个变量,变量名就是 ASCII 文件名(不含扩展名);建议一次只保存一个变量。

从 MAT 文件中加载数据到工作空间使用 load 函数,见表 2.4。

【注意】 除非必须与非 MATLAB 程序进行数据交换,存储和加载文件时,都应用 MAT 文件格式。这种格式高效且移植性强,保存了所有 MATLAB 数据类型的细节。

2. 读写 TXT 文件

MATLAB 读写 TXT 文件使用的函数见表 2.5。

表 2.4　load 函数调用格式

函数调用格式	函数格式说明
load	加载 MATLAB.mat 中所有变量,如果加载前已存在同名变量,覆盖
load filename	加载 filename.mat 中所有变量,如果加载前已存在同名变量,覆盖
load('filename', 'X', 'Y', 'Z')	加载 filename.mat 中变量 X,Y,Z;加载前已存在同名变量,覆盖
load filename s *	加载 filename.mat 中以 s 开头的变量;加载前已存在同名变量,覆盖
load('-mat', 'filename')	将文件当作 MAT 文件加载;如果不是 MAT 文件,返回错误
load('-ascii', 'filename')	将文件当作 ASCII 文件加载;如果不是数字文本,返回错误
S = load(…)	load 指令的函数格式用法

表 2.5　读写 TXT 文件使用的函数

函　　数	数据类型	定界符	函数说明
csvread	数字	逗号	读逗号定界的数值文件,返回数字矩阵
dlmread	数字	任何字符	读 ASCII 码定界的数值文件,返回数字矩阵
textread	字母和数字	任何字符	按指定格式读整个文本文件,返回多个变量
csvwrite	数字	逗号	写数字矩阵到逗号定界的数值文件
dlmwrite	数字	任何字符	写数字矩阵到 ASCII 码定界的数值文件

表 2.5 中,textread 常用的调用格式为:

[A,B,C,…] = textread('filename','format')

采用指定格式 format,从文件 filename 中读取数据到变量 A,B,C,…,直至整个文件读取完毕。该格式适合读格式已知的文件。

常用的格式字符串见表 2.6。

表 2.6　常用的格式字符串

格　　式	说　　明	输　　出
%d	读一个带符号整数值	double 数组
%u	读一个整数值	double 数组
%f	读一个浮点值	double 数组
%s	读一个空线间隔或定界符隔开的字符串	字符串单元数组
%q	读一个双引号字符串,忽略引号	字符串单元数组
%c	读字符,包括空线间隔	字符数组

【注】　textread 在以后的 MATLAB 版本中将被 textscan 取代,所以对 textread 只作一般的了解即可。

例如,有一个矩阵 a:

```
>> a=[1 2 3;4 5 6]
a =
     1     2     3
     4     5     6
```

用 csvwrite 函数将矩阵 a 写到文件 file1 中:

```
>> csvwrite('file1',a)
```

用 type 函数查看文件 file1 的内容:

```
>> type file1
1,2,3
4,5,6
```

用 csvread 函数读 file1:

```
>> m = csvread('file1')
m =
     1     2     3
     4     5     6
```

用 dlmwrite 函数将矩阵 a 写到文件 file2 中,":"为定界符:

```
>> dlmwrite('file2',a,':')
```

使用 type 函数查看文件 file2 的内容:

```
>> type file2
1:2:3
4:5:6
```

用 dlmread 函数读 file2:

```
>> n = dlmread('file2',':')
n =
     1     2     3
     4     5     6
```

用 textread 函数读 file1 文件,返回三个列向量 m1、m2 和 m3:

```
>> [m1 m2 m3] = textread('file1','%d,%d,%d')
m1 =
     1
     4
m2 =
     2
     5
m3 =
     3
     6
```

【注】 读写 TXT 文件中的数据,也可以使用 load 和 save 函数。例如,若文件 a.txt 中存储了一个如图 2.1 所示的矩阵,将该数据提取出来,存到变量 b 中:

```
>> b = load('a.txt')
b =
     1     2     3
     4     5     6
     7     8     9
```

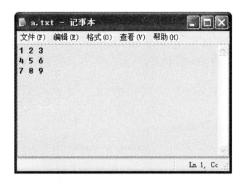

图 2.1 读取 TXT 文件中的数据

将生成的变量 b 存入 b.txt 中：

```
>> save  b.txt b - ascii
>> type b.txt
   1.0000000e + 000   2.0000000e + 000   3.0000000e + 000
   4.0000000e + 000   5.0000000e + 000   6.0000000e + 000
   7.0000000e + 000   8.0000000e + 000   9.0000000e + 000
```

3. 读写 Excel 文件

读写 Excel 文件的相关函数见表 2.7。

表 2.7 读写 Excel 文件的相关函数

函　数	说　明	函　数	说　明
xlsfinfo	检查文件是否包含 Excel 表格	xlsread	读 Excel 文件
xlswrite	写 Excel 文件		

xlsfinfo 调用格式为：

type = xlsfinfo('filename')或 xlsfinfo filename

如果指定文件 filename 能被 xlsread 读取,则返回字符串 'Microsoft Excel Spreadsheet'；否则返回为空。

[type, sheets] = xlsfinfo('filename')

如果指定文件 filename 能被 xlsread 读取,则返回 type= 'Microsoft Excel Spreadsheet'；否则返回为空。sheets 为字符串单元数组名,它包含文件中每个工作表的名称,如 Sheet1、Sheet2 等。

xlswrite 调用格式为：

xlswrite('filename', M)

将矩阵或字符串单元数组 M 写入 Excel 文件 filename 中。例如：

```
>> xlswrite('a1',[1 2 3;4 5 6])
```

则当前目录下生成一个 Excel 文件 a1.xls,文件内容如图 2.2 所示。

xlswrite('filename', M, sheet)

将矩阵或字符串单元数组 M 写入 filename 中 sheet 指定

	A	B	C
1	1	2	3
2	4	5	6
3			

图 2.2 写 Excel 文件

的页中。sheet 可为一个 double 型的正整数，表示工作页的序号；sheet 也可以为一个带引号的字符串，表示工作页的名称。

若 sheet 表示的工作页不存在，将新建一个工作页。此时，MATLAB 会显示警告信息：

```
Warning: Added specified worksheet.
```

xlswrite('filename', M, sheet, 'range')

将矩阵或字符串单元数组 M 写入 filename 中 sheet 指定的工作页中 range 指定的矩形范围，sheet 省略时将 M 写入第 1 个工作页中。range 为下列格式的字符串：左上角单元格名称：右下角单元格名称，如 D2:F4。range 指定的矩形范围大小应该等于 M 的尺寸大小。例如：

```
>> xlswrite('a1', [1 2 3; 4 5 6; 7,8,9], 3, 'D2:F4')
```

产生的数据如图 2.3 所示。

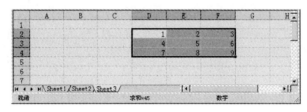

图 2.3　在指定位置写入矩阵

status = xlswrite('filename',…)

返回写操作的完成状态。写操作成功时 status＝1，否则 status＝0。

[status, message] = xlswrite('filename', …)

返回写操作的完成状态和写操作过程中产生的警告或错误信息。

xlsread 调用格式为：

num = xlsread('filename')

从 Excel 文件 filename 的第 1 个工作页中读取所有的数值到 double 型数组 num 中。它忽略头行、头列、尾行和尾列的所有单元为文本的行列，其他单元中的文本全部读取为 NaN。例如，文件 a1.xls 如图 2.4 所示。

	A	B	C	D	E	F	G	H
1	序号	班名	学号	姓名	平时成绩	期末成绩	总成绩	备注
2	1	51121	5112101	陈	0	63	63	
3	2	51121	5112103	李	0	73	73	
4	3	51121	5112105	刘	0	88	88	
5	4	51121	5112107	任	0	82	82	
6	5	51121	5112109	苏	0	80	80	
7	6	51121	5112110	王	0	70	70	
8	7	51121	5112111	王	0	72	72	
9	8	51122	4112201	曹	0	0	0	缺考
10								
11								

图 2.4　读取 Excel 文件中的数据

读取 a1.xls 中的数据到矩阵 M 中：

```
>> M = xlsread('a1')
M =
     1     51121     5112101     NaN     0     63     63
     2     51121     5112103     NaN     0     73     73
```

3	51121	5112105	NaN	0	88	88
4	51121	5112107	NaN	0	82	82
5	51121	5112109	NaN	0	80	80
6	51121	5112110	NaN	0	70	70
7	51121	5112111	NaN	0	72	72
8	51122	4112201	NaN	0	0	0

num = xlsread('filename', -1)

手动框选要读取的数据块,返回到矩阵 num 中。

num = xlsread('filename', sheet)

读 filename 中指定页的数据到矩阵 N 中。

num = xlsread('filename', 'range')

读 filename 中第 1 页指定区域的数据到矩阵 N 中。例如,对于图 2.4 的文件 a1.xls,读取从单元格 A2 到 G2 的一行:

```
>> num = xlsread('a1.xls', 'A2:G2')
num =
        1     51121     5112101     NaN     0     63     63
```

读取从单元格 G2 到 G9 的一列数据:

```
>> num = xlsread('a1.xls', 'G2:G9')
num =
    63
    73
    88
    82
    80
    70
    72
     0
```

num = xlsread('filename', sheet, 'range')

读 filename 中指定页、指定区域的数据到矩阵 N 中。

num = xlsread('filename', sheet, 'range', 'basic')

以基本输入模式,读 filename 中指定页的数据到矩阵 num 中,参数 range 被忽略,sheet 必须为带引号的字符串且区分字母大小写。这种模式限制了数据输入的能力,不将 Excel 当作一个 COM 服务器。

[num, txt] = xlsread('filename', …)

读 filename 中的数据,返回数值数据到 double 型数组 num 中,文本数据到字符串单元数组 txt 中。txt 中对应数值数据的位置为空字符串。例如,对于图 2.4 的文件 a1.xls,有:

```
>> [num, txt] = xlsread('a1.xls')
num =
     1     51121     5112101     NaN     0     63     63
     2     51121     5112103     NaN     0     73     73
     3     51121     5112105     NaN     0     88     88
```

101

4	51121	5112107	NaN	0	82	82
5	51121	5112109	NaN	0	80	80
6	51121	5112110	NaN	0	70	70
7	51121	5112111	NaN	0	72	72
8	51122	4112201	NaN	0	0	0

```
txt =
    '序号'   '班名'   '学号'   '姓名'   '平时成绩'   '期末成绩'   '总成绩'   '备注'
    ''       ''       ''       '陈'     ''           ''           ''        ''
    ''       ''       ''       '李'     ''           ''           ''        ''
    ''       ''       ''       '刘'     ''           ''           ''        ''
    ''       ''       ''       '任'     ''           ''           ''        ''
    ''       ''       ''       '苏'     ''           ''           ''        ''
    ''       ''       ''       '王'     ''           ''           ''        ''
    ''       ''       ''       '王'     ''           ''           ''        ''
```

[num, txt, raw] = xlsread('filename', …)

读 filename 中的数据,返回数值数据到 double 型数组 num 中,非数值的文本数据到字符串单元数组 txt 中,未处理的单元数据到字符串单元数组 raw 中。raw 中包含数值数据和文本数据。例如,对于图 2.4 的文件 a1.xls,有:

```
>> [num, txt, raw] = xlsread('a1.xls');
>> raw
raw =
    '序号'   '班名'    '学号'       '姓名'   '平时成绩'  '期末成绩'  '总成绩'   '备注'
    [  1]   [51121]   [5112101]   '陈'     [      0]   [    63]   [   63]   [ NaN]
    [  2]   [51121]   [5112103]   '李'     [      0]   [    73]   [   73]   [ NaN]
    [  3]   [51121]   [5112105]   '刘'     [      0]   [    88]   [   88]   [ NaN]
    [  4]   [51121]   [5112107]   '任'     [      0]   [    82]   [   82]   [ NaN]
    [  5]   [51121]   [5112109]   '苏'     [      0]   [    80]   [   80]   [ NaN]
    [  6]   [51121]   [5112110]   '王'     [      0]   [    70]   [   70]   [ NaN]
    [  7]   [51121]   [5112111]   '王'     [      0]   [    72]   [   72]   [ NaN]
    [  8]   [51122]   [4112201]   '曹'     [      0]   [     0]   [    0]   '缺考'
```

4. 读写图像文件

读写图像文件的函数见表 2.8。

表 2.8　读写图像文件的函数

函　数	调用格式	函数说明
imread	A = imread(filename,fmt) [X,map] = imread(filename,fmt) […] = imread(filename)	读图像文件 filename。如果文件不在当前目录,filename 中应包含文件路径。fmt 为图像文件格式,如果缺省,MATLAB 会根据后缀名识别图像格式
imwrite	imwrite(A,filename,fmt) imwrite(X,map,filename,fmt) imwrite(…,filename)	以格式 fmt 写图像数据 A 到图像文件 filename。A 可为 m×n（灰度图像）或 m×n×3（彩色图像）数组。fmt 缺省,格式依据 filename 后缀名识别
imfinfo	info = imfinfo(filename,fmt) info = imfinfo(filename)	返回图像文件的信息

imread 读取图像的 RGB 值并存储到一个 M×N×3 的整数矩阵中,元素值范围为[0,255]。M×N×3 的整数矩阵可以想象成 3 个重叠在一起的颜色模板,每个模板上有 M×N 个点。图像的像素大小为 M×N,每个像素点对应有 3 个在[0,255]范围内的值,分别表示该点的 R、G、B 值。

常见的图像文件格式见表 2.9。

表 2.9　常见的图像格式

格　式	格式说明	格　式	格式说明
'bmp'	包括 1、8 和 24 位不压缩图像	'jpg' or 'jpeg'	8、12 和 16 位基线的 JPEG 图像
'gif'	8 位图像		

例如,有一张名为 'harbin.jpg' 的图片位于路径 D:\matlab\下,查看图片信息使用 imfinfo 函数:

```
>> imfinfo('D:\matlab\harbin.jpg')
ans =
Filename: 'D:\matlab\harbin.jpg'
        FileModDate: '27 - Apr - 2005 20:03:08'
        FileSize: 320204
        Format: 'jpg'
FormatVersion: ' '
        Width: 1024
        Height: 768
        BitDepth: 24
        ColorType: 'truecolor'
FormatSignature: ' '
NumberOfSamples: 3
CodingMethod: 'Huffman'
CodingProcess: 'Sequential'
Comment: {}
```

将该图片读到 MATLAB 工作空间,存为矩阵 M:

```
>> M = imread('D:\matlab\harbin.jpg');
```

将矩阵 M 另存为图片 copy.bmp:

```
>> imwrite(M, 'D:\matlab\copy.jpg')
>> imwrite(M, 'D:\matlab\copy.bmp')
```

【注意】

①将图像数据写到图片文件中使用 imwrite 函数,而由 figure 图像直接生成图像文件,用到函数 print 和 saveas。

a) print 函数用于 figure 内图形输出,调用格式为:

print(h , 'format' , filename)

将句柄为 h 的 figure 界面输出到图像文件 filename,图像文件的格式由格式字符串 format 指定。一般输出为两种格式:BMP 和 JPEG,对应的格式字符串为:-dbmp 和-djpeg。

但是，print 函数输出的图像原本是用于打印输出的，因此输出图像大小与页面设置有关，在输出前必须进行页面设置，否则输出的图像可能是不对的。输入以下命令调用页面设置对话框：

```
>> pagesetupdlg
```

页面设置对话框如图 2.5 所示。

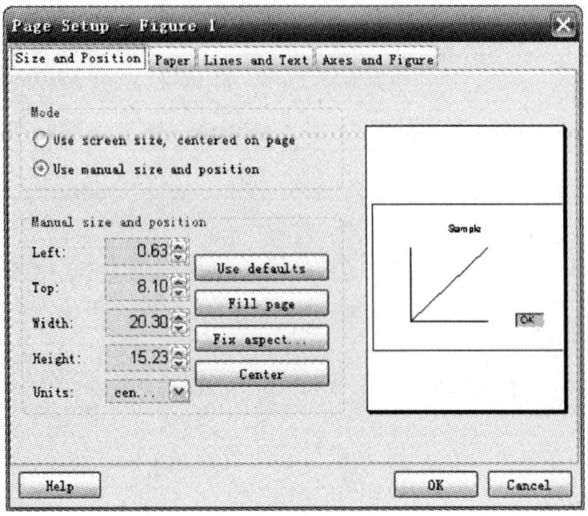

图 2.5　页面设置对话框

如果不输出界面上的 uicontrol 对象，而只输出坐标轴内的图像，可以选中图 2.5 中的【Axes and Figure】标签，取消选择【Print UIControls】，如图 2.6 所示。

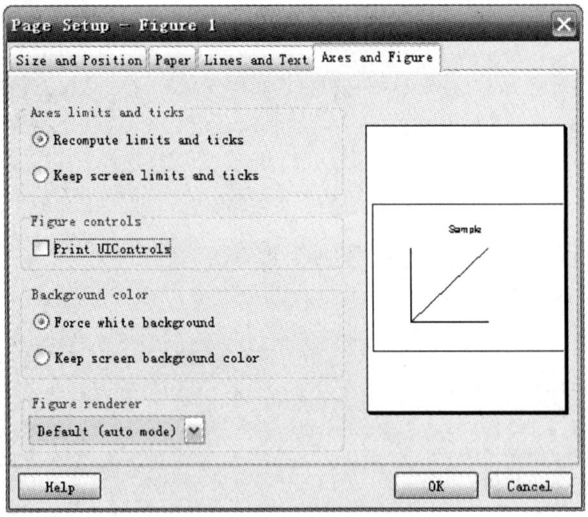

图 2.6　只输出绘图区的设置

要取消 uicontrol 对象的显示，也可以输入选项－noui（即 no uicontrol 的简写），例如：

```
>> print(h,'-djpeg','1.jpg','-noui')
```

【思考】　若只需要输出坐标轴区域，而不是整个 figure 图像，应该怎么办呢？

有一个办法：将要复制的坐标轴区域复制到一个新的 figure 内，然后输出新 figure 的图

像。当然,这个新的 figure 最好是隐藏的(visible 属性为 off)。由于只复制了坐标轴,所有的 uicontrol 对象没有复制过去,所以输出图像时不需要附加—noui 选项。

假设当前要输出的坐标轴 Tag 值为 axes1,输出该坐标轴内的图像可以使用下面的程序:

```
hFigure = figure('visible', 'off');          % 创建隐藏的窗口
copyobj(hAxes, hFigure);                      % 将坐标轴区域复制到隐藏窗口
print(hFigure, '-djpeg', 'mypic.jpg');        % 输出到 mypic.jpg 图片
print(hFigure, '-dbmp', 'mypic.bmp');         % 输出到 mypic.bmp 图片
delete(hFigure);                              % 删除隐藏的窗口
```

b) saveas 函数也用于 figure 图像输出,调用格式为:

saveas(h, 'filename.xxx')

将句柄为 h 的 figure 的图像输出到文件 filename.xxx,文件格式由 MATLAB 根据后缀名自动识别。

saveas(h, 'filename', 'format')

将句柄为 h 的 figure 的图像输出到文件 filename,文件格式由 format 指定。format 可为以下值:bmp、jpg、fig、tif、eps、ai、emf、m、pbm、pcx、pgm、png、ppm。

② 将图片写入坐标轴,可使用 imshow 或 image 函数。imshow 和 image 都会产生一个图像对象(就是后面要讲到的 image 对象),它们的区别如下:

a) imshow 的两种用法:

imshow(filename):将指定的图片读入坐标轴内。

imshow(CData):将颜色矩阵 CData 映射到坐标轴内。

若当前窗口存在坐标轴,imshow 会将图像显示在当前坐标轴内;若当前窗口不存在坐标轴,imshow 会产生一个隐藏的坐标轴,并将图像显示其中。

b) image 的用法:

```
colorData = imread(filename);                 % 获取图片数据
image(colorData);                             % 将图像数据铺满坐标轴
```

c) imshow(filename)等价于:

```
colorData = imread(filename);                 % 获取图像数据
imshow(colorData);                            % 将图像数据等比例缩放,显示到坐标轴
```

d) imshow 不会扩展图像数据,即不会拉伸图像使其铺满坐标轴,而是改变坐标轴宽高比使其适应图像数据;image 不会改变坐标轴的大小尺寸,而是扩展填充图像矩阵,使其铺满坐标轴区域。为避免图片失真,一般用 imshow 比较多。

③ 如果要将图像数据写到坐标轴内,可使用 image 函数,调用格式为:

image(colorData)

将图像数据 colorData 写到坐标轴内,作为坐标轴的背景图片。

例如,首先产生一个坐标轴(axes 函数将在后续章节详细介绍):

```
>> axes
```

将图像数据 colorData 写入刚创建的坐标轴内:

```
>> colorData = imread('D:\MATLAB7\harbin.jpg');
>> image(colorData)
```

隐藏坐标轴：

```
>> axis off
```

得到的图像如图 2.7 所示。

图 2.7 读取图片到坐标轴

5. 读写音频文件

读写音频 WAV 文件的函数见表 2.10。

表 2.10 读写音频 WAV 文件的常用函数

函　数	函数调用格式	函数说明
audiodevinfo	devinfo = audiodevinfo	获取音频设备（例如声卡）的相关信息
audioplayer	player = audioplayer(Y, Fs) player = audioplayer(Y, Fs, nBits)	创建一个音频播放器对象，用于控制音频的播放；Fs 为采样率，nBits 为每个采样值的位数
audiorecorder	y = audiorecorder y = audiorecorder(Fs, nbits, nchans)	麦克录音。Fs、nbits 和 nchans 分别为所录制音频的采样率、每个采样值的位数和声道数
audioread	$[y, Fs]$ = audioread(filename) $[y, Fs]$ = audioread(filename, Fs) $[y, Fs]$ = audioread(___, dataType)	读取音频文件数据，支持 WAVE（.wav）、OGG（.ogg）、FLAC（.flac）、AU（.au）、MP3（.mp3）、MPEG-4 AAC（.m4a，.mp4）等格式
beep	beep;beep on;beep off;s = beep	驱动声卡发出"嘟"的一声
wavfinfo	$[m\ d]$ = wavfinfo(filename)	检查指定文件是否为 WAV 格式音频文件，并返回 WAV 文件的采样数和声道数等信息
wavplay	wavplay(y, Fs, mode)	采用同步（mode 为 'sync'，缺省值）或异步（mode 为 'async'）方式播放音乐采样数据 y。Fs 为采样率
wavread	$[Y, Fs, nBits]$ = wavread(filename)	读 WAV 音乐文件，返回音乐采样数据 y、采样率 Fs 和采样位数 nBits
wavrecord	y = wavrecord(n, Fs)	采集 PC 音频输入设备（例如麦克风）的数据

续表 2.10

函　数	函数调用格式	函数说明
wavwrite	wavwrite(y, filename) wavwrite(y, Fs, filename) wavwrite(y, Fs, N, filename)	由音频数据生成 WAV 音频文件
sound	sound(y) ; sound(y,Fs) sound(y,Fs,bits)	播放声音数据
soundsc	soundsc(y) ; soundsc(y,Fs) soundsc(y,Fs,bits)	归一化声音数据并播放

查看音频设备的硬件信息,使用 devinfo 函数:

```
>> devinfo = audiodevinfo   % 查看音频设备的硬件信息
devinfo =
     input: [1×4 struct]
    output: [1×3 struct]
>> devinfo.input   % 查看音频输入设备信息,包括 ID、Name 和 DriverVersion 信息
ans =
1×4 struct array with fields:
    Name
    DriverVersion
    ID
>> devinfo.output   % 查看音频输出设备信息,包括 ID、Name 和 DriverVersion 信息
ans =
1×3 struct array with fields:
    Name
    DriverVersion
    ID
```

播放音频文件的过程如图 2.8 所示。

图 2.8　播放音频过程示意图

由图 2.8 可知,播放音频文件分为两个步骤来实现:

① 读取音频文件数据到内存;读取音频文件数据采用 audioread 函数。wavread 函数由于只能读取 wav 格式文件将被 MATLAB 移除。音频文件数据包括采样数据、采样率和采样位数。

② 播放音频数据。播放音频数据可采用无播放过程控制的 sound 函数,或带播放过程控制的 audioplayer 函数。audioplayer 函数根据音频数据、采样率来创建一个音频播放器对象,该对象可以对音乐进行播放、暂停播放、继续播放、停止播放等操作。

例如,若当前目录有一个 WAV 音频文件 test. mp3,播放该音频文件播放器对象的方法如下:

```
>> [data, Fs] = audioread('test.mp3');  % 解析 WAV 音频文件
>> player = audioplayer(data, Fs)  % 创建音频播放器对象,并查看其属性
player =
```

若您对此书内容有任何疑问,可以登录MATLAB中文论坛与同行交流。

MATLAB GUI 设计学习手记(第 4 版)

```
    audioplayer with properties:
            SampleRate: 44100
        BitsPerSample: 16
        NumberOfChannels: 2
        DeviceID: -1
        CurrentSample: 1
        TotalSamples: 10514303
            Running: 'off'
        StartFcn: []
        StopFcn: []
        TimerFcn: []
        TimerPeriod: 0.0500
            Tag: ''
        UserData: []
        Type: 'audioplayer'
>> play(player); % 启动音频播放器,播放该音频文件
```

在 MATLAB 命令行输入 player.,然后按 Tab 键,可以查看音频播放器对象的所有属性和调用方法,如图 2.9 所示。

图 2.9 查看音频播放器的属性和方法

音频播放器主要的属性和方法见表 2.11。

表 2.11 音频播放器的属性和方法

	属性或方法	说　明
属性	BitsPerSample	每个采样值的位数。位数越多,量化误差越小;只读
	CurrentSample	音频设备正在输出的采样点的索引号;只读
	DeviceID	音频设备的 ID;值为-1 表示采用默认的音频设备;只读
	NumberOfChannels	音频数据播放的声道数,一般为单声道或双声道;只读
	Running	表征播放器是否正在播放,值为"on"或"off";只读
	SampleRate	采样率,即每秒采样值的个数
	TotalSamples	每个声道采样值的总个数;只读
	Tag	播放器的标签
	Type	播放器所属的类,即 audioplayer;只读
	UserData	播放器额外存储的数据

若您对此书内容有任何疑问,可以登录MATLAB中文论坛与同行交流。

108

续表 2.11

	属性或方法	说　　明
回调属性	StartFcn	播放器开始或继续播放时调用此函数或可执行字符串
	StopFcn	播放器停止或暂停播放时调用此函数或可执行字符串
	TimerFcn	播放器在播放时定时执行的函数或可执行字符串
	TimerPeriod	TimerFcn 执行的周期
方法	get	获取播放器的属性列表或属性值
	set	设置播放器的属性值
	isplaying	表征播放器是否正在播放,值为真或假
	pause	暂停播放
方法	play	播放音频数据
	playblocking	播放音频数据,当播放完成时返回
	resume	继续播放
	stop	停止播放
	clear	从内存移除播放器对象
	display	显示播放器对象的属性
	isequal	比较多个播放器对象
	close	释放播放器对象控制的音频设备

对于上面创建的音频播放器对象 player,可以执行以下操作:

```
>> play(player)                    % 启动播放器对象,播放音乐
>> isplaying(player)               % 查看播放器是否正在播放音乐
ans =
     1
>> get(player, 'Running')          % 查看播放器是否正在播放音乐
ans =
on
>> player.Running                  % 查看播放器是否正在播放音乐
ans =
on
>> pause(player)                   % 暂停播放
>> player.Running                  % 查看播放器是否正在播放音乐
ans =
off
>> isplaying(player)               % 查看播放器是否正在播放音乐
ans =
     0
>> resume(player)                  % 继续播放
>> stop(player)                    % 停止播放
>> clear player data               % 从内存移除播放器对象和音乐数据,释放内存
```

【注】　除了采用上面创建的播放器对象播放音乐数据,还可以创建一个模拟输出设备对象来播放。让声卡发出声音,实际是一个模拟信号输出到硬件(声卡)的过程。MATLAB 有一个模拟输出设备函数库,位于数据获取工具箱(Data Acquisition Toolbox)中,它可以建立模

拟输出对象和通道,并播放通道内堆放的数据。**不过,该工具箱目前不支持 64 位 Windows 操作系统。**

模拟输出设备对象由 analogoutput 函数创建,Analog Output 对象的使用方法如下(假定音乐文件名为 test.mp3):

```
[data, Fs] = audioread('test.mp3');        % 获取音乐数据
ao = analogoutput('winsound');             % 建立声卡设备的对象
nChannel = size(data, 2);                  % 获取音乐数据的声道数
addchannel(ao, 1 : nChannel);              % 创建声音输出通道
set(ao, 'SampleRate', Fs)                  % 设置采样率
putdata(ao, data);                         % 往声卡堆音乐数据
start(ao);                                 % 输出音乐数据
```

此时还可以继续用 putdata 函数堆数,一旦堆的数据输出完,ao 自动停止。当想让音乐停止时,只需要 stop(ao)即可。

2.1.2　低级文件 I/O 操作

1. 打开文件和关闭文件

fopen:打开文件便于随后的读写访问,或获取已打开文件的信息。调用格式见表 2.12。

表 2.12　fopen 函数调用格式

函数调用格式	说　明
fid＝fopen(filename)	打开 filename 文件,便于随后的二进制读操作
fid＝fopen(filename,mode)	以特定模式 mode 打开 filename 文件
[fid,message] = fopen(filename, mode)	按指定的模式 mode 打开文件 filename。操作成功,fid 为大于 2 的非负整数,message 为空;操作失败,fid＝−1,message 为错误信息
fids = fopen('all')	返回一个由文件标识符组成的行向量。它获取所有用 fopen 打开的文件的标识符,如果没有文件被打开,返回为空
[filename, mode] = fopen(fid)	返回标识符为 fid 的文件的文件名和存取模式

【注意】　fopen 调用格式中,filename 包含文件后缀名。比如文件名为 a1.dat 与 a1 不是同一个文件。

fid＝fopen(filename):打开文件 filename,并返回一个整数 fid(double 型),称为文件标识符(file identifier);该格式返回的 fid 值可能为−1,3,4,5,…。如果当前目录下没有 filename 文件,MATLAB 会搜索其安装目录。

文件标识符的所有可能取值见表 2.13。

表 2.13　文件标识符的取值

fid 值	说　明	fid 值	说　明
−1	打开文件失败	2	标准错误,无须 fopen 打开
1	标准输出(输出到屏幕),无须 fopen 打开	3,4,…	打开文件成功

例如,打开文件 a1.dat 和 a2.dat:

```
>> fig = fopen('a1.dat')    % 打开文件,返回文件标识符
fig =
     3
>> fig = fopen('a2.dat')    % 打开文件,返回文件标识符
fig =
     4
```

此时查看所有用 fopen 打开的文件的标识符:

```
>> fig = fopen('all')
fig =
     3     4
```

fid = fopen(filename, mode):以 mode 模式打开 filename,并返回文件标识符 fid。mode 由两部分组成:读写模式+数据流模式。读写模式见表 2.14。

表 2.14　文件读写模式

读写模式	说　明	读写模式	说　明
'r'	打开文件,读操作;缺省值	'r+'	打开文件,读写操作
'w'	打开或创建文件,写操作;覆盖原内容	'w+'	打开或创建文件,读写操作;覆盖原内容
'a'	打开或创建文件,写操作;在文件尾部扩展原内容	'a+'	打开或创建文件,读写操作;在文件尾部扩展原内容

【**注意**】　当读写模式为 'r' 或 'r+' 模式时,如果打开的文件不存在,MATLAB 并不会创建该文件,此时打开文件失败,返回的文件标识符 fid=-1。例如:

```
>> [fid,message] = fopen('a1','r')
fid =
     -1
message =
No such file or directory
```

表 2.14 中后三种模式称为更新模式。当文件以更新模式打开时,每次读或写操作之后,文件位置指针并不返回到文件开头,需要用 fseek 或 frewind 函数来重新定位,这点稍后讲解文件位置指针时会详细介绍。

文件的数据流模式分为二进制模式和文本模式。数据流分为两种类型:文本流和二进制流。文本流是解释性的,最长可达 255 个字符。如果以文本模式打开一个文件,那么在读字符的时候,系统会把所有的 '\r\n' 序列替换成 '\n',在写入时把 '\n' 替换成 '\r\n'。二进制流是非解释性的,一次处理一个字符,且不转换字符。

通常,文本流用来读写标准的文本文件,或将字符输出到屏幕或打印机,或接受键盘的输入;而二进制流用来读写二进制文件(例如图形或字处理文档),或读取鼠标输入,或读写调制解调器等。如果用文本方式读二进制文件,会把"0D 0A"自动替换成 '\n' 来存在内存中;写入的时候反向处理。而用二进制方式读取的话,就不会有这个替换过程。另外,Unicode、UTF 和 UCS 格式的文件,必须用二进制方式打开和读写。

二进制模式为 'b',文本模式为 't',默认采用二进制模式,如 'r+b'、'wb'、'rt'、'r+t' 等。更新模式的"+"可放到打开模式后面,如 'r+b' 也可写成 'rb+'。例,打开模式为 wt,则存储为文本文件,这样用记事本打开就可以正常显示了;若打开模式为 w,则存储为二进制文件,这样用记事本打开会出现小黑方块,要正常显示的话,可以用写字板或 UltraEdit 等工具打开。

111

fclose：关闭一个或所有已打开的文件,见表 2.15。

表 2.15   fclose 函数调用格式

打开模式	说　明
status ＝ fclose(fid)	关闭 fid 指定的已打开文件。操作成功,status ＝0;操作失败,status ＝－1。如果 fid 等于 0、1 或 2,或 fid 不是一个已打开文件的标识符,均操作失败,status ＝－1
status ＝ fclose('all')	关闭所有用 fopen 函数打开的文件。操作成功,status ＝0;操作失败,status ＝－1

文件在进行读写操作后,应及时用 fclose 关闭。

【注意】 fclose 可关闭文件,使文件标识符无效,但并不能从工作空间清除文件标识符变量 fid。如果要清除 fid,可以使用:

```
>> clear fid
```

2. 读写二进制文件

二进制文件的读写,用到两个函数:fread 和 fwrite 函数。fread 函数读二进制文件的全部或部分数据到一个矩阵中;fwrite 函数用指定的格式将矩阵的元素转换精度后写到指定文件里,并返回写的元素数。fread 与 fwrite 函数调用格式见表 2.16。

表 2.16   fread 与 fwrite 函数调用格式

函　数	调用格式	说　明
fread	A ＝ fread(fid)	从标识符 fid 指定的文件中读二进制数据到矩阵 A
	A ＝ fread(fid, count)	从指定文件中读 count 个二进制数据到矩阵 A
	A ＝ fread(fid, count, precision)	从指定文件中读指定数据类型的数据到矩阵 A
	A ＝ fread(fid, count, precision, skip)	每读完指定数目元素,就跳过 skip 指定的元素数
	[A, count] ＝ fread(…)	读数据到矩阵 A,返回成功读取的元素数到 count
fwrite	[count, errmsg] ＝ fwrite(fid ,A, precision)	将矩阵 A 的元素按列顺序写到指定文件,元素值转换为指定格式。count 中保存成功操作的元素数
	[count, errmsg]＝fwrite(fid,A,precision,skip)	将矩阵 A 的元素按列顺序写到指定文件,元素值转换为指定格式 precision。count 中保存成功操作的元素数。每跳过 skip 个元素写一个元素

fread 和 fwrite 函数的数据格式定义符 precision 的取值见表 2.17。

表 2.17   数据格式定义符

格式定义符	说　明	格式定义符	说　明
'schar'	8 位带符号字符	'uint16'	16 位无符号整数
'uchar'	8 位无符号字符。缺省值	'uint32'	32 位无符号整数
'int8'	8 位整数	'uint64'	64 位无符号整数
'int16'	16 位整数	'float32'	32 位浮点数
'int32'	32 位整数	'float64'	64 位浮点数
'int64'	64 位整数	'double'	64 位双精度浮点数
'uint8'	8 位无符号整数		

还有一些格式定义符对应的数据位数与操作平台相关,见表 2.18。

表 2.18　数据位数与操作平台相关的格式定义符

格式定义符	说　明	格式定义符	说　明
'char'	8 位带符号字符	'ushort'	16 位无符号整数
'short'	16 位整数	'uint'	32 位无符号整数
'int'	32 位整数	'ulong'	32 位或 64 位无符号整数
'long'	32 位或 64 位整数	'float'	32 位浮点数

默认情况下,fread 函数输出的是 double 数组。如果要输出其他类型的数字值,要定义输出数据的格式。表 2.19 列出了几个指定输出数据格式的例子。

表 2.19　指定输出数据格式

输出数据格式	格式说明
'uint8＝＞uint8'	读进无符号整数,将它们保存在无符号 8 位整数数组中
'＊uint8'	'uint8＝＞uint8' 的简写形式
'bit4＝＞int8'	读进带符号 4 位整数,输出带符号的 8 位整数
'double＝＞real＊4'	读进双精度值,转换并保存在 32 位浮点数数组中

有时需每隔几个数就读几个数,这时要用到格式:

A = fread(fid, count, precision, skip)

skip 为跳过的数,连续读的数据个数在参数 precision 里指明,方法是在数据格式定义符前加"N＊"。如每隔 3 个无符号字符数读 4 个无符号字符数,那么 skip＝3,precision 为 '4＊uchar'。

例如,创建文件 file3.dat,并获取文件标识符:

```
>> fid = fopen('file3.dat', 'w');   %以覆盖写模式创建或打开当前目录下的文件 file3.dat
```

将数据[97:106]写入该文件,并关闭文件:

```
>> count = fwrite(fid, 97:106)      %将一组数写入文件 file3.dat
count =
    10
>> fclose(fid);                     %关闭文件 file3.dat
```

用 type 函数查看文件 file3.dat 的数据内容,显示的是 ASCII 字符:

```
>> type file3.dat                   %查看 file3.dat 的内容
abcdefghij
```

打开 file3.dat 并读出其数据内容:

```
>> fid = fopen('file3.dat');        %以读模式打开文件 file3.dat
>> M = fread(fid)                   %读出文件 file3.dat 的所有数据
M =
    97
    98
```

```
            99
           100
           101
           102
           103
           104
           105
           106
>> fclose(fid);
```

将输出的数据格式转换为字符：

```
>> fid = fopen('file3.dat');              % 以读模式打开文件 file3.dat
>> N = fread(fid, 'uchar = >char')        % 将文件打开文件 file3.dat 的数据转换为字符格式输出
N =
a
b
c
d
e
f
g
h
i
j
>> fclose(fid);                           % 关闭文件 file3.dat
```

每隔 1 个数读 2 个数：

```
>> fid = fopen('file3.dat');              % 打开文件 file3.dat
>> N = fread(fid, '2 * uchar', 1)         % 每隔 1 个数读 2 个数
N =
    97
    98
   100
   101
   103
   104
   106
```

3. 控制文件位置指针

表 2.14 中的后三种打开模式,需要借助文件位置指针来操作数据的读写。当正确打开文件并进行数据的读写时,MATLAB 自动创建一个位置指针来管理文件读写数据的起始位置。当以读写模式打开文件时,每次读操作或写操作的起始位置均由文件位置指针指定。文件打开时,指针在文件开头位置;每读或写一个元素,指针后移一位,只有用相应函数才能控制指针的位置。

在 MATLAB 中,文件位置指针操作函数见表 2.20。

表 2.20 文件位置指针函数

函 数	调用格式	函数说明
fseek	status = fseek(fid,offset,origin)	重置文件位置指针
ftell	position = ftell(fid)	获取文件位置指针的位置
frewind	frewind(fid)	移动文件位置指针到已打开的文件开头
feof	eofstat = feof(fid)	判断文件是否结束

fseek 函数调用格式：

status = fseek(fid, offset, origin)

其中，status 为返回值，status＝0 操作成功，status＝－1 操作失败，操作失败时的错误信息由函数 ferror 返回；fid 为 fopen 返回的文件标识符。

offset 为偏移量，分下列 3 种情况：

① offset＞0，向文件尾部移动 offset 字节；

② offset＝0，不移动；

③ offset＜0，向文件首部移动 offset 字节。

origin 为字符串，表示指针移动的参照点，有下列 3 种情况：

① 'bof'(Beginning of file)或－1：文件的首部；

② 'cof'(Current position of file)或 0：文件的当前位置；

③ 'eof'(End of file)或 1：文件的尾部。

例如，假如一个文件包含 12 字节，序号从 0～11，见图 2.10。

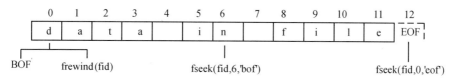

图 2.10 文件位置指针示意图

命令 fseek(fid,6,'bof')将文件指针移到字节 6；命令 fseek(fid,0,'eof')将文件指针移到文件尾部。

【注意】 fseek 函数的寻找范围不能超越文件的尾部 EOF。

ftell 函数调用格式：

position = ftell(fid)

其中，position 为从 0 开始的非负整数，表明文件指针的位置；fid 为由 fopen 函数返回的文件标识符。ftell 函数返回由 fid 指定的文件上指针的当前位置，即相对于 BOF 的字节数。position＝－1，说明操作不成功，使用 ferror 函数可以确定错误的性质。

frewind 函数调用格式：

frewind(fid)

设置文件指针到 fid 指定的文件的首部，fid 为由 fopen 函数返回的文件标识符，见图 2.10。

feof 函数调用格式：

eofstat = feof(fid)

如果已经设置文件结束标志 EOF，返回 1；否则返回 0。

【例 2.1.1】 创建文件 file1.dat 并将数组 $A=[1:10]$ 写入，随后将数组 A 的第 4 个元素 4 换成 11，将倒数第二个数 9 换成 12，再获取当前位置，并从当前位置向文件首部移动 3 个元素，将所指位置的元素换成 13，最后将该文件中的元素全部读出。要求只使用一次 fopen 和 fclose 函数。

【解析】 程序如下：

```
fid = fopen('file1.dat','w+');        % 打开文件 file1.dat
A = [1:10];                           % 创建数组 A
count = fwrite(fid,A);                % 写入数组 A
fseek(fid,3,'bof');                   % 指针移至第 4 个元素
count = fwrite(fid,11);               % 在该位置写入元素 11
fseek(fid, -2,'eof');                 % 指针移至倒数第 2 个元素
count = fwrite(fid,12);               % 在该位置写入元素 12
pos = ftell(fid)                      % 获取当前指针位置,pos 为从 0 开始的非负整数
fseek(fid, -3,'cof');                 % 从当前位置往前移 3 个元素
count = fwrite(fid,13);               % 在该位置写入元素 13,同时文件位置指针后移一位
frewind(fid);                         % 位置指针移至文件首部
D = fread(fid)                        % 读出所有元素
fclose(fid);                          % 关闭文件
```

命令行结果：

```
pos =
     9
D =
     1
     2
     3
    11
     5
     6
    13
     8
    12
    10
```

4. 读写格式化的文本文件

低级 I/O 操作中，读写格式化的文件用到的函数见表 2.21。

表 2.21　读写格式化文件

函　数	调用格式	函数说明
fscanf	A = fscanf(fid,format) [A,count] = fscanf(fid,format,size)	从 fid 指定的文件以 format 格式读取所有数据,逐列输出到矩阵 A;fid 为 fopen 返回的文件标识符;size 为读取数据的规模
textscan	C = textscan(fid, 'format') C = textscan(fid, 'format', N) C=textscan(fid,'format',param,value,…) C=textscan(fid,'format',N,param,value,…)	从 fid 指定的文件以指定格式读取数据到单元数组 C;N 为转换类型说明符重复的次数

续表 2.21

函　数	调用格式	函数说明
fgetl	tline ＝ fgetl(fid)	从文件读一行文本,丢弃换行符;遇到 EOF 返回－1
fgets	tline ＝ fgets(fid) tline ＝ fgets(fid,nchar)	从文件读一行文本,包含行结束符;遇到 EOF 返回－1
fprintf	count ＝ fprintf(fid,format,A,…)	以 format 指定的格式转换矩阵 A 的实部数据,写到 fid 指定的文件,返回写成功的字节数;fid 为文件标识符

fscanf 函数有效的格式字符串见表 2.22。

表 2.22　fscanf 的格式字符串

转换字符(%后的字符)	含　义
%c	字符序列;域宽指定字符个数
%d	十进制整数
%e, %f, %g	浮点数
%i	带符号整数。缺省为十进制,0 开头为八进制,0x 或 0X 开头为十六进制
%o	带符号八进制整数
%s	不含空白的字符串。可用于跳过所有的空白符(\n、\t、空格等)
%u	带符号十进制整数
%x	带符号十六进制整数
%[…]	转换字符序列,例如 '%d %g'

%与转换字符之间的字符有 3 种情况,见表 2.23。

表 2.23　格式字符串中的特殊字符

%与转换字符之间的字符	说　明
星号(＊)	跳过一个匹配值。例如% ＊ d,读到的一个十进制整数被忽略,不存入矩阵
数值	最大的域宽
字母	描述接收对象的尺寸。例如,h 为 short 型,%hd 为短整型;l 为 long 型,%ld 为长整型;%lg 为双浮点型

[A，count] ＝ fscanf(fid，format，size)中 size 的有效形式见表 2.24。

表 2.24　size 的有效形式

size 的有效形式	含　义
n	读 n 个元素到一个列向量
inf	读到文件结束,返回一个列向量;
[m,n]	读 m×n 个元素,按列填满 m×n 矩阵并输出。n 可为 inf 但 m 不能

【注意】　fscanf 函数采用表 2.21 中第 1 种格式读文件时,逐行读取数据,排成一列输出到矩阵 A。总结一下就是:逐行读取文本,逐列填充矩阵。采用第 2 种格式读文件时,逐行读取数据,排成一列后再重塑数据形状为 size,输出到矩阵 A。也就是说,第 2 种格式的效果相

当于多进行了下述运算:

```
A = reshape(A, size);        % 重塑矩阵 A 的尺寸并返回
cout = numel( A);            % 获取矩阵 A 的元素个数并返回
```

例如,在当前目录新建一个文本文件 a1.txt,文本内容为:

```
1 2 3
4 5 6
7 8 9
```

分别采用上述两种格式,读取该文本文件的数据到矩阵 A 和 B,程序如下:

```
fid = fopen('a1.txt');              % 以读模式打开文件 a1.txt
A = fscanf(fid, '%g')               % 读取文件 a1.txt 内的数据
fclose(fid);                        % 关闭文件 a1.txt
fid = fopen('a1.txt');              % 以读模式打开文件 a1.txt
B = fscanf(fid, '%g', [3, inf])     % 读取文件 a1.txt 的数据,保存到行数为 3 的矩阵中
fclose(fid);                        % 关闭文件 a1.txt
```

运行结果为:

```
A =
     1
     2
     3
     4
     5
     6
     7
     8
     9
B =
     1     4     7
     2     5     8
     3     6     9
```

不难发现,矩阵 B 与 a1.txt 的内容不一致,数据好像是进行了"转置"运算。这是因为 MATLAB 生成矩阵时都是按从上到下,从左到右逐列生成的。

fprintf 函数有效的转换字符见表 2.25。

表 2.25　fprintf 函数的转换字符

转换字符	含　义	转换字符	含　义
%c	单个字符	%G	%E 和%f 的紧凑模式,小数点后无意义的 0 不输出
%d	带符号的十进制记数		
%i	带符号的十进制记数	%o	无符号八进制记数
%e	指数记数法,小写字母 e	%s	字符串
%E	指数记数法,大写字母 e	%u	无符号十进制记数
%f	浮点记数	%x	十六进制记数,使用小写 a~f
%g	%e 和%f 的紧凑模式,小数点后无意义的 0 不输出	%X	十六进制记数,使用大写 A~F

【注意】 ① 若 fid＝1 或 2,fprintf 直接将数据输出到命令行,不需要 fopen 打开,也不创建新文件。例如:

```
>> fprintf(1,'%c\n', 97:100)    % 将 97:100 这 4 个数以字符形式输出到标准输出设备,即命令行
a
b
c
d
```

② 向文件写数据时,要注意数据之间要留空格符或其他空线间隔,否则数据会连起来,导致以后无法读取数据。例如,写矩阵[1 2 3 4 5]到文件 a2.txt:

```
a = [1 2 3 4 5];
fid = fopen('a2.txt', 'w');    % 以覆盖写模式创建或打开文件 a2.txt
fprintf(fid, '%d', a);         % 将数组 a 以整型数值的形式写入文件 a2.txt 中
fclose(fid);                   % 关闭文件 a2.txt
```

打开刚创建的文件 a2.txt,文件内容如下:

```
>> type a2.txt      % 查看文件 a2.txt 的内容
12345
```

可见,矩阵[1 2 3 4 5]读成 12345 了。要使数据写入正确,只要在数据间加入空线间隔就行了。上述程序可改为:

```
a = [1 2 3 4 5];
fid = fopen('a2.txt', 'w');    % 以覆盖写模式创建或打开文件 a2.txt
fprintf(fid, '%d ', a);        % 或 fprintf(fid, '%5d', a);  指将数组 a 写入文件 a2.txt 中
fclose(fid);                   % 关闭文件 a2.txt
```

③上面讲 fscanf 函数时提到,MATLAB 生成矩阵时都是按从上到下,从左到右逐列生成的;同理,MATLAB 存储矩阵到文本时,也是按从上到下,从左到右逐列存储的。总结一下就是:逐列读取矩阵,逐行存储文本。

而文本文件是按从左到右,从上到下逐行的方式写入。因此,将矩阵写入文本文件时,要将该矩阵的转置写入文本文件,才能得到所要的结果。

例如,有一个矩阵 **A**＝[1 2 3;4 5 6;7 8 9],编程将其存入 a.txt 中,存储格式如下:

$$
\begin{matrix}
1 & 2 & 3 \\
4 & 5 & 6 \\
7 & 8 & 9
\end{matrix}
$$

矩阵 **A** 在内存中的存储顺序为:1 4 7 2 5 8 3 6 9,而 **A** 的转置 **A**' 在内存中的存储顺序才为:1 2 3 4 5 6 7 8 9。程序如下:

```
A = [1 2 3; 4 5 6; 7 8 9];
fid = fopen('a.txt', 'wt');    % 以文本覆盖写模式打开文件 a.txt
fprintf(fid, '%d %d %d \n', A');  % 将 A' 写入文件 a.txt
fclose(fid);                   % 关闭文件 a.txt
```

textscan 函数从指定文件读取数据,然后对数据进行转换,最后将数据输出到一个单元数组。它不仅能按指定格式读取数据,还能对数据进行处理,例如指定数据的字段长、配置输出

的属性等,最后可返回多个值到单元数组。调用格式如下:

C = textscan(fid, 'format')

从 fopen 函数打开的文件 fid 中读取数据到单元数组 C 中。format 为数据格式分类符的组合,它包含 3 部分信息:

① 数据读取的格式(格式字符串),如%n、%d、%f、%s 等;

② 数据转换的方式,包括数据筛选、指定字段长、配置输入参数,如%N[^abc];

③ 输出单元数组的单元个数。

格式字符串见表 2.26。格式字符串决定输出每个单元的数据类型,其个数决定了输出单元的个数。

表 2.26　textscan 函数的格式字符串

转换类型	转换类型说明符的含义	转换类型	转换类型说明符的含义
%n	读一个数并转换为 double 型	%u64	读一个数并转换为 uint64 型
%d	读一个数并转换为 int32 型	%f	读一个数并转换为 double 型
%d8	读一个数并转换为 int8 型	%f32	读一个数并转换为 single 型
%d16	读一个数并转换为 int16 型	%f64	读一个数并转换为 double 型
%d32	读一个数并转换为 int32 型	%s	读一个字符串
%d64	读一个数并转换为 int64 型	%q	读一个双引号字符串,忽略双引号
%u	读一个数并转换为 uint32 型	%c	读一个字符,包括空线间隔
%u8	读一个数并转换为 uint8 型	%[...]	读与括号中字符相匹配的字符,直至遇到第一个不匹配的字符
%u16	读一个数并转换为 uint16 型	%[^...]	读与括号中字符不匹配的字符,直至遇到第一个匹配的字符
%u32	读一个数并转换为 uint32 型		

不同的格式字符串,可输出的数据类型有数值、字符或字符串。除了表 2.24 中介绍的格式字符串,还有一些特殊的转换格式,下面详细介绍。

① 输出数值时的格式分类符有以下 2 种特殊格式:

a) %Nn、%Nd、%Nu 和%Nf 等:限定字段的最大长度。例如,%5f32 读 '473.238' 为 473.2。

b) %N.Df、%N.Df32 或%N.Df64:限定字段的最大长度,指定小数点后的字段长度。例如,%7.2f 读 '473.238 ' 为 473.23。

② 输出字符时的格式分类符有以下特殊格式:

%Nc:读 N 个字符,包括定界字符。例如,%8c 读 'Let's go! ' 为 'Let's go'。

③ 输出字符串时的格式分类符有以下 5 种特殊格式:

a) %Ns 或%Nq:读一个字符串,且字符串长度不大于 N 个字符。例如,%3s 读 'summer' 为 'sum'。

b) %[abc]:读到第一个不为 a、b 或 c 的字符为止。例如,%[mus]读 'summer ' 为 'summ'。

c) %N[abc]:读 N 个字符,或读到第一个不为 a、b 或 c 的字符为止。例如,%2[mus]读 'summer' 为 'su',%5[mus]读 'summer' 为 'summ'。

d) %[^abc]:读到字符 a、b 或 c 为止。例如,%[^xrg]读 'summer' 为 'summe'。

e) %N[^abc]:读 N 个字符,或读到字符 a、b 或 c 为止。例如,%2[^xrg]读 'summer ' 为 'su'。

④ 读取某些数据,并指定是否抛弃该数据,有以下 3 种情况。

a）%*…:抛弃该域读取到的值。例如:

```
>> str = 'Blackbird singing in the dead of night';
>> a = textscan(str, '%s %*s %s %s %*s %*s %s'); % textscan 类似于 fscanf,可以格式化
                                                  % 字符串

>> celldisp(a)
a{1}{1} =
Blackbird
a{2}{1} =
in
a{3}{1} =
the
a{4}{1} =
night
```

【注意】　由上例可知,textscan 不仅可以按指定格式读取文件,还可以格式化字符串。

b）%*n…:抛弃 n 个字符。例如,采用“%*3s”读取文本内容为“matlab”的文本文件,返回字符串“lab”。

c）字符串与%混合的格式:读取到指定字符串后开始按指定格式读取数据。例如:

```
>> str = 'Picture012'; % 原始字符串
>> a = textscan(str, 'Picture %03d'); % 提取字符串 str 中的数值
>> a{1}
ans =
     12
```

C = textscan(fid, 'format', N)

从 fopen 打开的文件 fid 中读取数据到单元数组 C 中,数据格式转换分类符 format 重复 N 次,N 必须为正整数。N 次循环完成后,可以继续从文件 fid 中读取数据。

C = textscan(fid, 'format', param, value, …)

从 fopen 函数打开的文件中读取数据到单元数组 C 中,指定参数 param 的值为 value。有效的参数字符串及其值见表 2.27。

表 2.27　用户配置参数

参　数	参数值	默认值
bufSize	字符串的最大长度,单位为字节	4095
commentStyle	指定被忽略的文本	None
delimiter	定界字符	None
emptyValue	定界文件中空单元的值	NaN
endOfLine	行尾字符	由文件来决定
expChars	指数字符	'eEdD'
headerLines	文件指针跳过的行数(包括当前行)	0
multipleDelimsAsOne	值为 1 时将连续的定界符看作 1 个定界符;值为 0 时看成多个定界符	0
returnOnError	读失败或转换失败时为 1,否则为 0	1
treatAsEmpty	看成空值的字符串或字符串单元数组	None
whitespace	空线间隔符	' \b\t'

【说明】 当 textscan 读取到一个空值单元时,该单元的值用参数 emptyValue 指定的值填充。参数 emptyValue 的默认值为 NaN。

所谓定界文件,是指文件每行、每列数据个数相同,类似于一个数组。例如,当一个文件的内容如下:

```
1 2 3
4 5
```

用 textscan 读取到的数据为如下的单元数组:

```
'1' '2' '3'
'4' '5' NaN
```

【例 2.1.2】 随机产生一个 1×10 的数组 a,写入文件 file1.txt 中,然后分别使用 fsacnf 和 textscan 将数据读取出来。

【解析】 随机产生数组 a,并使用 fprintf 函数写入 file1.txt 中:

```
>> a = rand(1,10) - 0.5
a =
  Columns 1 through 8
    -0.3790   -0.0492    0.2159    0.3928   -0.2269   -0.2452    0.3656   -0.2676
  Columns 9 through 10
     0.3049    0.4084
>> fid = fopen('file1.txt','w');
>> fprintf(fid,'%8.4f',a);
>> fclose(fid);
```

用 fscanf 函数读文件 file1.txt:

```
>>   fid = fopen('file1.txt','r');
>>   b = fscanf(fid,'%f')
b =
   -0.3790
   -0.0492
    0.2159
    0.3928
   -0.2269
   -0.2452
    0.3656
   -0.2676
    0.3049
    0.4084
>>   fclose(fid);
```

用 textscan 函数读文件 file1.txt:

```
>>   fid = fopen('file1.txt','r');
>> c = textscan(fid,'%f');
>>   fclose(fid);
>> c{:}
```

```
ans =
    - 0.3790
    - 0.0492
      0.2159
      0.3928
    - 0.2269
    - 0.2452
      0.3656
    - 0.2676
      0.3049
      0.4084
```

【注意】 上面的语句 fprintf(fid,'%8.4f',a)中,格式转换定义符不能写成'%f',否则,所有的数会连在一起输出。可限定字宽与精度,或加上定界符,例如写成'%f '。

2.2 重难点讲解

2.2.1 二进制文件与文本文件

文本文件与二进制文件实际上没有太大的区别。主要区别如下。

① 文本文件仅用来存储可打印字符,如字母、数字、空格等。

可打印字符的 ASCII 值小于 128,因此每个字符只需要一个字节中的 7 位表示就行了。文本文件将文件看作是由一个一个字节组成的,每个字节的最高位都是 0。文本文件只使用了一个字节中的低 7 位来储存所有的信息,而二进制文件将字节中的所有位都用上了。

② 文本文件的内容采用记事本或写字板就可以查看;而二进制文件需要采用二进制文件编辑器打开。

二进制文件编辑器常用的是 UltraEdit-32。UltraEdit-32 是一套功能强大的文本编辑器,可以编辑文本、十六进制、ASCII 码,可以取代记事本,内建英文单词检查、C++及 VB 指令突显,可同时编辑多个文件,而且即使开启很大的文件其速度也不会变慢。软件附有 HTML 标签颜色显示、搜寻替换以及无限制的还原功能,一般大家喜欢用其来修改 EXE 或 DLL 文件。图 2.11 所示是在 UltraEdit-32 中分别以文本方式和十六进制方式查看文件的情形。

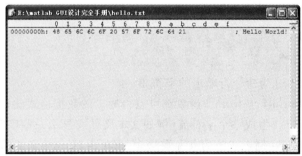

图 2.11 文件的文本打开方式和二进制打开方式

③ 文件按照文本方式或二进制方式打开,都是一连串的 0 和 1,但是打开方式不同,对于这些 0 和 1 的处理也就不同。

按照文本方式打开,打开时要进行转换,将每个字节转换成 ASCII 码;而按照二进制方式打开时,不会进行任何转换。

④ 文本文件和二进制文件的编辑方式也不同。

例如,在用记事本进行文本编辑时,进行编辑的最小单位是字节;而用 UltraEdit 软件编辑二进制文件时,最小单位则是位。

⑤ 从文件编码的方式来看,文件可分为 ASCII 码文件和二进制码文件两种。

ASCII 文件也称为文本文件,这种文件在磁盘中存放时每个字符对应一个字节,用于存放对应字符的 ASCII 码。例如,数 5678 共占用 4 字节,'5'、'6'、'7' 和 '8' 的 ASCII 码依次为 53、54、55、56,存储形式为:

ASCII 码：　　00110101　　00110110　　00110111　　00111000

↓　　　　↓　　　　↓　　　　↓

十进制码：　　　5　　　　6　　　　7　　　　8

二进制文件是按二进制的编码方式来存放文件的。例如,数 5678 的存储形式为:00010110　00101110,只占 2 字节。

2.2.2　sprintf 与 fprintf 函数

① sprintf 函数输出格式化的数据到字符串。调用格式为:

s = sprintf(format, A)

format 为格式字符串,支持转义字符;A 为数据,s 为输出的字符串。例如:

```
>> s = sprintf('% d',round(pi))
s =
3
```

输出的 s 为字符串。

② fprintf 函数输出格式化的数据到文件或命令行。调用格式为:

count = fprintf(fid, format, A)

fid 为文件标识符,format 为格式字符串,支持转义字符;A 为数据,count 为成功写入文件的数据个数。

若 fid=1 或 2,直接输出格式化的数据到 MATLAB 命令行;若 fid>2,fid 需要使用 fopen 函数获取,输出格式化的数据到 fopen 打开的文件。

例如,输出字符到命令行:

```
>> fprintf(1,'% c % c % c % c\n',[97:100])
abcd
```

abcd 为命令行输出的字符串。

sprintf 与 fprintf 函数都可以将输入的数据格式化处理,只不过 sprintf 生成一个字符串,而 fprintf 生成一个字符流(例如文本文件或显示一些字符到 MATLAB 命令行)。

例如,例 1.4.4 的九九乘法表,也可由 fprintf 函数输出到 MATLAB 命令行:

```
a = [1:9];              % 乘数
b = a;                  % 被乘数
for i = 1:9             % 乘数从 1 到 9
    for j = 1:i         % 被乘数从 1 到乘数的值
```

```
        fprintf(1, '%d×%d=%2d  ', b(j), a(i), b(j) * a(i));  % 计算并打印方程式
    end
    fprintf(1, '\n');      % 每次被乘数从 1 到乘数的值循环完,就在命令行输出 1 个换行符
end
```

2.2.3 fscanf 与 textscan 函数

① fscanf 函数从指定文件读取格式化的数据到一个矩阵,调用格式为:

A = fscanf(fid, format)

fid 为 fopen 返回的文件标识符,format 为读取数据的格式,A 为读取成功的数据矩阵。

[A, count] = fscanf(fid, format, size)

fid 为 fopen 返回的文件标识符,format 为读取数据的格式,A 为读取成功的数据矩阵,size 为矩阵 A 的尺寸,count 为成功读到的数据个数,等于矩阵 A 的元素数。

② textscan 函数从指定文件读取数据,然后对数据进行转换,最后将数据输出到一个单元数组。textscan 函数不仅能像 fscanf 函数一样,按指定格式读取数据,还能对数据进行处理,比如数据筛选、指定数据的字段长、配置输出参数等。常用的调用格式为:

C = textscan(fid, 'format', N)
C = textscan(fid, 'format', N, param, value,…)

fid 为 fopen 返回的文件标识符,format 为数据格式分类符,N 为重复读取数据的次数,缺省时读取文件全部数据;param/value 为参数/参数值。

fscanf 与 textscan 函数都可以读取文本文件数据,但 textscan 函数有如下特点:

① 读大文件时,具有更高的读取效率;

② 一旦文件被 fopen 函数打开,就能从文件任何位置开始读取数据;

③ 每次读取数据后,文件指针不会自动重新指向文件的开头,而是指向当前位置不变;

④ 无论读了多少字段,都只返回一个单元数组;

⑤ 数据转换格式更丰富,有更多的用户配置参数。

2.2.4 Excel 文件操作

① 读 Excel 文件使用 xlsread 函数,经常使用下面两种格式:

[num txt] = xlsread('filename')

读 filename 第 1 个工作页中所有的数值到 double 数组 num 中,所有字符串到字符串单元数组 txt 中。

[num txt] = xlsread('filename', sheet, 'range')

读 filename 中指定页、指定区域的数值到 double 数组 num 中,所有字符串到单元数组 txt 中。

② 写 Excel 文件使用 xlswrite 函数,经常使用下面的格式:

xlswrite('filename', M, sheet, 'range')

写矩阵或字符串单元数组 M 到 filename 中的指定页和指定区域。

2.2.5 图像数据的操作

① 读图像文件为图像数据:imread 函数;

② 写图像数据为图像文件:imwrite 函数;

③ 输出 figure 图像到图像文件:print 和 saveas 函数;

④ 写图像数据到 figure 窗口内:imshow 函数;

⑤ 写图像数据到坐标轴内:image 函数。

2.2.6 低级文件 I/O 操作

低级文件 I/O 操作的内容框图,如图 2.12 所示。

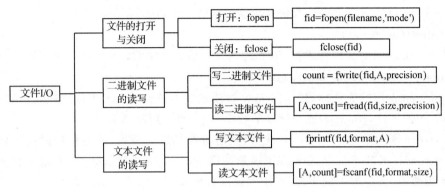

图 2.12 低级文件 I/O 操作框图

2.3 专题分析

专题 5 MATLAB 读写文本文件

(1) 读取纯数值的文本文件

例如,源文件如图 2.13 所示。分别采用 load、importdata、textread、fscanf、textscan 和 fread 函数读取该文件,程序如下:

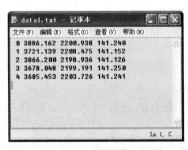

图 2.13 读纯数值的文本文件

```
>> format long g              % 设置数值显示方式为 long g,即取长定点和长浮点格式中最好的
>> dat1 = load('data1.txt')   % 采用 load 函数读取该文件
dat1 =
            0        3886.162        2200.938        141.24
            1        3721.139        2208.475        141.152
            2        3866.2          2198.936        141.126
            3        3678.048        2199.191        141.25
            4        3685.453        2203.726        141.241
>> dat2 = importdata('data1.txt')   % 采用 importdata 函数读取该文件
```

```
dat2 =
                0              3886.162            2200.938            141.24
                1              3721.139            2208.475            141.152
                2              3866.2              2198.936            141.126
                3              3678.048            2199.191            141.25
                4              3685.453            2203.726            141.241
>> [a, b, c, d] = textread('data1.txt', '%2d %8.3f %8.3f %7.3f')    % 使用 textread 函数
                                                                    % 读取该文件到 4 个列向量中
a =
    0
    1
    2
    3
    4
b =
                3886.162
                3721.139
                3866.2
                3678.048
                3685.453
c =
                2200.938
                2208.475
                2198.936
                2199.191
                2203.726
d =
                141.24
                141.152
                141.126
                141.25
                141.241
>> fid = fopen('data1.txt');                    % 以只读模式打开该文本文件,为 fscanf 和 textscan
                                                % 函数的读取操作做准备
>> dat3 = fscanf(fid, '%g', [4, inf])           % 采用 fscanf 函数读取该文件,逐列读,逐行显示
                                                % 行列互换
dat3 =
                0           1           2           3           4
            3886.162    3721.139    3866.2      3678.048    3685.453
            2200.938    2208.475    2198.936    2199.191    2203.726
            141.24      141.152     141.126     141.25      141.241
>> frewind(fid);                                % 将文件指针移到文件开头
>> dat4 = textscan(fid, '%2d %8.3f %8.3f %7.3f')    % 采用 textscan 函数读取文本文件的
                                                    % 数值到单元数组中
dat4 =
    [5x1 int32]   [5x1 double]   [5x1 double]   [5x1 double]
>> dat4{:}                       % 查看该单元数组
ans =
            0
            1
```

```
                2
                3
                4
ans =

                            3886.162
                            3721.139
                             3866.2
                            3678.048
                            3685.453
ans =

                            2200.938
                            2208.475
                            2198.936
                            2199.191
                            2203.726
ans =

                            141.24
                            141.152
                            141.126
                            141.25
                            141.241
>> fclose(fid);                        % 最后别忘了关闭该文件
>> fid = fopen('data1.txt', 'rt');     % 以文本模式打开该文件
>> dat5 = fread(fid);                  % 读取该文本的所有字符，返回其 ASCII 值
>> str5 = char(dat5')                  % 将 ASCII 值转换为字符串
str5 =
 0 3886.162 2200.938 141.240
 1 3721.139 2208.475 141.152
 2 3866.200 2198.936 141.126
 3 3678.048 2199.191 141.250
 4 3685.453 2203.726 141.241
>> dat6 = str2num(str5)                % 由字符串获取数值数组
dat6 =
                0        3886.162        2200.938           141.24
                1        3721.139        2208.475          141.152
                2          3866.2        2198.936          141.126
                3        3678.048        2199.191           141.25
                4        3685.453        2203.726          141.241
>> fclose(fid);                        % 最后别忘了关闭该文件
```

（2）读取纯文本的文本文件

例如读取 M 文件，如图 2.14 所示。

分别采用 importdata、textread、textscan 和 fread 函数读取该文件，程序如下：

```
>> dat1 = importdata('fun.m')          % 采用 importdata 读取数据，返回字符串单元数组
dat1 =
    'function y = fun(x)'
    'a = [1 2 3;'
    '     4 5 6;'
    '     7 8 9];'
```

```
        'y = a * x;'
>> dat2 = textread('fun.m', '%s', 'delimiter', '\n')    %采用 textread 读取数据,返回字符串单元数组
dat2 =
    'function y = fun(x)'
    'a = [1 2 3;'
    '4 5 6;'
    '7 8 9];'
    'y = a * x;'
>> fid = fopen('fun.m', 'rt');                %以只读、文本方式打开该文件
>> dat3 = textscan(fid, '%s', 'delimiter', '\n')    %采用 textscan 读取数据,返回字符串单元数组
dat3 =
    {5x1 cell}
>> dat3{:}                        %查看 textscan 读取到的数据内容
ans =
    'function y = fun(x)'
    'a = [1 2 3;'
    '4 5 6;'
    '7 8 9];'
    'y = a * x;'
>> frewind(fid);                    %将文件指针移到文件开头,便于再次读取文件内容
>> dat4 = fread(fid);                %采用 fread 函数读取数据,返回文本字符的 ASCII 值
>> dat5 = char(dat4')                %将文本字符的 ASCII 值转换为字符串
dat5 =
function y = fun(x)
a = [1 2 3;
    4 5 6;
    7 8 9];
y = a * x;
>> fclose(fid);                    %关闭文件
```

（3）读取包含文本和数值的文本文件

例如,源文件如图 2.15 所示。

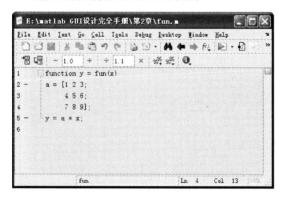

图 2.14　读取纯文本的文本文件

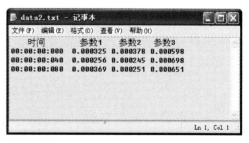

图 2.15　读包含字段和数据的文本文件

分别采用 importdata、textread 和 textscan 函数读取该文本文件,程序如下:

```
>> dat1 = importdata('data2.txt', ' ', 1)    %采用 importdata 函数读取该文件,间隔符为空格
                        %跳过开头第 1 行
```

```
dat1 =
        data: [3x3 double]
    textdata: {4x4 cell}
>> dat1.data                    % dat1 为一个结构体,返回其数值段
ans =

                    0.000325                0.000378                0.000598
                    0.000256                0.000245                0.000698
                    0.000369                0.000251                0.000651
>> dat1.textdata        % 返回 dat1 的文本数据段,即第 1 行和第 1 列。非数值项都存储在该段内
ans =

    '时间'              '参数 1'      '参数 2'      '参数 3'
    '00:00:00:000'        ''            ''            ''
    '00:00:00:040'        ''            ''            ''
    '00:00:00:080'        ''            ''            ''
>> [a, b, c, d] = textread('data2.txt', '%s %f %f %f', 'headerlines', 1)      % 采用 textread
                                            % 函数读取该文件,跳过第 1 行
a =
    '00:00:00:000'
    '00:00:00:040'
    '00:00:00:080'
b =
                    0.000325
                    0.000256
                    0.000369
c =
                    0.000378
                    0.000245
                    0.000251
d =
                    0.000598
                    0.000698
                    0.000651
>> fid = fopen('data2.txt');        % 以只读模式打开 data2.txt,便于 textscan 读取该文件数据
>> dat2 = textscan(fid, '%s %f %f %f', 'HeaderLines', 1)        % 采用 textscan 函数读取该文件
                                            % 跳过第 1 行
dat2 =
    {3x1 cell}    [3x1 double]    [3x1 double]    [3x1 double]
>> dat2{:}
ans =
    '00:00:00:000'
    '00:00:00:040'
    '00:00:00:080'
ans =
                    0.000325
                    0.000256
                    0.000369
ans =
                    0.000378
                    0.000245
                    0.000251
ans =
```

```
                    0.000598
                    0.000698
                    0.000651
>> fclose(fid);                        %关闭文件
```

（4）读取包含文本和数值混合的文本文件

例如，源文件如图 2.16 所示。

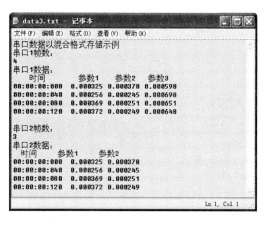

图 2.16 读取包含文本和数值混合的文本文件

对于这种混合格式的文件，应采用 textread 或 textscan 函数读取其数据（对于数据量大的文本文件，不推荐使用 textread 函数读取数据）。

分别用 textread 和 textscan 函数读取 data3.txt 中的数据，提取出串口 1 的帧数和参数 2 的值、串口 2 的帧数和参数 1 的值，程序如下：

```
>> % % % % % %以下程序段为采用 textread 函数读取文本文件并提取数据 % % % % % % %
>> dat1 = textread('data3.txt', '%s', 'delimiter', '\n')    %采用 textread 读取该文本文件
                                                            %到字符串单元数组中
dat1 =
    '串口数据以混合格式存储示例'
    '串口 1 帧数：'
    '4'
    '串口 1 数据：'
    '时间          参数 1    参数 2   参数 3'
    '00:00:00:000  0.000325 0.000378 0.000598'
    '00:00:00:040  0.000256 0.000245 0.000698'
    '00:00:00:080  0.000369 0.000251 0.000651'
    '00:00:00:120  0.000372 0.000249 0.000648'
    ''
    '串口 2 帧数：'
    '3'
    '串口 2 数据：'
    '时间          参数 1    参数 2'
    '00:00:00:000  0.000325 0.000378'
    '00:00:00:040  0.000256 0.000245'
    '00:00:00:080  0.000369 0.000251'
    '00:00:00:120  0.000372 0.000249'
```

```
>> n1 = str2num(dat1{3})                  % 提取第三行的数值,即为串口 1 的帧数
n1 =
     4
>> dat1_1 = dat1(6 : 9)                    % 提取串口 1 的数据到字符串单元数组 dat1_1 中
dat1_1 =
    '00:00:00:000   0.000325 0.000378 0.000598'
    '00:00:00:040   0.000256 0.000245 0.000698'
    '00:00:00:080   0.000369 0.000251 0.000651'
    '00:00:00:120   0.000372 0.000249 0.000648'
>> dat1_2 = cell2mat(deblank(dat1_1))      % 将字符串单元数组转换为字符数组
dat1_2 =
00:00:00:000   0.000325 0.000378 0.000598
00:00:00:040   0.000256 0.000245 0.000698
00:00:00:080   0.000369 0.000251 0.000651
00:00:00:120   0.000372 0.000249 0.000648
>> dat1_3 = str2num(dat1_2)                % 将字符数组转换为数值数组
dat1_3 =
  1.0e - 003 *
    0.3250     0.3780     0.5980
    0.2560     0.2450     0.6980
    0.3690     0.2510     0.6510
    0.3720     0.2490     0.6480
>> para1 = dat1_3(:, 2)                    % 提取串口 1 的参数 2 的值,即数值数组 dat1_3 的第 2 列
para1 =
  1.0e - 003 *
    0.3780
    0.2450
    0.2510
    0.2490
>> m = find(strcmp(dat1, '串口 2 帧数:'))   % 找到内容为"串口 2 帧数:"的行
m =
    11
>> n2 = str2num(dat1{m + 1})               % 提取串口 2 的帧数
n2 =
     3
>> dat2_1 = dat1(m + 4 : m + 4 + n2)       % 提取串口 2 的数据到字符串单元数组 dat2_1 中
dat2_1 =
    '00:00:00:000   0.000325  0.000378'
    '00:00:00:040   0.000256  0.000245'
    '00:00:00:080   0.000369  0.000251'
    '00:00:00:120   0.000372  0.000249 '
>> dat2_2 = cell2mat(deblank(dat2_1))      % 将字符串单元数组转换为字符数组
dat2_2 =
00:00:00:000   0.000325 0.000378
00:00:00:040   0.000256 0.000245
00:00:00:080   0.000369 0.000251
00:00:00:120   0.000372 0.000249
>> dat2_3 = str2num(dat2_2)                % 将字符数组转换为数值数组
dat2_3 =
  1.0e - 003 *
    0.3250     0.3780
```

```
       0.2560        0.2450
       0.3690        0.2510
       0.3720        0.2490
>> para2 = dat2_3(:, 1)              % 提取串口 2 的参数 1 的值, 即数值数组 dat2_3 的第 1 列
para2 =
  1.0e - 003 *
       0.3250
       0.2560
       0.3690
       0.3720
>> % % % % % % % 以下程序段为采用 textscan 函数读取文本文件并提取数据 % % % % % % %
>> fid = fopen('data3.txt');         % 以只读模式打开数据文件
>> n1 = textscan(fid, '%d', 'HeaderLines', 2)   % 采用 textscan 读取两行之后的数据, 即为串口
                                     % 1 的帧数
n1 =
    [4]
>> n1 = n1{:}                        % 提取单元数组的单元值, 即为串口 1 的帧数值
n1 =
         4
>> dat1 = textscan(fid, '%[^串口]', 'HeaderLines', 2)   % 从当前位置跳两行开始读字符串
                                     % 直到遇到 "串口" 等字符

dat1 =
    {1x1 cell}
>> dat1_1 = str2num(dat1{:}{:})      % 将上面读到的字符串转换为数值数组。注意, dat1_1 为
                                     % 包含回车符的字符串

dat1_1 =
  1.0e - 003 *
       0.3250        0.3780        0.5980
       0.2560        0.2450        0.6980
       0.3690        0.2510        0.6510
       0.3720        0.2490        0.6480
>> para1 = dat1_1(:, 2)              % 提取串口 1 的参数 2 的值, 即为数值数组
                                     % dat1_1 的第 2 列

para1 =
  1.0e - 003 *
       0.3780
       0.2450
       0.2510
       0.2490
>> n2 = textscan(fid, '%d', 'HeaderLines', 1)   % 文件指针跳过 1 行读取数值, 即为串口 2 的帧数
n2 =
    [3]
>> n2 = n2{:}                        % 提取单元数组的单元值, 即为串口 1 的帧数值
n2 =
         3
>> dat2 = textscan(fid, '%s %n %n', 'HeaderLines', 2)   % 跳过 2 行读取串口 2 的数据到
                                     % 1 个 1×3 的单元数值中

dat2 =
    {4x1 cell}    [4x1 double]    [4x1 double]
>> para2 = dat2{2}                   % 提取串口 2 的参数 1 的数值
para2 =
```

```
     1.0e - 003 *
     0.3250
     0.2560
     0.3690
     0.3720
>> fclose(fid);                               % 关闭数据文件 data3.txt
```

（5）写纯数值的文本文件

可以采用 dlmwrite 或 fprintf 函数写数值矩阵到文本文件。例如：

```
>> dat1 = rand(3, 5)
dat1 =
    0.3500    0.6160    0.8308    0.9172    0.7537
    0.1966    0.4733    0.5853    0.2858    0.3804
    0.2511    0.3517    0.5497    0.7572    0.5678
>> dlmwrite('dat1.txt', dat1, 'delimiter', '\t', 'newline', 'pc');    % 采用 dlmwrite 函数将 dat1
                                                                       % 写入文本文件 dat1.txt 中
>> fid = fopen('dat2.txt', 'wt');            % 以只写、文本模式打开或创建文本文件 dat2.txt
>> fprintf(fid, '%5.4f %5.4f %5.4f %5.4f %5.4f\n', dat1');    % 采用 fprintf 函数将 dat1
                                                              % 写入文件 dat2.txt 中
>> fclose(fid);                               % 关闭文件 dat2.txt
```

生成的文本文件内容分别如图 2.17 和图 2.18 所示。

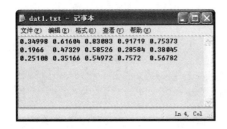
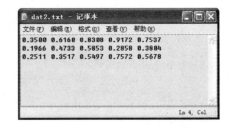

图 2.17 dlmwrite 函数生成的文本文件   图 2.18 fprintf 函数生成的文本文件

（6）写纯文本的文本文件

可以采用 fprintf 或 fwrite 函数写字符串单元数组内的纯文本到文本文件。例如，将下面一段关于 GreenBrowser 浏览器的功能介绍文字存入文本文件中：

```
%%%%%%%%%%%以下为待写的文本内容,存储在字符串单元数组 content 中%%%%%%%%%
content = {'自动滚屏 ';...
'1.可以控制浏览器自动滚动页面,这在浏览一些超长的网页时相当有用。';...
'2.您也可以控制滚动速度,和选择不同的速度控制方式。';...
'3.鼠标控制滚动速度:把鼠标停留在滚动条上,鼠标指针位置越靠近下方,滚动速度越快。'};
%%%%%%%%%%%以下采用 fprintf 函数实现写纯文本到文本文件 dat1.txt 中%%%%%%%
fid = fopen('dat1.txt', 'wt');    % 以只写、文本模式打开文件 dat1.txt
str = str2mat(content);           % 将字符串单元数组转换为字符数组,便于 fprintf 函数写操作
format = [repmat('%c', 1, size(str, 2)) '\n'];    % 生成格式字符串
fprintf(fid, format, str');       % 按指定格式将字符数组写入文本文件 dat1.txt 中
fclose(fid);                      % 关闭文件 dat1.txt
%%%%%%%%%%%以下采用 fwrite 函数实现写纯文本到文本文件 dat2.txt 中%%%%%%%%
```

```
fid = fopen('dat2.txt', 'wt');      %以只写、文本模式打开文件 dat2.txt
str = str2mat(content);             %将字符串单元数组转换为字符数组 str,便于 fwrite 函数写操作
mLine = size(str, 1);               %字符数组 str 的行数
nCol = size(str, 2);                %字符数组 str 的列数
str1 = zeros(mLine, nCol + 2);      %扩展字符数组 str,在最右侧添加两列字符:'\r\n'
str1(:, 1 : end - 2) = str;
str1(:, end - 1 : end) = char(repmat(sprintf('\r\n'), mLine, 1));
fwrite(fid, str1', 'char');         %将新生成的字符数组写入文件 dat2.txt 中
fclose(fid);                        %关闭文件 dat2.txt
```

上述两段代码生成的文本文件内容完全相同,fprintf 函数生成的文本文件如图 2.19 所示。

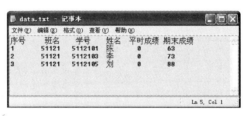

图 2.19   fprintf 函数生成的文本文件

由上面 fprintf 和 fwrite 函数的用法,不难发现,fprintf 换行为字符 '\n',而 fwrite 换行为 '\r\n',这印证了前面所讲关于文本模式与二进制模式区别的相关内容。

（7）写文本和数值混合的文本文件

一般采用 fprintf 函数较方便。例如,有一个学生成绩表格,内容如图 2.20 所示。

图 2.20   写文本和数值混合的文本文件

采用 fprintf 函数将上述信息存入文本文件中,程序如下:

```
%%%%%%%%%%%%%%%%%%以下是要显示的数据%%%%%%%%%%%%%%%%%%%%%%
head = '序号     班名       学号     姓名 平时成绩     期末成绩';
text = {'51121', '5112101', '陈 ';
        '51121', '5112103', '李 ';
        '51121', '5112105', '刘 '};
num = [ 0    63;
        0    73;
        0    88];
%%%%%%%%%%%%%以下为将数据存入 data.txt 的程序代码%%%%%%%%%%%%%
fid = fopen('data.txt', 'wt');            %以只写、文本模式打开文件 data.txt
fprintf(fid, [head '\n']);                %写入第一行的文本数据
for i = 1 : 3                             %按指定格式依次写入每一行数据
    fprintf(fid, '%d    %s    %s    %s    %d    %d\n', i, text{i, 1}, ...
        text{i, 2}, text{i, 3}, num(i, 1), num(i, 2));
end
fclose(fid);                              %关闭文件 data.txt
```

2.4 精选答疑

问题 7 如何提取 Excel 文件中的数据信息

▲【例 2.4.1】 当前目录下有一个 Excel 文件 chengji.xls,如图 2.21 所示。

	A	B	C	D	E	F
1	姓名	学号	语文	数学	英语	
2	王某	1	99	99	99	
3	罗某	2	54	76	88	
4	刘某	3	44	66	46	
5	张某	4	44	65	46	
6	徐某	5	66	66	44	
7	黄某	6	76	56	34	
8						
9						

Sheet1 / Sheet2 / Sheet3 /

图 2.21 文件 chengji.xls 的数据内容

要求实现以下功能:

① 将李某的成绩信息添加到文件 chengji.xls 里。信息如下:

姓名:李某;学号:7;语文:80;数学:90;英语:78。

② 命令行循环提示输入学生姓名或学号,根据输入提取出该学生的全部信息,显示到命令行;当输入 quit 时退出循环。

【解析】 问题①采用 xlswrite 函数将成绩信息以字符串单元数组的形式写到 Excel 中的区域 'A8:E8';问题②采用 input 函数获取用户输入,用 xlsread 函数将相关的学生信息读取出来。

相关程序如下:

```
s = {'李某 ','7','80','90','78'};              % 将要添加的信息存入单元数组 s 中
xlswrite('chengji.xls', s, 1, 'A8:E8')         % 将李某信息写入 Excel
while 1
    str = input('\n 请输入学生姓名或学号:\n', 's');  % 打印命令行提示信息,并请求输入查询关
                                                    % 键字
    if isequal(str, 'quit')                    % 输入 quit 时退出循环
        break
    end
    str2 = str2num(str);                       % 将输入的关键字转换为数值
    [num txt] = xlsread('chengji.xls');        % 读取 Excel 文件
    if isempty(str2)                           % 若输入的关键字为姓名
        n = find(strcmp(txt(2 : end, 1), {str}));  % 找出是第几个学生
    else                                       % 若输入的关键字为学号
        n = str2;                              % 找出是第几个学生
    end
    fprintf(1,'姓名:%s   学号:%d 语文:%d   数学:%d   英语:%d\n',txt{n+1},num(n,:));
end
```

程序运行结果如下(粗体内容为用户输入):

```
请输入学生姓名或学号:
5
```

```
        姓名:徐某    学号:5    语文:66    数学:66    英语:44

    请输入学生姓名或学号:
    6
        姓名:黄某    学号:6    语文:76    数学:56    英语:34

    请输入学生姓名或学号:
    李某
        姓名:李某    学号:7    语文:80    数学:90    英语:78

    请输入学生姓名或学号:
    quit
    >>
```

文件 chengji. xls 如图 2.22 所示。

	A	B	C	D	E	F
1	姓名	学号	语文	数学	英语	
2	王某	1	99	99	99	
3	罗某	2	54	76	88	
4	刘某	3	44	66	46	
5	张某	4	44	65	46	
6	徐某	5	66	66	44	
7	黄某	6	76	56	34	
8	李某	7	80	90	78	
9						

图 2.22　写入数据到 chengji. xls

【例 2.4.2】　当前目录下有一个 Excel 文件 data. xls,如图 2.23 所示。

	A	B	C	D	E	F	G
1	000001.SZ	-2.7083	-1.7292	-1.7167	-1.0917	-0.2207	
2	000002.SZ	-1.9426	-2.2642	0	-0.7722	0.6809	
3	000031.SZ	-2.3152	-2.0966	0.1862	1.3011	0.8257	
4	000100.SZ	1.1696	3.0828	-2.243	-0.7648	1.7341	
5	000402.SZ	-3.4625	-2.2203	0.3493	0.4352	1.1265	
6	000527.SZ	-3.5776	-3.0398	-1.7981	-2.4883	1.6851	
7							
8							

图 2.23　例 2.4.2 的 Excel 数据

第一列是证券代码,后面的 5 列是该证券的五日涨跌幅数据。要求在命令行循环提示输入证券代码(不区分大小写),用户输入证券代码或其部分字符串时,程序自动查找包含所输入字符串的代码,并显示找到的证券代码,及其五日涨跌幅数据。当用户输入"q"或"Q"时,退出循环。

【解析】　先用 xlsread 函数读取 Excel 文件中的内容,数值存到 double 数组中,而字符串存到字符串单元数组中。第一列为字符串,其他元素组成一个 6×5 的 double 数组。根据输入的代码关键字,查找所有的代码字符串,若包含该关键字,则格式化输出该行数据。

程序如下:

```
[nData, strCell] = xlsread('data.xls');              % 读取 Excel 文件
nLines = size(nData, 2);                             % 获取数据的列数
str = input('请输入代码:\n', 's');                   % 命令行提示输入关键字,并存入 str 中
str = upper(str);                                    % 将输入关键字中的小写字母转换为大写字母
while ~strcmp(str, 'Q')                              % 若输入的关键字不是 Q 或 q
    index = strfind(strCell, str);                   % 查找关键字,返回包含关键字的行
    if ~isequal(index, cell(size(nData, 1), 1))     % 判断 index 是否为 1 个 6×1 的空单元数组
        for i = 1 : length(index)                    % 逐行输出包含关键字的行的内容到命令行
            if ~isempty(index{i})
                strFormat = ['代码:% s\n\t' repmat('% 8.4f', 1, nLines)];
                str_disp = sprintf(strFormat, strCell{i}, nData(i, :));   % 格式化要输出的内容
                disp(str_disp);                      % 显示格式化后的内容
            end
        end
    else
        disp('没有找到相关项的数据')                  % 没有找到满足条件的项
    end
    str = input('请输入代码:\n', 's');               % 循环提示输入关键字
    str = upper(str);                                % 将输入关键字中的小写字母转换为大写字母
end
```

程序运行结果如下(粗体内容为用户输入):

```
请输入代码:
0.sz
代码:000100.SZ
    1.1696  3.0828  -2.2430  -0.7648  1.7341
请输入代码:
01.
代码:000001.SZ
    -2.7083  -1.7292  -1.7167  -1.0917  -0.2207
请输入代码:
01
代码:000001.SZ
    -2.7083  -1.7292  -1.7167  -1.0917  -0.2207
代码:000100.SZ
    1.1696  3.0828  -2.2430  -0.7648  1.7341
请输入代码:
257
没有找到相关项的数据
请输入代码:
q
>>
```

问题 8　如何由图像生成字符矩阵

▲【例 2.4.3】　将如图 2.24 所示图片·restart.png 转换为一个字符矩阵。

图 2.24　例 2.4.3 的原始图片

　　该图片像素大小为 128×128。要求生成 16×32 的字符矩阵,且图片中的颜色依次由下列 22 个字符代替:

　　. 3 9 B H A & G @ M ♯ X 2 5 S i s r ; : , .

　　【解析】　先用 imread 函数将图片的 RGB 值读取出来,然后将其 RGB 值取平均:(R+G+B)/3,得到一个 $M×N$ 的整数矩阵,元素值范围[0 255]。由于每个字符的宽度与高度不一致,高度大约是宽度的 2 倍,因此,要将得到的 $M×N$ 矩阵重新取均值,将行数减少一半,得到 $M/2×N$ 的矩阵。

　　若图片的像素点非常多,转换后的字符矩阵仍将非常大,根本看不出转换效果,可以对得到的 $M/2×N$ 矩阵进一步取均值,得到 $M/2/n×N/n$ 的矩阵。

　　然后,根据每个像素点得到的均值,将其转换为对应的字符。

　　最后,将得到的字符矩阵写入文本文件中。

　　程序如下:

```
imageFile = 'restart.png';      %图片名,默认为当前路径下的文件
stepX = 4;                      %X轴方向的步长;当图片比较大时,建议该值适当取大

stepY = 2 * stepX;             %Y轴方向的步长;显示文本时,每个字符的高度大约是其宽度的2倍
cData = imread(imageFile);
cData = mean(cData, 3);

nLines = floor(size(cData, 1) / stepY);      %生成符号矩阵的行数
nColumns = floor(size(cData, 2) / stepX);    %生成符号矩阵的列数

% ↓↓↓↓↓↓↓↓↓生成M/2/stepX×N/stepX的矩阵↓↓↓↓↓↓↓↓↓
% % % % % % % % % % % % % % % % 方法1:矩阵运算 % % % % % % % % % % % %
tic;        %记录本段代码开始执行的时刻
temp1 = cData(1 : nLines * stepY, 1 : nColumns * stepX);   %截取有效的图像数据
temp2 = reshape(temp1, stepY, []);             %将图像数据的行数设置为stepY
temp3 = mean(temp2, 1);                       %对每列数据取均值
```

```matlab
temp4 = reshape(temp3, nLines, []);              % 将图像数据的行数设置为 nLines
temp5 = reshape(temp4', stepX, []);              % 将 temp4 转置,然后行数设置为 stepX
temp6 = mean(temp5, 1);                          % 对每列数据取均值
temp7 = reshape(temp6, nColumns, nLines);        % 将所得数据重新塑形为 nColumns × nLines
matrix = temp7';                                 %  temp7 转置得到所求的矩阵
toc
% toc 返回:Elapsed time is 0.009063 seconds.


%%%%%%%%%%%%%%%%%%%%%%%方法 2:循环运算%%%%%%%%%%%%%%%
tic;
matrix = zeros(nLines, nColumns);                % 为所求矩阵预分配空间
for i = 1 : stepX,                               % X 轴向的位移;将循环次数小的循环放在外层
    for j = 1 : stepY,                           % Y 轴向的位移
        matrix = matrix + cData(j : stepY : (nLines - 1) * stepY + j, ...
                                i : stepX : (nColumns - 1) * stepX + i);
    end
end             % matrix 中每个像素点的 stepX × stepY 个元素叠加
matrix = matrix / stepX / stepY;                 % 得到所求的 matrix
toc
% toc 返回 Elapsed time is 0.012645 seconds.
% ↑↑↑↑↑↑↑↑↑↑↑↑以上 2 段代码任选一段↑↑↑↑↑↑↑↑↑↑↑↑↑


table = '.39BHA&G@M#X25Sisr;,.';                 % 索引号越靠中间,符号越复杂,表明颜色越深
index = floor(matrix / 256 * length(table)) + 1; % 将 matrix 转换为索引矩阵
str = table(index);                              % 将索引矩阵转换为字符矩阵

fid = fopen(strcat([imageFile,'.txt']),'w');     % 创建或打开要写的文本文件

% ↓↓↓↓↓↓↓↓↓↓将得到的符号矩阵 str 写入打开的文本文件中↓↓↓↓↓↓↓
%%%%%%%%%%%%%%%%%%%%%%方法 1:fprintf 函数实现%%%%%%%%%%%%
tic;
format = [repmat('%c', 1, size(str, 2)) '\n'];   % 生成格式字符串
fprintf(fid, format, str');                      % 按格式字符串将字符矩阵写入打开的文本中
toc
% toc 返回:Elapsed time is 0.246159 seconds.


%%%%%%%%%%%%%%%%%%%%%%方法 2:fwrite 函数实现%%%%%%%%%%%%
tic;
mLine = size(str, 1);                            % 字符数组 str 的行数
nCol = size(str, 2);                             % 字符数组 str 的列数
str1 = zeros(mLine, nCol + 2);                   % 扩展字符数组 str,在最右侧添加两列字符:'\r\n'
str1(:, 1 : end - 2) = str;
str1(:, end - 1 : end) = repmat(sprintf('\r\n'), mLine, 1);
fwrite(fid, str1', 'char');                      % 将新生成的字符数组写入文件 dat2.txt 中
toc
% toc 返回:Elapsed time is 0.016337 seconds.


%%%%%%%%%%%%%%%%%%%%方法 3:fwrite 循环实现%%%%%%%%%%%%%%%%%%%
tic;
for iLine = 1 : nLines,                          % 逐行写字符矩阵
    fwrite(fid, [str(iLine, :), 13, 10]);        % 写完每行字符矩阵后,写入字符串 '\r\n' 表示换行
```

```
    end
    toc
    % toc 返回:Elapsed time is 0.000803 seconds.
    %↑↑↑↑↑↑↑↑↑↑↑以上 3 段程序任选一段↑↑↑↑↑↑↑↑↑↑

    fclose(fid);                                    % 关闭生成的文本文件
```

生成的文本文件内容如图 2.25 所示。

图 2.25 例 2.4.3 的程序生成的图

【注意】 上述代码中,有两部分代码分别采用了多种算法进行计算。大家会发现,第 1 部分代码中矩阵运算效率高于循环运算,而第 2 部分代码中,矩阵运算的效率却远远低于循环运算。这是因为,新版的 MATLAB 在循环算法上做了非常大的优化,复杂的矩阵运算,由于过多地调用复杂函数,往往比简单的循环运算花费更多的时间。这就告诉我们,不要一味地追求去循环化,在循环算法比较简单,而矩阵运算调用过多函数且过于复杂的情况下,不妨就使用简洁的循环算法。

问题 9 如何循环播放 WAV 音乐,并可以倍速/慢速播放、暂停/继续播放和停止播放

【例 2.4.4】 假设当前目录下有一个 WAV 音频文件"柴可夫斯基—天鹅湖.wav",要求分别对该音频文件执行以下操作:

① 正常速度循环播放,并可以随时暂停、继续和停止播放;

② 1.5 倍速循环播放,音量放大 1 倍,并可以随时暂停、继续和停止播放。

【解析】 若采用 audioplayer 播放器,要循环播放,可在播放器对象的 StopFcn 回调函数里采用 play 方法。

暂停、继续和停止播放稍微复杂些,可以在 StopFcn 函数里使用一个标志变量,该值为真时,表示循环播放模式,其值为假时,表示正常播放模式。

暂停播放,先将标志变量置为假,切换到正常播放模式,然后可以用 pause 方法。

继续播放,可以采用 resume 方法。当然,若需要循环播放,还需要同时将标志变量置

为真。

停止播放，可以采用 stop 方法。

1.5 倍速，可以设置播放器的采样率为 1.5×【WAV 音乐的原采样率】。

音量放大 1 倍，可以设置播放器的播放数据为 2×【WAV 音乐的原音乐数据】。

若采用声卡设备对象，要循环播放，可在声卡设备对象的 TimerFcn 回调函数里堆放一遍 WAV 音乐的所有数据，当然，定时周期要稍少于 1s，例如 0.95s。

停止播放可以直接使用 stop 函数停止输出，但同时会清空输出缓冲区堆放的未输出的数据。

暂停播放，可以先在 StopFcn 中记录下当前输出的采样值个数，用 stop 函数停止输出。

继续播放，可以先堆放所记录位置开始的剩下所有原音乐数据，并用 start 函数开始输出。

音量放大 1 倍，可以设置堆放的数据为 2×【WAV 音乐的原音乐数据】。

问题①的程序代码如下：

```matlab
clear;
[data, Fs, nBits] = wavread('柴可夫斯基－天鹅湖.wav');            % 获取音乐数据

% ↓↓↓↓↓↓↓↓↓↓↓循环播放↓↓↓↓↓↓↓↓↓↓↓↓↓↓↓↓↓
% % % % % % % % % % % %方法1:采用 audioplayer 播放器对象实现循环播放 % % % % % % % %
mode = true;    % mode == true,循环播放模式;mode == false,正常播放模式
player = audioplayer(data, Fs, nBits);
player.StopFcn = 'if mode, play(player);end';
play(player);

% % % %暂停播放时在命令窗口键入此段代码 % % % % % % %
mode = false;
pause(player);

% % % %继续循环时在命令窗口键入此段代码 % % % % % % %
resume(player);
mode = true;% 此时或需要循环播放,需要重置标志变量为真

% % % %停止循环时在命令窗口键入此段代码 % % % % % % %
mode = false;
stop(player);

% % % % % % % % % % %方法2:采用声卡设备对象实现循环播放 % % % % % % % % % % % % % % % % %
global ao currentSample
ao = analogoutput('winsound');                     % 建立声卡设备的对象
nChannel = size(data, 2);
addchannel(ao, 1 : nChannel);                      % 创建声音输出通道;双声道
set(ao, 'SampleRate', Fs);                         % 设置采样率
set(ao, 'BitsPerSample', nBits);
putdata(ao, data);                                 % 往声卡堆音乐数据
timerFcn = ['global ao, if get(ao, ''SamplesAvailable'') < get(ao, ''SampleRate''),',...
            'putdata(ao, data);',...
            'end'];
set(ao, 'TimerPeriod', 0.95, 'TimerFcn', timerFcn);
stopFcn = 'global ao currentSample,currentSample = get(ao, ''SamplesOutput'');';
```

```
set(ao, 'stopFcn', stopFcn);
start(ao);                                    % 输出音乐数据

% % % % 暂停/停止播放时在命令窗口键入此条命令 % % % % %
stop(ao);                                     % 停止循环时在命令窗口键入此条命令

% % % % 继续循环时在命令窗口键入此段代码 % % % % % % %
putdata(ao, data(currentSample : end, :));
start(ao);
```

问题②的程序代码如下：

```
clear;
[data, Fs, nBits] = wavread('柴可夫斯基 - 天鹅湖.wav');        % 获取音乐数据

% ↓ ↓ ↓ ↓ ↓ ↓ ↓ ↓ ↓ ↓ 循环播放 ↓ ↓ ↓ ↓ ↓ ↓ ↓ ↓ ↓ ↓ ↓ ↓ ↓ ↓ ↓ ↓
% % % % % % % % % % % 方法 1:采用 audioplayer 播放器对象实现循环播放 % % % % % % % % %
mode = true;     % mode == true,循环播放模式;mode == false,正常播放模式
player = audioplayer(2 * data, 1.5 * Fs, nBits);
player.StopFcn = 'if mode, play(player);end';
play(player);

% % % % 暂停播放时在命令窗口键入此条命令 % % % % % % %
mode = false;
pause(player);

% % % % 继续循环时在命令窗口键入此条命令 % % % % % % %
resume(player);
mode = true;% 此时或需要循环播放,需要重置标志变量为真

% % % % 停止循环时在命令窗口键入此条命令 % % % % % %
mode = false;
stop(player);

% % % % % % % % % % % 方法 2:采用声卡设备对象实现循环播放 % % % % % % % % % % % % % % % % %
global ao currentSample
ao = analogoutput('winsound');                % 建立声卡设备的对象
nChannel = size(data, 2);
addchannel(ao, 1 : nChannel);                 % 创建声音输出通道;双声道
set(ao, 'SampleRate', 1.5 * Fs);              % 设置采样率
set(ao, 'BitsPerSample', nBits);
putdata(ao, 2 * data);                        % 往声卡堆音乐数据
timerFcn = ['global ao, if get(ao, ''SamplesAvailable'') < 1.5 * get(ao, ''SampleRate''),'...
            'putdata(ao, data);',...
            'end'];
set(ao, 'TimerPeriod', 0.95, 'TimerFcn', timerFcn);
stopFcn = 'global ao currentSample,currentSample = get(ao, ''SamplesOutput'');';
set(ao, 'stopFcn', stopFcn);
start(ao);                                    % 输出音乐数据

% % % % 暂停/停止播放时在命令窗口键入此条命令 % % % % % % %
```

143

```
    stop(ao);                          % 停止循环时在命令窗口键入此条命令

    % % % % 继续循环时在命令窗口键入此条命令 % % % % % % %
    putdata(ao, 2 * data(currentSample : end, :));
    start(ao);
```

问题 10　如何读取文本和数值混合的文件中的数据

▲【例 2.4.5】　有一个数据文本如图 2.26 所示：

```
■ data.txt - 记事本                                    _ □ X
文件(F)  编辑(E)  格式(O)  查看(V)  帮助(H)
* 2010   1   4   0   0.00000000
PG01  11147.720895  -15791.957645  -18266.778374     999999.999
PG02  15242.857712    3754.595805  -21479.018915     211.398981     10 10 11 155
PG03 -22570.824446   -6946.906982   12136.714846     497.013458      9 13 11 114
PG04   9367.560518   16377.308454  -18714.680116    -439.761678      8 10  8 137
PG05   9367.560518   16377.308454  -18714.680116    -439.761678      8 10  8 137
PG06 -24852.042204    7165.288571   -4880.525664     124.377199     10  9  5 116
◄                                                             Ln 2, Col 61  ►
```
图 2.26　例 2.4.5 的数据文本

请将 PGx(x 为 00～06)后的第 1 列数据读取出来。

【解析】　文本和数值混合的文件,推荐采用 textscan 函数读取。跳过第 1 行读取可以设置 HeaderLines 参数值；读取每行 PGx 后的第 1 个数值,可以采用格式"PG%*02d"跳过 PGx,采用"%f"读取 PGx 后的第一个数值,该行剩下的数值由于每行个数不尽相同,只能采用字符串形式用"%*s"读取并抛弃。

程序如下：

```
% % 打开数据文件,获取文件句柄
fid = fopen('data.txt');
% % 跳过第 1 行,后面每行读取第 1 个数值
a = textscan(fid, 'PG % *02d % f % *s', 'HeaderLines', 1, 'Delimiter', '\n');
% % 关闭数据文件
fclose(fid);
```

运行结果如下：

```
>> celldisp(a)
a{1} =
    1.0e + 004 *
    1.1148
    1.5243
  - 2.2571
    0.9368
    0.9368
  - 2.4852
```

问题 11　如何将十六进制数转换为 float 值

▲【例 2.4.6】　有一个十六进制数 x:0x45438971,试将其转换为 float 型数据。

【解析】　把 x 以 int32 形式写进文本文件中,然后以 float32 形式读取出来即可。

程序如下:

```
x = '45438971';              % x 为输入的十六进制数
data = hex2dec(x);           % 将 x 转换为十进制数值
fid = fopen('temp.txt', 'wt');   % 创建一个临时文件 temp.txt
fwrite(fid, data, 'int32');  % 以 int32 格式将该数值写入临时文件 temp.txt 中
fclose(fid); % 关闭该文件
fid = fopen('temp.txt', 'rb');   % 以二进制读模式打开文件 temp.txt
y = fread(fid, 'float32');   % 以 float32 格式读取该数值
fclose(fid); % 关闭文件 temp.txt
delete('temp.txt');          % 删除该临时文件
```

运行结果如下:

```
>> y
y =
  3.1286e + 003
```

第 3 章

绘图简介

3.1 知识点归纳

本章内容：

◆ 常用的绘图函数
  ◇ plot
  ◇ stem
  ◇ surf
  ◇ mesh
  ◇ scatter3
  ◇ hold
  ◇ subplot
◆ 绘图工具
  ◇ 显示边框与网格
  ◇ 设置坐标轴范围与隐藏坐标轴
  ◇ 拖曳曲线
  ◇ 绘图缩放
  ◇ 数据光标

3.1.1 常用的绘图函数

常用的绘图函数见表 3.1。

表 3.1 常用的绘图函数

类　别	函数名	说　　　　明
二维	plot	线性二维绘图；将数据绘制在坐标轴上并用线连起来，形成连续的曲线图形
	stem	绘制二维离散序列图（也称"火柴杆图"）
二维	bar	绘制长条图
	hist	绘制长条形统计图
	scatter	绘制二维散点图
	area	绘制面积图
	polar	绘制极坐标图
	compass	绘制箭头图；从极坐标中的原点发出的箭头，返回 line 对象

类 别	函数名	说 明
三维	plot3	线性三维绘图;将数据绘制在坐标轴上并用线连起来,形成连续的曲线图形
	stem3	绘制三维离散序列图
	bar3	绘制三维长条图
	hist3	绘制三维长条形统计图
	surf	绘制三维表面图
	mesh	绘制三维表面图,因此其颜色与曲面高度成比例
	scatter3	绘制三维散点图
通用	hold	在当前图框内再次绘图
	subplot	在一个图框内绘制多幅图

下面简要介绍一下表 3.1 中的 plot、stem、surf、mesh、scatter3、hold、subplot 函数。

1. plot

plot 为线型二维绘图函数,调用格式为:

plot(Y)

若 Y 为向量,产生向量 Y 对应于其索引值的曲线;若 Y 为矩阵,生成矩阵的每列对应于行数的曲线集合;若 Y 为复数,等价于 plot(real(Y),imag(Y))。如:

```
>> t = linspace(0, 2 * pi, 100);        % 在 0～2π 之间均匀产生 100 个数据点
>> plot(sin(t))                          % 绘制正弦曲线
```

生成的曲线见图 3.1。

plot(X, Y, …)

绘制出 X 向量对应于 Y 向量的曲线。其中,输入参数 X 与 Y 分别为 X 轴与 Y 轴的数据。当 X、Y 为维数相同的实数矩阵时,每列绘制为一条曲线。例如:

```
>> x = [- pi : 0.01 : pi]';              % 在 -π～ +π 之间均匀产生间隔为 0.01 的数据点
>> plot([x x], [sin(x) cos(x)])          % 同时绘制多条曲线
```

生成的曲线如图 3.2 所示。

plot(X, Y, LineSpec, …)

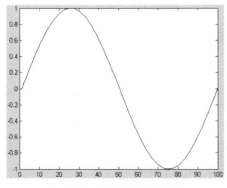

图 3.1 plot(sin(t))结果

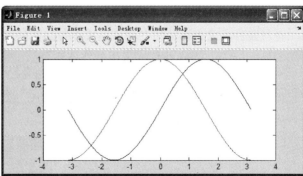

图 3.2 同时绘制多条曲线

绘制 X 向量对应于 Y 向量的曲线,参数 LineSpec(默认时采用系统设置的属性)可用以指定线条颜色、类型和记号类型。

所有能产生线条的函数(如 stem、bar 等)中,参数 LineSpec 皆可用以定义线条类型、线条宽度、线条颜色、标记类型、标记尺寸、标记填充颜色和标记边缘颜色。

LineSpec 指定的线条类型、标记类型和线条颜色见表 3.2。

表 3.2　线条类型

线　型		标　记		颜　色	
类　型	符　号	类　型	符　号	类　型	符　号
实线(默认类型)	—	加号	＋	红	r 或 red
虚线	— —	圆圈	o	绿	g 或 green
点线	:	星号	*	蓝	b 或 blue
虚点线	—.	点	.	青	c 或 cyan
无线型	none	叉号	x	紫	m 或 magenta
		方形	s 或 square	黄	y 或 yellow
		菱形	d 或 diamond	黑	k 或 black
		向上三角形		白	w 或 white
		向下三角形	v		
		向右三角形	＞		
		向左三角形	＜		
		五角星	p 或 pentagram		
		六角形	h 或 hexagram		

以上的线条类型、标记类型和线条颜色必须连接在一起使用,如指定线条类型为点线(:)、标记类型为加号(＋)和线条颜色为紫色(m),应该使用 plot(X, Y, ':＋m ');如指定标记类型为菱形(d)和线条颜色为蓝色(b),应该使用 plot(X, Y, 'db')。

线条类型、标记类型和线条颜色也可通过设置曲线的属性 'LineStyle'、'Marker'、'Color' 指定。

除上面 3 个属性,还可以设置曲线的其他属性:

① 'LineWidth':线条宽度。单位为像素。

② 'MarkerEdgeColor':标记颜色或标记的边缘颜色。

③ 'MarkerFaceColor':标记的填充颜色。

④ 'MarkerSize':标记的尺寸。

也可通过设置坐标轴的下列属性来设置默认的线条颜色和线条类型:

① 'ColorOrder':曲线依次采用的线条颜色。

② 'LineStyleOrder':曲线依次采用的线条类型。

例如,一次绘制多条数据曲线的命令格式为:

plot(X1, Y1, LineSpec, X2, Y2, LineSpec, …)

【注意】 ①若不进行连线绘图,只是描出各离散的数据点,可设置数据曲线的线型为 none。如:

```
>> x = [0 : 0.1 : pi];
>> plot(x, sin(x), 'marker', '.', 'LineStyle', 'none');
```

生成的曲线如图 3.3 所示。

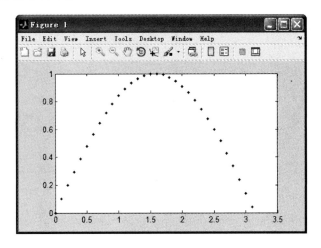

图 3.3　无线型的 plot 绘图

② plot 为高级绘图函数,实际调用的是低级绘图函数 line。line 函数在后面章节会详细介绍。

【例 3.1.1】　绘制[0　2π]区间内的一条正弦曲线,采用线条宽度为 2 的蓝色点画线,标记为边缘红色,填充绿色,大小为 12 像素的五角星。

程序如下:

```
x = 0 : 0.1 : 2 * pi;
y = sin(x);
plot(x, y, '-.pb', 'LineWidth', 2, 'MarkerSize', 12, ...
             'MarkerEdgeColor', 'r', 'MarkerFaceColor', 'g')
```

生成的曲线如图 3.4 所示。

2. stem

stem 为二维离散数据绘图函数,绘制的图形形象地称为“火柴杆图”。在绘制数据点的同时,为每个数据点绘制一条从直线 y=0 到该数据点的垂线段。其调用格式为:

stem(Y)

若 Y 为向量,产生向量 Y 对应于 Y 的索引值的曲线;若 Y 为矩阵,生成矩阵的每列对应于行数的曲线集合;若 Y 为复数,等价于 stem(real(Y), imag(Y))。如:

```
>> x = [0 : 0.1 : pi]';
>> stem([x 0.5 * x])        % 同时绘制多个火柴杆图
```

生成的曲线如图 3.5 所示。

stem(X, Y)

绘制出 X 向量对应于 Y 向量的曲线。其中,输入参数 X 与 Y 分别为 X 轴与 Y 轴的坐标序列。例如:

```
>> x = [0 : 0.1 : pi];
>> y = sin(x);
>> stem(x, y);          % 绘制火柴杆图
```

若您对此书内容有任何疑问,可以登录 MATLAB 中文论坛与同行交流。

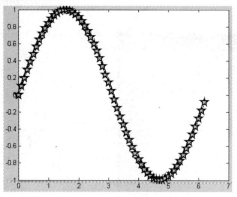

图 3.4　例 3.1.1 生成的曲线

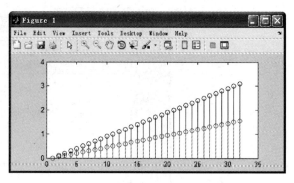

图 3.5　stem 函数同时绘制多条曲线

生成的曲线如图 3.6 所示。

stem(⋯, 'fill')

用数据点的标记颜色填充标记内部。例如：

```
>> x = [0 : 0.1 : pi];
>> stem(x, 'fill')      % 以实心圆形式绘制火柴杆图
```

生成的曲线如图 3.7 所示。

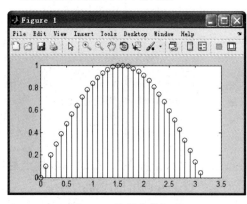

图 3.6　绘制火柴杆图

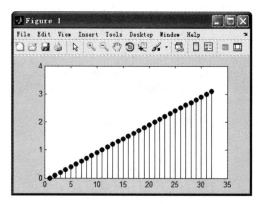

图 3.7　修改火柴杆图的标记

stem(⋯, LineSpec)

参数 LineSpec 可指定数据点的标记和颜色,以及垂直线段的线型。数据点的标记默认为圆圈,颜色默认为蓝色;垂直线段的线型默认为实线。例如：

```
>> x = [0 : 0.1 : pi];
>> y = sin(x);
>> stem(x, y, 'fill', '- -');    % 以虚线、实心圆形式绘制火柴杆图
```

生成的曲线如图 3.8 所示。

【注意】 stem 绘制的曲线,实际上由两条曲线组合而成。一条曲线描述数据点,其线型不能设置,只能为 none;另一条曲线为数据点到 X 坐标轴的垂直线段,只能设置其线型,颜色和标记均不能设置。例如,去掉图 3.8 中的垂线段,可以设置 LineStyle 属性值为 none：

```
>> stem(x, y, 'LineStyle', 'none');    % 去掉火柴杆图中的"竖线"
```

生成的曲线如图 3.9 所示。

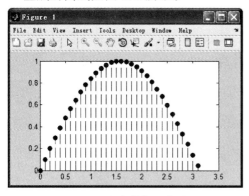

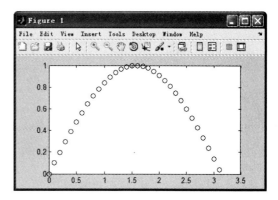

图 3.8 修改火柴杆图的线型   图 3.9 无线型的火柴杆图

3. surf

surf 用于绘制三维曲面图。

surf(x,y,z)

surf(x,y,z)用于在 x−y 平面中绘制高度为 z 的网格。网格颜色与 z 成比例。使用该函数时,一般需采用 meshgrid 函数设置 x,y 坐标的范围以及最小刻度。meshgrid 函数用于在 x−y 平面内形成网格采样点,例如[x,y]＝meshgrid(1:0.5:10,1:15)确定的 x 坐标范围为 1～10,最小刻度为 0.5;y 坐标范围为 1～15,最小刻度为 1。最小刻度为 1 时,可省略不写。[x,y]＝meshgrid(1:0.5:10,1:15)等价为[x,y]＝meshgrid(1:0.5:10,1:1:15)。

```
>> [x,y] = meshgrid(1:0.5:10,1:15);
>> z = 2 * sin(x);
>> surf(x,y,z)
```

生成的曲面如图 3.10 所示。

若要自定义曲面的颜色,可采用函数 surf(x,y,z,c)。其中 c 用于自定义颜色,如图 3.11 所示,程序如下:

```
>> [x,y] = meshgrid(1:0.5:10,1:15);
>> z = 2 * sin(x);
>> c = x. * y
>> surf(x,y,z,c)
>> colorbar
```

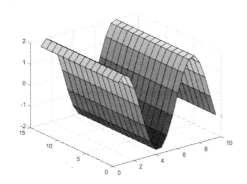

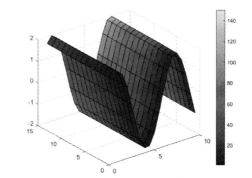

图 3.10 surf(x,y,z)生成的曲面   图 3.11 自定义曲面颜色

151

4. mesh

mesh 函数用于创建三维曲面,与 surf 用法类似。例如:

```
>> [x,y] = meshgrid(-10:.5:10, -10:.5:10);
>> r = sqrt(x.^2 + y.^2);
>> z = sin(r)./r;
>> mesh(x,y,z)
```

生成的曲面如图 3.12 所示。

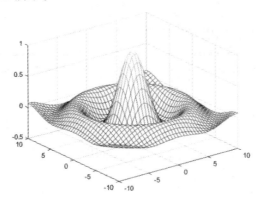

图 3.12   mesh(x,y,z)生成的网格图

【注】 plot3、mesh、surf 3 个函数均可绘制三维图形,其中 plot3 用于绘制三维曲线,surf 用于绘制曲面,mesh 用于绘制曲面网格。

使用 mesh 函数绘制完三维曲面网格后,若需绘制三维网格等高线或者围绕网格图绘制帷幕,可以采用 meshc 函数以及 meshz 函数,程序如下,生成图形如图 3.13 所示。

```
>> [x,y] = meshgrid(-10:.5:10, -10:.5:10);
>> r = sqrt(x.^2 + y.^2);
>> z = sin(r)./r;
>> mesh(x,y,z)
>> figure(2)
>> meshc(z)
>> figure(3)
>> meshz(z)
```

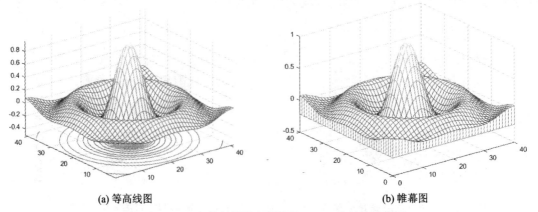

(a) 等高线图   (b) 帷幕图

图 3.13   meshc 绘制的等高线图及 meshz 绘制的帷幕图

5. scatter3

scatter3 函数用于绘制三维散点图。scatter3(x,y,z)中,x,y,z 为 3 个等长度的向量。例如:

```
>> z = linspace(0,4 * pi,250);
>> x = 2 * cos(z);
>> y = 2 * sin(z);
>> scatter3(x,y,z)
```

生成的散点图如图 3.14 所示。

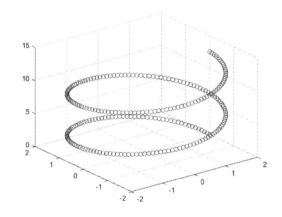

图 3.14   scatter3(x,y,z)生成的散点图

6. hold

hold 为曲线保持函数,调用格式为:

hold:在保持曲线和替换曲线之间切换状态。

hold on:保持曲线。

hold off:替换曲线。

hold all:保持曲线,并保持颜色顺序属性 'ColorOrder' 和线条类型顺序属性 'LineStyle-Order' 不变。因此绘图函数会继续将现在的值设置在属性列表中,并循环使用预定的线条颜色与类型。

如果要判断当前绘图是否处于保持状态,可使用函数 ishold:

```
>> hold on      % 绘图设置为"保持"状态
>> ishold       % 查看绘图是否为"保持"状态
ans =
    1
```

7. subplot

subplot 为创建子图函数,常用的调用格式为:

subplot(m, n, p)

当 p 为小于 m×n 的正整数时,将图形分成 m×n 的长方格阵列,选中按行顺序排列的第 p 个坐标轴为当前坐标轴。例如,将图形分成 3×2 的长方格阵列,在第 4 个坐标轴内绘出正弦曲线:

```
>> t = 0:.1:2 * pi;
>> subplot(3,2,4)          % 在指定位置创建坐标轴,并设置为当前坐标轴
>> plot(t,sin(t))          % 在当前坐标轴内绘制曲线
```

输出结果如图 3.15 所示。

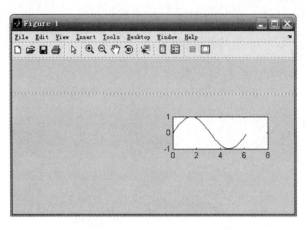

图 3.15　子坐标轴示例

如果 p 为向量,它指定一个包括 p 每个元素所指方格的长方格为坐标轴。

例如,当 p 为正整数时:

```
>> subplot(3,2,4)     % 在指定位置创建坐标轴
>> subplot(3,2,5)     % 在指定位置创建坐标轴
```

输出结果如图 3.16 所示。

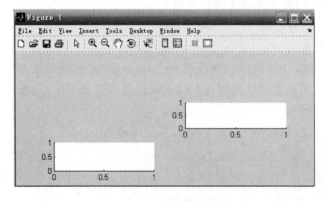

图 3.16　p 为正整数时的子坐标轴

若 p 为向量[4 5],即

```
>> subplot(3,2,[4 5])     % 在指定位置创建坐标轴
```

输出结果如图 3.17 所示。

如果 subplot 指定的位置包括了所有其他已存在的子坐标轴,subplot 删除它们并创建新的子坐标轴;如果 subplot 指定的位置正好匹配某个已存在的子坐标轴,subplot 不删除它,将它设置为当前坐标轴。

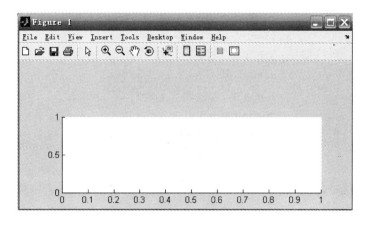

图 3.17　p 为向量时的子坐标轴

【注意】

① subplot(3,2,4)可写成 subplot(324)或 subplot 324,但 subplot(3,4,10)不能写成 sub-plot(3410)或 subplot 3410。

② subplot(1,1,1)不能写成 subplot(111),它删除坐标轴内所有对象,并重设坐标轴属性,等价于后面会讲到的 cla 指令。

3.1.2　绘图工具

绘图工具见表 3.3。

表 3.3　绘图工具

函　数	含　义	函　数	含　义
box	显示或隐藏坐标轴边框	pan	拖曳当前窗口中显示的曲线
grid	显示或隐藏坐标轴网格线	zoom	放大或缩小二维绘图
axis	设置坐标轴范围	datacursormode	数据光标,用于显示数据点的坐标

1. 显示边框与网格

① 显示或隐藏坐标轴边框使用 box 函数。其调用格式有以下几种。

box on:显示当前坐标轴的边框;

box off:隐藏当前坐标轴的边框;

box:切换当前坐标轴边框的可见性状态(显示或隐藏)。

② 显示或隐藏网格使用 grid 函数。其调用格式有以下几种。

grid on:显示当前坐标轴的主网格线;

grid off:隐藏当前坐标轴的主网格线和次网格线;

grid minor:切换当前坐标轴次网格线的显示状态(显示或隐藏);

grid:切换当前坐标轴主网格线的显示状态(显示或隐藏)。

【例 3.1.2】 在 3 个子坐标轴中分别显示 3 条曲线:上面 2 个坐标轴显示正弦曲线,且第 1 个无边框无网格,第 2 个有边框有主网格;第 3 个坐标轴显示余弦曲线,且显示次网格线。

程序如下:

```
subplot 221                    % 在指定位置创建坐标轴,并设置为当前坐标轴
plot(sin(0:.1:2 * pi))         % 在当前坐标轴绘制正弦曲线
box off                        % 隐藏坐标轴外框
subplot 222                    % 在指定位置创建坐标轴,并设置为当前坐标轴
plot(sin(0:.1:2 * pi))         % 在当前坐标轴绘制正弦曲线
grid on                        % 添加主网格
subplot(2,2,[3 4])             % 在指定位置创建坐标轴,并设置为当前坐标轴
plot(cos(0:.1:2 * pi))         % 在当前坐标轴绘制余弦曲线
grid minor                     % 添加次网格
```

结果如图 3.18 所示。

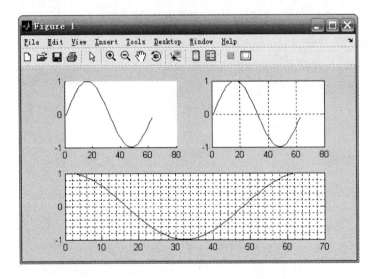

图 3.18 例 3.1.2 运行结果

2. 设置坐标范围与隐藏坐标轴

设置坐标轴的范围使用 axis 函数。其调用格式有以下几种。

axis([xmin xmax ymin ymax]):设置当前坐标轴的 x 轴和 y 轴的范围。

axis auto:根据数据值的范围自动设置当前坐标轴的范围。

axis manual:保持当前坐标轴的范围不变,除非手动修改。

axis tight:设置当前坐标轴的 x 轴和 y 轴的范围为数据值的范围。

axis equal:设置纵横比,以使数据单位在 x 轴和 y 轴方向上一致。

axis square:设置坐标轴为正方形,使得 x 轴和 y 轴等长且等刻度。

axis normal:自动调节坐标轴的纵横比和数据的刻度比例。

axis off:隐藏坐标轴轴线、刻度和标签,只显示数据曲线。

axis on:显示坐标轴轴线、刻度和标签。

例如,隐藏坐标轴:

```
>> plot(sin(0:.1:2 * pi))
>> axis off      % 隐藏坐标轴,只显示数据曲线
```

显示结果如图 3.19 所示。

3. 拖曳曲线

拖曳曲线使用 pan 函数，拖曳时鼠标为 形状。其调用格式有以下几种。

pan on：打开鼠标拖曳。

pan xon：仅打开 x 轴方向的拖曳。

pan yon：仅打开 y 轴方向的拖曳。

pan off：关闭鼠标拖曳。

pan：打开或取消鼠标拖曳。

右键选择【Reset to Original View】，恢复原始坐标范围。

4. 绘图缩放

绘图缩放使用 zoom 函数，缩放时鼠标为 形状。其调用格式有以下几种。

zoom on：打开内部绘图缩放工具。单击左键或框选区域时放大，按住 Alt 键时单击左键缩小，双击左键恢复原始大小；当绘图缩小至原始大小时，将不再缩小。

zoom off：关闭内部绘图缩放工具。

zoom：切换内部绘图缩放工具的状态（打开或关闭）。

zoom xon：只打开 x 轴方向上的缩放。

zoom yon：只打开 y 轴方向上的缩放。

zoom(factor)：根据指定的缩放因子进行绘图的缩放。当 0＜factor＜1 时，进行绘图缩小；当 factor＞1 时，进行绘图放大。

右键选择【Zoom Out】，缩小绘图；选择【Reset to Original View】，恢复原始坐标范围。

5. 数据光标

数据光标用于显示鼠标所选数据点的坐标功能，使用 datacursormode 函数，鼠标为 形状。其调用格式有以下几种。

datacursormode on：打开数据光标模式。

datacursormode off：关闭数据光标模式。

datacursormode：切换数据光标模式的状态（打开或关闭）。

数据光标示例如图 3.20 所示。

右键可以选择【创建新的数据光标点】、【删除当前数据光标点】和【删除所有数据光标点】。

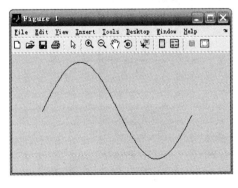

图 3.19　隐藏坐标轴

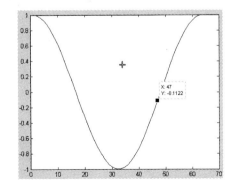

图 3.20　数据光标示例

3.2 重难点讲解

3.2.1 二维绘图的相关函数

一般的二维绘图主要使用以下 9 个函数。

subplot:将图形窗口分成 N 块子窗口。

axis:设置坐标轴范围和尺寸。

hold:保持图形。

cla:清空坐标轴。

title:坐标轴标题。

xlabel:x 轴标注。

ylabel:y 轴标注。

text:文本注释。

legend:标注图例。

例如,下面的程序生成图 3.21 所示的图形。

```
t = 0 : 0.1 : 2 * pi;
subplot(2, 1, 1)
plot(t, sin(t), ':')        % 采用点线绘制正弦曲线
hold on                     % 绘图处于"保持"状态
plot(t, cos(t))             % 采用实现绘制余弦曲线
hold off                    % 绘图取消"保持"状态
axis([0 8 - 1.5 1.5])       % 设置坐标轴范围
title(' 正弦与余弦曲线 ');    % 创建坐标轴标题
xlabel(' 时间 ');        ··· % 设置 X 轴标签
ylabel(' 信号 ');           % 设置 Y 轴标签
legend(' 正弦 ', ' 余弦 ')   % 添加插图注释
text(3, 1, 'sin(t)与 cos(t)') % 创建文本对象
```

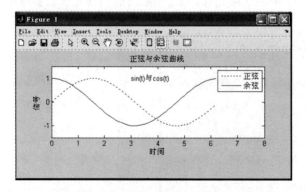

图 3.21　二维绘图函数举例

3.2.2　三维绘图的相关函数

与三维绘图相关的属性控制函数主要有：

alpha：透明度控制。

shading：着色属性设置。

light：灯光设置。

lighting：照明模式设置。

material：光线反射模式设置。

hidden：消除网格图中的隐线。

例如，下面的程序生成图 3.22 所示的图形。

```
[x,y,z] = sphere(30);
surf(x,y,z);                              % 绘制曲面
alpha(0.6);                               % 透明度 0.6
shading interp;                           % 平滑颜色
hold on;
x1 = 2 * x;y1 = 2 * y;z1 = 2 * z;
mesh(x1,y1,z1);                           % 绘制曲面网格
hold on;
hidden off;                               % 显示隐线条
light('Position',[-1 1 1],'Style','local'); % 本地光源,位置[-1 1 1]
lighting gouraud;                         % 高洛德着色
material shiny;                           % 高反材料
```

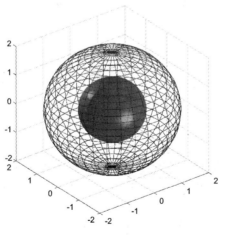

图 3.22　三维绘图函数举例

3.3　精选答疑

问题 12　如何绘制几何曲线，例如矩形、圆、椭圆、双曲线等

▲【例 3.3.1】　绘制出一个半径为 5 的圆，并隐藏坐标轴。

【解析】 有两种方法可以画出圆。

方法1:通过解析方程绘图。圆的解析方程为

$$\begin{cases} x = r * \cos(t) \\ y = r * \sin(t) \end{cases} \quad t \in [0, 2\pi)$$

程序如下:

```
t = - 0.1 : 0.1 : 2 * pi;
x = 5 * cos(t);
y = 5 * sin(t);
plot(x, y)              % 绘制圆
axis equal              % X 轴与 Y 轴等比例
axis off                % 隐藏坐标轴
```

运行结果如图 3.23 所示。

方法二:通过指数方程绘图。圆的指数方程为

$$y = r * e^{ix}$$

当 plot 函数的输入为复数时,该复数的实部为 x 轴数据,虚部为 y 轴数据。程序如下:

```
x = 0 : 0.01 : 2 * pi;
y = exp(i * x);
plot(y)          % 根据圆的复数方程绘制圆
axis equal       % X 轴与 Y 轴等比例
axis off         % 隐藏坐标轴
```

【注】 类似地,可通过解析方程绘出椭圆、双曲线、抛物线或直线。如果要绘出矩形方框,可以通过矩形 4 个顶点的坐标来绘出。例如,要绘出宽为 3,高为 1 的矩形,4 个顶点坐标分别为(1,1),(4,1),(4,2),(1,2)。程序如下:

```
x = [1, 4, 4, 1, 1];
y = [1, 1, 2, 2, 1];
plot(x, y)                % 绘制矩形
axis([0 5 0 3])           % 设置坐标轴范围
```

运行结果如图 3.24 所示。

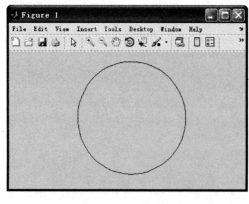

图 3.23　例 3.3.1 运行结果

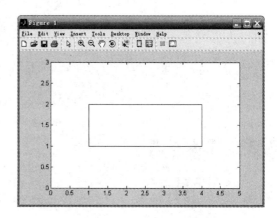

图 3.24　生成矩形框的例子

问题 13　如何绘制数据的统计图

【例 3.3.2】　产生一个标准正态分布的数据，存入 1 000×1 的矩阵中，统计数据在[−3，3]内的数值分布。

【解析】　标准正态分布是均值为 0，方差为 1 的正态分布，由函数 randn 产生。而统计数值分布通常采用 hist 函数。程序如下：

```
a = randn(1000,1);        %随机产生 1 000 个标准正态分布的数据
x = −3 : 0.1 : 3;         %数据的 X 值
hist(a, x)                %绘制 X 值对应的正态数据的统计分布
```

运行结果如图 3.25 所示。

问题 14　如何绘制特殊的字符、表达式

【例 3.3.3】　采用 Tex 字符生成图 3.26 所示图形。

【解析】　Tex 字符列表见表 3.6，采用 text 函数可生成图 3.27 所示得图形。text 对象是一类 GUI 对象，后面章节会详细介绍。调整 text 对象的尺寸分别使用 FontSize 和 LineWidth 这两个属性。

程序如下：

```
axes
text(0.25, 0.5, '\spadesuit', 'FontSize', 30, 'LineWidth', 1)        %绘制"黑桃"图案
text(0.35, 0.5, '\leftarrow', 'FontSize',30, 'LineWidth', 1)          %绘制"←"
text(0.45, 0.5, '\leftrightarrow', 'FontSize', 30, 'LineWidth', 1)     %绘制双箭头
text(0.55, 0.5, '\rightarrow', 'FontSize', 30, 'LineWidth', 1)         %绘制"→"
text(0.65, 0.5, '\clubsuit', 'FontSize', 30, 'LineWidth', 1)          %绘制"梅花"图案
text(0.46, 0.75, '\heartsuit', 'FontSize', 30, 'LineWidth', 1)        %绘制"红桃"图案
text(0.47, 0.6, '\uparrow', 'FontSize', 30, 'LineWidth', 1)           %绘制"↑"
text(0.47, 0.35, '\downarrow', 'FontSize', 30, 'LineWidth', 1)        %绘制"↓"
text(0.46, 0.25, '\diamondsuit', 'FontSize', 30, 'LineWidth', 1)       %绘制"方块"图案
```

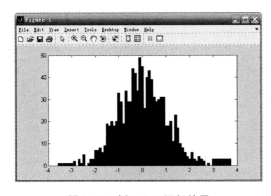

图 3.25　例 3.3.2 运行结果

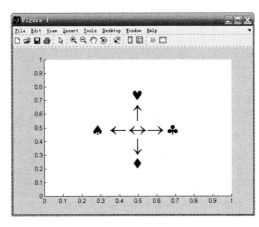

图 3.26　例 3.3.3 图

若您对此书内容有任何疑问，可以登录 MATLAB 中文论坛与同行交流。

问题 15　　如何绘制网格图

【例 3.3.4】　有两个向量 x 和 y：

$$x = [-5,-4,-3,-2,-1,0,1,2,3,4,5];$$
$$y = [-5,-4,-3,-2,-1,0,1,2,3,4,5];$$

创建一个如图 3.27 所示，以向量($x(i)$，$y(i)$)为节点的正方形网格。

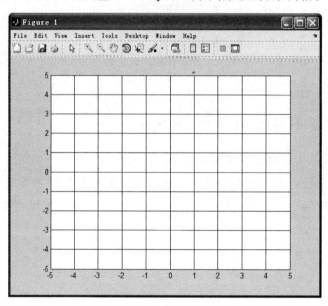

图 3.27　例 3.3.4 网格图

【解析】　绘制一条线段只需要其两个端点的坐标即可；同时绘制多条线段，可以采用二维数组作为 xData 和 yData，每列的数据就是一条线段。

程序如下：

```
%% 原始数据
x = -5 : 5;
y = -5 : 5;
%% 两根线的数据
x1 = [x(1) x(end)]';
y1 = [y(1) y(end)]';
%% 所有线的 xData
x2 = repmat(x1, 1, length(y) - 2);
x3 = repmat(x(2) : x(end-1), 2, 1);
xData = [x2 x3];
%% 所有线的 yData
y2 = repmat(y1, 1, length(x) - 2);
y3 = repmat(y(2) : y(end-1), 2, 1);
yData = [y3 y2];
%% 绘图
h = line(xData, yData);
box on;
set(h, 'Color', 'k');     % line 对象的属性设置目前不作要求,在第 4 章会详细介绍
```

第 4 章

句柄图形系统

4.1 知识点归纳

本章内容：

- ◆ 句柄图形对象
  - ◇ 面向对象的思维方法
  - ◇ 句柄图形对象的层次结构
- ◆ 句柄图形对象的基本操作
  - ◇ 获取对象属性值
  - ◇ 设置对象属性值
  - ◇ 获取当前的图形、坐标轴和对象
  - ◇ 查找对象
  - ◇ 复制对象
  - ◇ 删除对象
  - ◇ 改变对象的堆放顺序
  - ◇ 控制程序执行
- ◆ 句柄图形对象的基本属性
  - ◇ 图形对象的共有属性
  - ◇ 图形对象的默认属性
- ◆ 根对象
- ◆ 图形窗口对象
- ◆ 坐标轴对象
- ◆ 核心图形对象
  - ◇ image 对象
  - ◇ line 对象
  - ◇ text 对象
  - ◇ light 对象
  - ◇ patch 对象
  - ◇ rectangle 对象
  - ◇ surface 对象
- ◆ uicontrol 对象
- ◆ hggroup 对象
- ◆ 按钮组与面板

◇ uibuttongroup 对象

◇ uipanel 对象

◆ 自定义菜单与右键菜单

◇ uimenu 对象

◇ uicontextmenu 对象

◆ 工具栏与工具栏按钮

◇ uitoolbar 对象

◇ uipushtool 对象

◇ uitoggletool 对象

◆ uitable 对象

4.1.1 句柄图形对象

1. 面向对象的思维方法

面向对象是一种程序设计方法,是相对于面向过程而言的。对象,是客观存在的事物或关系,它可以被粗略定义为一组紧密相关、形成唯一整体的数据结构或函数集合。比如杯子是对象,钢笔是对象,几何图形也是对象。每个对象都有与其他对象相同或不同的特征,这些特征称为对象的属性。如钢笔这个对象有颜色和形状等属性。

面向对象的优越性在于可以重复使用对象进行编程。相对于过程而言,对象是一个更为稳定的描述单元。因为过程可能经常变化,稍有变化就不能直接重复调用这个过程;而对象更为稳定,比如任何钢笔无论它是新的还是用了十几年的,都有颜色、形状等属性。由于面向对象有这样一些优越性,它目前是主流的编程技术。

2. 句柄图形对象的层次结构

在 MATLAB 中,由图形命令产生的每一个对象都是图形对象。图形对象是一幅图形中很独特的成分,可以被单独地操作。

图形对象是相互依赖的。通常,图形包括很多对象,它们组合在一起,形成有意义的图形。图形对象按父对象和子对象组成层次结构,如图 4.1 所示。

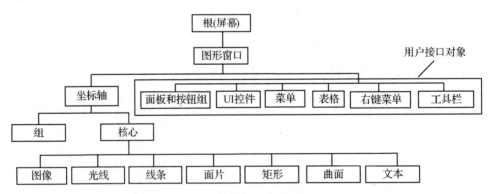

图 4.1　图形对象的层次结构

图 4.1 中,第 1 层为根对象,也称为 root 对象,它是计算机屏幕,是所有其他对象的父对象。根对象独一无二,没有父对象,主要保存一些系统状态和设置信息。

第 2 层为图形窗口对象,也称为 figure 对象,它表示整个图形窗口,是根的直接子对象。

第 3 层为坐标轴对象和用户接口对象,是 figure 的直接子对象。坐标轴对象是核心对象和组对象的父对象,用于数据的可视化;用户接口对象(也称为 UI 对象)用于 MATLAB 与用户之间的交互操作,它包括面板和按钮组、uicontrol 控件、菜单、表格、右键菜单和工具栏。

第 4 层包括核心对象和组对象。核心对象为所有绘图的基本元素;组对象为多个核心对象组合而成的坐标轴子对象。例如,图形的注释(annotation 函数创建)、插图(legend 函数创建)、直方图(bar 函数创建)、火柴杆图(stem 函数创建)等,都是组对象。后面的内容将对这些图形对象详细介绍。图形对象的创建函数与函数描述见表 4.1。

表 4.1　图形对象的创建函数与函数描述

对象类型	创建函数	对象描述
根	root	计算机屏幕
图形窗口	figure	显示图形和用户界面的窗口
坐标轴	axes	在图形窗口中显示的坐标轴
内部控件	uicontrol	UI 对象,执行用户接口交互响应函数的控件
表格	uitable	UI 对象,在 GUI 中绘制表格
菜单	uimenu	UI 对象,用户定义图形窗口的菜单
右键菜单	uicontextmenu	UI 对象,右键单击图形对象时调用的弹出式菜单
工具栏	uitoolbar	UI 对象,用户定义图形窗口的工具栏
按钮组	uibuttongroup	UI 对象,管理单选按钮(radio button)和切换按钮(toggle button)的"容器"
面板	uipanel	UI 对象,面板"容器",容纳坐标轴、UI 对象、面板或按钮组
图像	image	核心对象,基于像素点的二维图片
灯光	light	核心对象,影响块对象和曲面对象的光源
线条	line	核心对象,在指定坐标轴内绘制一条线
块	patch	核心对象,有边界的填充多边形
矩形	rectangle	核心对象,有曲率属性的、从椭圆到矩形变化的二维图形
曲面	surface	核心对象,将数据作为平面上点的高度创建的三维矩阵数据描述
文本	text	核心对象,用于显示字符串与特殊字符
组合对象	hggroup	坐标轴子对象,同时操作多个核心对象

根可包含一个或多个图形窗口,每一个图形窗口可包含一组或多组坐标轴。创建对象时,当其父对象不存在,MATLAB 会自动创建该对象的父对象。

创建对象时,MATLAB 会返回一个用于标识此对象的数值,称为该对象的句柄。每个对象都有一个独一无二的句柄,通过操作句柄,可查看对象所有属性或修改大部分属性。**本书中为叙述方便,"句柄值为 h 的对象"简称为"对象 h"。**

根对象的句柄值为 0,图形窗口的句柄值默认为正整数,其他对象的句柄值为系统随机产生的正数。

4.1.2　句柄图形对象的基本操作

每个图形对象都有一个属性列表,记录了该图形对象所有的信息。这个属性列表实质上是一个结构体,字段名为对象的属性名,字段值为对象的属性值。要对对象进行操作,就必须

若您对此书内容有任何疑问,可以登录MATLAB中文论坛与同行交流。

掌握属性列表这个结构体的基本操作。

1. 获取对象属性值

获取图形对象的属性列表或属性值采用 get 函数,调用格式为:

get(h)或 a = get(h)

获取对象 h 的属性列表。例如,获取根对象的属性列表:

```
>> get(0)
    CallbackObject = []
    CommandWindowSize = [110 35]
    CurrentFigure = [1]
    Diary = off
    DiaryFile = diary
    Echo = off
    FixedWidthFontName = Courier New
    Format = short
    FormatSpacing = compact
    Language = zh_cn
    MonitorPositions = [1 1 1440 900]
    More = off
    PointerLocation = [641 321]
    PointerWindow = [0]
    RecursionLimit = [500]
    ScreenDepth = [32]
    ScreenPixelsPerInch = [96]
    ScreenSize = [1 1 1440 900]
    ShowHiddenHandles = off
    Units = pixels

    BeingDeleted = off
    ButtonDownFcn =
    Children = [1]
    Clipping = on
    CreateFcn =
    DeleteFcn =
    BusyAction = queue
    HandleVisibility = on
    HitTest = on
    Interruptible = on
    Parent = []
    Selected = off
    SelectionHighlight = on
    Tag =
    Type = root
    UIContextMenu = []
    UserData = []
    Visible = on
```

如果使用格式 a=get(h),返回的属性列表存在结构体 a 中,a 的字段名为属性名,字段值为属性值。

【注意】 h 还可以为一个返回句柄的函数,例如,get(figure)将创建一个 figure 对象并返回其属性列表到命令行。

get(h, 'PropertyName')

返回图形对象 h 的指定属性值。例如,查看根对象的 Type 属性值:

```
>> get(0,'Type')   % 获取根对象的 Type 值
ans =
root
```

属性名的大小写不作要求。例如,get(0, 'Type')也可写成 get(0, 'TYPE')。

属性名可以简写,只使用前几个字符代替,只要不与其他属性名混淆即可。例如,get(0, 'type')也可写成 get(0, 'ty')。

建议尽量写全属性名,以增强代码的可读性。

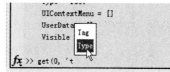

【注】 这里有个小技巧:输入属性名的前几个字符,然后按 Tab 键,MATLAB 会尝试自动将属性名补全;若存在多个属性名与之匹配,则弹出属性名列表供选择,如图 4.2 所示。

图 4.2   属性自动补全

a = get(0, 'Factory')

返回 GUI 对象所有属性的出厂值,这些属性值不可更改。'Factory' 不区分大小写,但不能简写。例如,可以写成 'factory',但不能写成 'Factor'。

在命令窗口键入 a = get(0, 'Factory'),可查看到 661 个出厂属性值。下面仅列出与字号大小相关的属性如下:

```
factoryuicontrolFontSize: 8
factoryUitableFontSize: 8
factoryAxesFontSize: 10
factoryTextFontSize: 10
factoryUipanelFontSize: 8
```

a = get(h, 'Default')

返回对象 h 的所有默认属性值。a 为结构体,字段名为属性名,字段值为对应的属性值。如果没有指定输出参数,结果输出到命令行。根对象的所有默认值为:

```
>> a = get(0, 'default')   % 获取根对象所有的默认属性值
a =
            defaultFigurePosition: [440 378 560 420]
                 defaultTextColor: [0 0 0]
                defaultAxesXColor: [0 0 0]
                defaultAxesYColor: [0 0 0]
                defaultAxesZColor: [0 0 0]
            defaultPatchFaceColor: [0 0 0]
            defaultPatchEdgeColor: [0 0 0]
                 defaultLineColor: [0 0 0]
    defaultFigureInvertHardcopy: 'on'
               defaultFigureColor: [0.8000 0.8000 0.8000]
                 defaultAxesColor: [1 1 1]
            defaultAxesColorOrder: [7x3 double]
            defaultFigureColormap: [64x3 double]
```

若您对此书内容有任何疑问,可以登录MATLAB中文论坛与同行交流。

```
  defaultSurfaceEdgeColor: [0 0 0]
   defaultFigurePaperType: 'A4'
   defaultFigurePaperUnits: 'centimeters'
    defaultFigurePaperSize: [20.9840 29.6774]
```

a = get([h1, h2,…, hm], {P1, P2,…, Pn})

返回 m 个图形对象的 n 个属性值，存为一个 m×n 的单元数组 a。[h1, h2,…,hm]为 m 个图形对象的句柄向量，{P1, P2, …, Pn}为由 n 个属性名组成的单元数组或由 1 个属性名组成的单元数组。

例如，首先产生一个句柄值为 1 的图形窗口：

```
>> figure(1);
```

然后，获取根对象和图形窗口对象的 Type 和 Units 属性值：

```
>> a = get([0 1],{'Type', 'Units'})    % 获取根对象的 Type 值和图形窗口对象的 Units 属性值
a =
    'root'      'pixels'
    'figure'    'pixels'
>> iscell(a)                            % 判断 a 是否为单元数组
ans =
     1
```

获取根对象和图形窗口对象的 HandleVisibility 属性值：

```
>> a = get([0 1],{'HandleVisibility'})    % 获取根对象和图形窗口对象的 HandleVisibility 值
a =
    'on'
    'on'
```

2. 设置对象属性值

设置图形对象的属性值采用 set 函数，调用格式为：

set(h, 'PropertyName', PropertyValue,…)

设置对象 h 指定属性的属性值。h 可为多个图形对象的句柄组成的向量。

例如，设置根对象和图形窗口对象的 Units(单位)为 normalized(归一化)：

```
>> figure(1)                            % 创建一个句柄为 1 的窗口
>> set([0, 1], 'Units', 'normalized')   % 设置根对象和窗口的 Units 值为 normalized
>> get([0, 1], 'Units')                 % 查看根对象和窗口的 Units 值
ans =
    'normalized'
    'normalized'
```

设置属性值时，属性值可简写，只使用前几个字符代替，只要不与该属性的其他可设属性值混淆即可。例如，对于上例单位归一化后的根对象和图形窗口对象，设置其单位为像素(pixels)：

```
>> set([0, 1], 'Units', 'pi')    % 设置根对象和窗口的 Units 值为 pixels
>> get([0, 1], 'Units')          % 查看根对象和窗口的 Units 值
```

```
ans =
    'pixels'
    'pixels'
```

a = set(h)

返回对象 h 所有的可设属性值,存入结构数组 a 中。a 的字段名为属性名,字段值为单元数组,包含对应属性所有可能的值。如果没有指定输出参数,结果输出到命令行。

根对象的所有可设属性值为:

```
>> set(0)            % 查看根对象的所有可设属性值
    CurrentFigure
    Diary: [ on | off ]
    DiaryFile
    Echo: [ on | off ]
    FixedWidthFontName
    Format: [ short | long | shortE | longE | shortG | longG | hex | bank | + | rational ]
    FormatSpacing: [ loose | compact ]
    Language
    More: [ on | off ]
    PointerLocation
    RecursionLimit
    ScreenDepth
    ScreenPixelsPerInch
    ShowHiddenHandles: [ on | {off} ]
    Units: [ inches | centimeters | normalized | points | pixels | characters ]
    ButtonDownFcn: string - or - function handle - or - cell array
    Children
    Clipping: [ {on} | off ]
    CreateFcn: string - or - function handle - or - cell array
    DeleteFcn: string - or - function handle - or - cell array
    BusyAction: [ {queue} | cancel ]
    HandleVisibility: [ {on} | callback | off ]
    HitTest: [ {on} | off ]
    Interruptible: [ {on} | off ]
    Parent
    Selected: [ on | off ]
    SelectionHighlight: [ {on} | off ]
    Tag
    UIContextMenu
    UserData
    Visible: [ {on} | off ]
```

观察上面显示的结果,可发现有些属性值为空。这分两种情况:有的属性只能为空值,如根对象的 Parent 属性;有的属性初值为空,如根对象的 Tag、UserData 属性等。

用大括号括起来的值为该属性的默认值。如上面显示结果中的显示隐藏句柄(ShowHiddenHandles),其属性值可为 on 或 off,默认为 off。

pv = set(h, 'PropertyName')

返回对象 h 指定属性的所有可设值,存入单元数组 pv 中。若可设值为不定值,返回空单元数组。如果没有指定输出参数,结果输出到命令行。

例如,查看根对象的 Units 属性取值:

```
>> set(0, 'Units')    % 查看根对象 Units 属性所有可设值
[ inches | centimeters | normalized | points | pixels | characters ]
```

若要重设图形对象的所有属性为默认值,可使用 reset 函数,调用格式为:

reset(h)

重设对象 h 的所有属性为默认值。当然,如果 h 为 figure,不重设属性 Position、Units、WindowStyle 和 PaperUnits;若 h 为 axes,不重设属性 Position 和 Units。

例如,reset(gca)重设当前坐标轴的属性值为默认值,reset(gcf)重设当前窗口的属性值为默认值。gca 和 gcf 函数在下面的小节介绍。

【注】 设置对象的属性,还可以采用一种灵活的设置方法:结构体设置法。我们知道,MATLAB 对 GUI 对象的存储是采用结构体的方式存储的(因为对象属性列表为一个结构体),因此,设置对象属性时,同样可以采用结构体操作方法。但要特别注意的是,这种写法对属性名的大小写敏感。

例如,创建一个窗口(后面会详细讲解相关内容):

```
h = figure('units', 'pixels', 'position', [500 400 400 200], ...
    'Windowstyle', 'modal', 'MenuBar', 'none', 'Name', ' 恭喜! ', ...
    'NumberTitle', 'off');    % 创建一个窗口,此处只作了解,后面详细介绍
```

可以采用结构体设置法来创建一个同样的窗口:

```
fig.Units = 'pixels';                    % 设置结构体 fig 的域 Units 值为 pixels
fig.Position = [500 400 400 200];        % 设置结构体 fig 的域 Position 值为[500 400 400 200]
fig.Windowstyle = 'modal';               % 设置结构体 fig 的域 Windowstyle 值为 modal
fig.MenuBar = 'none';                    % 设置结构体 fig 的域 MenuBar 值为 none
fig.Name = ' 恭喜! ';                    % 设置结构体 fig 的域 Name 值为"恭喜!"
fig.NumberTitle = 'off';                 % 设置结构体 fig 的域 NumberTitle 值为 off
h = figure(fig);                         % 采用结构体 fig 的相关域和域值来创建一个窗口
```

当然,这样写显得很繁琐,但是层次感很清楚。

3. 获取当前的图形、坐标轴和对象

获取当前的图形、坐标轴和对象的句柄,可使用下列函数。

① gcf:获取当前图形窗口的句柄值。

② gca:获取当前图形窗口中当前坐标轴的句柄值。

③ gco:获取当前图形窗口中当前对象的句柄值。

④ gcbf:获取正在执行的回调函数对应的对象所在窗口的句柄。

⑤ gcbo:获取正在执行的回调函数对应的对象句柄。

4. 查找对象

① findobj:查找对象。调用格式如下:

h = findobj

返回根对象及其子对象的句柄。

h = findobj('P1', V1, '-logical', 'P2', V2)

-logical 为逻辑选项,可以为-and、-or、-xor、-not,默认值为-and。例如,查找 P1 属性值为

V1,但 P2 属性值不为 V2 的图形对象,可使用下列方法:

```
h = findobj('P1', V1, '−not', 'P2', V2)
h = findobj('−property', 'PropertyName')
```

查找具有指定属性的图形对象,返回其句柄。

```
h = findobj(h_list,···)
```

在句柄对象列表 h_list 内,查找满足要求的对象,返回其句柄。

【注意】　findobj 不能查找句柄隐藏的对象。例如:

```
>> figure(1)                              % 创建一个句柄值为 1 的窗口
>> set(1, 'HandleVisibility', 'off')      % 设置该窗口的句柄不可见
>> findobj                                % 查找所有可见的图形对象
ans =
     0
```

② findall:查找所有的对象,包括句柄隐藏的对象。调用格式如下:

```
obj_handles = findall(h_list)
```

返回句柄对象列表 h_list 包含的所有对象及其子对象。

若 h_list 为单个句柄,返回一个向量;否则,返回一个单元数组。

例如:findall(0)返回根对象所有的子对象;findall(gcf)返回当前窗口所有的子对象。

【注意】　若 MATLAB 运行时出现某些窗口无法关闭,可以使用下列命令来删除:

```
>> h = findall(0, 'type', 'figure');
>> delete(h)
```

```
hObj = findall(h_list,'p', 'value',···)
```

返回句柄对象列表 h_list 包含的所有对象及其子对象中,属性 p 的值为 value 的对象。

```
hObj = findall(h_list, 'P1', Value1, '−logical', 'P2', Value2)
```

返回句柄对象列表 h_list 包含的所有对象及其子对象中,满足给定逻辑选项的对象。-logical 为逻辑选项,可以为-and、-or、-xor、-not,默认值为-and。

③ findfigs:查找所有可见但部分或整个移出屏幕的窗口,并将其显示在屏幕内。

④ allchild:查找指定对象的所有子对象,包括隐藏的子对象。调用格式为:

```
hChild = allchild(h_list)
```

若 h_list 为单个句柄,返回一个向量;否则,返回一个单元数组。

例如:查找当前坐标轴的所有子对象,包括隐藏的子对象,可使用下列格式:

```
>> allchild(gca)
```

若不查找句柄隐藏的子对象,可使用下列格式:

```
>> get(gca,'Children')
```

⑤ ancestor:查找指定对象的指定类型的父类。调用格式为:

```
p = ancestor(h, type)
```

若 type 为一个类型字符串,如 'figure',则返回 h 的 figure 父类的句柄。

若 type 为一个由多个类型字符串组成的单元数组,如{'hgtransform','hggroup','axes'},

若您对此书内容有任何疑问,可以登录MATLAB中文论坛与同行交流。

返回 h 的父类中,属性在 type 中列出的最近的父类。

若找不到指定类型的父类,返回空矩阵。

```
p = ancestor(h,type,'toplevel')
```

查找在 h 的父类中,属性在 type 中列出的,最高层的父类,返回其句柄。

5. 复制对象

copyobj:复制图形对象及其子对象。调用格式为:

```
new_handle = copyobj(h, p)
```

创建图形对象的副本,副本句柄为 new_handle,父对象为 p。副本除了句柄、父类与原对象 h 不同之外,其他属性都与 h 相同。

副本的父类必须适合该副本对象,比如坐标轴中 line 对象的副本,其新的父类必须是坐标轴。

6. 删除对象

① delete:删除文件或图形对象。

删除文件时的格式为:

```
delete filename 或 delete('filename')
```

删除图形对象 h 时的格式为:

```
delete(h)
```

若要无条件删除所有的图形对象,使用下列语句:

```
>> set(0, 'ShowHiddenHandles', 'on')          % 设置所有图形对象的句柄可见
>> delete(get(0, 'Children'))                 % 查找到所有图形对象并删除
```

② clf:清空当前 figure 窗口。调用格式列举如下。

clf:删除当前窗口中所有句柄可见的对象(HandleVisibility 值为 on)。

clf('reset'):删除当前窗口中所有的对象(不论句柄是否隐藏),并重设窗口属性为默认值,但以下 4 个属性保留原值:Position、Units、PaperPosition 和 PaperUnits(后两个属性为页面设置)。

clf(fig):删除窗口 fig 中句柄不隐藏的对象。

clf(fig, 'reset'):删除窗口 fig 中句柄不隐藏的对象,并重设 fig 属性为系统默认值,但以下 4 个属性保留原值:Position、Units、PaperPosition 和 PaperUnits。

当然,若窗口的 IntegerHandle 属性值为 off,重设后,其 IntegerHandle 属性值为 on,原浮点形式的句柄无效,此时,MATLAB 会自动为其分配一个整数句柄,原句柄失效。若要返回新创建的整数句柄,使用下面的格式:

```
figure_handle = clf(fig, 'reset')
```

删除窗口中的对象,重设窗口的属性,并返回窗口的有效句柄。例如:

```
>> h1 = figure('IntegerHandle', 'off')        % 创建一个句柄值为 double 值的窗口 h1
h1 =
   173.0029
>> h2 = clf(h1, 'reset')                       % 重设窗口 h1 的属性,并返回其整数句柄
h2 =
     1
```

【注意】 clf 无论是在命令窗口中使用还是在回调函数中使用,其功能是相同的,它并不受窗口对象的 HandleVisibility 属性限制。换句话说,就算窗口的 HandleVisibility 属性值为

off,照样删除窗口中的所有对象,并重设窗口属性。例如:

```
>> h1 = figure('HandleVisibility', 'off')    % 创建一个句柄不可见的窗口 h1
h1 =
    1
>> clf(h1);                                    % 重设窗口 h1 的属性为默认值
>> get(h1, 'HandleVisibility')                % 获取窗口 h1 的句柄可见性
ans =
on
```

③ cla:清空当前坐标轴。调用格式列举如下。

cla:删除当前坐标轴中句柄不隐藏的对象(HandleVisibility 值为 on)。

cla reset:删除当前坐标轴中所有的对象(不论句柄是否隐藏),并重设 axes 属性为默认值,但以下 2 个属性保留原值:Position 和 Units。

④ close:关闭指定的窗口。其调用格式列举如下。

close:关闭当前窗口,等价于 close(gcf)。

close(h):关闭句柄为 h 的窗口。若 h 为向量或矩阵,删除所有由 h 元素指定的窗口。

close name:关闭名为 name 的窗口。

close all:关闭所有句柄可见的窗口。

close all hidden:关闭所有窗口,不论其句柄是否可见。

close all force:关闭所有的 GUI 窗口,即使该窗口的 CloseRequestFcn 设置该窗口不关闭。

status = close(…):关闭指定窗口,若关闭成功,返回 1;否则,返回 0。

close 函数调用时,会执行指定 figure 对象的 CloseRequestFcn 函数,该函数默认为执行 closereq 函数,该函数相当于 delete(get(0, 'CurrentFigure'))。而 delete 函数不执行 CloseRequestFcn 函数,它仅仅删除指定的 figure。

【注意】 若 MATLAB 运行时出现某些窗口无法关闭,可以在命令行使用下列命令来删除:

```
>> close all force;    % 强行关闭所有的 GUI 窗口
```

⑤ closereq:默认的窗口关闭请求函数,无输入和输出参数,相当于语句:delete(gcf)。

7. 改变对象的堆放顺序

改变对象的堆放顺序,使用 uistack 函数,其调用格式列举如下。

uistack(h, opt)

改变对象 h 的堆放顺序。opt 可以为下列字符串:

① 'up':将对象 h 向上移动 1 层。

② 'down':将对象 h 向下移动 1 层。

③ 'top':将对象 h 移到最上层。

④ 'bottom':将对象 h 移到最下层。

uistack(h, 'up', n)

将对象 h 向上移动 n 层。

uistack(h, 'down', n)

将对象 h 向下移动 n 层。

【注意】 在 GUI 中,坐标轴对象永远堆放在 uicontrol 对象的下层。

8. 控制程序执行

控制程序的执行用到下面几个函数。

（1）uiwait、uiresume

调用格式为：

uiwait(h)

暂停程序的执行，直到 figure 对象 h 被删除，或执行语句 uiresume(h)。

uiwait(h, timeout)

暂停程序的执行，直到 figure 对象 h 被删除，或执行语句 uiresume(h)，或暂停的时间达到了 timeout 规定的时间，timeout 单位为 s。

uiresume(h)

继续执行由 uiwait 函数暂停的程序。

当创建一个对话框时，uiwait 可以阻止 M 文件的继续执行，等待用户对对话框响应后，才继续执行后面的 M 文件。

【**注意**】 窗口对象有一个隐藏的 WaitStatus 属性，初始值为空，用于表征窗口是否处于等待状态。若窗口 h 执行了 uiwait(h)，那么窗口的 WaitStatus 属性值为 'waiting'；若再执行 resume(h)，窗口的 WaitStatus 属性值为 'inactive'。

（2）waitfor

调用格式为：

waitfor(h)

程序暂停执行，直到 GUI 对象 h 被删除，或按 Ctrl+C 组合键。若对象 h 不存在，waitfor 不暂停程序，立即返回，程序继续执行。

waitfor(h, 'PropertyName')

暂停程序的执行，直到 GUI 对象 h 的 PropertyName 属性的值改变。若对象 h 根本不存在属性 PropertyName，waitfor 立即返回，程序继续执行。

waitfor(h, 'PropertyName', PropertyValue)

暂停程序的执行，直到 GUI 对象 h 的 PropertyName 属性的值变为 PropertyValue。若对象 h 的 PropertyName 属性的值一直为 PropertyValue，waitfor 立即返回，程序继续执行。

（3）waitforbuttonpress

调用格式为：

k = waitforbuttonpress

暂停程序的执行，直到当前 figure 窗口内有按键或鼠标单击。若检测到鼠标按下，返回 0；若检测到键盘按下某键，返回 1。

（4）pause

调用格式为：

pause

程序暂停执行，直到键盘按下了任意键。

pause(n)

程序暂停 n 秒，n 可以精确到 0.01 s。若 n 为 inf，程序进入死循环。要退出死循环，可按 Ctrl+C 组合键。

pause on

允许随后发生的中断程序中的 pause 语句暂停程序的执行。

pause off

不允许随后发生的中断程序中的 pause 语句暂停程序的执行。

（5）ginput

[x, y] = ginput(n)

用鼠标或按键在当前坐标轴内选择 n 个点,返回这些点的 x 坐标和 y 坐标到列向量 x 和 y 中。若在选择了 n 个点之前按 Enter 键,停止输入。

[x, y] = ginput

用鼠标在当前坐标轴内选择无限个点,直到用户输入了 Enter 键。

[x, y, button] = ginput(…)

返回所选点的 x 坐标、y 坐标、鼠标单击类型或键盘按键名称。若通过鼠标单击选择坐标点,单击左键返回 1,单击中键返回 2,单击右键返回 3;若通过键盘按键选择坐标点,返回该按键的 ASCII 值。

【注意】

① uiwait(h) 与 waitfor(h) 都可以暂停程序的执行,但 uiwait 暂停的对象必须是当前存在的 figure 对象;而 waitfor 暂停的对象可以是任何 GUI 对象,甚至这个对象当前根本不存在（此时不暂停）。

② waitforbuttonpress 暂停程序执行,直到在键盘按下任意键或有鼠标单击;而 pause 暂停程序执行,直到在键盘按下任意键。

③ 若 figure 窗口定义了 WindowButtonDownFcn 回调函数,当用户单击鼠标时,WindowButtonDownFcn 在 waitforbuttonpress 返回前先执行。

④ 若程序被 pause 暂停时,在某个 uicontrol 对象上按下任意键,执行该对象的 KeyPressFcn 回调函数,pause 并不返回;此时用鼠标单击 uicontrol 对象外的其他对象,然后再按下任意键,pause 返回。

⑤ 若使用 ginput 函数从多个坐标轴中选择坐标点,返回的 x、y 坐标与各点所在坐标系有关。

4.1.3　句柄图形对象的基本属性

1. 图形对象的共有属性

所有图形对象共有的属性见表 4.2(用{ }括起来的值为默认值)。

表 4.2　图形对象的共有属性

属　　性	属性描述	有效属性值
BeingDeleted	调用 DeleteFcn 时,该属性值为 on;只读	on、{off}
BusyAction	指定如何处理中断调用函数	cancel、{queue}
ButtonDownFcn	当在对象上按下鼠标时,执行的回调函数	字符串或函数句柄
Children	所有子对象的句柄	图形对象的句柄向量
Clipping	设定坐标轴子对象是否能超出坐标轴范围,仅对坐标轴子对象有效;值为 on 时可超出坐标轴范围	{on}、off（text 对象例外,默认值为 off）
CreateFcn	当创建一个对象时,执行的回调函数	字符串或函数句柄
DeleteFcn	当删除一个对象时,执行的回调函数	字符串或函数句柄

若您对此书内容有任何疑问,可以登录 MATLAB 中文论坛与同行交流。

续表 4.2

属 性	属性描述	有效属性值
HandleVisibility	指定对象句柄是否可见	{on}、off、callback
HitTest	指定对象是否可通过鼠标单击成为当前对象	{on}、off
Interruptible	指定一个回调函数是否可被随后的回调函数中断	{on}、off
Parent	父对象的句柄	图形对象的句柄
Selected	指定对象是否被选择上	{on}、off
SelectionHighlight	指定对象被选择时是否突出显示	{on}、off
Tag	用户指定的对象标识符	字符串
Type	指明对象类型,只读	类型字符串
UserData	用户存储的数据	任一矩阵
Visible	指定对象的可见性	{on}、off

（1）BusyAction 、Interruptible

BusyAction 属性决定当一个回调函数正在执行时,随后产生的回调函数是排队执行还是不执行;Interruptible 属性决定对象的回调函数能否被随后产生的回调函数中断。

（2）CreateFcn、ButtonDownFcn、DeleteFcn

创建对象时,执行 CreateFcn;鼠标单击对象时,执行 ButtonDownFcn;删除对象时,执行 DeleteFcn。

（3）Children、Parent

Children 为子对象的句柄向量;Parent 为父对象的句柄。

【注意】 Children 属性只列出句柄可见的子对象。要获取所有子对象的句柄,可以先设置根对象的 ShowHiddenHandles 属性值为 on。

（4）HandleVisibility

HandleVisibility 指定对象句柄是否可见。其值可以为:

on:对于任何在 MATLAB 命令行或 M 文件中执行的函数都是可见的,为默认值。对所有其他对象可见,可用 findobj 函数查找。

off:对象的句柄对于运行在命令行和回调函数中的函数都是隐藏的。一般对其他对象不可见,但可用 findall 函数查找。

callback:对象的句柄对于所有在命令行上执行的函数都是隐藏的,但在回调函数执行的过程中,句柄对所有函数是可见的。该设置使回调函数可以利用 MATLAB 句柄获取函数,并确保用户在执行非 GUI 回调函数时不会无意中干扰受保护的对象。

【注意】 若根对象的 ShowHiddenHandles 属性值为 off,且图形对象 h 的 HandleVisibility 属性值为 off,则不能通过在非 GUI 回调函数(例如定时器的回调函数、串口的回调函数以及其他硬件设备的回调函数)内调用 findobj、newplot、cla、clf、gcf、gca、gco、gcbf、gcbo、axes (hAxes)或 close 等命令获取对象 h。

（5）Selected、SelectionHighlight

Selected 指定对象是否被选择上;SelectionHighlight 指定对象被选择上时是否突出显示。图形窗口被选择时自动置顶,不需要突出显示。

（6）HitTest

HitTest 指定对象是否可通过鼠标单击成为当前对象。设置此值时会更新 gcf 或 gco 的值。

（7）Tag

Tag 是对象的标识符，可在控件的属性项中设置，也可直接用 set 函数设置。标识符名 Tag 必须以字母开头，可包括字母、数字或下画线。标识符名尽量要让人一看就知道对象的类型或功能。例如，开始按钮可设置 Tag 为 start，停止按钮可设置为 stop。同一个窗口中不同对象的 Tag 不可相同，必须区分开来，以免产生编译错误。

【注意】 在使用 copyobj 函数时尤其要注意 Tag 值的互斥性。

（8）Type

Type 指明对象的类型。对象一旦被创建，类型就确定了，所以 Type 值只读。例如，根对象的 Type 值为 root，窗口对象的 Type 值为 figure，坐标轴的 Type 值为 axes 等。

（9）UserData

UserData 用于存储用户数据，便于数据在多个对象之间的传递。

（10）Visible

Visible 指定对象的可见性。无论对象是否可见，其句柄都是有效的。如果知道一个对象的句柄，就可以设置和获取它的属性值。默认情况下，图形句柄是整数，显示在图形窗口的标题栏上。例如，句柄值为 1 的图形窗口标题栏上会显示"figure 1"。如果要进一步保护图形窗口句柄，可设置其 IntegerHandle 属性值为 off，即采用一个浮点数作为该图形窗口的句柄。例如，隐藏一个图形窗口并设置其句柄为浮点数：

```
>> h = figure('IntegerHandle', 'off', 'visible', 'off')    % 隐藏图形窗口并设置其
                                                            % 句柄为 double 值
h =
   160.0017
```

2. 图形对象的默认属性

MATLAB 会为每个新创建的对象指定默认的出厂属性值，可使用命令 get(0,'factory') 来查询 GUI 对象的所有出厂属性：

```
>> get(0,'factory')       % 获取 GUI 对象的所有出厂属性
ans =
                 factoryFigureAlphamap: [1x64 double]
              factoryFigureBackingStore: 'on'
               factoryFigureBusyAction: 'queue'
             factoryFigureButtonDownFcn: ''
                 factoryFigureClipping: 'on'
          factoryFigureCloseRequestFcn: 'closereq'
                    factoryFigureColor: [0 0 0]
                     ……% 限于篇幅，此处省略了部分属性值
                    factoryRootHitTest: 'on'
               factoryRootInterruptible: 'on'
             factoryRootRecursionLimit: 2.1475e + 009
           factoryRootScreenPixelsPerInch: 96
          factoryRootSelectionHighlight: 'on'
           factoryRootShowHiddenHandles: 'off'
                      factoryRootTag: ''
                 factoryRootUserData: []
                  factoryRootVisible: 'on'
```

如果希望了解某个属性的具体出厂属性值，可使用下面的类似代码获得：

```
>> get(0, 'factoryFigureCloseRequestFcn')    % 获取窗口的 CloseRequestFcn 属性的出厂值
ans =
closereq
```

在 MATLAB 中,除了可以查询系统的默认属性值外,还可根据需要自定义各种图形对象的属性默认值。要定义默认值,需要创建一个以 Default 开头的字符串,后面依次跟对象类型和对象属性,即属性名= 'Default'＋对象类型＋对象属性。

例如,将 Line 对象的 LineWidth 属性的默认值设置为 2 磅:

```
>> set(0, 'DefaultLineLineWidth', 2);
```

将 uicontrol 对象的 FontSize 属性的默认值设置为 10 点(FontUnits 默认值为 points,不用更改):

```
>> set(0, 'DefaultuicontrolFontSize', 10);
```

当然,这些设置在 MATLAB 软件关闭后将自动清除。

MATLAB 提供了 3 个保留字用于删除、设置或恢复对象的默认属性值: 'remove'、'factory' 和 'default'。

① 如果要删除用户定义的默认属性值,可将属性值设为 'remove'。例如,删除当前图形窗口中 Line 对象的 LineWidth 属性的默认值:

```
>> set(gcf, 'DefaultLineLineWidth', 'remove')
```

② 如果要临时将对象的默认属性值设为出厂属性值,可将其属性设为 'factory'。例如:

```
>> figure('color', 'factory')
```

③ 如果要恢复对象的默认属性值,可将其属性设为 'default',例如:

```
>> set(gca, 'FontName', 'default')
```

MATLAB 搜寻默认属性值,是从当前对象的默认属性值开始搜索,然后逐层搜索父类的默认属性,直至到达出厂设置,如图 4.3 所示。

【注意】

① 保留字 'remove'、'factory' 和 'default' 的字母全部小写,否则就不是保留字,而是普通的字符串。

② 如果要得到字符串 'remove'、'factory' 和 'default',需要在字符串之前加一个"\"。

例如,当 'default' 前不加"\"时为保留字:

```
>> figure('name','default')
```

此时 name 值为空字符串。生成的窗口标题栏如图 4.4 所示。

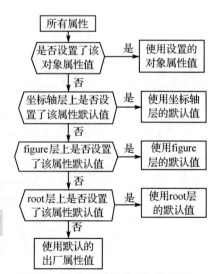

图 4.3　默认属性值的搜索顺序

图 4.4　字符串前不加"\"

当 'default' 前加"\"时为普通字符串：

```
>> figure('name','\default')
```

此时 name 值为 default。生成的窗口标题栏如图 4.5 所示。

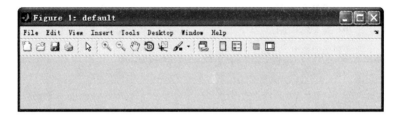

图 4.5　字符串前加"\"

4.1.4　根对象

图形对象的根对象相当于计算机屏幕，是 figure 对象的父类。根对象独一无二，句柄值为 0，父类为空，主要用于存储关于 MATLAB 状态、计算机系统和 MATLAB 默认值的信息。根对象不需用户创建，当启动 MATLAB 时它就存在了；根对象也不能手动销毁，当退出 MATLAB 时它就自动销毁了。用户可以设置根对象的属性值，从而控制绘图的显示。

查看根对象的属性可使用语句 get(0)。根对象的主要有效属性见表 4.3（按属性名的首字母顺序排列，有效属性值栏中用{}括起来的值为默认值）。

表 4.3　根对象的主要有效属性

属 性	属性描述	有效属性值
CallbackObject	当前正在执行的回调函数的对象的句柄	图形对象的句柄
Children	可见的子对象的句柄	句柄向量
CommandWindowSize	MATLAB 命令窗口的尺寸	二维向量；只读
CurrentFigure	当前图形窗口的句柄；最近一次操作的窗口	图形对象的句柄
Diary	日志模式。值为 on 时，备份输入和输出记录	on、{off}
DiaryFile	日志文件名。备份输入和输出记录的文件名	字符串；默认值为 diary
Echo	脚本回显模式。值为 on 时显示执行的脚本	on、{off}
ErrorMessage	最近一次产生的错误信息	字符串
FixedWidthFontName	指定 GUI 对象使用定宽字体时，使用的字体	定宽字体名；默认值为 Courier New
Format	输出格式；设置数字显示的格式	Short|{shortE}|long|longE|bank|hex|＋|rat

属　　性	属性描述	有效属性值
FormatSpacing	设置输出格式的间距	compact、{loose}
Language	系统环境的语言设置	字符串;默认值为 zh_cn.gbk
MonitorPosition	显示器的宽和高;主显示器格式为[1 1 宽 高]	1×4 矩阵
Parent	父对象	根对象的父类恒为空矩阵
PointerLocation	鼠标指针的当前位置	位置向量;设定左下角位置为[0,0]
PointerWindow	鼠标指针所在窗口的句柄	窗口句柄;默认值为 0
RecursionLimit	回调函数嵌套调用的最多个数	正整数;默认值为 500
ScreenDepth	屏幕的显示深度;每像素的位数	正整数;默认值为 32
ScreenSize	屏幕的显示尺寸;只读	四元向量;格式为[左,下,宽,高]
ShowHiddenHandles	显示或隐藏标记为隐藏的句柄	on、{off}
Tag	用户定义的对象标识符	字符串
Type	根对象的类型	root;只读
UIContextMenu	对根对象无效	右键菜单对象的句柄
Units	计量单位	{pixels}、normalized、inches、points、characters、centimeters
UserData	用户定义的数据	任一数据类型

（1）CurrentFigure

CurrentFigure 为最近创建或操作的窗口对象句柄。有两个函数可设置当前窗口：

① figure(h)：设置句柄为 h 的窗口为当前窗口,并置于屏幕最前端；

② set(0, 'CurrentFigure', h)：设置句柄为 h 的窗口为当前窗口,但不改变窗口显示的顺序。

对应返回当前窗口句柄的方法有两种：gcf 或 get(0, 'CurrentFigure')。gcf 函数返回当前窗口的句柄,如果当前窗口不存在,创建一个窗口并作为当前窗口。gcf 函数如下：

```
function h = gcf()
h = get(0, 'CurrentFigure');
if isempty(h)
    h = figure;
end
```

可见,gcf 函数不仅可获取当前窗口的句柄,还可以创建一个当前窗口。

（2）Diary、DiaryFile、Echo

Diary、DiaryFile 用于记录键盘的输入和大部分的结果输出；Echo 用于显示所执行的脚本文件每一行到 MATLAB 命令行。

（3）Format、FormatSpacing

Format 用于设置 MATLAB 显示数值的格式,详细格式见表 1.17。FormatSpacing 用于设置数据是松散显示(loose)还是紧密显示(compact)。

（4）PointerLocation、PointerWindow

PointerLocation 为指针在屏幕中的坐标[x y],单位为 Units 属性值。PointerWindow 为

指针所在窗口的句柄。如果指针不在任何窗口内,该属性值为 0。

（5）ShowHiddenHandles

ShowHiddenHandles 指定是否显示隐藏对象的句柄。若设为 on,可访问所有对象;若设为 off,用 findobj 不能找到句柄隐藏的对象,只能使用 findall 函数。

（6）Units

Units 为计量单位,包括像素(pixels)、归一化(normalized)、英寸(inches)、厘米(centimeters)、点(points)和字符(characters),默认单位为 pixels。所有的单位都是从屏幕的左下角开始计算的。normalized 将屏幕大小映射为宽和高均为 1,即左下角的坐标为[0,0],右上角的坐标为[1,1];英寸、厘米和点是绝对单位(一个点等于 1/72 英寸);字符是由默认系统字体字符所定义的单位,单位宽度为字母 x 的宽度,单位高度为两行文本的基线之间的距离。该属性影响 PointerLocation 和 ScreenSize 的取值。

对于含有多个 GUI 对象的窗口,如果窗口最大化时,对象的 Units 为 normalized,则该对象的大小会随着窗口大小的变化而适当改变,使其与窗口的大小比例不变。

（7）ScreenSize

采用左下角和右上角的坐标表示屏幕的显示大小,为四元向量,格式为[左,下,宽,高]。ScreenSize 值的单位由 Units 决定。例如,当 Units 为 pixels 时,ScreenSize 值为:

```
>> get(0, 'ScreenSize')     % 获取当前屏幕尺寸
ans =
            1            1         1440          900
```

若 Units 设置为 normalized,ScreenSize 值为:

```
>> set(0, 'Units', 'norm')        % 设置计量单位为归一化。norm 为 normalized 的简写
>> get(0, 'ScreenSize')           % 获取屏幕的归一化大小
ans =
        0        0        1        1
```

【注意】　除了表 4.3 中公开的属性,根对象还有一些隐藏的未公开的属性。要查看所有这些属性,可使用:

```
>> set(0, 'HideUndocumented', 'off')    % 取消隐藏未公开属性
>> get(0)     % 获取根对象的属性列表
    BlackAndWhite = off
    CallbackObject = []
    CommandWindowSize = [110 34]
    CurrentFigure = [1]
    Diary = off
    DiaryFile = diary
    Echo = off
    ErrorMessage =
    FixedWidthFontName = Courier New
    Format = short
    FormatSpacing = compact
    HideUndocumented = off
    Language = zh_cn.gbk
```

```
    MonitorPositions = [1 1 1440 900]
    More = off
    PointerLocation = [597 267]
    PointerWindow = [0]
    RecursionLimit = [500]
    ScreenDepth = [32]
    ScreenPixelsPerInch = [96]
    ScreenSize = [1 1 1440 900]
    ShowHiddenHandles = off
    Units = pixels
    AutomaticFileUpdates = on

    BeingDeleted = off
    PixelBounds = [0 0 0 0]
    ButtonDownFcn =
    Children = [1]
    Clipping = on
    CreateFcn =
    DeleteFcn =
    BusyAction = queue
    HandleVisibility = on
    HelpTopicKey =
    HitTest = on
    Interruptible = on
    Parent = []
    Selected = off
    SelectionHighlight = on
    Serializable = on
    Tag =
    Type = root
    UIContextMenu = []
    UserData = []
    ApplicationData = [ (1 by 1) struct array]
    Behavior = [ (1 by 1) struct array]
    Visible = on
    XLimInclude = on
    YLimInclude = on
    ZLimInclude = on
    CLimInclude = on
    ALimInclude = on
    IncludeRenderer = on
```

上面粗体显示的属性为未公开的属性。除 HideUndocumented 属性外,有两个属性要引起注意:

① 根对象的 ErrorMessage 属性记录了 MATLAB 最后一次产生的错误信息,这与前面提到的 lasterror 函数的功能类似。例如:

```
>> a                          % 变量a未赋值
??? Undefined function or variable 'a'.
>> get(0, 'ErrorMessage')     % 获取错误消息字符串
```

```
ans =
Undefined function or variable 'a'.
>> s = lasterror;              % 获取最后一次错误消息
>> s.message                   % 获取错误消息字符串
ans =
Undefined function or variable 'a'.
```

② 任何 GUI 对象都有一个未公开的 ApplicationData 属性。该属性用于存储 Application 数据(应用数据),值为一个结构体,这点在第 6 章会详细提到。访问 Application 数据有两种方法:

a)使用 ApplicationData 属性。函数包括 get 和 set。

b)使用 Application 数据专用函数。函数包括 getappdata、setappdata、isappdata、rmappdata。如:

```
>> s.figure1 = 1;                % 创建一个结构体
>> set(0, 'ApplicationData', s);  % 将该结构体存入 ApplicationData 内
>> getappdata(0)                 % 获取 ApplicationData 内的数据
ans =
    figure1: 1
```

4.1.5　图形窗口对象

图形窗口对象也称为 figure 对象,是 MATLAB 显示图形的窗口,可被看做 GUI 对象的"容器"。figure 对象是根对象的直接子对象,所有其他句柄图形对象都直接或间接继承于图形窗口对象。图形窗口内可包括表格、菜单、工具栏、用户控制对象、右键菜单、坐标轴、坐标轴子对象和 ActiveX 控件等。MATLAB 本身对图形窗口的个数没有限制。

创建图形窗口对象使用 figure 函数,常用的调用格式如下:

figure

采用默认的属性值,创建一个图形窗口对象,并将之设为当前窗口。该图形窗口对象的句柄值默认为正整数。

figure('PropertyName', PropertyValue,…)

采用指定的属性值,创建一个图形窗口对象,任何未指定的属性均取默认值。

figure(h)

当 h 是一个图形窗口对象的句柄时,MATLAB 设置该图形窗口为当前窗口,并置于屏幕最前端;

当 h 不是一个图形窗口对象的句柄,但它为一个正整数时,MATLAB 创建一个句柄为 h 的图形窗口,并设为当前窗口;

当 h 不是一个图形窗口对象的句柄,也不是一个正整数时,MATLAB 返回一个错误;

当 h 是一个当前目录下由 GUIDE 生成的 GUI 文件(同时包含.fig 文件和.m 文件)的文件名(不含扩展名),则运行该 GUI,生成的图形窗口设为当前窗口。

例如,若当前目录下有一个 GUI——example.fig 和 example.m,运行该 GUI 文件,可使用命令:

若您对此书内容有任何疑问,可以登录MATLAB中文论坛与同行交流。

```
>> figure(example)
```

或

```
>> example
```

【注意】 若只是打开一个.fig 图形文件,则使用下面的命令打开:

```
>> openfig('example.fig')
```

或

```
>> open('example.fig')
```

h = figure(…)

返回图形窗口对象的句柄。

figure 对象的主要有效属性见表 4.4(按属性名的首字母顺序排列,有效属性值栏中用{ }括起来的值为默认值)。

表 4.4　figure 对象的主要有效属性

属　　性	属性描述	有效属性值
Alphamap	阿尔法色图;用于设定透明度	m×1 维向量,每个分量在[0 1]之间
BeingDeleted	调用 DeleteFcn 时,该属性值为 on;只读	on、{off}
BusyAction	指定如何处理中断调用函数	cancel、{queue}
ButtonDownFcn	当在窗口中按下鼠标时,执行的回调函数	字符串或函数句柄
Children	可见的子对象的句柄	句柄向量
CloseRequestFcn	当关闭 figure 时执行的回调函数	函数句柄字符串;默认为 'closereq'
Color	窗口的背景颜色	颜色数据;默认为[0.8 0.8 0.8]
Colormap	色图	m×3 的 RGB 颜色矩阵
CreateFcn	当创建一个 figure 对象时,执行的回调函数	字符串或函数句柄
CurrentAxes	当前坐标轴的句柄	坐标轴句柄
CurrentCharacter	图形窗口中最后键入的字符;获取用户输入	单个字符
CurrentObject	当前对象的句柄	图形对象的句柄
CurrentPoint	图形窗口中最后单击鼠标的位置	坐标向量为[x,y],单位取决于 Units 属性
DeleteFcn	当销毁一个 figure 对象时,执行的回调函数	字符串或函数句柄
DockControls	图形嵌入控制	{on}、off
DoubleBuffer	对于简单的动画渲染是否使用快速缓冲	{on}、off
FileName	GUI 使用的.fig 文件名	字符串
FixedColors	figure 中出现,但色图中不包含的颜色;只读	m×3 的 RGB 颜色矩阵
HandleVisibility	指定当前 figure 对象的句柄是否可见	{on}、callback、off
HitTest	能否通过鼠标单击选择该对象	{on}、off
IntegerHandle	句柄是否为整数;值为 off 时句柄为浮点数	{on}、off

属 性	属性描述	有效属性值
Interruptible	回调函数是否可中断	{on}、off
InvertHardcopy	打印时,改变打印输出为白底黑图	{on}、off
KeyPressFcn	在窗口上按下一个键时执行的回调函数	函数句柄、由函数句柄和附加参数组成的单元数组、可执行字符串
KeyReleaseFcn	在窗口内释放一个按键时执行的回调函数	函数句柄、由函数句柄和附加参数组成的单元数组、可执行字符串
MenuBar	使用或禁用菜单栏;使用菜单栏时值为 figure	{figure}、none
MinColormap	系统颜色表中能使用的最少颜色	任一标量;默认值为 64
Name	图形窗口的标题	字符串
NextPlot	设定增加下一次绘图的方式	new、{add}、replace、replacechildren
NumberTitle	图形标题中是否显示图形编号	{on}、off
OuterPosition	窗口整个外轮廓的大小和位置	四维行向量,格式为[左,底,宽,高];Units 为单位
Parent	父对象的句柄,figure 对象的父对象为根对象	恒为 0;只读
Pointer	选择鼠标指针符号	crosshair、{arrow}、topl、topr、botl、watch、botr、circle、cross、fleur、left、right、top、bottom、fullcrosshair、ibeam、custom
PointerShapeCData	自定义指针;Pointer 属性值为 custom 时有效	16×16 的矩阵
PointerShapeHotSpot	指针激活区域	二维向量,格式为[行数,列数];默认值格式为[1,1]
Position	图形窗口的位置与大小	四维位置向量,格式为[左,底,宽,高]
Renderer	屏显或打印的着色方式	{painters}、zbuffer、OpenGL、None
RendererMode	着色模式是自动还是手选	{auto}、manual
Resize	窗口是否可通过鼠标改变尺寸	on、{off}
ResizeFcn	当图形窗口尺寸改变时执行的回调函数	字符串或函数句柄
Selected	指定对象是否被选择上	{on}、off
SelectionHighlight	当图形窗口选中时,是否突出显示	{on}、off
SelectionType	最近一次鼠标操作的方式	{normal}、extend、alt、open
Tag	对象标识符	字符串
Toolbar	指定工具栏是否显示	none、{auto}、figure
Type	图形窗口对象的类型	figure
UIContextMenu	图形窗口的右键菜单	右键菜单句柄
Units	计量单位	{pixels}、inches、normalized、points、characters、centimeters
UserData	用户定义的数据	任一矩阵
Visible	设定图形窗口是否可见	{on}、off

属　性	属性描述	有效属性值
WindowButton-DownFcn	在图形窗口中按下鼠标时执行的回调函数	字符串或函数句柄
WindowButtonMo-tionFcn	当鼠标在图形窗口中移动时执行的回调函数	字符串或函数句柄
WindowButtonUpFcn	当在图形窗口中松开鼠标时执行的回调函数	字符串或函数句柄
WindowKeyPressFcn	当在窗口及其子对象上按下任意键时，执行的回调函数	函数句柄、由函数句柄和附加参数组成的单元数组、可执行字符串
WindowKeyRe-leaseFcn	当在窗口及其子对象上释放任意按键时，执行的回调函数	函数句柄、由函数句柄和附加参数组成的单元数组、可执行字符串
WindowScroll-WheelFcn	当窗口为当前对象并滚动鼠标滚轮时，执行的回调函数	函数句柄、由函数句柄和附加参数组成的单元数组、可执行字符串
WindowStyle	窗口为标准窗口、模式窗口或嵌入式窗口	{normal}、modal、docked

（1）BusyAction、Interruptible

Interruptible 属性决定当前的回调函数能否被中断；BusyAction 属性指定 MATLAB 如何处理中断事件。

假定回调函数 A 在执行过程中，随后触发的回调函数 B 试图中断它。如果回调函数 A 对应对象的 Interruptible 属性值为 on（默认值），回调函数 B 将加入事件队列中排队执行；若 Interruptible 属性值为 off，分两种情况：如果回调函数 A 对应对象的 BusyAction 属性设为 cancel，则抛弃中断事件；若 BusyAction 属性设为 queue（默认值），则排队中断事件等待执行。

Figure 对象的 Interruptible　属性仅对下列 5 类回调函数有效：ButtonDownFcn、KeyPressFcn、WindowButtonDownFcn、WindowButtonMotionFcn 和 WindowButtonUpFcn。

事件可由任何图形的重绘或用户动作引起，例如绘图更新、单击按钮、光标移动等，每个事件都对应一个回调函数。

MATLAB 仅在两种情况下才会处理事件队列：

① 完成当前回调函数执行；

② 事件的回调函数包含 drawnow、figure、getframe、pause 或 waitfor 命令。

【注意】　当 figure 的 CloseRequestFcn 或 ResizeFcn 回调函数请求执行时，它们会立即中断当前的回调函数，而并不受 Interruptible 属性的限制。

（2）CloseRequestFcn

CloseRequestFcn 为窗口关闭时执行的函数，它提供了一种干涉窗口关闭的机制。

例如，要实现当用户关闭窗口时弹出对话框，询问是否执行关闭操作的功能，相关代码如下：

```
sel = questdlg('确认关闭当前窗口？','关闭确认','Yes','No','No');
% questdlg 函数产生提问对话框，第 5 章详细介绍
switch sel
    case 'Yes'                          %若单击了【Yes】按钮
        delete(hObject)
```

```
        case 'No'                     % 若单击了【No】按钮
            return
    end
```

产生的对话框如图 4.6 所示。

默认的 CloseRequestFcn 函数并没有清除 GUI 执行过程
产生的全局变量,这有时会导致程序运行错误。可在 CloseRe-
questFcn 回调函数中加一条语句:

图 4.6　关闭确认对话框

```
clear global;    % 清除全局变量
```

这样,每次关闭窗口时,全局变量会随之清除。

若在 CloseRequestFcn 函数中设置窗口不关闭(例如,设置 CloseRequestFcn 属性值为空
字符串),则该 GUI 窗口一旦创建,将不能通过标题栏的关闭按钮关闭。此时可执行以下语句
关闭窗口:

```
>> close all force;    % 强行关闭所有的 GUI 窗口
```

（3）Color

Color 属性设定图形窗口的背景颜色,其值可以为一个表示 RGB 值的 3 维矩阵,也可以
为一个 MATLAB 预定义的颜色字符或字符串,这些预定义的颜色统称为 ColorSpec,
见表 4.5。

表 4.5　预定义颜色(ColorSpec)

RGB 值	颜色字符串	简写字符	RGB 值	颜色字符串	简写字符
[1 1 0]	yellow	y	[0 1 0]	green	g
[1 0 1]	magenta	m	[0 0 1]	blue	b
[0 1 1]	cyan	c	[1 1 1]	white	w
[1 0 0]	red	r	[0 0 0]	black	k

Color 属性如果与颜色选择对话框结合起来,可自定义对象的 Color 属性。例如:

```
>> figure(1)       % 创建一个句柄为 1 的窗口
>> uisetcolor(1,'请选择窗口背景色');    % 设置窗口的背景色,此处只作了解
```

uisetcolor 函数将在第 5 章详细介绍。

（4）CurrentAxes

CurrentAxes 设定当前窗口的当前坐标轴。在所有存在坐标轴的窗口中,CurrentAxes 属
性都不为空。设置当前坐标轴有两种方法:

① axes(h)设置句柄为 h 的坐标轴为当前坐标轴,并放置该坐标轴在窗口中所有其他坐
标轴之上;

② set(gcf,'CurrentAxes',h)设置句柄为 h 的坐标轴为当前坐标轴,但不改变窗口中的
坐标轴放置顺序。

对应返回当前坐标轴句柄的方法有两种:gca 或 get(gcf,'CurrentAxes')。gca 函数返回

当前窗口中当前坐标轴的句柄,如果窗口不存在,创建一个窗口并作为当前窗口,如果当前窗口中的坐标轴不存在,创建一个坐标轴并作为当前坐标轴。gca 函数如下:

```
function h = gca(fig)
if nargin == 0                     % 若没有输入参数
    fig = gcf;                     % 获取当前窗口
end
h = get(fig, 'CurrentAxes');       % 获取窗口 h 的当前坐标轴,并返回其句柄
if isempty(h)                      % 若当前窗口不存在坐标轴
    h = axes('parent', fig);       % 在当前窗口内创建一个坐标轴,并返回其句柄
end
```

可见,gca 函数不仅可获取当前坐标轴的句柄,还可以创建一个当前坐标轴。

（5）CurrentCharacter

CurrentCharacter 属性获取用户最后输入的字符。如果要查看获取的控制字符,例如回车、退格,Esc 等,可使用 double 函数将当前字符转换为 ASCII 值。

例如,先创建一个窗口:

```
>> figure
```

鼠标选中新建的窗口,然后按 Enter 键（Enter 键的 ASCII 码为 13）,在命令行输入:

```
>> a = get(gcf, 'CurrentCharacter');     % 获取当前的字符
>> double(a)                             % 获取当前字符的 ASCII 值
ans =
    13
```

【注意】 窗口对象除了 CurrentCharacter 属性可以记录当前按下的键之外,还有一个隐藏的 CurrentKey 属性,同样可以记录按下的键:

```
>> set(0, 'HideUndocumented', 'off');    % 取消隐藏未公开属性
>> get(figure)                           % 创建一个窗口,并返回其属性列表
    Alphamap = [ (1 by 64) double array]
    BackingStore = on
    CloseRequestFcn = closereq
    Color = [0.8 0.8 0.8]
    Colormap = [ (64 by 3) double array]
    CurrentAxes = []
    CurrentCharacter =
    CurrentKey =
    CurrentModifier = [ (1 by 0) cell array]
    % 限于篇幅,后面的属性省略
```

CurrentKey 属性值为表征最后一次按键的字符串,例如,最后一次按 Enter 键,则 CurrentKey 值为 'return'。几个比较常用的按键对应的 ASCII 值和 CurrentKey 属性值见表 4.6。

表 4.6 常用的按键对应的 ASCII 值和 CurrentKey 属性值

按　键	ASCII 值	CurrentKey 值
Backspace	8	backspace

按 键	ASCII 值	CurrentKey 值
Tab	9	tab
Enter	13	return
Delete	127	delete
Insert	空值	insert
Pg Up	空值	pageup
Pg Dn	空值	pagedown
Esc	27	escape
← → ↑ ↓	28~31	leftarrow、rightarrow、uparrow、downarrow
Spacebar	32	space
`	96	backquote
—	45	hyphen
=	61	equal
0~9(大键盘)	48~57	0、1、2、3、4、5、6、7、8、9
0~9(小键盘)	48~57	numpad0、numpad1、…、numpad9
.、+、-、*、/(小键盘)	46、43、45、42、47	decimal、add、subtract、multiply、divide
A~Z	65~90	a、b、…、z
a~z	97~122	a、b、…、z
F1~F12	空值	f1、f2、…、f12
Shift	空值	shift
Ctrl	空值	control
Alt	空值	alt
CapsLock	空值	capslock
Ctrl+ a~z	1、2、…、26	a、b、…、z
Shift+大键盘 0~9	41 33 64 35 36 37 94 38 42 40	0、1、2、3、4、5、6、7、8、9

（6）CurrentObject

CurrentObject 为当前对象的句柄。当前对象是指由 CurrentPoint 属性所指的点下方最上面的对象。该属性决定用户选择了哪个对象。返回当前对象的句柄有两种方法：

① get（gcf，'CurrentObject'）返回当前窗口的当前对象句柄；

② gco 返回当前窗口或指定窗口的当前对象。gco 函数如下：

```
function object = gco(fig)
if isempty(get(0, 'Children'))        %若当前没有窗口被创建,返回空
    object = [];
    return;
end;
if(nargin == 0)                        %若没有输入参数
    fig = get(0, 'CurrentFigure');    %获取当前窗口
end
object = get( fig, 'CurrentObject');  %获取窗口 fig 的当前对象并返回
```

如果没有窗口存在,gco 返回空矩阵;如果存在窗口,分两种情况:若 gco 函数没有输入参数(nargin == 0),则返回当前窗口的当前对象;若 gco 函数有输入参数 fig,则返回窗口 fig 的当前对象。

若一个 GUI 对象的 HandleVisibility 属性值为 off,选中该对象时,CurrentObject 属性值会为空值;为了避免 CurrentObject 属性值为空,可以通过设置 HandleVisibility 属性值为 off 的对象,其 HitTest 属性值为 off,避免其被选中。

(7)CurrentPoint

CurrentPoint 为鼠标在该窗口中最后一次单击的位置,位置单位由 Units 属性定义。用户每次在窗口中操作鼠标都会更新 CurrentPoint 的值,而鼠标操作分为以下 3 步:

① 按下鼠标。

② 移动鼠标。若没有移动鼠标,跳过此步。

③ 释放鼠标。

在执行 WindowButtonDownFcn、WindowButtonMotionFcn 和 WindowButtonUpFcn 函数定义的回调函数之前,都会更新 CurrentPoint 属性。因此,在这 3 个回调函数中,可以使用 get(hObject,'CurrentPoint')语句,实时获取鼠标所在位置。

(8)FileName 、Name

FileName 为 GUI 的.fig 文件名(包含路径和扩展名),Name 为 figure 的标题。Name 默认值为不含路径和后缀名的 FileName。当使用不同的 figure 对象时,可通过设置不同的 FileName 来打开不同的 figure 窗口,以便一个主 GUI 可以依据 FileName 调用其他窗口。

若 Name 默认值为 hello,则该.fig 文件为 hello.fig,对应的.m 文件为 hello.m,.m 文件主函数开头为:

```
function varargout = hello (varargin)
```

若要打开或创建一个 FileName 为 data_sel 的文件,可使用下列语句:

```
>> figure('filename', 'data_sel')
```

若打开一个名为 data_sel(包含 data_sel.m 和 data_sel.fig)的 GUI,可使用:

```
>> figure(data_sel)
```

(9)Position、OuterPosition、Units

Position 指定窗口的尺寸和窗口在屏幕上显示的位置,不包括标题栏、菜单栏、工具栏及外边缘;OuterPosition 指定窗口的外轮廓大小和位置,它包括窗口的标题栏、菜单栏、工具栏及外边缘等。Position 和 OuterPosition 的值均为四维向量,格式均为[左 底 宽 高]。左和底为窗口左下角点在屏幕上的坐标(屏幕以左下角为原点);宽和高定义了窗口的宽度和高度。Position 和 OuterPosition 的范围比较如图 4.7 所示。

窗口一旦建立,用户可通过 set 函数修改 Position 和 OuterPosition 属性,来改变窗口的大小和位置,也可通过 get 函数获取窗口的大小和位置。

Position 和 OuterPosition 的单位由 Units 决定。例如,如果要将窗口占满整个屏幕,并使菜单栏可见,可使用下列语句:

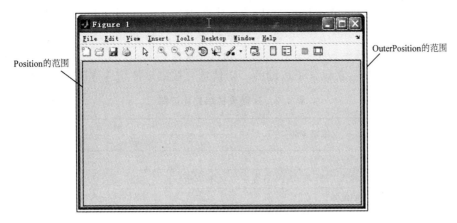

Position的范围

OuterPosition的范围

图 4.7 窗口的 Position 与 OuterPosition 属性

```
>> figure('Units', 'normalized', 'OuterPosition', [0 0 1 1]);    % 不要使用 Position 属性,否则
                                                                  % 菜单栏会超出屏幕外
```

【注意】

① 窗口的宽度不得小于 104 像素。若设置 Position 和 OuterPosition 时,将窗口宽度设置为小于 104 像素,MATLAB 会自动设置窗口宽度为 104 像素。

② GUI 窗口在屏幕上的位置虽然可以由 figure 的 Position 和 OuterPosition 属性设置,但对于不同大小的显示器,GUI 界面在屏幕上显示的位置不好计算。如果要将 GUI 界面显示在屏幕上的规则区域,例如屏幕正中间、屏幕左对齐、屏幕上对齐等,可直接使用 movegui 函数。该函数的调用格式为:

movegui(h, 'position') 或 **movegui('position')**

以 position 指定的方式显示 GUI 界面。

第 2 种调用格式相当于:

movegui(gcf, 'position') 或 **movegui(gcbf, 'position')**

字符串 position 的常见有效值有以下几种。

north:GUI 显示在屏幕中间且上对齐。

south:GUI 显示在屏幕中间且下对齐。

east:GUI 显示在屏幕中间且右对齐。

west:GUI 显示在屏幕中间且左对齐。

northeast:右对齐且上对齐。

northwest:左对齐且上对齐。

southeast:右对齐且下对齐。

southwest:左对齐且下对齐。

center:屏幕中间。

（10）KeyPressFcn、KeyReleaseFcn、WindowKeyPressFcn、WindowKeyReleaseFcn

这 4 个属性是在窗口对象上按下或释放任意键时执行的回调函数。其值均可为函数句柄、由函数句柄和附加参数组成的单元数组或可执行字符串。

若为可执行字符串 str(例如,str 可以为函数文件名或一组命令语句),该回调函数相当于

执行 eval(str)语句;若为函数句柄,MATLAB 依次传递了 3 个输入参数给该回调函数——hObject、eventdata 和 handles。hObject 为窗口对象的句柄;handles 为 GUI 对象的句柄集合,数据类型为结构体,域名为 GUI 对象的 Tag 值,域值为对应 GUI 对象的句柄;eventdata 为按键事件的数据结构体,它包含了按键的一切信息。按键事件结构体所包含的域见表 4.7。

表 4.7　按键事件结构体的域

eventdata 的域名	域值说明	例　子			
		a	Shift/a	Ctrl	Shift/2
Character	按键对应的字符	'a'	'A'	' '	@
Modifier	按下的修正键,如 Alt、Ctrl 等	{1x0 cell}	{'shift'}	{'control'}	{'shift'}
Key	按键的键名	'a'	'a'	'control'	'2'

这 4 个回调函数的执行顺序如下:

① 当在窗口上按下任意键时,先执行窗口的 WindowKeyPressFcn 回调函数,然后执行窗口的 KeyPressFcn 回调函数;

② 当在窗口上释放任意键时,先执行窗口的 KeyReleaseFcn 回调函数,然后执行窗口的 WindowKeyReleaseFcn 回调函数;

③ 当在窗口的任意子对象上按下任意键时,先执行窗口的 WindowKeyPressFcn 回调函数,然后执行该子对象的 KeyPressFcn 回调函数;

④ 当在窗口的任意子对象上释放任意键时,执行窗口的 WindowKeyReleaseFcn 回调函数。

【注意】

① 假设窗口对象的 Tag 值为 figure1,则其 KeyPressFcn 回调函数的默认函数名为figure1_KeyPressFcn。当然,也可以用 set 函数另外指定窗口的 KeyPressFcn 回调函数。

② 执行 KeyPressFcn、KeyReleaseFcn、WindowKeyPressFcn 或 WindowKeyReleaseFcn回调函数之前,MATLAB 会更新窗口的 CurrentCharacter 属性。

Alt+Ctrl+Del 组合键不能被 KeyPressFcn 回调函数捕获;Ctrl+F4 或 Alt+F4 组合键虽然能被 KeyPressFcn 回调函数捕获,但是它们也会同时关闭 GUI 窗口。

(11) Resize、ResizeFcn

Resize 指定是否可用鼠标调整窗口大小。Resize 值为 on,可调整窗口大小;Resize 值为off,不能调整窗口大小。**这里要特别注意,在老版 MATLAB 中,Resize 初始值为 on,而新版中变为 off**。ResizeFcn 为调整窗口大小时执行的回调函数。在执行 ResizeFcn 回调函数期间,ResizeFcn 对应窗口的句柄只能通过语句 get(0, 'CallbackObject')或函数 gcbo 来获取。

(12) SelectionType

SelectionType 为窗口中最后一次鼠标操作的类型(单击或双击,左键或右键)。Windows系统中,SelectionType 值对应的鼠标操作类型见表 4.8。

表 4.8　鼠标操作类型

SelectionType 值	鼠标操作	SelectionType 值	鼠标操作
normal	单击左键	alt	单击右键、Ctrl+左键
extend	单击中键、Shift+左键	open	双击左键、双击右键

该属性与 WindowButtonDownFcn、WindowButtonMotionFcn 和 WindowButtonUpFcn
属性联合使用，可完成复杂的 GUI 设计，后面章节会举例详细介绍。

（13）MenuBar

MenuBar 值为 figure 时，显示 MATLAB 内置菜单；MenuBar 值为 none 时隐藏标准菜单
栏，默认显示标准菜单栏。由 uimenu 命令产生的用户自定义菜单不受该属性影响。有以下
两个有效值。

① figure：显示标准菜单栏。

② none：隐藏标准菜单栏。

（14）Toolbar

Toolbar 控制窗口标准工具栏的显示，有以下 3 个有效值。

① none：不显示窗口工具栏。

② auto：显示窗口工具栏，但如果一个 UI 控件添加到窗口中，将隐藏该工具栏。

③ figure：显示窗口工具栏。

【注】

① 当 MenuBar 值为 none、Toolbar 值为 figure 时，隐藏标准菜单栏，显示标准工具栏；

② 当 MenuBar 值为 none、Toolbar 值为 auto 或 none 时，同时隐藏标准菜单栏和标准工
具栏。

（15）NextPlot

NextPlot 决定如何增加下次绘图。它有以下 4 个有效值。

① add：在当前窗口上直接显示图形（默认值），类似于 hold on 的效果。

② replace：重设除 Position 外的所有 figure 属性为默认值，删除所有 figure 子对象，最后
显示图形。

③ replacechildren：移除当前 figure 所有子对象，但不重设 figure 属性，然后显示图形。
clf 函数也能移除当前 figure 所有子对象，但不重设 figure 属性。

④ new：默认为新建一个窗口来显示图形。但如果创建图形时特意指定图形的父类窗
口，则在其父类窗口中显示图形。

（16）Visible

Visible 用于设置窗口的可见性。编程时有一个技巧，就是先创建一个隐藏的窗口，当把
窗口所有子对象都创建好后，再显示窗口。这样会大大提高程序的运行效率。因为每创建一
个子对象，窗口都要重绘一次，而如果先设置窗口为隐藏，则节省了多次重复且没必要的重绘，
直接绘制一次窗口。

（17）WindowStyle

WindowStyle 指定 figure 为标准窗口（normal）、模式窗口（modal，有的书上称之为独占
式窗口）还是嵌入式窗口（docked）。模式窗口位于所有标准窗口和 MATLAB 命令窗口之前，
捕获所有的键盘和鼠标事件，除非使用 Tab 键切换到其他应用程序。只有关闭了这个模式窗
口，才能在 MATLAB 其他对象上进行操作。

当多个模式窗口存在时，最近创建的模式窗口位于最前，且捕获所有的键盘和鼠标事件，
除非其 Visible 为 off，或 WindowStyle 为 normal，或被删除。如果一个窗口，Visible 为 off 且

WindowStyle 为 modal,那么它并不表现为模态的,直到它变得可见。所以,如果想多次使用一个模式窗口,隐藏它比删除它更好一些。

模式窗口不显示菜单,但它并没有被删除,而是保留在窗口中。如果此时重设 WindowStyle 为 normal,菜单对象会显示出来。

嵌入式窗口可嵌入到其他窗口中,此时应设置其 DockControls 属性值为 on。

（18）WindowButtonDownFcn

当鼠标在窗口内按下任意键时,执行 WindowButtonDownFcn 所定义的回调函数。

（19）WindowButtonMotionFcn

当鼠标在窗口内移动时,执行 WindowButtonMotionFcn 所定义的回调函数。

（20）WindowButtonUpFcn

当鼠标在窗口内释放任意键时,执行 WindowButtonUpFcn 所定义的回调函数。

【注意】 当 figure 定义了 ButtonDownFcn、WindowButtonDownFcn,控件定义了 ButtonDownFcn 时,有以下两种情况：

① 鼠标在窗口内任意对象上单击右键或中键,或在 figure、axes、Button Group、Panel 等对象"容器"上单击任意键,执行顺序为 WindowButtonDownFcn→当前对象的 ButtonDownFcn。

② 鼠标在窗口内的 UI 控件上单击左键,只执行对象的 Callback 函数。

（21）WindowScrollWheelFcn

当鼠标滚轮在窗口对象上滚动时,执行 WindowScrollWheelFcn 所定义的回调函数。

4.1.6 坐标轴对象

坐标轴对象也称为 axes 对象,由 axes 函数创建,调用格式如下：

axes

在当前 figure 内采用默认属性创建一个坐标轴图形对象。

h = axes('PropertyName', PropertyValue,…)

采用指定的属性值,创建一个坐标轴图形对象。任何未指定的属性均取默认值。

axes(h)

当句柄为 h 的坐标轴图形对象存在时,MATLAB 设置该坐标轴为当前对象,并使其置顶可见；当句柄为 h 的坐标轴图形对象不存在时,MATLAB 创建一个句柄为 h 的坐标轴,并设为当前对象。

h = axes(…)

返回坐标轴图形对象的句柄。

axes 对象的主要属性见表 4.9(按属性名的首字母顺序排列,有效属性值栏中用{}括起来的值为默认值)。

表 4.9 axes 对象的主要属性

属　性	属性描述	有效属性值
ActivePositionProperty	坐标轴改变大小时使用哪种尺寸计算方式	{outerposition}、position
ALim	定义 Alpha 轴的范围	二维向量,格式为[amin,amax]
ALimMode	定义 Alpha 轴范围的模式	{auto}、manual

属　性	属性描述	有效属性值
AmbientLightColor	定义影像的背景光源颜色	颜色字符串或 RGB 值
BeingDeleted	调用 DeleteFcn 时,该属性值为 on;只读	on、{off}
Box	指定是否显示坐标轴边框	on、{off}
BusyAction	指定如何处理中断调用函数	cancel、{queue}
ButtonDownFcn	当在窗口中按下鼠标时,执行的回调函数	函数句柄、由函数句柄和附加参数组成的单元数组、可执行字符串
Children	可见的子对象的句柄	句柄向量
CLim	定义色轴范围;决定如何映射 CData 到对象	二维向量,格式为[cmin, cmax]
CLimMode	指定 CLim 属性的操作方式	{auto}、manual
Clipping	对坐标轴无效;坐标轴不能超出 figure 范围	{on}、off
Color	坐标轴的背景颜色	none(透明)、颜色数据;默认为[1,1,1]
ColorOrder	定义多线绘图时线的颜色	m×3 阶的 RGB 值矩阵
CreateFcn	当创建一个 axes 对象时,执行的回调函数	字符串或函数句柄
CurrentPoint	图形窗口中最后单击鼠标的位置	2×3 阶的矩阵,单位取决于 Units 属性
DataAspectRatio	x、y、z 方向上数据单位的相对比例	数据格式为[dx,dy,dz]
DataAspectRatioMode	应用 MATLAB 或用户指定的数据比例	{auto}、manual
DeleteFcn	当销毁 axes 一个对象时,执行的回调函数	字符串或函数句柄
DrawMode	着色模式	{normal}、fast
FontAngle	选择斜体或普通字体	{normal}、italic、oblique
FontName	坐标轴标签的字体名	系统支持的字体;FixedWidth
FontSize	定义坐标轴标签和标题的字体大小	整数;默认值为 12
FontUnits	坐标轴标签和标题的字体尺寸单位	{points}、normalized、pixels、inches、centimeters
FontWeight	选择粗体或正常字体	{normal}、bold、light、demi
GridLineStyle	指定网格线的线条样式	一、― ―、{:}、-.、none
HandleVisibility	指定当前坐标轴对象的句柄是否可见	{on}、callback、off
HitTest	能否通过鼠标单击选择该对象	{on}、off
Interruptible	回调函数是否可中断	{on}、off
Layer	决定轴线与刻度线在 axes 子对象上方或下方	{bottom}、top
LineStyleOrder	绘图时线型和标记的顺序	线型(LineSpec),默认为实线('—')
LineWidth	线宽,单位为点(points)	默认值为 0.5;1 点=1/72 英寸
MinorGridLineStyle	次网格线的线型	一、― ―、{:}、-.、none
NextPlot	指定下一次绘图的方式	new、{add}、replace、replacechildren
OuterPosition	坐标轴外边界的位置与大小	四维向量,格式为[左,底,宽,高]
Parent	父对象的句柄,axes 对象的父对象为 figure	figure 句柄
PlotBoxAspectRatio	轴绘图边框的相对比例	绘图边框的相对坐标,格式:[px py pz]
PlotBoxAspectRatioMode	轴边框比例的设定模式	{auto}、manual
Position	绘图区域的位置与大小	四维位置向量,格式为[左,底,宽,高]

属　性	属性描述	有效属性值
Selected	指定对象是否被选择上	{on}、off
SelectionHighlight	当图形窗口选中时,是否突出显示	{on}、off
Tag	axes 对象标识符	字符串
TickDir	指定刻度标记的方向	{in}、out
TickDirMode	刻度标记方向的设定模式	{auto}、manual
TickLength	刻度标记的长度	格式为[2DLength 3DLength]
TightInset	包含文本标签的最小区域	四维位置向量,格式为[左,底,宽,高];只读
Title	定义坐标轴的标题	标题文本对象的句柄
Type	坐标轴对象的类型	axes
UIContextMenu	坐标轴对象的右键菜单	右键菜单句柄
Units	计量单位	pixels、inches、{normalized}、points、characters、centimeters
UserData	用户定义的数据	任一矩阵
Visible	设定坐标轴对象是否可见	{on}、off
XAxisLocation	x 轴刻度标记和标签的位置	top、{bottom}
YAxisLocation	y 轴刻度标记和标签的位置	right、{left}
XColor，YColor，ZColor	坐标轴轴线的颜色	ColorSpec 颜色数据类型
XDir，YDir，ZDir	设定坐标值增加的方向	{normal}、reverse
XGrid，YGrid，ZGrid	切换坐标轴上网格线的开关状态	on、{off}
XLabel，YLabel，ZLabel	设定坐标轴的标签	文本对象的句柄
XLim，YLim，ZLim	设定坐标轴的坐标范围	二维向量,格式为[minimum,maximum]
XLimMode，YLimMode，ZLimMode	坐标轴的坐标范围设定模式	{auto}、manual
XMinorGrid，YMinorGrid，ZMinorGrid	使能或禁用 x、y 或 z 轴的次要网格线	on、{off}
XMinorTick，YMinorTick，ZMinorTick	使能或禁用 x、y 或 z 轴的次要刻度标记	on、{off}
XScale，YScale，ZScale	设定 x、y 或 z 轴坐标刻度的单位	{linear}、log
XTick，YTick，ZTick	定义坐标轴刻度标记的位置	数值向量
XTickLabel，YTickLabel，ZTickLabel	定义 x、y 或 z 轴刻度的标签	字符串
XTickMode，YTickMode，ZTickMode	坐标轴刻度标记位置的设定模式	{auto}、manual
XTickLabelMode，YTickLabelMode，ZTickLabelMode	刻度标记的设定模式	{auto} | manual

（1）ColorOrder、LineStyleOrder

ColorOrder 设置多条曲线的颜色。当绘制多条曲线时,如果没有指定曲线的颜色,为了区分这些曲线，MATLAB 会按 ColorOrder 存储的颜色矩阵依次描绘这些数据曲线。若要查看坐标轴默认的 ColorOrder 属性，可使用下列命令：

```
>> get(gca, 'colororder')          % 获取曲线的默认颜色顺序列表
ans =
         0              0         1.0000
         0         0.5000              0
    1.0000              0              0
         0         0.7500         0.7500
    0.7500              0         0.7500
    0.7500         0.7500              0
    0.2500         0.2500         0.2500
```

当不存在窗口时，gca 函数会自动创建一个当前窗口并在当前窗口内创建一个当前坐标轴，一切属性采用默认值。

LineStyleOrder 设置多条线条显示的标记和样式。当绘制多条曲线时，如果没有指定曲线的颜色、标记或样式，MATLAB 会依据 LineStyleOrder 的内容自动指定。默认的 LineStyleOrder 为实线（'—'）。若要设置线条依次为星形实线、虚线、空心圆，可使用下面两种方法设置：

```
set(gca,'LineStyleOrder', '- * |:|o')          % 设置曲线的默认线型顺序列表
```

或

```
set(gca,'LineStyleOrder',{'- *',':','o'})
```

MATLAB 绘制多条曲线时，对于 LineStyleOrder 指定的每一种线型和标记，都循环使用 ColorOrder 设置的颜色。

例如，要绘制 9 条线，假设 LineStyleOrder 依次为星形实线、虚线（Dotted line）、空心圆，ColorOrder 依次为红、绿、蓝，那么这些线的颜色、线型和标记依次为：星形红色实线、星形绿色实线、星形蓝色实线、红色虚线、绿色虚线、蓝色虚线、红色空心圆、绿色空心圆和蓝色空心圆。

（2）CLim、CLimMode

CLim 设定颜色的界限值，它会影响到 surface 和 patch 对象的颜色值。CLim 值由二维向量[cmin,cmax]组成，Clim 是映像到颜色映像表（Colormap）的第 1 组数据，cmax 是最后一组数据。

CLimMode 决定 CLim 属性的处理方式，当设置为 auto 时，颜色界限值自动映像到坐标轴内图形对象的 CData；当设置为 manual 时，表示颜色界限值并不自动改变，此时需要手动设置 CLim 属性来控制颜色的界限值。

（3）CurrentPoint

坐标轴的 CurrentPoint 值为一个 2×3 的矩阵，第 1 行为离观察者最近的点的三维坐标，第 2 行为离观察者最远的点的三维坐标。在默认的视角 View = 90°的情况下，这两行的 x 和 y 坐标是相同的。一般情况下，只需要取 pos 第 1 行的前两个元素，第 3 个元素为 z 轴坐标，一般不用。

197

（4）OuterPosition、Position、TightInset、Units

OuterPosition、Position 和 TightInset 均体现了坐标轴的位置和大小，数值单位由 Units 属性指定，其中 TightInset 属性的值由系统设置，只读。它们包含的区域从小到大依次为：OuterPosition ＞ TightInset ＞ Position，如图 4.8 所示。

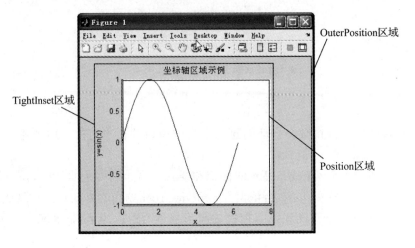

图 4.8 坐标轴的 **OuterPosition、Position** 和 **TightInset** 属性

（5）DrawMode

DrawMode 决定着色模式。当坐标轴所在 figure 的 Renderer 属性为 painters 时，该属性控制坐标轴内图形对象的着色的方式。当 DrawMode 值为 normal 时，将对象一次排序，依据当前视角由后往前显示图形；当 DrawMode 值为 fast 时，不考虑对象之间的前后关系，不考虑视角，依据用户输入绘图函数的顺序来产生图形，这种模式有时会产生不期望的结果。

（6）TickDir、TickDirMode

TickDir 决定坐标轴刻度标记所指的方向。对于 2D 绘图，默认刻度标记方向为内向（in）；对于 3D 绘图，默认刻度标记方向为外向（out）。

TickDirMode 决定 TickDir 属性的操作模式。值为 auto 时，MATLAB 自动设置坐标轴刻度标记的方向；值为 manual 时，用户需要手动设置坐标轴刻度标记的方向。

（7）TickLength

TickLength 用于设置坐标轴刻度标记的长度。有效值为二维向量 [2Dlength，3Dlength]，第 1 个值定义 2D 窗口坐标刻度标记的长度，第 2 个值定义 3D 窗口坐标刻度标记的长度。

（8）Title

Title 用于设定坐标轴的标题，有效值为 text 对象的句柄。注意，不能将 Title 属性的值设为一个字符串，必须设置为一个 text 对象句柄。可以使用 title 函数来设置坐标轴的标题。

（9）XAxisLocation、YAxisLocation

XAxisLocation 控制 x 轴刻度标记和标签。若值为 top，则 x 轴的刻度标记与标签会显示在坐标轴最上方；若值为 bottom（默认值），则显示在坐标轴下方。

YAxisLocation 控制 y 轴刻度标记和标签。若值为 left，则 y 轴的刻度标记与标签会显示

在坐标轴最左端；若值为 right，则显示在坐标轴最右端。

（10）XColor、YColor

设置坐标线的颜色，值为 RGB 矩阵或 MATLAB 预定义的颜色字符串，默认值为 black。该属性决定坐标轴线、刻度标记、刻度标记标签、坐标网格线的颜色，如图 4.9 所示。

（11）XDir、YDir

XDir、YDir 决定绘图时数值增加的方向。值为 normal 表示采用正常方向；值为 reverse 表示采用相反的方向。例如：

```
>> axes('xdir', 'reverse')      % 创建一个 X 轴从右到左递增的坐标轴
```

生成的图形如图 4.10 所示。

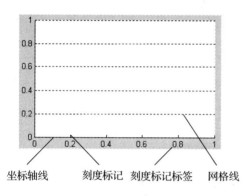

图 4.9　坐标线

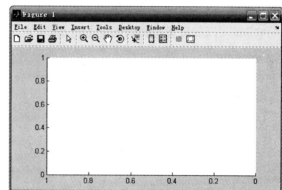

图 4.10　XDir 为 reverse 时的坐标轴

（12）XLabel、YLabel

XLabel、YLabel 用于设置 x、y 轴的标签，有效值为 text 对象的句柄。与 Title 属性一样，不能将 XLabel、YLabel 属性的值设为一个字符串，但可以使用 xlabel、ylabel 函数来设置坐标轴的标签。

（13）XGrid、YGrid、XMinorGrid、YMinorGrid

XGrid、YGrid 决定 x、y 轴上是否需要主网格线。若值为 on，表示 x、y 轴上每个主刻度标记处都会画出主网格线；若值为 off，则不画出主网格线。例如：

```
>> axes('xgrid', 'on')      % 创建一个只显示 X 轴主网格线的坐标轴
```

显示结果如图 4.11 所示。

XMinorGrid、YMinorGrid 决定 x、y 轴上是否需要次网格线。若值为 on，表示 x、y 轴上每个次刻度标记处都会画出次网格线；若值为 off，则不画出次网格线。例如：

```
>> axes('xminorgrid', 'on')      % 创建一个只显示 X 轴次网格线的坐标轴
```

显示结果如图 4.12 所示。图 4.12 还说明，在次刻度标记隐藏的情况下，也可以显示次网格线。

若您对此书内容有任何疑问，可以登录 MATLAB 中文论坛与同行交流。

199

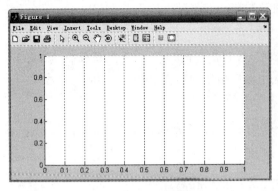

图 4.11　设置网格线

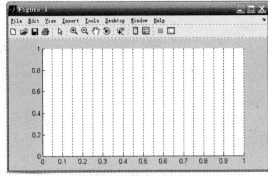

图 4.12　设置次网格线

（14）XLim、YLim、XLimMode、YLimMode

XLim、YLim 设置坐标轴的坐标范围,值为二维向量[min,max],默认值都为[0,1]。

XLimMode、YLimMode 设定坐标范围的设定模式。值为 auto 时,MATLAB 会自行设置 XLim、YLim;值为 manual 时,坐标范围必须手动设置。

（15）XScale、YScale

XScale、YScale 用于设置 x 轴、y 轴坐标刻度的单位。值为 linear 时表示坐标轴采用线性刻度;值为 log 时表示坐标轴采用对数刻度。

（16）XTick、YTick、XTickMode、YTickMode、XMinorTick、YMinorTick

XTick、YTick 用于设置每个刻度标记的位置,刻度标记的标签必须与之对应。

XTickMode、YTickMode 用于设置 XTick、YTick 属性的操作模式。值为 auto 时,MATLAB 自动设置 XTick、YTick 属性;值为 manual 时,需要用户设置 XTick、YTick 属性。

XMinorTick、YMinorTick 用于设置坐标轴上是否需要次网格线的刻度标记。值为 on 表示 x 轴、y 轴上会画出次网格线的刻度标记。

（17）XTickLabel、YTickLabel、XTickLabelMode、YTickLabelMode

XTickLabel、YTickLabel 用于设置 x 轴、y 轴刻度标记的标签,值可以为字符数组、字符串单元数组,也可以为标签之间使用符号"|"分隔的字符串。下面 3 种写法等效:

```
set(gca, 'xticklabel', ['1  ';'10 ';'100'])     %字符数组形式
set(gca, 'xticklabel', {'1';'10';'100'})        %字符串单元数组形式
set(gca, 'xticklabel', '1|10|100')              %字符串形式
```

XTickLabelMode、YTickLabelMode 用于设置 XTickLabel、YTickLabel 属性的操作模式。值为 auto 时,表示 MATLAB 自动设置 XTickLabel、YTickLabel 属性;值为 manual 时,用户需要自行设置 XTickLabel、YTickLabel 属性。

4.1.7　核心图形对象

核心图形对象除坐标轴外还包括图像（image）、线条（line）、文本（text）、光线（light）、块（patch）、矩阵（rectangle）和曲面（surface）。

每个核心图形对象都有自己的核心属性:

① image 对象的核心属性为 CData,它定义了 image 对象的图像数据;

② line 对象的核心属性为 Xdata、Ydata 和 Zdata,它定义了 line 对象的线条数据;

③ text 对象的核心属性为 String,它定义了 line 对象的文本数据;

④ light 对象的核心属性为 Position 和 Style,它们分别定义了 light 对象的位置与类型;

⑤ patch 对象的核心属性为 XData、YData、ZData(或 Vertices)和 Faces,它们分别定义了 patch 对象的顶点数据和顶点连接方法;

⑥ rectangle 对象的核心属性为 Position 和 Curvature,它们分别定义了 rectangle 对象的位置、尺寸和曲率;

⑦ surface 对象的核心属性为 XData、YData、ZData 和 VertexNormals,它们分别定义了 surface 对象的顶点数据和顶点处的法向向量。

下面分别对上述核心图形对象进行详细介绍。

1. image 对象

创建 image(图像)对象采用 image 函数,调用格式为:

image(C)

将矩阵 C 显示为图像。C 的各元素指定图像各小矩形块的颜色。

image(x,y,C)

将矩阵 C 显示为图像,并设定图像的坐标范围。x 与 y 均为二维向量。

h = image('属性 1', 属性值 1, '属性 2', 属性值 2,……)

采用指定的属性值,创建一个 image 对象,并返回句柄。任何未指定的属性均取默认值。

前两种格式为 image 函数的高级形式,它调用 newplot 函数绘图;第 3 种格式为 image 函数的低级形式,直接添加 image 对象到当前坐标轴中。

image 对象的主要属性见表 4.10(按属性名的首字母顺序排列,有效属性值栏中用{}括起来的值为默认值)。

表 4.10　image 对象的主要属性

属　　性	属性描述	有效属性值
Annotation	指定图形的插图方式;对 image 对象无效	hg. Annotation 对象的句柄
BeingDeleted	调用 DeleteFcn 时,该属性值为 on;只读	on、{off}
BusyAction	指定如何处理中断调用函数	cancel、{queue}
ButtonDownFcn	当在图像上按下鼠标时,执行的回调函数	字符串或函数句柄
CData	定义图像数据	矩阵或 m×n×3 数组
CDataMapping	定义数据到色图的映射	scaled、{direct}
Children	image 对象没有子对象	空矩阵
Clipping	设定图像是否限定在坐标轴范围之内	{on}、off
CreateFcn	当创建一个 image 对象时,执行的回调函数	字符串或函数句柄
DeleteFcn	当销毁一个 image 对象时,执行的回调函数	字符串或函数句柄
DisplayName	插图中标明的注释字符串;无效	字符串
EraseMode	定义擦除图像的方法	{normal}、none、xor、background
HandleVisibility	指定当前 image 对象的句柄是否可见	{on}、callback、off
HitTest	能否通过鼠标单击选择该对象	{on}、off

属　性	属性描述	有效属性值
Interruptible	回调函数是否可中断	{on}、off
Parent	父对象的句柄	axes、hggroup 或 hgtransform 对象的句柄
Selected	指定对象是否被选择上	{on}、off
SelectionHighlight	当图像对象选中时，是否突出显示	{on}、off
Tag	image 对象标识符 — —	字符串
Type	图像对象的类型	image
UIContextMenu	图像对象的右键菜单	右键菜单句柄
UserData	用户定义的数据	仁　矩阵
Visible	设定图像对象是否可见	{on}、off
XData	定义图像沿 x 轴的位置	[min max]；默认为[1 size(Cdata,2)]
Ydata	定义图像沿 y 轴的位置	[min max]；默认为[1 size(Cdata,1)]

image 对象存储图像数据到 CData 属性中。h＝image(M)相当于：

```
h = image;
set(h, 'CData', M)
```

或

```
h = image('CData', M);
```

【注意】

① Annotation 与 DisplayName 属性只对 line、patch、surface 以及由 line、patch 或 surface 组合而成的 hggroup 对象有效。其他的核心对象没有插图。

② 若根对象的 ShowHiddenHandles 属性值为 off，且当前坐标轴的 HandleVisibility 属性值为 off，则不能通过 axes(h)来设置坐标轴 h 为当前坐标轴，而必须要在创建 image 对象的同时，设置其 Parent 属性值。

例如，若根对象的 ShowHiddenHandles 值为 off，当前坐标轴的 HandleVisibility 值也为 off，下列语句并不会在当前坐标轴内绘制图片 restart.jpg：

```
axes(h_axes);              % 无法设置坐标轴 h_axes 为当前坐标轴
imshow('restart.jpg');     % 无法显示图片到 h_axes
```

而必须采用下面的方法：

```
imshow('restart.png', 'parent', h_axes);   % 在 h_axes 中显示图片
```

③ 创建了 image 对象的坐标轴，其原点不再位于左下角，而位于左上角，且 Y 轴方向为向下延伸。若需要将原点移到左下角，需要执行以下语句：

```
set(hAxes, 'YDir', 'normal');  % 或 set(hAxes, 'YDir', 'default');
```

④ 若需要在一个坐标轴内同时显示多张图片，需要手动设置坐标轴的坐标范围（可以用 axis 函数设置），并设置坐标轴对象的 NextPlot 属性值为 'add'。

2. line 对象

创建 line(线条)对象采用 line 函数，调用格式为：

```
line (X, Y)
```

X 和 Y 若为向量,则增加由数据 X 和 Y 定义的 line 到当前坐标轴;若 X 和 Y 为矩阵,则增加由数据 X 和 Y 的每一列元素定义的 line 系列到当前坐标轴。例如,

```
>> a = [1 5;5 1];      %曲线数据点的 X 坐标序列
>> b = [1 1; 5 5];     %曲线数据点的 Y 坐标序列
>> line(a, b)          %绘制两条曲线
```

生成两条直线,如图 4.13 所示。

line (X, Y, Z)

在三维坐标系中创建线对象。第 3 维可理解为线条的高度,而默认视角为俯视,所以默认情况下数据 Z 不影响图形的外观(除非改变所在坐标轴的 View 属性)。例如,

```
>> a = [1 2 3 4 5;5 4 3 2 1]';      %曲线数据的 X 轴坐标
>> b = [1 2 3 4 5;1 2 3 4 5]';      %曲线数据的 Y 轴坐标
>> c = rand(5, 2);                  %曲线数据的 Z 轴坐标
>> line(a, b, c)                    %绘制三维曲线
```

生成的绘图与图 4.13 完全相同,若用绘图工具栏的 ⊛ 旋转坐标轴,就会看出差别,如图 4.14 所示。

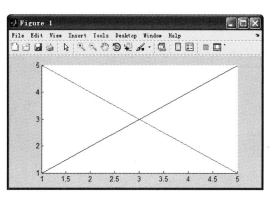

图 4.13　同时描绘多个线对象

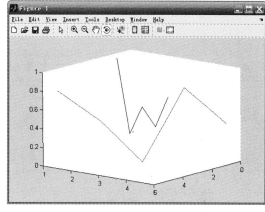

图 4.14　用 line 进行三维绘图

line(X, Y, Z, '属性 1', 属性值 1,……)

采用指定的属性值,创建一个 line 对象。XData、YData 和 ZData 的值分别为 X,Y,Z,任何未指定的属性均取默认值。

h = line('属性 1', 属性值 1, '属性 2', 属性值 2,……)

采用指定的属性值,创建一个 line 对象,并返回 line 对象的句柄。任何未指定的属性均取默认值。

line 对象的主要属性见表 4.11(按属性名的首字母顺序排列,有效属性值栏中用{}括起来的值为默认值)。

表 4.11　line 对象的主要属性

属　　性	属性描述	有效属性值
Annotation	指定线条的插图方式	hg. Annotation 对象的句柄

若您对此书内容有任何疑问,可以登录 MATLAB 中文论坛与同行交流。

续表 4.11

属 性	属性描述	有效属性值
BeingDeleted	调用 DeleteFcn 时,该属性值为 on;只读	on、{off}
BusyAction	指定如何处理中断调用函数	cancel、{queue}
ButtonDownFcn	当在线条上按下鼠标时,执行的回调函数	字符串或函数句柄
Children	line 对象没有子对象	空矩阵
Clipping	设定线对象是否限定在坐标轴绘图框内	{on}、off
Color	设定线条颜色	颜色字符串或三维的 RGB 向量
CreateFcn	当创建一个 line 对象时,执行的回调函数	字符串或函数句柄
DeleteFcn	当删除一个 line 对象时,执行的回调函数	字符串或函数句柄
DisplayName	插图中标明的注释字符串	字符串
EraseMode	设定线条描绘和擦除的方式	{normal}、none、xor、background
HandleVisibility	指定当前 line 对象的句柄是否可见	{on}、callback、off
HitTest	能否通过鼠标单击选择该 line 对象	{on}、off
Interruptible	回调函数是否可中断	{on}、off
LineStyle	指定线型	{—}、——、:、—.、none
LineWidth	指定线宽,单位是点(points);1 点＝1/72 英寸	标量
Marker	数据点的标记符号	标记定义符
MarkerEdgeColor	空心标记的颜色或封闭图形标记的边缘颜色	颜色字符串、RGB 向量、none、{auto}
MarkerFaceColor	封闭图形标记的填充颜色	颜色字符串、RGB 向量、{none}、auto
MarkerSize	标记的尺寸,单位是点(points)	正整数
Parent	父对象的句柄	axes、hggroup 或 hgtransform 对象的句柄
Selected	指定 line 对象是否被选择上	{on}、off
SelectionHighlight	当 line 对象选中时,是否突出显示	{on}、off
Tag	line 对象标识符	字符串
Type	line 对象的类型	line
UIContextMenu	line 对象的右键菜单	右键菜单句柄
UserData	用户定义的数据	任一矩阵
Visible	设定 line 对象是否可见	{on}、off
XData、YData、ZData	定义 line 对象的 x、y 或 z 轴的坐标数据	同维的坐标向量

(1) Annotation、DisplayName

Annotation 控制 line 对象的插图显示;DisplayName 用于设置 line 对象在插图说明中的标签。Annotation 属性值为 hg. Annotation 对象的句柄,hg. Annotation 对象有一个 Legend-Information 属性,它的属性值为 hg. LegendEntry 对象的句柄。hg. LegendEntry 对象有一个 IconDisplayStyle 属性,该属性的值控制 hggroup 对象的插图显示方式。Annotation 控制 image 对象的插图显示的"流程",如图 4.15 所示。

IconDisplayStyle 属性有以下 3 种取值。

① on:只绘制 line 对象的插图说明。

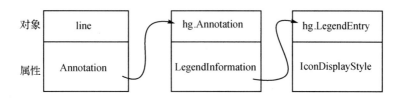

图 4.15　Annotation 控制 image 对象的插图示意图

② off：默认值，不绘制 line 对象的插图说明。

③ children：只绘制 line 对象的插图说明。

DisplayName 属性设置 line 对象在插图说明中的标签。

例如，创建一条曲线 y＝sin(x)，并设置其插图标签为"y＝sin(x)"：

```
t = 0 : 0.1 : 2 * pi;   % 曲线数据点的 X 轴坐标
hLine = line(t, sin(t), 'DisplayName', 'y = sin(x)');   % 绘制正弦曲线，并设置插图标签
set(get(get(hLine, 'Annotation'), 'LegendInformation'),...
    'IconDisplayStyle', 'on');   % 设置插图显示模式为 on
legend('show');   % 显示插图
```

生成的图形如图 4.16 所示。

(2) Clipping

Clipping 用于设定线对象是否限定在坐标轴绘图框内，默认值为 on，表示 line 不能超出坐标轴的边框。若值为 off，line 可超出坐标轴的边框。

例如，创建一条正弦曲线，并允许它显示在坐标轴边框外：

```
>> t = 0 : 0.1 : 2 * pi;   % 曲线数据点的 X 轴坐标
>> line('xdata', t, 'ydata', sin(t), 'clipping', 'off');   % 绘制正弦曲线，并允许曲线超出坐标轴
                                                            % 范围显示
>> set(gca, 'xlim', [0 6])   % 设置横坐标轴范围
```

生成的图形如图 4.17 所示。

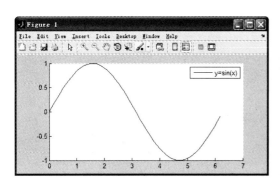

图 4.16　设置 line 对象的插图

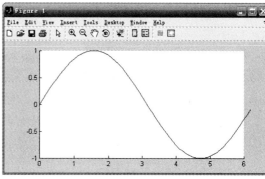

图 4.17　允许 line 超出坐标轴边框

(3) LineStyle、LineWidth、Color

这 3 个属性指定 line 对象的线条类型、线条宽度和线条颜色。

LineStyle 指定线型，线型有："－"表示实线；"－－"表示虚线；"："表示点线；"－."表示虚

若您对此书内容有任何疑问，可以登录MATLAB中文论坛与同行交流。

点线;"none"表示没有线,即各数据点之间不连接起来,类似于 stem 函数的效果。

LineWidth 指定线宽,以点(point)为单位,1point=1/72inch,默认值为 0.5。

Color 指定线色,用 RGB 向量或 MATLAB 预定义的颜色字符串来指定线条颜色。

（4）Marker、MarkerEdgeColor、MarkerFaceColor、MarkerSize

这 4 个属性分别指定数据点的标记类型、标记边缘颜色、标记填充颜色和标记尺寸。

Marker 指定数据点的标记类型,取值见表 4.12。

表 4.12　line 对象的标记类型

Marker 属性取值	标记描述	Marker 属性取值	标记描述
'+'	加号	'-'	△
'o'	圆圈	'v'	▽
'*'	星号	'>'	▷
'.'	点	'<'	◁
'x'	叉号	'pentagram' 或 'p'	五角星
'square' 或 's'	方形	'hexagram' 或 'h'	六边形
'diamond' 或 'd'	菱形	'none'	没有标记(默认值)

MarkerEdgeColor 指定数据点的标记边缘颜色。值为 ColorSpec 时表示使用一般的 RGB 向量或颜色字符串来指定 line 对象标记的边缘颜色;值为 none 时表示不画出 line 对象标记的边缘;值为 auto 时表示自动设置 line 对象的 MarkerEdgeColor 属性与 Color 属性一致。

MarkerFaceColor 指定封闭图形标记的填充颜色。值为 ColorSpec 时表示使用一般的 RGB 向量或颜色字符串来指定 line 对象标记的填充颜色;值为 none 时表示不填充 line 对象标记;值为 auto 时表示自动设置 line 对象的 MarkerFaceColor 属性与坐标轴或 figure 的 Color 属性一致。

MarkerSize 指定标记的尺寸,以 point 为单位,默认值为 6。

（5）XData、YData、ZData

这 3 个属性产生线条的数据,分别指定 x 轴、y 轴和 z 轴的绘图数据。若为 2D 绘图,XData 与 YData 数据必须具有相同的长度;若为 3D 绘图,XData 、YData 与 ZData 数据必须具有相同的长度。

【注】　plot 函数同样可以创建一个 line 对象,如果当前坐标轴的 HandleVisibility 属性值为 off,则不能通过 axes(h)来设置坐标轴 h 为当前坐标轴,而必须要在创建 line 对象的同时,设置其 Parent 属性值。

例如,若 GUI 的当前坐标轴 HandleVisibility 属性值为 off,下列语句:

```
axes(h_axes);
plot(xData, yData);
```

并不会在当前坐标轴内绘制曲线,而必须采用下面的方法:

```
plot(xData, yData, 'parent', h_axes);
```

3. text 对象

创建 text(文本)对象采用 text 函数,调用格式为:

text(x, y, 'str')

增加字符串 str 到当前坐标轴中的位置(x,y)。例如：

```
>> text(0.5, 0.5, 'sin(\pi)')
```

生成的图形如图 4.18 所示。\pi 为 Tex 字符,Tex 字符集见表 3.6。

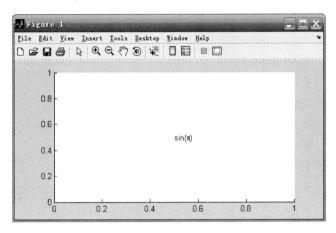

图 4.18　创建 text 对象

text(x, y, z, 'str')

增加字符串 str 到当前三维坐标系中的位置(x,y,z)。

h = text('属性 1', 属性值 1, '属性 2', 属性值 2,…)

采用指定的属性值,创建一个 text 对象,并返回 text 对象的句柄。任何未指定的属性均取默认值。

text 对象的主要有效属性见表 4.13(按属性名的首字母顺序排列,有效属性值栏中用{ }括起来的值为默认值)。

表 4.13　text 对象的主要有效属性

属　性	属性描述	有效属性值
BackgroundColor	文本区域的颜色	颜色字符串、三维 RGB 向量、{none}
BeingDeleted	调用 DeleteFcn 时,该属性值为 on;只读	on、{off}
BusyAction	指定如何处理中断调用函数	cancel、{queue}
ButtonDownFcn	当在 text 上按下鼠标时,执行的回调函数	字符串或函数句柄
Children	text 对象没有子对象	空矩阵
Clipping	是否限定 text 对象在坐标轴范围内	on、{off}
Color	设定文本颜色	颜色字符串或三维 RGB 向量
CreateFcn	当创建一个 text 对象时,执行的回调函数	字符串或函数句柄
DeleteFcn	当销毁一个 text 对象时,执行的回调函数	字符串或函数句柄
EdgeColor	文本区域矩形边框的颜色	颜色字符串、三维 RGB 向量、{none}
Editing	使能或禁用文本的编辑模式	on、{off}
EraseMode	设定描绘和擦除 text 对象的方式	{normal}、none、xor、background

207

续表 4.13

属　　性	属性描述	有效属性值
Extent	显示文本对象的位置与尺寸;只读	位置向量,格式为[左,底,宽,高]
FontAngle	指定字体为斜体还是正常体	{normal}、italic、oblique
FontName	设定字体	系统支持的字体名
FontSize	设定字体大小	标量,与 FontUnits 属性有关
FontWeight	设定文本字符的粗细	light、{normal}、demi、bold
FontUnits	设定字体大小的单位	{points}、pixels、normalized、inches、centimeters
HandleVisibility	指定当前 text 对象的句柄是否可见	{on}、callback、off
HitTest	能否通过鼠标单击选择该 text 对象	{on}、off
HorizontalAlignment	指定文本的水平对齐方式	{left}、center、right
Interpreter	指定是否转换文本字符串为 Tex 格式	latex、{tex}、none
Interruptible	回调函数是否可中断	{on}、off
LineStyle	指定线型	{—}　　—— 　 : 　 -. 　 none
LineWidth	指定线宽,单位是点(points);1 点= 1/72 英寸	标量
Margin	文本区域到矩形边框的距离	标量值,单位为像素(pixels)
Parent	父对象的句柄	axes、hggroup 或 hgtransform 对象的句柄
Position	指定 text 对象的位置	二维或三维的向量,格式为[x,y,[z]]
Rotation	文本倾斜角度	标量,默认为 0
Selected	指定 text 对象是否被选择	on、{off}
SelectionHighlight	指定 text 对象被选中时是否突出显示	{on}、off
String	文本字符串	字符串
Tag	text 对象的标识符	字符串
Type	text 对象的类型	text
Units	计量单位	pixels、{data}、normalized、inches、centimeters、points
UIContextMenu	text 对象的右键菜单	右键菜单句柄
UserData	用户定义的数据	任一矩阵
VerticalAlignment	文本字符串垂直对齐的方式	top、cap、{middle}、baseline、bottom
Visible	设定 text 对象是否可见	{on}、off

【注】 MATLAB 2010b 及以上版本中,text 对象的 Clipping 属性默认值为 off,即文本可以显示在坐标轴范围之外。而在 MATLAB 7.1 中,该属性默认值为 on。

（1）BackgroundColor、Color 、EdgeColor

这几个属性指定 text 对象的背景颜色、文本颜色和边框颜色。

（2）Extent、Margin、Position

Extent 指定文本区域的位置与尺寸,为一个四维向量[left,bottom,width,height],单位由 Units 属性指定,只读。若 Units 属性为 data(默认值)时,left 和 bottom 为文本区域左下角的 x 坐标和 y 坐标;当 Units 属性为其他值时,left 和 bottom 为从坐标轴左下角到文本区左下角的距离。width 和 height 表示 text 对象矩形边框的尺寸。

　　Margin 表示 text 对象的文本区域到矩形边框之间的距离。text 对象的矩形边框就是由 Extent 定义的文本区域向外扩张 Margin 定义的数值。

　　Position 为 text 对象在坐标轴内的二维或三维坐标。例如：

```
% 生成文本区域为 10.1 的 text 对象,文本区域约为 10
text('string', '例子', 'BackgroundColor', 'g', 'Color', 'white',...
        'Margin', 10.1, 'position', [0.4 0.5], 'FontSize', 16);
% 生成文本区域为 0.1 的 text 对象,文本区域约为 0
text('string', '例子', 'BackgroundColor', 'r', 'Color', 'white',...
        'Margin', 0.1, 'position', [0.4 0.5], 'FontSize', 16);
grid on;    % 绘制网格
```

　　生成的图形如图 4.19 所示,图中显示了文本区域与矩形边框之间的关系。

　　(3) HorizontalAlignment、VerticalAlignment、Rotation

　　这几个属性指定文本的对齐方式和倾斜度数。

　　HorizontalAlignment 属性决定文本水平方向的对齐方式,以文本区域为基准,left 表示左对齐,center 表示居中对齐,right 表示右对齐。

　　VerticalAlignment 属性决定 text 对象垂直方向的对齐方式,以文本区域为基准,取值有 5 种：

　　① top:文本区域的顶部由 position 属性的 y 坐标指定。

　　② middle:字符串的中部由 position 属性的 y 坐标指定。

　　③ bottom:文本区域的底部由 position 属性的 y 坐标指定。

　　④ cap:大写字母的顶部由 position 属性的 y 坐标指定。

　　⑤ baseline:字体的基线由 position 属性的 y 坐标指定。

　　这 5 种垂直对齐方式的关系如图 4.20 所示。

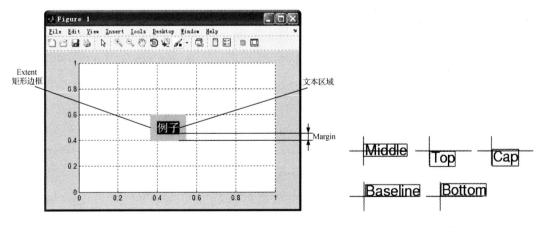

图 4.19　text 对象的文本区域与矩形边框　　　　图 4.20　text 对象的垂直对齐方式

　　例如,运行下面的代码：

```
axes('yLim', [0.3 0.7]);        ···% 设置坐标轴 Y 轴范围
% 创建垂直对齐方式为 Top 的文本
text('string', 'top', 'BackgroundColor', 'g', 'Margin', 0.1,...
```

若您对此书内容有任何疑问,可以登录 MATLAB 中文论坛与同行交流。

```
                'position', [0.05 0.5], 'verti', 'Top', 'FontSize', 20);
    % 创建垂直对齐方式为 Cop 的文本
    text('string', 'cap', 'BackgroundColor', 'g', 'Margin', 0.1,...
                'position', [0.20 0.5], 'verti', 'Cap', 'FontSize', 20);
    % 创建垂直对齐方式为 Middle 的文本
    text('string', 'middle', 'BackgroundColor', 'g', 'Margin', 0.1,...
                'position', [0.35 0.5], 'verti', 'Middle', 'FontSize', 20);
    % 创建垂直对齐方式为 Baseline 的文本
    text('string', 'baseline', 'BackgroundColor', 'g', 'Margin', 0.1,...
                'position', [0.55 0.5], 'verti', 'Baseline', 'FontSize', 20);
    % 创建垂直对齐方式为 Bottom 的文本
    text('string', 'bottom', 'BackgroundColor', 'g', 'Margin', 0.1,...
                'position', [0.80 0.5], 'verti', 'Bottom', 'FontSize', 20);
    grid minor          % 添加次网格线
```

结果如图 4.21 所示。

Rotation 属性决定文本字符串的方向,单位为度,正值表示逆时针方向旋转,负值表示顺时针旋转,0 表示不旋转(默认值)。

例如,运行下面的代码:

```
text('string', '腹有诗书语自华', 'fontsize', 16, 'position', [0.2 0.3],...
        'HorizontalAlignment', 'left', 'VerticalAlignment', 'middle',...
        'Rotation', 60, 'Margin', 1);    % 创建倾斜角度为 60 度的文本
text('string', '梅花香自苦寒来', 'fontsize', 16, 'position', [0.5 0.8],...
        'HorizontalAlignment', 'left', 'VerticalAlignment', 'middle',...
        'Rotation', - 60, 'Margin', 1);    % 创建倾斜角度为 - 60 度的文本
```

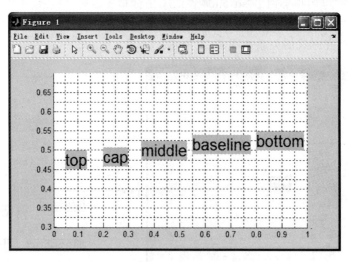

图 4.21 text 对象的垂直对齐方式

结果如图 4.22 所示。

(4) Interpreter

Interpreter 属性决定文本中是否可用 Tex 字符。值为 tex(默认值)时,允许用户在 String 属性内输入 Tex 字符;值为 latex 时,允许用户输入 latex 标识语言;值为 none 时,只允许用户输入文本字符串。

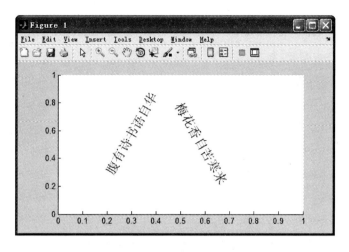

图 4.22　text 对象的文本方向

例如,输出 latex 字符:

```
>> text('Interpreter', 'latex', 'String', '$ $\int_0^x\! \int_y dF(u,v) $ $', 'Position', [.5 .
5], 'FontSize', 16);
```

输出结果如图 4.23 所示。

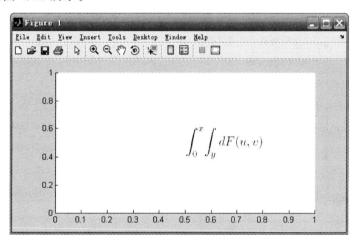

图 4.23　输出 latex 字符

输出 Tex 字符:

```
>> text('string', '\int_0^x\int_ydF(u,v)', 'fontsize', 16, 'position', [0.5 0.5])
```

输出结果如图 4.24 所示。

4. light 对象

创建 light(光线)对象采用 light 函数,调用格式为:

light('属性 1',属性值 1, '属性 2',属性值 2,⋯)

采用指定的属性/属性值,创建一个 light 对象,任何未指定的属性均取默认值。

h = light(⋯)

创建一个 light 对象,并返回其句柄。

211

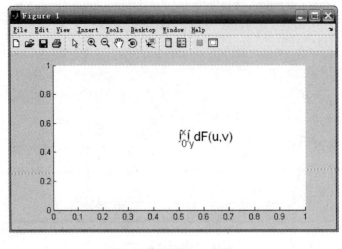

图 4.24　输出 Tex 字符

light 对象的主要属性见表 4.14(按属性名的首字母顺序排列,有效属性值栏中用{}括起来的值为默认值)。

表 4.14　light 对象的主要属性

属　　性	属性描述	有效属性值
BeingDeleted	调用 DeleteFcn 时,该属性值为 on;只读	on、{off}
BusyAction	指定如何处理中断调用函数	cancel、{queue}
ButtonDownFcn	对 light 对象无效	字符串
Children	light 对象没有子对象	空矩阵
Clipping	对 light 对象无效	{on}、off
Color	light 对象发出的光线颜色	颜色字符串或三维 RGB 向量
CreateFcn	当创建一个 light 对象时,执行的回调函数	字符串或函数句柄
DeleteFcn	当销毁一个 light 对象时,执行的回调函数	字符串或函数句柄
HandleVisibility	指定当前 light 对象的句柄是否可见	{on}、callback、off
HitTest	对 light 对象无效	{on}、off
Interruptible	回调函数是否可中断	{on}、off
Parent	父对象;axes 是 light 对象的子对象	axes 对象的句柄
Position	在 axes 中放置 light 对象的坐标位置	光源处坐标,数据格式为[x,y,z]
Selected	对 light 对象无效	{on}、off
SelectionHighlight	对 light 对象无效	{on}、off
Style	光源为平行光(无穷远处)还是发散光	{infinite}、local
Tag	light 对象标识符	字符串
Type	light 对象的类型	light
UIContextMenu	对 light 对象无效	右键菜单句柄
UserData	用户定义的数据	任一矩阵
Visible	设定 light 对象是否可见	{on}、off

① Position 指定在 axes 中放置 light 对象的坐标位置。若光源为本地光,Position 指定光源在坐标轴中的坐标;若光源在无穷远处,Position 指定该光源发射的平行光的方向。

② Style 指定光源为平行光还是发散光。值为 infinite 时,把 light 对象放置在无穷远处,发出的是平行光;值为 local 时,把 light 对象放置在由 Position 指定的坐标位置,发出的是发散光。

5. patch 对象

创建 patch(也称为面片或块)对象采用 patch 函数,调用格式为:

patch(X, Y, C)

增加一个顶点由 X 和 Y 指定,填充颜色由 C 指定的块到当前坐标轴。X 和 Y 的每个元素指定块边缘多边形的一个顶点(如 [X(1) Y(1)]为顶点 1 的坐标)。C 为一个颜色字符串(如 r 代表红色)或一个 RGB 颜色矩阵(如[1 1 1]代表白色)。

patch(X, Y, Z, C)

在三维坐标系中创建 patch 对象。

h = patch('属性 1', 属性值 1, '属性 2', 属性值 2,⋯⋯)

采用指定的属性值,创建一个 patch 对象,并返回其句柄,任何未指定的属性均取默认值。

patch 对象的主要属性见表 4.15(按属性名的首字母顺序排列,用{}括起来的为默认值)。

表 4.15   patch 对象的主要属性

属　　性	属性描述	有效属性值
AlphaDataMapping	透明度映射方式	none、{scaled}、direct
AmbientStrength	环境光照强度	区间[0,1]之间的标量,默认值为 0.3
Annotation	指定 patch 对象的插图方式	hg. Annotation 对象的句柄
BackFaceLighting	表面光照控制	unlit、lit、{reverselit}
BeingDeleted	调用 DeleteFcn 时,该属性值为 on;只读	on、{off}
BusyAction	指定如何处理中断调用函数	cancel、{queue}
ButtonDownFcn	当在 patch 上按下鼠标时,执行的回调函数	字符串或函数句柄
CData	定义块的颜色	标量、向量或矩阵
CDataMapping	控制 CData 数据到色图的映射	{scaled}、direct
Children	patch 对象没有子对象	空矩阵
Clipping	是否限定 patch 对象在坐标轴范围内	{on}、off
CreateFcn	当创建一个 patch 对象时,执行的回调函数	字符串或函数句柄
DeleteFcn	当销毁一个 patch 对象时,执行的回调函数	字符串或函数句柄
DiffuseStrength	发散光的强度	区间[0,1]之间的标量,默认值为 0.6
DisplayName	插图显示的标签	字符串
EdgeAlpha	块边缘的透明度	[0,1]之间的标量、flat、interp,默认为 1
EdgeColor	块边缘的颜色	颜色字符串、RGB 向量、none、flat、interp,默认为 RGB 向量:[0,0,0]
EdgeLighting	块边缘光照的方法	{none}、flat、gouraud、phong
EraseMode	设定描绘和擦除 patch 对象的方式	{normal}、none、xor、background
FaceAlpha	块的面透明度	[0,1]之间的标量、flat、interp,默认为 1

若您对此书内容有任何疑问,可以登录 MATLAB 中文论坛与同行交流。

续表 4.15

属　性	属性描述	有效属性值
FaceColor	块的面颜色	颜色字符串、RGB 向量、none、flat、interp，默认为 RGB 向量：[0,0,0]
FaceLighting	块的面光照方法	{none}、flat、gouraud、phong
Faces	m 个块的 n 个顶点的连接方法	m×n 矩阵
FaceVertexAlphaData	定义面和顶点的透明度	m×1 矩阵
FaceVertexCData	定义面和顶点的颜色	矩阵
HandleVisibility	指定当前 patch 对象的句柄是否可见	{on}、callback、off
HitTest	能否通过鼠标单击选择该 patch 对象	{on}、off
Interruptible	回调函数是否可中断	{on}、off
LineStyle	块边缘的线型	{—}、——、:、-.、none
LineWidth	块边缘的线宽	标量
Marker	顶点的标记符号	标记定义符
MarkerEdgeColor	顶点标记符号的边缘颜色	颜色字符串、RGB 向量、none、{auto}、flat
MarkerFaceColor	顶点标记符号为封闭图形时的填充颜色	颜色字符串、RGB 向量、none、{auto}、flat
MarkerSize	顶点标记符号的尺寸，单位为 points	标量，默认为 6
NormalMode	MATLAB 产生的，或由用户指定的法向向量	{auto}、manual
Parent	父对象的句柄	axes、hggroup 或 hgtransform 对象的句柄
Selected	指定 patch 对象是否被选择上	{on}、off
SelectionHighlight	当 patch 对象选中时，是否突出显示	{on}、off
SpecularColorReflectance	镜面反射光的颜色	值在[0,1]之间的标量
SpecularExponent	镜面反射的锐度	不小于 1 的标量，一般值在[5,20]之间
SpecularStrength	镜面反射的强度	值在[0,1]之间的标量，默认为 0.9
Tag	patch 对象标识符	字符串
Type	patch 对象的类型	patch
UIContextMenu	patch 对象的右键菜单	右键菜单句柄
UserData	用户定义的数据	任一矩阵
VertexNormals	顶点的法向向量	矩阵
Vertices	顶点的坐标值	矩阵
Visible	设定 patch 对象是否可见	{on}、off
XData、YData、ZData	定义 patch 对象的 x、y 或 z 轴的坐标数据	同维的坐标向量

214

（1）Annotation、DiaplayName

Annotation 控制 patch 对象的插图显示；DisplayName 设置 patch 对象在插图说明中的标签。Annotation 属性值为 hg.Annotation 对象的句柄，hg.Annotation 对象有一个 Legend-Information 属性，它的属性值为 hg.LegendEntry 对象的句柄。hg.LegendEntry 对象有一个 IconDisplayStyle 属性，该属性的值控制 hggroup 对象的插图显示方式。Annotation 控制 patch 对象的插图显示的"流程"，如图 4.25 所示。

IconDisplayStyle 属性有以下 3 种取值。

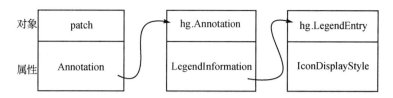

图 4.25　Annotation 控制 patch 对象的插图

① on：只绘制 patch 对象的插图说明。

② off：默认值，不绘制 patch 对象的插图说明。

③ children：只绘制 patch 对象的插图说明。

DisplayName 属性设置 patch 对象在插图说明中的标签。

例如，创建一个单位圆，并设置其插图标签为"$x^2+y^2=1$"：

```
t = 0 : 0.1 : 2 * pi;              % 单位圆解析方程中的参数 t
x = cos(t);                       % 单位圆的 X 坐标
y = sin(t);                       % 单位圆的 Y 坐标
hPatch = patch('xData', x, 'yData', y, 'DisplayName', texlabel('x^2 + y^2 = 1'),...
               'FaceColor', 'r');  % 创建一个以单位圆为边界的"圆饼"
set(get(get(hPatch, 'Annotation'), 'LegendInformation'),...
    'IconDisplayStyle', 'on');     % 设置插图显示模式为 on
axis equal;                       % 设置 X 轴和 Y 轴长度为等比例
legend('show');                   % 显示插图
```

生成的图形如图 4.26 所示。

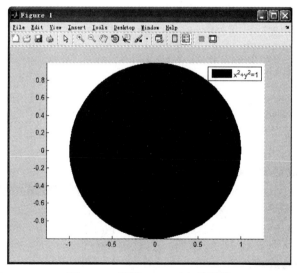

图 4.26　设置 patch 对象的插图

（2）CData

CData 属性指定 patch 对象的颜色，可指定每个顶点、每个面的颜色，也可以指定整个 patch 对象的颜色。CData 值可以为标量、向量或矩阵。

（3）Faces、FaceColor

Faces 定义 patch 对象每个面的顶点连接方式。值为一个 m×n 的矩阵，表示 m 个面和 n

个顶点,矩阵的每行元素可以连成一个面。

FaceColor 定义 patch 对象的表面颜色。当值为 ColorSpec(默认值)时,表示使用 RGB 向量或颜色字符串指定 patch 对象的表面颜色;当值为 none 时,表示不画出 patch 对象的表面,但会画出边缘线;当值为 flat 时,表示由 patch 对象每一个顶点的颜色数据(CData 或 Face-VertexColor)控制 patch 对象的表面颜色,即一个顶点控制一个颜色值;当值为 interp 时,表示使用线性内插计算每一个顶点的 CData 或 FaceVertexColor,以决定 patch 对象的表面颜色。

（4）Vertices

Vertices 属性包含 patch 对象每一个顶点的 X、Y、Z 坐标的矩阵。例如:

```
>> patch('vertices', [0 0; 55 0; 55 1; 0 1], 'faces', [1 2 3 4], 'facecolor', 'r')    %创建矩形条
>> axis([0 100 -10 10])    %设置坐标轴范围
```

生成的图形如图 4.27 所示。

（5）XData、YData、ZData

这几个属性是 patch 对象边缘每个顶点的坐标数据。若 XData、YData、ZData 为矩阵,则每一行元素表示 patch 对象一个独立面的 X、Y、Z 坐标。XData、YData、ZData 必须有相同的维度,若为 2D 图形,则 ZData 为空矩阵。如果在一个封闭的 patch 对象中,第 1 点坐标位置与最后一点坐标位置不一致,MATLAB 自动将两点连接起来。

图 4.27 也可用 XData、YData 来实现:

```
>> patch('xdata', [0 55 55 0], 'ydata', [0 0 1 1], 'facecolor', 'r')    %创建矩形条
>> axis([0 100 -10 10])    %设置坐标轴范围
```

【例 4.1.1】 有两条曲线段:

$$y_1 = x^2 \quad (2 < x < 4),$$
$$y_2 = x^3 \quad (2 < x < 4)。$$

如图 4.28 所示。用 patch 对象将这两条曲线段之间的空间用红色充满。

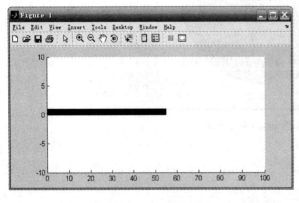

图 4.27　patch 对象举例

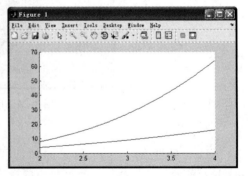

图 4.28　例 4.1.1 原图

【解析】 设置 patch 对象的 XData、YData 和 FaceColor 属性即可。程序如下:

```
x = 2 : 0.01 : 4;        % 数据 x
y1 = x .^ 2;              % 数据 y1
y2 = x .^ 3;             % 数据 y2
line(x, y1);            % 由数据 x 和 y1 绘制曲线
line(x, y2);            % 由数据 x 和 y2 绘制曲线
% 以上述两条曲线上的点为 xData 和 yData,绘制 patch 对象
patch('xdata', [x fliplr(x)], 'ydata', [y1 fliplr(y2)], 'FaceColor', 'r')
```

生成的图形如图 4.29 所示。

6. rectangle 对象

创建 rectangle(矩形)对象采用 rectangle 函数,调用格式为:

rectangle

采用默认属性值,在当前坐标轴创建一个矩形。Position 默认为[0 0 1 1](单位为 normalized),Curvature(曲率)默认为[0,0]。

h = rectangle('属性1', 属性值1, '属性2', 属性值2, ……)

采用指定的属性值,创建一个 rectangle 对象,并返回其句柄,任何未指定的属性均取默认值。

rectangle('Position', [x, y, w, h])表示在当前坐标轴创建一个 Position 为[x, y, w, h]的 rectangle 对象。

rectangle('Curvature', [x, y]) 表示在当前坐标轴创建一个曲率为[x, y]的 rectangle 对象。例如,创建一个半径为1,圆心在坐标轴原点的圆:

```
>> rectangle('Curvature', [1 1]);      % 创建曲率为[1 1]的 rectangle 对象,即圆
>> axis equal      % 设置 X 轴与 Y 轴长度等比例
```

生成的图形如图 4.30 所示。

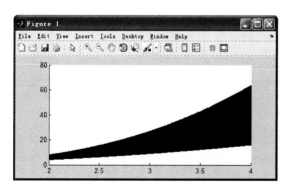

图 4.29 例 4.1.1 的程序运行结果

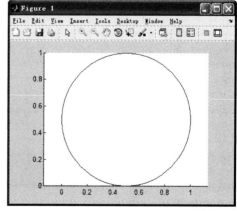

图 4.30 采用 rectangle 对象创建圆

rectangle 对象的主要属性见表 4.16(按属性名的首字母顺序排列,用{}括起来的值为默认值)。

(1) Curvature

Curvature 属性指定矩形边水平和垂直方向的曲率数值,值的格式为[x,y],默认值为[0,

0]。x、y 的取值范围均为[0,1],若为[0,0],显示为矩形;若为[1,1],显示为圆(要求横纵坐标的单位长度相等,否则显示的是椭圆。可由语句 axis equal 实现);若为其他值,显示为椭圆。

表 4.16 rectangle 对象的主要属性

属　　性	属性描述	有效属性值
BeingDeleted	调用 DeleteFcn 时,该属性值为 on;只读	on、{off}
BusyAction	指定如何处理中断调用函数	cancel、{queue}
ButtonDownFcn	在 rectangle 上按下鼠标时,执行的回调函数	字符串或函数句柄
Children	rectangle 对象没有子对象	空矩阵
Clipping	设定是否限制 rectangle 对象在坐标轴范围内	{on}、off
CreateFcn	创建一个 rectangle 对象时,执行的回调函数	字符串或函数句柄
Curvature	矩形边水平和垂直方向的曲率数值	[x]或[x,y]
DeleteFcn	销毁一个 rectangle 对象时,执行的回调函数	字符串或函数句柄
EdgeColor	矩形边的颜色	颜色字符串、RGB 向量、none,默认值为 RGB 向量:[0,0,0]
EraseMode	设定描绘和擦除 rectangle 对象的方式	{normal}、none、xor、background
FaceColor	矩形的填充颜色	颜色字符串、RGB 向量、{none}
HandleVisibility	指定当前 rectangle 对象的句柄是否可见	{on}、callback、off
HitTest	能否通过鼠标单击选择该 rectangle 对象	{on}、off
Interruptible	定义一个回调函数是否可中断	{on}、off
LineStyle	矩形边的线型	{—}、——、:、—.、none
LineWidth	矩形边的线宽	标量,默认为 0.5
Parent	父对象的句柄	axes、hggroup 或 hgtransform 对象的句柄
Position	rectangle 对象的位置与尺寸	四维位置向量,格式为[左,底,宽,高]
Selected	指定 rectangle 对象是否被选择上	{on}、off
SelectionHighlight	当 rectangle 对象选中时,是否突出显示	{on}、off
Tag	rectangle 对象标识符	字符串
Type	rectangle 对象的类型	rectangle
UIContextMenu	rectangle 对象的右键菜单	右键菜单句柄
UserData	用户定义的数据	任一矩阵
Visible	设定 rectangle 对象是否可见	{on}、off

（2）Position

Position 属性指定 rectangle 对象在坐标轴中的位置与尺寸,数据格式为[x,y,width,height],单位为 data。x、y 为 rectangle 对象左下角的坐标;width 和 height 分别为 rectangle 对象的宽和高。

7. surface 对象

surface(曲面)对象用于创建三维曲面,由 surface 函数创建,调用格式为:

surface(Z)

曲面顶点坐标为(x,y,z)。其中,坐标(x,y)为矩阵 Z 的元素索引值;坐标 z 为矩阵 Z 的元素值。若顶点坐标 Z=[a b c;d e f],则曲面经过如下这些点:(1,1,a),(1,2,b),(1,3,c),(2,1,d),(2,2,e),(2,3,f)。

例如,若 Z=[1 2 3;2 1 0],则生成的曲面经过如下这些坐标的点:(1,1,1),(1,2,2),(1,3,3),(2,1,2),(2,2,1),(2,3,0),如图 4.31 所示。

surface(Z, C)

矩阵 Z 中每个元素的索引值对应数据方块的坐标,每个元素的值对应数据方块的高度,C 为数据块的颜色矩阵。注意,size(C) ＝ size(Z) 或 size(C) ＝ size(Z)－1。例如:

```
>> z = [1 2 3 4;2 1 0 6;1 2 3 4];    %创建矩阵 z
>> c = rand(size(z));      %颜色矩阵 c
>> h = surface(z, c);      %根据 z 和 c 创建 surface 对象
```

创建的 surface 对象旋转为三维视角后如图 4.32 所示。

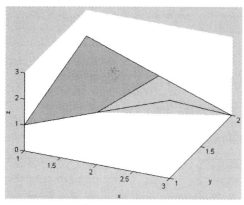

图 4.31 surface 对象的创建方法

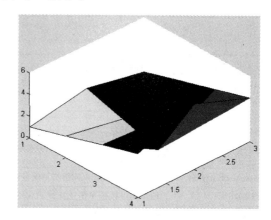

图 4.32 设置 surface 对象的块颜色

surface(X, Y, Z)

X 与 Y 对应数据块的坐标,Z 对应数据块的高度和颜色。

surface(X, Y, Z, C)

X 与 Y 对应数据块的坐标,Z 对应数据块的高度,C 对应数据块的颜色。

h = surface(…'PropertyName', PropertyValue,…)

采用指定的属性值,创建一个 surface 对象,并返回 surface 对象的句柄。任何未指定的属性均取默认值。

surface 对象的主要属性见表 4.17(按属性名的首字母顺序排列,用{}括起来的值为默认值)。

表 4.17 surface 对象的主要属性

属　性	属性描述	有效属性值
AlphaData	定义透明度数据	m×n 矩阵,元素为 double 型或 uint8 型
AlphaDataMapping	透明度映射方式	none、direct、{scaled}
AmbientStrength	环境光照强度	区间[0,1]之间的标量,默认值为 0.3
Annotation	指定 surface 对象的插图方式	hg. Annotation 对象的句柄
BeingDeleted	调用 DeleteFcn 时,该属性值为 on;只读	on、{off}
BusyAction	指定如何处理中断调用函数	cancel、{queue}
ButtonDownFcn	当在曲面上按下鼠标时,执行的回调函数	字符串或函数句柄

219

属　性	属性描述	有效属性值
CData	定义曲面的颜色	标量、向量或矩阵
CDataMapping	控制 CData 数据到色图的映射	{scaled}、direct
Children	surface 对象没有子对象	空矩阵
Clipping	设定是否限制 surface 对象在坐标轴范围内	{on}、off
CreateFcn	当创建一个 surface 对象时，执行的回调函数	字符串或函数句柄
DeleteFcn	当销毁一个 surface 对象时，执行的回调函数	字符串或函数句柄
DiffuseStrength	发散光的强度	区间[0,1]之间的标量，默认值为 0.6
DisplayName	设置插图的标签	字符串
EdgeAlpha	曲面边缘的透明度	[0,1]之间的标量、flat、interp，默认为 1
EdgeColor	曲面边缘的颜色	颜色字符串、RGB 向量、none、flat、interp，默认为 RGB 向量：[0,0,0]
EdgeLighting	曲面边缘光照的方法	{none}、flat、gouraud、phong
EraseMode	设定描绘和擦除 surface 对象的方式	{normal}、none、xor、background
FaceAlpha	曲面的透明度	[0,1]之间的标量、flat、interp，默认为 1
FaceColor	曲面的颜色	颜色字符串、RGB 向量、none、flat、interp，默认为 RGB 向量：[0,0,0]
FaceLighting	曲面的光照方法	{none}、flat、gouraud、phong
HandleVisibility	指定当前 surface 对象的句柄是否可见	{on}、callback、off
HitTest	能否通过鼠标单击选择该 surface 对象	{on}、off
Interruptible	回调函数是否可中断	{on}、off
LineStyle	曲面边缘的线型	{—}、——、:、—.、none
LineWidth	曲面边缘的线宽	标量，默认为 0.5
Marker	曲面顶点的标记符号	标记定义符
MarkerEdgeColor	曲面顶点标记符号的边缘颜色	颜色字符串、RGB 向量、none、{auto}、flat
MarkerFaceColor	曲面顶点标记符号为封闭图形时的填充颜色	颜色字符串、RGB 向量、none、{auto}、flat
MarkerSize	曲面顶点标记符号的尺寸，单位为 points	标量，默认为 6
MeshStyle	画行线、列线还是全部都画	{both}、row、column
NormalMode	MATLAB 产生的，或由用户指定的法向向量	{auto}、manual
Parent	父对象的句柄	axes、hggroup 或 hgtransform 对象的句柄
Selected	指定 surface 对象是否被选择上	{on}、off
SelectionHighlight	当 surface 对象被选中时，是否突出显示	{on}、off
SpecularColorReflectance	镜面反射光的颜色	值在[0,1]之间的标量
SpecularExponent	镜面反射的锐度	不小于 1 的标量，一般值在[5,20]之间
SpecularStrength	镜面反射的强度	值为[0,1]之间的标量，默认为 0.9
Tag	surface 对象标识符	字符串
Type	surface 对象的类型	surface
UIContextMenu	surface 对象的右键菜单	右键菜单句柄
UserData	用户定义的数据	任一矩阵
VertexNormals	顶点的法向向量	矩阵
Visible	设定 surface 对象是否可见	{on}、off
XData、YData、ZData	定义 surface 对象的 x、y 或 z 轴的坐标数据	同维的坐标向量

（1）Annotation、DiaplayName

Annotation 控制 surface 对象的插图显示；DisplayName 设置 surface 对象在插图说明中的标签。Annotation 属性值为 hg. Annotation 对象的句柄，hg. Annotation 对象有一个 LegendInformation 属性，它的属性值为 hg. LegendEntry 对象的句柄。hg. LegendEntry 对象有一个 IconDisplayStyle 属性，该属性的值控制 hggroup 对象的插图显示方式。

IconDisplayStyle 属性有以下 3 种取值。

① on：只绘制 surface 对象的插图说明。

② off：默认值，不绘制 surface 对象的插图说明。

③ children：只绘制 surface 对象的插图说明。

DisplayName 属性设置 surface 对象在插图说明中的标签。

（2）CData

CData 属性指定 surface 对象各顶点的颜色。CData 值为一个矩阵，指定 ZData 中每一点的颜色。当 CData 值为 texturemap 时，CData 矩阵的尺寸不必与 Zdata 一致，此时 CData 包含的图像数据被映射到 ZData 所定义的曲面。

（3）XData、YData、ZData

这 3 个属性指定曲面上点的 x、y、z 坐标。若 XData、YData 为一个行向量（即行数为 1 的向量），则将其重复扩展成与 ZData 列数相同的行向量。

4.1.8　uicontrol 对象

uicontrol 对象是用户接口控制（user interface controls）图形对象的简称，由函数 uicontrol 创建，调用格式为：

```
h = uicontrol('PropertyName', PropertyValue,…)
```

采用指定的属性/属性值，创建一个 uicontrol 对象，并返回其句柄，任何未指定的属性均取默认值。

```
h = uicontrol(parent, 'PropertyName', PropertyValue,…)
```

采用指定的属性值，在对象 parent 内（以 parent 为父对象），创建一个 uicontrol 对象，并返回其句柄，任何未指定的属性均取默认值。

```
h = uicontrol
```

采用默认属性值在当前 figure 内创建一个 pushbutton 按钮。

```
uicontrol (h)
```

设置 uicontrol 对象 h 为当前对象。

uicontrol 对象的类型（style）不同，其外观和回调方式也不同，如图 4.33 所示。

（1）触控按钮（Push Button，'Style' 为 'pushbutton'）

当鼠标在触控按钮上单击时，调用其 Callback 函数。

（2）切换按钮（Toggle Button，'Style' 为 'togglebutton'）

当鼠标在切换按钮上单击左键时，调用其 Callback 函数；每执行一次 Callback 函数，切换按钮的 value 值和状态均改变一次。

（3）列表框（List Box，'Style' 为 'listbox'）

列表框用于显示一组选项，通过鼠标左键单击，可选中任意一个或多个选项。当

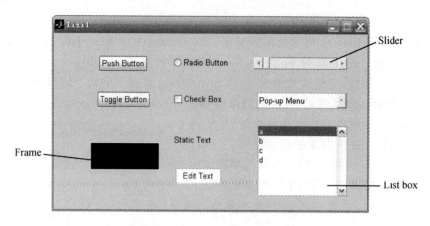

图 4.33　uicontrol 控件的不同类型

Max－Min＞1 时，允许同时选中多个选项；否则，只允许一次选择一项。在列表框上单击鼠标左键时，调用其 Callback 函数；每执行一次 Callback 函数，列表框的 value 值和状态均改变一次。

（4）弹起式菜单（Pop－up Menu,'Style' 为 'popupmenu'）

在弹起式菜单（也称为下拉菜单）上单击鼠标左键时，调用其 Callback 函数；每执行一次 Callback 函数，弹起式菜单的选项列表会弹出来一次，根据选择的菜单项更新其 Value 值。

（5）复选框（Check Box,'Style' 为 'checkbox'）

在复选框上单击鼠标左键时，调用其 Callback 函数；每执行一次 Callback 函数，Check Box 的 value 值和状态均改变一次。

（6）单选按钮（Radio button,'Style' 为 'radiobutton'）

在单选按钮上单击左键时，调用其 Callback 函数；每执行一次 Callback 函数，Radio Button 的 value 值改变一次，状态也在"选中"和"未选中"之间切换。

（7）滑动条（Slider,'Style' 为 'slider'）

滑动条用于获取指定范围内的数值，用户通过滑动滑块，改变滑动条的 value 值，使得其 value 值在 Min 值与 Max 值之间变化。当移动滑动条上的滑块时，调用其 Callback 函数；每执行一次 Callback 函数，滑动条的 value 值改变一次。

（8）静态文本（Static Text,'Style' 为 'text'）

静态文本标签用于显示其他对象的数值、状态等，可显示多行文本。

（9）可编辑文本（Edit Text,'Style' 为 'edit'）

可编辑文本允许用户修改文本内容，用于数据的输入与显示。若 Max－Min＞1，允许 Edit Text 显示多行文本；否则，只允许单行输入。

（10）框架（Frame,'Style' 为 'frame'）

用于创建一个框架，使界面看起来更美观。框架可以由面板（uipanel）对象代替。

uicontrol 对象的属性列表见表 4.18（按属性名的首字母顺序排列，用{}括起来的值为默认值）。

表 4.18　uicontrol 对象的主要属性

属　性	属性描述	有效属性值
BackgroundColor	对象背景颜色	颜色字符串或颜色矩阵
BusyAction	指定如何处理中断调用函数	cancel、{queue}
ButtonDownFcn	当在 uicontrol 对象上按下鼠标时,执行的回调函数	字符串或函数句柄(由 GUIDE 设置)
Callback	控制 uicontrol 对象时,执行的回调函数	字符串或函数句柄(由 GUIDE 设置)
CData	定义 uicontrol 对象的图案	矩阵
Children	uicontrol 对象没有子对象	空矩阵
Clipping	对 uicontrol 对象无效	{on}、off
CreateFcn	当创建一个 uicontrol 对象时,执行的回调函数	字符串
DeleteFcn	当销毁一个 uicontrol 对象时,执行的回调函数	字符串
Enable	使能或禁用该 uicontrol 对象	{on}、inactive、off
Extent	uicontrol 对象上字符串的位置与尺寸,只读	位置向量,格式为[左,下,宽,高]
FontAngle	字体倾斜度	{normal}、italic、oblique
FontName	字体名	字符串
FontSize	字体大小,单位由 FontUnits 属性定义	数值
FontUnits	字体单位	{points}、normalized、centimeters、inches、pixels
FontWeight	字体的粗细	light、{normal}、demi、bold
ForegroundColor	文本颜色	颜色字符串或颜色矩阵
HandleVisibility	指定当前 uicontrol 对象的句柄是否可见	{on}、callback、off
HitTest	能否通过鼠标单击选择该 uicontrol 对象	{on}、off
HorizontalAlignment	文本字符串的水平对齐方式	left、{center}、right
Interruptible	回调函数是否可中断	{on}、off
KeyPressFcn	当在 uicontrol 对象上按下任意键时执行的回调函数	字符串或函数句柄
ListboxTop	显示在 listbox 最顶端的字符串对应的索引值	标量
Max	指定 Value 属性的最大值	标量
Min	指定 Value 属性的最小值	标量
Parent	父对象的句柄	axes、hggroup 或 hgtransform 对象的句柄
Position	指定 uicontrol 对象的位置与大小	位置向量,格式为[左,下,宽,高]
Selected	指定 uicontrol 对象是否被选择上	{on}、off
SelectionHighlight	当 uicontrol 对象选中时,是否突出显示	{on}、off
SliderStep	指定 silder 的步长	二维向量,格式为[最小步长,最大步长]
String	uicontrol 对象的文本标签、选项或列表项	字符串或字符串单元数组
Style	uicontrol 对象的类型	{pushbutton}、edit、text、togglebutton、radiobutton、 checkbox、 slider、 frame、listbox、popupmenu
Tag	uicontrol 对象的标识符	字符串

若您对此书内容有任何疑问,可以登录MATLAB中文论坛与同行交流。

223

续表 4.18

属　　性	属性描述	有效属性值
TooltipString	uicontrol 对象的提示	字符串
Type	uicontrol 对象的类型	uicontrol
UIContextMenu	uicontrol 对象的右键菜单	右键菜单句柄
Units	uicontrol 对象的计量单位	{pixels}、points、normalized、inches、centimeters、characters（由 GUIDE 创建时，默认值为 characters）
UserData	用户定义的数据	任一矩阵
Value	对象的当前值	标量或向量
Visible	设定 uicontrol 对象是否可见	{on}、off

（1）Callback

uicontrol 对象的 Callback 属性定义了该对象的回调函数，其值一般为函数句柄或可执行字符串。Callback 属性的可执行字符串形式的代码编写步骤如下：

① 将回调函数的语句写好。

② 将全部语句连在一起，语句之间用逗号或分号分隔。

③ 语句中的每个单引号全部换成两个单引号，最外层加一对单引号。

例如，假设回调函数为下面的语句：

```
if ishandle(h0)
    set(h1,'label',datestr(clock));
else
    stop(t)
    delete(t)
end
```

首先，将其写成一串字符串，语句之间用逗号或分号相隔：

```
if ishandle(h0), set(h1,'label',datestr(clock)); else, stop(t), delete(t), end
```

然后，将其中的每个单引号换成两个单引号，且最外面用单引号包含起来：

```
'if ishandle(h0), set(h1,''label'',datestr(clock)); else, stop(t), delete(t), end'
```

此时，就可以将上面的字符串直接赋给 Callback 属性了。当然，如果语句比较多，得到的字符串可能很长，此时可用连接符[]和分行符…将该字符串写成多行。例如，上面的字符串可写成 6 行：

```
['if ishandle(h0),',...
    'set(h1,''label'',datestr(clock));',...
    'else,',...
    'stop(t),',...
    'delete(t),',...
    'end']
```

【注意】 MATLAB 中的字符和字符串都是用单引号作为标识,这点不同于 C 或 C++等其他编程语言。上面字符串中的 '' 为两个单引号,而不是一个双引号。MATLAB 中的双引号仅仅是一个字符而已,不能作为任何数值类型的标识。

(2) CData

用 CData 属性设置 Push Button 或 Toggle Button 的按钮背景图片。例如,运行下面的程序:

```
hFigure = figure('Visible', 'off', 'Position', [450 350 300 200]);   % 创建隐藏的窗口
cData = imread('open.jpg');                      % 图片大小为 43×40 像素
uicontrol('Position', [100 100 43 40], 'CData', cData, 'String', ' 开始 ',...
    'ForegroundColor', 'r', 'FontSize', 12);   % 为按钮添加背景图片,并显示按钮文本
set(hFigure, 'Visible', 'on');                   % 显示窗口
```

生成的按钮如图 4.34 所示。

若设置 Radio Button 或 Check Box 的 CData,将导致图片覆盖整个控件上的选择区,因此不要设置 Radio Button 或 Check Box 的 CData 值。

其他 uicontrol 控件的 CData 属性值是无效的。

(3) Min、Max 和 Value

Value 表示 uicontrol 对象的当前值,而 Min 和 Max 限定了 Value 的取值范围。依据 Style 的不同,Min、Max 和 Value 的关系如下:

图 4.34　按钮文本和按钮背景叠加示例

① Check boxes、Radio buttons 被选中(状态为 on)时,Value=Max;未选中时,Value=Min。

② Toggle buttons 被按下时,Value=Max;未被按下时,Value=Min。

③ Sliders 设置 Value 为滑块当前所指的值,且 Min≤Value≤Max。

④ Pop-up menus 设置 Value 为所选项的索引值,Min 与 Max 属性无效。

⑤ List boxes 设置 Value 为所有选中项的索引值组成的向量,Min 和 Max 属性控制 List boxes 是否能同时选中多项:当 Max−Min>1 时,可同时选中多项;当 Max−Min≤1 时,只能选中一项。

⑥ Edit text、push buttons 和 static text 的 Value 属性均无效,push buttons 和 static text 的 Min 和 Max 属性均无效,static text 默认就可以显示多行文本;Edit text 的 Min 和 Max 属性控制 Edit text 是否能显示多行文本,当 Max−Min>1 时,可显示多行文本;当 Max−Min≤1 时,只能显示单行文本。

【思考】 如何通过程序设置 uicontrol 控件为当前操作的对象?

假设 uicontrol 对象的句柄为 h,则设置对象 h 为当前要操作的对象,使用以下命令实现:

```
uicontrol(h);    % 设置 uicontrol 对象 h 为当前对象
```

例如,要实现单击【设置】按钮,光标自动聚焦到 Edit Text 对象上,可以采用以下语句:

```
hFigure = figure('MenuBar', 'none', 'ToolBar', 'none', 'Position',...
```

若您对此书内容有任何疑问,可以登录 MATLAB 中文论坛与同行交流。

```
      [400 400 300 200], 'Visible', 'off');   % 创建一个隐藏窗口
hText = uicontrol('Style', 'edit', 'String', '请输入参数 ',...
      'FontSize', 10, 'Position', [100 120 70 30]);   % 创建一个可编辑文本
% 创建一个按钮,单击该按钮后光标选中可编辑文本的内容
uicontrol('String', '设置 ', 'FontSize', 10, 'Position', [100 50 70 30], 'Callback',...
      'uicontrol(hText);');
set(hFigure, 'Visible', 'on');   % 显示窗口
```

运行结果如图 4.35 所示。

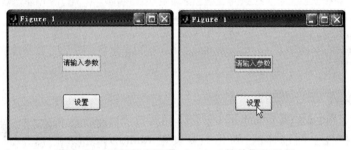

图 4.35　采用程序设置 uicontrol 控件聚焦示例

4.1.9　hggroup 对象

坐标轴的子对象除了可以为核心对象外,还可以为由核心对象组合而成的组合对象(以下简称"组对象")。组对象由函数 hggroup 创建,调用格式为:

h = hggroup

在当前坐标轴内创建一个组对象,并返回它的句柄。

h = hggroup(⋯,'PropertyName', propertyvalue,⋯)

采用指定的属性和值创建一个组对象,并返回它的句柄。

hggroup 对象可以由下列核心对象自由组合而成:image 对象、line 对象、patch 对象、rectangle 对象、surface 对象和 text 对象。也就是说,核心对象除了 light 对象,均可为 hggroup 对象的子对象。

hggroup 对象将多个核心对象"捆绑"起来,便于用户同时对多个核心对象进行操纵和控制。常见的 hggroup 对象有:图形注释(由 annotation 函数生成)、插图(由 legend 函数生成)、火柴杆图(由 stem 函数生成)、直方图(由 bar 函数生成)、图形截取框(由 imrect 函数生成)等。

hggroup 对象与其子对象在下列 3 种情况下始终保持一致:

① 可见性——设置 hggroup 对象的可见性时,其子对象的可见性也会自动更新,保持与组对象一致。

② 可选择性——设置 hggroup 对象的 HitTest 属性值为 on,而其每个子对象的 HitTest 属性值为 off,则当选择任何子对象时,均会选中所有的子对象。

③ 当前对象——设置 hggroup 对象的 HitTest 属性值为 on,而其每个子对象的 HitTest 属性值为 off,则当选择任何子对象时,hggroup 对象都会成为当前对象。

hggroup 对象的主要属性见表 4.19(按属性名的首字母顺序排列,有效属性栏中用{}括起来的值为默认值)。

（1）Annotation、DisplayName

Annotation 控制 hggroup 对象的插图显示;DisplayName 设置 hggroup 对象在插图说明

中的标签。Annotation 属性值为 hg. Annotation 对象的句柄,hg. Annotation 对象有一个 LegendInformation 属性,它的属性值为 hg. LegendEntry 对象的句柄。hg. LegendEntry 对象有一个 IconDisplayStyle 属性,该属性的值控制 hggroup 对象的插图显示方式。Annotation 控制 hggroup 对象的插图显示的"流程",如图 4.36 所示。

表 4.19　hggroup 对象的主要属性

属　性	属性描述	有效属性值
Annotation	控制组对象的插图显示	hg. Annotation 对象的句柄;只读
BeingDeleted	检查组对象是否正被删除	on、{off};只读
BusyAction	指定如何处理中断调用函数	cancel、{queue}
ButtonDownFcn	当在组对象上按下鼠标时,执行的回调函数	函数句柄、由函数句柄和附加参数组成的单元数组、可执行字符串
Children	组对象的子对象	由核心对象的句柄组成的行向量
Clipping	设定组对象是否能超出坐标轴的边框范围	{on}、off
CreateFcn	当创建一个组对象时,执行的回调函数	函数句柄、由函数句柄和附加参数组成的单元数组、可执行字符串
DeleteFcn	当销毁一个按钮组对象时,执行的回调函数	函数句柄、由函数句柄和附加参数组成的单元数组、可执行字符串
DisplayName	组对象在插图说明中的标签	字符串
EraseMode	绘制和擦除组对象的模式	{normal}、none、xor、background
HandleVisibility	指定当前组对象的句柄是否可见	{on}、callback、off
HitTest	能否通过鼠标单击选择该组对象	{on}、off
Interruptible	回调函数是否可中断	{on}、off
Parent	父对象的句柄	axes、hggroup 或 hgtransform 对象的句柄
Selected	指定组对象是否被选择上	on、{off}
SelectionHighlight	指定当按钮组对象被选中时,是否突出显示	{on}、off
Tag	组对象的标识符	字符串
Type	组对象的对象类型	hggroup;只读
UIContextMenu	组对象的右键菜单	右键菜单句柄
UserData	用户定义的数据	任一数据结构
Visible	设定组对象是否可见	{on}、off

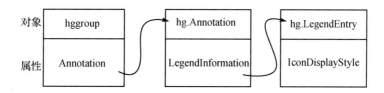

图 4.36　Annotation 控制 hggroup 对象的插图

IconDisplayStyle 属性有以下 3 种取值。

① on:只绘制 hggroup 对象的插图说明。

② off：默认值，不绘制 hggroup 对象的插图说明。

③ children：只绘制子对象的插图说明。

例如，首先创建一个 hggroup 对象：

```
t = 0 : 0.1 : 2 * pi;          % 数据的 X 轴坐标
hGroup = hggroup;              % 创建一个 hggroup 对象
hLine1 = line(t, sin(t), 'Color', 'b', 'Parent',hGroup);          % 给 hggroup 对象添加一条曲线
hLine2 = line(t, sin(t + 0.5), 'Color', 'g', 'Parent',hGroup);    % 给 hggroup 对象添加一条曲线
```

若只绘制 hggroup 对象的插图，代码如下：

```
set(get(get(hGroup, 'Annotation'), 'LegendInformation')...
    'IconDisplayStyle', 'on');          % 设置插图显示模式为 on
legend('show');                         % 显示插图
```

生成的图形如图 4.37 所示。

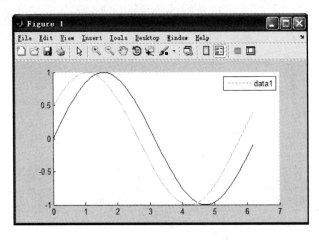

图 4.37 绘制 hggroup 对象的插图

若只绘制子对象的插图，代码如下：

```
set(get(get(hGroup,'Annotation'),'LegendInformation')...
    'IconDisplayStyle','children');          % 设置插图显示模式为 on
legend('show')                              % 显示插图
```

生成的图形如图 4.38 所示。

DisplayName 属性设置组对象在插图说明中的标签。例如，对于上面创建的 hggroup 对象 hGroup，只绘制 hggroup 对象的插图，且插图标签为 'lineGroup'：

```
set(hGroup, 'DisplayName', 'lineGroup');      % 设置 hggroup 对象的插图标签
set(get(get(hGroup,'Annotation'),'LegendInformation')...
    'IconDisplayStyle','on');                % 设置插图显示模式为 on
legend('show');                              % 显示插图
```

生成的图形如图 4.39 所示。

【注意】 组对象没有 Position 属性，其位置由其子对象决定；组对象也没有 Color 属性，其颜色由其子对象决定。

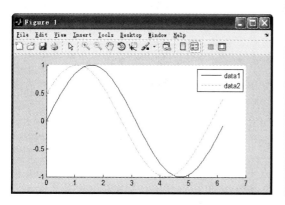

图 4.38　绘制 hggroup 子对象的插图

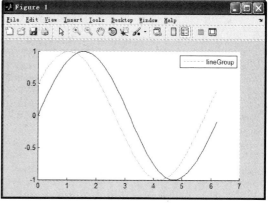

图 4.39　绘制 hggroup 对象的插图并设置插图标签

4.1.10　按钮组与面板

按钮组与面板都是其他 GUI 对象的容器,但按钮组的功能更强大:当按钮组包含多个 radio button 或 toggle button 对象时,这些对象在同一时刻只能有一个的状态为 on。

1. uibuttongroup 对象

按钮组由函数 uibuttongroup 创建,调用格式为:

h = uibuttongroup('P1', V1,…)

采用指定属性,创建一个 uibuttongroup 对象。

uibuttongroup 对象的主要属性见表 4.20(按属性名的首字母顺序排列,有效属性值栏中用{}括起来的值为默认值)。

表 4.20　uibuttongroup 对象的主要属性

属　　性	属性描述	有效属性值
BackgroundColor	对象背景颜色	颜色字符串或颜色矩阵
BorderType	按钮组对象的边界类型	None、{etchedin}、etchedout、line、beveledin、beveledout
BorderWidth	按钮组对象的边界宽度,单位为像素	正整数
BusyAction	指定如何处理中断调用函数	cancel、{queue}
ButtonDownFcn	当在按钮组上按下鼠标时,执行的回调函数	字符串或函数句柄
Children	按钮组对象的子对象	句柄向量
Clipping	设定子对象是否能超出按钮组的边框范围	{on}、off
CreateFcn	当创建一个按钮组对象时,执行的回调函数	字符串
DeleteFcn	当销毁一个按钮组对象时,执行的回调函数	字符串
FontAngle	字体倾斜度	{normal}、italic、oblique
FontName	字体名	字符串
FontSize	字体大小,单位由 FontUnits 属性定义	数值
FontUnits	字体单位	{points}、normalized、centimeters、inches、pixels
FontWeight	字体的粗细	light、{normal}、demi、bold
ForegroundColor	文本颜色	颜色字符串或颜色矩阵

若您对此书内容有任何疑问,可以登录MATLAB中文论坛与同行交流。

属　　性	属性描述	有效属性值
HandleVisibility	指定当前按钮组对象的句柄是否可见	{on}、callback、off
HighlightColor	高亮显示时的颜色	颜色矩阵或颜色字符串
HitTest	能否通过鼠标单击选择该按钮组对象	{on}、off
Interruptible	回调函数是否可中断	{on}、off
Parent	父对象的句柄	窗口、面板或按钮组对象的句柄
Position	指定按钮组对象的位置与大小	位置向量,格式为[左,下,宽,高]
ResizeFcn	改变按钮组或窗口的大小时执行的回调函数	字符串或函数句柄
Selected	指定按钮组对象是否被选择上	{on}、off
SelectedObject	当前选中的 radio button 或 toggle button 对象	单个句柄
SelectionChangeFcn	当选中的 radio button 或 toggle button 对象改变时,执行的回调函数	字符串或函数句柄
SelectionHighlight	指定当按钮组对象选中时,是否突出显示	{on}、off
ShadowColor	3D 框架的阴影颜色	颜色矩阵或颜色字符串
Tag	按钮组对象的标识符	字符串
Title	按钮组对象的标题	字符串
TitlePosition	按钮组对象的标题位置	{lefttop}、centertop、centerbottom、righttop、leftbottom、rightbottom
Type	按钮组的对象类型	uipanel;只读
UIContextMenu	按钮组对象的右键菜单	右键菜单句柄
Units	按钮组对象的计量单位	pixels、points、{normalized}、inches、centimeters、characters
UserData	用户定义的数据	任一数据结构
Visible	设定按钮组对象是否可见	{on}、off

uibuttongroup 对象相关属性的介绍详见第 6 章。

2. uipanel 对象

面板由函数 uipanel 创建,调用格式为:

h = uipanel('P1', V1,…)

采用指定属性,创建一个 uipanel 对象。

uipanel 对象的主要属性见表 4.21(按属性名的首字母顺序排列,有效属性值栏中用{}括起来的值为默认值)。

表 4.21　uipanel 对象的主要属性

属　　性	属性描述	有效属性值
BackgroundColor	对象背景颜色	颜色字符串或颜色矩阵
BorderType	面板对象的边界类型	None、{etchedin}、etchedout、line、beveledin、beveledout
BorderWidth	面板对象的边界宽度,单位为像素	正整数
BusyAction	指定如何处理中断调用函数	cancel、{queue}
ButtonDownFcn	当在面板上按下鼠标时,执行的回调函数	字符串或函数句柄
Children	面板对象的子对象	句柄向量
Clipping	设定子对象是否能超出面板的边框范围	{on}、off

属　性	属性描述	有效属性值
CreateFcn	当创建一个面板对象时,执行的回调函数	字符串
DeleteFcn	当销毁一个面板对象时,执行的回调函数	字符串
FontAngle	字体倾斜度	{normal}、italic、oblique
FontName	字体名	字符串
FontSize	字体大小,单位由 FontUnits 属性定义	数值
FontUnits	字体单位	points、{normalized}、centimeters、inches、pixels
FontWeight	字体的粗细	light、{normal}、demi、bold
ForegroundColor	文本颜色	颜色字符串或颜色矩阵
HandleVisibility	指定当前面板对象的句柄是否可见	{on}、callback、off
HighlightColor	高亮显示时的颜色	颜色矩阵或颜色字符串
HitTest	能否通过鼠标单击选择该面板对象	{on}、off
Interruptible	回调函数是否可中断	{on}、off
Parent	父对象的句柄	axes、hggroup 或 hgtransform 对象的句柄
Position	指定面板对象的位置与大小	位置向量,格式为[左,下,宽,高]
ResizeFcn	改变面板或窗口的大小时执行的回调函数	字符串或函数句柄
Selected	指定面板对象是否被选择上	{on}、off
SelectionHighlight	当面板对象选中时,是否突出显示	{on}、off
ShadowColor	3D 框架的阴影颜色	颜色矩阵或颜色字符串
Tag	面板对象的标识符	字符串
Title	面板对象的标题	字符串
TitlePosition	面板对象的标题位置	{lefttop}、centertop、centerbottom、righttop、leftbottom、rightbottom
UIContextMenu	面板对象的右键菜单	右键菜单句柄
Units	面板对象的计量单位	{pixels}、points、normalized、inches、centimeters、characters
UserData	用户定义的数据	任一矩阵
Visible	设定面板对象是否可见	{on}、off

uipanel 对象相关属性的介绍详见第 6 章。

【注意】

① figure、uicontrol、uitable 的 Units 属性默认值均为 pixels;

② axes、uibuttongroup、uipanel 的 Units 属性默认值均为 normalized。

4.1.11　自定义菜单与右键菜单

uimenu 函数有两个功能:创建自定义菜单对象或菜单选项;uicontextmenu 函数用于创建右键菜单对象。自定义菜单对象、右键菜单对象、菜单选项的概念如图 4.40 所示。

1. uimenu 对象

uimenu 的调用格式如下:

```
h = uimenu('PropertyName', PropertyValue,…)
```

采用指定的属性值,在当前 figure 窗口的菜单栏创建一个自定义菜单,并返回该菜单的句柄。

若您对此书内容有任何疑问,可以登录MATLAB中文论坛与同行交流。

231

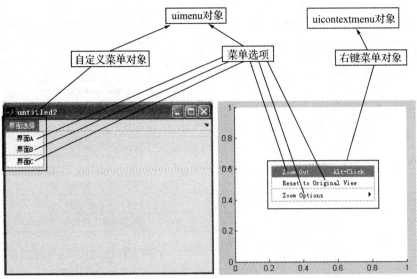

图 4.40 自定义菜单对象、右键菜单对象、菜单选项的概念

h = uimenu(parent, 'PropertyName', PropertyValue,…)

为自定义菜单对象或右键菜单对象创建一个菜单选项,返回菜单选项的句柄。

uimenu 对象的主要属性见表 4.22(按属性名的首字母顺序排列,有效属性值栏中用{}括起来的值为默认值)。

表 4.22 uimenu 对象的主要属性

属 性	属性描述	有效属性值
Accelerator	设定快捷键,Ctrl+ Accelerator	字符
BusyAction	指定如何处理中断调用函数	cancel、{queue}
Callback	当选择菜单项时,执行的回调函数	字符串
Checked	设置菜单选项的检查标识符号√	on、{off}
Children	子菜单的句柄	句柄向量
CreateFcn	当创建一个菜单对象时,执行的回调函数	字符串或函数句柄
DeleteFcn	当删除一个菜单对象时,执行的回调函数	字符串或函数句柄
Enable	使能或禁用该菜单对象	{on}、off
ForegroundColor	菜单标签字符串的颜色	颜色字符串或颜色矩阵
HandleVisibility	指定当前菜单对象的句柄可见性	{on}、callback、off
Interruptible	回调函数是否可中断	{on}、off
Label	菜单标签	字符串
Parent	菜单对象的父对象	句柄
Position	指定菜单对象的相对位置	标量
Separator	指定该菜单选项上方是否设置分隔线	on、{off}
Tag	菜单对象的标识符	字符串
Type	菜单对象的类型	uimenu
UserData	用户定义的数据	任一矩阵
Visible	设定菜单对象是否可见	{on}、off

（1）Label

Label 属性用于设置自定义菜单或菜单选项的标签,可以使用"&"指定一个助记符,即在 "&"后的第 1 个字符下面会显示一条下画线。

若助记符下没有显示下画线,按 Alt 键会显示下画线。也可以通过修改系统设置来显示下画线,方法如下:

① 在 PC 桌面右键,选择【属性】→【外观】→【效果】。

② 将【直到我按 Alt 键之前,请隐藏有下画线的字母供键盘使用】选项前的钩号去掉。

③ 单击【确定】按钮关闭设置对话框。

按 Alt 键会自动选中第一个菜单,并执行其 Callback 函数;按 Alt＋助记符组合键会选中助记符对应的菜单,并执行其 Callback 函数。

若要在标签中显示"&",可使用"&&"。例如:

'&Open' 产生标签 Open;

'Save && Go' 产生标签 Save & Go。

若创建一个标签为 Open 的自定义菜单,程序如下:

```
>> figure('menubar', 'none');        % 创建一个隐藏标准菜单的窗口
>> uimenu('label', '&Open');         % 创建一个标签为 Open 的菜单
```

生成的菜单如图 4.41 所示。

字符串 'remove' 和 'default'(区分大小写)为系统保留的特殊字符串,若要采用它们作为标签,可在前面加上一个反斜杠("\")。例如:

'\remove' 产生标签 remove;

'\default' 产生标签 default。

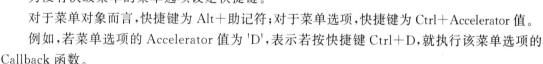

图 4.41　设置菜单的助记符

（2）Accelerator

为没有次级菜单的菜单选项设定快捷键。

对于菜单对象而言,快捷键为 Alt＋助记符;对于菜单选项,快捷键为 Ctrl＋Accelerator 值。

例如,若菜单选项的 Accelerator 值为 'D',表示若按快捷键 Ctrl＋D,就执行该菜单选项的 Callback 函数。

Accelerator 的取值为字母 A～Z。注意以下 3 个字符为系统保留的快捷键:'C' 表示复制;'V' 表示粘贴;'X' 表示剪切。

例如,运行以下脚本程序:

```
figure('menubar', 'none');                                    % 隐藏 figure 的标准菜单
h = uimenu('label', ' 界面选择 ');                            % 创建自定义菜单对象
uimenu(h, 'label', ' 界面 A', 'Accelerator', 'E', 'callback', '1');   % 创建菜单选项
uimenu(h, 'label', ' 界面 B', 'Accelerator', 'F', 'callback', '2');   % 创建菜单选项
uimenu(h, 'label', ' 界面 C', 'Accelerator', 'G', 'callback', '3');   % 创建菜单选项
```

运行结果如图 4.42 所示。

上面的脚本程序生成一个窗口,创建一个自定义菜单和 3 个菜单选项,并分别设置 3 个菜单选项的快捷键为 E、F、G,对应的回调函数显示 3 个数值:1、2、3。

在选中该窗口的情况下,在键盘按下 Ctrl＋E 组合键,命令行输出:

若您对此书内容有任何疑问,可以登录 MATLAB 中文论坛与同行交流。

233

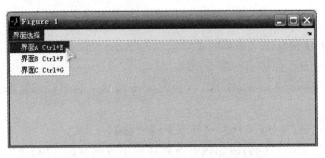

图 4.42　创建自定义菜单并设置快捷键

```
ans =
    1
```

在键盘按下 Ctrl＋F 组合键,命令行输出:

```
ans =
    2
```

在键盘按下 Ctrl＋G 组合键,命令行输出:

```
ans =
    3
```

（3）Checked

设置菜单选项的检查标识符号,仅对菜单选项有效。默认值为 off,表示该选项前不添加检查标识符号"√";若值为 on,表示该选项前添加"√"。

该选项用于标识菜单选项的状态。例如,有一个 label 为 grid on 的菜单选项,每激活一次该菜单选项,就改变一次它的状态,可以在它的 Callback 函数中编写如下代码:

```
if strcmp(get(gcbo, 'Checked'), 'on')      % 或 if isequal(get(gcbo, 'Checked'), 'on')
    set(gcbo, 'Checked', 'off');           % 不选中该菜单选项
else
    set(gcbo, 'Checked', 'on');            % 选中该菜单选项
end
```

（4）Position

对于自定义菜单对象,Position 属性指定自定义菜单从左至右的顺序;对于菜单选项,Position 属性指定菜单选项从上到下的顺序。

例如,运行下面的脚本程序:

```
figure('menubar', 'none');                 % 创建一个隐藏标准菜单的窗口
uimenu('label', '菜单 &3', 'position', 3); % 创建一个位置为 3 的菜单
uimenu('label', '菜单 &1', 'position', 1); % 创建一个位置为 1 的菜单
uimenu('label', '菜单 &2', 'position', 2); % 创建一个位置为 2 的菜单
```

运行结果如图 4.43 所示。

（5）Separator

Separator 属性用于设定是否在菜单选项上方显示一条分隔线。默认值为 off,不显示分

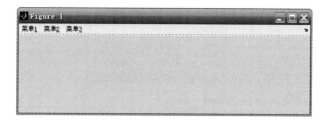

图 4.43　设置菜单对象的位置顺序

隔线;若值为 on,在该菜单选项上方显示一条分隔线。

【注意】

① 查找 figure 的标准菜单及其菜单选项,可使用 findall 函数查找:

```
>> figure                                 %创建一个窗口
>> h = findall(0, 'type', 'uimenu');      %查找窗口内所有的 uimenu 对象
```

h 为由 156 个 uimenu 对象的句柄组成的向量。

要查看这些 uimenu 对象的属性,可使用命令:

```
>> get(h(i))    %查看第 i 个 uimenu 对象的属性列表
```

要查看具体某个菜单选项的属性,可通过查找对象的 label 属性获取其句柄。

例如,查找标签为 Zoom In 的菜单选项:

```
>> h = findall(0, 'label', '&Zoom In');   %查找窗口内指定标签的对象
>> get(h)       %获取该 uimenu 对象的属性列表
```

命令行显示该 uimenu 对象的属性列表:

```
Accelerator =
Callback = toolsmenufcn ZoomIn
Checked = off
Enable = on
ForegroundColor = [0 0 0]
Label = &Zoom In
Position = [2]
Separator = on
BeingDeleted = off
ButtonDownFcn =
Children = []
Clipping = on
CreateFcn =
DeleteFcn =
BusyAction = queue
HandleVisibility = off
HitTest = on
Interruptible = on
Parent = [80.002]
Selected = off
SelectionHighlight = on
Tag = figMenuZoomIn
```

```
Type = uimenu
UIContextMenu = []
UserData = []
Visible = on
```

可见,【放大】功能调用的回调函数为:

```
toolsmenufcn ZoomIn
```

再举个例子。查找标签为 Copy 的菜单选项:

```
>> h = findall(0, 'label', '&Copy');    %查找窗口内指定标签的对象
>> get(h)        %获取该 uimenu 对象的属性列表
```

命令行显示该 uimenu 对象的属性列表:

```
Accelerator = C
Callback = editmenufcn(gcbf,'EditCopy')
Checked = off
Enable = off
ForegroundColor = [0 0 0]
Label = &Copy
Position = [4]
Separator = off
BeingDeleted = off
ButtonDownFcn =
Children = []
Clipping = on
CreateFcn =
DeleteFcn =
BusyAction = queue
HandleVisibility = off
HitTest = on
Interruptible = on
Parent = [38.002]
Selected = off
SelectionHighlight = on
Tag = figMenuEditCopy
Type = uimenu
UIContextMenu = []
UserData = []
Visible = on
```

可见,【复制】功能的快捷键为 C,调用的回调函数为:

```
editmenufcn(gcbf, 'EditCopy')
```

【注】 复制、粘贴功能还可以由 clipboard 函数实现,格式为:

clipboard('copy', data)

复制数据 data 到粘贴板,若 data 不是一个字符串,使用 mat2str 将其转换为字符串。

str = clipboard('paste')

粘贴数据到字符串 str,若粘贴板为空,返回空字符串。

② 若要隐藏某个菜单选项,只需要将其 visible 属性设置为 off(当然,也可以直接用 delete 删除该菜单选项);若要调整菜单选项的位置,可设置其 Position 属性。

③ uimenu 对象的 uicontextmenu 属性是没有意义的,因此上表中并未列出。设置一个 uimenu 对象的 uicontextmenu 值为一个 uicontextmenu 对象的句柄,是无效和错误的。

2. uicontextmenu 对象

uicontextmenu(右键菜单)对象的调用格式如下:

h = uicontextmenu('PropertyName', PropertyValue,…)

采用指定的属性/属性值,在当前 figure 窗口内创建一个右键菜单对象,并返回其句柄。

右键菜单必须依附于其他对象才能使用。为对象指定右键菜单,可设置其 UIContextMenu 属性为右键菜单的句柄,或设置右键菜单对象的 Parent 值为该对象的句柄。

若要创建右键菜单的菜单选项,可使用 uimenu 函数,格式为:

h1 = uimenu(h, 'PropertyName', PropertyValue,…)

其中,h 为右键菜单对象的句柄。

下面的脚本程序为 figure 对象创建一个右键菜单,菜单选项依次为 a1、a2、a3:

```
h = uicontextmenu;              %创建一个右键菜单 h
uimenu(h, 'label', 'a1');       %为右键菜单 h 创建一个菜单选项 a1
uimenu(h, 'label', 'a2');       %为右键菜单 h 创建一个菜单选项 a2
uimenu(h, 'label', 'a3');       %为右键菜单 h 创建一个菜单选项 a3
set(gcf, 'uicontextmenu', h);   %设置当前窗口的右键菜单为 h
```

在生成的窗口内任意地方单击右键,弹出右键菜单,如图 4.44 所示。

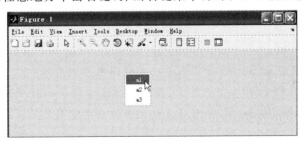

图 4.44　为 figure 创建右键菜单

uicontextmenu 对象的主要属性见表 4.23(按属性名的首字母顺序排列,用{ }括起来的值为默认值)。

表 4.23　uicontextmenu 对象的主要属性

属　　性	属性描述	有效属性值
BusyAction	指定如何处理中断调用函数	cancel、{queue}
Callback	当选择菜单项时,执行的回调函数	字符串
Children	菜单选项的句柄	句柄向量
CreateFcn	当创建一个右键菜单对象时执行的回调函数	字符串或函数句柄
DeleteFcn	当删除一个右键菜单对象时执行的回调函数	字符串或函数句柄
HandleVisibility	指定当前右键菜单对象的句柄可见性	{on}、callback、off

续表 4. 23

属　性	属性描述	有效属性值
Interruptible	回调函数是否可中断	{on}、off
Parent	右键菜单对象的父对象	句柄
Position	指定菜单对象的相对位置	二维向量
Tag	右键菜单对象的标识符	字符串
Type	右键菜单对象的类型	uicontextmenu
UserData	用户定义的数据	任一矩阵
Visible	设定右键菜单对象是否可见	on、{off}

（1）Children、Parent

Children 属性显示右键菜单对象的菜单选项；Parent 属性显示右键菜单对象依附的对象。Children 和 Parent 属性不能由用户直接设置，而由 MATLAB 自动更新。

（2）Position、Visible

Position 属性指定右键菜单对象显示的位置。当 Visible 为 on 时，它将显示在 Position 指定的位置。Position 值为二维向量，数据格式为[x,y]，默认值为[0,0]。该二维向量表示 figure、panel 或 button group 对象的左下角到右键菜单左上角之间的水平和垂直距离，单位为像素（pixels）。

Visible 属性指定右键菜单对象是否可见，该值用于下面两种途径：

① Visible 值表明了右键菜单对象当前是否被激活。若被激活，Visible 值为 on；否则为 off。

② 设置 Visible 值为 on，则激活右键菜单对象并显示在 Position 指定的位置；若设置 Visible 值为 off，则不激活。

【思考】　如何实现在 uicontrol 对象上单击左键弹出右键菜单？

若在 uicontrol 对象的 Callback 函数中，设置右键菜单对象的位置为鼠标左键单击处，并设置右键菜单对象 Visible 值为 on，可实现鼠标左键调用右键菜单的效果。

【例 4.1.2】　创建一个 GUI 窗口和一个菜单项依次为 a1、a2、a3 的右键菜单，当鼠标在窗口内单击鼠标左键或右键时，均弹出该右键菜单。

【解析】　单击鼠标右键显示菜单，可以通过设置窗口的 uicontextmenu 属性实现；单击鼠标左键显示菜单，可以在窗口的 WindowButtonDownFcn 回调函数中，先获取当前左键单击的点，再将右键菜单移到该点的位置，最后显示该右键菜单。程序如下：

```
h = uicontextmenu;                      % 创建一个 GUI 窗口和右键菜单 h
uimenu(h, 'label', 'a1');               % 创建菜单项 a1
uimenu(h, 'label', 'a2');               % 创建菜单项 a2
uimenu(h, 'label', 'a3');               % 创建菜单项 a3
set(gcf, 'uicontextmenu', h);           % 设置 GUI 窗口的右键菜单为 h
% 生成回调函数执行字符串；获取当前左键单击的点，并将右键菜单显示在该点
btn_callback = ['pos = get(gcbf, ''CurrentPoint'');',...
                'set(h, ''Position'', pos);',...
```

```
                'set(h, ''Visible'', ''on'');'];
% 设置窗口的 WindowButtonDownFcn 回调函数
set(gcf, 'WindowButtonDownFcn', btn_callback);
```

生成的窗口如图 4.45 所示。

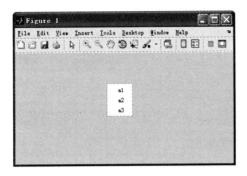

图 4.45   例 4.1.2 的程序运行结果

4.1.12   工具栏与工具栏按钮

工具栏对象由函数 uitoolbar 创建,因此也称为 uitoolbar 对象;工具栏按钮对象分 uipushtool对象和 uitoggletool 对象两种,分别由函数 uipushtool 和 uitoggletool 创建。

工具栏及其子对象仅能显示在 WindowStyle 属性值为 normal 或 docked 的窗口中。若窗口 WindowStyle 属性值为 modal,该工具栏仍然存在,但并不会显示出来。

1. uitoolbar 对象

工具栏对象由函数 uitoolbar 创建,调用格式为:

ht = uitoolbar('P1', V1,···)

为当前窗口创建一个工具栏,并返回工具栏对象的句柄。

ht = uitoolbar(h, 'P1', V1,···)

为窗口 h 创建一个工具栏,并返回工具栏对象的句柄。

例如,命令行输入:

```
>> uitoolbar        % 在当前窗口内新建一个自定义工具栏
```

生成的 figure 如图 4.46 所示。

图 4.46   创建工具栏

工具栏对象的主要属性见表 4.24(按属性名的首字母顺序排列,用{}括起来的值为默认值)。

uitoolbar 对象的 Children 值为 uipushtool 或 uitoggletool 对象句柄组成的向量,且依该向量值在工具栏上从左至右排列其子对象。

表 4.24　uitoolbar 对象的主要属性

属　性	属性描述	有效属性值
BeingDeleted	指示对象是否正被删除,只读	on、{off}
BusyAction	指定如何处理中断调用函数	cancel、{queue}
Children	设定工具栏对象的子对象并排序	uipushtool 或 uitoggletool 对象句柄向量
CreateFcn	当创建一个工具栏对象时执行的回调函数	字符串或函数句柄
DeleteFcn	当删除一个工具栏对象时执行的回调函数	字符串或函数句柄
HandleVisibility	指定当前工具栏对象的句柄可见性	{on}、callback、off
Interruptible	回调函数是否可中断	{on}、off
Parent	工具栏对象的父对象	figure 的句柄
Tag	工具栏对象的标识符	字符串
Type	工具栏对象的类型	uitoolbar
UserData	用户定义的数据	任一矩阵
Visible	设定工具栏对象是否可见	{on}、off

【注意】

① 若要查看窗口的标准工具栏,可使用 findall 函数:

```
>> figure(1)      % 创建一个句柄值为 1 的窗口
>> h = findall(1, 'type', 'uitoolbar');   % 在该窗口内查找工具栏对象
>> get(h)         % 获取标准工具栏的属性列表
```

命令行显示标准工具栏属性如下:

```
BeingDeleted = off
ButtonDownFcn =
Children = []
Clipping = on
CreateFcn =
DeleteFcn =
BusyAction = queue
HandleVisibility = off
HitTest = on
Interruptible = on
Parent = [1]
Selected = off
SelectionHighlight = on
Tag = FigureToolBar
Type = uitoolbar
UIContextMenu = []
UserData = []
Visible = on
```

由属性列表可知,标准工具栏的 HandleVisibility 值为 off,用 findobj 函数无法查找,只能用 findall 函数;Tag 值默认为 FigureToolBar,因此,也可用 Tag 值查找标准工具栏:

```
>> h = findall(1, 'Tag', 'FigureToolBar')   % 通过 Tag 值查找标准工具栏对象
```

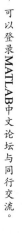

② 隐藏标准工具栏有两种方法；

● 设置 figure 的 ToolBar 属性值为 none；

● 设置标准工具栏的 Visible 属性为 off。

当然，也可以直接用 delete 函数删除工具栏对象。

2. uipushtool 对象

创建 uipushtool 对象使用 uipushtool 函数，调用格式为：

`htt = uipushtool('P1', V1,…)`

在当前窗口的当前工具栏内创建一个 uipushtool 对象，并返回其句柄。

`htt = uipushtool(ht, 'P1', V1,…)`

在工具栏 ht 内创建一个 uipushtool 对象，并返回其句柄。

例如，命令行输入：

```
>> uipushtool      %创建一个工具栏按钮对象
```

生成的窗口如图 4.47 所示。

图 4.47 创建 uipushtool 对象

uipushtool 对象的主要属性见表 4.25(按属性名的首字母顺序排列，用{}括起来的值为默认值)。

表 4.25 uipushtool 对象的主要属性

属　性	属性描述	有效属性值
BeingDeleted	指示对象是否正被删除，只读	on、{off}
BusyAction	指定如何处理中断调用函数	cancel、{queue}
CData	uipushtool 对象的背景图像数据	三维数组，可使用 imread 函数获取
ClickedCallback	在对象上或周围 5 像素内单击鼠标调用的函数	字符串或函数句柄
CreateFcn	当创建一个 uipushtool 对象时执行的回调函数	字符串或函数句柄
DeleteFcn	当删除一个 uipushtool 对象时执行的回调函数	字符串或函数句柄
Enable	使能或禁用 uipushtool 对象	{on}、off
HandleVisibility	指定 uipushtool 对象的句柄可见性	{on}、callback、off
Interruptible	回调函数是否可中断	{on}、off
Parent	uipushtool 对象的父对象	工具栏的句柄
Separator	指定该对象左边是否添加分隔线	on、{off}
Tag	uipushtool 对象的标识符	字符串
TooltipString	uipushtool 对象的提示字符串	字符串
Type	uipushtool 对象的类型	uipushtool
UserData	用户定义的数据	任一矩阵
Visible	设定 uipushtool 对象是否可见	{on}、off

（1）CData

CData 属性指定 uipushtool 对象的背景图片。对于当前路径下的图片 1.jpg，将其设置为 uipushtool 对象的背景图片，可使用下列方法：

```
>> M = imread('1.jpg');   % 读取图片
>> set(h, 'CData', M)      % 设置该图片为工具栏按钮的图像
```

（2）Enable

Enable 属性使能或禁用 uipushtool 对象。该属性控制 uipushtool 对象如何对鼠标操作进行反应，以及如何执行回调函数。默认值为 on，表明 uipushtool 对象可操作；值为 off 时，表明 uipushtool 对象不可操作，且图像变为灰色。

当单击 Enable 值为 on 的 uipushtool 对象时，MATLAB 依次执行如下动作：

① 设置 figure 的 SelectionType 属性。

② 执行 uipushtool 对象的 ClickedCallback 回调函数。

③ 不设置 figure 的 CurrentPoint 属性，也不执行 figure 的 WindowButtonDownFcn 回调函数。

当单击 Enable 值为 off 的 uipushtool 对象时，MATLAB 依次执行如下动作：

① 设置 figure 的 SelectionType 属性。

② 设置 figure 的 CurrentPoint 属性。

③ 执行 figure 的 WindowButtonDownFcn 回调函数。

④ 不执行 uipushtool 对象的 ClickedCallback 回调函数。

（3）ClickedCallback

当 uipushtool 对象的 Enable 值为 on 时，左键在该对象上或周围 5 像素范围内单击，执行该回调函数。

（4）Separator

Separator 属性指定该对象左边是否添加分隔线，值为 on 时添加，值为 0ff 时不添加。

（5）TooltipString

TooltipString 属性用于显示 uipushtool 对象的提示字符串。当鼠标停留在该对象上时，会显示 TooltipString 属性的内容。

【注意】 ① 若要查找标准工具栏内的 uipushtool 对象，可使用 findall 函数：

```
>> figure        % 创建一个窗口
>> h = findall(0, 'type', 'uipushtool');   % 查找窗口内的 uipushtool 对象
```

h 为包含 6 个 uipushtool 对象句柄的句柄向量。查看它们的属性列表，可使用下列语句：

```
for i = 1 : length(h)
    get(h(i))
end
```

命令行依次显示出所有 uipushtool 对象的属性列表。限于篇幅，这里仅列出部分属性：

```
ClickedCallback = plottools (gcbf, 'show');
CData = [ (16 by 16 by 3) double array]
Enable = on
Separator = off
TooltipString = Show Plot Tools
Tag = Plottools.PlottoolsOn

ClickedCallback = plottools (gcbf, 'hide');
CData = [ (16 by 16 by 3) double array]
Enable = off
Separator = on
TooltipString = Hide Plot Tools
Tag = Plottools.PlottoolsOff

ClickedCallback = printdlg(gcbf)
CData = [ (15 by 16 by 3) double array]
Enable = on
Separator = off
TooltipString = Print Figure
Tag = Standard.PrintFigure

ClickedCallback = filemenufcn(gcbf,'FileSave')
CData = [ (15 by 16 by 3) double array]
Enable = on
Separator = off
TooltipString = Save Figure
Tag = Standard.SaveFigure

ClickedCallback = filemenufcn(gcbf,'FileOpen')
CData = [ (15 by 16 by 3) double array]
Enable = on
Separator = off
TooltipString = Open File
Tag = Standard.FileOpen

ClickedCallback = filemenufcn(gcbf,'FileNew')
CData = [ (15 by 16 by 3) double array]
Enable = on
Separator = off
TooltipString = New Figure
Tag = Standard.NewFigure
```

② 要隐藏标准工具栏的【uipushtool】按钮,可设置其 Visible 属性值为 off。
例如,运行下面的语句:

```
>> figure      % 创建一个窗口
>> h2 = findall(0, 'type', 'uipushtool'); % 查找所有的 uipushtool 对象
>> set(h2, 'visible', 'off')   % 隐藏所有的 uipushtool 对象
```

生成的 figure 窗口,其工具栏上的按钮比标准工具栏的按钮少了 6 个,如图 4.48 所示。

图 4.48 隐藏标准工具栏的【uipushtool】按钮

3. uitoggletool 对象

创建 uitoggletool 对象使用 uitoggletool 函数，调用格式为：

htt = uitoggletool('P1', V1,…)

在当前窗口顶部的工具栏内创建一个 uitoggletool 对象，并返回该对象的句柄。

htt = uitoggletool(ht, 'P1', V1,…)

在工具栏 ht 内创建一个 uitoggletool 对象，并返回其句柄。

例如，命令行输入：

```
>> uitoggletool      % 在当前窗口内新建一个 uitoggletool 对象
```

生成的 figure 如图 4.49 所示。

图 4.49 创建 uitoggletool 对象

uitoggletool 对象的主要属性见表 4.26（按属性名的首字母顺序排列，用{}括起来的值为默认值）。

表 4.26 uitoggletool 对象的主要属性

属　性	属性描述	有效属性值
BeingDeleted	指示对象是否正被删除，只读	on、{off}
BusyAction	指定如何处理中断调用函数	cancel、{queue}
CData	uitoggletool 对象的背景图像数据	三维数组，可使用 imread 函数获取
ClickedCallback	在对象上或周围 5 像素内单击鼠标调用的函数	字符串或函数句柄
CreateFcn	创建一个 uitoggletool 对象时执行的回调函数	字符串或函数句柄
DeleteFcn	删除一个 uitoggletool 对象时执行的回调函数	字符串或函数句柄
Enable	使能或禁用 uitoggletool 对象	{on}、off
HandleVisibility	指定 uitoggletool 对象的句柄可见性	{on}、callback、off
Interruptible	回调函数是否可中断	{on}、off
OffCallback	uitoggletool 对象弹起时执行的回调函数	字符串或函数句柄
OnCallback	uitoggletool 对象按下时执行的回调函数	字符串或函数句柄
Parent	uitoggletool 对象的父对象	工具栏的句柄

属　　性	属性描述	有效属性值
Separator	指定该对象与左边对象之间是否添加分隔线	on、{off}
State	显示 uitoggletool 对象的状态	on、{off}
Tag	uitoggletool 对象的标识符	字符串
TooltipString	uitoggletool 对象的提示字符串	字符串
Type	uitoggletool 对象的类型	uitoggletool
UserData	用户定义的数据	任一矩阵
Visible	设定 uitoggletool 对象是否可见	{on}、off

下面只详细介绍 uitoggletool 对象的部分重要属性,其他属性与 uipushtool 对象类似,不再赘述。

(1) ClickedCallback、OffCallback、OnCallback

当 uitoggletool 对象的 Enable 属性为 on 时,才会执行其回调函数。

ClickedCallback:当激活 uitoggletool 对象时执行的回调函数。

OffCallback:当激活 uitoggletool 对象,且 uitoggletool 对象处于弹起状态时,执行的回调函数。

OnCallback:当激活 uitoggletool 对象,且 uitoggletool 对象处于按下状态时,执行的回调函数。

按下 uitoggletool 对象时,回调函数的执行顺序为:OnCallback→ClickedCallback。

弹起 uitoggletool 对象时,回调函数的执行顺序为:OffCallback→ClickedCallback。

(2) State

uitoggletool 对象的状态。值为 on 时,表明 uitoggletool 对象处于按下状态;值为 off 时,表明 uitoggletool 对象处于弹起状态。

【注意】

① 若要查找标准工具栏内的 uitoggletool 对象,可使用 findall 函数:

```
>> figure      % 创建一个窗口
>> h = findall(0, 'type', 'uitoggletool');   % 查找所有的 uitoggletool 对象
```

h 为包含 9 个 uitoggletool 对象句柄的句柄向量。查看它们的属性列表,可使用下列语句:

```
for i = 1:length(h)
    get(h(i))
end
```

命令行依次显示出所有 uitoggletool 对象的属性列表,限于篇幅,这里仅列出部分属性:

```
ClickedCallback = insertmenufcn(gcbf,'Legend')
CData = [ (16 by 16 by 3) double array]
Enable = on
OnCallback =
OffCallback =
Separator = off
```

```
State = off
TooltipString = Insert Legend
Tag = Annotation.InsertLegend

ClickedCallback = insertmenufcn(gcbf,'Colorbar')
CData = [ (16 by 16 by 3) double array]
Enable = on
OnCallback =
OffCallback =
Separator = on
State = off
TooltipString = Insert Colorbar
Tag = Annotation.InsertColorbar

ClickedCallback = putdowntext('datatip',gcbo)
CData = [ (16 by 16 by 3) double array]
Enable = on
OnCallback =
OffCallback =
Separator = on
State = off
TooltipString = Data Cursor
Tag = Exploration.DataCursor

ClickedCallback = putdowntext('rotate3d',gcbo)
CData = [ (16 by 16 by 3) double array]
Enable = on
OnCallback =
OffCallback =
Separator = off
State = off
TooltipString = Rotate 3D
Tag = Exploration.Rotate

ClickedCallback = putdowntext('pan',gcbo)
CData = [ (16 by 16 by 3) double array]
Enable = on
OnCallback =
OffCallback =
Separator = off
State = off
TooltipString = Pan
Tag = Exploration.Pan

ClickedCallback = putdowntext('zoomout',gcbo)
CData = [ (16 by 16 by 3) double array]
Enable = on
OnCallback =
OffCallback =
Separator = off
State = off
```

```
TooltipString  =  Zoom Out
Tag  =  Exploration.ZoomOut

ClickedCallback  =  putdowntext('zoomin',gcbo)
CData  =  [ (16 by 16 by 3) double array]
Enable  =  on
OnCallback  =
OffCallback  =
Separator  =  on
State  =  off
TooltipString  =  Zoom In
Tag  =  Exploration.ZoomIn

ClickedCallback  =  plotedit(gcbf,'toggle')
CData  =  [ (16 by 16 by 3) double array]
Enable  =  on
OnCallback  =
OffCallback  =
Separator  =  on
State  =  off
TooltipString  =  Edit Plot
Tag  =  Standard.EditPlot
```

② 要隐藏标准工具栏的【uitoggletool】按钮，可设置其 Visible 属性值为 off。

例如，运行下面的语句：

```
>> figure                              % 创建一个窗口
>> h2 = findall(0, 'type', 'uitoggletool');   % 查找所有的 uitoggletool 对象
>> set(h2, 'visible', 'off')           % 隐藏所有的 uitoggletool 对象
```

生成的窗口中，工具栏上的按钮比标准工具栏中的按钮少了 9 个，如图 4.50 所示。

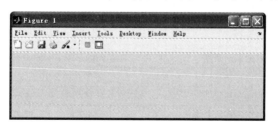

图 4.50　隐藏标准工具栏的【uitoggletool】按钮

4.1.13　uitable 对象

uitable 对象为二维的可视化表格，由函数 uitable 创建，调用格式为：

uitable

在当前窗口内创建一个空的表格；若当前没有窗口存在，先创建一个新的窗口。

uitable('PropertyName1', value1, 'PropertyName2', value2,…)

按指定的属性值创建一个 uitable 对象，未指定的属性采用默认值。

uitable(parent,…)

创建一个 uitable 对象作为对象 parent 的子对象；parent 为对象容器(figure 对象或 ui-panel 对象)的句柄。若句型为"uitable(h1_parent，'parent'，h2_parent，…);"，则 uitable 对象的父对象为 h2_parent。

handle = uitable(…)

创建一个 uitable 对象并返回它的句柄。

uitable 对象的有效属性见表 4.27(按属性名的首字母顺序排列，用{}括起来的值为默认值)。

表 4.27 uitable 对象的有效属性

属　性	属性描述	有效属性值(n 为表格单元的列数)
BackgroundColor	表格单元的背景色或条纹色	1×3 或 2×3 阶的 RGB 矩阵，值在[0,1]之间
BeingDeleted	表征对象是否正被删除	on、{off} 只读
BusyAction	指定如何处理中断函数	cancel、{queue}
ButtonDownFcn	在表格上按下鼠标时执行的回调函数	可执行字符串或函数句柄
CellEditCallback	修改表格单元值时执行的回调函数	函数句柄、函数句柄和附加参数组成的单元数组、可执行字符串
CellSelectionCallback	表格单元被选中时执行的回调函数	函数句柄、函数句柄和附加参数组成的单元数组、可执行字符串
ColumnEditable	指定用户是否可以编辑列	1×n 的逻辑矩阵、标量逻辑值、{空矩阵}
ColumnFormat	表格单元的显示格式	字符串|字符串单元数组，默认值为空矩阵
ColumnName	指定表格列名，默认为 1,2,3,…	1×n 的字符串单元数组|{'numbered'}|空矩阵
ColumnWidth	表格每列的宽度，单位为像素	1×n 的单元数组、1×1 的单元数组、{'auto'}
CreateFcn	创建表格时执行的回调函数	函数句柄或可执行字符串
Data	表格数据	数值矩阵|逻辑矩阵|数值单元数组|逻辑单元数组|字符串单元数组|由数值、逻辑、字符串组成的混合单元数组
DeleteFcn	删除表格时执行的回调函数	函数句柄或可执行字符串
Enable	使能或禁用表格	{on}、inactive、off
Extent	表格框架的尺寸	[左,底,宽,高]，只读
FontAngle	单元内容的倾斜角度	{normal}、italic、oblique
FontName	单元内容的字体	字体名字符串
FontSize	单元内容的字体尺寸	字体大小，单位由 FontUnits 指定
FontUnits	单元内容的字体尺寸单位	{points}、normalized、inches、pixels、centimeters
FontWeight	单元内容的字体粗细	light、{normal}、demi、bold
ForegroundColor	单元内文本的颜色	1×3 的 RGB 颜色矩阵、颜色字符串
HandleVisibility	表格对象的句柄可见性	{on}、callback、off
HitTest	是否可由鼠标选中	{on}、off
Interruptible	回调函数是否可中断	{on}、off
KeyPressFcn	当在表格上按下任意键时执行的回调函数	可执行字符串或函数句柄
Parent	表格的父对象句柄	figure、uipanel 或 uibuttongroup 对象的句柄
Position	指定表格的大小和位置	[左,底,宽,高]，单位由 Units 指定
RearrangeableColumns	指定表格数据是否可按列重新排列	on、{off}

续表 4.27

属　性	属性描述	有效属性值（n 为表格单元的列数）
RowName	表格的行头名称	1×n 的字符串单元数组|{'numbered'}|空矩阵
RowStriping	指定表格的行是否采用彩色条纹模式	{on}、off
Selected	指定表格对象是否被选中	on、{off}
SelectionHighlight	当表格被选中时，是否高亮显示	{on}、off
Tag	表格对象的标识符	字符串
TooltipString	表格对象的提示	字符串
Type	表格对象的类型	uitable，只读
UIContextMenu	表格对象的右键菜单	右键菜单句柄
Units	表格位置的计量单位	{pixels}、inches、normalized、points、characters、centi-meters
UserData	用户定义的数据	任一数据类型
Visible	指定表格是否可见	{on}、off

（1）BackgroundColor 和 RowStriping

BackgroundColor 指定表格单元的背景色或条纹色；RowStriping 设置表格的行是否采用条纹背景色显示。BackgroundColor 属性值为 1×3 或 2×3 阶，且元素值归一化到[0,1]之间的 RGB 矩阵。注意，BackgroundColor 属性值不能为颜色字符串。

若 RowStriping 属性值为 on，且 BackgroundColor 为 2×3 阶的 RGB 矩阵时，表格的条纹颜色分别为 BackgroundColor 包含的两行颜色矩阵。

例如，创建一个行条纹为白绿相间的表格：

```
>> uitable('data', [1 2 3; 4 5 6], 'RowStriping', 'on', 'BackgroundColor', [1 1 1; 0 1 0]);
                                                        % 创建条纹状表格
```

生成的表格如图 4.51 所示。

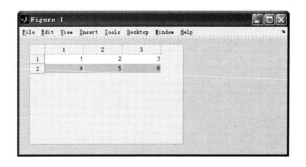

图 4.51　创建条纹背景的表格

（2）CellEditCallback

CellEditCallback 为修改表格单元值时执行的回调函数。要执行该回调函数，前提是表格单元格的值可以修改，即需要先设置 ColumnEditable 属性值。CellEditCallback 属性值可以为函数句柄、函数句柄和附加参数组成的单元数组或可执行字符串。例如，先创建一个表格：

```
>> h = uitable('data', [1 2 3; 4 5 6]);
```

1）设置 CellEditCallback 属性值为函数句柄：

```
>> set(h, 'CellEditCallback', @cellEdit_Callback);
```

此时该回调函数的定义如下：

```
function cellEdit_Callback(obj, event)
```

2）设置 CellEditCallback 属性值为函数句柄和附加参数组成的单元数组：

```
>> set(h, 'CellEditCallback', {@cellEdit_Callback, handles});
```

此时该回调函数的定义如下：

```
function cellEdit_Callback(obj, event, handles)
```

3）设置 CellEditCallback 属性值为可执行的字符串：

```
>> set(h, 'CellEditCallback', 'executable string');
```

该回调函数相当于：

```
eval('executable string');
```

不推荐采用第 3 种属性设置方法。因为前两种设置方法中，MATLAB 都给回调函数传递了两个很重要的参数——obj 和 event。obj 为当前表格对象的句柄；而 event 为一个数据结构体，它包含的域见表 4.28。

表 4.28　CellEditCallback 第 2 个输入参数的域

域　名	域值类型	说　明
Indices	1×2 阶的矩阵	正编辑的单元所在的行列索引值
PreviousData	1×1 阶的矩阵或单元数组	正编辑的单元在编辑前的值
EditData	字符串	用户键入的字符串
NewData	1×1 阶的矩阵或单元数组	写入 Data 属性的值
Error	字符串	不能将键入的字符串存入 Data 属性时产生的错误信息

【注意】　要执行该回调函数，需要在修改了表格单元的值后按 Enter 键，或选中其他单元格，或在当前窗口内的任意其他对象上单击鼠标。

（3）CellSelectionCallback

CellSelectionCallback 为表格单元被选中时执行的回调函数。CellSelectionCallback 属性值可以为函数句柄、函数句柄和附加参数组成的单元数组或可执行字符串。

若 CellSelectionCallback 属性值为函数句柄或单元数组，MATLAB 默认会传递两个参数给指定的回调函数——obj 和 event。obj 为当前表格对象的句柄；而 event 为一个数据结构体，它包含一个域名为 indices 的域，该域的域值为 n×2 阶的矩阵，表示用户当前所选中单元的行列索引值。若当前选中了一个单元，则该单元的数据可以通过以下方法获得：

```
data = get(hTable, 'Data');    % 获取表格的数据
data{event.Indices(1), event.Indices(2)}    % 此处假定表格数据为单元数组
```

依次选择或取消选择多个单元的方法为:在按住 Ctrl 键的同时,鼠标依次单击要选择或取消选择的单元即可。另外,也可以按住 Shift 键来选择一块单元区域。

【注意】 目前所有的 MATLAB 版本,均不能直接通过代码直接设置某个单元格为当前单元格,而只能通过鼠标单击单元格触发 CellSelectionCallback 回调函数,然后通过其第二个输入参数来间接获取。

(4) ColumnEditable

ColumnEditable 为指定用户是否可以编辑表格的列数据。

ColumnEditable 的默认值为空矩阵,表示表格内的数据不可通过鼠标单击编辑。

ColumnEditable 值为 $1 \times n$ 的逻辑矩阵时,逻辑矩阵每个元素对应 Data 矩阵的一列,值为真表明 Data 矩阵中对应的列数据可编辑;值为假表明 Data 矩阵中对应的列数据不可编辑。例如:

```
>> data = {1 false 'women'; 2 true 'men'}    % 生成数据 data
data =
    [1]    [0]    'women'
    [2]    [1]    'men'
>> uitable('data', data, 'columneditable', [false true false], 'Position', [100 100 300 100]);
                                          % 由数据 data 创建表格
```

生成的表格只有第 2 列可编辑,如图 4.52 所示。

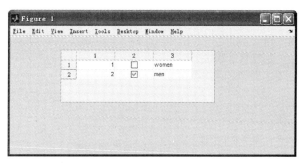

图 4.52　设置表格的 ColumnEditable 属性

ColumnEditable 值为标量逻辑值 true 时,表格所有数据都可通过鼠标单击编辑;为 false 时,表格所有数据都不能通过鼠标单击编辑。

(5) ColumnFormat 和 Data

ColumnFormat 用于设置单元数据的显示格式;Data 为表格的单元数据。ColumnFormat 默认值为空矩阵,此时单元数据将按 Data 中数据原来的格式显示。

ColumnFormat 设置单元数据 Data 每列的显示格式,值为字符串单元数组,其每个单元可为表 4.29 中的字符串。

【注】 当 ColumnFormat 的单元值为 $1 \times n$ 字符串单元数组时,要显示弹出式菜单,必须将表格中对应列的 ColumnEditable 值设置为逻辑真。

若要插入 1 列数据到 Data 中,而 Data 为数值矩阵或逻辑矩阵,则需要先用 mat2cell 函数

若您对此书内容有任何疑问,可以登录 MATLAB 中文论坛与同行交流。

将 Data 转换为单元数组，然后再插入数据。

表 4.29　表格的数据显示格式

ColumnFormat 单元值（n 为表格单元的列数）	说　明
'char'	显示一个左对齐的字符串
'logical'	显示一个检查框（check box）
'numeric'	显示右对齐的数值；若对应的 Data 项为逻辑值，显示 1 或 0；若对应的 Data 项不是数值和逻辑值，显示 NaN
$1 \times n$ 的字符串单元数组	显示一个弹出式菜单（Pop-Up Menu），并指定各菜单项的字符串；初始化时，显示的值为 Data 中对应的项
format 函数可接收的参数字符串，如 'short'、'bank'	以该参数指定的格式显示单元数据 Data

Data 属性存储表格的数据，数值类型可以为数值矩阵、逻辑值矩阵、数值单元数组、逻辑值单元数组、字符串单元数组或由数值、逻辑、字符串组成的混合单元数组。

ColumnFormat 设置如何将 Data 数据显示到表格中的方式，如图 4.53 所示。

图 4.53　Data 与 ColumnFormat 之间的关系

ColumnFormat 属性值与 Data 数据类型的关系见表 4.30。

表 4.30　Data 与 ColumnFormat 的关系

		ColumnFormat 的单元值			
		'numeric'	'char'	'logical'	$1 \times n$ 字符串单元数组
Data 每列的数据类型	数值	直接显示 Data 数值	将数值显示为字符串；相当于 num2str 的功能	显示未选中的检查框	每个单元为弹出式菜单的一个选项；数值显示为字符串，相当于 num2str
	字符串	将字符串转换为数值；若转换失败则不处理	直接显示字符串	显示检查框；若为 'true'，则选中；否则，不选中	每个单元为 PopupMenu 控件的一个选项
	逻辑值	逻辑值	若为 false，则显示 '0'；若为 true，则显示 '1'	显示检查框；若为 false，则检查框不选中；若为 true，则检查框选中	每个单元为 PopupMenu 控件的一个选项；逻辑真显示 'true'，逻辑假显示 'false'

例如，有一个数据 data，第 1 列为数值，第 2 列为字符串，第 3 列为逻辑值：

```
>> data = {1, 'man', true; 2, 'woman', false}     % 创建数据 data
data =
    [1]    'man'      [1]
    [2]    'woman'    [0]
```

创建一个表格，将 data 存入其中：

```
>> h = uitable('data', data, 'Position', [100 100 300 100]);   % 由数据 data 创建表格
```

生成的表格如图 4.54 所示。此时,表格中的第 1 列显示为右对齐的数值;第 2 列为左对齐的字符串;第 3 列为检查框。

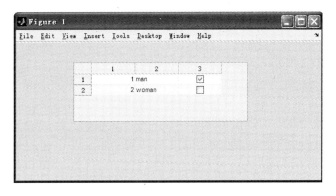

图 4.54　表格的 ColumnFormat 为空值

重设表格每列数据的显示方式均为 char:

```
>> set(h, 'ColumnFormat', {'char', 'char', 'char'});   % 重设表格数据的显示模式为 char
```

生成的表格如图 4.55 所示。此时,表格中的所有数据均为左对齐的字符串,第 1 列的数值相当于将原数据进行 num2str 转换,第 2 列不处理,第 3 列将逻辑值 1 或 0 转换为字符串 'true' 或 'false'。

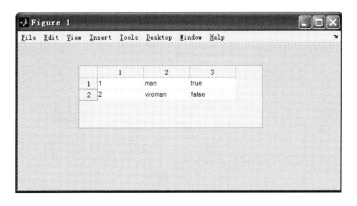

图 4.55　表格数据的显示格式为 char

重设表格每列数据的显示方式均为 numeric:

```
>> set(h, 'ColumnFormat', {'numeric', 'numeric', 'numeric'}); % 重设表格数据的显示模式为 numeric
```

生成的表格如图 4.56 所示。此时,表格中的第 1 列数据均为右对齐的数值;第 2 列的字符串由于不能转换为数值,因此不做处理,直接显示原字符串;第 3 列逻辑值若为 false 则显示 0,若为 true 则显示 1。

重设表格每列数据的显示方式均为 logical:

```
>> set(h, 'ColumnFormat', {'logical', 'logical', 'logical'});    % 重设表格数据的显示模式为 logical
```

生成的表格如图 4.57 所示。此时,表格中的所有单元均显示检查框,第 1 列的数值均显

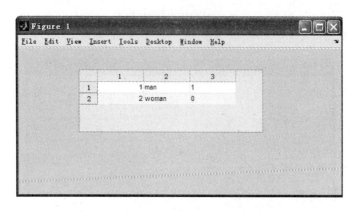

图 4.56　表格数据的显示格式为 numeric

示为未选择的检查框;第 2 列的字符串若为 'true' 则显示为选中的检查框,为其他字符串均显示为未选择的检查框;第 3 列逻辑值若为 false 则显示为未选中的检查框,若为 true 则显示为选中的检查框。

重设表格第 1 列数据的显示方式为弹出式菜单形式,菜单选项分别为 1 和 2:

```
>> set(h, 'ColumnEditable', true, 'ColumnFormat', {{'1', '2'}, 'char', 'logical'});
                              % 表格数据以弹出式菜单形式显示
```

生成的表格如图 4.58 所示。此时,表格中的所有单元均可编辑,第 1 列显示为弹出式菜单。

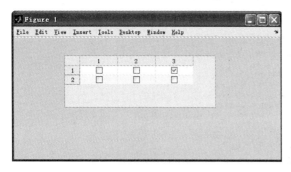

图 4.57　表格数据的显示格式为 logical　　　　图 4.58　表格数据显示为弹出式菜单形式

(6) ColumnName 和 RowName

ColumnName 和 RowName 用于指定表格的列名或行名,值为 1×n 的字符串单元数组(n 为表格数据列数)、'numbered' 或空矩阵,默认值为 'numbered'。

若 ColumnName 或 RowName 为 1×n 的字符串单元数组,表格列名或行名依次为该单元数组每个单元的字符串。

若 ColumnName 或 RowName 为 'numbered',表格列名或行名依次为 1,2,3,…。

若 ColumnName 或 RowName 为空矩阵,表格列数据或行数据没有名称。

例如,创建一个列名和行名均为默认值的表格:

```
>> h = uitable('data', [1 2 3; 4 5 6], 'Position', [100 100 300 100]);    % 创建表格
```

生成的表格如图 4.59 所示。

设置该表格的列名依次为姓名、学号和成绩,行名依次为 01 和 02:

```
>> set(h,'ColumnName',{'姓名','学号','成绩'},'RowName',{'01','02'});  % 设置表格的列名和行名
```

生成的表格如图 4.60 所示。

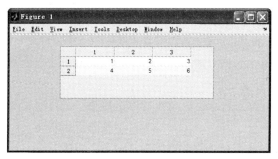

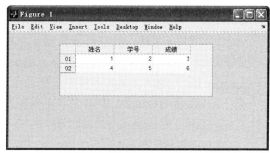

图 4.59 创建表格   图 4.60 设置表格的列名和行各

去掉表格行数据和列数据的名称:

```
>> set(h,'ColumnName',[],'RowName',[]);      % 去掉表格的行名和列名
```

生成的表格如图 4.61 所示。

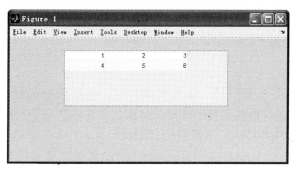

图 4.61 去掉表格的行名和列名

【注意】 若要增减表格的行数,则需要同时修改表格的 Data 和 RowName 属性;若要增减表格的列数,则需要同时修改表格的 Data 和 ColumnName。例如,将表格 hTable 的第 3 行去掉,可以采用以下代码:

```
data = get(hTable, 'Data');          % 获取表格的 Data
data(3, :) = [];                     % 去掉表格的第 3 行数据
rowName = get(hTable, 'RowName');    % 获取表格的行名
if iscellstr(rowName)
    rowName(3, :) = [];              % 去掉表格的第 3 行行名
end
set(hTable, 'RowName', rowName, 'Data', data);  % 更新表格的 Data 和 RowName
```

(7) ColumnWidth、Position 和 Extent

ColumnWidth 属性值为 $1 \times n$ 的单元数组、1×1 的单元数组或 'auto',默认值为 'auto'。它描述了表格单元每列的宽度,数值单位为像素,与 Units 属性无关。ColumnWidth 属性值

为 1×1 的单元数组时，表示每列单元格等宽，如：

```
set(hTable,'ColumnWidth',{25}); % 设置表 hTable 的每列宽度都为 25px
```

（8）Enable

Enable 使能或禁用表格。该属性决定表格是否响应鼠标的单击，以及表格的回调函数如何执行。

Enable 值为 on（默认值）时，表格响应鼠标的单击；

Enable 值为 inactive 时，表格不响应鼠标的单击，且不变成灰色；

Enable 值为 off 时，表格不响应鼠标的单击，且变成灰色。

若 Enable 值为 on 时在表格上单击鼠标左键，MATLAB 依次执行以下操作：

① 更新窗口的 SelectionType 属性值；

② 执行表格的 CellSelectionCallback 回调函数，并更新该回调函数默认的输入参数 eventdata 中的 indices 域；

③ 不更新窗口的 CurrentPoint 属性值，也不执行表格的 ButtonDownFcn 回调函数和窗口的 WindowButtonDownFcn 回调函数。

若 Enable 值为 off 时在表格上单击鼠标左键，或 Eanble 为任意有效值时在表格上单击鼠标右键，MATLAB 依次执行以下操作：

① 更新窗口的 SelectionType 属性值；

② 更新窗口的 CurrentPoint 属性值；

③ 执行窗口的 WindowButtonDownFcn 回调函数。

（9）KeyPressFcn

KeyPressFcn 为当选中表格对象，按下键盘上除 Tab 键外的任意键时执行的回调函数。KeyPressFcn 属性的值为可执行字符串或函数句柄。若为可执行字符串 str（例如，str 可以为一组命令语句或函数文件名），该回调函数相当于执行 eval('str') 语句；若为函数句柄，MAT-LAB 依次传递了 hObject、eventdata 和 handles 3 个输入参数给该回调函数。其中，hObject 为表格对象的句柄；handles 为 GUI 对象的句柄集合，数据类型为结构体，域名为 GUI 对象的 Tag 值，域值为对应 GUI 对象的句柄；eventdata 为按键事件的数据结构体，它包含了按键的具体信息——按键对应的字符、按键是否为组合键、所按键的键名等。

假设表格对象的 Tag 值为 uitable1，则其 KeyPressFcn 回调函数的函数名为 uitable1_KeyPressFcn。当然，也可以用 set 函数另外设置表格的 KeyPressFcn 回调函数。

【注意】

① 若按下 Tab 键，会切换当前对象为下一个 GUI 对象，此时并不执行 KeyPressFcn 回调函数（可以理解为这个 Tab 键被窗口对象"截获"了）。这点与窗口的 KeyPressFcn 回调函数不一样，窗口的 KeyPressFcn 回调函数会捕获一切按键。

② 与窗口的 KeyPressFcn 回调函数类似，Alt+Ctrl+Del 组合键不能被 KeyPressFcn 回调函数捕获；Ctrl+F4 或 Alt+F4 组合键虽然能被 KeyPressFcn 回调函数捕获，但是它们也会同时关闭 GUI 窗口。

③ 若 uitable 对象同时定义了 CellEditCallback、CellSelectionCallback 和 KeyPressFcn 回调函数，且所有单元格可编辑，那么回调函数的执行情况如下：

a）每当鼠标选中或更换单元格时，都要执行 CellSelectionCallback 回调函数；

b）每当用户在单元格内键入字符时，只执行 KeyPressFcn 函数；

c）假定用户编辑了单元格的内容，当按 Enter 键时，先执行 KeyPressFcn，再执行 CellEditCallback；当切换单元格时，先执行 CellSelectionCallback，再执行 CellEditCallback。

（10）RearrangeableColumns

RearrangeableColumns 用于指定能否通过鼠标移动表格的列数据。该属性仅仅影响表格数据在表格中的显示顺序，而并不改变表格数据 Data，相当于只是改变了 Data 在表格中映射的顺序而已。

4.2　重难点讲解

4.2.1　句柄式图形对象的常用函数总结

（1）get 函数

① **get(h)** 或 **a＝get(h)**

返回对象 h 的属性列表到 MATLAB 命令行或结构体 a。

② **get(h,'PropertyName')**

返回对象 h 的属性 PropertyName 的值。

（2）set 与 reset 函数

① **a＝set(h)**

返回对象 h 的所有属性名及其可设置的属性值到结构体 a。

② **set(h,'PropertyName',PropertyValue,…)**

设置对象 h 的属性 'PropertyName' 的值为 PropertyValue。

③ **reset(h)**

重设对象 h 的所有属性为默认值。

（3）获取当前的图形、坐标轴和对象

① gcf：获取当前图形窗口的句柄值。

② gca：获取当前图形窗口中当前坐标轴的句柄值。

③ gco：获取当前图形窗口中当前对象的句柄值。

④ gcbf：获取回调函数正在执行的对象所在窗口的句柄。

⑤ gcbo：获取回调函数正在执行的对象的句柄。

（4）findobj 与 findall 函数

① **H ＝ findobj**

返回 root 对象及其所有子对象的句柄值。

② **h ＝ findobj('P1',Value1,'－logical','P2', Value2)**

－logical 为逻辑选项，可以为－and、－or、－xor、－not，默认值为－and。

③ **H ＝ findobj('属性名称','属性值')**

依据对象的属性名称和属性值找出匹配的对象，返回其句柄值到句柄向量 H。

④ `obj_handles = findall(h_list,'p','value',…)`

返回句柄对象列表 h_list 包含的所有对象及其子对象中,属性 p 的值为 value 的对象。

(5) allchild 与 ancestor 函数

① `child_handles = allchild(h_list)`

查找指定对象的所有子对象,包括隐藏的子对象。

② `p = ancestor(h,type)`

查找指定对象的指定类型的父类。

(6) copyobj 函数

`new_handle = copyobj(h,p)`

复制图形对象及其子对象。

(7) delete、clf、cla 与 close 函数

① `delete(h)`

删除对象 h。

② `clf(fig)`

删除窗口 fig 中所有句柄不隐藏的对象。

③ `cla`

删除当前 axes 中所有句柄不隐藏的对象。

④ `close(h)`

删除句柄为 h 的 figure。

4.2.2　Figure 对象的几个重要属性

(1) CurrentObject

返回绘图窗口内当前被鼠标选取的对象的句柄值,有效值为图形对象句柄值。

(2) CurrentPoint

返回绘图窗口中最后单击鼠标的位置。

(3) CurrentAxes

返回当前的坐标轴句柄值。假设某坐标轴句柄值为 a_h,可以使用 axes(a_h)或 set(gcf, 'currentaxes',a_h)这两种方式,指定它为当前坐标轴。

(4) CurrentCharacter

返回用户在窗口中最后输入的一个字符,即刚在键盘上按下的字符键将被存储到 Currentcharacter 中,一般与 Keypressfcn 合用,有效值为任意字符。

(5) Integerhandle

决定 Figure 对象句柄值的类型为整数或浮点小数,有效值为 on、off。

(6) KeyPressFcn

当在当前窗口上按下键盘上的某键时,执行该回调函数。注意该函数默认的第 2 个输入参数 eventdata 包含了按键信息。例如,将在当前窗口中按下的按键名显示出来,可在窗口的 KeyPressFcn 中添加语句:

```
keyName = eventdata.Key
```

它相当于：

```
set(gcf,'keypressfcn','get(gcf,' 'currentKey' ')')
```

（7）KeyReleaseFcn

当在当前窗口上释放键盘上的任意键时，执行该回调函数。**注意：该函数默认的第 2 个输入参数 eventdata 包含了按键信息。**

（8）SelectionType

记录鼠标按键是左键（normal）、中键（extend）、右键（alt）还是双击（open）。

（9）Visible

Visible 用于设置窗口的可见性。为提高程序运行效率，建议先创建一个隐藏的窗口，当把窗口所有子对象都创建好后，再显示窗口。

（10）WindowStyle

WindowStyle 值为 modal 时，窗口置于屏幕前端；值为 normal 时窗口由鼠标选择。

（11）WindowButtonDownFcn

当在绘图窗口内按下鼠标任意键时，将触发 WindowButtonDownFcn 所定义的 Callback 以产生相对应的操作，有效值为字符串或函数句柄。

（12）WindowButtonMotionFcn

当在绘图窗口内按住鼠标任意键移动，将触发 WindowButtonMotionFcn 所定义的 Callback 以产生相对应的操作。

（13）WindowButtonUpFcn

当在绘图窗口内释放鼠标任意键时，将触发 WindowButtonUpFcn 所定义的 Callback 以产生相对应的操作。

（14）WindowKeyPressFcn

当鼠标在窗口内任何对象上按下任意键时，执行该回调函数。

（15）WindowKeyReleaseFcn

当鼠标在窗口内任何对象上释放任意键时，执行该回调函数。

4.2.3　Axes 对象的几个重要属性

（1）title

设定坐标轴的标题，有效值为 text 对象的句柄。设置坐标轴标题可使用 title 函数。该函数直接创建一个 text 对象为标题。例如：

title(date)：将当前坐标轴的标题设为当前日期。

title(date,'color','r')：将当前坐标轴的标题设为当前日期，标题颜色设为红色。

title({'sin(x)',date})：标题为 2 行，第 1 行为 sin(x)，第 2 行为当前日期。

（2）Units

Units 决定各种位置属性的度量单位，以窗口左下角为基准。有效值为 pixels、normalized、inches、centimeters、points 或 characters。当设置为 Pixels 时，以像素为单位；当设置为 normalized 时，以坐标为单位，屏幕的左下角为[0,0]，右上角为[1.0,1.0]。

【注意】 axes、uibuttongroup、uipanel 的 Units 属性默认值均为 normalized，而 figure、uicontrol、uitable 等 GUI 对象的 Units 默认值均为 pixels。

（3）字体属性

Fontangle：字体角度（正常为 normal；斜体为 italic/oblique）。

Fontname：字体名称。

fontsize：字体大小（单位由 Fontunits 决定）。

fontunits：字体单位（points、normalized、inches、centimeters、pixels）。

fontweight：字体粗细（normal、bold、light、demi）。

（4）GridLineStyle

GridLineStyle 用于决定坐标轴网格线的样式，"－"为实线，"－ －"为虚线，":"为点线，"－."为点虚线。

（5）XLabel、YLabel

XLabel、YLabel 用于设置 x、y 轴的标签，有效值为 text 对象的句柄。与 Title 属性一样，不能将 XLabel、YLabel 属性的值设为一个字符串，但可以使用 xlabel、ylabel 函数来设置坐标轴的标签。

（6）Visible

Visible 用于决定坐标轴是否可见。这里要注意，坐标轴是否隐藏，并不影响其子对象是否可见，这点与按钮组或面板是不同的。

4.2.4 Line 对象的几个重要属性

（1）Clipping

Clipping 用于设置 Line 对象是否可超出坐标轴的边框。有效值为 on、off，默认值为 on，表示 Line 对象不能超出坐标轴的边框。

（2）Linewidth

Linewidth 用于设置线条的粗细。有效值为标量（有的书上称为纯量，与向量对应，只有大小而无方向），单位为点（point）。

（3）Marker

Marker 为 Line 对象的记号类型。有效值为字符，有＋,o,＊,.,x,s,d 等。

（4）Markersize

Markersize 为 Line 对象的记号大小。有效值为标量，单位为点。

（5）Xdata、Ydata、Zdata

Xdata、Ydata、Zdata 的有效值为坐标数组，指定产生线条的数据点，若为 2D 环境，则 Xdata、Ydata 需要有相同数目的数据，而 Zdata 为空矩阵；若为 3D 环境，则 Xdata、Ydata、

Zdata 三者都需要有相同数目的数据。

4.2.5　text 对象的几个重要属性

（1）Clipping

Clipping 用于指定 text 对象是否可以超出坐标轴显示。MATLAB 2010b 中,该属性的默认值为 off,而其他核心对象默认值为 on。

（2）Editing

Editing 用于指定是否可编辑 text 对象的文本内容,有效值为 on、off。值为 off 时,用户无法直接在该 Text 对象上进行编辑;值为 on(默认值)时,可以进行编辑。

（3）String

String 用于指定要显示的文本,有效值为字符串。值为字符串单元数组时可显示多行文本。text(x,y,'string'):在指定位置(x,y)显示字符串 string。

（4）HorizontalAlign

HorizontalAlign 用于决定 Text 对象中字符水平方向的对齐方式,有效值为 left(左对齐)、center(居中)和 right(右对齐)。

（5）VerticalAlignme

VerticalAlignme 用于决定 Text 对象垂直对齐的方式,有效值为 top、cap、middle、baseline、bottom。

（6）Interpreter

Interpreter 用于决定 Text 对象中是否可用 Tex 字符注释。

4.2.6　uitable 对象的几个重要属性

（1）CellEditCallback、CellSelectionCallback 和 ButtonDownFcn

修改表格单元值时执行 CellEditCallback 回调函数。该回调函数默认有两个输入参数:表格对象的句柄 hObject 和表格数据结构体 eventdata。

表格单元被选中时执行 CellSelectionCallback 回调函数。

在表格内单击右键,或在表格边框上单击左键,执行 ButtonDownFcn 回调函数。

若表格同时定义了这 3 个回调函数,则选中单元格 A 时,执行单元格 A 的 CellSelection-Callback,修改单元格 A 的值后,再选中另一单元格 B,此时先执行单元格 B 的 CellSelection-Callback,再执行单元格 A 的 CellEditCallback。

若表格同时定义了 ButtonDownFcn 和右键菜单,则在表格上单击右键时,先执行 Button-DownFcn,再执行右键菜单的回调函数。

（2）ColumnFormat 和 Data

ColumnFormat 设置单元数据的显示格式,Data 为表格的单元数据。

（3）ColumnName 和 RowName

ColumnName 和 RowName 用于指定表格的列名或行名,值为 $1 \times n$ 的字符串单元数组(n 为表格数据列数)、'numbered' 或空矩阵,默认值为 'numbered'。

若您对此书内容有任何疑问,可以登录MATLAB中文论坛与同行交流。

4.2.7 uicontrol 对象中的 text 控件与核心图形对象中的 text 对象的比较

① uicontrol 对象中的 text 控件,Type 为 uicontrol,Style 为 text;而核心图形对象中的 text 对象,Type 为 text,没有 Style 属性。

② uicontrol 对象中的 text 控件,不能显示 Tex 字符或 Latex 字符;而核心图形对象中的 text 对象,能显示 Tex 字符或 Latex 字符。

③ uicontrol 对象中的 text 控件,不是坐标轴的子对象,而核心图形对象中的 text 对象,必须是坐标轴的子对象。

4.2.8 对象的 Tag 值与句柄值的概念比较(对 GUIDE 创建的 GUI 而言)

① 每个对象都有唯一的 Tag 值和句柄。Tag 值和句柄都可以标识一个对象。

② 对象的 Tag 值为字符串,可以为空。

③ 对象的句柄值为正数或 0。

④ Tag 值为空的对象不会被添加到 handles 结构体(handles 结构在后面详细介绍)中。

⑤ 对象被添加到 handles 结构体中时,字段名为对象的 Tag 值,字段值为对象的句柄值。设添加到 handles 结构体的某个对象,Tag 值为 tag1,句柄值为 h,则有以下关系:h＝handles.tag1。

⑥ 对象的 Tag 值可用于对象的回调函数名,例如 Tag 值为 push1 的 pushbutton 对象,其 Callback 函数的函数名为 push1_Callback。

4.2.9 uimenu 与 uicontextmenu 对象

① uimenu 函数用于创建菜单或菜单选项。

② uicontextmenu 函数用于创建右键菜单对象,右键菜单对象的菜单选项仍由 uimenu 函数创建。

③ 菜单或菜单选项可设置带下画线的标签,可设置快捷键,可设置检查标识符"√"。另外,菜单选项还可设置选项分隔线。

④ 菜单的快捷键为 Alt＋助记符,而菜单选项的快捷键为 Ctrl＋Accelerator 属性值。

⑤ 右键菜单可设置 Visible 属性,指定右键菜单是否显示;可设置 Position 属性,指定右键菜单显示的位置。

⑥ uimenu 的第 1 个输入参数为窗口对象句柄时,创建一个自定义菜单;uimenu 的第 1 个输入参数为菜单对象句柄时,创建 1 个菜单选项;uimenu 的第 1 个输入参数为菜单选项句柄时,创建 1 个次级菜单选项。

4.3 专题分析

专题 6 超文本标记语言(HTML)在 MATLAB 中的应用

HTML 是一种为普通文件中某些字句加上标记的语言,其目的在于运用标记(tag)使文件达到预期的显示效果。它是在 SGML(Standard Generalized Markup Language,标准通用标记语言)基础上定义的一种描述性语言。也可以说，HTML 是 SGML 的一种具体应用。HTML 不是程序设计语言，即它不同于 C、C++或 Java，它只是标记语言。

MTALAB GUI 支持一些 HTML 的标记语言，本专题将对 HTML 在 MTALAB GUI 中的应用做简要的介绍。

（1）标记语法

① 任何标记均由"<"和">"所围住，且大小写均可，如<HTML>或<html>均可。

② 标记的首字母不得为空线间隔（空格、跳格等），如标记不能写为< html>。

③ 有些标记要附带参数，且参数只能加在起始标记中。如字体大小在基准字体基础上增加 2 个单位的标记为<font size="+2">Hello</font>，不能写为<font>Hello</font size="+2">。

④ 在起始标记的标记名前加上符号"/"便是对应的结束标记，如起始标记<body>的结束标记为</body>。

（2）围堵标记与空标记

标记按型态分为围堵标记与空标记。

① 围堵标记。顾名思义，它以起始标记和结束标记将文字围住，令其达到预期显示效果。围堵标记与为字体加粗标记，会对和之间的内容加粗显示。

例如，执行下列代码，将在列表框中生成加粗显示的项：

```
str = cell(1, 2);
str{1} = '正常显示';
str{2} = '<html><b>加粗显示</b></html>';
uicontrol('Style', 'Listbox', 'Units', 'normalized', 'FontSize', 12,...
          'position', [0.3 0.3 0.5 0.4], 'string', str);    % 加粗显示列表框的选项文本
```

生成的窗口如图 4.62 所示。

② 空标记。空标记是指标记单独出现，只有起始标记，而没有结束标记。例如，标记
为换行标记，其后的内容会换行显示。

例如，执行下列代码，将在触控按钮上生成多行显示的字符串：

```
str = '<html>按钮文字<br>多行显示</html>';
uicontrol('Style', 'pushbutton', 'Units', 'normalized', 'FontSize', 12,...
          'position', [0.4 0.4 0.3 0.2], 'string', str);    % 按钮文本的多行显示
```

生成的窗口如图 4.63 所示。

图 4.62 列表框中生成加粗显示的项

图 4.63 按钮文本的多行显示

（3）常用的 HTML 标记

MATLAB 中常用的 HTML 标记见表 4.31(围堵标记由●表示,空标记由○表示)。

表 4.31　MATLAB 中常用的 HTML 标记

标　记	类　型	含　义	备　注
文件标记			
<html>	●	HTML 标记语言开始	
<body>	●	要标记的文本内容	该标记可省略
排版标记			
<p>	○	另起一段	与换行标记效果相同

	○	另起一行	与段落标记效果相同
<hr>	○	两行之间加分隔线	若前面无文本,则顶部加水平线
<nobr>	●	文本不自动换行显示	可嵌套
或<p>
字体标记			
<strong>、<b>	●	字体加粗	
<em>、<i>	●	字体倾斜	
<tt>	●	等宽字体	courier 字体,等宽
<u>	●	底线	
<strike>、<s>	●	删除线	
<h1>、<h2>、…、<h6>	●	1～6 级标题标记	级数越小,字体越粗越大
<font>	●	字形标记	设置字体、大小、颜色
<big>	●	字体加大	
<small>	●	字体缩小	
<code>、<kbd>、<samp>	●	稍微加宽等宽字体	代码、键盘字、范例效果
<var>、<cite>	●	斜体加粗	变量、传记的默认字形
<dfn>	●	斜体	术语定义
<address>	●	斜体,蓝色字体	网络地址链接效果
<sub>	●	下标	
<sup>	●	上标	
列表标记			
<ul>	●	无序列表	
<li>	○	列表项	
<ol>	●	有序列表	
<dl>	●	定义列表	列表分两行显示
<dt>	○	定义条目	标示该项定义的标题
<dd>	○	定义内容	标示定义内容
图形标记			
<img>	○	加载网络图片	
表格标记			
<table>	●	表格	

标　记	类　型	含　义	备　注
＜caption＞	●	表格标题	
＜tr＞	●	表格行	
＜td＞	●	单元格	
＜th＞	●	表格头	粗体显示

（4）HTML 标记在 MATLAB GUI 中的应用

可应用 HTML 标记的 GUI 对象及其属性如下：

① uicontrol 对象中的 pushbutton、togglebutton、radiobutton、listbox、popupmenu、checkbox 等类型，它们的 String、TooltipString 属性可以设置为 HTML 标记字符串。

② uitable 对象的 ColumnName、Data、RowName 等属性，均可以设置为 HTML 标记字符串。

③ uimenu 对象的 Label 属性，可以设置为 HTML 标记字符串。

可用的 HTML 标记及其用法如下。

1）＜body bgcolor＝♯rrggbb　text＝♯rrggbb＞…＜/body＞

设置文本的背景色或前景色，其中的 bgcolor 和 text 为可选的附加参数。♯rrggbb 是将 RGB 三色矩阵的每个元素写成十六进制，然后"拼接"起来，代表一个 RGB 颜色矩阵。

♯rrggbb 可由下列预定义的颜色字符串（带双引号）代替：Black、Olive、Teal、Red、Blue、Maroon、Navy、Gray、Lime、Fuchsia、White、Green、Purple、Silver、Yellow、Aqua。以上颜色字符串不区分大小写。

例如，RGB 矩阵[0 0 0]对应的♯rrggbb 值为♯000000 或"black"，[0 255 255]对应的 rrggbb 值为 00ffff。

运行以下代码：

```
str = '<html><body bgcolor = "black" text = ♯00ffff>修改颜色</body></html>';
figure('menubar', 'none');
uimenu('label', str);      % 修改菜单标签的背景色和文本色
uicontrol('Style', 'radiobutton', 'Units', 'normalized', 'FontSize', 12,...
    'position', [0.3 0.4 0.4 0.1], 'string', str);    % 修改单选按钮文本的背景色和文本色
```

生成的窗口如图 4.64 所示。

2）＜hr size＝♯m width＝♯n align＝♯str noshade＞

设置标尺线。＜hr＞为空标记，可附加的参数有尺寸 size、宽度 width、对齐方式 align、取消阴影 noshade。m 为大于 0 的整数；n 为大于 0 的整数或带％的百分比值，若为百分比值，表示该标尺线宽度占最大宽度的百分比；str 为 left 或 right，表示标尺线的对齐方式。

运行以下代码，生成 4 个带标尺线的按钮：

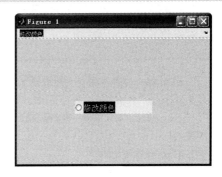

图 4.64　采用 HTML 标记设置
对象文本色和背景色

若您对此书内容有任何疑问，可以登录 MATLAB 中文论坛与同行交流。

```
str = '<html>两行之间<hr>增加标尺</html>';
uicontrol('Units', 'normalized', 'FontSize', 12, 'BackgroundColor', [0.8 0.8 0.8],...
    'position', [0.1 0.6 0.3 0.2], 'string', str);    % 在按钮显示的两行文本之间添加标尺
str = '<html>两行之间<hr size = 10>增加标尺</html>';
uicontrol('Units', 'normalized', 'FontSize', 12, 'BackgroundColor', [0.8 0.8 0.8],...
    'position', [0.6 0.6 0.3 0.2], 'string', str);    % 在按钮显示的两行文本之间添加指定尺寸的标尺
str = '<html>两行之间<hr width = 50 % align = left>增加标尺</html>';
uicontrol('Units', 'normalized', 'FontSize', 12, 'BackgroundColor', [0.8 0.8 0.8],...
    'position', [0.1 0.2 0.3 0.2], 'string', str);    % 在按钮显示的两行文本之间添加左对齐的标尺
str = '<html>两行之间<hr width = 50 % align = right noshade>增加标尺</html>';
uicontrol('Units', 'normalized', 'FontSize', 12, 'BackgroundColor', [0.8 0.8 0.8],...
    'position', [0.6 0.2 0.3 0.2], 'string', str);    % 在按钮显示的两行文本之间添加右对齐、
                                                      % 半长且无阴影的标尺
```

生成的窗口如图 4.65 所示。

3)<h#> … </h#>,   # =1,2,3,4,5,6

设置标题字体。标题字体均为黑体字,且标号越大,字体越小越细。两个标题字体之间自动加入一个空行。也就是说,标题字体不能嵌套,且一行只能使用同一标题字体。

运行以下代码,生成两种标题字体:

```
str = '<html><h1>1 级标题字体</h1><h2>2 级标题字体</h2></html>';
uicontrol('Units', 'normalized', 'FontSize', 12, 'BackgroundColor', ...
    [0.8 0.8 0.8], 'position', [0.4 0.4 0.3 0.2], 'string', str);    % 设置按钮上所显示文本的
                                                                     % 字体大小
```

生成的窗口如图 4.66 所示。

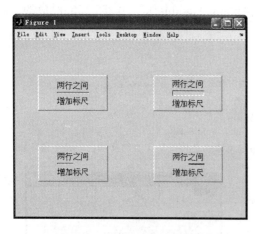

图 4.65 设置按钮文本的标尺

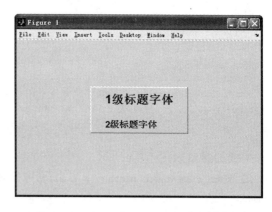

图 4.66 采用 HTML 标记设置对象字体

4)<font size= # color= #rrggbb> … </font>,# =1,2,3,4,5,6,7 或 # =+m,−m,m=1,2,3,4,5,6,7

设置字体大小和颜色。#rrggbb 也可由预定义的颜色字符串代替。

运行下列代码,生成一个选项字体大小和颜色不一致的列表框:

```
str = cell(1, 2);
str{1} = '<html><font size = 5 color = "Gray">字体尺寸为 5</font></html>';
```

```
str{2} = '<html><font size = - 1 color = ♯ff0000>正常尺寸减 1</font></html>';
                                    % 正常尺寸由控件的 FontSize 属性指定
uicontrol('Style', 'Listbox', 'Units', 'normalized', 'FontSize', 12,...
        'position', [0.3 0.3 0.5 0.4], 'string', str);    % 生成一个选项字体大小和颜色不一致的列表框
```

生成的窗口如图 4.67 所示。

5）物理字体标记

<b> … </b>:加粗

<i> … </i>:斜体

<u> … </u>:底线

<tt> … </tt>:等宽字体

<s> … </s>或<strike> … </strike>:删除线

[…]:上标

_…:下标

运行下列代码,生成一个选项字体大小不一致的列表框:

```
str = cell(1, 7);
str{1} = '<html><b>加粗</b></html>';
str{2} = '<html><i>斜体</i></html>';
str{3} = '<html><u>底线</u></html>';
str{4} = '<html><tt>等宽字体</tt></html>';
str{5} = '<html><s>删除线</s></html>';
str{6} = '<html>e<sup>2</sup></html>';
str{7} = '<html>a<sub>2</sub></html>';
uicontrol('Style', 'Listbox', 'Units', 'normalized', 'FontSize', 12,...
        'position', [0.3 0.3 0.3 0.5], 'string', str);
```

生成的窗口如图 4.68 所示。

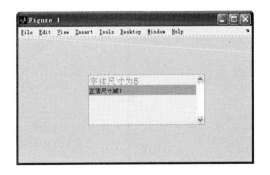

图 4.67　采用 HTML 标记设置列表框
选项的字体和颜色

图 4.68　采用 HTML 标记设置
各种物理字体标记

6）逻辑字体标记

<em> … </em>:斜体

<strong> … </strong>:加粗

<code> … </code>:代码字体

若您对此书内容有任何疑问,可以登录MATLAB中文论坛与同行交流。

<samp> ··· </samp>:范例字体

<kbd> ··· </kbd>:键盘字字体

<var> ··· </var>:变量字体

<dfn> ··· </dfn>:定义字体

<cite> ··· </cite>:传记字体

<small> ··· </small>:小号字体

<big> ··· </big>:大号字体

<address> ···</address>:地址字体

运行下列代码,生成一个选项字体大小不一致的列表框:

```
str = cell(1, 11);
str{1} = '<html><em>斜体</em></html>';
str{2} = '<html><strong>加粗</strong></html>';
str{3} = '<html><code>代码字体</code></html>';
str{4} = '<html><samp>范例字体</samp></html>';
str{5} = '<html><kbd>键盘字字体</kbd></html>';
str{6} = '<html><var>变量字体</var></html>';
str{7} = '<html><dfn>定义字体</dfn></html>';
str{8} = '<html><cite>传记字体</cite></html>';
str{9} = '<html><samll>小号字体</samll></html>';
str{10} = '<html><big>大号字体</big></html>';
str{11} = '<html><address>地址字体</address></html>';   %字体为蓝色
uicontrol('Style', 'Listbox', 'Units', 'normalized', 'FontSize', 12,...
          'position', [0.3 0.1 0.3 0.8], 'string', str);
```

生成的窗口如图 4.69 所示。

图 4.69 采用 HTML 标记设置各种逻辑字体标记

7)换行控制标记

<p>:分段

:换行

<nobr>:不自动换行

运行下列代码:

```
str = '<html>分段标记<p>(分段举例)</html>';
uicontrol('Units', 'normalized', 'FontSize', 12, 'BackgroundColor',...
    [0.8 0.8 0.8], 'position', [0.1 0.6 0.3 0.3], 'string', str);
str = '<html>换行标记<br>(换行举例)</html>';
uicontrol('Units', 'normalized', 'FontSize', 12, 'BackgroundColor',...
    [0.8 0.8 0.8], 'position', [0.6 0.6 0.3 0.3], 'string', str);
str = '<html>自动换行(自动换行举例)</html>';
uicontrol('Units', 'normalized', 'FontSize', 12, 'BackgroundColor',...
    [0.8 0.8 0.8], 'position', [0.1 0.1 0.3 0.3], 'string', str);
str = '<html><nobr>取消自动换行(取消换行举例)</html>';
uicontrol('Units', 'normalized', 'FontSize', 12, 'BackgroundColor',...
    [0.8 0.8 0.8], 'position', [0.6 0.1 0.3 0.3], 'string', str);
```

生成的窗口如图 4.70 所示。

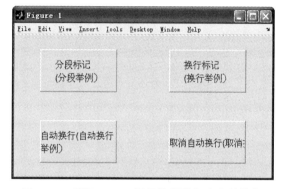

图 4.70　采用 HTML 标记控制按钮文本的换行

8) 列表标记

<ul><li> ... </ul>:无序列表

<ol><li> ... </ol>:有序列表

<dl><dt> ... <dd> ... </dl>:定义列表

<dl compact><dt> ... <dd> ... </dl>:定义紧凑形式的列表

<li type=#>　　　#=disc，circle，square:定制无序列表中的标记

<li type=#>　　　#=A，a，I，i，1:定制有序列表中的序号

<ol start=#>　　#=number:定制有序列表的起始序号

运行下列代码：

```
str = cell(6, 1);
str{1, 1} = '<html><ul><li>Man<li>Woman</ul></html>';
str{2, 1} = '<html><ol><li>Man<li>Woman</ol></html>';
str{3, 1} = ['<html><dl><dt>Man<dd>only to eat not to wash the ',...
    'dishes<dt>Woman<dd>only to wash the dishes not to eat</html>'];
str{4, 1} = '<html><ul><li type = disc>Man<li type = circle>Woman</ul></html>';
str{5, 1} = '<html><ol><li type = A>Man<li type = B>Woman</ol></html>';
str{6, 1} = '<html><ol start = 3><li>Man<li>Woman</ol></html>';
uicontrol('Style', 'popupmenu', 'Units', 'normalized', 'BackgroundColor',...
    [0.8 0.8 0.8], 'position', [0.1 0.65 0.5 0.3], 'string', str);
```

生成的窗口如图 4.71 所示。

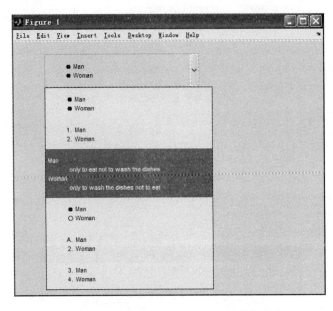

图 4.71　采用 HTML 标记列表显示列表框的选项

9）＜img src＝URL＞

链接图像标记,其中 URL 为图像的网络地址。

例如,若已连接互联网且图片地址为 http://news. xinhuanet. com/video/2010－06/17/12228528_21n. jpg,运行以下代码:

```
str = '<html><img src = http://news.xinhuanet.com/video/2010 - 06/17/12228528_21n.jpg></html>';
uicontrol('Style', 'PushButton', 'Units', 'normalized', 'FontSize', 12,...
    'position', [0.3 0.3 0.4 0.4], 'string', str);
```

生成的窗口如图 4.72 所示。

图 4.72　采用 HTML 标记显示网络图片

10）标准表格标记

＜table＞ ... ＜/table＞:定义表格

＜tr＞:定义表行

＜th＞:定义表头

＜td＞:定义单元格

运行下列代码,创建一个 2 行 3 列的基本表格:

```
str = ['<html><table border><tr><th>Food<th>Drink<th>Sweet<tr>',...
    '<td>A<td>B<td>C</table></html>'];
uicontrol('Units', 'normalized', 'FontSize', 12, 'position, [0.3 0.3 0.5 0.4],',...
    'string', str);
```

生成的窗口如图 4.73 所示。

11) 单元格跨行、跨列的表格标记

＜th colspan＝m＞:单元格跨列,m 为所跨的列数

＜th rowspan＝n＞:单元格跨行,n 为所跨的行数

运行下列代码:

```
str = ['<html><table border><tr><td> <th colspan = 3> breakfast Menu <tr>',...
    '<th rowspan = 2>deal<th>Food<th>Drink<th>Sweet<tr>',...
    '<td>A<td>B<td>C</table></html>'];
uicontrol('Style', 'PushButton', 'Units', 'normalized', 'FontSize', 12,...
    'position', [0.3 0.3 0.5 0.4], 'string', str);
```

生成的窗口如图 4.74 所示。

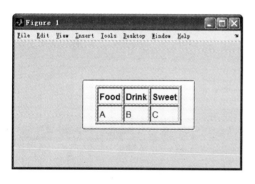

图 4.73　采用 HTML 标记显示标准表格

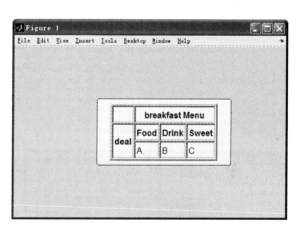

图 4.74　采用 HTML 标记显示自定义表格

12) 表格的尺寸设置标记

＜table border＝n＞:表格边框尺寸设置

＜table border width＝n＞:表格宽度设置

＜table border cellspacing＝n＞:单元格间隙设置

＜table border cellpadding＝n＞:单元格内部的空白宽度设置

运行下列代码:

```
str = ['<html><table border = 4><tr><th>Food<th>Drink<th>Sweet',...
    '<tr><td>A<td>B<td>C</table></html>'];
uicontrol('Style', 'PushButton', 'Units', 'normalized', 'FontSize', 12,...
```

```
        'position', [0.1 0.6 0.35 0.3], 'string', str);
str = ['<html><table border width = 180><tr><th>Food<th>Drink<th>Sweet',...
    '<tr><td>A<td>B<td>C</table></html>'];
uicontrol('Style', 'PushButton', 'Units', 'normalized', 'FontSize', 12,...
    'position', [0.5 0.6 0.35 0.3], 'string', str);
str = ['<html><table border cellspacing = 4><tr><th>Food<th>Drink<th>Sweet',...
    '<tr><td>A<td>B<td>C</table></html>'];
uicontrol('Style', 'PushButton', 'Units', 'normalized', 'FontSize', 12,...
    'position', [0.1 0.1 0.35 0.3], 'string', str);
str = ['<html><table border cellpadding = 1><tr><th>Food<th>Drink<th>Sweet',...
    '<tr><td>A<td>B<td>C</table></html>'];
uicontrol('Style', 'PushButton', 'Units', 'normalized', 'FontSize', 12,...
    'position', [0.5 0.1 0.35 0.3], 'string', str);
```

生成的窗口如图 4.75 所示。

13）表格文字的对齐

<tr align=＃>:表行文字的水平对齐方式

<th align=＃> ＃=left，center，right:表头文字的水平对齐方式

<td align=＃>:单元格文字的水平对齐方式

运行下列代码:

```
str = ['<html><table border width = 160><tr>',...
    '<th>Food<th>Drink<th>Sweet<tr>',...
    '<td align = left>A',...
    '<td align = center>B',...
    '<td align = right>C</table></html>'];
uicontrol('Style', 'PushButton', 'Units', 'normalized', 'FontSize', 12,...
    'position', [0.3 0.3 0.4 0.4], 'string', str);
```

生成的窗口如图 4.76 所示。

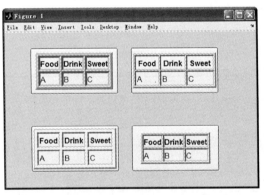

图 4.75　采用 HTML 标记显示指定尺寸的表格

图 4.76　采用 HTML 标记显示文本对齐的表格

14）表格的标题

<caption align=＃> ... </caption>　　＃=left，center，right:标题的水平对齐方式

<caption valign=＃> ... </caption>　　＃=top，bottom:标题在表格上方还是下方

运行下列代码:

```
str = ['<html><table border><caption align = center>Breakfast</caption>',...
    '<tr><th>Food<th>Drink<th>Sweet<tr>',...
    '<td>A<td>B<td>C</table></html>'];
uicontrol('Style', 'PushButton', 'Units', 'normalized', 'FontSize', 12,...
    'position', [0.1 0.3 0.4 0.4], 'string', str);
str = ['<html><table border><caption valign = bottom>Lunch</caption>',...
    '<tr><th>Food<th>Drink<th>Sweet<tr>',...
    '<td>A<td>B<td>C</table></html>'];
uicontrol('Style', 'PushButton', 'Units', 'normalized', 'FontSize', 12,...
    'position', [0.55 0.3 0.4 0.4], 'string', str);
```

生成的窗口如图 4.77 所示。

15) <th bgcolor=#rrggbb>

设置表格单元格的背景色。

运行下列代码:

```
str = ['<html><table border><tr>',...
    '<th bgcolor = ffaa00>Food',...
    '<th bgcolor = Red>Drink<th>Sweet',...
    '<tr bgcolor = white><td>A<td>B<td>C</table></html>'];
uicontrol('Style', 'PushButton', 'Units', 'normalized', 'FontSize', 12,...
    'position', [0.3 0.3 0.4 0.4], 'string', str);
```

生成的窗口如图 4.78 所示。

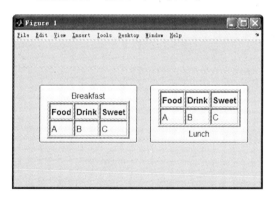

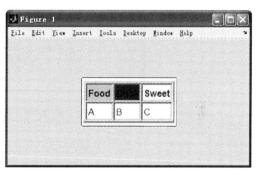

图 4.77 采用 HTML 标记显示带标题的表格　　图 4.78 采用 HTML 标记显示单元格不同背景色的表格

专题 7　表格设计

(1) 将数据导入表格

表格的 Data 可以为下列数据类型:数值矩阵、逻辑矩阵、数值单元数组、逻辑单元数组、字符串单元数组,以及由数值、逻辑值和字符串组成的混合单元数组。

例如,下面语句产生的变量均可以直接作为表格的数据(Data 属性值):

```
data1 = [1 2 3; 4 5 6];              % double 型数值矩阵
data2 = uint8([1 2 3; 4 5 6]);       % uint8 型数值矩阵
data3 = [true true; false false];    % 逻辑矩阵
```

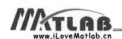

```
data4 = {1, 2, 3; 4, 5, 6};                    % 数值单元数组
data5 = {true, true; false, false};            % 逻辑单元数组
data6 = {'1', '2', '3'; '4', '5', '6'};        % 字符串单元数组
data7 = {1, true, '2'; false, '3', 5};         % 混合数组
```

表格数据如果为单元数组，其单元内容不能为单元数组。例如，下面的变量不能作为表格的数据：

```
data8 = {{1}, 2; {'2', '3'}, {true, false}};   % 不能用于创建表格
```

创建一个 m×n 的空表格，可以采用以下方法：

```
uitable('data', cell(m, n));
```

将表格重塑为 m×n 大小，可以采用以下方法：

```
set(hUitable, 'data', cell(m, n));
```

【例 4.3.1】 当前目录下有一个 Excel 文件 data.xls，如图 4.79 所示。将该 Excel 中的数据导入到 uitable 对象中。

序号	班名	学号	姓名	平时成绩	期末成绩	总成绩	备注
1	51121	5112101	陈	0	63	63	
2	51121	5112103	李	0	73	73	
3	51121	5112105	刘	0	88	88	
4	51121	5112107	任	0	82	82	
5	51121	5112109	苏	0	80	80	
6	51121	5112110	王	0	70	70	
7	51121	5112111	王	0	72	72	
8	51122	4112201	曹	0	0	0	缺考

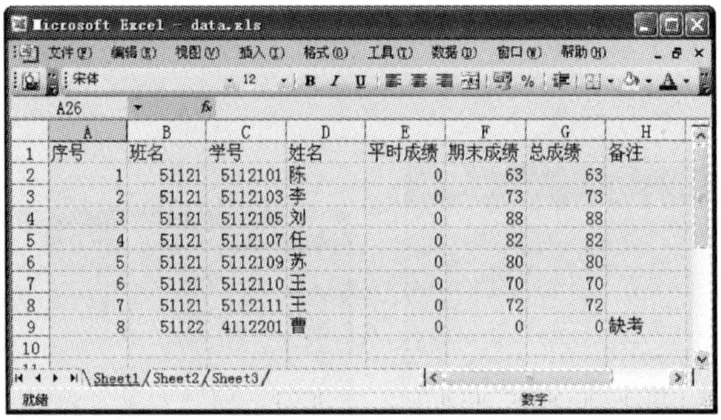

图 4.79 例 4.3.1 原图

【解析】 表格中右对齐的数据为数值，左对齐的数据为字符串。先用 xlsread 函数将 Excel文件的内容读取出来，然后提取出列名和数据，其中数据为混合型单元数组。最后根据所得的列名和数据创建该表格。

注意，Data 中数值为空的项，会显示"NaN"，那么，如何消除这个"NaN"呢？唯一的办法就是给 Data 中空值的项赋一个有效值。

程序如下：

```
[~, ~, raw] = xlsread('data.xls');      % 读取 Excel 文件。变量名为~表示程序不使用该变量
ColumnName = raw(1, :);                  % 获取列名
data = raw(2 : end, :);                  % 获取表格数据
for i = 1 : numel(data)                  % 遍历表格所有数据项，将 NaN 项替换为空格字符
    if isnan(data{i})
        data{i} = '';
    end
end
```

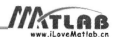

```
uitable('ColumnName', ColumnName, 'data', data,...
    'Position', [30 30 650 210], 'FontSize', 10);   % 创建表格
```

结果如图 4.80 所示。

	序号	班名	学号	姓名	平时成绩	期末成绩	总成绩	备注
1	1	51121	5112101	陈	0	63	63	
2	2	51121	5112103	李	0	73	73	
3	3	51121	5112105	刘	0	88	88	
4	4	51121	5112107	任	0	82	82	
5	5	51121	5112109	苏	0	80	80	
6	6	51121	5112110	王	0	70	70	
7	7	51121	5112111	王	0	72	72	
8	8	51122	4112201	曹	0	0	0	缺考

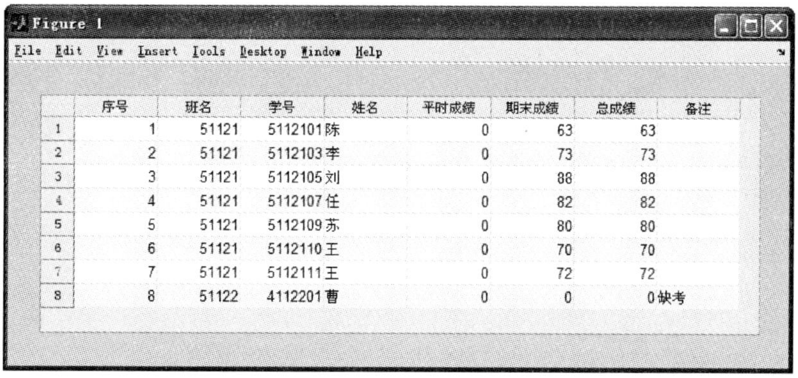

图 4.80　例 4.3.1 的程序运行结果

(2) 表格数据处理

表格的数据处理必须分 3 步。

① 用 get 函数获取表格数据 Data。

② 对表格数据 Data 进行分析、修改。

③ 用 set 函数更新表格数据 Data。

表格的数据处理经常出现在 CellEditCallback 和 CellSelectionCallback 回调函数内。

【例 4.3.2】 创建一个数据如下的表格：

1 2 3 4 5

2 3 4 5 6

3 4 5 6 7

要求：① 当选中第 4 行前 5 列时，对各列数据进行求和运算，结果放在当前单元格；当选中第 6 列前 3 行时，对各行数据进行求和运算，结果放在当前单元格；

② 当选中数据项时，检查对应的行或列是否已经求和，若已经求和，更新求和结果。

【解析】 在 CellSelectionCallback 函数内，先判断当前单元格是否为第 4 行前 5 列或第 6 列前 3 行，若判断为真，则获取表格的数据，然后求和，最后更新表格数据。

程序如下：

```
function datasum()
% 文件名:datasum.m
% 调用方法:命令行输入 datasum 然后回车
data = [1 : 5; 2 : 6; 3 : 7];
data2 = cell(size(data) + 1);
data2(1 : end - 1, 1 : end - 1) = num2cell(data);
figure('units','normalized','Position',[0.1 0.3 0.4 0.25]);
uitable('units', 'normalized', 'Position', [0.1 0.2 0.85 0.6], 'Data',...
    data2, 'ColumnEditable', true, 'FontSize', 10, 'CellSelectionCallback',...
```

```
              @cellsel_callback, 'CellEditCallback', @celledit_callback);
end

% % CellSelectionCallback 回调函数
function cellsel_callback(hTab, event)
if ~isempty(event.Indices)
    data = get(hTab, 'Data');
    iLine = event.Indices(1);
    iColumn = event.Indices(2);
    if (iLine == size(data, 1) && iColumn < size(data, 2))
        data{end, iColumn} = sum(cell2mat(data(1 : end - 1, iColumn)));
    elseif (iColumn == size(data, 2) && iLine < size(data, 1))
        data{iLine, end} = sum(cell2mat(data(iLine, 1 : end - 1)));
    end
    set(hTab, 'Data', data);
end
end

% % CellEditCallback 回调函数
function celledit_callback(hTab, event)
if isempty(event.Error)
    data = get(hTab, 'Data');
    iLine = event.Indices(1);
    iColumn = event.Indices(2);
    if (iLine < size(data, 1) && iColumn < size(data, 2))
        if ~isempty(data{iLine, end})
            data{iLine, end} = sum(cell2mat(data(iLine, 1 : end - 1)));
        end
        if ~isempty(data{end, iColumn})
            data{end, iColumn} = sum(cell2mat(data(1 : end - 1, iColumn)));
        end
        set(hTab, 'Data', data);
    end
end
end
```

在生成的窗口内对应单元格上单击鼠标左键,会自动生成相应的求和结果;修改原始数据项,会更新对应的求和结果,如图 4.81 所示。

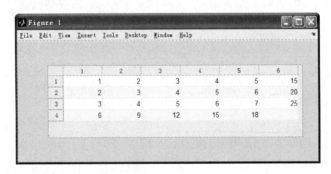

图 4.81　例 4.3.2 程序的运行结果

（3）表格外观设置

采用 HTML 标记来设置表格行名、列名或某些单元格的文本颜色；

设置表格的 BackgroundColor 属性可修改背景色和背景条纹色；

设置表格的 ForegroundColor 属性可修改表格所有单元格内的文本颜色（不包括行名和列名）；

设置表格的 ColumnWidth 属性可修改每列的宽度；

设置表格的 Position 属性可修改表格在窗口内的尺寸大小。

专题 8 坐标轴设计

本专题通过两个例题，讲解在 GUI 中设计坐标轴及其子对象的方法。

【例 4.3.3】 采用坐标轴及其核心对象，制作简易的模拟时钟，界面如图 4.82 所示。

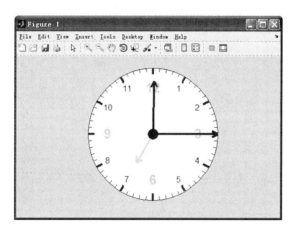

图 4.82 例 4.3.3 效果图

【解析】 表盘可以由 patch 对象创建，刻度线可以由 line 对象创建，刻度值可以由 text 对象创建，指针可以由 hggroup 对象创建。程序保存在文件 analogclock. m 中，完整的程序如下：

```
function analogclock()
%    采用坐标轴及其子对象制作模拟时钟
%    作者:罗华飞
%    版本:20101005 V1.0
% % 创建表盘面
hFigure = figure('Visible', 'off');    % 创建一个隐藏的窗口,将窗口布局好后再显示
hAxes = axes('visible', 'off', 'DrawMode', 'fast'); % 创建表盘坐标轴
rectangle('Curvature',[1, 1], 'FaceColor', 'w', 'Position', [-1 -1 2 2]);
axis equal;    % 坐标轴的 x 轴和 y 轴刻度比例相等

% % 创建刻度线
for i = 0 : 6 : 354        % i 为每个刻度线的角度
    thelt = i * pi / 180;    % 将角度转换为弧度值
    if ~rem(i, 30)        % 刻度线 3、6、9、12 要粗些,颜色为红色
        x = 0.9 : 0.01 : 1; % 刻度线的长度为 0.1
        line(x * cos(thelt), x * sin(thelt), 'Color', 'r', 'LineWidth', 3);
    else        % 其他刻度线要细些,颜色为蓝色
```

若您对此书内容有任何疑问，可以登录 MATLAB 中文论坛与同行交流。

```matlab
        x = 0.95 : 0.01 : 1; % 刻度线的长度为 0.05
        line(x * cos(thelt), x * sin(thelt), 'Color', 'b', 'LineWidth', 1);
    end
end
```

%% 绘制刻度值

```matlab
ang = pi / 3;       % 刻度值 1 所对应的弧度值
for i = 1 : 12      % 穷举每个刻度值
    if rem(i, 3) % 刻度值为 3、6、9、12 时,字号为 12
        text(0.8 * cos(ang), 0.8 * sin(ang), num2str(i), 'horizontalAlignment',...
            'center', 'FontSize', 12);
    else % 刻度值为 3、6、9、12 时,字号为 20,加粗,绿色
        text(0.7 * cos(ang), 0.7 * sin(ang), num2str(i), 'horizontalAlignment',...
            'center', 'FontSize', 20, 'FontWeight', 'bold', 'Color', 'g');
    end
    ang = ang - pi / 6; % 每绘制一个刻度值,就更新弧度值
end
```

%% 绘制表盘中心点

```matlab
hAxesDot = axes('Visible', 'off', 'DrawMode', 'fast'); % 表盘中心点所在的坐标轴
axis equal; % 使中心点看起来是个圆点
% % % % % % % % % % % 方法 1:采用 line 函数创建 % % % % % % % % % %
line(0, 0, 'Parent', hAxesDot, 'Marker', 'o', 'MarkerFaceColor', 'b', 'MarkerSize', 15);
% % % % % % % % % % 方法 2:采用 patch 函数创建 % % % % % % % % % %
% t = 0 : 0.01 : 2 * pi;
% hPatch = patch('xData', 0.05 * cos(t), 'yData', 0.05 * sin(t), 'Parent', hAxesDot, 'FaceColor', 'b');
```

%% 显示窗口

```matlab
set(hFigure, 'Visible', 'on');
```

%% 循环更新指针位置

```matlab
try    % 使用 try 结构可以避免关闭窗口时出现的错误提示
    while(1)
        % % 更新当前时间
        time = floor(clock);    % 获取当前时刻,存入 1 × 6 的矩阵
        hour = time(4);         % 获取当前的小时
        min = time(5);          % 获取当前的分钟
        sec = time(6);          % 获取当前的秒
        % % 更新指针位置
        argHour = (hour + min / 60) * pi / 6; % 计算时针的弧度值
        hHour = arrow(hAxes, pi/2 - argHour, 'cyan', 0.5); % 绘制时针
        argMin = (min + sec/60) * pi / 30;        % 计算分针的弧度值
        hMin = arrow(hAxes, pi/2 - argMin, 'red', 0.8);     % 绘制分针
        argSec = sec * pi / 30;                   % 计算秒针的弧度值
        hSec = arrow(hAxes, pi/2 - argSec);       % 绘制秒针
        % % 更新窗口显示,暂停 1 秒后,删除指针
        drawnow;
        pause(1);
        delete([hHour hMin hSec]);    % 删除 3 个指针,方便下次更新指针
    end
catch
```

```
        disp('It''s closed.');
end


%% 子函数,用于创建指针组对象
function varargout = arrow(varargin)
%    采用 3 个 line 对象制作指针
%    函数描述:
%    输入参数依次为:父对象 h_axes,弧度值 ang,指针颜色 linecolor,指针长度 length,
%                   箭头长度 len2,指针线宽 linewidth
%    作者:罗华飞
%    版本:20101005 V1.0
switch nargin % 初始化输入参数
    case 0,
        h_axes = gca;
        ang = 0;
        lineColor = 'b';
        length = 1;
        len2 = 0.1;
        linewidth = 3;
    case 1,
        h_axes = varargin{1};
        ang = 0;
        lineColor = 'b';
        length = 1;
        len2 = 0.1;
        linewidth = 3;
    case 2,
        h_axes = varargin{1};
        ang = varargin{2};
        lineColor = 'b';
        length = 1;
        len2 = 0.1;
        linewidth = 3;
    case 3,
        h_axes = varargin{1};
        ang = varargin{2};
        lineColor = varargin{3};
        length = 1;
        len2 = 0.1;
        linewidth = 3;
    case 4,
        h_axes = varargin{1};
        ang = varargin{2};
        lineColor = varargin{3};
        length = varargin{4};
        len2 = 0.1;
        linewidth = 3;
    case 5,
        h_axes = varargin{1};
        ang = varargin{2};
        lineColor = varargin{3};
        length = varargin{4};
        len2 = varargin{5};
        linewidth = 3;
```

若您对此书内容有任何疑问,可以登录MATLAB中文论坛与同行交流。

```
    case 6,
        h_axes = varargin{1};
        ang = varargin{2};
        lineColor = varargin{3};
        length = varargin{4};
        len2 = varargin{5};
        linewidth = varargin{6};
    otherwise
        error('So many input arguments! ');
end
```

%% **创建组对象**
```
hg = hggroup('Parent', h_axes);
```
%% **绘制指针体**
```
x = [0 length] * cos(ang);
y = [0 length] * sin(ang);
line(x, y, 'Parent', hg, 'LineWidth', linewidth, 'Color', lineColor);
```
%% **绘制指针箭头的一部分**
```
ang1 = ang + pi / 6;
x1 = [x(2), x(2) - len2 * cos(ang1)];
y1 = [y(2), y(2) - len2 * sin(ang1)];
line(x1, y1, 'Parent', hg, 'LineWidth', linewidth, 'Color', lineColor);
```
%% **绘制指针箭头的另一部分**
```
ang2 = ang - pi / 6;
x2 = [x(2), x(2) - len2 * cos(ang2)];
y2 = [y(2), y(2) - len2 * sin(ang2)];
line(x2, y2, 'Parent', hg, 'LineWidth', linewidth, 'Color', lineColor);
```
%% **设置输出参数**
```
if nargout == 1
    varargout{1} = hg;
elseif nargout > 1
    error('So many output arguments! ');
end
```

【**例 4.3.4**】 采用 compass 函数,创建一个简易的模拟时钟,界面如图 4.83 所示。

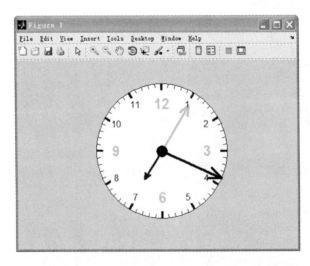

图 4.83　例 4.3.4 效果图

【解析】　compass 函数用于创建罗盘,创建包含 3 个指针的罗盘,调用语句为:

h_compass = compass([x1;x2;x3], [y1;y2;y3])

其中,(x1, y1)、(x2, y2) 和 (x3, y3) 为 3 个指针向量,
h_compass 分别为这 3 个指针向量(line 对象)的句柄。这里
的指针不是 hggroup 对象,而是 line 对象,其数据点依次为
图 4.84 中所示的 5 个点。

图 4.84　指针向量的数据点

每秒更新一次时间,根据当前时刻获取 3 个指针向量,分
别表示时、分、秒。程序保存在文件 timeCompass. m 中,完整的程序内容如下:

```
function timeCompass()
% 采用 compass 函数制作模拟时钟
% 作者:罗华飞
% 版本:20101005 V1.0
%% 创建坐标轴,用于显示表盘
hAxes = axes('visible', 'off', 'DrawMode', 'fast');


%% 绘制表盘中心点
hAxesDot = axes('Visible', 'off', 'DrawMode', 'fast');
axis equal;
line(0, 0, 'Parent', hAxesDot, 'Marker', 'o', 'MarkerFaceColor', 'b', 'MarkerSize', 15);


%% 循环更新时间
try
    while(1)     % 新版 MATLAB 支持这种写法,旧版本建议在 while 和 1 之间加个空格
        %% 获取当前时间
        time = floor(clock);
        hour = time(4);
        min = time(5);
        sec = time(6);
        %% 计算当前指针的弧度值
        argHour = pi/2 - (hour + min / 60) * pi / 6;
        argMin = pi/2 - (min + sec/60) * pi / 30;
        argSec = pi/2 - sec * pi / 30;
        %% 根据计算得到的指针弧度值,创建表盘和指针
        hCompass = compass(hAxes, [0.5 * cos(argHour); 0.8 * cos(argMin); cos(argSec)],...
            [0.5 * sin(argHour); 0.8 * sin(argMin); sin(argSec)]);
        set(hCompass, 'LineWidth', 3);
        set(hCompass(1), 'Color', 'r');
        set(hCompass(2), 'Color', 'g');
        delete(findall(hAxes, 'Type', 'text', '-or', 'linestyle', ';'));
        %% 绘制刻度
        ang = pi / 3;     % 刻度值1所对应的弧度值
        for i = 1 : 12    % 穷举每个刻度值
            if rem(i, 3)    % 刻度值为 3、6、9、12 时,字号为 12
                text(0.8 * cos(ang), 0.8 * sin(ang), num2str(i), 'horizontalAlignment',...
                    'center', 'FontSize', 12, 'Parent', hAxes);
            else            % 刻度值为 3、6、9、12 时,字号为 20,加粗,绿色
                text(0.7 * cos(ang), 0.7 * sin(ang), num2str(i), 'horizontalAlignment',...
                    'center', 'FontSize', 20, 'FontWeight', 'bold', 'Color', 'g',...
                    'Parent', hAxes);
            end
```

281

```
            ang = ang - pi / 6;   % 每绘制一个刻度值,就更新弧度值
        end
    % % 创建刻度线
    for i = 0 : 6 : 354     % i 为每个刻度线的角度
        thelt = i * pi / 180;  % 将角度转换为弧度值
        if ~rem(i, 30)      % 刻度线 3、6、9、12 要粗些,颜色为红色
            x = 0.9 : 0.01 : 1;  % 刻度线的长度为 0.1
            line(x * cos(thelt), x * sin(thelt), 'Color', 'r', 'LineWidth', 3, 'Parent', hAxes);
        else                    % 其他刻度线要细些,颜色为蓝色
            x = 0.95 : 0.01 : 1;  % 刻度线的长度为 0.05
            line(x * cos(thelt), x * sin(thelt), 'Color', 'b', 'LineWidth', 1, 'Parent', hAxes);
        end
    end
    % % 更新窗口显示,延迟 1 秒后,删除指针
    drawnow;
    pause(1);
    delete(allchild(hAxes));  % 删除 compass 对象,方便下次创建新的 compass 对象
    end
catch
    disp('It''s closed.');
end
end
```

【思考】　例 4.3.3 为了让读者熟悉 hggroup 对象的使用方法,用 hggroup 对象设计了指针。能否像例 4.3.4 那样,直接采用 line 对象来设计指针呢? 请读者自己实践一下。

4.4　精选答疑

问题 16　如何创建满足要求的 line 对象

【例 4.4.1】　编写 M 文件,实现如图 4.85 所示的 GUI 界面及其功能。

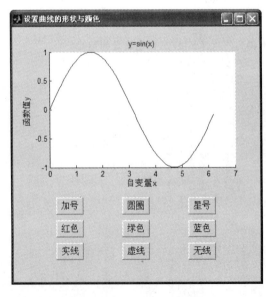

图 4.85　例 4.4.1 原图

【解析】　该图中包含 1 个 axes 对象、1 个 line 对象、3 个 text 对象和 9 个 uicontrol 对象，其中的 text 对象可采用 title、xlabel、ylabel 函数产生。由于每个 uicontrol 对象的标签字体大小一致，可以通过下面的语句设置其默认字体大小：

```
set(0,'Defaultuicontrolfontsize',12)
```

程序如下：

```
%% 创建一个隐藏的窗口,窗口布局好后再显示
hFigure = figure('menubar', 'none', 'NumberTitle', 'off', 'position', ...
    [200 60 450 450], 'name', '设置曲线的形状与颜色', 'Visible', 'off');
%% 创建坐标轴
hAxes = axes('Units', 'normalized', 'position', [0.15 0.45 0.75 0.45]);
xlabel('自变量 x');
ylabel('函数值 y');
title('y = sin(x)');
%% 绘制曲线
x = 0 : 0.1 : 2 * pi;
hLine = line(x, sin(x));
%% 创建 UI 控件
set(0, 'Defaultuicontrolfontsize', 12)    % 设置所有 UI 控件的默认字体大小为 12
uicontrol('string', '加号', 'position', [80 120 50 30], 'callback', ...
    'set(hLine,'marker'','+'')');    % 设置曲线的标记为加号
uicontrol('string', '圆圈', 'position', [200 120 50 30], 'callback', ...
    'set(hLine,'marker'','o'')');    % 设置曲线的标记为圆圈
uicontrol('string', '星号', 'position', [320 120 50 30], 'callback', ...
    'set(hLine,'marker'','*'')');    % 设置曲线的标记为星号
uicontrol('string', '红色', 'position', [80 80 50 30], 'callback', ...
    'set(hLine,'color'','r'')');    % 设置曲线的颜色为红色
uicontrol('string', '绿色', 'position', [200 80 50 30], 'callback', ...
    'set(hLine,'color'','g'')');    % 设置曲线的颜色为绿色
uicontrol('string', '蓝色', 'position', [320 80 50 30], 'callback', ...
    'set(hLine,'color'','b'')');    % 设置曲线的颜色为蓝色
uicontrol('string', '实线', 'position', [80 40 50 30], 'callback', ...
    'set(hLine,'LineStyle'','-'')');    % 设置曲线的线型为实线
uicontrol('string', '虚线', 'position', [200 40 50 30], 'callback', ...
    'set(hLine,'LineStyle'','--'')');    % 设置曲线的线型为虚线
uicontrol('string', '无线', 'position', [320 40 50 30], 'callback', ...
    'set(hLine,'LineStyle'','none'')');    % 设置曲线的线型为无线型
%% 显示窗口
set(hFigure, 'Visible', 'on');
```

问题 17　如何创建动态的 GUI 对象

可以采用以下结构实现动态的 GUI 对象：

```
while 循环条件
    % 执行相关循环命令;更新 GUI 对象的属性
    drawnow;
    pause 循环周期
end
```

283

⚓ **【例 4.4.2】** 编程实现运动的小球，GUI 界面如图 4.86 所示。要求：

（1）小球运动的角速度可调；

（2）单击【开始】按钮，小球开始运动；单击【停止】按钮，小球停止运动；单击【反向】按钮，小球反向运动；单击【关闭】按钮，关闭 GUI 窗口。

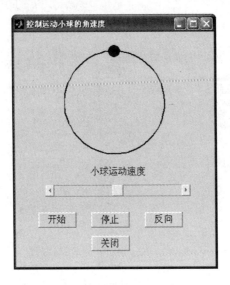

图 4.86　例 4.4.2 原图

【解析】　小球可被看作一个只包含一个点的 line 对象，其运动效果可由 while 循环实现。要注意每次循环必须用 drawnow 函数重绘一次窗口，否则看不出运动效果。小球的运动角速度可由每次重绘暂停的时间来控制，而这个时间由 slider 对象的 Value 值控制。小球运动的反向可通过互换小球运动轨迹的 XData 和 YData 数据来实现。程序如下：

```matlab
%% 创建一个隐藏的窗口
hFigure = figure('menubar', 'none', 'NumberTitle', 'off', 'position',...
    [198 56 350 400], 'name', ' 控制运动小球的角速度 ', 'Visible', 'off');
%% 创建坐标轴
hAxes = axes('position', [0.25 0.45 0.5 0.5], 'visible', 'off');
axis equal
%% 产生一个圆,作为小球运动的轨迹
t = 0 : 0.1 : 2 * pi + 0.1;
x = sin(t);
y = cos(t);
line(x, y, 'LineWidth', 2);
%% 设置 uicontrol 对象默认的背景颜色和字体大小和位置单位
set(0, 'DefaultuicontrolBackgroundColor', get(hFigure, 'color'));
set(0, 'DefaultuicontrolFontsize', 12);
set(0, 'DefaultuicontrolUnits', 'points');
%% 创建小球
hBobble = line('xdata', 0, 'ydata', 1, 'marker', 'o', 'MarkerFaceColor'...
    'r', 'markersize', 15);
%% 初始化参数
nPos = length(t); % 小球的位置个数
iPos = 1;         % 小球的当前位置索引,有效索引值范围为[1 nPos]
```

```
delt = 0.01;  %更新小球位置的周期,用于控制小球运动的速度
isPaused = false; %表征当前是否已经停止(实际上可以理解为暂停)
isForward = true; %表征当前是正向运动还是反向运动
%% 【开始】按钮的回调函数
btnStart_Callback = ['isPaused = false;',...  %按【开始】按钮后,isPaused 标志的值为假
        'while ishandle(hFigure),',...    %判断当前窗口是否存在,若窗口关闭,则不执行循环
        'set(hBobble, ''xdata'', x(iPos), ''ydata'', y(iPos));',...%更新小球位置
        'drawnow,',...%重绘窗口
        'pause(delt),',...%暂停一段时间再更新小球位置,delt 为执行相邻两次循环所间隔的时间
        'iPos = iPos - (-1)^isForward;',...%根据 isForward 标志,更新小球位置 iPos
        'if iPos == nPos+1,',...%若小球的位置索引值大于 nPos
        'iPos = 1;',...%设置小球位置索引值为 1
        'elseif iPos == 0,',...%若小球的位置索引值小于 1
        'iPos = nPos;',...%设置小球位置索引值为 nPos
        'end,',...
        'if isPaused,',...    %若按了【停止】按钮
        'break,',...         %跳出 while 循环
        'end,',...
        'end'];
%% 创建各 GUI 控件
uicontrol('string', '开始', 'position', [30 50 50 20], 'callback', btnStart_Callback);
uicontrol('string', '停止', 'position', [100 50 50 20], 'callback'...
        'isPaused = true;');   % 更新 isPaused 标志为真
uicontrol('string', '反向', 'position', [170 50 50 20], 'callback'...
        'isForward = ~isForward;');   % 对 isForward 标志取反
uicontrol('string', '关闭', 'position', [100 20 50 20], 'callback'...
        ['isPaused = true;', closereq]); %先停止,再关闭当前窗口
uicontrol('style', 'slider', 'value', 0.5, 'position',[40 90 190 15], 'callback'...
        ['val = get(gcbo, ''value'');', 'delt = val/100 + 0.01;']);   % 修改两次 while 循环间隔的时间
uicontrol('style','text', 'position', [40 110 190 20], 'fontsize',12...
        'string', '小球运动速度');
%% 显示窗口
set(hFigure, 'Visible', 'on');
```

问题 18 如何为窗口设计背景图片

窗口的背景图片一般要在窗口创建后,其他 UI 控件创建前设计好。其设计思想为,创建一个隐藏、铺满窗口的坐标轴,在该坐标轴内创建一个 image 对象,也就是该背景图片。

【例 4.4.3】 创建一个 GUI 窗口,窗口名为"江楼感旧",载入当前目录下的图片 pic.jpg 作为背景图片,并在图片左上方区域由右至左,竖形显示以下诗句:

独上江楼思渺然,月光如水水如天。

同来望月人何在?风景依稀似去年。

【解析】 背景图片可以通过在铺满窗口的隐藏坐标轴内创建基于该图片的 image 对象来实现,而诗句可以通过创建 4 个 text 对象来实现。

程序如下:

%% 创建一个隐藏的窗口,并调整窗口位置到屏幕中间

若您对此书内容有任何疑问,可以登录 MATLAB 中文论坛与同行交流。

```
hFigure = figure('menubar', 'none', 'NumberTitle', 'off', 'position',...
    [1000 1000 720 450], 'name', '江楼感旧', 'Visible', 'off');
movegui(hFigure, 'center');
%% 创建坐标轴,用于显示背景图片和文本
hAxes = axes('visible', 'off', 'units', 'normalized', 'position', [0 0 1 1]);
%% 显示图片
cData = imread('pic.jpg');
image(cData);
axis off;
%% 要显示的文本内容
strCell = {'独上江楼思渺然,', '月光如水水如天。',...
    '同来望月人何在?', '风景依稀似去年。'};
%% 逐列显示文本
for i = 1 : numel(strCell)    % 穷举每条诗句
    strTemp = strCell{i};     % 获取第 i 条诗句
    str = [strTemp; 10 * ones(1, length(strTemp))]; % 诗句的每个字后添加一个换行符
    str = str(:)';     % 获取添加了换行符的诗句字符串
    text('string', str, 'position', [700 - 100 * i 300], 'Horizontal', 'right',...
        'FontName', '华文楷体', 'FontSize', 18, 'FontWeight', 'bold');
end
%% 显示窗口
set(hFigure, 'Visible', 'on');
```

生成的窗口如图 4.87 所示。

图 4.87 例 4.4.3 的程序运行结果

问题 19 如何定制窗口的菜单

【例 4.4.4】 删除窗口的标准菜单,并且修改标准工具栏的工具按钮依次为放大(Zoom In)、缩小(Zoom Out)、拖曳(Pan)、数据光标(Data Cursor)。

【解析】 删除标准菜单可用 findall 函数查找到标准菜单后用 delete 函数删除;标准工具栏共有 14 个按钮,其中 6 个 uipushtool 对象,8 个 uitoggletool 对象。放大、缩小、拖曳和数据光标按钮,均为 uitoggletool 对象,可将不需要显示的工具按钮隐藏起来。程序如下:

```
hFigure = figure;                                    % 创建一个 GUI 窗口
delete(findall(hFigure, 'type', 'uimenu'));          % 删除标准菜单
hToolBar = findall(hFigure, 'type', 'uitoolbar')     % 查找工具栏
set(allchild(hToolBar), 'visible', 'off');           % 隐藏工具栏所有按钮
hTools = findall(hToolBar, 'Tooltip', 'Zoom In', '-or', 'Tooltip', 'Zoom Out',...
        '-or', 'Tooltip', 'Pan', '-or', 'Tooltip', 'Data Cursor');   % 在工具栏里查找需要显示的 4 个按钮
set(hTools,'visible','on','Separator','off')         % 显示这 4 个按钮
```

运行该程序,生成的窗口如图 4.88 所示。

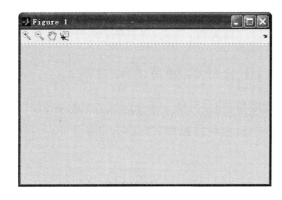

图 4.88　例 4.4.4 的程序运行结果

问题 20　如何设计窗口菜单并编写回调函数

【例 4.4.5】　编程实现如下功能:

创建一个标签为 Tool、快捷键为 Alt＋T 的菜单,菜单选择 Grid on 时,绘图区显示网格,且该菜单选项前添加一个√;菜单选择 Grid off 时,绘图区不显示网格,且该菜单选项前添加一个√。任何时候只能显示一个√,默认 Grid off 选项前加√。

【解析】　首先要隐藏窗口的标准菜单,然后创建一个 Label 值为 ＆Tool,Accelerator 值为 T 的菜单对象,然后再一次创建 Label 值为 Grid on 和 Grid off 的菜单选项,在菜单选项的 Callback 函数中设置两个菜单选项的 Checked 属性,并执行 grid on 或 grid off 命令。

程序如下:

```
hFigure = figure('menubar', 'none', 'Visible', 'off');        % 创建隐藏的 GUI 窗口
hMenu = uimenu(hFigure, 'label', '&Tool', 'Accelerator', 'T'); % 创建菜单,并设置快捷键
hGridOn = uimenu(hMenu, 'label','grid on','Callback'...
    ['set(hGridOn,' 'checked' ',' 'on' ');'...
    'set(hGridOff,' 'checked' ',' 'off' ');'...
    'grid on']);   % 创建菜单选项【Grid on】
hGridOff = uimenu(hMenu, 'label', 'grid off', 'checked', 'on', 'Callback'...
    ['set(hGridOff,' 'checked' ',' 'on' ');'...
    'set(hGridOn,' 'checked' ',' 'off' ');'...
    'grid off']);   % 创建菜单选项【Grid off】
set(hFigure, 'Visible', 'on');   % 显示窗口
```

程序运行结果如图 4.89 所示。

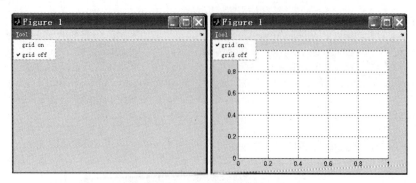

图 4.89　例 4.4.5 的程序运行结果

问题 21　如何采用 UI 控件实现简易的时钟

【例 4.4.6】　编程实现简易的时钟,能显示年、月、日、时、分、秒。

【解析】　年、月、日、时、分、秒可以通过下面的语句来获取:

```
>> floor(clock)
ans =
        2010          10           5           4          56          39
```

只要在 while 循环中每隔 1s 更新一次时间的显示即可。显示时间的文本框采用 edit 控件而不是 text 控件,因为 text 控件的文本,在垂直方向并不是显示在中间的,而 text 对象的文本,在垂直方向是显示在正中间的。另外,还可单独加一个【关闭】按钮。

程序如下:

```
%% 创建合适大小、隐藏的 GUI 窗口
hFigure = figure('menubar', 'none', 'NumberTitle', 'off', 'position',...
    [200 150 300 150], 'name', ' 简易时钟 ', 'Visible', 'off');
movegui(hFigure, 'center');    %窗口位置调整在屏幕中间
%% 设置 UI 控件默认的背景色、位置单位和字体大小
set(0, 'DefaultuicontrolBackgroundColor', get(hFigure,'color'))
set(0, 'DefaultuicontrolUnits', 'points')
set(0, 'DefaultuicontrolFontsize', 12)
%% 获取当前时钟,用于初始化文本控件显示的时间
nowTime = floor(clock);
%% 创建所需要的 UI 控件
yearDisp = uicontrol('style', 'edit', 'enable', 'inactive', 'BackgroundColor'...
    'w', 'horizontal', 'right', 'position', [20 80 30 20], 'string',...
    num2str(nowTime(1)));
uicontrol('style', 'text', 'string', '年 ', 'fontsize', 14, 'position', [55 80 20 20]);
monDisp = uicontrol('style', 'edit', 'enable', 'inactive','BackgroundColor', 'w',...
    'horizontal', 'right', 'position', [80 80 30 20], 'string', num2str(nowTime(2)));
uicontrol('style', 'text', 'string', '月 ', 'fontsize', 14, 'position', [115 80 20 20]);
dayDisp = uicontrol('style', 'edit', 'enable', 'inactive', 'BackgroundColor', 'w',...
    'horizontal', 'right', 'position', [140 80 30 20], 'string', num2str(nowTime(3)));
uicontrol('style', 'text', 'units', 'points', 'string', '日 ', 'fontsize'...
    14, 'position', [175 80 20 20]);
```

```
timeDisp = uicontrol('style', 'edit', 'enable', 'inactive', 'BackgroundColor',...
    'w', 'horizontal', 'right', 'position', [40 30 80 20], 'string',...
    [num2str(nowTime(4)) ':' num2str(nowTime(5)) ':' num2str(nowTime(6))]);
uicontrol('string', '关闭', 'position', [150 30 50 20], 'callback', 'isClosed = true;close');
%% 显示窗口
set(hFigure, 'Visible', 'on');
%% 设置全局标志
isClosed = false; % 表征窗口是否执行关闭操作
%% 循环更新时间显示
while ishandle(hFigure)
    nowTime = floor(clock);    % 更新当前时刻
    set(yearDisp, 'string', num2str(nowTime(1)));  % 设置年
    set(monDisp, 'string', num2str(nowTime(2)));   % 设置月
    set(dayDisp, 'string', num2str(nowTime(3)));   % 设置日
    set(timeDisp, 'string', [num2str(nowTime(4), '%2d'), ':', num2str(nowTime(5), '%2d'),...
        ':', num2str(nowTime(6), '%2d')]);           % 设置时分秒
    pause(1);      % 暂停 1 秒
    if isClosed    % 检查 isColosed 标志,若单击了【关闭】按钮,跳出循环
        break;
    end
end
```

生成的界面如图 4.90 所示。

【例 4.4.7】 在菜单栏显示当前年、月、日、时间、星期,且显示颜色为红色。

【解析】 当前时间可以由 datestr 函数获取,星期可以由 weekday 函数获取,字体颜色可以设置 uimenu 对象的 ForegroundColor 属性。

程序如下:

```
%% 创建窗口
hFigure = figure('Name', '日期显示', 'menubar', 'none', 'position',...
    [500 300 300 100], 'DockControls', 'off', 'NumberTitle', 'off');
%% 创建菜单
hMenu = uimenu(hFigure, 'label', '', 'ForegroundColor', 'r');
xingqi = {'日', '一', '二', '三', '四', '五', '六'}; % 星期字符串
while ishandle(hFigure)
    set(hMenu, 'Label', [datestr(clock) '星期' xingqi{weekday(now)}]);
    drawnow;
    pause(1);
end
```

生成的窗口如图 4.91 所示。

图 4.90 例 4.3.6 的程序运行结果

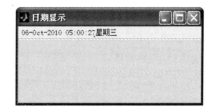

图 4.91 例 4.4.7 的程序运行结果

【思考】 联想到前面讲到的 HTML 标记,请读者修改以上程序,使菜单栏显示的文本为彩色,且字体增大。

问题 22　如何实现文字的水平循环滚动效果

【例 4.4.8】 采用 uicontrol 控件,制作一个简易的循环水平滚动条,滚动显示以下诗句:"试玉要烧三日满,辨材须待七年期。"要求:

① 距窗口左右边界均为 50 点(points);

② 滚动条背景为白色,文本颜色为蓝红交替;

③ 滚动条从右至左滚动,当文本滚动到左边界时,从右边界开始重复出现文本。

【解析】 采用 5 个 uicontrol 对象完成该滚动条的制作。

最底层为 edit 类型的 uicontrol 对象,用于创建滚动条的白色背景和滚动条边框;

第 2 层为 text 类型的 uicontrol 对象,用于创建第 2 个文本字符串;

第 3 层为 text 类型的 uicontrol 对象,用于创建第 1 个文本字符串;

第 4 层为 text 类型的 uicontrol 对象,用于创建左边界遮挡条;

第 5 层为 text 类型的 uicontrol 对象,用于创建右边界遮挡条。

程序如下:

```
clear;  % 清除所有变量
%% 初始化滚动条参数
isMoveFirst = true;  % 值为真时移动文本控件 hDown,值为假时移动文本控件 hDown2
delt = 10;  % 每次移动的长度,单位为 points
a = 50;  % 滚动条左边界与窗口左边界的距离
b = 50;  % 滚动条右边界与窗口右边界的距离
width = 450;  % 窗口的宽度
height = 200;  % 窗口的高度
strDisp = '试玉要烧三日满,辨材须待七年期。';  % 要滚动显示的字符串
%% 创建隐藏的窗口,并将窗口移到屏幕中间
hFigure = figure('Name', '滚动条设计实例', 'MenuBar', 'none', 'ToolBar', 'none',...
    'NumberTitle', 'off', 'Units', 'points', 'Position', [0 0 width height],...
    'Visible', 'off');
movegui(hFigure, 'center');
%% 设置 uicontrol 控件默认的字体大小、字体粗细和计量单位
set(0, 'DefaultuicontrolFontSize', 12);
set(0, 'DefaultuicontrolFontWeight', 'bold');
set(0, 'DefaultuicontrolUnits', 'point');
%% 以下 5 个控件创建的顺序不能颠倒
uicontrol('Style', 'edit', 'Enable', 'inactive', 'BackgroundColor', 'w', 'Position',...
    [a - 2 height/2 width - a - b + 4 30], 'ForegroundColor', 'r'); % 创建白色背景
hDown2 = uicontrol('Style', 'text', 'BackgroundColor', 'w', 'String', strDisp, 'Position',...
    [width - b height/2 + 1.300 24], 'ForegroundColor', 'r', 'Hor', 'left'); % 创建文本控件 hDown2
hDown = uicontrol('Style', 'text', 'BackgroundColor', 'w', 'String', strDisp,...
    'Position', [width - b height/2 + 1 300 24], 'Hor', 'left'); % 创建文本控件 hDown
hUpLeft = uicontrol('Style', 'text', 'Position', [a - 202 height/2 200 30],...
    'BackgroundColor', get(hFigure, 'Color'));  % 创建左边界遮挡条
hUpRight = uicontrol('Style', 'text', 'Position', [width - b - 2 height/2 200 30],...
    'BackgroundColor', get(hFigure, 'Color')); % 创建右边界遮挡条
```

```
%% 显示窗口
set(hFigure, 'Visible', 'on');
%% 循环显示
while ishandle(hFigure)
if isMoveFirst    % isMoveFirst 值为真时移动文本控件 hDown
    pos = get(hDown, 'position');
    pos(1) = pos(1) - delt;
    if pos(1) + 300 > a % 若文本控件 hDown 的最右端在 hUpLeft 的覆盖范围之外
        set(hDown, 'position', pos);
    else                % 若文本控件 hDown 被 hUpLeft 完全覆盖
        isMoveFirst = false;
        pos(1) = width - b;
        set(hDown, 'Position', pos);
    end
    if pos(1) < a % 若文本控件 hDown 的最左端被 hUpLeft 覆盖,开始移动文本控件 hDown2
        pos = get(hDown2, 'position');
        pos(1) = pos(1) - delt;
        set(hDown2, 'Position', pos);
    end
else                % isMoveFirst 值为假时移动文本控件 hDown2
    pos = get(hDown2, 'position');
    pos(1) = pos(1) - delt;
    if pos(1) > - 300 % 若文本控件 hDown2 的最右端在 hUpLeft 的覆盖范围之外
        set(hDown2, 'position', pos);
    else                % 若文本控件 hDown2 被 hUpLeft 完全覆盖
        isMoveFirst = true;
        pos(1) = width - b;
        set(hDown2, 'Position', pos);
    end
    if pos(1) < a %  若文本控件 hDown2 的最左端被 hUpLeft 覆盖,开始移动文本控件 hDown
        pos = get(hDown, 'position');
        pos(1) = pos(1) - delt;
        set(hDown, 'Position', pos);
    end
end
drawnow;  % 重绘窗口
pause(0.1);  % 暂停 0.1s 后继续执行循环
end
```

生成的窗口如图 4.92 所示。

【例 4.4.9】 采用坐标轴和核心对象,制作一个类似例 4.4.8 的循环水平滚动条,要滚动的文本内容为:"感时花溅泪,恨别鸟惊心。"

【解析】 坐标轴可以作为滚动条的背景和边框,两个 text 对象可以实现文本的循环滚动。一个文本的左端超出坐标轴,另一个文本的左端则对齐坐标轴右端。这里需要注意的是,text 对象默认情况下,是可以超出坐标轴显示的。也就是说,text 对象的 Clipping 属性值默认值为 off,需要将其设置为 on。开始时一个文本在坐标轴最右端,另一个在坐标轴左端之外。每次循环同时向左移动两个文本,并判断横坐标值大的文本,左端是否超出坐标轴区域,若超出,则将另一文本移至坐标轴最右端,等待显示。

图 4.92 例 4.4.8 的程序运行结果

程序如下:

```matlab
clear;    % 清除所有变量
%% 初始化滚动条参数
delt = 10;  % 每次移动的长度,单位为 points
a = 50;       % 滚动条左边界与窗口左边界的距离
b = 50;       % 滚动条右边界与窗口右边界的距离
width = 450;  % 窗口的宽度
height = 200;  % 窗口的高度
strDisp = '感时花溅泪,恨别鸟惊心。';  % 要滚动显示的字符串
%% 创建隐藏的窗口,并将窗口移到屏幕中间
hFigure = figure('Name', '滚动条设计实例', 'MenuBar', 'none', 'ToolBar', 'none',...
    'NumberTitle', 'off',  'Units', 'points', 'Position', [0 0 width height],...
    'Visible', 'off');
movegui(hFigure, 'center');
%% 创建滚动条边框和背景
axes('Box', 'on', 'DrawMode', 'fast', 'XTick', [], 'YTick', [], 'XTickLabel'...
    '', 'YTickLabel', '', 'XLim', [0 500], 'YLim', [0 10], 'Units', 'points'...
    'Position', [a height/2 width - a - b 30]);
%% 创建文本对象,用于滚动显示字符串。注意 text 对象的 Clipping 属性默认值为 off,要设置为 on
hText1 = text('String', strDisp, 'Position', [500 5], 'FontWeight', 'bold',...
    'Hor', 'left', 'vert', 'middle', 'Clipping', 'on');  % 创建文本对象 hText1,
hText2 = text('String', strDisp, 'Position', [ - 500 5], 'FontWeight', 'bold',...
    'Color', 'r', 'Hor', 'left', 'vert', 'middle', 'Clipping', 'on');  % 创建文本控件 hDown2
%% 显示窗口
set(hFigure, 'Visible', 'on');
%% 循环显示
while ishandle(hFigure)
    pos1 = get(hText1, 'position');  % 获取第 1 个文本对象的位置
    pos2 = get(hText2, 'position');  % 获取第 2 个文本对象的位置
    pos1(1) = pos1(1) - delt;        % 更新第 1 个文本对象的位置变量
    pos2(1) = pos2(1) - delt;        % 更新第 2 个文本对象的位置变量
    %% 若 hText1 对象在 hText2 的右边,且 hText1 对象左边超出坐标轴,则将 hText2 移到坐标轴最右边
    if pos1(1) > pos2(1) && pos1(1) < 0.2
        pos2(1) = 500;
    elseif pos2(1) > pos1(1) && pos2(1) < 0.2
        pos1(1) = 500;
    end
```

```
        set(hText1, 'position', pos1);    % 更新第 1 个文本对象的位置
        set(hText2, 'position', pos2);    % 更新第 2 个文本对象的位置
        drawnow;    % 重绘窗口
        pause(0.1);    % 暂停 0.1s 后继续执行循环
    end
```

生成的窗口如图 4.93 所示。

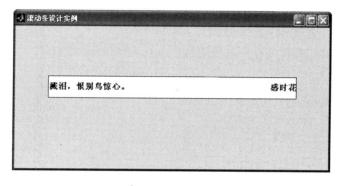

图 4.93　例 4.4.9 的程序运行结果

问题 23　如何构造和使用 hggroup 对象

【例 4.4.10】　编写一个鼠标捕获小程序:当在坐标轴上单击鼠标左键时,产生一个小叉,同时在坐标轴右上角显示小叉中心点的坐标;当在坐标轴上单击鼠标右键时,清除所有小叉。

【解析】　创建一个函数 fork,该函数产生一个形为小叉的 hggroup 对象,并将其插图修改为小叉中心点的坐标。

fork 函数如下:

```
function h_fork = fork(x1, y1, varargin)
%      作者:罗华飞
%      功能:产生一个小叉,并显示小叉坐标
%      用法:
%          h_fork = fork(x1, y1);          在当前坐标轴的点(x1, y1)处产生一个小叉
%          h_fork = fork(x1, y1, h_axes); 在坐标轴 h_axes 的点(x1, y1)处产生一个小叉
%          h_fork = fork(x1, y1, h_axes, p1, v1, ...);  在坐标轴 h_axes 的点(x1, y1)
%              处产生一个小叉,并设置叉叉的属性 P1 值为 V1,P2 属性值为 V2...
%      版本:2010.09.15 V1.0
if nargin == 2                     % 若输入参数为 2 个,表示输入的是小叉中心点的坐标
    h_fork = hggroup;
elseif nargin > 2                  % 若输入参数多于 2 个,表格输入的第 3 个参数为小叉的父对象
    h_fork = hggroup('parent', varargin{1});
else
    error('Input arguments is too few.');
end


set(get(get(h_fork, 'Annotation'), 'LegendInformation'),...
    'IconDisplayStyle', 'children');          % 设置插图的显示模式为显示子对象
```

293

```
%↓↓↓↓↓↓↓↓↓创建小叉↓↓↓↓↓↓↓↓↓
x = [-1;1];
h1 = line(x + x1, x + y1, 'HitTest', 'off', 'parent', h_fork);
h2 = line(x + x1, -x + y1, 'HitTest', 'off', 'parent', h_fork);

%↓↓↓↓↓↓创建小叉中心点的坐标↓↓↓↓↓↓
h = legend('show');
delete(findobj(h, 'Type', 'line'));
h12 = findobj(h, 'Type', 'text');
set(h12(1), 'Position', [0.1 0.3 0], 'string', sprintf('x:%5.2f', x1));
set(h12(2), 'Position', [0.1 0.7 0], 'string', sprintf('y:%5.2f', y1));

%设置小叉的线条属性
if nargin > 2
    for i = 1 : 2 : nargin - 3
        set([h1, h2], varargin{i + 1}, varargin{i + 2});
    end
end
```

创建一个脚本文件,产生一个窗口和坐标轴,并在该脚本文件中调用上面编写的 fork.m 文件:

```
%% 以下为调用上面 fork.m 的脚本文件
btndownCallback = ['if strcmp(get(gcbf, ''SelectionType''), ''normal''),',... %若单击鼠标左键
                'pos = get(gcbo, ''CurrentPoint'');',...       %获取所单击的点坐标
                'fork(pos(1, 1), pos(1, 2), gcbo);',...        %在该点处产生一个小叉,并显示小
                                                                  叉坐标
                'elseif strcmp(get(gcbf, ''SelectionType''), ''alt''),',...%若单击鼠标右键
                'delete(findobj(gcbo, ''Type'', ''hggroup''));',...        %删除小叉对象
                'end'];
%% 若单击左键,绘制小叉及其中心点坐标;若单击右键,清除所有小叉
axes('xlim', [0 100], 'ylim', [0 100], 'ButtonDownFcn', btndownCallback);
```

在生成的窗口坐标轴内单击鼠标左键,产生小叉及其坐标,如图 4.94 所示。

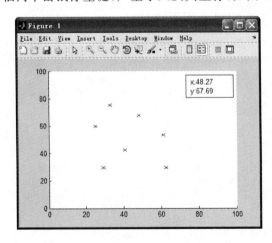

图 4.94　例 4.4.10 的程序运行结果

在生成的窗口中单击鼠标右键,则清除所有小叉。

问题 24 如何使窗口最大化、最小化、置顶和居中,如何在窗口中更换图标

root 对象有一个很重要的未公开属性 HideUndocumented(默认值为 on),用于控制 GUI 对象的隐藏属性显示。将该属性值设置为 off,将显示 GUI 对象包括隐藏属性的所有属性。显示未公开的属性,使用以下命令:

```
set(0, 'HideUndocumented', 'off')
```

此时,可以用 get(figure)命令查看 figure 的所有属性(包括未公开的属性)。figure 对象有一个未公开的属性 JavaFrame。该属性在使用时会弹出警告:“JavaFrame 可能会在新的 MATLAB 版本中废弃”。当然,从 MATLAB 7.1 到 MATLAB 2010b,该属性仍然没有被废弃。要关闭该警告,可以在命令行输入命令:

```
warning('off','MATLAB:HandleGraphics:ObsoletedProperty:JavaFrame');
```

或

```
warning off;
```

现在研究一下 JavaFrame 属性。

在命令行输入下列命令:

```
>> h = figure;
>> javaFrame = get(h,'JavaFrame');
>> get(javaFrame)
```

命令行输出如下:

```
UIControlBackgroundCompatibilityMode: 0
ActiveXCanvas: [1x1 com.mathworks.hg.peer.HeavyweightLightweightContainerFactory $ 5]
AxisComponent: [1x1 com.mathworks.hg.peer.FigureAxisComponentProxy $ _AxisCanvas]
Class: [1x1 java.lang.Class]
Desktop: [1x1 com.mathworks.mde.desk.MLDesktop]
ExposeEvents: [1x1 java.util.AbstractList $ ListItr]
FigureIcon: [1x1 javax.swing.ImageIcon]
FigurePanelContainer: [1x1 com.mathworks.hg.peer.HeavyweightLightweightContainerFactory $ 2]
GroupName: 'Figures'
Maximized: 0
Minimized: 0
MouseWheelCallback: [1x1 com.mathworks.jmi.Callback]
NativeChildWindowHandle: 8.7315e + 015
NativeWindowHandle: 12387562
NotificationSuccessor: []
ParentFigureValidator: [1x1 com.mathworks.hg.peer.FigurePeer]
UserLastMethodID: 26
```

① FigureIcon 子属性:该属性设置窗口左上角图标,其值为[1x1 javax. swing. Image-

若您对此书内容有任何疑问,可以登录 MATLAB 中文论坛与同行交流。

Icon]。因此,改变图标的方法如下:

```
set(javaFrame, 'FigureIcon', javax.swing.ImageIcon('icon.jpg'))    % icon.jpg 为指定的图标
```

② Maximized 子属性:该值设置为 1 时表示窗口最大化。如:

```
set(javaFrame,'Maximized',1)
```

③ Minimized 子属性:该值设置为 1 时表示窗口最小化。如:

```
set(javaFrame,'Minimized',1)
```

另外,若要窗口置顶,只需要设置窗口的 WindowStyle 属性值为 modal;若要窗口居中,只需要使用 movegui 命令将其移到窗口中间:

```
movegui(hFigure, 'center')
```

问题 25　怎样利用 Uitable 对象在列名、行名或单元格中输入上下标和希腊字母

希腊字母可以从 Word 中复制过来,而上标和下标可以采用 HTML 标记中的<sup>和<sub>标记来创建。

【例 4.4.11】 创建一个 2×2 的表格,列名分别为 a_1 和 a_2,行名为 α 和 β,第 1 列数据为 $[x^1;x^2]$,第 2 列数据为 $[y^1;y^2]$。

【解析】 将希腊字母从 Word 中复制过来,上标由<sup>标记创建,下标由<sub>标记创建,程序如下:

```
rowName = {'α', 'β'};
columnName = {'<html>a<sub>1</html>', '<html>a<sub>2</html>'};
data = cell(2, 2);
data{1, 1} = '<html>x<sup>1</html>';
data{1, 2} = '<html>x<sup>2</html>';
data{2, 1} = '<html>y<sup>1</html>';
data{2, 2} = '<html>y<sup>2</html>';
uitable('data', data, 'RowName', rowName, 'ColumnName', columnName, 'FontSize', 12);
```

生成的表格如图 4.95 所示。

问题 26　如何更改菜单项的字体大小,如何设置菜单项的字体颜色

【例 4.4.12】 修改例 4.4.7 的程序,使菜单栏显示的文本字体增大,加粗,且年月日为红色、时间为蓝色、星期为黑色。

【解析】 字体大小、加粗、彩色均可由 HTML 标记产生。
程序如下:

```
%% 创建窗口
hFigure = figure('Name', '日期显示', 'menubar', 'none', 'position',...
```

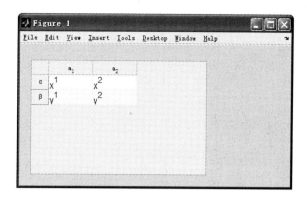

图 4.95　例 4.4.11 的程序运行结果

```
         [500 300 400 200], 'DockControls', 'off', 'NumberTitle', 'off');
%% 创建菜单
hMenu = uimenu(hFigure, 'label', ' ');
xingqi = {'日', '一', '二', '三', '四', '五', '六'};  % 星期字符串
while ishandle(hFigure)
    strDate = datestr(now, 29);    % 获取当前年月日
    strTime = datestr(now, 13);    % 获取当前时分秒
    set(hMenu, 'Label', ['<html><b><font size = 5 color = "Red">' strDate ...    % 字体为 5 号加
                                                                  % 粗,年月日字体为红色
        '<font color = "Blue">' strTime '<font color = "Black"> 星期 '...    % 时分秒颜色为
                                                                  % 蓝色,星期颜色为黑色
        xingqi{weekday(now)} '</font></font></font></html>']);
    drawnow;                       % 更新窗口显示
    pause(1);                      % 暂停 1s 后继续显示
end
```

生成的窗口如图 4.96 所示。

图 4.96　例 4.4.12 的程序运行结果

问题 27　如何逐个输出坐标轴内的图形到单独的图片中

【例 4.4.13】　在一个窗口内创建 4 个坐标轴,分别采用 plot 和 stem 函数绘制正弦曲线和余弦曲线,并逐个输出到单独的图片中。要求坐标轴充满整个图片。

【解析】　在第 2 章已经给出了一段代码,采用 print 函数输出坐标轴内的图形到图片中。但是那种方法只适合于窗口内只有一个坐标轴的情况。若窗口中存在多个坐标轴,生成的图片中的坐标轴就不会铺满整个图片。因此,需要将坐标轴铺满窗口再打印输出。

　　程序如下:

```matlab
%% 图形数据的横坐标
t = 0 : 0.1 : 2 * pi;
%% 创建第 1 个坐标轴
hAxes1 = subplot(221);
plot(sin(t));
set(hAxes1, 'tag', 'h1');
%% 创建第 2 个坐标轴
hAxes2 = subplot(222);
plot(cos(t));
set(hAxes2, 'tag', 'h2');
%% 创建第 3 个坐标轴
hAxes3 = subplot(223);
stem(sin(t));
set(hAxes3, 'tag', 'h3');
%% 创建第 4 个坐标轴
hAxes4 = subplot(224);
stem(cos(t));
set(hAxes4, 'tag', 'h4');
%% 弹出文件保存对话框
[fName, pName, index] = uiputfile({'*.bmp'; '*.jpg'}, '图片另存为', datestr(now, 30));
%% 若没有单击【取消】按钮或直接关闭对话框,保存图片
if index
    str = [pName fName];      % 获取图片的全路径
    strBefore = str(1:end - 4);  % 去掉后缀,便于为多张图片命名
    strEx = str(end - 3 : end);  % 获取图片后缀
    hFigure = figure('visible', 'off');  % 创建隐藏的窗口
    if strcmp(strEx, '.bmp')   % 若保存为 BMP 图片
        for i = 1 : 4
            %% 第 i 张图片的图片名
            fullName = [strBefore '_' num2str(i) '.bmp'];
            %% 创建坐标轴,用于临时保存要输出的图像
        hAxes = copyobj(findobj('tag', ['h' num2str(i)]), hFigure);
                                          % 将坐标轴区域复制到隐藏窗口
            %% 坐标轴铺满窗口,从而图形铺满图片
            set(hAxes, 'Units', 'normalized', 'Position', [0.1 0.1 0.8 0.8]);
            %% 输出图片
            print(hFigure, '-dbmp', fullName);          % 输出到图片
            %% 删除临时坐标轴
            delete(gca);
        end
    elseif strcmp(strEx, '.jpg')   % 若保存为 JPG 图片
        %% 注释同上,省略
        for i = 1 : 4
            fullName = [strBefore '_' num2str(i) '.jpg'];
            hAxes = copyobj(findobj('tag', ['h' num2str(i)]), hFigure);
                                          % 将坐标轴区域复制到隐藏窗口
            set(hAxes, 'Units', 'normalized', 'Position', [0.1 0.1 0.8 0.8]);
            print(hFigure, '-djpeg', fullName);          % 输出到图片
            delete(gca);
        end
    end
    delete(hFigure);  % 删除隐藏的窗口
end
```

运行结果如图 4.97 所示。

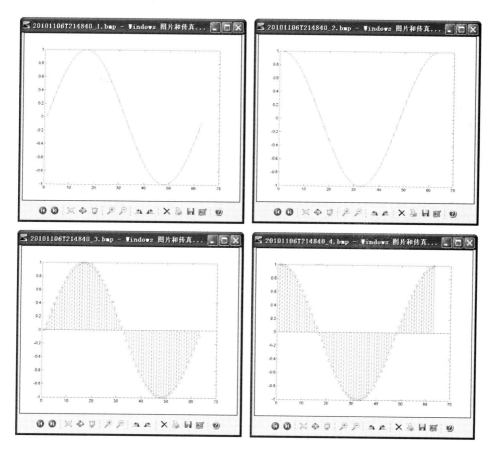

图 4.97 例 4.4.13 的程序产生的图片

问题 28 如何将多幅图片显示到同一个坐标轴

【例 4.4.14】 现有 3 张图片:pic001.jpg、pic002.jpg 和 pic003.jpg,请将其横向依次显示到同一坐标轴内。

【解析】 显示图片可以创建 image 对象,它是坐标轴的子对象。当一个坐标轴有多个 image 子对象,就相当于将多张图片显示到一个坐标轴内。特别要注意的一点是,采用 axes 函数创建坐标轴并在其中显示 image 对象时,显示的图像是"倒立"的,因此应设置坐标轴的 YDir 属性值为 reverse。采用 GUIDE 创建坐标轴并在其中显示 image 对象时,坐标轴的 YDir 属性值会自动设置为 reverse。

完整代码如下:

```
% 前提:3 张待显示图片在该脚本所在目录下
% 功能:将 3 张图片显示到同一个坐标轴内
% 作者:罗华飞 2014 年 4 月 21 日
% 版本:V1.0

% 创建窗口
```

若您对此书内容有任何疑问,可以登录MATLAB中文论坛与同行交流。

299

```
hFig = figure('Name','坐标轴多图片显示 BY 罗华飞 V1.0',...
    'NumberTitle','off',...
    'Resize','off',...
    'Position',[0 0 800 400],...
    'ToolBar', 'none',...
    'visible', 'off');
% 将窗口移到屏幕中间
movegui(hFig, 'center');
% 创建坐标轴,注意 Y 轴方向要反过来
hAxes = axes('Units','Normalized',...
    'Position',[0.05 0.05 .9 .9],...
    'NextPlot','new',...
    'Box','on',...
    'YDir', 'reverse');
% 读取 3 张图片
h1 = imread('pic001.jpg');
h2 = imread('pic002.jpg');
h3 = imread('pic003.jpg');
% 将 3 张图片依次显示到坐标轴 hAxes
image([0 290],[0 390], h1);
image([290 580],[0 390], h2);
image([580 870],[0 390], h3);
% 设置坐标轴的坐标范围
set(hAxes,'Xlim',[0 870],...
    'Ylim',[0 390],...
    'XTickLabel', '',...
    'YTickLabel', '',...
    'XTick', [],...
    'YTick', []);
% 处理完成后,显示该窗口
set(hFig, 'visible', 'on');
```

执行该脚本,生成的窗口如图 4.98 所示。

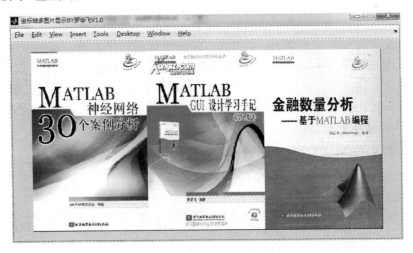

图 4.98　例 4.4.14 运行结果

第 5 章

预定义对话框

5.1 知识点归纳

本章内容：

◆ 文件打开对话框(uigetfile)

◆ 文件保存对话框(uiputfile)

◆ 颜色设置对话框(uisetcolor)

◆ 字体设置对话框(uisetfont)

◆ 页面设置对话框(pagesetupdlg)

◆ 打印预览对话框(printpreview)

◆ 打印设置对话框(printdlg)

◆ 进度条(waitbar)

◆ 菜单选择对话框(menu)

◆ 普通对话框(dialog)

◆ 错误对话框(errordlg)

◆ 警告对话框(warndlg)

◆ 帮助对话框(helpdlg)

◆ 信息对话框(msgbox)

◆ 提问对话框(questdlg)

◆ 输入对话框(inputdlg)

◆ 目录选择对话框(uigetdir)

◆ 列表选择对话框(listdlg)

预定义对话框是要求用户输入某些信息或给用户提供某些信息的一类窗口，它是用户与计算机之间进行交互操作的一种手段。预定义对话框本身不是一个句柄图形对象，而是一个包含一系列句柄图形子对象的图形窗口。

对话框分为两类：公共对话框和 MATLAB 自定义的对话框，见表 5.1。公共对话框是利用 Windows 资源建立的对话框，包括文件打开、文件保存、颜色设置、字体设置、打印设置等。MATLAB 自定义的对话框是对基本 GUI 对象，采用 GUI 函数编写封装的一类用于实现特定交互功能的图形窗口，包括进度条、对话框、错误对话框、警告对话框、帮助对话框、信息对话框、提问对话框、输入对话框、目录选择对话框和列表选择对话框等。

5.1.1～5.1.7 节对公共对话框进行详细讲解，5.1.8～5.1.18 节对 MATLAB 自定义的对话框进行详细讲解。

表 5.1 预定义对话框调用函数

函 数	含 义	函 数	含 义
uigetfile	文件打开对话框	uiputfile	文件保存对话框
uisetcolor	颜色设置对话框	uisetfont	字体设置对话框
pagesetupdlg	打印设置对话框	printpreview	打印预览对话框
printdlg	打印对话框	waitbar	进度条
menu	菜单选择对话框	dialog	普通对话框
errordlg	错误对话框	warndlg	警告对话框
helpdlg	帮助对话框	msgbox	信息对话框
questdlg	提问对话框	inputdlg	输入对话框
uigetdir	目录选择对话框	listdlg	列表选择对话框

5.1.1 文件打开对话框(uigetfile)

文件打开对话框由 uigetfile 函数创建,通过对话框获取用户的输入,返回选择的路径和文件名,便于随后对该文件进行数据读操作。uigetfile 调用格式为:

[FileName, PathName] = uigetfile

检索文件,返回文件名(带扩展名)和文件路径。默认的文件路径为当前目录,默认显示的文件类型为所有的 MATLAB 文件(All MATLAB Files)。

[FileName, PathName] = uigetfile(FilterSpec)

检索文件,只显示由 FilterSpec 指定后缀的文件。FilterSpec 为字符串或字符串单元数组,用来指定文件的后缀名,且可使用通配符 * ,不妨将 FilterSpec 理解成"文件类型过滤器"。例如,若 FilterSpec 为 * . m,对话框创建时只列出当前目录下全部的 M 文件;若 FilterSpec 为 li1. m,对话框创建时只列出当前目录下全部的 M 文件,且文件名默认为 li1. m。例如:

```
>> uigetfile('li1.m')    % 创建一个文件选择对话框,文件类型为 * . m,默认文件名为 li1. m
```

弹出的对话框如图 5.1 所示。

若要指定 m 种文件类型,则 FilterSpec 为一个 m×1 的字符串单元数组,如{' * .bmp'; ' * .jpg';' * .gif'},此时文件类型选项分别为 * .bmp、 * .jpg 和 * .gif,即

```
>> [FileName,PathName] = uigetfile({' * .bmp'; ' * .jpg'; ' * .gif'})    % 创建一个指定文件类型的
                                                                         % 文件选择对话框
```

弹出的对话框如图 5.2 所示。

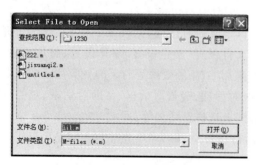

图 5.1 文件选择对话框举例

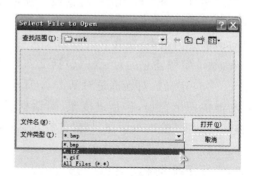

图 5.2 指定文件类型

[FileName,PathName] = uigetfile(FilterSpec, 'DialogTitle')

检索文件,只显示由 FilterSpec 指定扩展名的文件,并设置对话框的标题为 DialogTitle,返回文件名和路径。默认显示的文件名可在 FilterSpec 中指定。

[FileName,PathName] = uigetfile(FilterSpec, 'DialogTitle', 'DefaultName')

检索文件,只显示由 FilterSpec 指定扩展名的文件,设置对话框的标题为 DialogTitle,并显示默认的文件名 DefaultName,返回文件名和路径。例如:

```
>> uigetfile('*.m', '选择 m 文件', 'li1.m')      % 创建一个指定文件类型和对话框标题的文件选择
                                               % 对话框
```

弹出的对话框如图 5.3 所示。

[FileName, PathName] = uigetfile(…, 'MultiSelect', selectmode)

设定是否可同时选择多个文件,MultiSelect 属性值为 on 或 off(默认值)。uigetfile(…, 'MultiSelect', on)允许同时选择多个文件;uigetfile(…, 'MultiSelect', off)每次只能选择一个文件。

若同时选择了多个文件,FileName 为所选文件的文件名组成的单元数组,PathName 为所选文件的路径字符串。例如:

```
>> [FileName, PathName] = uigetfile('*.m', '选择 m 文件', 'li1.m', 'MultiSelect', 'on')   % 创建可多
                                                                                  % 选的文件选择对话框
```

按住 Ctrl 键同时选择文件 li1.m 和 li2.m,如图 5.4 所示。

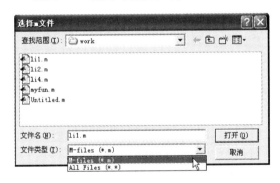

图 5.3　文件选择对话框举例

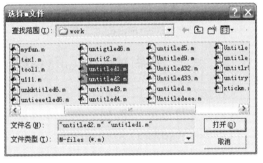

图 5.4　选择多个文件

命令行结果如下:

```
FileName =
    'untitled2.m'    'untitled1.m'
PathName =
D:\Program Files\MATLAB71\work\
```

[FileName, PathName, FilterIndex] = uigetfile(...)

返回所选文件的文件名、路径和文件类型的索引值。例如:

```
>>  [FileName, PathName, FilterIndex] = uigetfile({'*.bmp'; '*.jpg'; '*.gif'}, '选择图片')
```

若要选择 .jpg 文件,文件类型的索引值为 2,如图 5.5 所示。

303

图5.5　返回文件类型的索引值

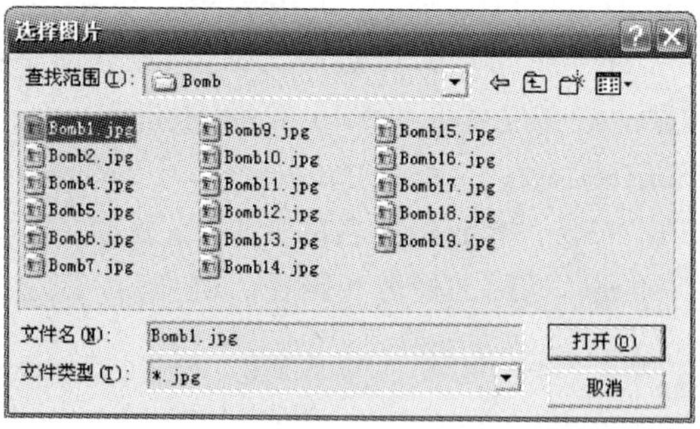

命令行结果如下：

```
FileName =
Bomb1.jpg
PathName =
F:\图标\Bomb\
FilterIndex =
     2
```

【注意】

① 若用户单击【取消】或【关闭】按钮，返回值 FileName、PathName 或 FilterIndex 均为 0。

② 连接文件名和路径名可以采用以下 3 种方法：

str = [PathName FileName];

str = strcat(PathName, FileName);

str = fullfile(PathName, FileName);

5.1.2 文件保存对话框(uiputfile)

文件保存对话框由 uiputfile 函数创建，通过对话框获取用户的输入，返回用户选择的路径和设置的文件名字符串，便于随后对该文件进行数据写操作。uiputfile 调用格式为：

[FileName, PathName] = uiputfile

弹出文件保存对话框，并返回用户自定义的文件名(带扩展名)和文件路径。默认的文件路径为当前目录，默认显示的文件类型为所有的 MATLAB 文件(All MATLAB Files)。

[FileName, PathName] = uiputfile(FilterSpec)

设置用于保存数据的文件的文件名(带扩展名)和文件路径，文件类型由字符串或字符串单元数组 FilterSpec 指定。当指定多个文件类型时，FilterSpec 为字符串单元数组，且该数组的行数等于文件类型个数。例如，选择 jpg 和 bmp 格式，FilterSpec 为{' * .jpg';' * .bmp'}。注意，FilterSpec 不能为{' * .jpg',' * .bmp'}。

[FileName, PathName] = uiputfile(FilterSpec, 'DialogTitle')

设置用于保存数据的文件的文件名(带扩展名)和文件路径，文件类型由 FilterSpec 指定，并设置文件保存对话框的标题。

[FileName, PathName] = uiputfile(FilterSpec, 'DialogTitle', 'DefaultName')

设置用于保存数据的文件的文件名(带后缀名)和文件路径，文件类型由 FilterSpec 指定，设置文件保存对话框的标题，并设置默认保存的文件名。

例如,保存一个 M 文件,默认文件名为 a1.m:

```
>> [FileName, PathName] = uiputfile({'*.m';'*.fig'}, '文件另存为', 'a1.m')
```

生成的对话框如图 5.6 所示。

[FileName,PathName,FilterIndex] = uiputfile(…)

返回保存的文件名、路径和文件类型索引值。例如:

```
>>  [FileName, PathName, FilterIndex]=uiputfile({'*.bmp';'*.jpg';'*.gif'}, '图片另存为')
```

若要保存文件为 a1.jpg,则命令行结果如下:

```
FileName =
a1.jpg
PathName =
D:\Program Files\MATLAB71\work\
FilterIndex =
     2
```

如图 5.7 所示。

图 5.6　文件保存对话框

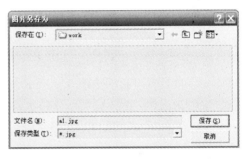

图 5.7　返回保存文件的文件类型索引值

5.1.3　颜色设置对话框(uisetcolor)

颜色设置对话框由 uisetcolor 函数创建,调用系统内置的颜色设置对话框,返回用户选择的颜色数据。调用格式为:

c = uisetcolor(h_c, 'DialogTitle')

返回值 c 为用户选择的颜色或默认颜色,DialogTitle 为颜色设置对话框的标题,h_c(handler or color 的缩写)可为 GUI 对象的句柄或三维 RGB 向量。h_c 的取值不同,该格式含义也不同。

① h_c 为 GUI 对象的句柄:GUI 对象 h_c 必须具有 Color 属性,该格式的含义是将用户选择的颜色设置为对象 h_c 的 Color 属性值,同时返回用户选择的颜色 RGB 向量;若用户没有选择任何颜色,不更改对象 h_c 的 Color 属性,同时返回对象 h_c 的 Color 属性。

② h_c 为一个三维 RGB 向量:h_c 为颜色向量 c 的默认值。若用户选择了任何颜色,则将该颜色返回到向量 c;若没有选择任何颜色,则将 h_c 返回到向量 c。

另外,使用格式 c＝uisetcolor('DialogTitle')时,c 的默认值为 0。此时若用户单击了【取消】按钮或产生了任何错误,返回 0。例如:

```
>> c = uisetcolor([0 0 1], '选择颜色')    % 创建颜色设置对话框,
                                          % 并返回选定的颜色
```

弹出的颜色设置对话框如图 5.8 所示。

图 5.8 中,选择红色后,命令行输出:

```
c =
     1     0     0
```

若单击【cancel】按钮,命令行返回默认的颜色值 h_c:

```
c =
     0     0     1
```

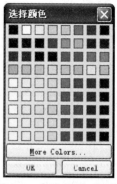

图 5.8　颜色设置对话框

5.1.4　字体设置对话框(uisetfont)

字体设置对话框由 uisetfont 函数创建,用来设置字符的字体、字形和字体大小。调用格式为:

s = uisetfont

创建一个字体设置对话框,用于改变 text、axes 或 uicontrol 对象的字体属性,包括 FontName、FontUnits、FontSize、FontWeight 和 FontAngle 等。返回用户设置的字体,并保存在结构体 s 中。例如:

```
>> s = uisetfont      % 创建一个字体设置对话框
```

创建的字体设置对话框如图 5.9 所示。

设置字体为宋体,字形为斜体,字体大小为 10,则返回的结构体 s 为:

```
s =
     FontName: '宋体'
     FontUnits: 'points'
     FontSize: 10
     FontWeight: 'normal'
     FontAngle: 'italic'
```

s = uisetfont(h)

设置对象 h 的字体属性,并保存在结构体 s 中。初始字体为对象 h 的字体属性。

s = uisetfont(S)

创建一个字体设置对话框,初始字体由结构体 S 指定。返回用户设置的字体,并保存在结构体 s 中。

s = uisetfont(h,'DialogTitle')

设置对象 h 的字体属性,保存在结构体 S 中,字体设置对话框的标题为 DialogTitle。

s = uisetfont(S,'DialogTitle')

创建一个标题为 DialogTitle 的字体设置对话

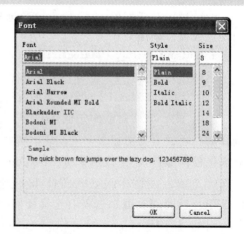

图 5.9　字体设置对话框

306

框,初始字体由结构体 S 指定。返回用户设置的字体,并保存在结构体 s 中。

【注】 用字体设置对话框可以查看 MATLAB 支持的所有字体,这些字体对 GUI 对象的 FontName 属性值的设置很有帮助。

5.1.5 页面设置对话框(pagesetupdlg)

页面设置对话框由 pagesetupdlg 函数创建,调用格式为:

dlg = pagesetupdlg(fig)

pagesetupdlg 目前仅能设置单个窗口 fig 的页面布局。fig 必须为单个窗口的句柄,不能为句柄向量。若当前操作系统没有开启打印服务,该函数失效。

5.1.6 打印预览对话框(printpreview)

打印预览对话框由 printpreview 函数创建,调用格式为:

printpreview:显示一个当前窗口的预览打印对话框。

printpreview(f):显示一个窗口 f 的预览打印对话框。

5.1.7 打印设置对话框(printdlg)

打印设置对话框由 printdlg 函数创建,主要的调用格式为:

printdlg:创建打印设置对话框,用于打印当前窗口。

printdlg(fig):创建打印设置对话框,用于打印句柄为 fig 的窗口。

5.1.8 进度条(waitbar)

在进行 GUI 设计的过程中,有时会用到进度条,便于用户观察数据处理的进度,以免引起误操作。进度条的结构如图 5.10 所示。

由图 5.10 可知,进度 x 的计算公式为 $x = \dfrac{a}{b}$。x 的值在 $0 \sim 1$ 之间。其中,0 表示数据开始处理;1 表示数据处理完成。

进度条的调用格式为:

h = waitbar(x, 'title')

创建一个标题为 title 的进度条,数据处理完成进度为 x,返回该进度条的句柄 h。

要查看进度条对象的详细属性,可使用下面的命令:

```
>> get(waitbar(0, '请等待…'))    % 创建一个进度条,并返回其属性列表
```

弹出的进度条如图 5.11 所示。

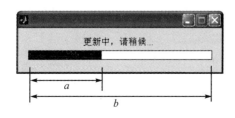

图 5.10 进度条示意图

图 5.11 进度条

命令行返回进度条的属性列表：

```
Alphamap = [ (1 by 64) double array]
BackingStore = on
CloseRequestFcn = closereq
Color = [0.8 0.8 0.8]
Colormap = []
CurrentAxes = [1.00171]
CurrentCharacter =
CurrentObject = []
CurrentPoint = [0 0]
DockControls = off
DoubleBuffer = on
FileName =
FixedColors = [ (10 by 3) double array]
IntegerHandle = off
InvertHardcopy = on
KeyPressFcn =
MenuBar = none
MinColormap = [64]
Name =
NextPlot = add
NumberTitle = off
PaperUnits = centimeters
PaperOrientation = portrait
PaperPosition = [0.634517 6.34517 20.3046 15.2284]
PaperPositionMode = manual
PaperSize = [20.984 29.6774]
PaperType = A4
Pointer = arrow
PointerShapeCData = [ (16 by 16) double array]
PointerShapeHotSpot = [1 1]
Position = [345 271.875 270 56.25]
Renderer = painters
RendererMode = auto
Resize = off
ResizeFcn =
SelectionType = normal
ShareColors = on
ToolBar = auto
Units = points
WindowButtonDownFcn =
WindowButtonMotionFcn =
WindowButtonUpFcn =
WindowStyle = normal
WVisual = [ (1 by 82) char array]
WVisualMode = auto

BeingDeleted = off
ButtonDownFcn =
Children = [1.00171]
Clipping = on
```

```
      CreateFcn =
      DeleteFcn =
      BusyAction = queue
      HandleVisibility = callback
      HitTest = on
      Interruptible = off
      Parent = [0]
      Selected = off
      SelectionHighlight = on
      Tag = TMWWaitbar
      Type = figure
      UIContextMenu = []
      UserData = []
      Visible = on
```

可见,进度条的类型(Type)为 figure,卷展名(Tag)为 TMWWaitbar,不可中断(Interruptible
值为 off),句柄只能被回调函数访问(HandleVisibility 值为 callback),窗口为标准型(WindowStyle
值为 normal)。若要使该进度条置于屏幕最上端,可设置进度条窗口为模式窗口,即

```
>> set(h, 'WindowStyle', 'modal')    % 设置进度条在屏幕最前端
```

也可以在创建进度条时,直接设置属性值。如创建一个模态窗口:

```
>> h = waitbar(0, '开始绘图...', 'WindowStyle', 'modal');    % 创建一个模态进度条
```

由进度条的属性列表可知,它有 1 个子对象。获取其子对象句柄,可使用 get 函数。如:

```
>> h = get(waitbar(0.55, '请等待…'), 'children')    % 获取进度条的子对象句柄
h =
   28.0027
```

查看子对象属性使用 get 函数(此时不能关闭进度条,否则 h 为无效句柄):

```
>> get(h)    % 获取进度条子对象的属性列表
```

其部分属性如下:

```
      Type = axes
      Title = [18.0015]
      XGrid = off
      XMinorGrid = off
      XMinorTick = off
      YGrid = off
      YMinorGrid = off
      YMinorTick = off
      XLim = [0 100]
      XLimMode = manual
      YLim = [0 1]
      YLimMode = manual
      Children = [ (2 by 1) double array]
```

该子对象为坐标轴,横坐标范围[0,100],纵坐标范围[0,1],隐藏所有刻度和网格,且有 2

个子对象。查看该子对象的属性,也可使用 get 函数:

```
>> h1 = get(h,'Children')    % 获取坐标轴的子对象句柄
h1 =
    36.0024
    35.0024
>> get(h1(1)), get(h1(2))     % 获取坐标轴子对象的属性列表
```

第 1 个子对象部分属性如下:

```
Type = line
Color = [0 0 0]
XData = [100 0 0 100 100]
YData = [0 0 1 1 0]
```

第 2 个子对象部分属性如下:

```
Type = patch
EdgeColor = [1 0 0]
FaceColor = [1 0 0]
Vertices = [ (4 by 2) double array]
XData = [ (4 by 1) double array]
YData = [ (4 by 1) double array]
```

patch 对象的顶点坐标存在一个 4×2 的数组内,分别为:(0 0),(55 0),(55 1)和(0 1)。
边界线的数据存在 XData 和 YData 中,分别为:

XData:[0;55;55;0],YData:[0;0;1;1]。

进度条窗口的层次结构如图 5.12 所示。

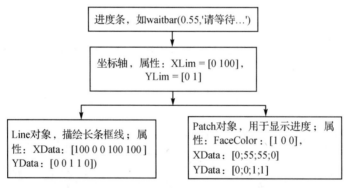

图 5.12　进度为 55% 时 waitbar 的层次结构

waitbar(x, 'title', 'CreateCancelBtn', 'button_callback')

创建一个标题为 title、进度为 x 的进度条,并添加一个【取消】按钮,当关闭进度条或单击【取消】按钮时,执行 button_callback 表示的语句,相当于 eval('button_callback'),即【取消】按钮的回调函数和窗口的 CloseRequestFcn 回调函数由字符串 button_callback 指定。

waitbar(x, h)

更新进度条 h 的进度 x。

waitbar(x,h,'updated title')

更新进度条 h 的进度和进度标题。

【例 5.1.1】　创建一个进度条,每秒进度大约为 10%,并添加一个【取消】按钮。

【解析】　【取消】按钮的默认 String 为"Cancel",要设置为"取消",需要先用 findall 函数查找到该 pushbutton 对象。这里给出两种方法:

方法 1:采用一个标志变量表征是否按下了【取消】按钮,在更新进度的 for 循环内对该标志变量进行判断,若按下了【取消】按钮,立即退出循环,否则,进度达到 100% 时自动退出。

程序如下:

```
clear;  % 清空基本工作空间的变量
isCanceled = false;  % 表征是否按下了【取消】按钮
hWaitbar = waitbar(0, '请等待...', 'Name', '进度条', 'CreateCancelBtn',...
    'isCanceled = true;');  % 创建进度为 0 的进度条
btnCancel = findall(hWaitbar, 'style', 'pushbutton');        % 查找【取消】按钮
set(btnCancel, 'string', '取消', 'fontsize', 10);          % 设置【取消】按钮的 String 为"取消"
for i = 1 : 100    % 循环更新进度显示
    waitbar(i/100, hWaitbar, ['进度完成' num2str(i) '%']);
    pause(0.1);    % 每 0.1 秒完成 1% 的进度
    if isCanceled    % 若按下了【取消】按钮,跳出循环
        break;
    end
end
% % 退出循环后,关闭进度条并清除进度条句柄变量
if ishandle(hWaitbar)    % 或者 if exist('hWaitbar', 'var')
    delete(hWaitbar);
    clear hWaitbar;
end
```

方法 2:使用 try…end 结构智能结束 for 语句。

程序如下:

```
clear;
hWaitbar = waitbar(0, '请等待...', 'Name', '进度条', 'CreateCancelBtn',...
    'delete(hWaitbar);clear hWaitbar');  % 创建进度为 0 的进度条
btnCancel = findall(hWaitbar, 'style', 'pushbutton');        % 查找【取消】按钮
set(btnCancel, 'string', '取消', 'fontsize', 10);          % 设置【取消】按钮的 String 为"取消"
try    % 智能更新进度
    for i = 1 : 100
        waitbar(i/100, hWaitbar, ['进度完成' num2str(i) '%']);
        pause(0.1);                % 每 0.1 秒完成 1% 的进度
    end
    delete(hWaitbar);        % 进度达到 100% 后,关闭进度条
    clear hWaitbar;          % 清除变量 hWaitbar
end
```

生成的进度条如图 5.13 所示。

图 5.13　为进度条添加【取消】按钮

若您对此书内容有任何疑问,可以登录 MATLAB 中文论坛与同行交流。

【例 5.1.2】 动态绘出频率从 1 到 10 依次变化的正弦波曲线,并用进度条显示绘图进度。

【解析】 程序如下:

```
gca;                  % 设置当前坐标轴用于绘制曲线
%%  创建置于屏幕前端的进度条,动态显示绘图进度
h = waitbar(0, '开始绘图...', 'WindowStyle', 'modal');
t = 0 : 0.01 : pi;% 数据的横坐标
for i = 1 : 10
    plot(t, sin(2 * pi * i * t));% 绘制数据曲线
    waitbar(i/10, h, ['已完成 ' num2str(10 * i) '%']);% 更新进度条的进度和标题
    pause(1);         % 延迟 1 秒
end
close(h);             % 关闭进度条
```

【注意】

① 进度条及其子对象的句柄可使用 findall 函数查找。前面讲到,所有的进度条创建时,其 tag 属性值均为 TMWWaitbar,所以,可使用以下命令查找所有的进度条:

```
>> h = findall(0, 'tag', 'TMWWaitbar')   % 查找进度条
```

要查找其 patch 子对象,使用命令:

```
>> h2 = findall(h2, 'type', 'patch')     % 查找进度条子对象中的 patch 对象
```

进度块默认颜色为红色,若要使进度块的颜色为白色,空余部分为黑色,可使用语句:

```
>> set(h2, 'EdgeColor', 'k', 'facecolor', 'w')   % 设置进度条的进度块为白色,边框为黑色
>> h3 = findall(h2, 'type', 'axes');             % 查找进度条子对象中的 axes 对象
>> set(h3, 'color', 'k')                         % 设置坐标轴颜色为黑色,即进度块右边的空余
                                                 % 部分
```

结果如图 5.14 所示。

② 在程序调试期间,尽量不要设置进度条窗口为模式窗口,即不要设置 WindowStyle 属性值为 modal。因为当置顶进度条窗口时,一旦程序运行出错,窗口无法切换到命令行或程序文件,也就没法继续调试,此时只能关闭进度条了。

图 5.14 进度块为白色,空余部分为黑色的进度条

5.1.9 菜单选择对话框(menu)

创建一个菜单选择对话框采用 menu 函数。调用格式为:

k = menu('菜单标题', '选项 1', '选项 2',…, '选项 n')

创建一个可从多个选项中选择某项的菜单选择对话框,返回选择的项对应的索引值,若没有选择任何项,返回 0。例如:

```
>> k = menu('请选择启动界面', '界面 A', '界面 B', '界面 C')   % 创建菜单选择对话框
```

生成的图形如图 5.15 所示。

若选择"界面 B",命令行返回：

```
k =
    2
```

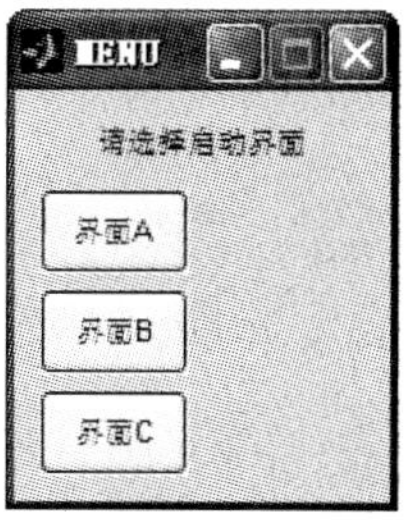

然后根据 k 值，就可以选择启动相应的 GUI 窗口了。

图 5.15 菜单选择对话框

【注意】

① 菜单选择对话框默认为标准窗口，若要设置为模态窗口，方法如下：

a）选中上述语句中的"menu"，按 Ctrl＋D，打开 menu 函数源代码 menu.m 文件；

在 menu 函数源代码中找到下面这条语句：

```
menuFig = figure( 'Units'        ,MenuUnits,...
                  'Visible'      ,'off',...
                  'NumberTitle' ,'off',...
                  'Name'         ,'MENU',...
                  'Resize'       ,'off',...
                  'Colormap'     ,[],...
                  'Menubar'      ,'none',...
                  'Toolbar'      ,'none'...
                  );      % 菜单选择对话框源函数中创建窗口的语句
```

b）修改这条语句可以修改菜单选择对话框的窗口模式为模态：

```
menuFig = figure( 'Units'        ,MenuUnits,...
                  'Visible'      ,'off',...
                  'NumberTitle' ,'off',...
                  'Name'         ,'MENU',...
                  'Resize'       ,'off',...
                  'Colormap'     ,[],...
                  'Menubar'      ,'none',...
                  'Toolbar'      ,'none',...
                  'WindowStyle', 'modal'...      % 此行为添加部分
                  );
```

② 默认情况下，菜单选择对话框显示在屏幕最上角。要让菜单选择对话框在屏幕中间显示，可以打开 menu 函数源代码 menu.m 文件，找到下面这条语句：

```
set( menuFig, 'Visible', 'on' );      % 显示菜单选择对话框
```

在上述语句上面一行添加下面的语句：

```
movegui(menuFig,'center');      % 将菜单选择对话框移到屏幕中间
```

③ 菜单选择对话框的默认字体大小为 8，如果要将其增大到 10，可以在调用 menu 函数之前，执行下面的语句：

```
set(0, 'DefaultuicontrolFontSize', 10)      % 设置字号位 10
```

同理，设置菜单选择对话框显示的字体颜色为红色，可以在调用 menu 函数之前执行以下语句：

```
set(0, 'DefaultuicontrolForegroundColor', 'r')    % 设置字体颜色为红色
```

设置菜单选择对话框显示的字体为粗体，可以在调用 menu 函数之前执行以下语句：

```
set(0, 'DefaultuicontrolFontWeight', 'bold')      % 字体加粗
```

要恢复这些属性的默认值，可以执行以下语句：

```
set(0, 'DefaultuicontrolFontSize', 'default')        % 恢复字号为默认值
set(0, 'DefaultuicontrolForegroundColor', 'default')  % 恢复字体颜色为默认值
set(0, 'DefaultuicontrolFontWeight', 'default')      % 恢复字体粗细为默认值
```

当然，也可以通过重启 MATLAB 应用程序来恢复这些属性的默认值。

5.1.10 普通对话框（dialog）

对话框是 MATLAB 预定义的一类特殊窗口，可分为普通对话框和标准对话框。标准对话框是具有特定功能的对话框。例如，文件打开对话框用于选择要打开的文件，文件保存对话框用于将数据保存为指定文件，颜色设置对话框一般用于设定指定对象的颜色等。本节简单介绍普通对话框的创建和使用方法。

函数 dialog 创建或显示普通对话框，并返回其句柄。查看普通对话框的属性列表及其默认属性值，使用下列命令：

```
>> get(dialog)    % 创建一个普通对话框，并返回其属性列表
```

在弹出的对话框中单击鼠标，对话框关闭。命令行列出了普通对话框的所有属性。从属性列表可知，普通对话框默认为模式窗口，置于屏幕最前端；其 ButtonDownFcn 函数如下：

```
if isempty(allchild(gcbf))
    close(gcbf)
end
```

即是说，若该对话框没有任何子对象，当鼠标在对话框上单击时，对话框自动关闭。

若创建自定义属性的对话框，格式如下：

h = dialog('PropertyName', PropertyValue,…)

例如，下面的脚本程序创建一个带【确定】按钮的对话框：

```
h = dialog('Name', '关于...', 'Position', [200 200 200 70]);   % 创建一个对话框窗口
uicontrol('Style', 'text', 'Units', 'pixels', 'Position', [50 40 120 20],...
    'FontSize', 10, 'Parent', h, 'String', '欢迎使用本软件！');  % 创建文本内容
uicontrol('Units', 'pixels', 'Position', [80 10 50 20], 'FontSize', 10,...
    'Parent', h, 'String', '确定', 'Callback', 'delete(gcf)');  % 创建【确定】按钮
```

创建的对话框如图 5.16 所示。

5.1.11 错误对话框（errordlg）

错误对话框用来提示程序运行过程中的出错信息，由函数 errordlg 创建。errordlg 函数

创建或显示错误对话框,并返回其句柄。查看错误对话框的属性列表及其默认属性值,使用下列命令:

```
>> get(errordlg)     % 创建一个错误对话框,并返回其属性列表
```

弹出的对话框如图 5.17 所示。

命令行列出了错误对话框的所有属性(限于篇幅,此处不列出该属性列表)。由属性列表可知,错误对话框的 name 属性即为用户设置的标题,默认值为 Error Dialog,窗口模式为 normal,tag 值格式为"Msgbox_标题字符串",默认为 Msgbox_Error Dialog。

图 5.16　普通对话框

图 5.17　错误对话框

错误对话框有 3 个子对象:

```
>> h = get(errordlg, 'Children')    % 获取错误对话框的子对象句柄
h =
    6.0027
    4.0039
    3.0033
```

查看上面创建的错误对话框子对象的详细属性,可执行下面的代码(此时不要关闭该错误对话框):

```
for i = 1 : 3
    get(h(i))     % 获取第 i 个子对象的属性列表
end
```

命令行列出了这 3 个子对象的详细属性,其部分属性如下。

第 1 个子对象:

```
Type = axes
Tag = IconAxes
Units = points
Position = [7 31 38 38]
XLim = [0.5 50.5]
YLim = [0.5 50.5]
Children = [5.00122]
```

该坐标轴子对象用于显示 error 图标,其子对象为 image 对象,部分属性如下。

```
Type = image
CData = [ (50 by 50) uint8 array]
```

第 2 个子对象:

```
Type = axes
Units = normalized
Position = [0 0 1 1]
XLim = [0 1]
YLim = [0 1]
Children = [3.00134]
```

该坐标轴子对象用于显示错误信息字符串，其子对象为 text 对象，部分属性如下。

```
Type = text
Tag = MessageBox
String = [(1 by 1) cell array]
```

其 String 值即为用户设置的错误信息字符串，它是一个单元数组，内容为：

```
'This is the default error string.'
```

第 3 个子对象：

```
Type = uicontrol
Tag = OKButton
Style = pushbutton
String = OK
Callback = delete(gcbf)
```

该 uicontrol 子对象为【OK】按钮，单击时关闭对话框。

错误对话框的层次结构如图 5.18 所示。

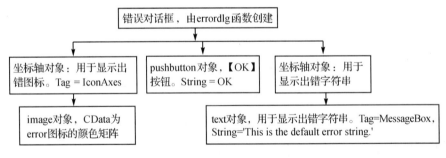

图 5.18　错误对话框的层次结构

错误对话框的调用格式为：

errordlg('error_msg')

创建一个错误信息为 error_msg 的错误对话框。

errordlg('error_msg', 'dlg_name')

创建一个错误信息为 error_msg，标题为 dlg_name 的错误对话框。

errordlg('error_msg','dlg_name','on')

当存在一个标题为 dlg_name 的错误对话框时，将其显示在屏幕前端，并设置错误信息为 error_msg；当不存在时，创建一个错误信息为 error_msg、标题为 dlg_name 的错误对话框。

　　【注意】　错误对话框及其子对象的句柄可使用 findall 函数查找。假设错误对话框的标题默认值为 Error Dialog，则其 tag 值为 Msgbox_Error Dialog。使用以下命令创建一个错误

对话框,并返回该对话框的窗口句柄:

```
errordlg;    % 创建一个错误对话框
hDialog = findall(0, 'tag', 'Msgbox_Error Dialog');    % 获取错误对话框的句柄
```

更改错误对话框的按钮文本和错误图标的方法如下。

① 找到【OK】按钮,并将【OK】按钮上的字符串改为"确定":

```
btn_ok = findall(hDialog, 'style', 'pushbutton');    % 在错误对话框上查找按钮
set(btn_ok, 'String', '确定');    % 将按钮的 String 值设置为"确定"
```

该错误对话框如图 5.19 所示。

② 找到显示错误图标的 image 对象,并将其替换为大小约为 50 像素×50 像素的图片 error.jpg:

```
hImage = findall(hDialog, 'type', 'image')    % 查找到错误对话框的图标,即 image 对象
cData = imread('error.jpg');    % 读取当前目录下的图片 error.jpg
set(hImage, 'CData', cData);    % 将错误对话框的图片更改为 error.jpg
```

该错误对话框如图 5.20 所示。

图 5.19　自定义的错误对话框

图 5.20　更换了图标和按钮文本的错误对话框

5.1.12　警告对话框(warndlg)

警告对话框用于显示警告信息,调用格式如下:

h = warndlg('warning_msg', 'dlgname')

显示一个标题为 dlgname,警告信息为 warning_msg 的警告对话框,返回该对话框的句柄。如:

```
>> h = warndlg('虚拟内存不足!', '警告!');    % 创建一个指定警告信息和窗口标题的警告对话框
```

创建的警告对话框如图 5.21 所示。

默认的警告对话框如图 5.22 所示。

图 5.21　警告对话框示例

图 5.22　默认的警告对话框

查看警告对话框的属性列表使用 get 函数:

```
>> get(warndlg)      %创建一个警告对话框,并返回其属性列表
```

由属性列表可知,警告对话框的 name 属性即为用户设置的标题,默认值为 Warning Dialog,窗口模式为 normal,tag 值格式为"Msgbox_标题字符串",默认为 Msgbox_Warning Dialog。

与错误对话框类似,警告对话框也有 3 个子对象:第 1 个子对象为坐标轴子对象,它包含 1 个 image 对象,提供图标信息;第 2 个子对象也为坐标轴子对象,它包含 1 个 text 对象,提供警告信息,默认为:'This is the default warning string. ';第 3 个子对象为 uicontrol 子对象,创建【OK】按钮,单击该按钮时关闭对话框。

警告对话框的层次结构如图 5.23 所示。

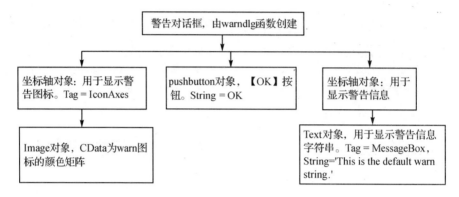

图 5.23　警告对话框的层次结构

5.1.13　帮助对话框(helpdlg)

帮助对话框用于显示帮助信息,调用格式如下:

h = helpdlg('help_msg', 'dlgname')

显示一个标题为 dlgname,帮助信息为 help _msg 的帮助对话框,返回该对话框的句柄。例如:

```
>> h = helpdlg('双击对象进入编辑状态', '提示');   %创建一个指定帮助信息和窗口标题的帮助
                                              % 对话框
```

创建的帮助对话框如图 5.24 所示。默认的帮助对话框如图 5.25 所示。

查看帮助对话框的属性列表如下:

```
>> get(helpdlg)      %创建一个帮助对话框,并返回其属性列表
```

图 5.24　帮助对话框示例　　　　图 5.25　默认的帮助对话框

由属性列表可知,帮助对话框的 name 属性即为用户设置的标题,默认值为 Help Dialog,窗口模式为 normal,tag 值格式为"Msgbox_标题字符串",默认为 Msgbox_Help Dialog。

帮助对话框有 3 个子对象:第 1 个子对象为坐标轴子对象,它包含 1 个 image 对象,提供帮助图标信息;第 2 个子对象也为坐标轴子对象,它包含 1 个 text 对象,提供帮助信息,默认为:'This is the default warning string.';第 3 个子对象为 uicontrol 子对象,创建【OK】按钮,单击该按钮时关闭对话框。

帮助对话框的层次结构如图 5.26 所示。

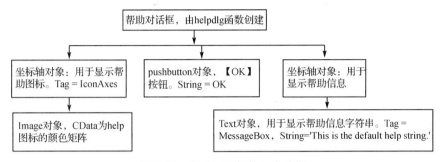

图 5.26　帮助对话框的层次结构

5.1.14　信息对话框(msgbox)

图 5.18、图 5.23 和图 5.26 分别列出了错误对话框、警告对话框和帮助对话框的层次结构,它们的层次结构完全一样,因此,我们设想采用一个通用的信息对话框创建函数,来实现 helpdlg、errordlg、warndlg 的功能。

信息对话框提供错误信息、警告信息、帮助信息或其他信息,由函数 msgbox 创建,调用格式为:

```
h = msgbox(message, title)
```

创建一个信息对话框,信息字符串为 message,标题为 title。例如:

```
>> h = msgbox('今天你又迟到了！','每日提示')    % 创建一个指定信息内容和窗口标题的信息对话框
h =
    0.0016
```

生成的信息对话框如图 5.27 所示。

```
h = msgbox(message, title, 'icon')
```

创建一个信息对话框,信息字符串为 message,标题为 title,对话框显示的图标定义符 icon 可为:none、error、help、warn 或 custom,默认为 none。none 表示不用图标,custom 表示采用用户自定义的图标,error、help、warn 图标如图 5.28 所示。

图 5.27　信息对话框

Error Icon

Help Icon

Warning Icon

图 5.28　error、help、warn 图标

319

```
h = msgbox(…, 'createMode')
```

指定窗口的创建模式。createMode 有效值为 modal、non-modal 或 replace。modal 表示模式窗口，若存在同标题的窗口，只将其置于屏幕前端而不创建一个新窗口；non-modal 表示非模式窗口，无论是否存在同标题的窗口，都会创建一个新窗口；replace 表示替换模式或非模式窗口，若存在同标题的窗口，将替换窗口。

5.1.15 提问对话框（questdlg）

创建一个提问对话框。调用格式为：

```
button = questdlg('q_str', 'title')
```

创建一个标题为 title，问题字符串为 q_str 的提问对话框，返回用户选择的按钮名，如 Yes、No 或 Cancel。若直接关闭对话框，返回空字符串；若直接回车，返回 Yes。例如：

```
>> button = questdlg('今天你学习了吗？', '问题提示')    % 创建一个指定提问内容和窗口标题的
                                                       % 提问对话框
```

创建的对话框如图 5.29 所示。

若选择【Yes】按钮，命令行返回：

```
button =
Yes
```

```
button = questdlg('q_str', 'title', 'default')
```

创建一个标题为 title，问题字符串为 q_str 的提问对话框，返回用户选择的按钮名。若直接回车，返回按钮名 default，default 的有效值为 Yes、No 或 Cancel，注意区分大小写。

```
button = questdlg('q_str', 'title', 'str1', 'str2', 'default')
```

创建一个标题为 title，问题字符串为 q_str，按钮名分别为 str1 和 str2 的提问对话框，返回用户选择的按钮名。若直接回车，返回按钮名 default，default 的有效值为 str1 或 str2。例如：

```
>> button = questdlg('你会炒股吗？', '问题提示', '会', '不会', '会')
```

创建的对话框如图 5.30 所示。

图 5.29 提问对话框

图 5.30 自定义按钮名的提问对话框

```
button = questdlg('q_str', 'title', 'str1', 'str2', 'str3', 'default')
```

创建一个标题为 title，问题字符串为 q_str，按钮名分别为 str1、str2 和 str3 的提问对话框，返回用户选择的按钮名。若直接回车，返回按钮名 default，default 的有效值为 str1、str2 或 str3。

5.1.16　输入对话框（inputdlg）

输入对话框为模式窗口，返回用户输入的字符串或字符数组到一个字符串单元数组中。调用格式为：

answer = inputdlg(prompt, title)

创建一个输入对话框，prompt 为提示字符串（或字符串单元数组），title 为对话框的标题。例如：

```
>> answer = inputdlg('请输入用户名：','找回密码')    %创建一个输入对话框
```

创建的对话框如图 5.31 所示。

输入 dafei0214 并单击【OK】按钮，命令行返回：

```
answer =
    'dafei0214'
```

其中，answer 为一个单元数组。

若 prompt 为字符串，返回只包含单个单元的单元数组；若 prompt 为包含多个字符串的单元数组，则返回多个单元的单元数组。例如：

```
>> answer = inputdlg({'用户名：','密码：'},'登录框')    %创建一个提示输入用户名和密码的输入
                                                      %对话框
```

创建的对话框如图 5.32 所示。

图 5.31　输入对话框　　　　　图 5.32　返回多个单元的输入对话框

分别输入 dafei0214 和 123456，命令行返回一个 2×1 的字符串单元数组：

```
answer =
    'dafei0214'
    '123456'
```

answer = inputdlg(prompt, title, n_lines)

创建一个输入对话框，prompt 为提示字符串（或字符串单元数组），title 为对话框的标题，n_lines 为用户每项输入的最大行数。例如：

```
>> answer = inputdlg('请输入您的留言：','客户留言',3)
```

创建的对话框如图 5.33 所示。

answer = inputdlg(prompt, title, n_lines, def_Ans)

创建一个输入对话框，prompt 为提示字符串（或字符串单元数组），title 为对话框的标题，

n_lines 为用户每项输入的最大行数，def_Ans 为默认的输入字符串（或字符串单元数组），维数与 prompt 相同。例如：

```
>> answer = inputdlg({'x(1):', 'x(2):'}, '横坐标设置', 1, {'0', '10'})
```

创建的对话框如图 5.34 所示。

图 5.33　可输入多行字符串的输入对话框　　　图 5.34　设置输入对话框的缺省值

answer = inputdlg(prompt, title, n_lines, def_Ans, Resize)

创建一个输入对话框，prompt 为提示字符串（或字符串单元数组），title 为对话框的标题，n_lines 为用户每项输入的最大行数，def_Ans 为默认的输入字符串（或字符串单元数组），Resize 指定窗口是否可改变大小以及是否为模式窗口。Resize 值为 on 时窗口可改变大小，且为非模式窗口；缺省值为 off，不可改变窗口大小，且为模式窗口。

5.1.17　目录选择对话框（uigetdir）

创建一个标准的目录选择对话框，返回目录字符串。调用格式为：

dir_name = uigetdir('start_path')

创建一个标准的目录选择对话框，默认目录为 start_path。

```
>> dir_name = uigetdir('F:\Program Files\MATLAB')    % 创建一个目录选择对话框
```

创建的对话框如图 5.35 所示。

dir_name = uigetdir('start_path', 'dialog_title')

创建一个标准的目录选择对话框，默认目录为 start_path，标题为 dialog_title。

dir_name = uigetdir('start_path', 'dialog_title', x, y)

创建一个标准的目录选择对话框，默认目录为 start_path，标题为 dialog_title，对话框的坐标为[x,y]，单位为像素（屏幕左下角坐标为[0,0]）。

【注意】

① 目录字符串的最后一个字符不是 '\'。

② 若单击【取消】或【关闭】按钮，返回 0。

图 5.35　目录选择对话框

5.1.18　列表选择对话框（listdlg）

创建一个列表选择对话框采用 listdlg 函数。调用格式为：

[sel, ok] = listdlg('属性名 1',值 1, '属性名 2',值 2,……)

创建一个可从列表中选择单项或多项的模式对话框。当单击【OK】按钮时，返回的 ok 值

为 1,sel 表示选项的索引值(例如,选择列表中的第 2 项,则 sel＝2);当单击【Cancel】按钮或关闭对话框时,返回的 ok 值为 0,sel 值为空。

ListString 所有可设置的参数列表见表 5.2。

若当前操作模式为多选模式,即 SelectionMode 值为 multiple,则显示【Select all】按钮。

下面的程序段创建一个单选模式的列表对话框:

表 5.2　列表对话框的输入参数

参　　数	描　　述
ListString	定义列表选项的字符串或字符串单元数组
SelectionMode	设置选取方式为单选(single)还是多选(multiple),默认为单选
ListSize	定义列表框的大小,格式为[宽 高],单位为像素(pixels)
InitialValue	设置对话框创建时选择的项,默认值为 1,表示默认选取第 1 个选项
Name	列表对话框的标题
PromptString	列表提示语,为字符串或字符串单元数组
OKString	定义【OK】按钮的文字
CancelString	定义【Cancel】按钮的文字
uh	定义按钮的高,单位为像素,默认值为 18
fus	定义框架与内部 UI 对象间的空间大小,单位为像素,默认值为 8
ffs	定义 figure 窗口与内部框架间的空间大小,单位为像素,默认值为 8

```
[sel, ok] = listdlg(...
    'ListString'        ,{'A','B','C','D'},...
    'Name'              ,'请选择一项:',...
    'OKString'          ,'确定',...
    'CancelString'      ,'取消',...
    'SelectionMode'     ,'single',...
    'ListSize'          ,[180 80])    % 创建一个单选模式的列表对话框
```

创建的列表对话框如图 5.36 所示。

图 5.36　列表选择对话框

5.2　重难点讲解

5.2.1　uigetfile

选择要打开的文件,返回其路径与文件名。常用格式为:

```
[FileName, PathName] = uigetfile(FilterSpec, 'DialogTitle')
```

检索由 FilterSpec 指定扩展名的文件,返回所选文件的路径与文件名,并设置对话框的标题为 DialogTitle。默认显示的文件名可在 FilterSpec 中指定。

若要指定 m 种文件类型,则 FilterSpec 为一个 m×1 的字符串单元数组,如{'＊.bmp';'＊.jpg';'＊.gif'}。

5.2.2 uiputfile

设置数据要保存到的文件名和路径,返回其路径与文件名。常用格式为:

```
[FileName, PathName] = uiputfile(FilterSpec, 'DialogTitle')
```

设置用于保存数据的文件的文件名(带扩展名)和文件路径,文件类型由 FilterSpec 指定,并设置文件保存对话框的标题。

5.2.3 waitbar

创建或更新进度条。常用格式为:

```
h = waitbar(x, 'title')
```

创建一个标题为 title 的进度条,数据处理完成进度为 x,返回该进度条的句柄 h。

```
waitbar(x, h, 'updated title')
```

更新进度条 h 的进度和进度标题。

5.2.4 msgbox

信息对话框提供错误信息、警告信息、帮助信息或其他信息。常用格式为:

```
h = msgbox(message, title)
```

创建一个信息对话框,信息字符串为 message,标题为 title。

5.2.5 questdlg

创建一个提问对话框。常用格式为:

```
button = questdlg('q_str', 'title', 'default')
```

创建一个标题为 title、问题字符串为 q_str 的提问对话框,返回用户选择的按钮名。若直接回车,返回按钮名 default,default 的有效值为 Yes、No 或 Cancel。

```
button = questdlg('q_str', 'title', 'str1', 'str2', 'default')
```

创建一个标题为 title、问题字符串为 q_str,按钮名分别为 str1 和 str2 的提问对话框,返回用户选择的按钮名。若直接回车,返回按钮名 default,default 的有效值为 str1 或 str2。

```
button = questdlg('q_str', 'title', 'str1', 'str2', 'str3', 'default')
```

创建一个标题为 title、问题字符串为 q_str,按钮名分别为 str1、str2 和 str3 的提问对话框,返回用户选择的按钮名。若直接回车,返回按钮名 default,default 的有效值为 str1、str2 或 str3。

5.2.6 inputdlg

创建一个输入对话框,返回用户输入的字符串或字符数组到一个字符串单元数组中。常用格式为:

```
answer = inputdlg(prompt, title)
```

创建一个输入对话框,prompt 为提示字符串(或字符串单元数组),title 为对话框的

标题。

```
answer = inputdlg(prompt, title, n_lines, def_Ans)
```

创建一个输入对话框,prompt 为提示字符串(或字符串单元数组),title 为对话框的标题,n_lines 为用户每项输入的最大行数,def_Ans 为缺省的输入字符串(或字符串单元数组),维数与 prompt 相同。

5.2.7　listdlg

创建一个列表选择对话框。常用格式为:

```
[sel,ok] = listdlg('属性名 1',值 1,'属性名 2',值 2,……)
```

创建一个可从列表中选择单项或多项的模式对话框。当单击【OK】按钮时,返回的 ok 值为 1,sel 表示选项的索引值(例如,选择列表中的第 2 项,则 sel=2);当单击【Cancel】按钮或关闭对话框时,返回的 ok 值为 0,sel 值为空。

5.3　专题分析

专题 9　预定义对话框在 GUI 设计中的应用

【例 5.3.1】　编写一段程序,实现如下功能:

① 单击【打开】按钮,弹出一个文件选择对话框,等待用户选择 .jpg 或 .bmp 文件,然后显示在 figure 窗口内;

② 打开的图片要求等比例放大或缩小,不能失真;

③ 在图片上按住鼠标左键不放并拖动,可以在图片上绘图;

④ 在图片上双击鼠标左键,弹出颜色设置对话框,设置画笔颜色;

⑤ 在图片上单击鼠标右键,清除鼠标绘图;

⑥ 鼠标在图片上时,形状为手形;不在图片上时,形状为箭头;

⑦ 单击【画笔类型】,设置画笔的粗细和线型;

⑧ 单击【保存】按钮,弹出文件保存对话框,将背景图片以及用户的绘图保存在一张图片内;

⑨ 单击【关闭】按钮,弹出窗口提示是否关闭。

【解析】　单击【打开】按钮时,用 uigetfile 函数创建一个文件选择对话框,选择要显示的背景图片。

要保证图片不失真,可以用 imshow 函数创建 image 对象,将图片显示到一个隐藏的坐标轴内。

鼠标绘图可设置窗口的 WindowButtonDownFcn、WindowButtonMotionFcn 和 WindowButtonUpFcn 回调函数。鼠标按下时,设置一个标志变量 isPressed 为真;鼠标释放时,isPressed 为假。当鼠标在图片上移动,且 isPressed 值为真时,绘制曲线。

鼠标双击左键、单击左键和单击右键,均可以从窗口的 SelectionType 属性值获取。

颜色设置对话框可以由 uisetcolor 函数创建。

鼠标的指针形状,可以从窗口的 pointer 属性值获取。

单击【画笔类型】按钮,弹出输入对话框,根据用户输入的参数值,更改画笔的线宽和线型。

单击【保存】按钮,弹出文件保存对话框,根据用户设置的文件路径和文件名,将坐标轴及其子对象保存到图片中。

关闭窗口时,弹出提问对话框,提示用户是否要关闭窗口,根据用户的选择,执行相应操作。

完整的程序代码保存为 picprocess. m,完整代码如下:

```matlab
function picprocess()
%    打开图片,并在图片上绘图
%    本例子用于讲解 MATLAB 预定义对话框的用法,用到的对话框有:
%    文件打开对话框,文件保存对话框,颜色设置对话框,输入对话框,
%    提问对话框,信息对话框
%    setappdata 和 getappdata 函数用于 GUI 对象之间传递数据,详细用法先不要求掌握,
%    只作了解,第 6 章会详细介绍其用法
%    作者:罗华飞
%    版本:20101007V1.0
%% 创建隐藏的窗口,并移到屏幕中间
hFigure = figure('Visible', 'off', 'Position', [0 0 600 500], 'Resize', 'off',...
    'DockControls', 'off', 'Menubar', 'none', 'Name', '预定义对话框示例',...
    'NumberTitle', 'off', 'WindowButtonDownFcn', @btnDown, 'WindowButtonMotionFcn',...
    @btnMotion, 'WindowButtonUpFcn', @btnUp, 'CloseRequestFcn', @closeQuest);
movegui(hFigure, 'center');
%% 创建隐藏的坐标轴,用于显示图片和绘制曲线
hAxes = axes('Visible', 'off', 'Position', [0.01 0.2 0.98 0.79], 'Drawmode', 'fast');
imshow peppers.png;    % 加载默认图片
%% 存储坐标范围,用于判断鼠标是否在图片上
setappdata(hFigure, 'xLim', get(hAxes, 'xLim'));
setappdata(hFigure, 'yLim', get(hAxes, 'yLim'));
%% 存储默认的画笔宽度和线型
setappdata(hFigure, 'lineWidth', 4);
setappdata(hFigure, 'lineStyle', '-');
%% 创建 uicontrol 对象
set(0, 'DefaultUicontrolFontSize', 10);    % 设置 uicontrol 控件的默认字体大小
uicontrol('String', '打  开', 'Position', [100 50 60 30], 'Callback', @openPic);
uicontrol('String', '画笔类型', 'Position', [200 50 60 30], 'Callback', @penStyle);
uicontrol('String', '保  存', 'Position', [300 50 60 30], 'Callback', {@savePic, hAxes});
uicontrol('String', '退  出', 'Position', [400 50 60 30], 'Callback', 'close(gcbf)');
%% 显示窗口
set(hFigure, 'Visible', 'on');
end


function openPic(~, ~)
%    【打开】按钮的回调函数,弹出文件打开对话框,选择要显示的背景图片
%    ~表示该参数不被使用
%    hAxes 为坐标轴对象的句柄
%% 采用文件打开对话框,选择要打开的图片
[fName, pName, index] = uigetfile({'*.jpg'; '*.bmp'}, '选择要打开的图片文件');
if index                % 如果选择了图片
    str = [pName fName];    % 获取图片的完整路径和文件名
    cla;                    % 清空坐标轴内的背景图片和用户绘制的曲线
    imshow(str);            % 在当前坐标轴内显示选中的图片
```

```
        %%  存储坐标范围,用于判断鼠标是否在图片上
        setappdata(gcf, 'xLim', get(gca, 'xLim')); %存储坐标轴的 x 轴范围为窗口对象的应用数据
        setappdata(gcf, 'yLim', get(gca, 'yLim')); %存储坐标轴的 y 轴范围为窗口对象的应用数据
    end
end


function penStyle(~, ~)
% 【画笔类型】按钮的回调函数
%%  采用输入对话框,设置画笔宽度和类型
lineWidth = getappdata(gcf, 'lineWidth');       % 获取线宽
lineStyle = getappdata(gcf, 'lineStyle');       % 获取线型
switch lineStyle
    case '-',
        iLine = 1;
    case ':',
        iLine = 2;
    case '-.',
        iLine = 3;
end
answer = inputdlg({'画笔宽度(pixels):', sprintf('画笔类型:\n(1--实线,2--点线,3--点画线')},...
    '画笔设置', 1, {num2str(lineWidth), num2str(iLine)});
if ~isempty(answer)    % 或单击了【OK】按钮,更新画笔线宽和线型
    lineWidth = floor(str2double(answer{1})); %获取用户输入的线宽值,并取整
    if   ~isnan(lineWidth) && lineWidth > 0 && lineWidth < 30 % 若输入的值在(0,30)范围内
        setappdata(gcf, 'lineWidth', lineWidth); %更新画笔线宽
    end
    lineStyle = floor(str2double(answer{2})); %获取用户输入的值,并取整
    if ~isnan(lineWidth) && lineStyle > 0 && lineStyle < 4 % 若输入的值在(0,4)范围内
        strTemp = {'-', ':', '-.'};
        setappdata(gcf, 'lineStyle', strTemp{lineStyle}); %% 更新画笔线型
    end
end
end


function savePic(~, ~, hAxes)
% 【保　存】按钮的回调函数
%%  采用文件保存对话框,获取保存的图片路径和文件名
[fName, pName, index] = uiputfile({'*.jpg'; '*.bmp'}, '图片另存为');
if index == 1 || index == 2 %若保存文件类型为 JPG 或 BMP
    %%  创建一个隐藏的窗口,将坐标轴复制进去,并保存为图片
    hFig = figure('Visible', 'off'); %创建一个隐藏窗口
    copyobj(hAxes, hFig); %将坐标轴及其子对象复制到新窗口内
    str = [pName fName];    % 获取要保存的图片路径和文件名
    if index == 1
        print(hFig, '-djpeg', str); %保存为 JPG 图片
    else
        print(hFig, '-dbmp', str);    % 保存为 BMP 图片
    end
    delete(hFig); %删除创建的隐藏窗口
    %%  创建一个信息对话框,提示文件保存成功
    hMsg = msgbox(['图片' fName '保存成功!'], '提示');
```

```matlab
        %% 1秒后如果信息对话框没有关闭,自动关闭
        pause(1);
        if ishandle(hMsg)   % 信息对话框没有手动关闭
            delete(hMsg);    % 自动关闭信息对话框
        end
    end
end

function btnDown(hObject, ~)
% 窗口的 WindowButtonDownFcn 回调函数
% 应用数据 isPressed 用来表征鼠标是否按下
% 若鼠标在图片上按下,开始绘制曲线
%% 获取坐标轴范围和当前点坐标,判断鼠标当前是否在图片上
xLim = getappdata(hObject, 'xLim');
yLim = getappdata(hObject, 'yLim');
pos = get(gca, 'CurrentPoint');
if (pos(1, 1) > xLim(1)) && (pos(1, 1) < xLim(2)) && (pos(1, 2) > yLim(1))...
        && (pos(1, 2) < yLim(2))   % 若鼠标在图片上
    if strcmp(get(hObject, 'selectiontype'), 'alt') % 单击鼠标右键
        delete(findobj(gca, 'type', 'line')); % 删除所有绘制的曲线
    elseif strcmp(get(hObject, 'selectiontype'), 'open') % 若双击左键
        %% 创建颜色设置对话框,用于设置画笔颜色
        col = uisetcolor(get(gca, 'colororder'), '选择画笔颜色');
        set(gca, 'colororder', col)
    else % 若单击鼠标左键
        %% 获取鼠标当前点坐标,并存为用户数据
        pos = get(gca, 'currentpoint');   % 获取当前点坐标
        set(hObject, 'userData', pos(1,[1,2])); % 将当前坐标存为用户数据
        setappdata(hObject, 'isPressed', true); % 设置应用数据 isPressed 的值
    end
end
end

function btnMotion(hObject, ~)
% 窗口的 WindowButtonMotionFcn 回调函数
%% 获取坐标轴范围和当前点坐标,判断鼠标当前是否在图片上
xLim = getappdata(hObject, 'xLim');
yLim = getappdata(hObject, 'yLim');
pos = get(gca, 'CurrentPoint');
if (pos(1, 1) > xLim(1)) && (pos(1, 1) < xLim(2)) && (pos(1, 2) > yLim(1))...
        && (pos(1, 2) < yLim(2))   % 若鼠标在图片上
    set(hObject, 'Pointer', 'hand'); % 设置鼠标指针为手形
    isPressed = getappdata(hObject, 'isPressed'); % 获取应用数据 isPressed
    pos1 = get(hObject, 'UserData'); % 获取鼠标之前单击的点的坐标
    pos = get(gca, 'currentpoint');   % 获取当前点的坐标
    if isPressed   % 若鼠标处于"按下"状态,绘制曲线
        lineWidth = getappdata(gcf, 'lineWidth'); % 获取线宽
        lineStyle = getappdata(gcf, 'lineStyle'); % 获取线型
        line([pos1(1); pos(1, 1)], [pos1(2); pos(1, 2)], 'linewidth',...
            lineWidth, 'LineStyle', lineStyle);    % 绘制曲线
        set(hObject, 'UserData', pos(1, [1 2]));   % 更新窗口对象的用户数据
```

```
        end
    else        % 若鼠标不在图片上
        set(hObject, 'Pointer', 'default');  % 恢复鼠标指针形状为默认值
    end
end


function btnUp(hObject, ~)
% 窗口的 WindowButtonUpFcn 回调函数
%% 鼠标释放时,更新标识变量 isPressed 的值为 false
setappdata(hObject, 'isPressed', false);
end


function closeQuest(hObject, ~)
%% 创建一个提问对话框,进一步确认是否要关闭窗口
sel = questdlg('确认关闭当前窗口?', '关闭确认', 'Yes', 'No', 'No');
switch sel
    case 'Yes'      % 用户单击了【Yes】按钮
        delete(hObject);
    case 'No'       % 用户单击了【No】按钮
        return;
end
end
```

选择要打开的图片,并在该图片上绘制图形,如图 5.37 所示。

图 5.37　显示图片并绘制图形

5.4　精选答疑

问题 29　如何制作一个嵌套到当前窗口内的进度条

【例 5.4.1】　编写一个函数文件 mywaitbar,在窗口内任意指定位置创建一个进度条,并能设置进度条的进度标题和进度。

【解析】 由前面的讲解可以知道，进度条实质上是一个包含坐标轴的窗口，坐标轴的标题就是进度条上显示的进度标题，坐标轴内有一个 line 对象，负责描绘进度条的框架，还有一个 patch 对象，负责显示进度。

要将进度条显示在指定窗口内，可以先创建一个隐藏的进度条，然后将其中的坐标轴及其子对象全部复制到指定窗口内，并按输入的位置参数设置进度条放置的位置；要随时更新进度条的进度和进度标题，可以设置坐标轴的 patch 子对象。

mywaitbar 函数以 mywaitbar.m 格式保存，函数内容如下：

```matlab
% 文件名:mywaitbar.m
function h = mywaitbar(varargin)
%    创建一个窗口内嵌的进度条
%    输入参数含义如下:
%       第 1 个参数为进度,值在[0,1]范围内;
%       第 2 个参数有两种含义:
%          创建进度条时,第 2 个参数为进度条对象的标题;
%          更新进度值时,whichbar 为 mywaitbar 返回的进度条句柄
%       第 3 个参数指定进度条所在窗口
%       第 4、5 个参数指定进度条在窗口中的位置,单位为像素
%    作者:罗华飞
%    版本:20101007V2.0
if nargin == 0
    % % 直接调用 mywaitbar 函数,创建默认的嵌入式进度条
    hWaitbar = waitbar(0, '嵌入式进度条', 'visible', 'off'); % 创建隐藏的进度条
    hAxes = findall(hWaitbar, 'type', 'axes'); % 查找进度条内的坐标轴
    h_axes = copyobj(hAxes, gcf);     % 复制进度条到当前窗口
    set(h_axes, 'Units', 'pixels'); % 进度条的坐标轴 Units 默认值为 points,需要更改
    pos = get(h_axes, 'position');   % 获取进度条坐标轴的位置和尺寸
    set(h_axes, 'position', [10, 10, pos(3:4)]); % 更改坐标轴的位置,尺寸不变
elseif nargin > 1 %
    x = varargin{1};
    whichbar = varargin{2};
    if (nargin == 5) && (ischar(whichbar) || iscellstr(whichbar))    % 此时创建进度条
        % % 此时调用格式为 h = mywaitbar(p, 'title', h_figure, x, y)
        hWaitbar = waitbar(x, whichbar, 'visible', 'off');
        hAxes = findall(hWaitbar, 'type', 'axes');
        h_axes = copyobj(hAxes, varargin{3});
        set(h_axes, 'Units', 'pixels');
        pos = get(h_axes, 'position');
        set(h_axes, 'position', [varargin{4}, varargin{5}, pos(3:4)])
    elseif isnumeric(whichbar)
        % % 此时调用格式为 mywaitbar(p, h)或 mywaitbar(p, h, 'title')
        h_axes = whichbar;
        hPatch = findobj(h_axes, 'Type', 'patch');
        set(hPatch,'XData',[0 100 * x 100 * x 0])
        if nargin == 3
            % % 调用格式为 mywaitbar(p, h, 'title')
            hTitle = get(h_axs, 'title'); % 获取标题对象的句柄(text 对象)
            set(hTitle, 'string', varargin{3}); % 设置标题对象的文本内容
        end
```

```
        end
    else
        error('input arguments error...');
    end
%% 设置输出参数
if nargout == 1
    h = h_axes;
end
```

该函数的调用格式为：

mywaitbar

创建一个默认的嵌入式进度条，如图 5.38 所示。

h = mywaitbar(p, 'title', h_figure, x, y)

在窗口 h_figure 内的指定位置 [x, y] 创建一个进度为 p，进度标题为 title 的进度条。p 的值在 [0, 1] 范围内，x、y 为进度条左下角在当前窗口内的位置，单位为像素。返回值 h 为该进度条的句柄。

mywaitbar(p, h)

更新进度条 h 的进度为 p。

mywaitbar(p, h, 'title')

更新进度条 h 的进度为 p，进度标题为 title。

例如，在当前窗口创建一个位置为 [100 100]，进度为 0.1 的进度条：

```
>> figure('Position', [400 400 500 200])             %创建一个窗口
>> h = mywaitbar(0.1, '载入中，请等待…', gcf, 100, 100);   % 在窗口内创建一个进度条
```

生成的进度条如图 5.39 所示。

图 5.38　创建一个嵌入式进度条

图 5.39　创建一个嵌入式进度条

更新进度为 0.5，输入命令：

```
>> mywaitbar(0.5, h);    % 更新进度条的进度
```

生成的进度条如图 5.40 所示。

更新进度条的进度为 0.9，进度标题为"载入即将完成"，命令如下：

```
>> mywaitbar(0.9, h, '载入即将完成');    % 更新进度条的进度和进度提示
```

生成的进度条如图 5.41 所示。

图 5.40 更新嵌入式进度条的进度

图 5.41 更新嵌入式进度条的进度与标题

问题 30 如何制作文件浏览器

【例 5.4.2】 编写一个文件浏览器：采用目录选择对话框选择目录，获取所选目录下的所有文件和文件夹，并显示在列表框中。当双击该文件名或文件夹名时，采用相应的应用程序打开该文件。

【解析】 采用目录选择对话框选择目录，采用 dir 函数获取所选目录下的所有文件的文件名。dir 函数调用格式为：

```
files = dir('name')
```

将目录 name 下的所有文件名和文件夹名保存在一个结构体 files 内。name 可以包含路径，且支持通配符 *。files 的字段有 4 个：

① name：文件名或文件夹名。

② date：修改日期。

③ bytes：文件大小。

④ isdir：0 表示文件名，1 表示文件夹名。

dir 返回的文件名中，前两个分别是"."和".."。其中，"."表示当前文件夹的文件夹名；".."表示上一级文件夹的文件夹名。

完整的程序如下：

```
% 文件名为 filebrowser.m
function filebrowser()
%     显示指定目录下的所有文件，双击文件名时打开
%     作者：罗华飞
%     版本：20101007V2.0
% % 创建一个隐藏的窗口
hFigure = figure('menubar', 'none', 'NumberTitle','off', 'name', '文件浏览器 ',...
    'position', [400 400 450 300], 'Visible', 'off');
% % 创建窗口控件对象
set(0, 'defaultuicontrolfontsize', 10); % 设置 uicontrol 对象的默认字体大小
hPath = uicontrol('style', 'text', 'position', [100 262 330 25], 'horizontal',...
    'left', 'string', ' ', 'BackgroundColor', 'w'); % 创建静态文本对象，用于显示路径
hList = uicontrol('style', 'listbox', 'string', ' ', 'position'...
    [20 20 420 230], 'Callback', {@fileOpen, hPath}); % 创建列表框，用于显示指定目录下
                                                      % 所有文件
```

```
uicontrol('string','选择路径','position',[20 260 70 30],'callback',...
    {@fileSel,hPath,hList});    % 创建【选择路径】按钮
%% 显示窗口
set(hFigure,'Visible','on');
end
%% 【选择路径】按钮的回调函数
function fileSel(~,~,hPath,hList)
%% 选择目录,并显示该目录下所有文件
str = uigetdir(pwd,'选择目录');
if str % 若选择了目录
    set(hPath,'string',str);
    str_all = dir(str); % 也可写成 str_all = dir([str '\ * . * ']);
    strNames = {str_all.name}; % 获取所有文件和文件夹的名称
    strNames{1} = '当前目录';    % 第1个文件名为当前文件夹的文件夹名
    strNames{2} = '上一级目录'; % 第2个文件名为当前文件夹的文件夹名
    set(hList,'string',strNames,'Value',1); % 显示所有文件和文件夹
end
end
%% 列表框的回调函数
function fileOpen(hObject,~,hPath)
%% 若双击鼠标,打开所选的文件或文件夹
    if strcmp(get(gcf,'SelectionType'),'open') % 若双击鼠标左键
        strs = get(hObject,'String');    % 获取列表框所有文件或文件夹名列表
        index = get(hObject,'Value');    % 获取当前所选文件或文件夹的位置
        if index == 1     % 若双击了第1个选项,则打开当前目录
            fName = '.';
        elseif index == 2 % 若双击了第2个选项,则打开上一级目录
            fName = '..';
        else              % 若选择了其他选项,直接打开
            fName = strs{index};
        end
        pName = get(hPath,'String'); % 获取当前路径
        winopen([pName '\' fName]);    % 打开当前文件或文件夹
    end
end
```

程序运行的结果如图 5.42 所示。

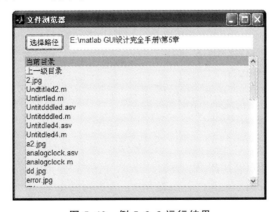

图 5.42 例 5.3.3 运行结果

问题 31　如何制作一个颜色选择器

【例 5.4.3】　编写 mySetColor 函数，创建一个如图 5.43 所示的颜色选择器。要求具有以下功能：

① 根据提供的 Excel 文件提取出颜色信息，Excel 数据格式如图 5.44 所示。为提高程序性能，要求只能在第一次运行时读取 Excel 文件，以后运行应从 MAT 文件中读取数据。

② 鼠标选中颜色后，返回该颜色的 RGB 归一化值。

③ 若直接关闭窗口，返回空矩阵。

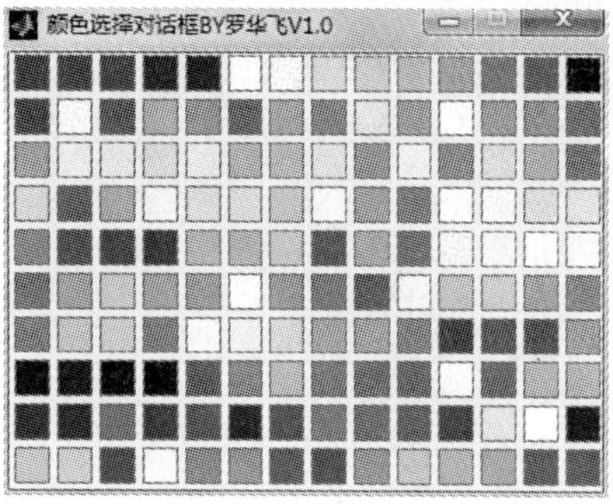

图 5.43　例 5.4.3 图

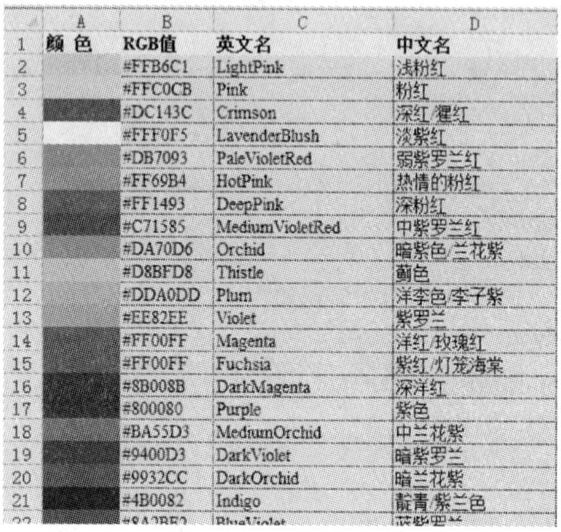

	A	B	C	D
1	颜色	RGB值	英文名	中文名
2		#FFB6C1	LightPink	浅粉红
3		#FFC0CB	Pink	粉红
4		#DC143C	Crimson	深红/猩红
5		#FFF0F5	LavenderBlush	淡紫红
6		#DB7093	PaleVioletRed	弱情罗兰红
7		#FF69B4	HotPink	热情的粉红
8		#FF1493	DeepPink	深粉红
9		#C71585	MediumVioletRed	中紫罗兰红
10		#DA70D6	Orchid	暗紫色/兰花紫
11		#D8BFD8	Thistle	蓟色
12		#DDA0DD	Plum	洋李色李子紫
13		#EE82EE	Violet	紫罗兰
14		#FF00FF	Magenta	洋红/玫瑰红
15		#FF00FF	Fuchsia	紫红/灯笼海棠
16		#8B008B	DarkMagenta	深洋红
17		#800080	Purple	紫色
18		#BA55D3	MediumOrchid	中兰花紫
19		#9400D3	DarkViolet	暗紫罗兰
20		#9932CC	DarkOrchid	暗兰花紫
21		#4B0082	Indigo	靛青/紫兰色
22		#8A2BE2	BlueViolet	蓝紫罗兰

图 5.44　颜色块数据文件 color. xlsx

【解析】　从 Excel 文件提取数据可以使用 xlsread 函数。

要求只在第一次运行时读取 Excel 文件，以后从 MAT 文件中读取，可使用 try…catch 语句，也可使用 exist 函数先判断 MAT 文件是否存在再作处理。

鼠标选中颜色后返回 RGB 归一化值，可以编写每个颜色块的 ButtonDownFcn 回调函数，颜色块可以用 uicontrol 控件的 frame 样式来实现。回调函数执行完通过 UserData 属性将选择的 RGB 值传递给主函数。

要求在直接关闭窗口时返回空矩阵，可以使用 ishandle 函数判断窗口是否存在，若不存在则说明窗口被强行关闭，此时应返回空矩阵。

完整的代码如下：

```
function rgb = mySetColor(varargin)
% 调用:mySetColor()、mySetColor([posX, posY])
% 显示一个简易的颜色选择对话框,返回所选颜色的 RGB 矩阵
% 输入参数[X Y]指定了颜色选择对话框在屏幕上显示的位置;默认时显示在屏幕中间
% 作者:罗华飞 2014 年 4 月 20 日
% 版本:V1.0

% 初始化颜色选择对话框,包括设置背景颜色、大小、位置等
width = 336;
height = 240;
```

```matlab
SysCol = get(0,'DefaultUicontrolBackgroundColor');
DkSys = SysCol * 0.5;
% 输入参数处理
if nargin == 1
    position = varargin{1};
else
    SSize = get(0,'ScreenSize');
    position = [(SSize(3) - width)/2, (SSize(4) - height)/2];
end
% 创建对话框窗口
hFig = figure('Name','颜色选择对话框 BY 罗华飞 V1.0',...
    'NumberTitle','off',...
    'Menubar','none',...
    'Color',SysCol,...
    'Position', [position width height],...
    'Visible','off',...
    'Resize','off',...
    'windowstyle','modal');
% 获取颜色数据。第一次运行时从 Excel 文件中读取数据,以后从 MAT 文件中读取数据
pathstr = fileparts(which(mfilename));
if exist([pathstr '\color.mat'], 'file') == 2
    load([pathstr '\color.mat']);
else
    [~, txt] = xlsread([pathstr '\color.xlsx']);
    save 'color.mat' txt;
end
hexVal = txt(2:end, 2); % hexVal 为 140 * 1 单元数组
% 绘制画板
for iRow = 1:10
    for iCol = 1:14
        str = [hexVal{iRow * 14 + iCol - 14, :}];
        myColor = hex2dec([str(2:3);str(4:5);str(6:7)])'/255;
        pos = [(iCol * 24) - 20, (iRow * 24) - 20, 20, 20];
        uicontrol('style','frame',...
                    'position',pos,...
                    'BackgroundColor',myColor,...
                    'ForegroundColor',DkSys,...
                    'Enable','inactive',...
                    'ButtonDownFcn',@getColor_callback);
    end
end
% 显示颜色选择对话框,并等待用户操作返回
try
    uiwait(hFig);
    if ~ishandle(hFig)
        rgb = [];
    else
        rgb = get(hFig, 'UserData');
        delete (hFig);
    end
end
% ----------------编写单击颜色块时的回调函数--------------
function getColor_callback(hObj,~)
rgb = get(hObj,'BackgroundColor');
set(gcf, 'UserData', rgb); % 通过 UserData 属性传递颜色值
uiresume;
```

335

第6章

采用 GUIDE 建立 GUI

6.1 知识点归纳

本章内容：

- ◆ GUIDE 界面基本操作
  - ◇ GUIDE 简介
  - ◇ 启动 GUIDE
  - ◇ 对齐对象(Alignment Tool)
  - ◇ 菜单编辑器(Menu Editor)
  - ◇ 工具栏编辑器(Toolbar Editor)
  - ◇ M 文件编辑器(M - File Editor)
  - ◇ Tab 键顺序编辑器(Tab Order Editor)
  - ◇ 属性查看器(Property Inspector)
  - ◇ 对象浏览器(Object Browser)
- ◆ GUI 的 M 文件
  - ◇ gui_mainfcn 函数
  - ◇ GUI 的数据管理机制
  - ◇ Opening 函数与 Output 函数
  - ◇ 输入参数与输出参数
- ◆ 回调函数
  - ◇ 回调函数类型
  - ◇ 回调的中断执行
  - ◇ 回调函数的编写
- ◆ GUI 跨平台的兼容性设计
- ◆ 断点调试和代码性能分析器
- ◆ 采用 GUIDE 创建 GUI 的步骤
- ◆ 触控按钮(Push Button)
- ◆ 静态文本(Static Text)
- ◆ 切换按钮(Toggle Button)
- ◆ 滑动条(Slider)
- ◆ 单选按钮(Radio Button)
- ◆ 可编辑文本(Edit Text)
- ◆ 复选框(Check Box)

◆ 列表框(Listbox)

◆ 弹起式菜单(Pop – up Menu)

◆ 按钮组(Button Group)

◆ 面板(Panel)

◆ 表格(Table)

◆ 坐标轴(Axes)

6.1.1 GUIDE 界面基本操作

1. GUIDE 简介

图形用户界面(Graphical User Interface，GUI)是指图形化的软件操作界面,它允许用户使用鼠标、键盘等设备操纵屏幕上的图标或菜单,以选择命令、调用文件、启动程序或执行其他工程任务。而 GUIDE 是 MATLAB 图形用户界面开发环境(Graphical User Interface Development Environment)的简称,它提供了一系列工具用于建立 GUI。这些工具极大简化了设计和建立 GUI 的过程。使用 GUIDE 建立 GUI 主要分为两步:

① GUI 图形界面布局;

② GUI 编程。

下面详细介绍使用 GUIDE 建立 GUI 的方法。

2. 启动 GUIDE

在命令行输入:

```
>> guide
```

按 Enter 键后弹出 GUIDE 快速启动对话框,如图 6.1 所示。

打开已存在的GUI

选取样板

预览GUI外观

选中此框,将GUI文件保存在指定路径下

单击此按钮打开GUI编辑界面

图 6.1 GUIDE 快速启动对话框

从 GUIDE 快速启动对话框,可以打开已存在的 GUI,或创建新的 GUI。要打开当前所在路径下的 GUI,可在命令行直接输入:

```
>> guide filename      % 打开 filename.fig 对应的 GUI
```

或

```
>> guide filename.fig      % 打开 filename.fig 对应的 GUI
```

创建新的 GUI 时,样板可以选择以下 4 种。

① Blank GUI:一个空的样板,打开后编辑区不会有任何 figure 子对象存在,必须由用户加入对象。

② GUI with Uicontrols:打开包含一些 uicontrol 对象的 GUI 编辑器,这些 GUI 对象具有单位换算功能。

③ GUI with axes and Menu:打开包含菜单栏和一些坐标轴图形对象的 GUI 编辑器,这些 GUI 对象具有数据描绘功能。

④ Modal Question Dialog:打开一个模态对话框的编辑器,默认为一个问题对话框。

一般采用默认的 Blank GUI 样板。单击【OK】按钮后,进入 GUI 编辑界面,如图 6.2 所示。

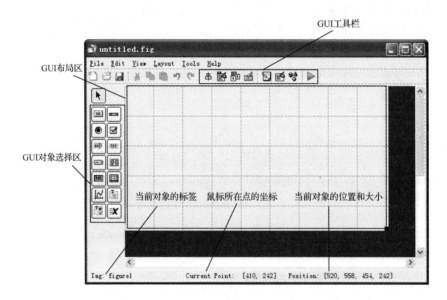

图 6.2　GUI 编辑界面

由图 6.2 可知,GUI 编辑界面主要包括 GUI 对象选择区、GUI 工具栏、GUI 布局区和状态栏 4 部分。

(1) GUI 对象选择区

对于图 6.2,打开 File→Preferences→GUIDE,勾选"show names in component palette",则在编辑界面上显示 GUI 对象的名称,如图 6.3 所示。

由图 6.3 可知,GUIDE 可供使用的 GUI 对象有:Push Button,Slider,Radio Button,Check Box,Edit Text,Static Text,Pop‐up Menu,Listbox,Toggle Button,Table,axes,Panel,Button Group,ActiveX Control。前 9 个属于 uicontrol 对象,它们与 Panel 和 Button Group 对象均为 UI 对象;Table 和 axes 对象主要用于数据可视化处理,使数据观测起来更直观;ActiveX Control 对象主要用于使 MATLAB 界面更美观。如图 6.4 所示。

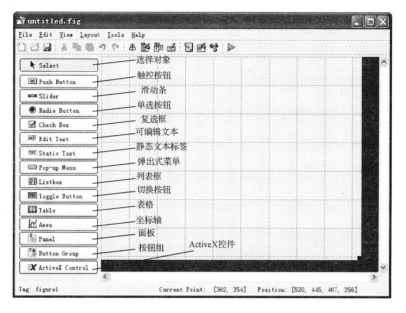

图 6.3 显示 GUI 对象名称的编辑界面

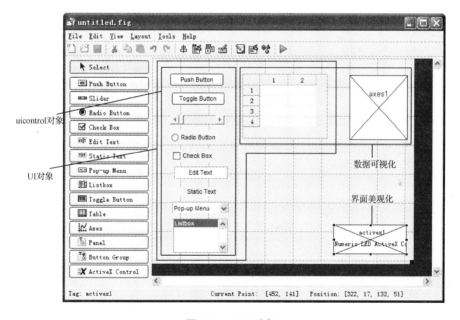

图 6.4 GUI 对象

（2）GUI 工具栏

GUI 工具栏各按钮功能如图 6.5 所示。

（3）GUI 布局区

GUI 布局区用于布局 GUI 对象。在布局区单击鼠标右键，弹出的菜单如图 6.6 所示。

GUI 选项对话框如图 6.7 所示。若要使创建的 figure 大小可随意改变，需将图 6.7 中的第一项设置为 Proportional。

View Callbacks 选项可查看或修改该对象所有的 callback 函数。

若您对此书内容有任何疑问，可以登录 MATLAB 中文论坛与同行交流。

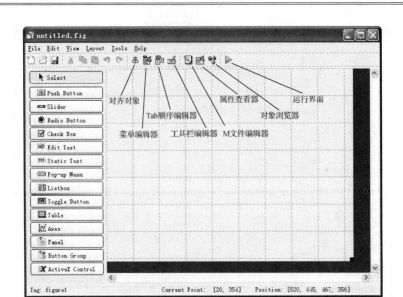

图 6.5　GUI 工具栏

另外，要隐藏 GUI 布局区的网格，设置网格间隔，显示标尺或指定对象是否对齐网格，可打开菜单：Tools→Grid and Rulers，如图 6.8 所示。

图 6.8 中的参考线，必须要在标尺打开后，通过鼠标拖拽 GUI 布局区靠里面的两个边框到布局区内获得，如图 6.9 所示。

图 6.6　GUI 布局区右键菜单

使用 GUIDE 编辑器编辑 GUI，要分别编辑两个文件：一个是 FIG 文件(.fig)，包含了 GUI 对象的属性设置及其布局信息；另一个是 M 文件(.m)，包含了控制 GUI 对象执行的回调函数。只要使用 GUIDE 编辑器编辑 GUI，就一定会有这两个文件同时存在。用户要做的只是两个步骤：① GUI 对象属性设置与布局；② 编辑回调函数。本章将分别介绍 GUI 对象的属性设置与布局，以及如何编辑回调函数。

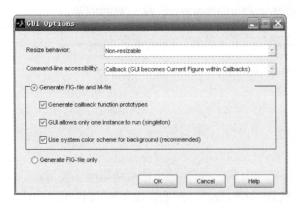

图 6.7　GUI 选项

图 6.8　设置网格与标尺

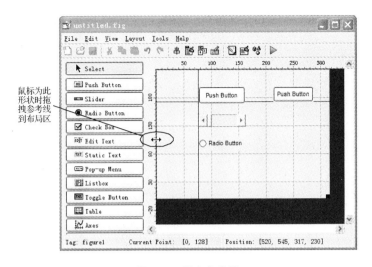

图 6.9　创建参考线

（4）状态栏

在 GUI 布局区的状态栏分别显示了当前 GUI 对象的标识符（Tag 值）、鼠标所在点在窗口内的坐标（单位为像素）、当前 GUI 对象的位置和大小（单位为像素）。

3．对齐对象（Alignment Tool）

对齐对象按钮的主要用途是将所选择的对象对齐，如图 6.10 所示。

对齐方式有垂直（Vertical）和水平（Horizontal）两种方式，其中，Align 表示以何处为对齐的基准，如左对齐、居中和右对齐等；而 Distribute 则是设置所选对象在指定方向上的间隔。

4．菜单编辑器（Menu Editor）

菜单编辑器主要用于建立菜单栏（Menu Bar）和右键菜单（Context Menus），如图 6.11 所示。

若 figure 窗口的 MenuBar 属性值为 none，只显示用户设计的菜单；若 MenuBar 属性值为 figure，用户设计的菜单排列在标准菜单之后。

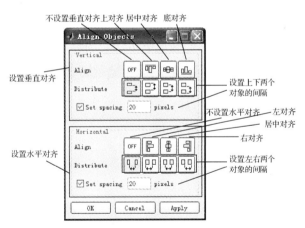

图 6.10　对齐对象

若要在菜单选项标签的某个字符上加下画线（该字符一般用作快捷键），只需在 label 字符串中该字符前加"&"。例如，label 为 da&fei，则显示结果为：da<u>f</u>ei。

5．工具栏编辑器（Toolbar Editor）

工具栏编辑器用于定制自定义的工具栏，它提供了一种访问 uitoolbar、uipushtool 和 uitoogletool 对象的接口，它不能用来修改 MATLAB 内建的标准工具栏，但是可以用来增加、修改和删除任何自定义的工具栏。

工具栏编辑器如图 6.12 所示，它主要包含 3 个部分：

① 顶部的工具栏布局预览区；

341

新建右键菜单　排列菜单选项顺序　　删除菜单或菜单项

新建菜单项

Label属性

Tag属性

新建菜单选项

快捷键

与上一选项之间是否隔开，Separator属性

设置是否标记该选项，Checked属性

设置该选项是否可选，Enable属性

设置回调函数

打开属性浏览器

创建菜单或右键菜单

菜单设计区

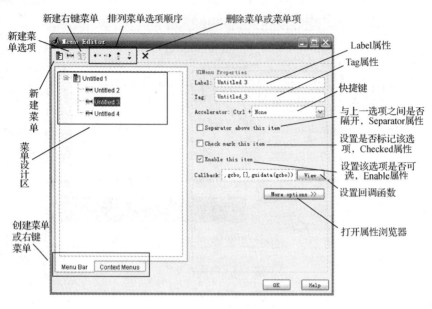

图 6.11　菜单编辑器

② 左边的工具面板；

③ 右边的两个分页式属性面板。

图 6.12 中,在工具预览区的工具对象上单击右键,弹出如图 6.13 所示的右键菜单。

当然也可以通过键盘的 Delete 键删除工具,通过鼠标拖拽添加工具,请读者自己尝试。

工具预览区　　增加工具　删除工具　工具左移一位　工具移到最左　删除工具

工具移到最左　工具右移一位

普通工具

工具图标编辑器

标准工具

工具对象的标签

工具的提示字符串

使能该工具

工具左边是否添加竖线

工具的回调函数

打开工具的属性编辑器

恢复工具的默认属性

工具栏预览区

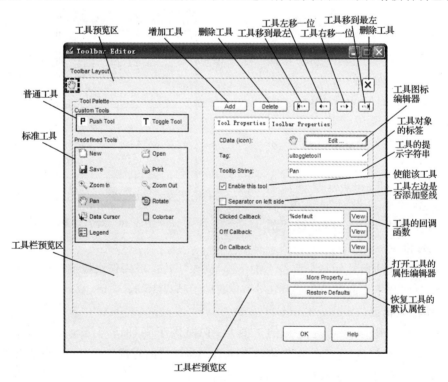

工具栏预览区

图 6.12　工具栏编辑器

删除工具

编辑工具
的图标

编辑工具的
提示字符串

在工具左侧
添加竖线

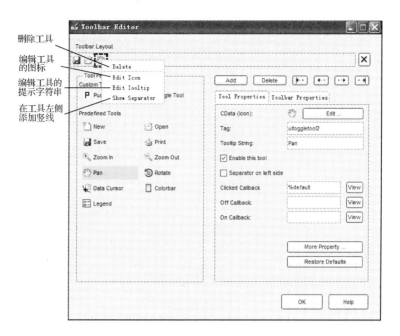

图 6.13　工具对象上弹出的右键菜单

单击图 6.12 中的【Edit】按钮,打开工具图标编辑器,如图 6.14 所示。

选择图片

画笔工具

橡皮工具

填充工具

拾色工具

绘图工具

图标预览

绘图颜色
调色板

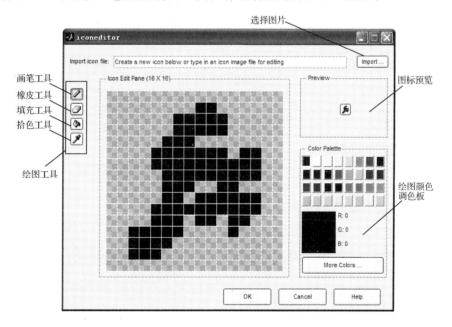

图 6.14　工具图标编辑器

343

6. M 文件编辑器(M-File Editor)

M 文件编辑器主要用于编辑 GUI 回调函数,如图 6.15 所示。

发布 GUI 可将 GUI 的 M 文件及其运行结果转换成网页格式;函数浏览器可以查找
MATLAB 所有的内部函数,如图 6.16 所示。

当用户触发某对象时,相应的回调函数会执行。因此,可通过编写对象的回调函数来控制
对象的动作。对象的回调函数命名规则为:tag_回调类型。例如,某 Push Button 的 tag 为

发布GUI　查找文本　跳转到指定的函数　运行GUI　调试工具　函数浏览器

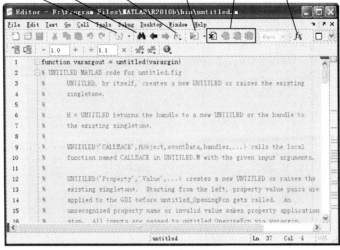

图 6.15　M 文件编辑器

a1,则其 KeyPressFcn 回调函数的函数名为 a1_KeyPressFcn。

　　查找对象的回调函数有两种方法：

　　① 在对象上单击鼠标右键,创建或选取对应的回调函数,如图 6.17 所示。

图 6.16　函数浏览器

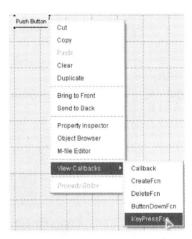

图 6.17　从对象上定位回调函数

　　② 单击 M 文件编辑器工具栏上的 $f_{\cdot}$,选取该 M 文件内所有的函数,如图 6.18 所示。

7. Tab 键顺序编辑器(Tab Order Editor)

　　利用 Tab 键顺序编辑器,可设置用户按键盘上的 Tab 键时,对象被选中的先后顺序,如图 6.19 所示。

　　图 6.19 中创建了 4 个 GUI 对象,通过工具栏的上下箭头可改变这 4 个对象的相对位置,从而改变 Tab 键选择对象的顺序。

图 6.18　从 M 文件编辑器定位函数

【注意】

　　① 坐标轴和 ActiveX 控件均不参与 Tab 键排序,也就是说,它们不能通过 Tab 键选中。

② Tab 顺序影响对象的堆放顺序;反过来,对象的堆放顺序,也影响对象的 Tab 顺序。排在底层的对象先被 Tab 键选中。

8. 属性查看器(Property Inspector)

属性查看器用来查看、设置或修改对象的属性,如图 6.20 所示。

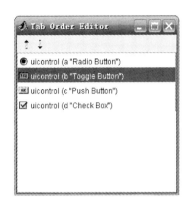

图 6.19　Tab 键顺序编辑器

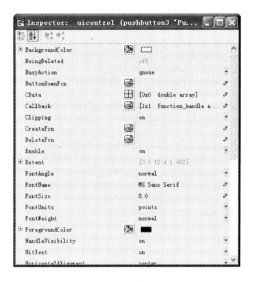

图 6.20　属性查看器

调用对象的属性查看器,有 4 种方法:

① 在对象上双击鼠标左键;

② 在对象上单击鼠标右键,选择 Property inspector;

③ 选中对象后单击工具栏的 按钮;

④ 菜单栏选择:View→Property Inspector。

当然,还可以在对象浏览器中双击该对象,来查看其属性。

对象的属性可直接在属性查看器中修改,修改完成后需要重新运行 GUI 来应用新的设置。

9. 对象浏览器(Object Browser)

利用对象浏览器,可以查看当前设计阶段的所有 GUI 对象及其组织关系,如图 6.21 所示。

打开对象浏览器,有 3 种方法:

① 在布局区任意地方单击鼠标右键,选择 Object Browser;

② 左键单击工具栏的 按钮;

③ 菜单栏选择:View→Object Browser。

【注意】

当多个 GUI 对象重叠时,通过鼠标选中或移动 GUI 布局区中底层的 GUI 对象比较困难,此时

图 6.21　对象浏览器

可以通过对象浏览器来选择对应的对象,然后通过↑、↓、←或→键来移动对象,或直接在对象浏览器里对应对象上双击左键调出属性查看器,修改其 Position 属性或其他属性。

6.1.2 GUI 的 M 文件

由 GUIDE 生成的 M 文件，控制 GUI 并决定 GUI 对用户操作的响应。它包含运行 GUI 所需的所有代码。GUIDE 自动生成 M 文件的框架，用户在该框架下编写 GUI 组件的回调函数。

M 文件由一系列子函数构成，包含主函数、Opening 函数、Output 函数和回调函数。其中，主函数不能修改，否则容易导致 GUI 界面初始化失败。一个文件名为 example_01 的 GUI，其 M 文件主函数代码如下：

```
1     function varargout = example_01(varargin)
2     gui_Singleton = 1;
3     gui_State = struct('gui_Name',          mfilename, ...
4                        'gui_Singleton',  gui_Singleton, ...
5                        'gui_OpeningFcn', @example_01_OpeningFcn, ...
6                        'gui_OutputFcn',  @example_01_OutputFcn, ...
7                        'gui_LayoutFcn',  [] , ...
8                        'gui_Callback',    []);
9     if nargin && ischar(varargin{1})
10        gui_State.gui_Callback = str2func(varargin{1});
11    end
12    if nargout
13        [varargout{1:nargout}] = gui_mainfcn(gui_State, varargin{:});
14    else
15        gui_mainfcn(gui_State, varargin{:});
16    end
```

gui_State 是一个结构体，指定了 figure 的 Opening 函数和 Output 函数；开始 gui_Callback 为空，此时创建 GUI；如果输入参数个数大于 1，且第一个输入参数为字符串，第二个参数为句柄值，则将输入的第一个参数传递给 gui_State. callback，此时执行回调函数。

程序第 1 行为主函数声明，example_01 为函数名，varargin 为输入参数，varargout 为输出参数。当创建 GUI 时，varargin 为空；当用户触发 GUI 对象时，varargin 为一个 1×4 的单元数组，第 1 个单元为所要执行回调函数的函数名。例如，用户左键单击了 Tag 值为 pushbutton1 的 pushbutton 对象，此时 varargin{1} = 'pushbutton1_Callback'，即为要执行的回调函数 pushbutton1_Callback 的函数名。第 2～4 个单元为该回调函数的输入参数：hObject、eventdata 和 handles。hObject 为当前回调函数对应的 GUI 对象句柄，eventdata 为附加参数，handles 为当前 GUI 所有数据的结构体，包含所有 GUI 对象的句柄和用户定义的数据。

程序第 2 行指定是否只能产生一个界面。当 gui_Singleton＝0 时，表示一个 GUI（包括一个 fig 文件和一个 M 文件）可产生多个窗口实例；当 gui_Singleton＝1 时，表示一个 GUI（包括一个 fig 文件和一个 M 文件）只能产生一个窗口实例。允许 GUI 产生多个窗口实例，可在 GUI 编辑界面的菜单里选择：Tools→GUI Options，去掉选项【GUI allows only one instance to run(singleton)】前面的钩，此时 gui_Singleton 自动更新为 0。

程序第 3～8 行为一个结构体，该结构体有 6 个字段。第 1 个字段为 gui_Name，字段值为 mfilename。mfilename 函数用于 M 文件内部，返回当前正在运行的 M 文件名字；若用于命令行，返回空字符串。第 2 个字段为 gui_Singleton，设置是否只产生单一 GUI 实例。第 3 个字段为 gui_OpeningFcn，字段值为当前 GUI 的 OpeningFcn 函数句柄。第 4 个字段为 gui_OutputFcn，

字段值为当前 GUI 的 OutputFcn 函数的句柄。第 5 个字段为 gui_LayoutFcn,用于创建 GUI 实例。字段值为空时,先检查上次 GUI 初始化是否完成,若没有完成,则删除上一次创建的句柄并重新创建。第 6 个字段为 gui_Callback,初始值为空,表示只运行 OpeningFcn 和 gui_OutputFcn,而不运行 Callback。

程序第 9～11 行判断是创建 GUI 还是执行回调函数。若输入参数至少为 1 个且第 1 个为字符串,则令结构体 gui_State 的字段 gui_Callback 的值为第 1 个输入参数表示的回调函数;若没有输入参数,则字段 gui_Callback 的值为空,此时创建 GUI 实例。

程序第 12～16 行运行 GUI 默认的处理函数:gui_mainfcn。该函数用于处理 GUI 创建、GUI 布局和回调函数。当输出参数存在时,输出参数由函数 gui_mainfcn 返回;当输出参数不存在时,直接运行函数 gui_mainfcn。

1. gui_mainfcn 函数

函数 gui_mainfcn 是 GUI 默认的处理函数。gui_mainfcn 根据 gui_State 和传入参数来确定是执行回调函数,还是打开 GUI 并运行 OpeningFcn 和 OutputFcn。如果 gui_Callback 为空,那么就运行 GUI,打开主窗口 fig 文件;否则,执行 gui_Callback 指定的子函数。

gui_mainfcn 的结构如下:

```
function varargout = gui_mainfcn(gui_State, varargin)
%检查结构体 gui_State 的字段
%限于篇幅,这里省略该部分代码

%下面一段程序检测输入参数,若创建 GUI,令变量 gui_Create = true;若执行回调,gui_Create = false
numargin = length(varargin);      %输入参数的个数
if numargin == 0                  %若没有输入参数
    gui_Create = true;            %gui_Create = true 表示创建 GUI,gui_Create = false 表示执行回调
elseif local_isInvokeActiveXCallback(gui_State, varargin{:})
% 若调用 ActiveX 对象的回调函数
%创建 ActiveX 对象,或者执行 ActiveX 对象的回调函数,并返回
elseif local_isInvokeHGCallback(gui_State, varargin{:})
% 设主函数名为 example_01,则主函数句型为 example_01('CALLBACK',hObject,eventData,
% handles,...)
    gui_Create = false;
else %若主函数句型为 example_01(...),创建 GUI,并将输入参数传递给 openingfcn
    gui_Create = true;
end

%下面的一个 if 语句,根据变量 gui_Create 的值来创建 GUI 或执行回调
if ~gui_Create      % 若 gui_Create = false,执行回调
    varargin{1} = gui_State.gui_Callback;      % 更新 gui_State.gui_Callback
    if nargout      %执行回调函数
        [varargout{1:nargout}] = feval(varargin{:});
    else
        feval(varargin{:});
    end
else      % 若 gui_Create = true,创建 GUI
%(1)是否只允许单一 GUI(gui_State.gui_Singleton)
%(2)检查 GUI 的可见性(获取 Visible 属性值)
%(3)创建或更新 GUI 数据(handles 结构体)
```

若您对此书内容有任何疑问,可以登录 MATLAB 中文论坛与同行交流。

```
%(4)检查输入参数是否为【属性】和【属性值】成对出现,并逐对设置属性,直到遇到错误跳出
%(5)检查句柄可见性(HandleVisibility 属性)
%(6)执行 Opening 函数(gui_State.gui_OpeningFcn)
%(7)根据 Visible 值决定是否将窗口显示到屏幕
%(8)执行 Output 函数(gui_State.gui_OutputFcn)
%(9)设置句柄可见性(HandleVisibility 属性)
end
```

创建一个 GUI 的过程大致分为上面 9 步。其中,第 2 步检查是否使 figure 可见;第 3 步创建或更新 GUI 数据,即 handles 结构体;第 6 步执行 Opening 函数;这里要注意,对于 MATLAB 7.1 版本,若是采用 GUIDE 建立的 GUI,无论其 Visible 属性为 on 或 off,均使 figure 可见;而对于新版 MATLAB 中,修复了这个 BUG;第 7 步根据 Visible 属性值决定是否显示对象到屏幕;第 8 步执行 Output 函数;第 9 步设置对象句柄的可见性。

由上述创建 GUI 的过程,可总结以下 3 点:

① 【创建 handles 结构体】在【执行 Opening 函数】之前,所以,在 Opening 函数中,可使用 handles 结构体访问该 GUI 的所有组件对象。

② 当输入参数成对出现时,MATLAB 会将输入参数逐对从左至右设置为对象的属性,一旦遇到未定义的属性或错误的属性设置,将不再设置后面的属性对,也不弹出错误信息,而是直接跳出属性设置的循环。

③ 【执行 Opening 函数】在【显示窗口到屏幕】之前,只有执行完了 Opening 函数,GUI 窗口才会可见。例如,可使用 uiwait 命令在窗口弹出之前,等待用户操作。

2. GUI 的数据管理机制

GUI 的数据管理采用 3 种机制:GUI 数据、Application 数据和 UserData 属性。

（1）GUI 数据:handles 结构体

GUI 数据由 handles 结构体保存。当运行 GUIDE 创建的 GUI 时,M 文件会自动生成一个叫作 handles 的结构体。handles 结构体可看作一个数据的"容器",包含所有的 GUI 对象数据。handles 与对应的 GUI 窗口相关联,它作为第 3 个输入参数传递给每个回调函数,使得它们可随意访问 GUI 数据。

handles 的数据结构如图 6.22 所示。

由图 6.22 可知,handles 结构体主要有两个用途:

① 访问 GUI 数据。由于 handles 结构体作为第 3 个输入参数传递进了每个回调函数中,而 handles 结构体包含了 GUI 对象的 Tag 值和句柄的信息,所以,每个回调函数可通过 handles 获

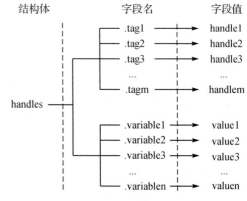

图 6.22　handles 数据结构

取任何 GUI 对象的数据。例如,对象 a 的 Tag 值为 a,对象 b 的 Tag 值为 b,则在对象 b 的 callback 函数中获取对象 a 的 string 值,可采用语句:

```
str = get(handles.a, 'string')
```

或

```
temp = get(handles.a);
str = temp.String;        % 注意此时 String 字母大小写不能错,也不能简写
```

② 在回调函数之间共享数据。在 GUI 中,要使一个变量成为全局变量,一个有效的办法就是将其存在 handles 结构体中。

例如,将变量 a 存入 handles 中:

```
handles.a = a;      % 创建新的字段 a,将变量 a 存入 handles;其中变量名为字段名,变量值为字段值
guidata(hObject, handles)   % 更新 handles 数据
```

要获取该变量值,可使用语句:

```
a = handles.a;
```

【注意】 handles 结构体具有一定局限性。handles 只将 FIG 文件内的 GUI 组件信息保存进去,而不会将 M 文件内创建的 GUI 对象存进去。也就说,handles 只存储 GUI 布局区内放置或设置的 GUI 组件。例如 GUI 布局区内的 PushButton、Button Group,figure 窗口的菜单、工具栏等。

例如,若在 Opening 函数中创建 PushButton 对象:

```
h = uicontrol('tag', 'push1');
```

在 guidata(hObject, handles)后加一行命令:

```
handles.push1
```

运行 M 文件,命令行输出错误:

```
??? Reference to non - existent field 'push1'.
```

说明 M 文件中创建的对象数据并没有存入 handles 中。若要将其存入 handles,可采用两种方法。

① 采用存储用户数据的方法:

```
h = uicontrol('tag','push1');
handles.push1 = h;
guidata(hObject, handles);
```

② 采用 guihandles 函数更新 handles:

```
h = uicontrol('tag','push1');
handles = guihandles;
handles.output = hObject;      % 该语句必须放在 guihandles 语句后面,否则 handles 里的变量
                               % output 会被清除
guidata(hObject, handles);
```

第②种方法在下面讲解。

gui_mainfcn 函数中,创建或更新 handles 结构体的代码如下:

```
    data = guidata(gui_hfigure);    % 复制 GUI 数据到结构体 data
    handles = guihandles(gui_hfigure); % 生成一个包含当前 GUI 中所有对象句柄的 handles 结构体
    if ~isempty(handles)
        if isempty(data)        % 若之前的 GUI 数据为空
            data = handles; % 将生成的 handles 结构体赋给 data
        else    % 若之前存在 GUI 数据,将 handles 结构体内的字段添加进结构体 data
            names = fieldnames(handles);
            for k = 1:length(names)
                data.(char(names(k))) = handles.(char(names(k)));    % 更新 data
            end
        end
    end
    guidata(gui_hfigure, data);    % 将结构体 data 存为当前 GUI 的 handles
```

由以上可见,第 2 条语句使用 guihandles 函数将所有的 GUI 对象存入 handles。那么,为什么在 Opening 函数中采用函数创建的对象,却没有存入 handles 呢?

因为上述代码只在创建 GUI 时执行一次,且在执行 Opening 函数前执行。Opening 函数中只是使用 guidata 函数保存 handles,采用函数新创建的对象并不能自动加入 handles,成为 handles 的一个字段。因此,可采用两种办法添加新创建的对象:直接定义新字段,如 handles.push1＝h;或创建新的 handles 覆盖原来的 handles,如 handles＝guihandles。当然,最后还要将新的 handles 保存起来:guidata(gui_hfigure, data)。

上面创建或更新 handles 的代码中,用到了操作 GUI 数据的专用函数:guidata 和 guihandles。

1) guidata:存储或更新 GUI 数据。

guidata(obj_handle, data)

存储变量 data 到 obj_handle 所在的窗口中,作为 GUI 数据。若 obj_handle 不是 figure 对象句柄,将 data 保存到对象 obj_handle 的 figure 父类中。data 可为任何类型的 MATLAB 变量,最典型的情况,data 是一个结构体,用户可按需要增加字段到 data 中。

guidata 任何时刻只能管理一个 GUI 数据,也就是说,任何 GUI 任何时刻只能有一个 handles 结构。例如,guidata(hObject, handles)表示将 handles 结构体(即 GUI 数据)的数据更新存储到 hObject 对象指定的 figure 对象中。

在由 GUIDE 生成的 GUI 的 M 文件中,不能使用 guidata 存储除 handles 结构外的任何其他数据。否则,它会覆盖 handles 结构体,导致 GUI 不能运行。若需要存储其他的数据到 GUI 中,可增加数据字段到 handles 结构体中。

data = guidata(obj_handle)

返回之前存储的 GUI 数据,若之前没有存储 GUI 数据,返回空矩阵。

采用函数 guidata 管理 GUI 数据,步骤如下:

① 采用语句 data = guidata(obj_handle),获取之前的 GUI 数据,备份到 data 结构体中;

② 更新 data 结构体;

③ 采用语句 guidata(obj_handle,data),将 data 结构体存储到 figure 中,作为新的 GUI 数据。

2) guihandles:创建 handles 结构体。

handles = guihandles(obj_handle)

返回一个结构体,字段名为 obj_handle 对象所对应 GUI 窗口内的所有 GUI 对象(包括 figure 对象)的 Tag 属性值,字段值为这些 GUI 对象的句柄。

所以,获取 handles 结构体内的 GUI 对象句柄,可采用结构体的访问方法:handles.(字段名),即 handles.(对象 Tag)。

handles = guihandles

返回当前 figure 的 handles 结构体。相当于 handles = guihandles(gcf)。

采用 guihandles 创建 handles 结构体时,要注意以下 5 种情况:

① 若对象 Tag 值为空,或为非法的变量名(例如以数字开头)时,该对象排除在 handles 结构体外;

② 若某些对象具有相同的 Tag 值,它们对应的字段值为一个行向量;

③ 句柄隐藏的对象包括在 handles 结构体中;

④ 由 M 文件创建的 GUI 对象也包括在 handles 结构体内;

⑤ guihandles 会清除 handles 结构体内非 GUI 对象信息的字段。

(2)Application 数据

上面讲到,GUI 数据保存在 handles 结构体中。类似地,Application 数据(应用数据)也保存在一个结构体中。Application 数据保存在 GUI 对象的一个未公开属性内,即 Application-Data 属性,该属性的值为一个结构体,在第 4 章介绍未公开属性时简单提到过。通常选择 figure 对象作为 Application 数据的保存对象。

存取 Application 数据有两种方法:

① 采用 get 或 set 函数获取或修改对象的 ApplicationData 属性;

② 采用 Application 数据的专用函数 setappdata、getappdata、isappdata 和 rmappdata。

1)setappdata:添加新字段到指定对象的 Application 数据中。

setappdata(h, name, value)

添加新的字段到对象 h 的 Application 数据中。字段名为 name,字段值为值 value。name 不能与 Application 数据中其他的字段名冲突,value 可以为任意类型数据。

2)getappdata:获取对象的 Application 数据。

value = getappdata(h, name)

获取对象 h 的 Application 数据中,name 字段的值。

values = getappdata(h)

获取对象 h 的所有 Application 数据。

3)isappdata

isappdata(h, name)

判断对象 h 的 Application 数据中是否存在字段 name。存在,返回真,否则返回假。

4)rmappdat

rmappdata(h, name)

移除对象 h 的 Application 数据中的字段 name。

【注意】

① 一个 GUI 中,最多只能同时存在一个 GUI 数据和一个 Application 数据;而且 GUI 数据和 Application 数据均为结构体。

② 若采用编程的方法创建 GUI,可以将 guihandles 创建的 handles 结构体作为 Applica-

tion 数据存储,而不必存为 GUI 数据;若使用 GUIDE 创建的 GUI,则必须将 handles 存为 GUI 数据。

（3）UserData 属性

每个 GUI 对象都有 UserData 属性,它与 ApplicationData 属性的区别在于:

① UserData 为公开的属性,ApplicationData 为未公开的属性;

② ApplicationData 的值为一个结构体,而 UserData 的值可以为任何数据类型,例如数值、矩阵、数组、结构体、单元数组等。

UserData 用于存储用户定义的数据,采用 get 和 set 函数访问。例如,data = get(h, 'UserData')用于获取对象 h 中存储的 UserData;set(h, 'UserData', data1)用于设置对象 h 的 UserData 为变量 data1。

【注意】 除以上 3 种方式共享 GUI 对象之间的数据,还可采用 global 定义全局变量的方式共享数据,但 global 数据并不随着 GUI 的删除而清除,而是一直存在。一个方法是将 figure 的 CloseRequestFcn 函数改为:

```
clear global;          % 清除全局变量
delete(hObject);       % 关闭当前窗口
```

3. Opening 函数与 Output 函数

Opening 函数:在 GUI 开始运行但还不可见的时候执行,主要进行一些初始化操作;

Output 函数:如果需要,可输出数据到命令行;

Callback 函数:用户每次触发 GUI 对象时,一般都会执行一次相应的 Callback 函数。

GUIDE 创建的 GUI 的 M 文件中,除主函数外的所有回调函数都有如下两个输入参数:

hObject:所有回调函数的第 1 个参数。在 Opening 函数和 Output 函数中,表示当前 figure 对象的句柄;在回调函数中,表示该回调函数所属对象的句柄。注意,hObject 中的第 2 个字母为大写 O。

handles:所有回调函数的第 3 个参数。表示 GUI 数据。包含所有对象信息和用户数据的结构体,相当于一个 GUI 对象和用户数据的"容器"。

【注意】 在 GUIDE 创建的 GUI 的 M 文件中,无论是 GUI 对象的回调函数,还是其他对象(例如串口对象、定时器、其他硬件设备对象等)的回调函数,这个回调函数的前两个参数都是这么定义的:第 1 个参数为该对象句柄,第 2 个参数为附加参数。如果是 GUI 对象,还有第 3 个参数——handles。

1) Opening 函数定义如下(假定 GUI 文件分别为 example_01. fig 和 example_01. m):

```
function example_01_OpeningFcn(hObject, eventdata, handles, varargin)
handles.output = hObject;      % 将窗口对象的句柄存入 handles 的 output 字段中
guidata(hObject, handles);     % 更新 handles
```

输入参数中,hObject 为当前 figure 的句柄;eventdata 为附加参数,值为空;handles 为 GUI 数据;varargin 为主函数 example_01 所有的输入参数,是一个单元数未知的单元数组。

Opening 函数下的两条语句,存储 figure 对象句柄到 handles. output 中,用于输出。

在函数 gui_mainfcn 内,创建 GUI 时执行 Openging 函数。语句如下:

```
feval(gui_State. gui_OpeningFcn, gui_hfigure, [], guidata(gui_hfigure), varargin{:});
```

大家知道,feval 函数格式为 feval(fun, x1,…, xn),表示使用参数 x1,…, xn 执行函数 fun。所以该语句表示使用参数 gui_hfigure,[],guidata(gui_hfigure) 和 varargin{:} 来执行函数 gui_State.gui_OpeningFcn。

一般输入参数 varargin 有两种情况:

① varargin 为空,此时创建 GUI。

② varargin 为回调函数名及其输入参数,此时执行回调函数。例如,在 Tag 值为 pushbutton1 的 pushbutton 对象上单击左键,此时 M 文件的输入参数 varargin 为{'pushbutton1_Callback', hObject, eventdata, handles}。

2) Output 函数定义如下(假定 GUI 文件分别为 example_01.fig 和 example_01.m):

```
function varargout = example_01_OutputFcn(hObject, eventdata, handles)
varargout{1} = handles.output;    % 返回 output 域的值,即为该窗口的句柄
```

Output 函数返回输出参数。例如,当 example_01.fig 和 example_01.m 文件在当前目录下时,在命令行键入:

```
>> h = example_01
```

命令行返回该 GUI 窗口的句柄:

```
h =
  312.0010
```

varargout 为单元数未知的单元数组,理论上能包含任意多个输出参数,默认只创建一个输出参数:handles.output。若要返回第二个输出参数,可添加下列语句到 Output 函数:

```
varargout{2} = handles.output2;
```

但 GUI 执行函数的顺序为:Opening 函数→Output 函数→回调函数。其中 Opening 函数和 Output 函数只会执行一次,执行完 Output 函数就已经输出 varargout 了。

若要 GUI 根据用户的操作来输出 varargout,可以使用暂停和继续函数:uiwait 和 uiresume。

uiwait(h):暂停执行 M 文件,直到 uiresume 命令出现或窗口 h 被删除;

uiwait:相当于 uiwait(gcf);

uiwait(h,timeout):暂停执行 M 文件,直到 uiresume 命令出现、窗口 h 被删除或暂停了 timeout 秒;

uiresume(h):继续执行 M 文件。

若 Opening 函数中含有 uiwait 命令,可输出一个不同的值。此时 GUI 执行顺序为:Opening 函数→回调函数→Output 函数。

假如要输出一个用户响应的结果,可采用下列步骤:

① 添加 uiwait 命令到 Opening 函数中,使 M 文件暂停输出,等待用户触发一个 GUI 组件。

② 在期望响应的回调函数中,更新 handles.output 值,并执行 uiresume 命令。

【注意】 Opening 与 Output 函数的函数名命名规则(以 Opening 函数为例)为:

> GUI 名_OpeningFcn

而回调函数的函数名命名规则(以 Callback 回调函数为例)为:

> GUI 对象 Tag 值_Callback

例如,对于一个 GUIDE 创建的 GUI,包含两个文件:example_01. fig 和 example_01. m, figure 的 Tag 值为 figure1,则其 Opening 与 Output 函数的函数名分别为:example_01_OpeningFcn 与 li1_OutputFcn;而其 WindowButtonDown 函数的函数名为:figure1_WindowButtonDownFcn。

4. 输入参数与输出参数

下面举例说明输入参数 varargin 和输出参数 varargout 为不同类型时的 GUI 调用情况(假定 GUI 名为 example_01)。

example_01

运行名为 example_01 的 GUI。等价于下列语句:

> figure(example_01)

h = example_01

运行名为 example_01 的 GUI,并返回其句柄。等价于下列语句:

> h = figure(example_01)

example_01('属性1', 属性值1,……)

采用给定的属性值,运行名为 example_01 的 GUI。例如:

> ```
> >> example_01('Position', [71.8 44.9 74.8 19.7])
> ```

在指定的位置打开 example_01 的界面。

example_01('Callback_function', hObject, eventdata, handles,…)

采用给定的参数,运行对象 hObject 的回调函数 Callback_function。例如,假设 example_01 包含一个 Tag 值为 push1 的 pushbutton 按钮,其 Callback 函数用于显示一个常数 1:

```
function push1_Callback(hObject, eventdata, handles)
1
```

命令行输入:

```
>> handles = guihandles(example_01);
>> example_01('push1_Callback', handles.push1, [], handles)
ans =
    1
```

example_01('Key_word', Value,…)

当 Key_word 既不是 figure 的属性名,也不是子函数名时,创建一个名为 example_01 的 GUI,并将输入参数对('Key_word', Value)传递进 OpeningFcn。例如,假设要传递一个文件名 filename 到 Opening 函数,便于读取数据,可采用下列步骤。

① 创建 .mat 文件。命令行输入：

```
>> a = 1;
>> b = 2;
>> save('a1.mat');    % 将变量 a 和 b 存入文件 a1.mat
```

② 将指定 mat 文件里的变量传递进 GUI。在 Opening 函数里添加如下语句：

```
% 若输入参数为 2 个,且第 1 个输入参数为 'filename'
if (length(varargin ) == 2) && (isequal(varargin{1}, 'filename')
    str = varargin{2};    % 获取传递进来的文件名
    load(str);                       % 加载该 .mat 文件,获取该文件内的变量
end
```

③ 加载指定 mat 文件到 GUI。命令行输入：

```
>> example_01('filename', 'a1.mat')    % 将参数 'filename' 和 'a1.mat' 传入名为 example_01 的 GUI
```

此时,就已经将变量 a 和 b 传递进 GUI 了。

【注】 example_01('Key_word', Value,…)提供了一种给 GUI 传递参数的方法。

6.1.3 回调函数

当一个图形对象发生特殊事件时,GUI 传递要执行的子函数名到 M 文件中,该子函数称为回调函数(也称为 callback 函数)。

用户对控件操作(如鼠标单击、双击或移动,键盘输入等)的时候,控件对该操作进行响应,所指定执行的函数,就是该控件的回调函数(这有些类似于 VC++中的消息和消息处理函数,或者 QT 中的信号与槽机制)。

通过在对象布局区的 GUI 对象上右键选择 View Callbacks 的对应子项,可以创建该 GUI 对象的回调函数。创建 GUI 对象时,默认情况下在函数声明下会有 3 行注释,注明函数输入参数的含义。如果要每次创建回调函数时不创建该注释内容,可以打开 GUIDE 的菜单【File】→【Preferences】,取消选择【GUIDE】栏下的第 4 个选项,如图 6.23 所示。

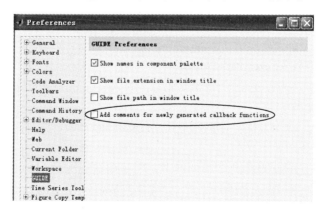

图 6.23 添加/取消 GUIDE 的 M 文件中的注释

采用 GUIDE 编写的 GUI 中,控件回调函数的回调属性格式为(设 GUI 名为 example_01)：

example_01('Callback_function', hObject, eventdata, handles)

采用函数编写的 GUI 中,控件回调属性的值可以为:

1) 可执行字符串、MATLAB 命令或 M 文件的文件名。

例如,figure 对象的 CloseRequestFcn 属性值为 'closereq';相当于该回调函数执行语句 eval('closereq');预定义对话框 dialog 的 ButtonDownFcn 默认值为:'if isempty(allchild (gcbf)), close(gcbf), end',相当于该回调函数执行语句 eval('if isempty(allchild(gcbf)), close(gcbf), end')。

2) 字符串单元数组。此时有 3 点要注意:

① 第 1 个单元必须为外部函数的函数名,它相当于是一个函数句柄的字符串形式。

② 该外部函数(实际上就是回调函数)必须定义至少两个输入参数,依次为该回调对象的句柄和一个空矩阵。

③ 后面的每个单元均为该外部函数的输入参数。

例如,首先在当前目录下创建一个外部函数文件 myCallback.m,该函数文件内容如下:

```
% 函数文件 myCallback.m 的内容
function myCallback(hObject, event, a)
get(hObject, a)
end
```

然后创建一个窗口,并设置其 WindowButtonDownFcn 回调函数的值为字符串单元数组:

```
>> figure('WindowButtonDownFcn', {'myCallback', 'CurrentPoint'})
```

此时,在新建的窗口中单击鼠标左键,命令行输出鼠标单击处的坐标:

```
ans =
   296   243
```

3) 函数句柄或由函数句柄和附加参数组成的单元数组。如定时器的 TimerFcn 值可设为:{@timer1, handles}。

回调函数名的默认命名格式为:Tag_回调类型。例如,对于一个 Tag 值为 pushbutton1 的 pushbuton 对象,其 Calback 函数名为:pushbutton1_Calback,ButtonDown 函数名为: pushbutton1_ButtonDownFcn。

回调函数的声明为:

function 函数名(hObject, eventdata, handles)

hObject 为发生事件的源对象,注意其中的"O"为大写;handles 为传入的 GUI 数据。

1. 回调函数类型

每个回调函数都有一个触发机制或事件,导致其被调用。回调函数类型及其触发机制见表 6.1。

2. 回调的中断执行

默认情况下,MATLAB 允许执行中的回调函数被随后触发的回调函数所中断。例如,假如你创建了一个程序进度条,这个进度条有一个【取消】按钮,便于用户随时停止载入操作,这个【取消】按钮的回调函数将中断目前正在执行的回调函数。

但是,有时又要求正在执行的回调函数不被中断。例如,一个数据分析工具在更新显示前可能需要花费相当长的时间来计算。一个没有耐心的用户可能会随意地单击其他 GUI 组件,从而中断正在进行的计算,导致计算出错。

表 6.1　GUI 对象回调函数类型及其触发机制

回调属性	触发机制	GUI 对象
ButtonDownFcn	若对象没有 Callback 属性,或 Callback 属性但 Enable 为 off,在对象上或周围 5 像素区域内单击左键或右键,执行该函数; 若对象有 Callback 属性且 Enable 属性为 on,在对象周围 5 像素区域内单击左键或右键,或在对象上单击右键,执行该函数	axes、figure、uibuttongroup、uipanel、uicontrol
Callback	当控件被触发时执行	uicontextmenu、uicontrol、uimenu
CellEditCallback	当编辑表格的单元格时执行的回调函数	uitable
CellSelectionCallback	当鼠标选中表格单元时执行的回调函数	uitable
ClickedCallback	当 Push Tool 或 Toggle Tool 被单击时执行	uipushtool、uitoggletool
CloseRequestFcn	当 figure 关闭时执行	figure
CreateFcn	在对象创建之后,显示之前执行的函数; CreateFcn 在 OpeningFcn 前执行,只有在所有的 CreateFcn 执行完成后,才进入 Opening 函数	axes、figure、uibuttongroup、uicontrol、uicontextmenu、uimenu、uipanel、uipushtool、uitoggletool、uitoolbar
DeleteFcn	仅仅在删除对象之前执行	axes、figure、uibuttongroup、uicontrol、uimenu、uipanel、uipushtool、uitoolbar、uitoggletool、uicontextmenu
KeyPressFcn	当按下按键时,执行当前对象的 KeyPressFcn	uicontrol、figure
KeyReleaseFcn	在 figure 对象上释放按键时执行的回调函数	figure
OffCallback	当 Toggle Tool 状态变为 off 时执行	uitoggletool
OnCallback	当 Toggle Tool 状态变为 on 时执行	uitoggletool
ResizeFcn	重塑 figure,Panel 或 Button Group 形状时执行	figure、uibuttongroup、uipanel
SelectionChangeFcn	当选择 Button Group 内不同的 Radio Button 或 Toggle Button 时执行	uibuttongroup
WindowButtonDownFcn	当在 figure 窗口内按下鼠标按键时执行	figure
WindowButtonMotionFcn	当在 figure 窗口内移动鼠标时执行	figure
WindowButtonUpFcn	当释放鼠标按键时执行	figure
WindowKeyPressFcn	当在窗口内任意对象上按下键盘时执行	figure
WindowKeyReleaseFcn	当在窗口内任意对象上释放按键时执行	figure
WindowScrollWheelFcn	当在窗口内任意对象上滚动鼠标滑轮时执行	figure

357

如何控制回调函数的可中断性呢?

① 所有的图形对象都有【Interruptible】属性,它决定当前的回调函数能否被中断;

② 所有的图形对象都有【BusyAction】属性,它指定 MATLAB 如何处理中断事件。

假定回调函数 A 在执行过程中,随后触发的回调函数 B 试图中断它。如果回调函数 A 对应对象的 Interruptible 属性设为 on(默认值),回调函数 B 将加入事件队列中排队执行;若 In-

terruptible 属性设为 off,分两种情况:如果回调函数 A 对应对象的 BusyAction 属性设为 cancel,则抛弃中断事件;若 BusyAction 属性设为 queue(默认值),则排队中断事件等待执行。

事件可由任何图形重绘或用户动作引起,例如绘图更新、单击按钮、光标移动等,每个事件都对应一个回调函数。MATLAB 仅在两种情况下才会处理事件队列:

① 当前回调函数完成执行;

② 事件的回调函数包含下列命令:drawnow、figure、getframe、pause、waitfor。

当一个对象的 DeleteFcn 和 CreateFcn 回调函数或 figure 的 CloseRequestFcn 和 ResizeFcn 回调函数请求执行时,它们会立即中断当前的回调函数,而并不受 Interruptible 属性的限制。

3. 回调函数的编写

编写回调函数,要充分利用每个回调函数的两个输入参数——hObject 和 handles,而对于 KeyPressFcn 和 KeyReleaseFcn,还要利用其附加参数 eventdata。hObject 为当前对象的句柄,而 handles 为所有 GUI 对象的数据集合,其字段为每个 GUI 对象的标识符(Tag 值),而字段值为对应 GUI 对象的句柄。KeyPressFcn 和 KeyReleaseFcn 的附加参数 eventdata 包含了当前的按键信息。

一旦获得对象的句柄,可以采用 get、set、findobj、findall、copyobj、delete、close 等一系列的句柄操作函数,对 GUI 对象进行随心所欲的操作。

编写回调函数时,要特别注意代码的规范性和代码检查。专题 1 已经对代码的编写规范进行了详细的介绍,读者一定要一开始就养成良好的编程习惯,切勿好高骛远。代码检查是 M 文件编辑器的新功能,能对程序中一些常见的语法错误、效率低下的函数以及从未使用过的变量进行波浪线标注,并给出改进的建议。因此,读者一定要养成检查代码的习惯,对于波浪线标注的地方,一定要仔细检查修改。

6.1.4 GUI 跨平台的兼容性设计

为了设计出在不同平台上运行时外观一致的 GUI,要注意以下几点:

① uicontrol 对象尽量使用系统默认的字体,即设置 uicontrol 对象的 FontName 属性为 default。例如,有一个 Tag 为 push1 的 Push Button 对象,设置其字体为默认字体:

```
set(handles.pushbutton1,'FontName','default')    % 设置按钮标签字体为系统默认字体
```

也可以直接在属性查看器里设置,如图 6.24 所示。

若要使用定宽(fixed-width)字体,需先获取给定平台的定宽字体名。定宽字体名保存在根对象的 FixedWidthFontName 属性里。例如:

```
str = get(0,'FixedWidthFontName');              % 获取系统定宽字体名
set(handles.pushbutton1,'FontName', str)  % 设置按钮标签字体为系统定宽字体
```

要查看系统已经安装的所有字体名列表,可以采用 uisetfont 函数调出字体设置对话框查看,如图 6.25 所示。

② uicontrol 对象尽量使用默认的背景色,该颜色由系统设定。

③ 由于像素的大小在不同的计算机显示器上是可变化的,所以使用像素作为单位不能使 GUI 的外观在所有的平台上都一致。若 figure 窗口大小可随意改变,为了使所有 GUI 组件的

大小跟着等比例改变,GUI 对象的 Units 属性值与 Resize 属性值的关系见表 6.2。

表 6.2　GUI 对象的 Units 属性值与 Resize 属性值的关系

GUI 对象	Units 默认值	Resize = on　ResizeFcn = []	Resize = off
figure	pixels	characters	characters
uicontrol	pixels	normalized	characters
axes、panel、buttongroup	normalized	normalized	characters

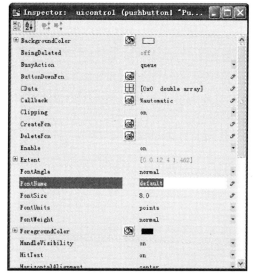

图 6.24　设置默认字体

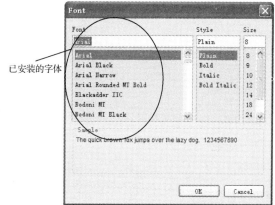

图 6.25　显示系统已安装的所有字体

也就是说,窗口的 Units 属性值应该设为 characters,其他 GUI 对象的 Units 属性值应设为 normalized 或 characters。

6.1.5　断点调试和代码性能分析器

MATLAB 语言矩阵运算能力非常强,非常适合大量数据处理和复杂算法编程;MAT-LAB 的断点调试功能非常强大,采用断点调试,可以轻松地查找到代码问题的根源所在;MATLAB 的代码性能分析器,给优化代码性能带来了方便。

断点调试主要用于代码的编写和测试阶段,查看函数空间或基本空间内各变量值是否按预期变化。按 F10 键可以单步运行,按 F5 键可以运行到下一个断点处。

程序性能分析器(Profiler)可以精确分析每个函数调用、每个语句所花费的时间。单击 MATLAB 工具栏上的 按钮,可以打开程序性能分析器。

GUI 设计不大可能一步到位就把程序编好,需要不断地修改和完善代码,在这个过程中采用断点调试,是必不可少的手段。而为了测试和优化软件的性能,就需要采用程序性能分析器了。

6.1.6　采用 GUIDE 创建 GUI 的步骤

采用 GUIDE 创建一个完整的 GUI 图形界面,步骤如下:

① GUI 对象布局;

② 打开对象的属性查看器,设置对象的相应属性;

③ 编写必要的回调函数。

若需要生成 EXE 独立运行文件,还需要进行 mcc 编译。

6.1.7 触控按钮(Push Button)

在 Push Button 上双击左键,调用属性查看器,可以查看和设置 Push Button 的所有属性。Push Button 对象的常用属性见表 6.3。

表 6.3 Push Button 对象的常用属性

常用属性	属性说明
BackgroundColor	背景色,即 Push Button 的颜色
CData	图案,图像数据(可由 imread 函数读取图像获得)
Enable	Push Button 是否激活,on 表示激活,off 表示不激活且显示为灰色;inactive 表示不激活但显示为激活状态
HandleVisibility	句柄可见性
Position 与 Units	位置与计量单位
Tag	对象标识符,用于区分不同对象,对象的 Tag 具有唯一性
TooltipString	提示语,当鼠标放在 Push Button 上时显示的提示信息
Visible	可见性,若值为 off,隐藏该按钮
String	标签,即 Push Button 上显示的文本
Foreground Color	标签颜色
FontAngle、FontName、FontSize、FontUnits、FontWeight	标签字体
ButtonDownFcn	当 Enable 属性为 on 时,在 Push Button 上单击右键或在 Push Button 周围 5 像素范围内单击左键或右键,调用此函数;当 Enable 属性为 off 或 inactive 时,在 Push Button 上或 Push Button 周围 5 像素范围内单击左键或右键,调用此函数
Callback	仅当 Enable 属性为 on,在 Push Button 上单击左键时,调用此函数
KeyPressFcn	当选中该按钮时,按下任意键,调用此函数

【例 6.1.1】 创建一个 String 为"颜色设置",Enable 为 inactive 的 Push Button,单击时调用颜色设置对话框,设置 Push Button 上的标签颜色。

步骤:

① 打开 GUIDE 编辑器,创建一个 Push Button,放在布局区合适的位置,并调整 figure 窗口的大小,如图 6.26 所示。

② 打开该按钮的属性查看器,设置其 Enable 属性值为 inactive,String 属性值为"颜色设置",FontSize 属性值为 10,如图 6.27 所示。

③ 编写回调函数。如图 6.28 所示,在该按钮上单击鼠标右键,选择 View Callbacks→ButtonDownFcn,则显示该按钮的 ButtonDownFcn 回调函数,在该函数体内编写如下代码:

```
c = get(hObject, 'foregroundcolor');       % 获取按钮默认的文本颜色
c_user = uisetcolor(c, '选择颜色');         % 选取颜色
set(hObject, 'foreg', c_user);             % 设置按钮颜色为用户选取的颜色
```

ButtonDownFcn 回调函数如图 6.29 所示。

④ 保存 GUI 及其 M 文件,运行 GUI,如图 6.30 所示。

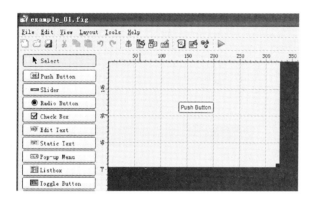

图 6.26　GUI 布局

图 6.27　属性设置

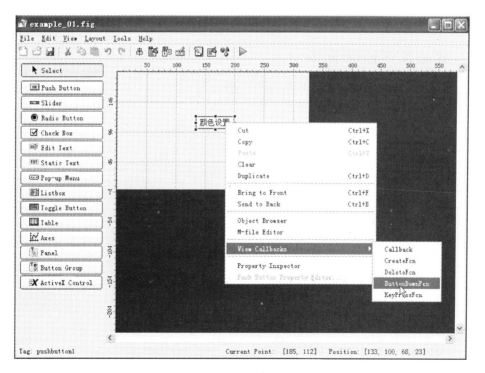

图 6.28　查找 ButtonDown 回调函数

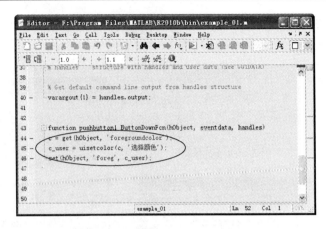

图 6.29 【颜色设置】按钮的 ButtonDownFcn 回调函数

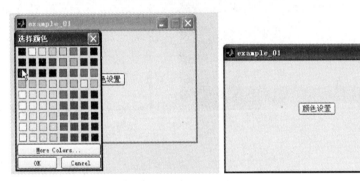

图 6.30 例 6.1.1 运行结果

6.1.8 静态文本(Static Text)

Static Text 通常用于显示其他对象的数值、状态等。

Static Text 常用的属性见表 6.4。

表 6.4 Static Text 对象的常用属性

常用属性	属性说明
BackgroundColor	背景色
Enable	激活状态
HandleVisibility	句柄可见性
Position、Units	位置与计量单位
Tag	对象标识符
Visible	可见性
String	标签,即静态文本显示的文本
ForegroundColor	标签颜色
FontAngle、FontName、FontSize、FontUnits、FontWeight	标签字体
HorizontalAlignment	标签排列方式(靠左、居中或靠右)
ButtonDownFcn	当 Enable 属性为 on 时,在静态文本上单击右键或在静态文本周围 5 像素范围内单击左键或右键,调用此函数;当 Enable 属性为 off 或 inactive 时,在静态文本上或静态文本周围 5 像素范围内单击左键或右键,调用此函数

【例 6.1.2】 创建一个标签为"字体设置"且两行显示,背景色为白色且处于未激活状态的 Static Text,单击时调用字体设置对话框,设置标签的字体。

步骤:

① 打开 GUIDE 编辑器,创建一个 Static Text,放在布局区合适的位置,并调整 Static Text 和窗口的大小。

② 属性设置:

BackgroundColor→白色,即[1 1 1];

Enable→inactive;

String→输入:"字体"—(回车)—"设置",如图 6.31 所示;

FontSize→10。

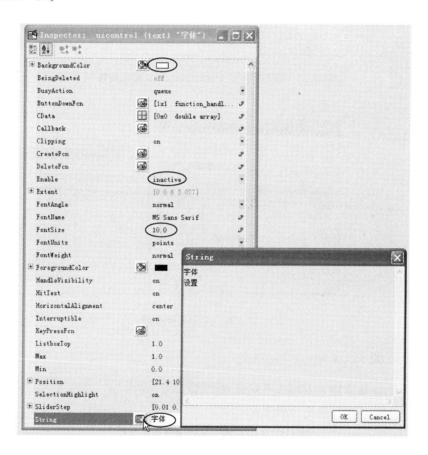

图 6.31 设置 Static Text 的属性

③ 编写回调函数。字体设置对话框由函数 uisetfont 创建,若用户设置了字体然后单击【确定】确定,返回一个结构体;若用户单击了【取消】按钮,返回 0。因此使用时要考虑这两种情况。

在该对象上单击鼠标右键,选择 View Callbacks→ButtonDownFcn,则显示该按钮的 ButtonDown 回调函数,在该函数体内编写如下代码:

```
font_user = uisetfont(hObject,'设置字体');    % 创建字体设置对话框
```

ButtonDownFcn 回调函数如图 6.32 所示。

④ 保存 GUI 及其 M 文件，运行 GUI，结果如图 6.33 所示。

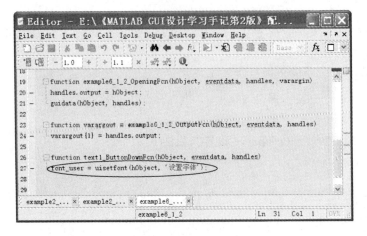

图 6.32　静态文本的 ButtonDownFcn 回调函数

图 6.33　例 6.1.2 运行结果

6.1.9　切换按钮（Toggle Button）

Toggle Button 通常用于表示二值状态，如"运行"与"停止"。

Toggle Button 常用的属性见表 6.5。

表 6.5　Toggle Button 对象常用的属性

常用属性	属性说明
BackgroundColor	背景色
CData	图案
Enable	激活状态
HandleVisibility	句柄可见性
Min、Max、Value	分别对应 Toggle Button 的两种状态；弹起时 value 值为 Min，按下时 value 值为 Max；Min 与 Max 默认值分别为 0 和 1
Position、Units	位置与计量单位
Tag	对象标识符

常用属性	属性说明
Visible	可见性
String	标签，即 Toggle Button 上显示的文本
ForegroundColor	标签颜色
FontAngle、FontName、FontSize、FontUnits、FontWeight	标签字体
ButtonDownFcn	当 Enable 属性为 on 时，在 Toggle Button 上单击右键或在 Toggle Button 周围 5 像素范围内单击左键或右键，调用此函数；当 Enable 属性为 off 或 inactive 时，在 Toggle Button 上或 Toggle Button 周围 5 像素范围内单击左键或右键，调用此函数
Callback	仅当 Enable 属性为 on，在 Toggle Button 上单击左键时，调用此函数；每执行一次 Callback 函数，Toggle Button 的 value 值改变一次（由 Min 值变为 Max 值或由 Max 值为 Min 值）
KeyPressFcn	当选中该 Toggle Button 时，按下任意键，调用此函数

【例 6.1.3】 创建一个 Static Text 和 Toggle Button，当 Toggle Button 弹起时，Static Text 显示为红色；当 Toggle Button 按下时，Static Text 显示为绿色。

步骤：

① 打开 GUIDE 编辑器，创建一个 Static Text 和 Toggle Button，放在布局区合适的位置，并调整控件大小和 figure 窗口的大小，如图 6.34 所示。

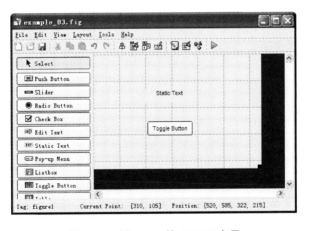

图 6.34 例 6.1.3 的 GUIDE 布局

② 主要属性设置见表 6.6。

表 6.6 例 6.1.3 主要属性设置

控件类型	控件用途	属性名	属性值
Static Text	显示颜色变化	BackgroundColor	［1 1 1］
		String	空字符串
		Tag	t1
Toggle Button	颜色切换按钮	FontSize	10
		String	颜色切换

③ 编写回调函数。在该对象上单击鼠标右键,选择 View Callbacks→Callback,则显示该按钮的 Callback 回调函数,在该函数体内编写如下代码:

```
val = get(hObject, 'value');
if val        % 若值为1
    set(handles.t1, 'BackgroundColor', 'g')
else          % 若值为0
    set(handles.t1, 'BackgroundColor', 'r')
end
```

其 Callback 回调函数如图 6.35 所示。

④ 保存 GUI 及其 M 文件,运行 GUI,结果如图 6.36 所示。

图 6.35　切换按钮的 Callback 回调函数　　　图 6.36　例 6.1.3 运行结果

6.1.10　滑动条(Slider)

Slider 用于获取指定范围内的数值,用户通过滑动滑块,改变 Slider 的 Value 值,使得其 Value 值在 Min 值与 Max 值之间变化。

Slider 常用的属性见表 6.7。

表 6.7　Slider 对象常用的属性

常用属性	属性说明
BackgroundColor	背景色
Enable	激活状态
HandleVisibility	句柄可见性
Min、Max	指定 Slider 的 value 值范围为[Min Max];Min 与 Max 默认值分别为 0 和 1
SliderStep	指定滑动步长,格式为[最小步长比例 最大步长比例]
Value	对应滑块在 Slider 上的位置
Position、Units	位置与计量单位
Tag	对象标识符
Visible	可见性
String	标签,即 Toggle Button 上显示的文本

常用属性	属性说明
ForegroundColor	标签颜色
FontAngle、FontName、FontSize、FontUnits、FontWeight	标签字体
ButtonDownFcn	当 Enable 属性为 on 时,在 Slider 上单击右键或在 Slider 周围 5 像素范围内单击左键或右键,调用此函数;当 Enable 属性为 off 或 inactive 时,在 Slider 上或 Slider 周围 5 像素范围内单击左键或右键,调用此函数
Callback	仅当 Enable 属性为 on,移动 Slider 上的滑块时,调用此函数;每执行一次 Callback 函数,Slider 的 value 值改变一次
KeyPressFcn	当选中该 Slider 时,按下任意键,调用此函数

Slider 的步长与步长比例的关系如下:

最小步长 x =（Max－Min）× 最小步长比例;

最大步长 y =（Max－Min）× 最大步长比例。

Slider 的步长取值如图 6.37 所示。

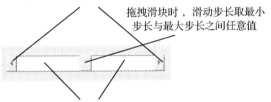

图 6.37　Slider 的步长取值

【例 6.1.4】　用 Slider 控制 Static Text 显示〔0,200〕范围内的任意整数。

步骤:

① 打开 GUIDE 编辑器,创建一个 Static Text 和 Slider,并设置属性,见表 6.8。

表 6.8　例 6.1.4 主要属性设置

控件类型	控件用途	属性名	属性值
Static Text	显示[0, 200]内整数	BackgroundColor	〔1 1 1〕
		FontSize	10
		String	空字符串
		Tag	text1
Slider	控制显示的整数	Max	200
		Min	0
		SliderStep	〔0.005 0.05〕

因为要求输出整数,所以 Slider 控件的最小步长为 1,最小步长比例应设置为 $1/200 =$ 0.005。

② 编写回调函数。考虑到要求输出整数,为避免拖拽滑块时出现小数,可使用 sprintf 或 num2str 函数对 Slider 的 Value 值取整。在 Slider 对象上单击鼠标右键,选择 View Callbacks

→Callback，在该 Callback 回调函数内编写如下代码：

```
val = get(hObject, 'value');    % 获取滑动条的滑动值
set(handles.text1, 'string', sprintf('%3.0f', val));    % 设置静态文本的文本为滑动条的滑动值
% 或 set(handles.text1, 'string', num2str(val, '%3.0f'));
```

③ 保存 GUI 及其 M 文件，运行 GUI，结果如图 6.38 所示。

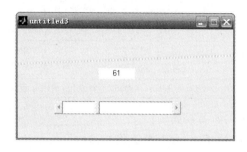

图 6.38　例 6.1.4 的程序运行结果

6.1.11　单选按钮（Radio Button）

Radio Button 和 Toggle Button 通常与按钮组（Button Group）组合，用于显示一组互斥的状态。当几个 Radio Button 或 Toggle Button 为 Button Group 的子对象时，Radio Button 或 Toggle Button 对象有且只有处于"选中"状态。这个特性在讲 Button Group 对象时会详细讲解。

Radio Button 常用的属性见表 6.9。

表 6.9　Radio Button 对象常用的属性

常用属性	属性说明
BackgroundColor	背景色
Enable	激活状态
HandleVisibility	句柄可见性
Position、Units	位置与计量单位
Tag	对象标识符，用于区分不同的对象，每个对象的 Tag 具有唯一性
Value	当 Radio Button 处于"选中"状态时，值为 Max；当 Radio Button 处于"未选中"状态时，值为 Min。默认的 Min 和 Max 值分别为 0 和 1
Visible	可见性
String	标签，即 Radio Button 上显示的文本
ForegroundColor	标签颜色
FontAngle、FontName、FontSize、FontUnits、FontWeight	标签字体
ButtonDownFcn	当 Enable 属性为 on 时，在 Radio Button 上单击右键或在 Radio Button 周围 5 像素范围内单击左键或右键，调用此函数；当 Enable 属性为 off 或 inactive 时，在 Radio Button 上或 Radio Button 周围 5 像素范围内单击左键或右键，调用此函数
Callback	仅当 Enable 属性为 on，在 Radio Button 上单击左键时，调用此函数；每执行一次 Callback 函数，Radio Button 的 value 值改变一次，状态也在"选中"和"未选中"之间切换
KeyPressFcn	当选中该 Radio Button 时，按下任意键，调用此函数

【例 6.1.5】 设计一个标签为"保存数据"的 Radio Button,当鼠标单击使 Radio Button 处于"选中"状态时,弹出文件保存对话框,并显示用户选择的路径和保存的文件名。

步骤:

① 打开 GUIDE 编辑器,创建一个 Static Text 和 Radio Button,并设置属性,见表 6.10。

表 6.10 例 6.1.5 主要属性设置

控件类型	控件用途	属性名	属性值
Static Text	显示[0,200]内整数	BackgroundColor	[1 1 1]
		FontSize	10
		HorizontalAlignment	left
		String	空字符串
		Tag	text1
Radio Button	控制显示的整数	FontSize	10
		String	保存数据

② 编写回调函数。为养成好的编程习惯,设置对象的 Tag 时尽量能便于识别和区分。在 Radio Button 对象上单击鼠标右键,选择 View Callbacks→Callback,在该 Callback 回调函数内编写如下代码:

```
if get(hObject, 'value')        % 若该对象 Value 值为真
    [filename, pathname, index] = uiputfile({'*.txt';'*.xls'}, '数据另存为');
    if index                    % 若未选择【取消】
        set(handles.text1, 'string', [pathname filename])    % 显示用户设置的路径和文件名
    end
end
```

③ 保存 GUI 及其 M 文件,运行 GUI,保存数据到 MATLAB 的 work 文件夹下的 test. txt,结果如图 6.39 所示。

图 6.39 例 6.1.5 运行结果

6.1.12 可编辑文本(Edit Text)

Edit Text 允许用户修改文本内容,用于数据的输入与显示。若 Max−Min>1,允许 Edit Text 显示多行文本;否则,只允许单行输入。

Edit Text 常用的属性见表 6.11。

表 6.11　Edit Text 对象常用的属性

常用属性	属性说明
BackgroundColor	背景色
CData	图案
Enable	激活状态
HandleVisibility	句柄可见性
Min、Max	若 Max−Min>1，允许 Edit Text 显示多行文本；否则，只允许单行输入
Position、Units	位置与计量单位
Tag	对象标识符，用于区分不同的对象，每个对象的 Tag 具有唯一性
Visible	可见性
String	文本内容
ForegroundColor	文本颜色
FontAngle、FontName、FontSize、FontUnits、FontWeight	文本字体
ButtonDownFcn	当 Enable 属性为 on 时，在 Edit Text 上单击右键或在 Edit Text 周围 5 像素范围内单击左键或右键，调用此函数；当 Enable 属性为 off 或 inactive 时，在 Edit Text 上或 Edit Text 周围 5 像素范围内单击左键或右键，调用此函数
Callback	在下列 5 个条件 ①Enable→on； ②文本内容经过编辑； ③单击当前窗口内任意其他 GUI 对象； ④对于单行可编辑文本，按 Enter 键； ⑤对于多行可编辑文本，按 Ctrl＋Enter 键 中，只要满足前 2 个条件，加后 3 个条件中任一个，就会执行 Callback 函数
KeyPressFcn	当鼠标选中该 Edit Text 时，按下任意键，调用此函数

【思考】　如何实现在 Edit Text 中输入了指定个数的字符时，自动执行该 Edit Text 控件的 Callback 回调函数呢？也就是说，如何不执行表 6.8 中 5 个条件的后 3 个，而直接执行 Callback 呢？

这需要用到两个知识点：

① uicontrol(hControl) 可以改变当前聚焦的对象；

② pause(nTime) 函数可以中断当前回调函数，而执行中断队列后面的函数。

在 Edit Text 对象的 KeyPressFcn 回调函数中判断，若输入了指定个数的图形字符，依次执行以下语句：

```
uicontrol(hControl);    % hControl 为其他 uicontrol 对象的句柄
pause(0.1);
```

此时，将中断该 KeyPressFcn 回调函数，而执行 Edit Text 对象的 Callback 回调函数。执行完 Callback 函数再继续执行 KeyPressFcn 函数。

【例 6.1.6】　在 Edit Text 内输入 0～1 之内任意数，来改变 Slider 的滑块位置。

步骤：

① 打开 GUIDE 编辑器，创建一个 Edit Text 和 Slider，并设置属性，见表 6.12。

表 6.12　例 6.1.6 主要属性设置

控件类型	控件用途	属性名	属性值
Edit Text	数值输入框	FontSize	10
		String	空字符串
Slider	滑动条	Tag	val_disp

② 编写回调函数。只需要将在 Edit Text 中输入的字符串转化为数值,然后赋给 Slider 的 Value 属性。当然,要排除以下两种情况:

a) 输入的字符串非数。此时 str2num 函数返回为空。

b) 输入的数值不在 0～1 之间。

在 Edit Text 对象上单击鼠标右键,选择 View Callbacks→Callback,在该 Callback 回调函数内编写如下代码:

```
str = get(hObject, 'string');     % 获取可编辑文本内的文本
val = str2double(str);            % 将可编辑文本内的文本转化为数值
if ~isempty(val) && (val >= 0 & val <= 1)    % 若输入的数值在 0～1 之间
    set(handles.val_disp, 'value', val)      % 设置滑动条的值为可编辑文本内显示的数值
end
```

③ 保存 GUI 及其 M 文件,运行 GUI,输入 0.11 后按 Enter 键,结果如图 6.40 所示。

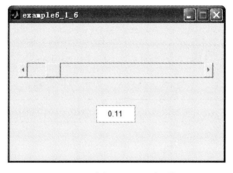

图 6.40　例 6.1.6 运行结果

6.1.13　复选框(Check Box)

Check Box 与 Radio Button 类似,用于显示一对互斥的状态,通过鼠标左键单击,可在 "选中"与"未选中"两种状态之间切换。对应这两种状态,其 Value 值也在 Min 属性值与 Max 属性值之间切换。

Check Box 常用的属性见表 6.13。

表 6.13　Check Box 对象常用的属性

常用属性	属性说明
BackgroundColor	背景色
Enable	激活状态
HandleVisibility	句柄可见性
Min、Max、Value	Check Box 处于"选中"状态时,其 Value 值等于 Max 值;处于"未选中"状态时,其 Value 值等于 Min 值;Min 和 Max 默认值分别为 0 和 1

续表 6.13

常用属性	属性说明
Position、Units	位置与计量单位
Tag	对象标识符,用于区分不同的对象,每个对象的 Tag 具有唯一性
Visible	可见性
String	标签内容
ForegroundColor	标签颜色
FontAngle、FontName、FontSize、FontUnits、FontWeight	标签字体
ButtonDownFcn	当 Enable 属性为 on 时,在 Check Box 上单击右键或在 Check Box 周围 5 像素范围内单击左键或右键,调用此函数;当 Enable 属性为 off 或 inactive 时,在 Check Box 上或 Check Box 周围 5 像素范围内单击左键或右键,调用此函数
Callback	仅当 Enable 属性为 on,在 Check Box 上单击鼠标左键时,调用此函数;每执行一次 Callback 函数,Check Box 的 value 值和状态均改变一次
KeyPressFcn	当选中该 Check Box 时,按下任意键,调用此函数

【例 6.1.7】 设计一个标签为"滑动允许"的 Check Box 和一个滑动值范围为[0,1]的 Slider,当 Check Box 处于"选中"状态时,允许滑动 Slider 的滑块,否则,禁止滑动滑块,并灰色显示。

步骤:

① 打开 GUIDE 编辑器,创建一个 Check Box 和 Slider,并设置属性,见表 6.14。

表 6.14　例 6.1.7 主要属性设置

控件类型	控件用途	属性名	属性值
Check Box	"滑动允许"复选框	FontSize	10
		String	滑动允许
		Tag	slid_permit
Slider	滑动条	BackgroundColor	[1 1 1]
		Enable	off
		Tag	slider1

② 编写回调函数。当 Check Box 为"选中"状态时,设置 Slider 的 Enable 属性为 on;当 Check Box 为"未选中"状态时,设置 Slider 的 Enable 属性为 off。在 Check Box 对象上单击鼠标右键,选择 View Callbacks→Callback,在该 Callback 回调函数内编写如下代码:

```
if get(hObject, 'value')      % 若复选框为"选中"状态
    set(handles.slider1, 'enable', 'on')    % 设置滑动条为"激活"状态
else
    set(handles.slider1, 'enable', 'off')    % 设置滑动条为"非激活"状态
end
```

③ 保存 GUI 及其 M 文件,运行 GUI,结果如图 6.41 所示。

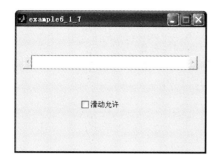 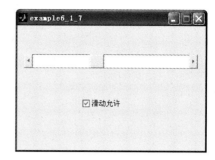

图 6.41　例 6.1.7 运行结果

6.1.14　列表框(Listbox)

Listbox 用于显示一组选项,通过鼠标左键单击,可选中任意一个或多个选项。当 Max—Min>1 时,允许同时选中多个选项;否则,只允许一次选择一项。

Listbox 常用的属性见表 6.15。

表 6.15　Listbox 对象常用的属性

常用属性	属性说明
BackgroundColor	背景色
Enable	激活状态
HandleVisibility	句柄可见性
ListboxTop	显示在 Listbox 顶端的选项对应的序号,默认值为 1
Min、Max	当 Max—Min>1 时,允许同时选中多个选项;否则,只允许一次选择一项;Min 和 Max 默认值分别为 0 和 1
Position、Units	位置与计量单位
Tag	对象标识符,用于区分不同的对象,每个对象的 Tag 具有唯一性
Value	选中的项所对应的序号。当 Max—Min>1 且选中了多个项时,Value 值为向量。设共有 n 个选项,则 Value 只能取[1,n]之间的整数
Visible	可见性
String	标签,即每个选项的文本内容
ForegroundColor	标签颜色
FontAngle、FontName、FontSize、FontUnits、FontWeight	标签字体
ButtonDownFcn	当 Enable 属性为 on 时,在 Listbox 上单击右键或在 Listbox 周围 5 像素范围内单击左键或右键,调用此函数;当 Enable 属性为 off 或 inactive 时,在 Listbox 上或 Listbox 周围 5 像素范围内单击左键或右键,调用此函数
Callback	仅当 Enable 属性为 on,在 Listbox 上单击鼠标左键时,调用此函数;每执行一次 Callback 函数,Listbox 的 value 值和状态均改变一次
KeyPressFcn	当选中该 Listbox 时,按下任意键,调用此函数

▲【例 6.1.8】　设计一个选项依次为"语文""数学""英语""化学""物理"的 Listbox 和一个空白的 Static Text,当左键双击 Listbox 中任一项时,将其内容显示于 Static Text 中。

若您对此书内容有任何疑问,可以登录 MATLAB 中文论坛与同行交流。

步骤:

① 打开 GUIDE 编辑器,创建一个 Listbox 和 Static Text,并设置属性,见表 6.16。

表 6.16　例 6.1.8 主要属性设置

控件类型	控件用途	属性名	属性值
Listbox	课程列表框	FontSize	10
		String	{'语文';'数学';'英语';'化学';'物理'}
		Tag	subject
Static Text	显示当前选中的课程	BackgroundColor	[1 1 1]
		FontSize	10
		HorizontalAlignment	left
		Tag	sub_sel

② 编写回调函数。首先判断是否双击左键,若双击左键,将所选的项的内容赋给 Static Text。在 Listbox 对象上双击左键时,figure 的 SelectionType 属性会更新为 Open。

在 Listbox 对象上单击鼠标右键,选择 View Callbacks→Callback,在该 Callback 回调函数内编写如下代码:

```
sel = get(gcf,'selectiontype');    % 获取鼠标按键类型
if strcmp(sel,'open')   % 若双击了鼠标左键
    str = get(hObject,'string');    % 获取列表框的所有选项文本
    n = get(hObject,'value');      % 获取列表框当前选项的索引值
    set(handles.sub_sel,'string',str{n});   % 设置静态文本的值为列表框当前的选项文本
end
```

③ 保存 GUI 及其 M 文件,运行 GUI,结果如图 6.42 所示。

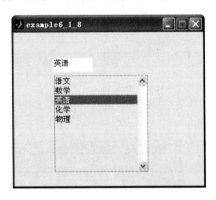

图 6.42　例 6.1.8 运行结果

6.1.15　弹起式菜单(Pop‑up Menu)

Pop‑up Menu(也叫下拉菜单)与 Listbox 类似,都使用 String 属性显示一组选项,区别为:

① Pop‑up Menu 更节省界面空间,需要左键单击才能调出这些选项;

② Pop‑up Menu 不能同时选择多个选项。

Pop‑up Menu 常用的属性见表 6.17。

表 6.17　Pop - up Menu 对象常用的属性

常用属性	属性说明
BackgroundColor	背景色
Enable	激活状态
HandleVisibility	句柄可见性
Position,Units	位置与计量单位
Tag	对象标识符,用于区分不同的对象,每个对象的 Tag 具有唯一性
Value	选中的项所对应的序号。设共有 n 个选项,则 Value 只能取[1,n]之间的整数
Visible	可见性
String	标签,即每个选项的文本内容
ForegroundColor	标签颜色
FontAngle、FontName、FontSize、FontUnits、FontWeight	标签字体
ButtonDownFcn	当 Enable 属性为 on 时,在 Pop - up Menu 上单击右键或在 Pop - up Menu 周围 5 像素范围内单击左键或右键,调用此函数;当 Enable 属性为 off 或 inactive 时,在 Pop - up Menu 上或 Pop - up Menu 周围 5 像素范围内单击左键或右键,调用此函数
Callback	仅当 Enable 属性为 on,在 Pop - up Menu 上单击鼠标左键时,调用此函数;每执行一次 Callback 函数,Pop - up Menu 的选项列表会弹出来一次
KeyPressFcn	当选中该 Pop - up Menu 时,按下任意键,调用此函数

　　【注意】　对于 Pop - up Menu 与 Listbox 对象,在设置 String 的同时,记得一定要设置 Value 值。原因很简单,String 值若为字符串单元数组,则其单元个数限定了 Value 的最大值。

　　【例 6.1.9】　设计一个 Pop - up Menu 和 Listbox,Pop - up Menu 选项依次为:"黑龙江" 和"湖北"。当 Pop - up Menu 选择"黑龙江"时,Listbox 依次显示"哈尔滨""大庆""阿城" "齐齐哈尔""黑河";当 Pop - up Menu 选择"湖北"时,Listbox 依次显示"武汉""黄冈""襄樊" "宜昌""荆州""孝感"。

　　步骤:

　　① 打开 GUIDE 编辑器,创建一个 List Box 和 Pop - up Menu,并设置属性,见表 6.18。

表 6.18　例 6.1.9 主要属性设置

控件类型	控件用途	属性名	属性值
List Box	显示选中省份的地级城市	FontSize	10
		String	空字符串
		Tag	city
Pop-up Menu	选择省份	FontSize	10
		String	{'一请选择省份——';'黑龙江';'湖北'}
		Tag	province

　　② 编写回调函数。首先判断 Pop - up Menu 选择了第几项,根据所选的项设置 Listbox 的选项列表。要注意 Value 值必须在 1 与选项数之间。

375

在 Pop - up Menu 对象上单击鼠标右键,选择 View Callbacks→Callback,在该 Callback
回调函数内编写如下代码:

```
sel = get(hObject, 'value');    %获取下拉菜单的当前选项索引值
stra = {'哈尔滨';'大庆';'阿城';'齐齐哈尔';'黑河'};
strb = {'武汉';'黄冈';'襄樊';'宜昌';'荆州';'孝感'};
switch sel
    case 1    %若当前选中下拉菜单的第1项,列表框显示为空
        set(handles.city, 'string', '', 'value', 1)
    case 2    %若当前选中"黑龙江"
        set(handles.city, 'string', stra, 'value', 1)
    case 3    %若当前选中"湖北"
        set(handles.city, 'string', strb, 'value', 1)
end
```

③ 保存 GUI 及其 M 文件,运行 GUI,结果如图 6.43 所示。

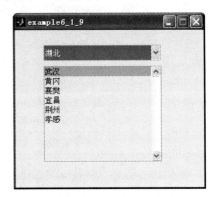

图 6.43　例 6.1.9 运行结果

6.1.16　按钮组(Button Group)

Button Group 为 GUI 对象的容器,它可以包含下列类型的子对象:axes 对象、uicontrol
对象、Panel 对象和 Button Group 对象。

Button Group 和 6.1.17 节要讲到的 Panel,虽然创建函数不一样,分别为 uibuttongroup
和 uipanel,但它们的 Type 属性一样,即都是 uipanel 对象。这可以理解为,uibuttongroup 对
象由 uipanel 对象继承而来。

uibuttongroup 和 uipanel 对象有个特点:当 uipanel 对象不可见(Visible 属性为 off)时,
其所有子对象也不可见(即使其 Visible 属性为 on),但不改变子对象的 Visible 属性。

Button Group 与 Panel 的区别在于,Button Group 可以管理 Radio Button 和 Toggle
Button 对象。在下列 3 种情况下,Button Group 子对象至多只有一个处于"按下"或"选中"
状态:

① Button Group 的子对象为多个 Radio Button 对象;

② Button Group 的子对象为多个 Toggle Button 对象;

③ Button Group 的子对象为 Radio Button 与 Toggle Button 对象的组合。

当移动 Button Group 的位置进行 GUI 编辑时,Button Group 的子对象也随之移动,并保
持它们在 Button Group 中的相对位置。

Button Group 常用的属性见表 6.19。

表 6.19 Button Group 对象常用的属性

常用属性	属性说明
BackgroundColor	背景色
BorderType、BorderWidth、HighlightColor、ShadowColor	边框类型、宽度、颜色与阴影颜色
ForegroundColor、Title、TitlePosition	标题颜色、标题内容和标题位置
FontAngle、FontName、FontSize、FontUnits、FontWeight	标题字体
HandleVisibility	句柄可见性
Position、Units	位置与计量单位
SelectedObject	当前被选中的对象的句柄
Tag	对象标识符
Visible	可见性。当 Button Group 不可见时,其子对象也不可见,但不改变其子对象的 Visible 属性
ButtonDownFcn	当鼠标在 Button Group 上或边框周围 5 像素的范围内单击(不能单击到 Button Group 的子对象)时,调用此函数
SelectionChangeFcn	当选中的 Radio Button 或 Toggle Button 对象改变时执行的函数

【注意】

① 对于老版本的 MATLAB,当 Button Group 的子对象为 Radio Button 或 Toggle Button 对象,而这些子对象本身也定义了 Callback 函数时,子对象的 Callback 函数与 Button Group 的 SelectionChangeFcn 如何调用呢?

若 Radio Button 或 Toggle Button 对象定义了 Callback 函数,Button Group 将不再能管理它们。用户单击它们时,它们的 Callback 函数会被调用,而 SelectionChangeFcn 并不会被调用。

新版的 MATLAB 对 Button Group 对象进行了优化,其管理的 Radio Button 或 Toggle Button 对象不再能创建 Callback 回调函数。

② SelectionChangeFcn 回调函数的第一个输入参数为 hObject,它并不是 Button Group 对象的句柄,而是 Button Group 内当前所选对象的句柄,也就是 Button Group 的 SelectedObject 属性值。

【例 6.1.10】 设计一个二进制与十进制相互转换的 GUI 界面,要求在 Edit Text 内输入正整数,当选中二进制时,该值转换为二进制;若选择为十进制,该值转换为十进制。

步骤:

① 打开 GUIDE 编辑器,创建一个 Edit Text 和 Button Group,并在 Button Group 放置两个 Radio Button。设置属性见表 6.20。

② 编写回调函数。由十进制转换为二进制时,若文本框中输入非负数,先取整再转化;若文本框中输入非数或输入负数,提示"输入错误"。由二进制转换为十进制时,要求文本框中只能输入 0 和 1,否则提示"输入错误"。

表 6. 20　例 6. 1. 10 主要属性设置

控件类型	控件用途	属性名	属性值
Edit Text	数值输入框	FontSize	10
		HorizontalAlignment	right
		String	0
		Tag	num
Button Group	按钮组,管理 Radio Button	FontSize	10
		Tag	bin_dec
		Title	进制转换
		TitlePosition	centertop
Radio Button	转换为二进制	FontSize	10
		String	二进制
		Tag	bin
Radio Button	转换为十进制	FontSize	10
		String	十进制
		Tag	dec
		Value	1

在 Button Group 对象上单击鼠标右键,选择 View Callbacks→SelectionChangeFcn,在该回调函数内编写如下代码:

```
str = get(handles.num, 'string');     % 获取可编辑文本内的数值字符串
switch get(hObject, 'tag')    % 获取当前所选单选按钮的 Tag 值
    case 'bin'     % 若选中了"二进制"
        val = floor(str2double(str));         % 将输入值转换为整数
        if (~isempty(val)) && (val >= 0)    % 若输入值转换为有效的整数
            %% 将该整数转换为二进制字符串,并显示到可编辑文本中
            set(handles.num, 'string', dec2bin(val))
        else     % 若输入不能转换为有效的整数
            set(handles.num, 'string', '输入错误')    % 可编辑文本内提示"输入错误"
        end
    case 'dec'     % 若选中了"十进制"
        %% 若可编辑文本内的字符串由 0 和 1 组成
        if all(str == '0' | str == '1')    % 对向量的逻辑运算不能用捷径运算
            set(handles.num, 'string', num2str(bin2dec(str)))
        else     % 若可编辑文本内的字符串不全是 0 和 1
            set(handles.num, 'string', '输入错误')    % 可编辑文本内提示"输入错误"
        end
end
```

③ 保存 GUI 及其 M 文件,运行 GUI,结果如图 6.44 所示。

6. 1. 17　面板(Panel)

Panel 和 Button Group 一样,均为 GUI 对象的容器,对象类型均为 uipanel,可以包含下列类型的子对象:axes 对象、uicontrol 对象、Panel 对象和 Button Group 对象。当移动 Panel 的位置进行 GUI 编辑时,Panel 的子对象也随之移动,并保持它们在 Panel 中的相对位置。

Panel 常用的属性见表 6.21。

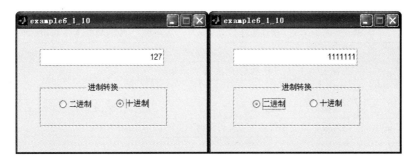

图 6.44　例 6.1.10 运行结果

表 6.21　Panel 对象常用的属性

常用属性	属性说明
BackgroundColor	背景色
BorderType、BorderWidth、HighlightColor、ShadowColor	边框类型、宽度、颜色与阴影颜色
ForegroundColor、Title、TitlePosition	标题颜色、标题内容和标题位置
FontAngle、FontName、FontSize、FontUnits、FontWeight	标题字体
HandleVisibility	句柄可见性
Position、Units	位置与计量单位
Tag	对象标识符
Visible	当 Panel 不可见时,其子对象也不可见,但不改变其子对象的 Visible 属性
ButtonDownFcn	当鼠标在 Panel 上或边框周围 5 像素的范围内单击(不能单击到 Panel 的子对象)时,调用此函数

6.1.18　表格(Table)

表格由 uitable 函数创建,用于数据的可视化。uitable 对象常用的属性见表 6.22。

表 6.22　uitable 对象常用的属性

属　性	属性描述	有效属性值(n 为表格单元的列数)
BackgroundColor	表格单元的背景色或条纹色	1×3 或 2×3 阶的 RGB 矩阵,值在[0,1]之间
CellEditCallback	修改表格单元值时执行的回调函数	函数句柄、函数句柄和附加参数组成的单元数组、可执行字符串
CellSelectionCallback	表格单元被选中时执行的回调函数	函数句柄、函数句柄和附加参数组成的单元数组、可执行字符串
ColumnEditable	指定用户是否可以编辑列	1×n 的逻辑矩阵、标量逻辑值、{空矩阵}
ColumnFormat	表格单元的显示格式	字符串单元数组,默认值为空矩阵
ColumnName	指定表格列名,默认为 1,2,3…	1×n 的字符串单元数组|{'numbered'}|空矩阵
ColumnWidth	表格每列的宽度,单位为像素	1×n 的单元数组、{'auto'}
Data	表格数据	数值矩阵、逻辑值矩阵、数值单元数组、逻辑值单元数组、字符串单元数组
Enable	使能或禁用表格	{on}、inactive、off

379

续表 6.22

属 性	属性描述	有效属性值(n 为表格单元的列数)
ForegroundColor	单元内文本的颜色	1×3 的 RGB 颜色矩阵、颜色字符串
KeyPressFcn	当在表格上按下任意键时执行的回调函数	可执行字符串或函数句柄
Position	指定表格的大小和位置	[左,底,宽,高]，单位由 Units 指定
RearrangeableColumns	指定表格数据是否可按列重新排列	on、{off}
RowName	表格的行头名称	1×n 的字符串单元数组｜{'numbered'}｜空矩阵
RowStriping	指定表格的行是否采用彩色条纹模式	{on}、off
Tag	表格对象的标识符	字符串
UIContextMenu	表格对象的右键菜单	右键菜单句柄
Units	表格位置的计量单位	{ pixels }、 inches、 normalized、 points、characters、centimeters
Visible	指定表格是否可见	{on}、off

　　uitable 对象的属性设置，与其他对象的属性设置有些不同。在 GUIDE 布局区创建一个 uitable 对象，并打开其属性查看器，单击 ColumnFormat 属性前面的 ▦ 图标，得到如图 6.45 所示的属性编辑框。单击图 6.45 左列的 Rows，得到设置列名的页面，如图 6.46 所示。

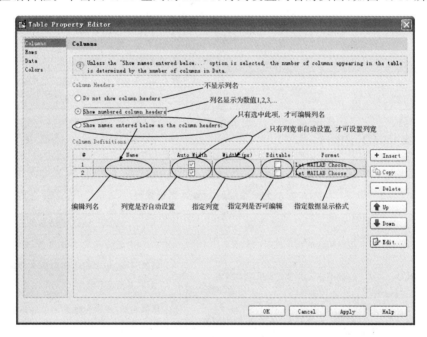

图 6.45　uitable 对象的列相关属性编辑框

　　同理，单击左侧的 Data，得到设置表格数据的页面；单击左侧的 Colors，得到设置背景颜色、条纹颜色和表格数据颜色的页面。

🚩【例 6.1.11】　编写一个 GUI，读取如图 6.47 所示的 Excel 文件 data.xls，并将其显示在 uitable 对象中，要求：
　　① 将文件 data.xls 中的第 1 行显示为列名；
　　② 鼠标选中单元格时，uitable 对象右边显示该单元格的行、列、数据等信息；

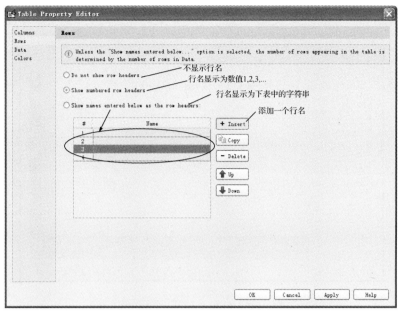

图 6.46 uitable 对象的行相关属性编辑框

③ 修改完表格数据后,单击【保存】按钮,将表格中的数据存为 Excel 文件。

图 6.47 例 6.1.11 图

【解析】 读取该 Excel 文件可采用以下语句:

```
[num, txt, raw] = xlsread('data.xls');    % 读取 Excel 文件
```

其中的 raw 就是表格的数据。但是要注意,空的单元格在 raw 中显示为数值 NaN。需要找出空的单元格,并将其值替换为空字符串。

381

raw 的第 1 行需要设置为 uitable 的列名;鼠标选中单元格时,uitable 对象右边显示该单元格的行、列、数据等信息,这可以通过设置表格的 CellSelectionCallback 回调函数,将当前单元格的信息显示到静态文本或可编辑文本中;数据的保存,可以采用 xlswrite 函数,将表格的 data 写入 Excel 文件中。

步骤:

① 打开 GUIDE 编辑器,创建 1 个 uitable、3 个 Static text、3 个 Edit Text 和 1 个 Push

Button，并将它们设置为适当大小，放在合适位置，如图 6.48 所示。

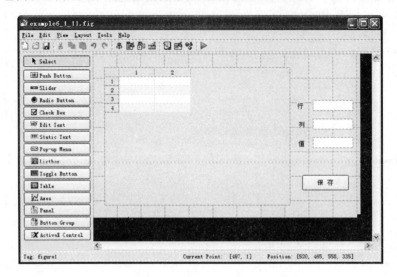

图 6.48　例 6.1.11 的 GUI 布局

② 设置属性，见表 6.23。

表 6.23　例 6.1.11 主要属性设置

控件类型	控件用途	属性名	属性值
uitable	表数据显示	FontSize	10
		Tag	table
Static text	行号提示	FontSize	10
		String	行
Static text	列号提示	FontSize	10
		String	列
Static text	值提示	FontSize	10
		String	值
Edit Text	行号	FontSize	10
		HorizontalAlignment	left
		String	空字符串
		Tag	mLine
Edit Text	列号	FontSize	10
		HorizontalAlignment	left
		String	空字符串
		Tag	nColumn
Edit Text	单元格数据	FontSize	10
		HorizontalAlignment	left
		String	空字符串
		Tag	iVal
PushButton	【保存】按钮	FontSize	10
		String	保存
		Tag	btn_save

③ 编写回调函数。在 OpeningFcn 中读取 Excel 文件并显示到表格中；在表格 CellSelectionCallback 回调函数中，更新 Edit Text 的显示信息；单击【保存】按钮时，弹出文件保存对话框，并将表格数据保存到指定的 Excel 文件中。

a）打开 GUI 的 M 文件，在 OpeningFcn 函数中添加以下代码：

```
%% 读取 Excel 文件 data.xls
[~, ~, raw] = xlsread('data.xls');
%% 消除 NaN 项的显示
for i = 1 : numel(raw)      % 遍历单元数组 raw
    if isnan(raw{i})        % 若单元值为 NaN,设置该单元值为空字符串
        raw{i} = '';
    end
end
%% 将数据显示到表格 table 中,并使表格处于"可编辑"状态
set(handles.table, 'ColumnName', raw(1, :), 'data', raw(2:end, :)...
    'ColumnEditable', true);
```

b）在表格上单击鼠标右键，选择 View Callbacks→CellSelectionCallback，在该回调函数内编写如下代码：

```
%% 获取行数并显示
mLine = eventdata.Indices(1);
set(handles.mLine, 'String', num2str(mLine));
%% 获取列数并显示
nColumn = eventdata.Indices(2);
set(handles.nColumn, 'String', num2str(nColumn));
%% 获取单元格的数据并显示
data = get(hObject, 'data');        % 获取表格数据
iVal = data{mLine, nColumn};        % 获取当前单元格的数据
set(handles.iVal, 'String', num2str(iVal)); % 显示当前单元格的数据
```

c）在【保存】按钮上单击鼠标右键，选择 View Callbacks→Callback，在该回调函数内编写如下代码：

```
%% 创建文件保存对话框
[fName, pName, index] = uiputfile('*.xls', '另存为', 'data_1.xls');
%% 若没有点击【取消】按钮,且文件名为合法的 EXCEL 文件名,将表格数据写入该文件内
if index && strcmp(fName(end - 3 : end), '.xls')
    str = [pName fName];    % 获取文件的完整路径和文件名
    cloumnName = get(handles.table, 'ColumnName'); % 获取表格的列名
    data = get(handles.table, 'data');      % 获取表格的数据
    dataExcel = cell(size(data, 1) + 1, size(data, 2)); % 创建一个新单元数组,准备将其写入
                                            % EXCEL 文件
    dataExcel(1, :) = cloumnName;   % 获取表格列名
    dataExcel(2:end, :) = data;     % 获取表格数据
    xlswrite(str, dataExcel);       % 将新单元数组写入指定的 EXCEL 文件中
end
```

④ 保存 GUI 及其 M 文件，运行 GUI，结果如图 6.49 所示。

图 6.49　例 6.1.11 运行结果

6.1.19　坐 标 轴（axes）

axes 用于数据的可视化，即显示图形或图像。axes 是核心图形对象的容器，它可以包含下列 GUI 核心图形对象：image、light、line、patche、rectangle、surface 和 text 对象，以及由核心对象组合而成的 hggroup 对象。

axes 对象与前面讲到的 uipanel 对象，都是其他 GUI 对象的容器，但它与 uipanel 对象有以下不同：

① uipanel 的子对象只能为 axes、uicontrol、Panel 或 Button Group 对象；而 axes 的子对象只能为核心图形对象。

② uipanel 不可见时，无论其子对象 Visible 属性是否为 on，均不可见；axes 的可见性与其子对象无关。但要注意，若 axes 子对象采用高级函数（如 plot）创建，且 axes 的 NextPlot 属性为 replace，则 plot 函数会重设 axes 的所有属性（除了 Position）为默认值。

axes 常用的属性见表 6.24。

表 6.24　axes 对象常用的属性

常用属性	属性说明
Box、Title	坐标轴方框与标题
Color、ColorOrder、XColor、YColor	坐标轴区域颜色，绘图颜色顺序和坐标线颜色
CurrentPoint	当前点的坐标
GridLineStyle、LineStyleOrder、LineWidth、MinorGridLineStyle	网格线型、线型顺序、线宽和次级网格线型
NextPlot	重绘模式
XGrid、YGrid、XMinorGrid、YMinorGrid	X、Y 轴网格和 X、Y 轴次级网格
XTick、YTick 、XMinorTick、YMinorTick、XTickMode、YTickMode	X、Y 轴刻度，X、Y 轴次级刻度，以及 X、Y 轴刻度模式
XLabel、YLabel、XTickLabel、YTickLabel、XTickLabelMode、YTickLabelMode	X、Y 轴标签，X、Y 轴刻度标签，以及 X、Y 轴刻度标签模式
XLim 、YLim、XLimMode、YLimMode	X、Y 轴范围和 X、Y 轴范围模式

续表 6.24

常用属性	属性说明
FontAngle、FontName、FontSize、FontU-nits、FontWeight	标题或标签的字体
Position、Units	位置与计量单位
Tag	对象标识符
Visible	可见性。axes 是否可见,不影响其子对象是否可见
ButtonDownFcn	当 Enable 属性为 on 时,在 axes 上单击右键或在 axes 周围 5 像素范围内单击左键或右键,调用此函数;当 Enable 属性为 off 或 inactive 时,在 axes 上或 axes 周围 5 像素范围内单击左键或右键,调用此函数

【例 6.1.12】　设计一个坐标轴和一个按钮,单击按钮时弹出文件选择对话框,载入用户指定的 *.jpg 或 *.bmp 图片。

步骤:

① 打开 GUIDE 编辑器,创建一个 axes 和一个 Push Button,并设置属性,见表 6.25。

表 6.25　例 6.1.12 主要属性设置

控件类型	控件用途	属性名	属性值
axes	坐标轴	Tag	axes1
Push Button	【载入图像】按钮	FontSize	10
		String	载入图像
		Tag	load_pic

② 编写回调函数。显示图像数据有以下两种方法:

a) 用 imshow 函数将图像数据显示在 figure 窗口中。方法是:

```
>> imshow(filename);
```

或

```
>> pic = imread(filename);
>> imshow(pic);
```

该图像数据不被保存在 MATLAB 工作中。若需要获取该图像数据,可使用 getimage 函数:

```
>> pic = getimage;
```

b) 先用 imread 函数读取图片数据,然后创建 image 对象将图像数据在 axes 中显示出来。方法是:

```
>> pic = imread(filename);
>> axes(axes_handle);
>> image(pic);
```

这里采用第 2 种方法。在 Push Button 对象上单击鼠标右键,选择 View Callbacks→Callback,在该回调函数内编写如下代码:

若您对此书内容有任何疑问,可以登录 MATLAB 中文论坛与同行交流。

```
[fname, pname, index] = uigetfile({'*.jpg'; '*.bmp'}, '选择图片'); %创建图片选择对话框
if index          %若选择了图片文件
    str = [pname fname];   % 获取所选图片的路径和文件名
    c = imread(str);            % 读取该图片的图像数据到矩阵 c
    image(c, 'Parent', handles.axes1); % 将图像数据显示到当前坐标轴
    axis off;                       % 隐藏坐标轴
end
```

③ 保存 GUI 及其 M 文件,运行 GUI,结果如图 6.50 所示。

图 6.50 例 6.1.12 运行结果

6.2 重难点讲解

6.2.1 回调函数中的数据传递

GUI 的 M 文件中包含很多回调函数和其他函数,这些函数都有自己的函数空间,它们之间的数据传递是必不可少的。GUIDE 创建的 GUI,有以下几种方法可以解决不同的回调函数之间的数据传递问题:

(1) 使用全局变量(global)

当在两个回调函数的开始都使用了下面的定义:

```
global a      %将 a 声明为全局变量
```

变量 a 就成为这两个回调函数共享的数据了。

(2) GUI 数据(handles)

对于由 GUIDE 创建的 GUI,创建时会将所有 Tag 值不为空的对象信息存入 handles 结构体。其中,对象的 Tag 值为字段名,对象的句柄值为字段值。所以,GUIDE 创建的 GUI,对象之间可以进行随意访问。

handles 不仅可以存储 GUI 对象的信息,还可以存储变量。方式如下:

```
handles.变量名 = 变量值                % 新建字段
guidata(h, handles)                   % 更新 handles
```

（3）Application 数据

GUI 对象有一个未公开属性：ApplicationData，它用于存储 Application 数据，值为一个结构体（不妨称之为 Application 结构体）。要访问 Application 数据，很多时候还是要首先利用 handles 结构体获取 GUI 对象的信息。如果连对象的信息都无法获取，如何能访问依附于该对象的专用结构体呢？

Application 数据的操作用到下面 3 个函数：

① getappdata：获取 Application 结构体指定字段的值。

② setappdata 函数：创建或设置 Application 结构体指定字段的值。

③ rmappdata：移除 Application 结构体指定的字段。

（4）UserData 属性

每个 GUI 对象都有一个供用户存取数据的属性：UserData。UserData 仅能存取一个变量值，因此当同一对象存储两个变量时，先前的变量值就会被覆盖掉，因此都用 UserData 存储简单的数据。

【注意】 如果变量需要占用大量内存，不宜存储为 GUI 数据。若放在 handles 里，会加大每个回调函数不必要的内存开销，因为 handles 是每个回调函数的输入参数。大的变量若存取不频繁，建议放到某个对象的 UserData 属性或者 Application 结构体内；若存取比较频繁，例如定时器的回调函数经常访问该变量，此时建议将其存为 global 变量。

6.2.2　GUI 界面之间的数据传递

① 采用 global 函数。因为 global 声明的变量存储在 MATLAB 的基本工作空间中，所以可以采用这种方法共享数据。

② 采用 findall 或 findobj 函数查找。例如，查找标签为 figure1 的窗口：

```
findall(0, 'Type', 'figure', 'Tag', 'figure1')
```

③ 采用 handles 结构。假设在窗口 1 的 OpeningFcn 函数中，采用函数创建了一个子窗口 2：

```
h_fig = figure('Visible', 'off', ...);
h_btn1 = uicontrol('Parent', h_fig, 'Tag', 'btn1', ...);
h_btn2 = uicontrol('Parent', h_fig, 'Tag', 'btn2', ...);
h_btn3 = uicontrol('Parent', h_fig, 'Tag', 'btn3', ...);
```

如果要在窗口 1 的任何回调函数中，直接访问子窗口 2 的任意控件，可以在上述语句后紧跟着写下如下语句：

```
handles.btn1 = h_btn1;
handles.btn2 = h_btn2;
handles.btn3 = h_btn3;
```

最后，需要一个 guidata 语句。当然，Opening 函数最后有 guidata 语句，所以不用自己添加。

④ 将要共享的数据使用 save 函数存入 mat 文件；或者使用文件 I/O 函数，存入文本文件中。

⑤ 窗口之间采用输入参数传递数据。

⑥ 窗口之间采用输出参数传递数据。

6.2.3　KeyPressFcn 与 CurrentCharacter

很多时候，在窗口内按下某键时，需要在 figure 的 KeyPressFcn 内获取用户所按的键。此时，可以使用 KeyPressFcn 函数的附加参数 eventdata 获取当前的按键，或直接获取 figure 的 CurrentCharacter 属性。

若使用附加参数 eventdata，则当前字符为 eventdata. Character，当前按键名为 eventdata. Key。对于图形字符，可直接使用 eventdata. Character 来识别按键；而对于非图形字符，需要使用语句 double(eventdata. Character)将其转换为 ASCII 码，或使用 eventdata. Key 来识别按键。

判断输入的字符是否为图形字符，可使用下面的表达式判断：

```
isstrprop(c, 'graphic')
```

若 c 为图形字符，表达式返回真，否则返回假。

6.2.4　WindowButtonDownFcn、Callback 与 SelectionType

有时在执行 WindowButtonDownFcn 回调函数时，需要知道用户是单击左键、单击中键、单击右键还是双击左键或右键。此时，需要用到 figure 的 SelectionType 属性。

SelectionType 属性值为窗口中最后一次鼠标操作的类型（单击或双击，左键或右键）。这里再次列出 SelectionType 值对应的鼠标操作，见表 6.26。

表 6.26　鼠标操作类型

SelectionType 值	鼠标操作	SelectionType 值	鼠标操作
normal	单击左键	alt	单击右键、ctrl＋左键
extend	单击中键、shift＋左键	open	双击左键、双击右键

对于某些 uicontrol 对象，有时需要在其 Callback 函数内判断鼠标的操作类型，以给出动作。例如，要实现"双击鼠标选择 Listbox 对象的某项"，就必须在 Listbox 对象的 Callback 函数内判断 SelectionType 值是否为 open。

6.3　专题分析

专题 10　GUI 对象之间的数据传递

🔺【例 6.3.1】　设计两个 GUI 界面，分别如图 6.51 所示：

要求：

① 双击主界面的选项，将该选项文本传递到次界面的可编辑文本框中显示出来，并隐藏主界面；

② 单击次界面的【返回】按钮，隐藏次界面，显示主界面。

【解析】　创建 GUI 窗口 mainfig，或得到已存在的 GUI 窗口 mainfig 的句柄，可使用下列

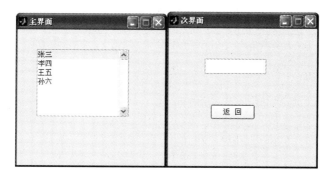

图 6.51 例 6.3.1 图

语句：

    h = figure(mainfig); 或 **h = mainfig;**

    窗口之间的相互操作，可以采用 global 函数传递数据，采用 findobj 或 findall 函数获取其他窗口对象的句柄，采用 mat 文件传递数据，采用输入参数传递数据，还可以采用输出参数与 uiwait、uiresume 组合使用的方式传递数据。本例采用上述 5 种方法分别编写对应的回调函数。

    步骤：

    ① 打开 GUIDE 编辑器，创建两个 GUI，如图 6.52 所示。

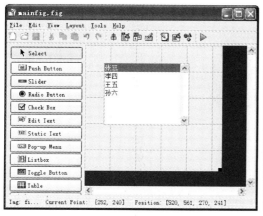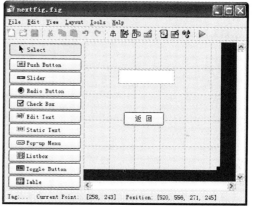

图 6.52 例 6.3.1 的 GUIDE 布局

    ② 设置主界面的对象属性，见表 6.27。

表 6.27 例 6.3.1 主界面主要属性设置

控件类型	控件用途	属性名	属性值
figure	主窗口	Name	主界面
List Box	列表框	FontSize	10
		String	{'张三';'李四';'王五';'孙六'}
		Tag	listbox1

    ③ 设置次界面的对象属性，见表 6.28。

表 6.28 例 6.3.1 次界面主要属性设置

控件类型	控件用途	属性名	属性值
figure	次窗口	Name	次界面
Edit Text	列表框	FontSize	10
		String	空字符串
		Tag	edit1
Push Button	【返回】按钮	FontSize	10
		String	返回

④ 编写回调函数。

方法 1:采用 global 函数传递数据。

a) 主界面 List Box 的 Callback 函数为:

```
%% 若双击左键,将所选中的选项文本传给次界面
global str;
if isequal(get(gcf,'SelectionType'),'open')
    n = get(hObject,'value'); % 获取所选中选项的索引号
    str_all = get(hObject,'string'); % 得到列表框的所有文本
    str = str_all{n};
    set(gcf, 'Visible', 'off'); % 隐藏主界面
    nextfig('Visible', 'on');
end
```

b) 次界面 OpeningFcn 函数为:

```
handles.output = hObject;
%% 以下为添加的代码
global str
set(handles.edit1, 'String', str);
%% 以上为添加的代码
guidata(hObject, handles);
```

c) 次界面 Push Button 的 Callback 函数为:

```
%% 隐藏次界面,显示主界面
set(gcf, 'Visible', 'off');
mainfig('Visible', 'on');
```

方法 2:采用 findall 函数传递数据。

a) 主界面 List Box 的 Callback 函数为:

```
%% 若双击左键,将所选中的选项文本传给次界面
if isequal(get(gcf, 'SelectionType'), 'open')
    n = get(hObject, 'value');          % 获取所选中选项的索引号
    str_all = get(hObject, 'string');   % 得到列表框的所有文本
    set(gcf, 'Visible', 'off');         % 隐藏主界面
    h = figure(nextfig);                % 打开次界面并获取其窗口句柄;若次界面已经打开,获取其句柄
    % 上一条语句也可以为:h = nextfig;
    set(h, 'Visible', 'on');            % 设置次界面窗口为可见
```

```
        h_edit = findall(h, 'Tag', 'edit1');        % 在次界面中查找可编辑文本框对象
        set(h_edit, 'string', str_all{n})           % 设置所选的选项文本给可编辑文本对象
end
```

b）次界面 Push Button 的 Callback 函数为：

```
%% 隐藏次界面,显示主界面
set(gcf, 'Visible', 'off');
h = figure(mainfig); % 也可以为:h = mainfig;
set(h, 'Visible', 'on');
```

方法 3：采用 mat 文件传递参数。

a）主界面 List Box 的 Callback 函数为：

```
%% 若双击左键,将所选中的选项文本传给次界面
if isequal(get(gcf, 'SelectionType'), 'open')
    n = get(hObject, 'value');            % 获取所选中选项的索引号
    str_all = get(hObject, 'string');     % 得到列表框的所有文本
    str = str_all{n};
    save strInfo str;                     % 将选项文本存储到 strInfo.mat 文件中
    set(gcf, 'Visible', 'off');           % 隐藏主界面
    nextfig('Visible', 'on');
end
```

b）次界面 OpeningFcn 函数为：

```
handles.output = hObject;
%% 以下为添加的代码
load strInfo str;        % 加载 strInfo.mat 文件中的变量 str
set(handles.edit1, 'String', str);
%% 以上为添加的代码
guidata(hObject, handles);
```

c）次界面 Push Button 的 Callback 函数为：

```
%% 隐藏次界面,显示主界面
set(gcf, 'Visible', 'off');
mainfig('Visible', 'on');
```

方法 4：采用输入参数传递数据。

a）主界面 List Box 的 Callback 函数为：

```
%% 若双击左键,将所选中的选项文本传给次界面
if isequal(get(gcf, 'SelectionType'), 'open')
    n = get(hObject, 'value'); % 获取所选中选项的索引号
    str_all = get(hObject, 'string'); % 得到列表框的所有文本
    str = str_all{n};
    set(gcf, 'Visible', 'off'); % 隐藏主界面
    h = nextfig('strInfo', str);
    set(h, 'Visible', 'on');
end
```

若您对此书内容有任何疑问，可以登录 MATLAB 中文论坛与同行交流。

b）次界面 OpeningFcn 函数为：

```
handles.output = hObject;
%% 以下为添加的代码
% OpeningFcn 函数的输入参数个数为 5 时, varargin 为 1×2 的单元数组
if (nargin == 5) && (strcmp(varargin{1}, 'strInfo'))
    set(handles.edit1, 'String', varargin{2});
end
%% 以上为添加的代码
guidata(hObject, handles);
```

c）次界面 Push Button 的 Callback 函数为：

```
%% 隐藏次界面,显示主界面
set(gcf, 'Visible', 'off');
mainfig('Visible', 'on');
```

方法 5：采用输出参数与 uiwait、uiresume 组合的方式传递数据。

a）主界面的 OpeningFcn 函数为：

```
handles.output = hObject;
guidata(hObject, handles);
%% 以下为添加的代码
uiwait(hObject);
```

b）主界面 OutputFcn 函数为：

```
varargout{1} = handles.output;
% 以下为添加的代码
n = get(handles.listbox1, 'value'); % 获取所选中选项的索引号
str_all = get(handles.listbox1, 'string'); % 得到列表框的所有文本
varargout{2} = str_all{n};
```

c）主界面 List Box 的 Callback 函数为：

```
if isequal(get(gcf,'SelectionType'),'open')
    uiresume(gcf);
end
```

d）次界面 OpeningFcn 函数为：

```
handles.output = hObject;
%% 以下为添加的代码
[h, str] = mainfig;
delete(h);
set(handles.edit1, 'String', str);
%% 以上为添加的代码
guidata(hObject, handles);
```

e）次界面 Push Button 的 Callback 函数为：

```
%% 先显示主界面,再显示次界面
set(gcf, 'Visible', 'off');
```

```
[h, str] = mainfig;
delete(h);
set(handles.edit1, 'String', str);
set(handles.figure1, 'Visible', 'on');
```

⑤ 对于前 4 种方法,运行主界面 GUI;对于第 5 种方法,运行次界面 GUI。运行结果如图 6.53 所示。

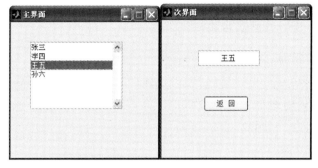

图 6.53　例 6.3.1 运行结果

专题 11　回调函数的应用实例

【例 6.3.2】　设计一个画板,载入默认的图片 loading.jpg 作为背景,鼠标为手形标志,按下左键开始绘图,释放左键结束绘图,按下右键清空绘图区,双击左键设置画笔颜色。

【解析】　本例题考察 WindowButtonDownFcn、WindowButtonMotionFcn 和 Window-ButtonUpFcn 回调函数的编写。设置 figure 的 Pointer 属性值为 hand,可将鼠标设置为手形;按下左键没有松开时,在 WindowButtonDownFcn 函数内更新绘图标志变量,表示此时准备开始绘图;此时移动鼠标,在 WindowButtonMotionFcn 回调函数内绘图;释放鼠标左键,更新绘图标志变量,表示此时结束绘图;双击鼠标时调用颜色设置对话框,更新坐标轴的 ColorOrder 属性。

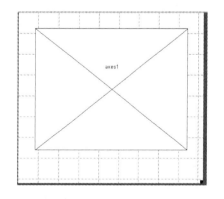

图 6.54　画板的 GUI 布局

步骤:

① 界面设计,如图 6.54 所示。

属性设置见表 6.29。

表 6.29　例 6.3.2 主要属性设置

控件类型	控件用途	属性名	属性值
figure	简易画板窗口	Color	[1 1 1]
		Menubar	none
		Name	简易画板
		Pointer	hand
		Tag	figure1
axes	坐标轴	Visible	off

② 程序设计

a)在 OpeningFcn 函数内添加以下代码:

```
setappdata(hObject, 'isPressed', false);      % 将"鼠标按下"标志变量 isPressed 存为应用数据
cData = imread('loading.jpg');                % 读取背景图片
image(cData);    % 载入背景图片
set(handles.axes1, 'colororder', [0 0 1], 'units', 'normalized', 'position', [0 0 1 1]);
                                              % 坐标轴铺满窗口
```

b) WindowButtonDown 函数如下:

```
function figure1_WindowButtonDownFcn(hObject, eventdata, handles)
if strcmp(get(gcf, 'selectiontype'), 'alt')          % 若按鼠标右键
    delete(findobj('type', 'line', 'parent', handles.axes1));   % 删除所有绘图
elseif strcmp(get(gcf, 'selectiontype'), 'open')     % 若双击鼠标左键
    col = uisetcolor(get(handles.axes1, 'colororder'), '选择画笔颜色');   …% 弹出颜色设置对话框
    set(handles.axes1, 'colororder', col);      % 设置画笔颜色
else      % 若单击左键
    pos = get(handles.axes1, 'currentpoint');    % 获取当前点坐标
    setappdata(hObject, 'isPressed', true);       % 更新"鼠标按下"标志变量
    set(hObject, 'UserData', pos(1,[1,2]));    % 更新用户数据,用户数据用来存储之前点的坐标
end
```

c) WindowButtonMotion 函数如下:

```
function figure1_WindowButtonMotionFcn(hObject, eventdata, handles)
isPressed = getappdata(hObject, 'isPressed');    % 获取"鼠标按下"标志变量
pos = get(handles.axes1, 'currentpoint');    % 获取用户数据
if isPressed    % 若鼠标处于"按下"状态
    pos1 = get(hObject, 'UserData');    % 得到当前点坐标
    line([pos1(1); pos(1, 1)], [pos1(2); pos(1, 2)], 'linewidth', 4);    % 绘制曲线
    set(hObject, 'UserData', pos(1,[1 2]));    % 更新用户数据
end
```

d) WindowButtonUp 函数如下:

```
function figure1_WindowButtonUpFcn(hObject, eventdata, handles)
setappdata(hObject, 'isPressed', false);    % 更新应用数据
```

生成的结果如图 6.55 所示。

图 6.55   例 6.3.2 运行结果

【例 6.3.3】　设计一个图片浏览器,使其满足以下要求:

① 功能按钮具有加载指定目录下所有图片、截取图片、浏览上一张图片、浏览下一张图片、缩小放大图片等功能;

② 自定义菜单同样具有上述功能;

③ 在图片上单击左键时显示下一张图片,单击右键时显示所有图片名列表;

④ 浏览图片时,鼠标若位于图片上,鼠标指针为手形;鼠标若位于图片之外,鼠标指针为默认形状;

⑤ 键盘按←、↑或 Page Up 等键时,显示上一张图片;

⑥ 键盘按→、↓或 Page Down 等键时,显示下一张图片。

【解析】　本例主要考察菜单、右键菜单的设计,Push Button、Toggle Button 对象的 Callback、窗口的 KeyPressFcn、WindowButtonMotionFcn 和 WindowButtonDownFcn 等回调函数的合理运用。

截图图片需要用到一个组对象——图形截取框。图形截取框由 imrect 函数创建,获取图像截取框的截取范围,方法为:

```
hRect = imrect;   % 创建图形截取框
pos = wait(hRect);   % 获取框选的范围
```

截取图像实际上是截取图像数据。截取图形数据可采用 imcrop 函数完成,调用方法为:

```
newM = imcrop(M, pos);   % 将图像数据 M 按矩形区域 pos 截取
```

步骤:

① 主界面设计,如图 6.56 所示。

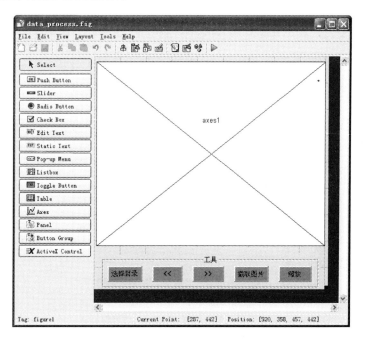

图 6.56　例 6.3.3 的 GUIDE 布局

395

② 自定义菜单设计,如图 6.57 所示。

③ 右键菜单设计,如图 6.58 所示。

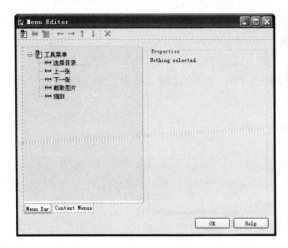

图 6.57　菜单栏的 GUIDE 布局

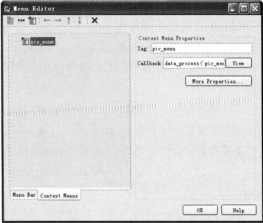

图 6.58　右键菜单的 GUIDE 布局

④ 属性设置,见表 6.30。

表 6.30　例 6.3.3 主要属性设置

控件类型	控件用途	属性名	属性值
Figure	窗口	Color	[0.87 0.87 0.87]
		Name	图片浏览器
		Tag	figure1
Axes	坐标轴	Tag	axes1
		UIContextMenu	pic_menu
		Visible	off
Push Button	【选择目录】按钮	BackgroundColor	[0.502 0.502 0.502]
		FontSize	10
		String	选择目录
		Tag	load_dir
Push Button	【<<】按钮	BackgroundColor	[0.502 0.502 0.502]
		Enable	inactive
		FontSize	10
		FontWeight	bold
		String	<<
		Tag	picPre
Push Button	【≫】按钮	BackgroundColor	[0.502 0.502 0.502]
		Enable	inactive
		FontSize	10
		FontWeight	bold
		String	≫
		Tag	picNext

控件类型	控件用途	属性名	属性值
Toggle Button	【截取图片】按钮	BackgroundColor	[0.502 0.502 0.502]
		Enable	inactive
		FontSize	10
		FontWeight	bold
		String	截取图片
		Tag	pic_crop
Toggle Button	【缩放】按钮	BackgroundColor	[0.502 0.502 0.502]
		Enable	inactive
		FontSize	10
		String	缩放
		Tag	zoom_in
Pannel	面板	BackgroundColor	[0.87 0.87 0.87]
		FontSize	10
		Title	工具
Static Text	显示图片名称	FontSize	10
		String	空字符串
		Tag	pic_name
uimenu	自定义菜单主菜单	Label	工具菜单
		Tag	tool_menu
uicontextmenu	右键菜单主菜单	Tag	pic_menu
uimenu	【选择目录…】菜单选项	Accelerator	S
		Label	选择目录…
		Tag	load_dir_menu
uimenu	【上一张】菜单选项	Accelerator	P
		Enable	off
		Label	上一张
		Tag	prePre_menu
uimenu	【下一张】菜单选项	Accelerator	N
		Enable	off
		Label	下一张
		Tag	preNext_menu
uimenu	【截取图片】菜单选项	Accelerator	X
		Enable	off
		Label	截取图片
		Tag	pic_crop_menu
uimenu	【缩放】菜单选项	Accelerator	Z
		Enable	off
		Label	缩放
		Tag	zoom_in_menu

⑤ 程序设计：

a）【选择目录】按钮的 Callback：

```
function load_dir_Callback(hObject, ~, handles)
%% 创建一个目录选择对话框,若单击了【取消】,直接返回
strPath = uigetdir('C:\Documents and Settings\Administrator\桌面', '选择目录');
if ~ischar(strPath)
    return
end
%% 将当前图片目录存为窗口对象的应用数据 strPath
setappdata(hObject, 'strPath', strPath);    % 当前图片目录
%% 获取当前目录下所有的图片信息列表
str_jpg = dir([strPath '\*.jpg']);
str_bmp = dir([strPath '\*.bmp']);
str_gif = dir([strPath '\*.gif']);
str1 = [str_jpg; str_bmp; str_gif];
strAllPath = struct2cell(str1);    % 将当前目录下所有图片的完整信息存为单元数组
setappdata(hObject, 'strAllPath', strAllPath);    % 当前所有图片的信息
if ~isempty(str1)    % 若当前目录下存在图片或文件夹
    n = find(cell2mat(strAllPath(4, :)) == 1);    % 查找到所有的文件夹名
    if ~isempty(n)    % 若存在文件夹名
        strAllPath(:, n) = [];    % 将文件夹名从单元数组 strAllPath 中去掉
    end
end
if ~isempty(strAllPath)    % 若当前目录下存在图片
    index = 1;    % 当前图片索引值初始化为 1
    set(hObject, 'UserData', index);    % 将当前图片的索引值存为【选择目录】按钮的用户数据
    set(handles.pic_name, 'string', strAllPath{1, 1})    % 在静态文本中显示该图片名
    M = imread(fullfile(strPath, strAllPath{1, index}));    % 读取该图片的图像数据
    imshow(M);    % 显示该图像数据
    %% 每选择一次目录,就重新创建一次右键菜单
    h = findall(handles.pic_menu, 'type', 'uimenu');    % 查找之前的右键菜单
    delete(h);    % 删除之前的右键菜单
    for i = 1 : size(strAllPath, 2)
        %% 将图片名显示到右键菜单上
        uimenu(handles.pic_menu, 'label', strAllPath{1,i}, 'position', i...
            'callback', {@menu_callback, handles});
    end
    set(findobj('Type', 'uimenu', 'Position', index), 'Checked', 'on');    % 选中右键菜单的第 1 项
    set(findobj(gcf, 'Type', 'uicontrol', 'Enable', 'inactive'), 'Enable', 'on');
    set(findobj(gcf, 'Type', 'uimenu', 'Enable', 'off'), 'Enable', 'on');
end
```

b) 菜单选项的回调函数:

```
function menu_callback(obj, ~, handles)
%% 根据选择的右键菜单选项,更新图像数据
indexPre = get(handles.load_dir, 'userData');
set(findobj('Type', 'uimenu', 'Position', indexPre), 'Checked', 'off');    % 取消选中之前的
                                                                            % 菜单选项
index = get(obj, 'position');
set(handles.load_dir, 'userData', index);    % 更新当前图片索引值
set(obj, 'Checked', 'on');    % 选中当前菜单选项
strAllPath = getappdata(handles.load_dir, 'strAllPath');    % 获取所有的图片信息
```

```
strPath = getappdata(handles.load_dir, 'strPath');    % 获取图片路径
cla;
M = imread(fullfile(strPath, strAllPath{1, index}));    % 读取当前图片
imshow(M);    % 显示图片
```

c)【<<】按钮的 Callback：

```
function picPre_Callback(~, ~, handles)
  %% 显示上一张图片
strAllPath = getappdata(handles.load_dir, 'strAllPath');    % 获取所有的图片信息
strPath = getappdata(handles.load_dir, 'strPath');    % 获取图片路径
indexPre = get(handles.load_dir, 'userData');    % 获取之前所选图片的索引值
if indexPre > 1
    index = indexPre - 1;    % 更新索引值为前一个值
else
    index = size(strAllPath, 2);    % 更新索引值为最大值
end
set(handles.load_dir, 'userData', index);    % 更新索引值
  %% 更新菜单选项的 Checked 值
set(findobj(gcf, 'Type', 'uimenu', 'Position', indexPre), 'Checked', 'off');
set(findobj(gcf, 'Type', 'uimenu', 'Position', index), 'Checked', 'on');
cla;    % 清空坐标轴
  %% 重新读取图像数据
M = imread(fullfile(strPath, strAllPath{1, index}));
imshow(M);
set(handles.pic_name, 'string', strAllPath{1, index});    % 显示图片名
```

d)【>>】按钮的 Callback：

```
function picNext_Callback(~, ~, handles)
  %% 显示下一张图片
strAllPath = getappdata(handles.load_dir, 'strAllPath');
strPath = getappdata(handles.load_dir, 'strPath');
indexPre = get(handles.load_dir, 'userData');
if indexPre < size(strAllPath, 2)
    index = indexPre + 1;    % 更新索引值为后一个值
else
    index = 1;    % 更新索引值为 1
end
set(handles.load_dir, 'userData', index);    % 更新索引值
  %% 更新菜单选项的 Checked 值
set(findobj(gcf, 'Type', 'uimenu', 'Position', indexPre), 'Checked', 'off');
set(findobj(gcf, 'Type', 'uimenu', 'Position', index), 'Checked', 'on');
cla;    % 清空坐标轴
  %% 重新读取图像数据
M = imread(fullfile(strPath, strAllPath{1, index}));
imshow(M);
set(handles.pic_name, 'string', strAllPath{1, index});    % 显示图片名
```

e)【截取图片】按钮的 Callback：

```
function pic_crop_Callback(hObject, ~, handles)
```

若您对此书内容有任何疑问，可以登录 MATLAB 中文论坛与同行交流。

```matlab
    if get(hObject, 'value')          % 若该按钮出入"按下"状态
        hRect = imrect;               % 创建一个框选对象
        pos = wait(hRect);            % 等待框选,并获取框选的位置和尺寸
        delete(hRect);                % 删除框选对象
        %% 获取图片信息
        strAllPath = getappdata(handles.load_dir, 'strAllPath');
        strPath = getappdata(handles.load_dir, 'strPath');
        index = get(handles.load_dir, 'userData');
        %% 读取图片的图像数据,并截取图像数据
        M = imread(fullfile(strPath, strAllPath{1, index}));
        newM = imcrop(M, pos);
        %% 另存截取的图像数据为图片
        [fName, pName, index] = uiputfile({'*.jpg'; '*.bmp'}, '图片另存为', datestr(now, 30));
        if index    % 或设置了要保存的图片名
            strName = [pName fName];          % 获取图片的路径和文件名
            h = figure('visible', 'off');     % 创建一个隐藏的窗口
            imshow(newM);                     % 将图像数据显示到隐藏的窗口中
            %% 打印截取的图像数据为指定格式的图片
            if strcmp(fName(end - 3 : end), '.jpg')
                print(h, '-djpeg', strName);
            elseif strcmp(fName(end - 3 : end), '.bmp')
                print(h, '-dbmp', strName);
            end
            delete(h);                        % 删除该隐藏的窗口
        end
        set(hObject, 'value', 0);             % 将该按钮"弹起"
    end
```

f)【缩放】按钮的 Callback:

```matlab
function zoom_in_Callback(~, ~, ~)
%% 调用内置的缩放工具
toolsmenufcn ZoomIn
```

g) 窗口的 WindowButtonMotionFcn:

```matlab
function figure1_WindowButtonMotionFcn(hObject, eventdata, handles)
%% 若鼠标在图片上,显示为手形;否则,显示为箭头
if (~get(handles.zoom_in, 'Value')) && (~get(handles.pic_crop, 'Value'))
    pos = get(handles.axes1, 'currentpoint');    % 获取鼠标当前所在点的坐标
    xLim = get(handles.axes1, 'xlim');   % 获取图片的 X 轴坐标范围
    yLim = get(handles.axes1, 'ylim');   % 获取图片的 Y 轴坐标范围
    if (pos(1, 1) >= xLim(1) && pos(1, 1) <= xLim(2)) &&···
            (pos(1, 2) >= yLim(1) && pos(1, 2) <= yLim(2))
        set(gcf,'Pointer','hand')    % 设置鼠标指针为手形
    else
        set(gcf,'Pointer','arrow')    % 设置鼠标指针为箭头
    end
end
```

h) 窗口的 WindowButtonDownFcn:

```matlab
function figure1_WindowButtonDownFcn(hObject, eventdata, handles)
if strcmp(get(gcf, 'Pointer'), 'hand') && strcmp(get(handles.picNext, 'Enable'), 'on')
    %% 在图片上点右键时,手动调出右键菜单
    if strcmp(get(gcf, 'SelectionType'), 'alt')
        pos = get(gcf, 'currentpoint');
        set(handles.pic_menu, 'position', [pos(1, 1) pos(1, 2)], 'visible', 'on')
    elseif strcmp(get(gcf,'SelectionType'), 'normal')
        %% 若单击左键,执行按钮【≫】的 Callback 函数
        picNext_Callback(hObject, eventdata, handles);
    end
end
```

i) 窗口的 WindowKeyPressFcn：

```matlab
function figure1_WindowKeyPressFcn(hObject, eventdata, handles)
%% 若在窗口内按指定键,切换图片到上一张或下一张
switch eventdata.Key
    case {'pageup', 'leftarrow', 'uparrow'}
        picPre_Callback(handles.picPre, eventdata, handles);
    case {'pagedown', 'rightarrow', 'downarrow'}
        picNext_Callback(handles.picNext, eventdata, handles);
end
```

j) 5 个菜单选项的 Callback：

```matlab
function load_dir_menu_Callback(hObject, eventdata, handles)
%% 执行【选择目录】按钮的 Callback 函数
load_dir_Callback(handles.load_dir, eventdata, handles);


function prePre_menu_Callback(hObject, eventdata, handles)
%% 执行【≪】按钮的 Callback 函数
picPre_Callback(handles.picPre, eventdata, handles);


function picNext_menu_Callback(hObject, eventdata, handles)
%% 执行【≫】按钮的 Callback 函数
picNext_Callback(handles.picNext, eventdata, handles);


function pic_crop_menu_Callback(hObject, eventdata, handles)
%% 按下或弹起【截取图片】按钮
val = get(handles.pic_crop, 'Value');
set(handles.pic_crop, 'Value', ~val);
%% 执行【截取图片】按钮的 Callback 函数
pic_crop_Callback(handles.pic_crop, eventdata, handles);


function zoom_in_menu_Callback(hObject, eventdata, handles)
%% 按下或弹起【缩放】按钮
val = get(handles.zoom_in, 'Value');
set(handles.zoom_in, 'Value', ~val);
%% 执行【缩放】按钮的 Callback 函数
zoom_in_Callback(hObject, eventdata, handles);
```

生成的 GUI 如图 6.59 所示。

若您对此书内容有任何疑问，可以登录MATLAB中文论坛与同行交流。

图 6.59 例 6.3.3 运行结果

【例 6.3.4】 采用 GUIDE 创建一个包含 Listbox、Static Text 和右键菜单的 GUI,List Box 的选项依次为"语文""英语""数学"。要求:

① 双击 List Box 的"语文"或"英语"项时,直接将其显示在 Static Text 上。

② 在选项"数学"上单击右键,弹出右键菜单,菜单选项依次为"高等数学"和"线性代数",将选择的菜单项显示在 Static Text 上。

③ 在选项"数学"上单击左键,在选项"数学"下方增加子选项"高等数学"和"线性代数";再在选项"数学"上单击左键,隐藏选项"数学"的子菜单。

④ 双击选项"数学"的子菜单,将选择的子菜单项显示在 Static Text 上。

⑤ 在"语文""英语"或"数学"的子选项上单击右键,不弹出右键菜单。

【解析】 在 Listbox 的 Callback 函数中判断 figure 的 SelectionType 属性值,当 SelectionType 值为 open(双击左键)时,若当前选项不是第 3 项,设置 Static Text 的 String 值为 Listbox 对应的选项;否则,展开或折叠"数学"选项。

当在第 3 项上单击右键,设置 Listbox 的 uicontextmenu 属性值为之前创建的右键菜单对象的句柄;否则,设置 Listbox 的 uicontextmenu 属性值为空。

步骤:

① 菜单设计,如图 6.60 所示。

菜单属性设置见表 6.31 。

表 6.31 例 6.3.4 菜单属性设置

控件类型	控件用途	属性名	属性值
uicontextmenu	右键菜单对象	Tag	caidan1
uimenu	【高等数学】菜单选项	Label	高等数学
		Tag	mathematic
uimenu	【线性代数】菜单选项	Label	线性代数
		Tag	linear

② 界面设计,如图 6.61 所示。

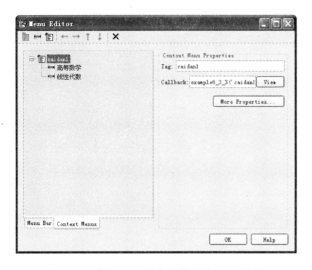

图 6.60　例 6.3.4 的右键菜单 GUIDE 布局　　　　图 6.61　例 6.3.4 的 GUIDE 布局

界面控件主要属性见表 6.32。

表 6.32　例 6.3.4 主要属性设置

控件类型	控件用途	属性名	属性值
Figure	窗口	Name	学科选择
List Box	科目选项卡	FontSize	10
		String	{'语文';'英语';'≫数学'}
		Tag	lisibox1
Static Text	显示选中的科目	BackgroundColor	[1 1 1]
		FontSize	10
		HorinzontalAlignment	left
		String	空字符串
		Tag	text1

③ 程序设计。

a) 窗口的 OpeningFcn 函数:

```
function example6_3_3_OpeningFcn(hObject, ~, handles, varargin)
handles.output = hObject;
%% 将选项"数学"的"折叠"状态存为列表框的用户数据
set(handles.listbox1, 'UserData', true);    %折叠为真
guidata(hObject, handles);
```

b) Listbox 的 Callback 函数:

```
function listbox1_Callback(hObject, ~, handles)
%% 获取当前选项的索引值
n = get(hObject, 'value');
%% 根据当前选项,设置右键菜单、双击显示操作和展开/折叠操作
if n ~= 3   %若没有选中"数学"
```

```
        set(hObject, 'uicontextmenu', ' ');  % 右键菜单为空
        if isequal(get(gcf, 'SelectionType'), 'open')  % 若双击左键
            str = get(hObject, 'string');  % 获取列表框的文本
            if n < 3  % 若选中"语文"或"英语"
                set(handles.text1, 'string', str{n})
            else      % 若选中"数学"的子选项,去掉文本前的"∟"
                str1 = str{n};
                set(handles.text1, 'string', str1(2 : end));
            end
        end
    else     % 若选中"数学"
        set(hObject, 'uicontextmenu', handles.caidan1);  % 设置右键菜单
        if isequal(get(gcf, 'SelectionType'), 'normal')  % 若单击左键
            isFold = get(hObject, 'UserData');  % 获取"折叠"状态
            isFold = ~isFold;  % "折叠"状态取反
            if ~isFold     % 若需要设置为"展开"状态
                set(hObject, 'String', {'语文 ', '英语 ', '数学 ', '∟高等数学 ', ...
                    '∟线性代数 '});
            else           % 若需要设置为"折叠"状态
                set(hObject, 'String', {'语文 ', '英语 ', ' ≫ 数学 '}, 'Value', 3);
            end
            set(hObject, 'UserData', isFold);  % 更新"折叠"状态
        end
    end
end
```

c）子选项 1 的 Callback 函数：

```
function mathematic_Callback(~, ~, handles)
set(handles.text1, 'string', '高等数学 ');
```

d）子选项 2 的 Callback 函数：

```
function linear_Callback(~, ~, handles)
set(handles.text1, 'string', '线性代数 ');
```

生成的结果如图 6.62 所示。

图 6.62　例 6.3.4 运行结果

6.4 精选答疑

问题 32 如何动态修改 List Box 的选项

主要考查如下知识点:对于下拉菜单(Pop‑Up Menu)和列表框,在设置 String 值的同时,一定要记得设置 Value 值,因为 Value 的最大值不能超过 String 值的单元个数(此处假定选项数大于1)。

【例 6.4.1】 用 GUIDE 创建一个包含两个 Listbox 的 GUI,左边的 Listbox 选项为 a、b、c、d,右边的 Listbox 初始为空。要求:

① 双击左边 Listbox 内的选项,将其添加到右边的 Listbox 内,同一个选项只能添加一次。

② 双击右边 Listbox 内的选项,将其清除。

③ 左边 Listbox 内的选项始终不变。

【解析】 双击左边的 Listbox 选项时,要先搜索右边 Listbox 的 String 值,如果没有搜索到该项,就添加到右边 Listbox 内;双击右边的 Listbox 选项时,直接将其清除,但要注意 Value 值是否有效。

步骤:

① 界面设计,如图 6.63 所示。

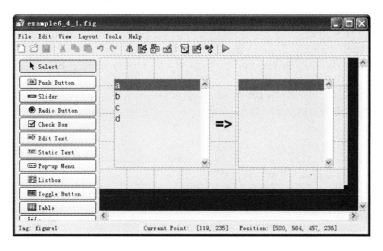

图 6.63 例 6.4.1 界面设计

各控件属性设置见表 6.33。

表 6.33 例 6.4.1 主要属性设置

控件类型	控件用途	属性名	属性值
List Box	左边的 List Box	FontSize	12
		String	{'a';'b';'c';'d'};
		Tag	listbox1

若您对此书内容有任何疑问,可以登录MATLAB中文论坛与同行交流。

控件类型	控件用途	属性名	属性值
Static Text	静态文本	FontSize	20
		FontWeight	bold
		String	=>
		Tag	text1
List Box	右边的 List Box	FontSize	12
		String	空字符串
		Tag	listbox2

② 程序设计。

a) 左边 Listbox 的 Callback：

```
function listbox1_Callback(hObject, eventdata, handles)
%% 若双击左键,且双击的选项不在右边列表框中,在右边列表框中添加该选项
if isequal(get(gcf,'SelectionType'),'open')
    str = get(hObject,'string'); %获取左边列表框的选项
    n = get(hObject,'value');      % 获取左边列表框当前选项的索引值
    strs = get(handles.listbox2,'string'); %获取右边列表框的选项
    n2 = get(handles.listbox2,'value');     % 获取右边列表框当前选项的索引值
    if isempty(strs) || (~any(strcmp(str(n), strs))) %若当前选项不在右边列表框中
        set(handles.listbox2,'string', [get(handles.listbox2,'string');...
            str(n)],'value', max(n2, 1)); %添加当前选项到右边的列表框
    end
end
```

b) 右边 Listbox 的 Callback：

```
function listbox2_Callback(hObject, eventdata, handles)
%% 若双击左键,删除当前所选的选项
if isequal(get(gcf,'SelectionType'),'open')
    str = get(hObject,'string'); %获取右边列表框的选项
    n = get(hObject,'value');      % 获取右边列表框当前选项的索引值
    str(n) = '';   % 删除当前所选的选项
    set(hObject,'string', str,'value', max(1, n - 1)); %删除当前选项
end
```

生成的结果如图 6.64 所示。

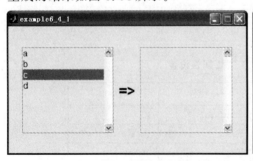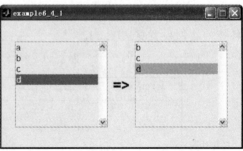

图 6.64　例 6.4.1 运行结果

问题 33　如何动态修改 Pop – Up Menu 的选项

【例 6.4.2】　有一个数据文件 datas.xls,如图 6.65 所示,根据该数据文件,做 4 个下拉菜单,要求:

　　① 第 1 个下拉菜单列出所有公司;

　　② 第 2 个下拉菜单根据所选的公司,列出对应公司的所有车间;

　　③ 第 3 个下拉菜单根据所选的公司和车间,列出所有的工段;

　　④ 第 4 个下拉菜单根据所选的公司、车间和工段,列出所有的工人姓名。

【解析】　先用 xlsread 函数将所有的数据读取到一个单元数组中,然后解析出所有公司的名称,显示到第 1 个下拉菜单中;

　　当用户单击第 1 个下拉菜单时,根据所选的公司,解析出该公司下所有的车间名,显示到第 2 个下拉菜单中;

　　当用户单击第 2 个下拉菜单时,根据所选的公司和车间,解析出该公司的该车间下所有的工段名,显示到第 3 个下拉菜单中;

　　当用户单击第 3 个下拉菜单时,根据所选的公司、车间和工段,解析出该公司该车间该工段下所有的工人名,显示到第 4 个下拉菜单中。

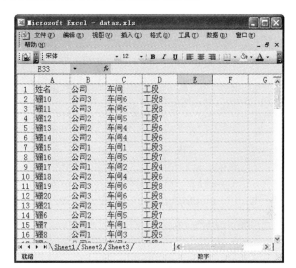

图 6.65　例 6.4.2 图

　　步骤:

　　① 界面设计,如图 6.66 所示。

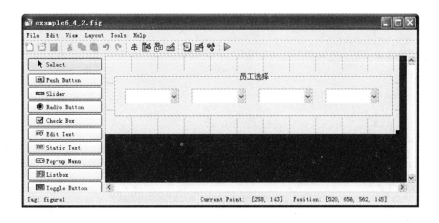

图 6.66　例 6.4.2 的 GUIDE 布局

各控件主要属性设置见表 6.34。

表 6.34　例 6.4.2 主要属性设置

控件类型	控件用途	属性名	属性值
Figure	窗口	Color	[0.824 0.969 0.808]
		Name	员工信息
Pop-Up Menu	第 1 个弹出式菜单	FontSize	11
		String	空字符串
		Tag	company
Pop-Up Menu	第 2 个弹出式菜单	FontSize	11
		String	空字符串
		Tag	plant
Pop-Up Menu	第 3 个弹出式菜单	FontSize	11
		String	空字符串
		Tag	section
Pop-Up Menu	第 4 个弹出式菜单	FontSize	11
		String	空字符串
		Tag	worker
Panel	【员工选择】面板	BackgroundColor	[0.824 0.969 0.808]
		FontSize	11
		Title	员工选择

② 程序设计。

a) 窗口的 OpeningFcn：

```matlab
function example6_4_2_OpeningFcn(hObject, ~, handles, varargin)
handles.output = hObject;
%% 读取数据文件 datas.xls
[~, ~, raw] = xlsread('datas.xls');
%% 将有效数据存入窗口的用户数据中
dataInfo = raw(2:end, :);
set(hObject, 'UserData', dataInfo);
%% 获取没有去重的公司名列表
company = dataInfo(:, 2);
%% 4 个下拉菜单的初始文本
str1 = {'－－公司－－－'};
str2 = {'－－车间－－－'};
str3 = {'－－工段－－－'};
str4 = {'－－工人－－－'};
%% 更新第 1 个下拉菜单的选项
i = 1; %选项索引值
while ~isempty(company)   %若没有去重的公司名列表不为空
    i = i + 1; %选项索引值增 1
    str1(i) = company(1); %将没有去重的公司名列表中第 1 项加入下拉菜单中
    %% 从没有去重的公司名列表中删除已加入下拉菜单的公司名
    company(strcmpi(company(1), company)) = [];
end
%% 设置 4 个下拉菜单的初始选项文本
set(handles.company, 'string', str1)
```

```
set(handles.plant, 'string', str2{1})
set(handles.section, 'string', str3{1})
set(handles.worker, 'string', str4{1})
```
%% 将 4 个下拉菜单的选项文本存为窗口对象的应用数据
```
setappdata(hObject, 'str1', str1);
setappdata(hObject, 'str2', str2);
setappdata(hObject, 'str3', str3);
setappdata(hObject, 'str4', str1);
```
%% 更新 handles
```
guidata(hObject, handles);
```

b）第 1 个下拉菜单的 Callback：

```
function company_Callback(hObject, ~, handles)
```
%%　获取当前选项索引值和第 2～4 个下拉菜单的选项文本
```
val = get(hObject, 'value');
str2 = getappdata(gcf, 'str2');
str3 = getappdata(gcf, 'str3');
str4 = getappdata(gcf, 'str4');
```
%%　若当前选项有效,更新第 2 个下拉菜单的选项文本;否则,初始化第 2～4 个下拉菜单的文本选项
```
if val > 1
    dataInfo = get(gcf, 'UserData'); % 获取窗口对象的用户数据,即所有的数据信息
    str1 = getappdata(gcf, 'str1');   % 获取第 1 个下拉菜单的选项文本
    n = strcmpi(str1(val), dataInfo(:, 2)); % 查找所选公司下的所有车间
    temp = dataInfo(n, 3); % 获取该公司下所有车间的未去重的车间名
    %% 更新第 2 个下拉菜单的选项
    j = 1;
    while ~isempty(temp)
        j = j + 1;
        str2(j) = temp(1);
        temp(strcmpi(temp(1), temp)) = [];
    end
    %% 更新第 2～4 个下拉菜单的选项文本
    set(handles.plant, 'value', 1, 'string', str2)
    set(handles.section, 'value', 1, 'string', str3{1})
    set(handles.worker, 'value', 1, 'string', str4{1})
else
    set(handles.plant, 'value', 1, 'string', str2{1})
    set(handles.section, 'value', 1, 'string', str3{1})
    set(handles.worker, 'value', 1, 'string', str4{1})
end
```

c）第 2 个下拉菜单的 Callback：

409

```
function plant_Callback(hObject, ~, handles)
```
%% 获取当前选项索引值和第 3～4 个下拉菜单的选项文本
```
val = get(hObject, 'value');
str3 = getappdata(gcf, 'str3');
str4 = getappdata(gcf, 'str4');
```
%%　若当前选项有效,更新第 3 个下拉菜单的选项文本;否则,初始化第 3～4 个下拉菜单的文本选项
```
if val > 1
```

```
dataInfo = get(gcf,'UserData'); % 获取窗口对象的用户数据,即所有的数据信息
str1 = getappdata(gcf,'str1');    % 获取第 1 个下拉菜单的选项文本
str2 = getappdata(gcf,'str2');    % 获取第 2 个下拉菜单的选项文本
sel1 = get(handles.company,'value'); % 获取当前所选公司的索引值
m = strcmpi(str1(sel1), dataInfo(:, 2)); % 在数据信息单元数组中查找当前公司的位置
n = strcmpi(str2(val), dataInfo(m, 3));          % 在当前公司中查找当前车间的所有工段
temp = dataInfo(m(n), 4);                        % 获取当前公司当前车间的所有工段
%% 更新第 3 个下拉菜单的选项
k = 1;
while ～isempty(temp)
    k = k + 1;
    str3(k) = temp(1);
    p = strcmpi(temp(1), temp);
    temp(p) = [];
end
%% 更新第 3～4 个下拉菜单的选项文本和应用数据 str3
set(handles.section,'value',1,'string', str3)
set(handles.worker,'value',1,'string', str4{1})
setappdata(gcf,'str3', str3);
else
    set(handles.section,'value',1,'string', str3{1})
    set(handles.worker,'value',1,'string', str4{1})
end
```

d) 第 3 个下拉菜单的 Callback:

```
function section_Callback(hObject, ～, handles)
%% 获取当前选项索引值和第 4 个下拉菜单的选项文本
val = get(hObject,'value');
str4 = getappdata(gcf,'str4');
%% 若当前选项有效,更新第 4 个下拉菜单的选项文本;否则,初始化第 4 个下拉菜单的文本选项
if val > 1
    dataInfo = get(gcf,'UserData'); % 获取窗口对象的用户数据,即所有的数据信息
    str1 = getappdata(gcf,'str1');    % 获取第 1 个下拉菜单的选项文本
    str2 = getappdata(gcf,'str2');    % 获取第 2 个下拉菜单的选项文本
    str3 = getappdata(gcf,'str3');    % 获取第 3 个下拉菜单的选项文本
    sel1 = get(handles.company,'value'); % 获取当前所选公司的索引值
    sel2 = get(handles.plant,'value'); % 获取当前所选车间的索引值
    %% 数据信息查找
    m = strcmpi(str1(sel1), dataInfo(:,2));
    n = strcmpi(str2(sel2), dataInfo(m,3));
    p = strcmpi(str3(val), dataInfo(m(n),4));
    temp = dataInfo(m(n(p)), 1); % 找到当前公司、当前车间、当前工段下的所有工人名
    %% 对所有查找的工人名去重,并添加到 str4 中
    k = 1;
    while ～isempty(temp)
        k = k + 1;
        str4(k) = temp(1);
        temp(strcmpi(temp(1), temp)) = [];
    end
    %% 若假设数据表格中没有重复的项,则上述 while 循环部分可以由下面的代码代替
```

```
%      if ~isempty(temp)
%          for i = 1 : length(temp)
%              str4(i + 1) = temp(i);
%          end
%      end
%% 更新第 4 个下拉菜单的选项文本和应用数据 str4
    set(handles.worker,'value', 1,'string', str4)
    setappdata(gcf,'str4', str4);
else
    set(handles.worker,'value', 1,'string', str4{1})
end
```

问题 34　如何实现图片的局部放大预览

【例 6.4.3】　现有 1 张图片 pic.jpg, 请将其显示到坐标轴, 当鼠标在坐标轴内滑动时, 坐标轴右上角显示鼠标所在点附近的放大图样, 如图 6.67 所示。

【解析】　将图片显示到坐标轴, 可直接使用 imshow 函数, 也可先读取图像数据, 然后将其设置到 image 的 CData 属性中显示。由于本例要求实时获取鼠标所在点附近的图像数据, 因此需要首先获取图像数据, 然后截取鼠标附近矩形区域的图像数据, 将其设置到小坐标轴内 image 的 CData 属性中显示。

实时获取鼠标附近矩形区域的图像数据, 可以编写窗口的 WindowButtonMotionFcn 回调函数, 实时获取鼠标的坐标、判断鼠标是否在坐标轴内以及截取待显示的图像数据。

步骤:

① 界面设计, 如图 6.68 所示。

图 6.67　例 6.4.3 图

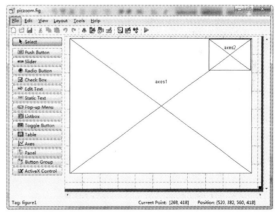

图 6.68　例 6.4.3 的 GUIDE 布局

411

各控件主要属性设置见表 6.35。

若您对此书内容有任何疑问，可以登录 MATLAB 中文论坛与同行交流。

表 6.35　例 6.4.3 主要属性设置

控件类型	控件用途	属性名	属性值
Figure	窗口	Name	图片局部放大范例 BY 罗华飞 V1.0
Axes	主坐标轴	Box	on
		Tag	axes1
		XTickLabel	空字符串
		YTickLabel	空字符串
		XTick	空矩阵
		YTick	空矩阵
Axes	右上角的小坐标轴	Box	on
		DrawMode	fast
		Tag	axes2
		XTickLabel	空字符串
		YTickLabel	空字符串
		XTick	空矩阵
		YTick	空矩阵

② 程序设计。

a）窗口的 OpeningFcn：

```matlab
function piczoom_OpeningFcn(hObject, ~, handles, varargin)
handles.output = hObject;
% m 为图片的纵向像素数,n 为图片的横向像素数,mapData 为修正后的图像数据
global m n mapData
% 读取图片到主坐标轴 axes1
axes(handles.axes1);
cData = imread('pic.jpg');
hImage = image(cData);
axis off;
% 设置当前坐标轴为右上角的小坐标轴 axes2
axes(handles.axes2);
% 初始化全局变量 m 和 n
m = size(cData, 1);
n = size(cData, 2);
% 扩展图片数据,使得鼠标在图片边缘附近时,不至于出错
mapData = 255 * ones(m + 40, n + 40, size(cData, 3), 'uint8');
mapData(21:m + 20, 21:n + 20, :) = cData;
% 将图片数据存到 handles 结构体中
handles.hImage = hImage;
% 更新 handles
guidata(hObject, handles);
```

b) 窗口的 WindowButtonMotionFcn：

```matlab
function figure1_WindowButtonMotionFcn(~, ~, handles)
global m n mapData
% 获取鼠标当前所在的点
pos = get(handles.axes1,'CurrentPoint');
posX = pos(1, 1);
posY = pos(1, 2);
% 若鼠标在坐标轴区域内,更新小坐标轴 axes2
if((posX >= 1) && (posX <= n) &&...
        (posY >= 1) && (posY <= m))
    x = floor(posY) + 20;
    y = floor(posX) + 20;
    cData = mapData(x-20: x+20, y-20:y+20, :);
    axes(handles.axes2);
    image(cData);
    axis off;
end
```

第7章

串口编程

7.1 知识点归纳

本章内容：

- ◆ 串口概述
    - ◇ 串口通信
    - ◇ 串口信号与针分配
    - ◇ 支持的串行接口标准
    - ◇ 串口设备的连接
    - ◇ 串口数据格式
- ◆ 串口对象的属性
- ◆ 串口的基本操作
    - ◇ 串口操作步骤
    - ◇ 查找串口对象
- ◆ 串口 I/O 函数汇总

7.1.1 串口概述

1. 串口通信

串行通信是两个或多个设备之间最普遍采用的低级协议通信。一般情况下，一个设备是电脑，另一个设备可以是调制解调器、打印机、另一台电脑，或一台科学仪器（如示波器、函数发生器）。

顾名思义，串口就是一次串行发送和接受一位信息字节。这些信息字节使用二进制格式或文本格式传输。

MATLAB 串行接口提供了计算机与外界设备（如调制解调器、打印机和科学仪器等）之间的直接通信。该接口通过串口对象来建立。通过调用串口对象支持的函数和设置串口对象的属性，用户可以配置串口通信、使用串口控制针、读写数据、使用事件与回调以及记录信息到磁盘。

如果用户希望和 PC 兼容的数据获取硬件通信，如多功能 I/O 板，需要使用数据获取工具箱（data acquisition toolbox），如 daqfind、propinfo 等；如果用户希望和 GPIB 或 VISA 兼容的设备通信，需要使用设备控制工具箱（instrument control toolbox），如 USB 接口、TCP/IP 接口等。该工具箱也包括一些附加的串口工具函数。

2. 串口信号与针分配

串口信号主要有两种：数据信号和控制信号。为了支持这些信号类型，RS-232 标准定义

了 25 针连接方式,但对于大多数 PC 和 UNIX 平台,9 针连接就足够了。事实上,仅 3 针对于串口通信是必要的:RD(receiving data)针、TD(transmitting data)针和信号地。

9 针公头(DTE 上为公头,DCE 上为母头)上的针分配方式如图 7.1 所示。

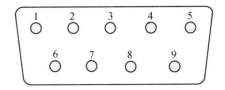

图 7.1　9 针公头的针分配

图 7.1 中各针对应的信号见表 7.1。

表 7.1　串口针脚与信号分配(公头)

针脚	标签	信号名	信号类型	针脚	标签	信号名	信号类型
1	CD	载波检测	控制	6	DSR	数据集就绪	控制
2	RD	接收数据	数据	7	RTS	请求发送	控制
3	TD	发送数据	数据	8	CTS	允许发送	控制
4	DTR	数据终端就绪	控制	9	RI	振铃指示	控制
5	GND	信号地	地				

3. 支持的串行接口标准

连接两台设备的串口接口采用 TIA/EIA‑232C 标准,该标准由 TIA(电子工业协会)制定。最初的串口接口标准为 RS‑232 标准,仍被广泛适用。本书中对于那些采用 TIA/EIA‑232C 标准的串口通信,也将它们称为符合 RS‑232 标准。

RS‑232 标准定义了如下串口特征:

① 传输的最大比特率和最长电缆长度;

② 信号的名称、电特性和信号函数;

③ 机械连接与针分配。

最主要的通信由 3 个针来完成:数据传送针、数据接收针和接地针。其他针用于数据流控制,不是必需的。其他的通信标准如 RS‑422、RS‑485,它们具有更高的传输波特率,可使用更长的通信电缆,可连接更多的设备。

4. 串口设备的连接

RS‑232 标准将使用串口通信电缆连接起来的两台设备分别定义为:数据终端设备(DTE)和数据线路终端设备(DCE)。这些术语反映了 RS‑232 标准最初只是作为连接计算机终端和调制解调器的通信标准。

当一台 DTE 设备与一台 DCE 设备直接通过电缆传输数据时,针分配与连接方式为:DTE 的 1 针连接 DCE 的 1 针,DTE 的 2 针连接 DCE 的 2 针,依次类推。DTE 到 DCE 的数据传输是通过发送数据(TD)针和接收数据(RD)针进行的,它们的连接方式如图 7.2 所示。

若在两台 DTE 或两台 DCE 间直接使用串口电缆连接,那么每台设备上的发送数据(TD)针,应和其他设备的 TD 针连接在一起,同样,RD 针也应和 RD 针连接在一起,它们的连接方式如图 7.3 所示。

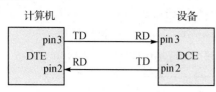

图 7.2　DTE 与 DCE 之间的连接

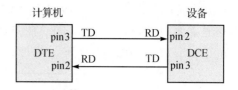

图 7.3　两台 DTE 之间的连接

【注意】

① 可以连接多台 RS-422 或 RS-485 设备到一个串口。若用户有一个 RS-232/RS-485 或 RS-232/RS-422 适配器,也可以对这些设备使用 MATLAB 串口对象。

② 做实验时,可以直接用一根小导线连接 RS-232 的 TD 针与 RD 针,进行异步收发实验,如图 7.4 所示。

③ 若计算机没有串口,可以买两根 USB 转 RS-232 的转接线进行串口模拟通信,质量好的在 50 元/根左右。

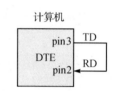

图 7.4　计算机自发自收的连接

5. 串口数据格式

数据格式包括:1 个起始位,5~8 个数据位,1 个停止位;还可能包括 1 个奇偶校验位和 1 个附加的终止位,如图 7.5 所示。

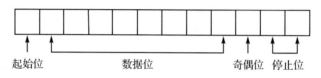

起始位　　　　数据位　　　　奇偶位　停止位

图 7.5　串口数据格式

7.1.2　串口对象的属性

用 serial 函数为指定串口创建一个串口对象。调用格式为:

obj = serial('port')

采用默认属性,创建一个与指定串口相关联的串口对象,串口名由 port 指定,并返回该串口对象的句柄。若串口 port 不存在或正在使用,该串口对象将不能与串口设备连接。

obj = serial('port','P1',V1, 'P2',V2,…)

创建一个属性对为 P1/V1 和 P2/V2 的串口对象,其他属性采用默认值,端口名由 port 指定,并返回该串口对象的句柄。若端口 port 不存在或正在使用,该串口对象将不能与串口设备连接。

要查看串口对象的相关函数与属性列表,可使用命令:

```
>> instrhelp serial
```

串口的所有属性见表 7.2。

表 7.2　串口属性列表

属性名	说　明	属性值
BaudRate	数据位传输的速率	4800,9600,115200 等
BreakInterruptFcn	当中断发生时执行的回调函数	字符串、函数句柄或单元数组

续表 7.2

属性名	说　明	属性值
ByteOrder	字节顺序；分为大端模式和小端模式	{littleEndian}、bigEndian
BytesAvailable	串口可读取到的字节数	正整数
BytesAvailableFcn	当串口可读取的字节数达到设定值后执行的回调函数	字符串、函数句柄或单元数组
BytesAvailableFcnCount	串口可读取的字节数达到该值后执行 BytesAvailableFcn	正整数
BytesAvailableFcnMode	指定 BytesAvailableFcn 基于字节模式还是终止符模式	{terminator}、byte
BytesToOutput	当前等待发送的字节数	正整数
DataBits	传送数据的位数	正整数
DataTerminalReady	【数据终端就绪】针脚的状态	{on}、off
ErrorFcn	当错误发生时执行的回调函数	字符串、函数句柄或单元数组
FlowControl	数据流控制的方法	{none}、hardware、software
InputBufferSize	输入缓冲区的总大小	正整数，默认为 512
Name	描述串口对象的名字	字符串，如 Serial－COM1
ObjectVisibility	控制通过命令行或 GUI 对串口对象的访问	{on}、off
OutputBufferSize	输出缓冲区总大小	正整数，默认为 512
OutputEmptyFcn	当输出缓冲区为空时执行的回调函数	字符串、函数句柄或单元数组
Parity	奇偶校验，用于检测传输的错误	{none}｜odd｜even｜mark｜space
PinStatus	硬件针脚的状态	结构体
PinStatusFcn	当硬件针脚的状态改变时执行的回调函数	字符串、函数句柄或单元数组
Port	指定硬件端口	字符串，如 COM1
ReadAsyncMode	异步读模式	{continuous}、manual
RecordDetail	指定记录到磁盘的信息总量	compact}｜verbose
RecordMode	数据记录模式	{overwrite}、append、index
RecordName	数据记录的磁盘文件名	字符串，默认为 record. txt
RecordStatus	数据是否写入磁盘	{off}、on
RequestToSend	【请求发送】针脚的状态	{on}、off
Status	显示串口对象是否与串口连接	open、{closed}
StopBits	数据传送的停止位位数	正整数，默认为 1
Tag	串口对象的标签	字符串，默认为空字符串
Terminator	用于结束发送到串口的命令的字符	字符或字符串，默认为 LF
Timeout	接受数据时等待的时间，单位为秒	double 型，默认为 10
TimerFcn	当定时周期到来时执行的回调函数	字符串、函数句柄或单元数组
TimerPeriod	定时周期，单位为秒	double 型，默认为 1
TransferStatus	指示进程中的异步读写状态，只读	{idle}、read、write、read&write
Type	串口对象的类型字符串	serial

属性名	说　明	属性值
UserData	用户数据	任一格式数据
ValuesReceived	从设备读取的数值个数	非负整数，默认为 0
ValuesSent	写入设备的数值个数	非负整数，默认为 0

表 7.2 中，通信属性有如下 5 个：

① BaudRate：每秒传输的位数。传输的数据包括起始位、数据位、奇偶校验位和停止位，但是仅仅数据位被存储。BaudRate 标准的取值为 110、300、600、1200、2400、4800、9600、14400、19200、38400、57600、115200、128000 和 256000。计算机和外围设备的波特率必须一致，否则读写数据会出错。

② DataBits：指定传输数据的位数，可取 5、6、7 或 8，默认值为 8。传输 ASCII 码至少需要 7 个数据位，传输二进制数据至少需要 8 个数据位，与特殊的设备通信时可能需要 5 或 6 个数据位。计算机和外围设备通信时的数据位必须一致。

③ Parity：奇偶校验位。奇偶校验只能检查一位错误。可配置串口的奇偶校验属性为 none、odd、even、mark 或 space。none 表示不执行奇偶性检查，也不传输奇偶校验位；odd 表示奇校验，even 表示偶校验，mark 表示该位传输固定的值，space 表示该位传输不确定的值。计算机和外围设备通信时的奇偶校验位必须一致。

④ StopBits：停止位的位数，取值可为 1、1.5 或 2，默认为 1。停止位标识字节传输的结束，为 1 时表示使用一个停止位，为 2 时表示使用 2 个停止位，为 1.5 时表示使用一个停止位，但该位传输的时间为正常一位传输时间的 1.5 倍。计算机和外围设备通信时的停止位必须一致。

⑤ Terminator：指定结束符，取值为 0 到 127 之间的整数，或等价的 ASCII 字符。例如，结束符为回车符（Carriage Return），可配置 Terminator 值为 13 或 CR；结束符为换行符（Line Feed），可配置 Terminator 值为 10 或 LF。结束符为回车符加换行符，可配置 Terminator 值为 CR/LF 或 LF/CR。CR/LF 表示先回车后换行，LF/CR 表示先换行后回车。

另外，也可以配置 Terminator 值为一个 1×2 的单元数组：第 1 个单元为读操作时的结束符，第 2 个单元为写操作时的结束符。当使用 fprintf 函数执行写操作时，所有的 \n 被替换为 Terminator 值，%s\n 是 fprintf 函数使用的默认格式；当使用 fgetl、fgets 或 fscanf 执行读操作，当读到 Terminator 值时，表明读操作完成。

与读写操作相关的属性有如下 9 个：

① InputBufferSize 和 OutputBufferSize：InputBufferSize 表示输入缓冲区的大小，OutputBufferSize 表示输出缓冲区的大小。这两个属性仅当串口对象与设备断开时才能配置，一旦串口对象连接到设备，它们变为只读。另外，配置缓冲区的大小，会清空里面的数据。

② BytesAvailable 和 BytesToOutput：这两个属性均为只读，BytesAvailable 表示输入缓冲区可获得的字节数，BytesToOutput 表示输出缓冲区的字节数。BytesAvailable 和 BytesToOutput 默认值都为 0，最大值分别为输入缓冲区的大小和输出缓冲区的大小。

仅当执行异步读操作时才能使用 BytesAvailable 属性，因为同步读时，仅当输入缓冲区为空时才将控制交给命令行，所以同步读时 BytesAvailable 恒为 0；仅当执行异步写操作时才能使用 BytesToOutput 属性，因为同步写时，仅当输出缓冲区为空时才将控制交给命令行，所以

同步写时 BytesToOutput 恒为 0。

③ ReadAsyncMode：指定异步读模式为连续（continuous）或手动（manual），默认为连续模式。连续模式时，串口对象连续地向设备请求数据，一旦有数据可获得，它会自动读取并存入输入缓冲区，而 readasync 函数会自动忽略；手动模式时，串口对象不向设备请求数据，此时必须使用 readasync 函数执行异步读操作。由于 readasync 函数检查终止符，所以它执行起来可能很慢。为了提高速度，建议配置 ReadAsyncMode 为 continuous。

如果设备已经准备好要传送数据，无论 ReadAsyncMode 值为 continuous 还是 manual，它都会传送。若 ReadAsyncMode 值为 manual，可能会导致数据丢失。因此，建议 ReadAsyncMode 取默认值 continuous。

④ Timeout：完成一次读或写操作的最大等待时间，默认为 10 s。若读写超时，读写操作将终止。若超时发生在异步读写操作期间，将产生一个 error 事件，并执行 ErrorFcn 属性指定的回调函数。

⑤ TransferStatus：只读，指示读写操作是否在进程中，取值可为 idle、read、write 或 read&write，默认为 idle。idle 表示当前没有执行异步读写操作；read 表示当前正在执行异步读操作；write 表示当前正在执行异步写操作；read&write 表示当前正在执行异步读写操作。

异步写操作可使用 fprintf 或 fwrite 函数；异步读可使用 readasync 函数，或配置 ReadAsyncMode 为 continuous。当执行 readasync 函数，仅当数据存入输入缓冲区时，TransferStatus 指示当前正在执行读操作。

⑥ ValuesReceived 和 ValuesSent：只读，默认值为 0。ValuesReceived 表示从设备读取到的数值总数，ValuesSent 表示串口对象写入设备的数值总数。读写的数据都是以数值为单位，而不是以字节为单位。

与回调函数相关的属性有以下 10 个：

① BytesAvailableFcn、BytesAvailableFcnCount、BytesAvailableFcnMode 和 Terminator：当 BytesAvailableFcnMode 为 terminator 时，若读取到 Terminator 属性指定的终止符，则产生 bytes - available 事件，并执行回调函数 BytesAvailableFcn；当 BytesAvailableFcnMode 为 byte 时，若读取到 BytesAvailableFcnCount 属性指定的字节数时，则产生 bytes - available 事件，并执行回调函数 BytesAvailableFcn。仅仅异步读操作时才能产生 bytes - available 事件。

② BreakInterruptFcn：break - interrupt 事件产生时执行的回调函数。串口通信期间都能产生 break - interrupt 事件。

③ ErrorFcn：error 事件产生时执行的回调函数。仅仅异步读写操作时才能产生 error 事件。

④ OutputEmptyFcn：output - empty 事件产生时执行的回调函数。仅仅异步写操作时才能产生 output - empty 事件。

⑤ TimerFcn 和 TimerPeriod：每隔 TimerPeriod 指定的时段，产生一个 timer 事件，并执行回调函数 TimerFcn。串口通信期间都能产生 timer 事件。

⑥ PinStatusFcn：当 CD、CTS、DSR 或 RI 针脚的状态改变时，产生 pin status 事件，并执行回调函数 PinStatusFcn。串口通信期间都能产生 pin status 事件。

若您对此书内容有任何疑问，可以登录MATLAB中文论坛与同行交流。

7.1.3 串口的基本操作

1. 串口操作步骤

当用户要与一个已经连接到串口上的设备进行通信时,基本步骤如下:

(1) 创建串口对象并配置串口属性

在创建一个串口对象的同时,下列 3 个属性会自动配置:

① Type 为 serial。

② Name 由 Serial 和打开的端口 port 决定,格式为:Serial -端口名(一般为大写),如 Scrial - COM1。

③ Port 为打开的端口名(一般为大写),如 COM1。

在创建串口对象时可以配置其属性,如波特率、数据 bit 位数等。例如:

```
>> scom = serial('com1', 'TimerPeriod', 3, 'Parity', 'even', 'BaudRate', 115200, 'TimerFcn', 'disp
(datestr(now))')
```

命令行显示:

```
Serial Port Object : Serial - COM1
Communication Settings
    Port:                    COM1
    BaudRate:                115200
    Terminator:              'LF'
Communication State
    Status:                  closed
    RecordStatus:            off
Read/Write State
    TransferStatus:          idle
    BytesAvailable:          0
    ValuesReceived:          0
    ValuesSent:              0
```

也可通过 set 函数或点标记(类的操作)配置串口属性。在串口对象创建期间或创建之后,都可以用 set 函数或点标记(.)来设置其属性值。例如,对于上面的串口对象 scom:

```
>> scom.BaudRate = 9600
>> set(scom, 'Port', 'COM2')
```

命令行显示:

```
Serial Port Object : Serial - COM1
Communication Settings
    Port:                    COM2
    BaudRate:                9600
    Terminator:              'LF'
Communication State
    Status:                  closed
    RecordStatus:            off
Read/Write State
    TransferStatus:          idle
```

```
        BytesAvailable:      0
        ValuesReceived:      0
        ValuesSent:          0
```

一般情况下，在创建串口对象时，下列几个属性应该配置(除了 Port)：

① 通信参数配置：BaudRate、DataBits、Parity、StopBits。

② 回调参数设置：TimerFcn 和 TimerPeriod；或者 BytesAvailableFcnMode、BytesAvailableFcn、BytesAvailableFcnCount 和 Terminator。

还有以下两个只读属性在回调函数中经常使用：

① Status：串口是否连接到外围设备。

② TransferStatus：当前正在执行的读写操作。

(2) 连接串口对象与外围设备

用 fopen 函数打开串口，连接串口对象到外围设备。如：

```
>> fopen(scom);
```

串口读写数据前，必须使用 fopen 函数连接到串口设备。当串口对象连接到设备时：

① 输入缓冲区和输出缓冲区的数据将清空。

② Status 属性设置为 open。

③ BytesAvailable、ValuesReceived、ValuesSent 和 BytesToOutput 属性设置为 0。

仅能连接一个串口对象到给定的外部设备。当串口连接到设备时，一些属性变为只读，这些属性只能在串口连接之前配置，如 InputBufferSize 和 OutputBufferSize 等。

(3) 串口读写数据

用 fprintf 或 fwrite 函数写数据到设备中，用 fgetl、fgets、fread、fscanf 或 readasync 函数从设备读数据到串口。串口对象按之前配置的属性值或默认的属性值进行通信。

对串口进行数据读写操作时，有下面 3 个问题值得考虑：

① 读写功能模块访问 MATLAB 命令行吗？

② 传输的数据是二进制还是文本？

③ 什么情况下读写操作完成？

控制读写功能模块对命令行的访问，可采用同步(synchronous)操作或异步(asynchronous)操作。同步操作阻止读写操作对命令行的访问，直到读写函数执行完成；异步操作可以在读写函数执行的同时，访问命令行。

异步操作有下列两个好处：

① 在读写函数执行期间，可执行其他的命令。

② 可使用所有可支持的 Callback 属性。

【注】

①异步读分两种情况。

若串口对象的 ReadAsyncMode 属性值为 manual，则从串口获取数据到输入缓冲区，需要执行以下语句：

```
readasync(obj);
```

若串口对象的 ReadAsyncMode 属性值为 continuous(默认值),则一旦有数据进来,串口会自动将数据读取到输入缓冲区内,供 fread 函数读取。一般应将 ReadAsyncMode 属性值设置为 continuous。

② 异步写需要采用以下调用格式:

```
fwrite(obj, A, 'async');
```

(4) 断开串口连接和清除串口对象

当不再使用串口对象时,应该首先使用 fclose 函数断开它与设备的连接(设串口对象为 scom):

```
>> fclose(scom);
```

检查串口对象是否与设备断开连接,可查看其 Status 属性:

```
>> scom.Status
ans =
closed
```

然后使用 delete 函数将其从内存中清除,此时串口对象无效。要检查串口对象是否有效,使用 isvalid 函数:

```
>> delete(scom)
>> isvalid(scom)
ans =
    0
```

最后可使用 clear 函数从 MATLAB 工作空间中将其清除:

```
>> clear scom
```

2. 查找串口对象

查找内存中的串口对象,可使用 instrfind(或 instrfindall)函数。调用格式为:

s = instrfind

查找内存中所有的串口对象,返回句柄到 s。

s = instrfind('P1', V1,···)

查找内存中 P1 属性值为 V1 的所有串口对象,返回句柄到 s。

例如,首先创建了两个串口对象:

```
s1 = serial('COM1');
s2 = serial('COM2');
set(s2, 'BaudRate', 4800)
fopen([s1 s2])
```

在命令行查找这两个串口对象:

```
a1 = instrfind('Port', 'COM1');
a2 = instrfind({'Port', 'BaudRate'}, {'COM2', 4800});
```

也可以直接查找所有的串口对象：

```
>> clear a1 a2
>> newobj = instrfind
   Instrument Object Array
   Index：    Type：     Status：    Name：
   1          serial     open       Serial - COM1
   2          serial     open       Serial - COM2
要关闭这两个串口,使用 fclose 函数：
>> fclose(newobjs);
```

7.1.4　串口 I/O 函数汇总

串口 I/O 函数见表 7.3。

表 7.3　串口 I/O 函数

函数名	函数说明
clear	从 MATLAB 工作空间移除串口对象
delete	从内存清除串口对象
disp	显示串口对象概要信息
fclose	断开串口对象和设备的连接
fgetl	从串口读一行文本,丢弃结束符
fgets	从串口读一行文本,包括结束符
fopen	连接串口对象到设备
fprintf	写文本到设备,如 fprintf(obj,'modbus');将字符串 modbus 写入串口
fread	从设备读为二进制数据
fscanf	以文本格式从串口读数据
fwrite	写二进制数据到设备
get	返回串口对象属性
instrcallback	当事件发生时显示事件信息
instrfind	查找内存中所有句柄可见的串口对象
Instrfindall	查找内存中所有串口对象,无论其句柄是否可见
instrhelp	返回串口对象函数和属性帮助信息
isvalid	检查串口对象是否有效
length	由串口对象组成的数组的长度,length(obj)相当于 max(size(obj))
load	加载串口对象和变量到 MATLAB 工作空间
propinfo	返回串口对象的属性信息
readasync	从设备异步读数据
record	记录数据和事件信息到文件
save	保存串口对象和变量到 mat 文件
serial	创建一个串口对象
serialbreak	向连接到串口的设备发送一个中断

续表 7.3

函数名	函数说明
set	配置或显示串口对象的属性
size	由串口对象组成的数组的尺寸
stopasync	停止异步读写操作

7.2　重难点讲解

7.2.1　串口对象的创建

在创建串口对象时，下列几个属性应该配置（除了 Port）：

（1）通信参数配置

BaudRate：波特率，默认值为 9600。

DataBits：数据位数，默认值为 8。

Parity：奇偶校验，默认值为 none。

StopBits：停止位的位数，默认值为 1。

Terminator：终止符，默认为 LF。

（2）回调函数

TimerPeriod 和 TimerFcn：设置定时周期和定时回调函数，常用于串口之间的数据通信。

BytesAvailableFcnMode、BytesAvailableFcn 和 BytesAvailableFcnCount 和 Terminator：设置当输入缓冲区有多少字节数时，进入回调函数，常用于防止串口的输入缓冲区数据溢出，保证通信的稳定性。

7.2.2　重要的串口操作函数

下面一些函数经常使用：

serial：建立串口对象。

get：获取串口对象属性。

set：设置串口对象属性。

fopen：打开串口。

fread：读串口。

fwrite：写串口。

instrfind：查找串口对象。

stopasync：停止串口的异步读写操作。

fclose：关闭串口。

delete：删除串口对象。

clear：从工作空间清除串口对象。

第 8 章

采用 App Designer 建立 APP

8.1 知识点归纳

本章内容：

◆ App Designer 简介
◆ 启动 App Designer
　◇ 设计视图
　◇ 代码视图
◆ 17 种常用对象
　◇ 坐标区（UI Axes）
　◇ 按钮（UI Button）
　◇ 复选框（UI Check Box）
　◇ 日期选择器（UI Date Picker）
　◇ 下拉框（UI Drop Down）
　◇ 数值编辑字段（UI Numeric Edit Field）
　◇ 文本编辑字段（UI Text Edit Field）
　◇ 标签（UI Label）
　◇ 列表框（UI List Box）
　◇ 单选按钮组（UI Radio Button Group）
　◇ 滑块（UI Slider）
　◇ 微调器（UI Spinner）
　◇ 状态按钮（UI State Button）
　◇ 表（UI Table）
　◇ 文本区域（UI Text Area）
　◇ 切换按钮组（UI Toggle Button Group）
　◇ 树（UI Tree）
◆ 2 种容器对象
　◇ 面板（UI Panel）
　◇ 选项卡组（UI Tab Group）
◆ 1 种图窗工具对象
　◇ 菜单栏（Menu Bar）
◆ 10 种仪器对象
　◇ 仪表/90 度仪表/线性仪表/半圆形仪表（UI Gauge/90 Degree Gauge/Linear

Gauge/Semicircular Gauge)

◇ 信号灯（UI Lamp）

◇ 旋钮/分挡旋钮（UI Knob/Discrete Knob）

◇ 开关/翘板开关/拨动开关（UI Switch/Rocker Switch/Toggle Switch）

◆ 对象回调函数表

◆ 9 种常用对话框

◇ 报警对话框（UI Alert）

◇ 确认对话框（UI Confirm）

◇ 进度条（UI Progressdlg）

◇ 颜色选择器（UI Setcolor）

◇ 打开文件对话框（UI Getfile）

◇ 保存文件对话框（UI Putfile）

◇ 文件夹选择对话框（UI Getdir）

◇ 打开文件对话框并加载文件到工作区（UI Open）

◇ 保存工作区中的变量到文件（UI Save）

8.1.1 App Designer 简介

MathWorks 公司在 MATLAB 2016a 及其后续版本中推出 App Designer 作为 GUIDE 的替代方案，这是继 MATLAB 2014b 完成图形系统升级后的又一重大产品升级。随着 App Designer 的更新与完善，GUIDE 将逐渐退出历史舞台。

为什么推出 App Designer？

GUIDE 作为基于 Java Swing 图形工具箱的 UI 开发平台已存在多年，近年来，随着 Oracle 公司对 Java Swing 更新速度的放缓，以及用户对 Web 工作流的需求激增，MathWorks 为满足用户需求，紧跟 Web 发展潮流，顺势推出基于现代 Web 技术（HTML、CSS 与 JavaScript）的新一代 UI 开发平台——App Designer。

伴随着 App Designer 的深入推广，GUIDE 与 App Designer 创建的图形用户界面（Graphical User Interface，GUI）也被更多地称为应用（Application，APP）。

目前，MATLAB 共提供了 3 种 APP 开发方式：

① 使用 App Designer 创建 APP；

② 使用 GUIDE 创建 APP；

③ 使用纯代码方式创建 APP。

【注】 安装 MATLAB R2016a 或以上版本可获得 App Designer。

以上 3 种开发方式的工作流与功能集略有不同。尽管方式③"使用纯代码方式创建 APP"可实现 APP 开发，但该方式存在编程效率低（需编写完整的 APP 构架）、对象布局无法可视化（代码运行后才能看见对象）等问题，因此并不常用。目前，广泛使用的开发方式为前两种。

App Designer 与 GUIDE 的主要区别见表 8.1。

GUIDE 创建的 APP，可使用 GUIDE to App Designer Migration Tool for MATLAB 软

件迁移至 App Designer 继续开发。该软件可将 GUIDE 文件(＊.fig)转换为 App Designer 文件(＊.mlapp)。＊.mlapp 文件包含了＊.fig 文件内所有的对象与回调函数。

表 8.1　App Designer 与 GUIDE 的主要区别

	App Desinger	GUIDE
图窗和图形	支持大多数 MATLAB 图形函数。调用 uifigure、uiaxes 函数创建窗口、坐标区	支持所有 MATLAB 图形函数。调用 figure、axes 函数创建窗口、坐标区
对象	对象种类多,App Designer 内共 30 个对象,包含部分 GUIDE 不支持的对象,如 Tree、Gauge 和 Switch 等	对象种类少,GUIDE 内共 14 个对象
访问对象属性	使用圆点表示法访问对象的属性,如：name＝app. UI-Object. Name	使用 set 和 get 访问对象属性,如：name＝get(Object,'Name')
代码可编辑性	只有回调函数、自定义函数与自定义属性可以编辑	所有代码均可编辑
回调函数	输入参数为 app、event。参数 app 用于访问 APP 中的所有对象及其属性；参数 event 指明用户与对象的交互信息	输入参数为 handles、hObject 与 event-data
数据共享	属性是 App Designer 共享数据的最佳方式,属性可供所有函数与回调访问。例如,针对某一对象(UICompo-nentName)的某个参数(Para),获取参数值与赋参数值的格式为： A＝App. ComponentName. Para(获取值)； App. ComponentName. Para＝A(赋值)	使用 userdata 属性、handle 结构体或 guidata、setappdata、getappdata 函数

相较 GUIDE,App Designer 有 3 个特点：
① 使用面向对象的编程语言；
② 增加了与工业应用相关的新对象,如表盘、旋钮等；
③ 可将 APP 部署在网络上与他人共享。

介绍 App Desinger 各对象前,先对 App Desinger 的界面作简单介绍。

8.1.2　启动 App Designer

在 MATLAB 命令行窗口输入

```
>> appdesigner
```

启动 App Designer,启动界面如图 8.1 所示。

App Designer 有两种视图：设计视图(Design View)、代码视图(Code View)。图 8.1 所示为设计视图,单击图中的设计/代码视图切换选项,可实现两个视图的切换。

设计视图与代码视图界面各有两个标签,如表 8.2 所列。

表 8.2　设计视图与代码视图界面的标签

视　图	标　签
设计视图(Design View)	设计器 A(DESIGNER－A)
	画布(CANVAS)
代码视图(Code View)	设计器 B(DESIGNER－B)
	编辑器(EDITOR)

427

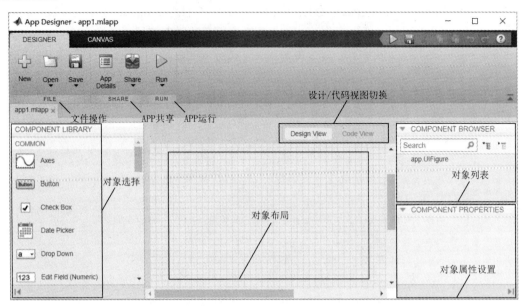

图 8.1 启动界面/设计器 A(DESIGNER - A)

【注】 为避免混淆,将设计视图与代码视图下的设计器分别称为设计器 A、设计器 B。

1. 设计视图(Design View)

对象的拖放与布局在该视图内完成。

(1) 设计器 A(DESIGNER - A)

设计器 A 如图 8.1 所示,主要分为 5 部分:

■ 设计/代码视图切换

切换至设计视图或代码视图。

■ 对象选择

按住鼠标左键拖动对象至对象布局。

App Desinger 共有 30 个常用对象,分为四类。

第一类:常用对象,共 17 个(坐标、按钮、复选框、日期选择器、下拉框、数值编辑框、文本编辑框、标签、列表框、单选按钮组、滑块、微调器、状态按钮、表、文本框、切换按钮组与树);

第二类:容器对象,共 2 个(面板与选项卡组);

第三类:图窗工具对象,共 1 个(菜单栏);

第四类:仪器对象,共 10 个(仪表、90 度仪表、线性仪表、半圆形仪表、旋钮、分挡旋钮、信号灯、开关、翘板开关与拨动开关)。

这四类对象是构成 APP 界面的基本元素,各对象的功能及使用方法见 8.1.3~8.1.6 节。

■ 对象布局

通过缩放、对齐等操作完成布局。

■ 对象列表

双击列表中的对象名可更改对象名称。

■ 对象属性设置

单击对象列表内的对象名,该对象可供配置的属性会出现在对象属性设置中。不同对象

可供设置的内容不同。

此外,设计器 A 顶部的 FILE 为文件操作,SHARE 为 APP 共享,RUN 为 APP 运行。

【注】 App Designer 提供了 3 种 APP 共享方式:

① 将 APP 打包为可执行(EXE)程序。

② 将 APP 打包为 MATLAB 内嵌程序。程序安装后会出现在 MATLAB→APPS→MY APPS 中,单击 APP 图标即可打开 APP。

③ 将 APP 打包为可在网页浏览器中运行的 WEB APP 程序。当前支持 WEB APP 的浏览器有 IE、Chrome、Firefox、Microsoft Edge、Safari 以及 Ipad Safari。创建 WEB APP 的步骤为:

A. 在 App Designer 中建立 APP;

B. 使用 Web App Compiler 打包 APP;

C. 使用 MATLAB Web App Server 服务器(须下载安装 MATLAB Web App Server 软件)部署打包好的 APP,服务器会为每个 WEB APP 分配一个唯一的 URL 网址,以供他人访问。

WEB APP 目前仅支持局域网访问,不支持互联网访问。WEB APP 的具体部署方式见 8.2.8 节。

(2) 画布(CANVAS)

画布如图 8.2 所示,其中设计/代码视图切换、对象选择、对象布局、对象列表、对象属性设置均与设计器 A 相同。

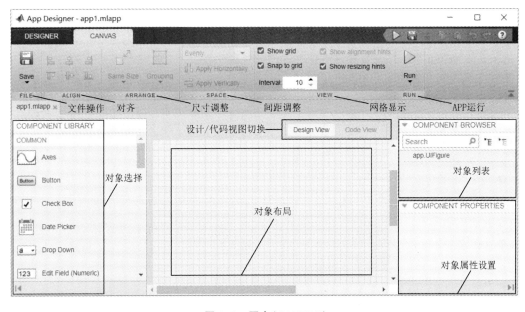

图 8.2 画布(CANVAS)

429

画布顶部的 FILE 为文件操作、ALIGN 为对象对齐、ARRANGE 为对象尺寸调整、SPACE 为对象间距调整、VIEW 为网格显示、RUN 为 APP 运行。

2. 代码视图

设计者在设计视图内完成对象的拖放与布局后,需要在代码视图中进行编程。

【注】 可使用下列方法从设计视图进入代码视图:

① 单击设计/代码视图切换选项。

② 右击对象,选择 Callbacks→Go to x callback 进入代码视图,x 为对象名。Go to x callback 不存在时,需单击 Callbacks→Add x callback 创建回调函数。

③ 在对象属性设置内单击 Callbacks,自定义回调函数名称后,进入代码视图。

(1) 设计器 B(DESIGNER - B)

设计器 B 如图 8.3 所示,主要分为 6 部分:

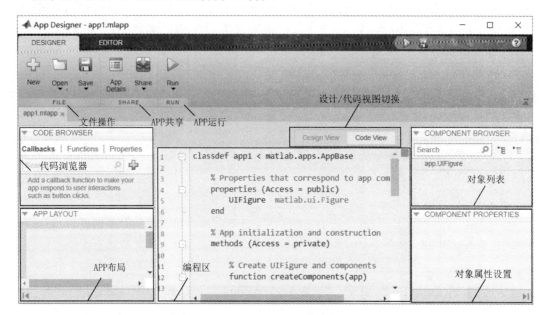

图 8.3　设计器 B(DESIGNER - B)

■ 设计/代码视图切换

切换至设计视图或代码视图。

■ 对象列表

双击列表中的对象名可更改对象名称。

■ 对象属性设置

单击对象列表内的对象名,该对象可供配置的属性会出现在对象属性设置中。不同对象可供设置的内容不同。

■ APP 布局

设计视图内的 APP 界面等比例缩小后显示在该区域。

■ 代码浏览器

列出所有的回调函数(Callbacks)、自定义函数(Functions)以及自定义属性(Properties)。

■ 编程区

编写 APP 程序。

此外,设计器 B 顶部的 FILE 为文件操作,SHARE 为 APP 共享,RUN 为 APP 运行。

(2) 编辑器(EDITOR)

编辑器如图 8.4 所示,其中设计/代码视图切换、对象列表、对象属性设置、APP 布局、代码浏览器、编程区均与设计器 B 相同。

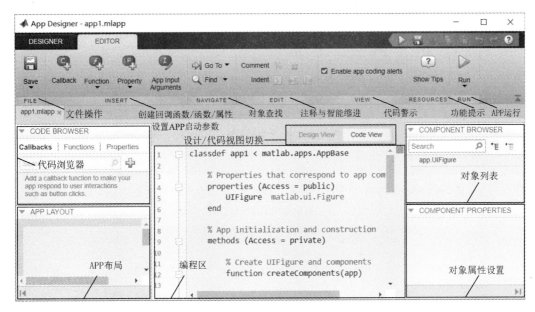

图 8.4 编辑器 (EDITOR)

编辑器顶部的 FILE 为文件操作, INSERT 为回调函数、自定义函数、自定义属性的创建以及 APP 启动参数的设置, NAVIGATE 为对象查找, EDIT 为代码的注释与智能缩进, VIEW 为代码警示, RESOURCE 为界面功能提示, RUN 为 APP 运行。

【注】 App Designer 的部分选项可在 MATLAB HOME→ENVIROMENT→Preferences→MATLAB→App Designer 进行设置, 可供设置的选项见表 8.3。

表 8.3 App Designer 可供设置的选项

选 项	备 注
欢迎对话框	每次启动 App Designer 时显示欢迎对话框
网格	显示网格以用于对齐辅助。网格间距可更改为特定的像素数, 默认为 10
对齐到网格交点	调整对象的大小或移动对象时, 对象左上角始终与两条网格线的交点对齐
对齐提示	调整对象的大小或移动对象时, 显示对齐提示
对象尺寸	调整对象的大小时, App Designer 显示对象的尺寸大小
代码错误提示	代码视图中, 编写代码时在编辑器中提示程序潜在问题
显示对象标签	在对象列表中显示对象标签
近期打开的文件	设置"打开"菜单中"最近使用的文件"的文件个数, 0~12 之间, 默认为 8

431

8.1.3 17 种常用对象

对象是构成 APP 界面的基本元素, APP 设计者不仅需要清楚各对象的功能, 还需要掌握各对象的编程方法。在每介绍完一个对象的功能后, 书中会给出该对象的应用简例, 从而让设计者对各 APP 对象有一个直观、清晰的认识。

App Desinger 有四类对象: 常用对象、容器对象、图窗工具对象与仪器对象。首先介绍 17 种常用对象, 它们在 APP 设计中使用频率最高。

1. 坐标区(UI Axes)

坐标区一般用于数据可视化,即绘图。默认坐标区如图 8.5 所示。

UI Axes 常用属性见表 8.4。

表 8.4　UI Axes 对象属性

属性类别	属性值
标签	Title String/ Xlable String/ Ylable String,坐标区标签/ x 轴标签/ y 轴标签
字体	FontName/ FontWeight/ FontSize/ FontAngle/ LabelFontSizeMutltiplier/ TitleFontSizeMutltiplier/ TitleFontWeight/ FontUnits,字体/ 坐标轴标签加粗/ 字体大小/ 斜体/ 坐标轴标签放大/ 坐标区标签放大/ 坐标区标签加粗/ 字体单位(英寸、厘米、点、像素、归一化尺寸)
坐标	X(Y)Tick/ X(Y)TickLable,X(Y)轴刻度线实际位置/ X(Y)轴刻度线对应的数字。例如,XTick 取 [0,0.8,1],XtickLable 取[1,3,5],YTick 取[0,0.5,1],YtickLable 取[0,0.5,1]时,UIAxes 坐标如图 8.6 所示
标尺	X(Y)Lim/ X(Y)Dir,X(Y)轴范围/ X(Y)轴坐标方向。当 X(Y)Dir 设置为 reverse 时,坐标值由大到小变化
网格	X(Y)Grid/ GridColor/ GridAlpha/ GridLineStyle,网格/ 网格颜色/ 网格透明度/ 网格线型

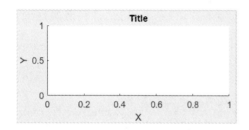

图 8.5　默认 UI Axes 坐标区

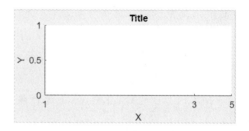

图 8.6　自定义 UI Axes 坐标区

UI Axes 可供修改的属性还包括:绘制多图(Multiple Plots)、颜色与透明度(Color and Transpaency Maps)、边框(Box Styling)、位置(Position)与视角(Viewing Angle)等。

UI Axes 对象作为数据可视化的载体,没有回调函数。UI Axes 往往需要与其他对象配合使用。例如当按钮按下或运算完成后,在 UI Axes 中绘图。

【例 8.1.1】 设计如图 8.7 所示 APP。要求:单击 Button 按钮,在 UI Axes 中显示正弦曲线。

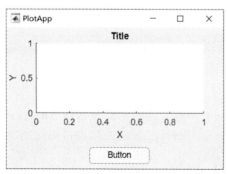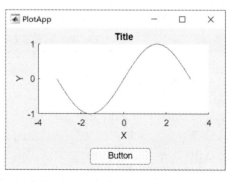

图 8.7　单击 Button 按钮前(左)后(右)

在设计视图中将 UI Axes、UI Button 对象拖至对象布局,布局结果如图 8.8 所示。

对象布局内的 UI Axes 与 UI Button 在对象列表中的名称分别为 app. UIAxes,app. UIButton。单击选中 app. UIButton,接着单击对象属性设置下的 Callbacks,自定义 app. UIButton 回调函数名为 button_down_func,如图 8.8 所示。

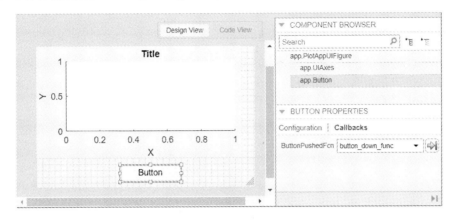

图 8.8　UIAxes 与 UIButton 的布局

单击 button_down_func 右侧箭头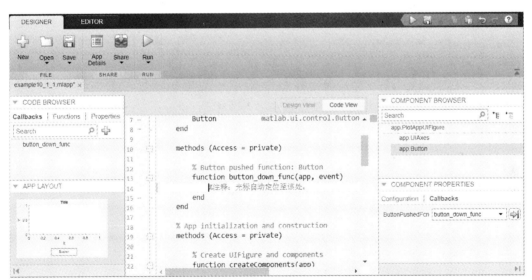,App Designer 自动跳转至代码视图,并将光标自动定位至 button_down_func 回调函数,如图 8.9 所示。

图 8.9　代码视图

【注】　编程区内除 button_down_func 回调函数可编辑外,其余代码不可编辑。这些不可编辑的代码由 App Desinger 自动生成,它们与 GUIDE 自动生成的框架代码类似,是确保 APP 正常运行的前提。App Designer 框架代码相关内容见 8.2.9 节。

在 button_down_func 回调函数内加入相关代码,就完成了对 UI Button 对象的编程。UI Button 的回调函数为:

```
% 按钮按下时的回调函数
    function button_down_func(app, event)
```

若您对此书内容有任何疑问,可以登录MATLAB中文论坛与同行交流。

```
% 编辑回调函数
        ax = app.UIAxes;                % 选中 UI Axes 对象
        x = linspace( - pi,pi,50);      % 设定正弦曲线横坐标
        y = 5 * sin(x);                 % 计算正弦曲线纵坐标
        plot(ax,x,y);                   % 在 UI Axes 中绘制正弦曲线

    end
```

【注】 编程时按 Ctrl+I 自动对齐代码。

单击 RUN 运行 APP。APP 界面出现后,单击 Button 即可绘制出正弦曲线 5 * sin(x)。

2. 按钮(UI Button)

按钮为布尔型对象,当按钮按下时执行某种操作。按钮的部分属性设置如图 8.10 所示。

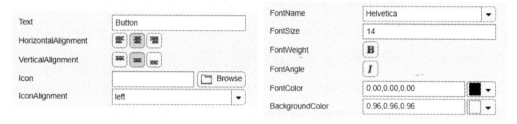

图 8.10　UI Button 对象属性

可使用 Icon 功能对 UI Button 添加图标。单击 Icon 右侧的【Browse】按钮,打开图标所在路径,选中图标,单击【确定】按钮即可添加按钮图标。图 8.11 为添加图标、更改背景色后的按钮。

【注】 添加图标时,需要将图标所在路径添加至 MATLAB 工作路径中,否则图标会添加失败。

图 8.11　添加图标后的按钮

例如:图标▶位于路径 C:\Users\MyPC\Pictures 下时,需要在 MATLAB 命令行窗口中输入:

```
>> addpath('C:\Users\ MyPC \Pictures')
```

addpath 函数用于添加路径(rmpath 函数用于删除路径)。

UI Button 的使用方法见例 8.1.1。

3. 复选框(UI Check Box)

复选框为布尔型对象,根据复选框勾选与否确定是否执行某种操作。UI Check Box 默认状态可设置为勾选或不选,勾选时值为 1,不选时值为 0。

▲【例 8.1.2】 设计如图 8.12 所示 APP。要求:Cheak Box 勾选时绘制正弦曲线,不选时清除正弦曲线。

UI Axes 与 UI Check Box 布局完成后,将 UI Check Box 的回调函数命名为 Check_box_check。编辑回调函数:

```
% Value changed function: CheckBox
function Check_box_check(app, event)

% 编辑回调函数
```

```
        value = app.CheckBox.Value;              % 获取 checkbox 值,选中为 1,否则为 0
        if value                                 % 判断是否选中,亦可用 if value == 1
            ax = app.UIAxes;                     % 绘制正弦曲线
            x = linspace( - pi,pi,50);
            y = sin(x);
            plot(ax,x,y)
        else                                     % 未选中
            ax = app.UIAxes;                     % 清除曲线
            cla(ax);                             % cla 清除曲线
        end

    end
```

回调函数编辑完成后,单击 RUN 运行 APP。APP 界面出现后,通过勾选或不选 Check Box,实现正弦曲线的绘制与清除。

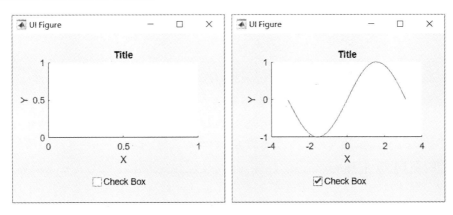

图 8.12　复选框控制曲线的显示与清除

4. 日期选择器(UI Date Picker)

日期选择器可在某些与日期相关的场景使用。例如,当所选日期为某一特定日期时,执行某种操作。接下来以绘制正弦曲线为例说明日期选择器的用法。

【例 8.1.3】 设计如图 8.13 所示 APP。要求:若日期选择器选择为当前日期时,绘制正弦曲线;否则,清除正弦曲线。

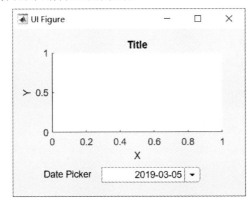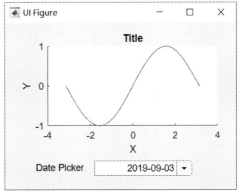

图 8.13　日期选择器控制曲线的绘制与清除

若您对此书内容有任何疑问,可以登录 MATLAB 中文论坛与同行交流。

UI Axes 与 UI Date Picker 布局完成后,将 UI Date Picker 的回调函数命名为 Data_change。编辑回调函数:

```
% Value changed function: DatePicker
function Data_change(app, event)

% 编辑回调函数
    value = app.DatePicker.Value;           % 获取所选日期
    data_today = datetime('today');         % 获取当前日期
    if (data_today == value)                % 判断所选日期是否为当前日期
        ax = app.UIAxes;                    % 绘制正弦曲线
        x = linspace( - pi,pi,50);
        y = sin(x);
        plot(ax,x,y)
    else                                    % 清除正弦曲线
        ax = app.UIAxes;
        cla(ax);
    end

end
```

回调函数编辑完成后,单击 RUN 运行 APP。

【注】 UI Date Picker 的日期格式可在对象属性设置中设置,默认格式为 yyyy - mm - dd。函数 datetime('today')用于获取当前日期,日期格式为 yyyy - mm - dd。

5. 下拉框(UI Drop Down)

下拉框如图 8.14 所示,其用于提供一系列可供选择的选项,选项与所要执行的代码一一对应。下拉框选项设置如图 8.15 所示。

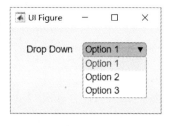

图 8.14 下拉框

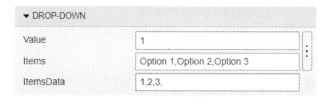

图 8.15 下拉框选项设置

Items 用于设置下拉框各选项的名称;ItemsData 用于设置与各选项对应的数值,例如 Option1 对应 1,Option2 对应 2;Value 为 ItemsData 的第一个值(该值随 ItemData 自动改变,不支持修改),如图 8.15 所示。

【注】 若 ItemsData 空白,Value 值为 Option1,如图 8.16 所示。

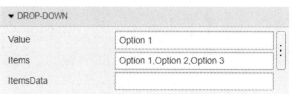

图 8.16 下拉选项设置

【**例 8.1.4**】 设计如图 8.17 所示 APP。要求：Drop Down 下拉框提供选项 Option1、Option2、Option3，选择不同选项时，绘制不同频率的正弦曲线。

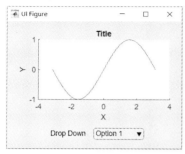 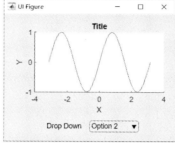 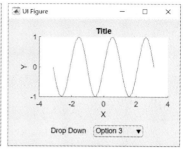

图 8.17 下拉选项控制正弦曲线频率

UI Axes 与 UI Drop Down 布局完成后，将 UI Drop Down 的回调函数命名为 Drop_down_func。编辑回调函数：

```
% Value changed function: DropDown
    function Drop_down_func(app, event)

%编辑回调函数
        value = app.DropDown.Value;     % 获取 Drop Down 选项,value 可取 option 1,option 2,option 3
        x = linspace( - pi,pi,50);
        ax = app.UIAxes;
        if value == "Option 1"         % 若选 option 1,绘制 sin(x)
            y = sin(x);
            plot(ax,x,y)
        elseif value == "Option 2"     % 若选 option 2,绘制 sin(2x)
            y = sin(2 * x);
            plot(ax,x,y)
        else                           % 若选 option 3,绘制 sin(3x)
            y = sin(3 * x);
            plot(ax,x,y)
        end

    end
```

【**注意**】 ItemsData 默认值为空，此时 value 值与选项名称相同。若将 ItemsData 设置为 1，2，3（数字需用逗号隔开），则 Option1、Option2 、Option3 的 value 值分别为 1、2、3。此时，回调函数为：

```
% Value changed function: DropDown
    function Drop_down_func(app, event)

        value = app.DropDown.Value;
        x = linspace( - pi,pi,50);
        ax = app.UIAxes;
        if value == "1"                 % 此时,option 1 对应的 value 值为 1(字符类型)
            y = sin(x);
```

```
            plot(ax,x,y)
        elseif value == "2"
            y = sin(2 * x);
            plot(ax,x,y)
        else
            y = sin(3 * x);
            plot(ax,x,y)
        end

    end
```

回调函数编辑完成后,单击 RUN 运行 APP。

6. 数值编辑字段(UI Numeric Edit Field)

数值编辑字段用于输入双精度数值。其无法识别的非法输入包括:字符、复数、数学表达式、NaN 以及空白。

如图 8.18 所示,通过设置 Limits 选项可改变有效输入区间。默认输入区间为无穷[-inf, inf],若区间更改为[a, b],则非法输入还包括任何大于 b 或小于 a 的数。

另外,通过选择 LowerLimitInclusiv、UpperLimitInclusive 来确定区间的开闭性。例如设置左开右闭区间(a, b],需要勾选 UpperLimitInclusive。

▼ VALUE	
Value	0
Limits	-Inf,Inf
RoundFractionalValues	☐
ValueDisplayFormat	%11.4g
HorizontalAlignment	
LowerLimitInclusive	✓
UpperLimitInclusive	✓

图 8.18　UINumericEditField 对象属性

【例 8.1.5】 设计如图 8.19 所示 APP。要求:在 Edit Field 内输入任意数字,在坐标区绘制以该数字为频率的正弦曲线。

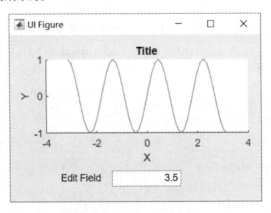

图 8.19　输入数据控制正弦曲线频率

UI Axes 与 UI Numeric Edit Field 布局完成后,将 UI Numeric Edit Field 的回调函数命名为 Edit_Field。编辑回调函数:

```
% Value changed function：EditField
    function Edit_Field(app, event)
% 编辑回调函数

        value = app.EditField.Value;        % 获取输入值 value
        ax = app.UIAxes;
        x = linspace( - pi,pi,50);
        y = sin(value * x);                  % 以输入 value 值控制正弦频率
        plot(ax,x,y)

    end
```

回调函数编辑完成后,单击 RUN 运行 APP。

7. 文本编辑字段(UI Text Edit Field)

文本编辑字段用于输入文本。

文本编辑字段有两个回调函数:ValueChangedFcn 和 ValueChangingFcn。Value-ChangedFcn 在文本输入完毕后执行,ValueChangingFcn 在文本输入过程中执行。

【注】 ValueChangedFcn:当用户按 Enter 键或在编辑字段外部单击时,此回调函数执行。但如果以编程方式更改编辑字段值,此回调不会执行。

【例 8.1.6】 设计如图 8.20 所示 APP。要求:在 Edit Field 中输入文本时,坐标区显示横线;输入完毕后,坐标区显示正弦曲线。

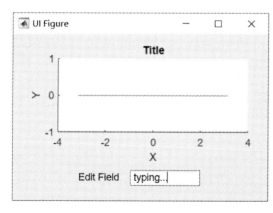
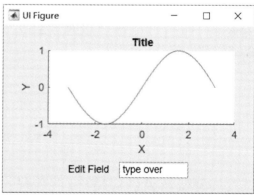

图 8.20 APP 运行效果

UI Axes 与 UI Text Edit Field 布局完成后,将 UI Text Edit Field 的回调函数 Value-ChangedFcn 和 ValueChangingFcn 分别命名为 Changed 和 Changing。编辑回调函数:

```
% Value changed function：EditField
function changed(app, event)               % 输入完毕时,执行该函数
    value = app.EditField.Value;           % 此句可用于获取最终输入文本
    ax = app.UIAxes;
    x = linspace( - pi,pi,50);
    y = sin(x);                            % 输出正弦
```

```
        plot(ax,x,y)
    end

    % Value changing function: EditField
    function changing(app, event)          % 输入过程中,执行该函数
        changingValue = event.Value;       % 此句可用于获取实时输入文本
        ax = app.UIAxes;
        x = linspace( - pi,pi,50);
        y = sin(0 * x);                     % 输出直线
        plot(ax,x,y)
    end
```

回调函数编辑完成后,单击 RUN 运行 APP。

8. 标签(UI Label)

在标签内可输入文本,一般用于对 APP 添加注释以表达重要信息。

9. 列表框(UI List Box)

列表框与下拉框功能类似,但列表框内所有选项会同时显示在 APP 界面中。列表框及其部分属性如图 8.21 所示。

图 8.21　列表框及其部分属性

【例 8.1.7】　设计如图 8.22 所示 APP。要求:单击 List Box 的不同选项,在坐标区绘制不同频率的正弦曲线。

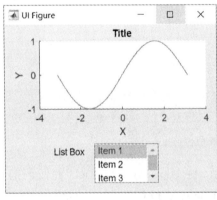 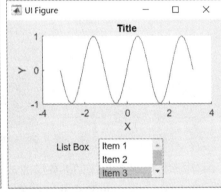

图 8.22　选择选项控制正弦频率

UI Axes 与 UI List Box 布局完成后,将 UI List Box 的回调函数命名为 list_func。编辑回调函数:

```
    % Value changed function: ListBox
    function list_func(app, event)
```

```
        value = app. ListBox. Value;              % 获取选项值
        x = linspace( - pi,pi,50);
        ax = app. UIAxes;
        if value == 'Item 1'                      % 选择 Item1 时执行
            y = sin(x);
            plot(ax,x,y)
        elseif value == 'Item 2'                  % 选择 Item2 时执行
            y = sin(2 * x);
            plot(ax,x,y)
        else                                      % 选择 Item3 时执行
            y = sin(3 * x);
            plot(ax,x,y)
        end
    end
```

回调函数编辑完成后,单击 RUN 运行 APP。

10. 单选按钮组(UI Radio Button Group)

单选按钮组提供一组互斥按钮。选择不同按钮,执行不同功能。

🔺【例 8.1.8】　设计如图 8.23 所示 APP。要求:选择 Button Group 中不同按钮,输出不同频率的正弦曲线。

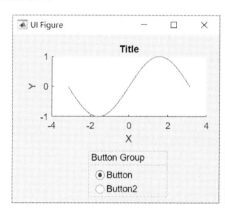
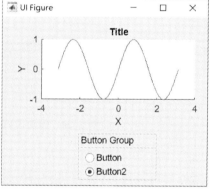

图 8.23　选择按钮控制正弦频率

UI Axes 与 UI Radio Button Group 布局完成后,将 UI Radio Button Group 的回调函数命名为 selection。编辑回调函数:

```
% Selection changed function: ButtonGroup
    function selection(app, event)
        selectedButton = app. ButtonGroup. SelectedObject;    % 获取选中的按钮
        ax = app. UIAxes;
        x = linspace( - pi,pi,50);
        if selectedButton == app. Button                      % 若 Button 按下,输出 sin(x)
            y = sin(x);
            plot(ax,x,y)
        elseif selectedButton == app. Button2                 % 若 Button2 按下,输出 sin(2x)
            y = sin(2 * x);
            plot(ax,x,y)
```

```
            end
        end
```

回调函数编辑完成后，单击 RUN 运行 APP。

11．滑块(UI Slider)

拖动滑块，可连续改变数值的大小。滑块常用属性见表 8.5。

表 8.5　UI Slider 常用属性

属　性	说　明	属　性	说　明
Value	滑块默认初始值	MajorTicks	主刻度
Limits	滑块滑动范围	MajorTickLable	主刻度标签
Orientation	滑块水平或竖直放置	MinorTicks	副刻度

【例 8.1.9】 设计如图 8.24 所示 APP。要求：拖动 Slider 滑块控制正弦曲线的频率。

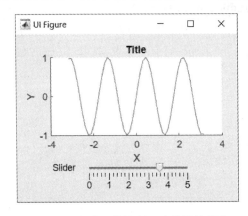

图 8.24　拖动滑块控制正弦曲线的频率

UI Axes 与 UI Slider 布局完成后，将 UI Slider 的回调函数 ValueChangedFcn 和 ValueChangingFcn 分别命名为 changed 和 changing。编辑回调函数：

```
% Value changing function: Slider
function changing(app, event)
    changingValue = event.Value;          % 获取滑块滑动过程中的瞬时值
    ax = app.UIAxes;
    x = linspace( - pi,pi,50);
    y = sin(changingValue * x);           % 以瞬时值为频率输出正弦
    plot(ax,x,y)
end

% Value changed function: Slider
function changed(app, event)
    value = app.Slider.Value;             % 获取滑动完成后的结束值
    ax = app.UIAxes;
    x = linspace( - pi,pi,50);
    y = sin(value * x);                   % 以结束值为频率输出正弦
    plot(ax,x,y)
end
```

回调函数编辑完成后,单击 RUN 运行 APP。

12. 微调器(UI Spinner)

微调器如图 8.25 所示,单击微调器右侧的上下按
钮,实现数据的微调节。微调步距可在属性中设置,如
步距设置为 0.01 时,按上键数据增加 0.01,按下键数
据减少 0.01。

图 8.25 微调器

【例 8.1.10】 设计如图 8.26 所示 APP。要求:调节 Spinner 微调器控制正弦曲线的频率
(本例中微调步距设置为 1)。

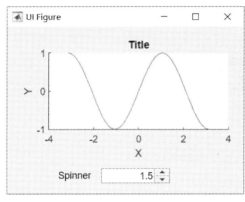 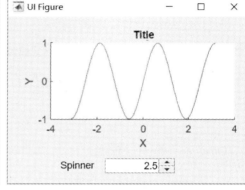

图 8.26 微调器控制正弦频率

UI Axes 与 UI Spinner 布局完成后,将 UI Spinner 的回调函数 ValueChangedFcn 和
ValueChangingFcn 分别命名为 changed 和 changing。编辑回调函数:

```
% Value changing function: Spinner
    function changing(app, event)             %值在改变过程中执行该回调函数
        changingValue = event.Value;          %获取值
        ax = app.UIAxes;
        x = linspace( - pi,pi,50);
        y = sin(changingValue * x);
        plot(ax,x,y);                         %绘图
    end

    % Value changed function: Spinner
    function changed(app, event)              %值改变结束时执行该函数
        value = app.Spinner.Value;            %获取值
        ax = app.UIAxes;
        x = linspace( - pi,pi,50);
        y = sin(value * x);
        plot(ax,x,y);                         %绘图
    end
```

回调函数编辑完成后,单击 RUN 运行 APP。

13. 状态按钮(UI State Button)

状态按钮为自锁型布尔对象,单击按钮可将其对应的逻辑值切换为 0 或 1。

【例 8.1.11】 设计如图 8.27 所示 APP。要求:单击 Button 状态按钮控制正弦曲线的显

示与清除。按钮按下时显示曲线，按钮弹起时清除曲线。

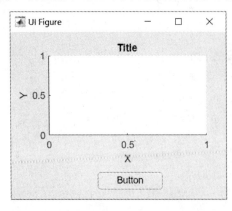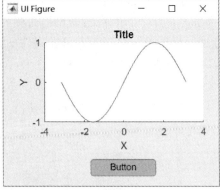

图 8.27 状态按钮控制正弦曲线的显示与清除

UI Axes 与 UI State Button 布局完成后，将 UIStateButton 的回调函数命名为 state。编辑回调函数：

```
% Value changed function: Button
    function state(app, event)
        value = app.Button.Value;
        if value                              % 判断是否按下,value = 0 或 1,1 为按下
            ax = app.UIAxes;                  % 按下,显示曲线
            x = linspace( - pi,pi,50);
            y = sin(value * x);
            plot(ax,x,y)
        else                                  % 取消按下,清除曲线
            ax = app.UIAxes;
            cla(ax)
        end
    end
```

14. 表(UI Table)

以行和列的形式显示信息。

【例 8.1.12】 设计如图 8.28 所示 APP。要求：

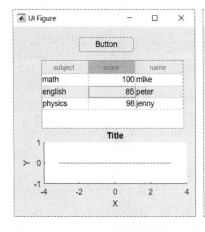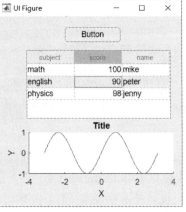

图 8.28 选中单元格(左)与修改单元格(右)

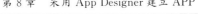

a. 当 Button 按钮按下时,在 UI Table 区域创建一个表格,内容如图所示;

b. 用鼠标选中表格中任意单元格时,坐标区显示直线;

c. 修改表格数据时,坐标区显示正弦曲线,且正弦曲线的频率由单元格所在行决定。

UI Axes、UI Button 与 UI Table 布局完成后,将 UI Button 的回调函数命名为 button,将 UI Table 的回调函数 CellEditCallback 和 CellSelectionCallback 分别命名为 edit 与 selection。 编辑回调函数:

```matlab
% Button pushed function: Button
   function button(app, event)
      tab = app.UITable;               % 在 UIButton 下选中 UITable
      tab.ColumnName = {'subject','score','name'};        % 对 UITable 的前 3 列命名
      d = {'math',100,'mike';'english',85,'peter';'physics',98,'jenny'};   % 添加 UITable 数据,每
                                                                           % 行之间用";"隔开

      tab.Data = d;                    % 生成表格
      tab.ColumnEditable = true;       % 开启表格可编辑功能
   end

   % Cell edit callback: UITable
   function edit(app, event)          % UITable 单元格编辑回调函数
      indices = event.Indices;         % indices 是 1×2 数组,用来存放被编辑表格的行与列索引
      newData = event.NewData;         % 此句可用于获取编辑后的新值
      ax = app.UIAxes;                 % 选中 UIAxes 画正弦曲线
      x = linspace(-pi,pi,50);
      y = sin(indices(1) * x);         % 曲线的频率与被编辑单元格的行索引相同
      plot(ax,x,y);
   end

   % Cell selection callback: UITable   % UITable 单元格选中回调函数
   function selection(app, event)
      indices = event.Indices;         % indices 是 1×2 数组,用来存放选中表格的行与列索引
      ax = app.UIAxes;
      x = linspace(-pi,pi,50);
      y = sin(0 * x);                  % 横线方程
      plot(ax,x,y);
   end
```

回调函数编辑完成后,单击 RUN 运行 APP。

15. 文本区域(UI Text Area)

文本区域用于输入多行文本。

【例 8.1.13】 设计如图 8.29 所示 APP。要求:正弦曲线的频率由 Text Area 中输入文本的行数决定。

UI Axes 与 UI Text Area 布局完成后,将 UI Text Area 的回调函数命名为 text。编辑回调函数:

```matlab
% Value changed function: TextArea
   function text(app, event)
      value = app.TextArea.Value;
      length_value = length(value);          % length_value 等于输入文本行数 n
```

```
            ax = app.UIAxes;
            x = linspace( - pi,pi,50);
            y = sin(length_value * x);                    % 正弦频率为 n
            plot(ax,x,y);
        end
```

回调函数编辑完成后,单击 RUN 运行 APP。

【注】 UI Text Area 以回车键(Enter)换行。图 8.29 中左图对应 $n=1$,右图对应的 $n=3$,其中第 3 行为回车键。

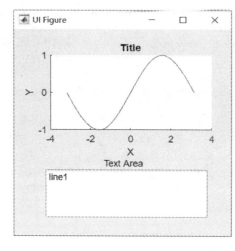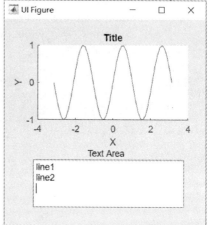

图 8.29 文本行数 n 等于正弦频率 n

16. 切换按钮组(UI Toggle Button Group)

切换按钮组为一组互斥按钮,用户能且只能选中其中一个按钮。

【例 8.1.14】 设计如图 8.30 所示 APP。要求:选中 Button Group 中的【Button】按钮,绘制正弦曲线;选中【Button2】按钮清除正弦曲线。

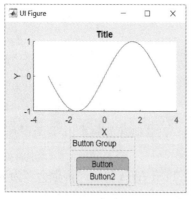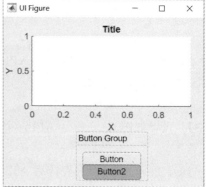

图 8.30 选中 **Button** 绘制正弦曲线(左),选中 **Button2** 清除正弦曲线(右)

UI Axes 与 UI Toggle Button Group 布局完成后,将 UI Toggle Button Group 的回调函数命名为 changed。编辑回调函数:

```
% Selection changed function: ButtonGroup
    function changed(app, event)
        selectedButton = app.ButtonGroup.SelectedObject;    % 读取按下的按钮
        if selectedButton == app.Button                     % 判断是否为【Button】
            ax = app.UIAxes;                                % 是,显示正弦
            x = linspace( - pi,pi,50);
            y = sin(x);
            plot(ax,x,y)
        else                                                % 否,清除正弦
            ax = app.UIAxes;
            cla(ax)
        end
    end
```

回调函数编辑完成后,单击 RUN 运行 APP。

17. 树(UI Tree)

树用不同的层次结构显示相关信息。

树常用的回调函数有 4 个,分别是:变更选择回调函数 SelectionChangedFcn、节点扩展回调函数 NodeExpandedFcn、节点折叠回调函数 NodeCollapsedFcn 以及节点文本更改回调函数 NodeTextChangedFcn。

【例 8.1.15】　设计如图 8.31 所示 APP。要求:

① 按下【Button】按钮,生成一棵“树”。该树有 2 个节点:sin、sin+tan。其中 sin 节点下有 2 个子节点:type1、type2。sin+tan 节点下有 2 个子节点:type3、type4。

② sin 节点展开时,坐标区显示曲线 $y=0$;折叠时,显示 $y=\text{sinc}(x)$。

③ sin+tan 节点展开时,坐标区显示 $y=1$;折叠时,显示 $y=\text{sinc}(x)+1$。

④ 选择 type1,显示 $\sin(x)$;选择 type2,显示 $\sin(2x)$。

⑤ 选择 type3,显示 $\sin(x)+\tan(x)$;选择 type4,显示 $\sin(2x)+\tan(2x)$。

⑥ 改变子节点名称时,显示 $y=1/x$。

UI Axes、UI Tree 以及 UI Button 布局完成后,将 UI Button 与 UI Tree 的回调函数按表 8.6 所列进行命名。

表 8.6　UI Button 与 UI Tree 回调函数命名对照表

对　象	回调函数	自定义的回调函数名
UI Button	ButtonPushedFcn	button
UI Tree	SelectionChangedFcn	change
	NodeExpandedFcn	expand
	NodeCollapsedFcn	collapse
	NodeTextChangedFcn	text_change

447

编辑回调函数:

```
% Button pushed function: Button
    function button(app, event)
```

```
        tree = app. Tree;                                      % 选定 Tree 对象
        tree. Editable = "on";                                 % 开启编辑功能
        category1 = uitreenode(tree,'Text','sin','NodeData',[]);   % 设置第一个节点 sin
        category2 = uitreenode(tree,'Text','sin + tan','NodeData',[]);  % 设置第二个节点 sin + tan
        p1 = uitreenode(category1,'Text','type1','NodeData',1 );    % sin 的第一个目录 type1
        p2 = uitreenode(category1,'Text','type2','NodeData',2);     % sin 的第二个目录 type2
        p3 = uitreenode(category2,'Text','type3','NodeData',3);     % sin + tan 的第一个目录 type3
        p4 = uitreenode(category2,'Text','type4','NodeData',4);     % sin + tan 的第二个目录 type4
    end

    % Selection changed function: Tree
    function change(app, event)                                % 节点更改回调函数
        selectedNodes = app. Tree. SelectedNodes;
        % display(selectedNodes. NodeData);
        if selectedNodes. NodeData< = 2                        % sin 节点 type1,type2 对应的 Nodedata 为 1,2
            ax = app. UIAxes;
            x = linspace( - pi,pi,50);
            y = sin(selectedNodes. NodeData * x);              % 显示 sinx 或 sin2x
            plot(ax,x,y)
        else                                                   % sin + tan 节点 type3,type4 的 Nodedata 为 3,4
            ax = app. UIAxes;
            x = linspace( - pi,pi,50);
            y1 = sin(selectedNodes. NodeData * x);
            y2 = tan(selectedNodes. NodeData * x);
            y = y1 + y2;                                        % 显示 sinx + tanx 或 sin2x + tan2x
            plot(ax,x,y)
        end
    end

    % Node expanded function: Tree
    function expand(app, event)                                % 节点扩展回调函数
        node = event. Node;
        display(event. Node. Text);
        get(node)
        if node. Text == "sin"                                 % 若扩展的节点为第一个 sin 节点
            ax = app. UIAxes;
            x = linspace( - pi,pi,50);
            y = sin(0 * x);                                     % 显示 y = 0
            plot(ax,x,y)
        else                                                   % 若扩展的节点为第二个节点
            ax = app. UIAxes;
            x = linspace( - pi,pi,50);
            y = sin(0 * x) + 1;                                 % 显示 y = 1
            plot(ax,x,y)
        end
    end

    % Node collapsed function: Tree
    function collapse(app, event)                              % 节点折叠回调函数
        node = event. Node;
```

```
                display(event.Node.Text);
                get(node)
                if node.Text == "sin"                    % 若折叠的节点为第一个 sin 节点
                    ax = app.UIAxes;
                    x = linspace( - pi,pi,50);
                    y = sinc(x);                          % 显示 y = sinc
                    plot(ax,x,y)
                else                                      % 若折叠的节点为第二个节点
                    ax = app.UIAxes;
                    x = linspace( - pi,pi,50);
                    y = sinc(x) + 1;                      % 显示 y = sinc + 1
                    plot(ax,x,y)
                end
            end

            % Node text changed function: Tree       % 目录名称改变回调函数
            function text_change(app, event)
                node = event.Node;
                ax = app.UIAxes;
                x = linspace( - pi,pi,50);
                y = 1./x;                                 % 显示 y = 1/x
                plot(ax,x,y)
            end
```

回调函数编辑完成后,单击 RUN 运行 APP,运行结果如图 8.31 所示。

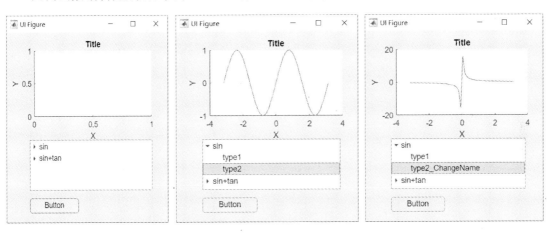

图 8.31　APP 运行结果(部分)

8.1.4　2 种容器对象

App Desingner 容器对象有两种:面板与选项卡组。

1. 面板(UI Panel)

面板一般用于 APP 对象的分组。

▲【例 8.1.16】　设计如图 8.32 所示 APP。要求:将例 8.1.15 中 UI Axes、UI Tree 以及 UI Button 3 个对象置于面板容器中。

【注】　当对象放置在面板容器中时,面板就成为各对象的父对象。如图 8.32 所示,此时

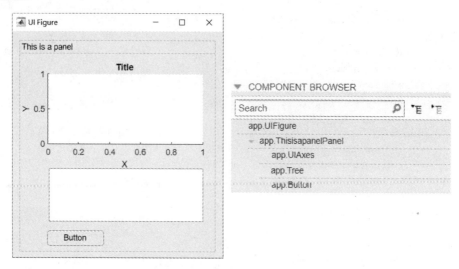

图 8.32　APP 面板(左)与对象列表(右)

UI Axes、UI Tree 以及 UI Button 的父对象为 This is a panel 面板,而非 UI Figure。

2. 选项卡组(UI Tab Group)

选项卡组用于选项卡的分组与管理。不同的 APP 对象可置于不同的选项卡下。

【例 8.1.17】 设计如图 8.33 所示 APP。要求:

① 创建选项卡组,两个选项分别命名为 Tab、Tab2。在 Tab 选项卡内放置坐标区,在 Tab2 选项卡内放置数字编辑字段 para1,para2,按钮【add】、数字编辑字段 sum 以及按钮【plot】。

② 在 para1,para2 内输入数字后,按【add】按钮实现求和,求和结果显示在 sum 中。

③ 按下【plot】按钮,以 sum 为频率在 Tab 选项卡的坐标区内绘制正弦曲线。

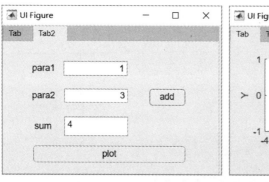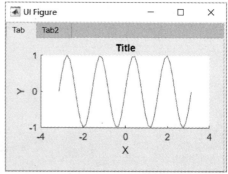

图 8.33　基于选项卡组的 APP

简析:

① Tab2 中虽有 5 个对象,但只须编辑【add】按钮与【plot】按钮的回调函数即可;

② plot 的回调函数需要获取 sum 数据,并以该数据为频率在 Tab 坐标区中绘制正弦曲线。

对象布局完成后,将 add 与 plot 的回调函数分别命名为 add、plot。编辑回调函数:

```
% Button pushed function: plotButton        % plot 回调函数
    function plot(app, event)
```

```
            value = str2double(app.sumTextArea.Value{1});        % 获取 sum 数据,其中 str2double 用于
                                                                 % 将字符转为数字

            ax = app.UIAxes;
            x = linspace(-pi,pi,50);
            y = sin(value * x);                                  % 以 sum 为频率绘制正弦曲线
            plot(ax,x,y)
        end


        % Button pushed function: addButton              % add 回调函数
        function add(app, event)
            value1 = app.para1EditField.Value;           % 获取 para1 数据
            value2 = app.para2EditField.Value;           % 获取 para2 数据
            value3 = value1 + value2;                    % 求和
            % get(app.sumTextArea)
            app.sumTextArea.Value = num2str(value3);     % 将求和结果显示在 sum 中,num2str 将数字转换为
                                                         % 字符

        end
```

回调函数编辑完成后,单击 RUN 运行 APP。

【注】　get(app.sumTextArea) 函数可返回对象 app.sumTextArea 的所有属性与属性值,并显示在命令框中。语句 v=get(obj),所得 v 为结构体,结构体字段名称为属性名称,字段值为对应的属性值。obj 可以是单个对象,也可以是 m×n 维对象数组。虽然该方式可以获取对象的属性及其对应的值,但该语句可能导致 MATLAB 内存泄漏,一般不推荐使用。

get(app.sumTextArea) 运行后,MATLAB 命令提示框中显示:

```
        BackgroundColor: [1 1 1]
          BeingDeleted: 'off'
            BusyAction: 'queue'
             CreateFcn: ''
             DeleteFcn: ''
              Editable: 'on'
                Enable: 'on'
             FontAngle: 'normal'
             FontColor: [0 0 0]
              FontName: 'Helvetica'
              FontSize: 12
            FontWeight: 'normal'
      HandleVisibility: 'on'
   HorizontalAlignment: 'left'
           InnerPosition: [85 73 100 21]
         Interruptible: 'on'
                Layout: [0×0 matlab.ui.layout.LayoutOptions]
         OuterPosition: [85 73 100 21]
                Parent: [1×1 Tab]
              Position: [85 73 100 21]
                   Tag: ''
               Tooltip: ''
                  Type: 'uitextarea'
              UserData: []
```

```
        Value: {''}    % value 值是 plot 回调函数需要的值,value 为 sum 中显示的字符。因此
                        % 获取 sum 数据时采用 value = str2double(app. sumTextArea. Value {1});。
                        % 其中{1}表示取第一串字符
ValueChangedFcn: ''
        Visible: 'on'
```

8.1.5 1种图窗工具对象

菜单栏(UI Menu Bar)工具对象用于在 APP 界面顶部创建菜单栏。

【例 8.1.18】 设计如图 8.34 所示 APP。要求:

① 创建 Setup、Help 菜单。Setup 菜单含 Default 与 Clear 2 个子菜单,Help 菜单含 Help Info 1 个子菜单。

② 拖动滑块改变正弦频率。

③ 单击 Default 子菜单,将正弦曲线频率设置为默认值 10。

④ 单击 Clear 子菜单,清除正弦曲线。

⑤ 单击 Help Info 子菜单,显示 APP 帮助信息。

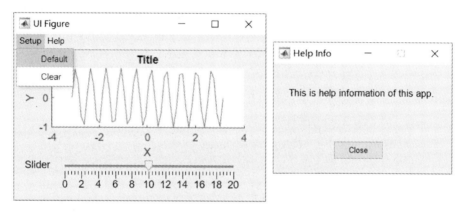

图 8.34 设置默认频率(左)与 APP 帮助信息(右)

对象完成布局后,编辑回调函数:

```
% Value changed function: Slider
    function changed(app, event)              % 滑块滑动完成后的回调函数
        value = app. Slider. Value;
        ax = app. UIAxes;
        x = linspace( - pi,pi,50);
        y = sin( value * x);
        plot(ax,x,y)
    end

    % Value changing function: Slider
    function changing(app, event)             % 滑块滑动过程中的回调函数
        changingValue = event. Value;
        ax = app. UIAxes;
        x = linspace( - pi,pi,50);
        y = sin(changingValue * x);
```

```
        plot(ax,x,y)
    end

    % Menu selected function: ClearMenu          % 按 clear 清除曲线
    function clear(app, event)
        ax = app.UIAxes;
        cla(ax);
    end

    % Menu selected function: DefaultMenu         % 按 default 显示默认曲线
    function default(app, event)
        app.Slider.Value = 10;
        ax = app.UIAxes;
        x = linspace( - pi,pi,50);
        y = sin( 10 * x);
        plot(ax,x,y)
    end

    % Menu selected function: HelpInfoMenu        % 按 Help Info 显示帮助信息
    function help(app, event)

        help_info = dialog('Position',[300 300 250 150],'Name','Help Info');
                                                    % 创建信息显示对话框

        txt = uicontrol('Parent',help_info, 'Style','text','Position',[20 80 210 40],...
                                                    % 显示帮助信息
            'FontSize',10, 'String','This is help information of this app.');

        btn = uicontrol('Parent',help_info,'Position',[85 20 70 25],...
            'String','Close','Callback','delete(gcf)');

        % 按钮【Close】的回调函数为 delete(gcf),用于关闭当前对话框

    end
```

回调函数编辑完成后,单击 RUN 运行 APP。

8.1.6　10 种仪器对象

除 8.1.3～8.1.5 节中详细介绍的 20 个对象外,App Desinger 还提供了仪表盘、信号灯、旋钮、开关等 10 种对象。

1. 仪表/90 度仪表/线性仪表/半圆形仪表(UI Gauge/ 90 Degree Gauge/ Linear Gauge/ Semicircular Gauge)

仪表共 4 种,如图 8.35 所示。仪表外观各不相同,但用法相同。仪表作为显示对象,没有回调函数。

使用如下语句设定仪表示值:

```
app.DegreeGauge.Value = A;                        % A 为仪表要显示的值
```

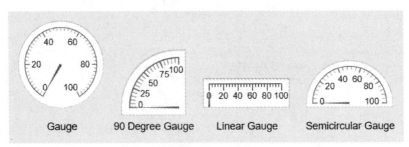

图 8.35　4 种仪表对象

2. 信号灯(UI Lamp)

信号灯如图 8.36 所示。信号灯为显示对象,没有回调函数。

使用下列语句设置信号灯:

```
app.Lamp.Color = [R G B];          %[R G B]为 RGB 三原色数组
```

3. 旋钮/分挡旋钮(UI Knob/ Discrete Knob)

旋钮共 2 种,如图 8.37 所示。旋钮作为输入控件,可以设置回调函数。

UI Knob 的回调函数为:ValueChangedFcn、ValueChangingFcn;UI Discrete Knob 的回调函数为:ValueChangedFcn。

由于 UI Knob/ UI Discrete Knob 与 UI Slider/ UI Toggle Button Group 的功能类似,此处不再附例。

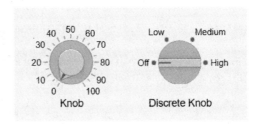

图 8.36　信号灯　　　　　　图 8.37　两种旋钮

4. 开关/翘板开关/拨动开关(UI Switch/ Rocker Switch/ Toggle Switch)

开关共 3 种,如图 8.38 所示。开关作为输入控件,可以设置回调函数。3 种开关的回调函数均为 ValueChangedFcn。

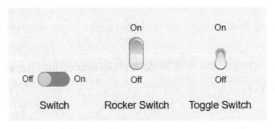

图 8.38　3 种开关

开关打开时:

```
app.ToggleSwitch.Value = 'On'
```

开关关闭时：

```
app.ToggleSwitch.Value = 'Off'。
```

由于 UI Switch/ Rocker Switch/ Toggle Switch 与 UI State Button 的功能类似,此处不再附例。

8.1.7　回调函数表

为方便设计者查询,本节以表的形式列出了各对象的常用回调函数及使用场景。

表 8.7　各对象的常用回调函数及使用场景

序　号	对象名		Callback 回调函数	使用场景
1	坐标区	Axes	—	数据可视化
2	按钮	Button	Buttonpushedfcn	按钮按下时执行操作
3	复选框	Checkbox	Valuechangedfcn	按是否勾选执行不同操作
4	日期选择器	Data Picker	Valuechangedfcn	日期改变时执行操作
5	下拉框	Drop Down	Valuechangedfcn	选择不同选项执行不同操作
6	数字输入	Edit Field	Valuechangedfcn	数字改变后执行某一操作
7	文本输入	Edit Field	Valuechangedfcn	文本改变后执行某种操作
			Valuechangingdfcn	文本改变时执行某种操作
8	标签	Label	—	备注用
9	列表框	List Box	Valuechangedfcn	选择不同选项执行不同操作
10	单选按钮组	Radio Button Group	Selectionchangedfcn	选择不同选项执行不同操作
			SizeChangedFcn	控件位置改变时执行操作
11	滑块	Slider	Valuechangedfcn	值改变后执行某种操作
			Valuechangingdfcn	值改变时执行某种操作
12	微调器	Spinner	Valuechangedfcn	值改变后执行某种操作
			Valuechangingdfcn	值改变时执行某种操作
13	状态按钮	State button	Valuechangedfcn	状态改变时执行操作
14	表	Table	Celleditcallback	编辑表格内容时执行操作
			Cellselectioncallback	选中表格时执行操作
15	文本区域	Text Area	Valuechangedfcn	输入文本时执行操作
16	切换按钮组	Toggle Button Group	Selectionchangedfcn	选择不同选项执行不同操作
			SizeChangedFcn	控件位置改变时执行操作
17	树	Tree	Selectionchangedfcn	选择不同选项执行不同操作
			Nodeexpandedfcn	节点展开时执行操作
			Nodecollapsedfcn	节点折叠时执行操作
			Nodetextchangedfcn	修改节点名称时执行操作
18	面板	Panel	SizeChangedFcn	控件位置改变时执行操作

455

若您对此书内容有任何疑问,可以登录MATLAB中文论坛与同行交流。

续表 8.7

序　号	对象名		Callback 回调函数	使用场景
19	选项卡组	Tab Group	Selectionchangedfcn	选择不同选项卡时执行不同操作
20	菜单栏	Menu Bar	Menuselectiedfcn	选择菜单上不同项执行不同操作
21	仪表	Gauge	—	—
22	90 度仪表	90 Dgree Gauge	—	—
23	线性仪表	Linear Gaugu	—	—
24	半圆形仪表	Semicircular Gauge	—	—
25	灯	Lamp	—	—
26	旋钮	Knob	Valuechangedfcn	值改变后执行某种操作
			Valuechangingdfcn	值改变时执行某种操作
27	分挡旋钮	Discrete Knob	Valuechangedfcn	值改变后执行某种操作
28	开关	Switch	Valuechangedfcn	值改变后执行某种操作
29	跳板开关	Rocker Switch	Valuechangedfcn	值改变后执行某种操作
30	拨动开关	Toggle Switch	Valuechangedfcn	值改变后执行某种操作

【注】 Radio Button Group、Toggle Button Group 与 Panel 的 SizeChangedFcn 回调函数在对象位置发生改变(对象的 position 参数改变)时执行。

8.1.3～8.1.6 节以绘制正弦曲线的方式介绍了 App Designer 各对象的功能及其使用方法。8.1.8 节将介绍与以上 30 种对象搭配使用的常见对话框。

8.1.8　9 种常用对话框

APP 运行过程中,需要在某些特定情况下,弹出提示、警示类对话框。常用对话框包括:
① 报警对话框(UI Alert);
② 确认对话框(UI Confirm);
③ 进度条(UI Progressdlg);
④ 颜色选择器(UI Setcolor);
⑤ 打开文件对话框(UI Getfile);
⑥ 保存文件对话框(UI Putfile);
⑦ 文件夹选择对话框(UI Getdir);
⑧ 打开文件对话框并加载文件到工作区(UI Open);
⑨ 保存工作区中的变量到文件(UI Save)。

1. 报警对话框(UI Alert)

APP 运行过程中,出现非法操作、非法输入,或需要提醒使用者按规则操作 APP 时,一般需要弹出报警对话框。

报警对话框函数为:

```
uialert(Obj,Message,Title)
```

其中,Obj 用于确定报警对话框的父对象,即报警对话框在何处出现,通常 Obj=uifigure(App Designer 的默认容器);Message 为对话框内显示的信息;Title 为对话框名称。

另一种常用函数为:

```
uialert(Obj, Message,Title,Name1,Value1, Name2,Value2,…,NameN,ValueN)
```

其中,Obj=uifigure;Message 为对话框内显示的信息;Title 为对话框名称。Name、Value 成对出现,Name 为参数名称,Value 为参数值。Name、Value 对如表 8.8 所列。

表 8.8 报警对话框 Name、Value 对

Name	Value
CloseFcn(对话框关闭时的回调函数)	函数句柄/单元格数组/字符向量表达式
Icon(报警对话框图标)	error/ warning/ info/ success/ ''(不显示图标)
Modal(模式)	Turn / faluse(对话框关闭前是否可以操作 APP)

【例 8.1.19】 设计如图 8.39 所示 APP。要求:

① 可实现除法计算 a÷b,计算结果显示在 c 内;

② 当 b=0 时,弹出报警对话框,提示输入值无效,需重新输入 b。

UI Numeric Edit Field 对象(数字输入框"a""b""c")与 UI Button 对象(【=】按钮)布局完成后,将 UI Button 的回调函数命名为 calc。编辑回调函数:

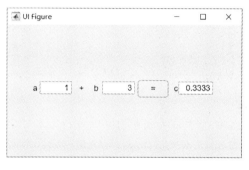

图 8.39 输入合法时 APP 正常运行

```
% Button pushed function: Button
    function calc(app, event)
        value = app. aEditField. Value;              % 获取输入 a 的值
        value2 = app. bEditField. Value;             % 获取输入 b 的值
        if value2 == 0                               % 判断 b 是否为 0
            f = app. UIFigure;                       % 若为 0,选中当前界面
            message = sprintf('Invalid input b. \n Try again.'); % 编辑输出信息,用换行符\n 隔开

            uialert(f,message,'WARNING','Icon','warning','Modal',true);

            % 弹出报警界面;显示 message;报警界面标题为 WARNING;报警图标 icon 选取警告
            % warning 标志;出现报警信息时,APP 界面无法操作,直至关闭报警界面

        else
            app. cEditField. Value = value/value2;    % 若不为 0,显示计算结果 a÷b
        end
    end
```

回调函数编辑完成后,单击 RUN 运行 APP。如图 8.40 所示,当 b=0 时,分母为 0,APP 弹出报警对话框提示输入无效,要求重新输入有效的 b 值。

【注】 以上代码中，

① 若将

```
message = sprintf('Invalid input b. \n Try again.');
uialert(f,message,'WARNING','Icon','warning','Modal',true);
```

替换为

```
uialert(f,'Invalid input b. \n Try again.','WARNING','Icon','warning','Modal',true);
```

报警对话框显示的内容如图 8.41 所示，图 8.41 中转义字符\n 直接按普通字符输出，没有起到换行作用。

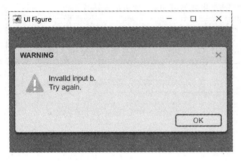

图 8.40　输入非法值时报警

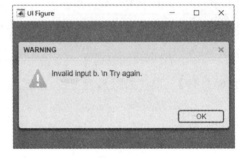

图 8.41　报警对话框显示内容

因此，需要在对话框内显示多行文本时，要使用 sprintf 函数定义 message。

② uialert(f,message,'WARNING','Icon','warning','Modal',true)语句中，Modal 参数可选值为 true 或 false，本例为 ture。Modal 为 true 时，报警对话框弹出后 APP 界面将变灰，无法继续操作 APP，直到关闭报警对话框为止。Modal 为 false 时，弹出报警对话框后，仍可继续操作 APP。

2. 确认对话框(UI Confirm)

APP 运行过程中，某些操作的执行需要二次确认时，一般采用确认对话框。

确认对话框函数为：

```
uiconfirm(Obj,Message,Title)
```

其中，Obj 用于指定确认对话框的父对象，通常 Obj＝uifigure；Message 为确认对话框显示的内容；Title 为确认对话框的标题。

另一种常用函数为：

```
uiconfirm(Obj,Message,Title,Name1,Value1, Name2,Value2,…,NameN,ValueN)
```

其中，Obj＝uifigure；Message 为确认对话框显示的内容；Title 为确认对话框的标题。Name、Value 成对出现，用于自定义对话框的外观和特性。Name、Value 对如表 8.9 所列。

表 8.9　确认对话框 Name、Value 对

Name	Value
Options(确认对话框内的可选项)	自定义字符串数组，格式为{'a'，'b'，…'n'}。默认为{'OK'，'Cancel'}
Icon(报警对话框图标)	question(默认)/ / info/ success/ warning/ error/ ''(不显示图标)

续表 8.9

Name	Value
DefaultOption（默认选项）	字符串。字符串需要从 Options 中选择
CancelOption（取消选项）	字符串。字符串需要从 Options 中选择
CloseFcn（回调函数）	函数句柄/单元格数组/字符向量表达式

用户对确认对话框实施的操作，会保存为一个结构体，该结构体见表 8.10。若定义了 CloseFcn 回调函数，在关闭对话框时 MATLAB 会将该结构体作为输入参数传递给 CloseFcn。

表 8.10　结构体字段与各字段的值

结构体字段	值
Source	确认对话框的父对象
EventName	常量字符串'ConfirmDialogClosed'
DialogTitle	对话框名称
SelectedOptionIndex	所选选项的索引
SelectedOption	选项标签

【例 8.1.20】　设计如图 8.42 所示 APP。要求：

① 【Plot】按钮按下时，在坐标区绘制正弦曲线，如图 8.42 所示。

② 【Exit】按钮按下时，弹出确认对话框，对话框选项为 OK 和 Cancel，如图 8.43 所示。

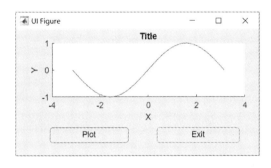

图 8.42　绘制正弦曲线

图 8.43　【Exit】按钮按下时弹出确认框

③ 【OK】按钮按下时，退出 APP，且在 MATLAB 命令框提示"已关闭 App!"，如图 8.44 所示。

④ 【Cancel】按钮按下时，APP 正常运行，坐标区清空，如图 8.45 所示。

图 8.44　命令行窗口提示内容

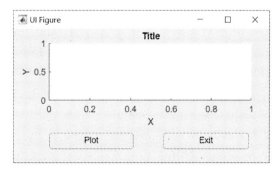

图 8.45　APP 界面

若您对此书内容有任何疑问，可以登录 MATLAB 中文论坛与同行交流。

对象布局完成后,将【Plot】按钮的回调函数命名为 plot,【Exit】按钮的回调函数命名为 exit。编辑回调函数:

```
methods (Access = private)
    function exit_func(app,src,event)              % 定义私有函数 exit_func(见注释)

        if event.SelectedOption == "OK"            % 若选择"OK"
            close(app.UIFigure);                   % 关闭 APP
            disp('已关闭 App! ');                    % 在 MATLAB 命令提示框显示"已关闭 App!"
        elseif event.SelectedOption == "Cancel"    % 若选择"Cancel"
            cla(app.UIAxes)                        % 清空 UIAxes,APP 仍可正常运行
        end

    end

end


methods (Access = private)
    % Button pushed function: Plot                 % 【Plot】按钮的回调函数
    function plot(app, event)
        ax = app.UIAxes;                           % 选中坐标
        x = linspace( - pi,pi,50);
        y = sin(x);
        plot(ax,x,y)                               % 绘图
    end

    % Button pushed function: Exit                 % Exit 按钮的回调函数
    function exit(app, event)
        uiconfirm(app.UIFigure,'Close App? ','Confirm CloseApp',…
                  'CloseFcn',@(src,event)exit_func(app,src,event));
    end
end
% 在 app.UIFigure 内创建确认对话框;对话框显示 Close App;对话框标题为 Confirm Close App;对话框
% 回调函数为 exit_func
```

回调函数编辑完成后,单击 RUN 运行 APP。

【注】 代码开头定义了私有函数 function exit_func(app,src,event),该函数会被【Exit】按钮的回调函数 function exit(app, event)调用。私有函数详解见 8.2.4 节"私有函数的调用"部分。

① Exit 的回调函数为 function exit(app, event),该回调函数内嵌套了确认对话框 UI Confirm 的创建函数 uiconfirm (app. UIFigure, 'Close App? ', 'Confirm CloseApp', 'CloseFcn',@(src,event)exit_func(app,src,event))。

②【Exit】按钮按下时,弹出确认对话框 UI Confirm。选择对话框内的"OK"(或"Cancel")后,函数句柄@(src,event)exit_func(app,src,event)将 UI Confrim 的回调函数定位至自定义私有函数 function exit_func(app,src,event)。

③ function exit_func(app,src,event)依选项("OK"或"Cancel")执行对应语句。@(src, event)exit_func(app,src,event) 中,(src, event)表明 exit_func 的输入参数为 src 与 event。其中,src 指明是哪个对象(本例为 UI Confirm 对话框)调用了回调函数,而 event 结构体保存

了用户对该对象(UI Confrim 对话框)执行的所有操作。本例中 event 结构体保存了用户对 UI Confirm 对话框执行的所有操作,结构体内容见表 8.10。

3. 进度条(UI Progressdlg)

APP 运行过程中,若需要在屏幕上显示某项任务或流程的完成进度,通常采用进度条。进度条函数有两种。一种为:

```
d = uiprogressdlg(Obj)
d.Value = a;
```

该函数用于在对象 Obj 中显示进度条对话框,进度值 d.Value 可编程,d.Value 取值范围为 $[0,1]$。

另一种为:

```
d = uiprogressdlg(Obj, Name1,Value1, Name2,Value2,…,NameN,ValueN)
```

该函数用于在对象 Obj 中显示进度条对话框。Name、Value 成对出现,用于控制进度条属性。Name、Value 对见表 8.11。

表 8.11　进度条对话框 Name、Value 对

Name	Value
Value(进度值)	完成进度,取 0～1 之间的数字。在代码中的不同位置更改 Value 值,可提供正在运行的应用的进度指示
Message (消息)	字符串,对话框内显示的消息
Title(标题)	字符串,对话框标题
Indeterminate (不确定的进度)	off/ on,关闭/开启没有任何特定进度信息的动画栏
Cancelable(允许取消)	off/ on,禁止/允许进度条暂停。选择 on(允许)时,需要在回调函数编写关闭进度条的函数(close 函数),否则进度条会一直显示

【例 8.1.21】 设计如图 8.46 和图 8.47 所示 APP。要求:

① 单击【Button】按钮,在坐标区绘制正弦曲线(第 n s 时频率为 n,$n \in [1,10]$);

② 绘制第 n 个正弦曲线时,进度条显示"当前进度:$n * 10\%$"。

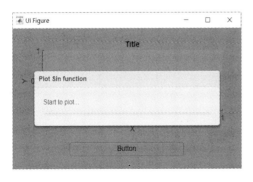
图 8.46　绘制正弦曲线前的进度条

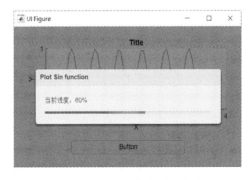
图 8.47　绘制正弦曲线时的进度条

UI Axes 与 UI Button 布局完成后,将 UI Button 的回调函数命名为 button。编辑回调函数:

```
function button(app, event)
    Prog = uiprogressdlg(app.UIFigure,'Title','Plot Sin function','Message','Start to plot...');

    %【Button】按钮按下,创建进度条,标题为 Plot Sin function,进度条内容为 Start to plot...

    pause(1);                           % 暂停 1 s

    for i = 1:1:10                      % 循环绘图,共 10 次
        x = linspace( - pi,pi,50);
        y = sin(i * x);                 % 正弦曲线频率为 i
        plot(app.UIAxes,x,y)            % 在 UIAxes 中绘制正弦曲线

        Prog.Value = i/10;              % 进度条取值 0～1,因此 Prog.Value = i/10
        str = num2str(Prog.Value * 100);
        % 进度条百分比为 Prog.Value * 100,同时将数字转为字符串 str

        str2 = strcat('当前进度:', str ,'%');
        % 连接字符串,最终结果为:"当前进度:n * 10%"

        Prog.Message = str2;            % 对进度条内容进行赋值
        pause(1);                       % 暂停 1 s,进入下一循环,准备下一次绘图

    end

end                                     % Button 回调函数执行完毕,进度条对话框自动关闭
```

回调函数编辑完成后,单击 RUN 运行 APP。

4. 颜色选择器(UI Setcolor)

颜色选择器用于获取不同颜色的 RGB 值,通常使用获取的 RGB 值设置某些对象的颜色。颜色选择器函数为:

```
c = uisetcolor
```

代码执行后,颜色选择器弹出,并以 RGB 数组的形式返回用户所选颜色。该数组为三元素行向量,数值大小指定红、绿、蓝三种颜色的强度。各元素取值范围为[0,1]。

```
c = uisetcolor(RGB)
```

指定颜色选择器的默认颜色为 RGB,例如 c=uisetcolor([1 0 0]) 指定默认颜色为红色。

```
c = uisetcolor(Obj)
```

Obj 为具有颜色属性(Color 或 BackgroundColor 属性)的对象,当用户从颜色选择器中选择某种颜色并单击确认后,对象的颜色将变为所选颜色。

【例 8.1.22】 设计如图 8.48 所示 APP。

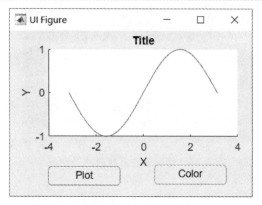

图 8.48　APP 界面

462

要求：

    ① 单击【Plot】按钮,在坐标区绘制正弦曲线；

    ② 单击【Color】按钮,弹出颜色选择器,如图 8.49 所示；

    ③ 选择某一颜色,单击颜色选择器【OK】按钮后更改坐标区背景颜色,如图 8.50 所示。

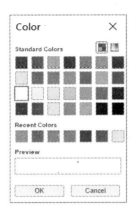

图 8.49　颜色选择器

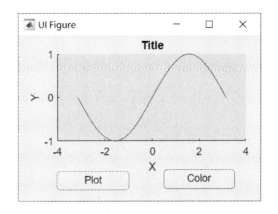

图 8.50　更改坐标区背景色

UI Axes 对象与 UI Button 对象(【Plot】、【Color】按钮)布局完成后,将【Plot】按钮的回调函数命名为 plot,【Color】按钮的回调函数命名为 color。编辑回调函数：

```
% Button pushed function: PlotButton
function plot(app, event)
    x = linspace( - pi,pi,50);
    y = sin(x);
    plot(app.UIAxes,x,y)                    % 绘制曲线
end

% Button pushed function: ColorButton
function color(app, event)
    c = uisetcolor(app.UIAxes);             % 修改 Axes 的背景颜色
end
```

回调函数编辑完成后,单击 RUN 运行 APP。

5. 打开文件对话框(UI Getfile)

打开文件时弹出的对话框为打开文件对话框。该对话框为文件路径获取对话框。

打开文件对话框函数为：

```
[file,path] = uigetfile
```

其中,file 为文件名,path 为文件所在路径。或采用函数：

```
[file,path,index] = uigetfile
```

其中,index 为用户所选文件类型筛选器的索引值。

获得文件名 file 以及文件所在路径 path 后,文件的完整路径 fullpath 可以利用函数 fullfile 得到：

```
fullpath = fullfile(path,file)
```

得到文件完整路径后,采用数据读取函数进行文件内容的读取。

uigetfile 的用法见例 8.1.23。

6. 保存文件对话框(UI Putfile)

保存文件对话框即保存文件时弹出的对话框,可在该对话框内设置文件名称,选择保存路径。

保存文件对话框函数为:

```
[file,path,index] = uiputfile(filter,title,defname)
```

当文件类型筛选器 filter 选定后,资源管理器仅显示扩展名与 filter 匹配的文件,title 为对话框名称,defname 为指定的文件名称。uiputfile 的返回值中,file 为文件名(若用户指定的文件名 defname 有效,在单击对话框中的 Save 后,MATLAB 将在 file 中返回 defname),path 为所选路径,index 为文件类型筛选器的索引值。

【例 8.1.23】　设计如图 8.51 所示 APP(同时在计算机某文件夹内新建 info.txt 文件,文件内容为"1 2 3 4 5")。要求:

① 单击【Get】按钮,调用 uigetfile 函数打开文件选择对话框,选择并打开预先建好的 info.txt 文件,如图 8.52 所示,同时将文件内容"1 2 3 4 5"显示在 Text Area 中。

图 8.51　APP 界面

图 8.52　选择并打开 info.txt 文件

② 如图 8.53 所示,在 Text Area 内继续输入"6 7 8 9",输入完成后按下【Save】按钮,借助 uiputfile 将 Text Area 中的文本存入 info_change.txt 中。

③ 打开 info_change.txt 文件,文件内容如图 8.54 所示。

图 8.53　添加数据后的界面

图 8.54　【Save】按钮保存的数据

UI Text Area 对象与 UI Button 对象(【Get】、【Save】按钮)布局完成后,将【Get】按钮的回调函数命名为 get,【Save】按钮的回调函数命名为 savefile。编辑回调函数:

```
% Button pushed function：GetButton          %【Get】按钮回调函数
    function get(app, event)
        [file,path] = uigetfile('*.txt');        % 获取 info.txt 的文件名 file 与路径 path
        fullpath = fullfile(path,file);          % 获取 info.txt 文件的完整路径

        app.TextArea.Value = num2str((textread(fullpath,'%d'))','% d');
        % 用 num2str 将数字转为文本后赋值给 TextArea
    end


% Button pushed function：SaveButton         %【Save】按钮回调函数
    function savefile(app, event)

        [file,path] = uiputfile('*.txt','Txt file save','info_change.txt');
        % 对话框内仅显示 *.txt 文件,对话框名称为 Txt file save,要保存的文件命名为
        % info_change.txt

        fullpath = fullfile(path,file);          % 获取待存储文件的完整路径
        data = app.TextArea.Value;               % 获取 Text Area 的文本数据

        dlmwrite(fullpath,data,'delimiter',' ');
        % dlmwrite 函数将 data 写入 info_change.txt,数据用空格隔开

    end
```

回调函数编辑完成后,单击 RUN 运行 APP。

【注】　【Get】按钮回调函数中使用了语句 app. TextArea. Value ＝ num2str((textread(fullpath,'%d'))','% d'),其中:

① textread(fullpath,'%d') 用于读取 info. txt,'%d' 表示读取带符号的整数值。文本 "1 2 3 4 5" 的读取结果为 $[1 2 3 4 5]^{T}$,上标 T 表示读取的数据为列向量。(textread(fullpath,'%d'))' 表示对列向量转置,转置后成为行向量 $[1 2 3 4 5]$。

② 由于 app. TextArea. Value 为字符串类型,因此,需使用 num2str 将数组 $[1 2 3 4 5]$ 转换为字符串 "1 2 3 4 5" 显示。在 MATLAB 中用 num2str 把矩阵转换为字符串时,默认是在矩阵元素之间加 2 个空格,若要求转换后各矩阵元素之间只相隔一个空格,需将语句 app. TextArea. Value＝num2str((textread(fullpath,'%d'))','% d') 中的数据类型定义为:'% d' (在 % 与 d 之间加入一个空格)。

7. 文件夹选择对话框(UI Getdir)

需要批量读取某个文件夹内的文件,或需要向某个文件夹批量写入文件时,一般要先获取文件夹的路径,再读取(或写入)文件。文件夹选择对话框函数有 3 种:

```
selectedpath = uigetdir
```

弹出 MATLAB 当前工作路径对应的文件夹选择对话框,返回所选文件的路径至 selectedpath。

```
selectedpath = uigetdir(path)
```

path 指定对话框的初始路径,所选路径返回至 selectedpath。若 path 为非法路径(空路径或无效路径),对话框将在 MATLAB 当前路径下打开。

```
selectedpath = uigetdir(path,title)
```

path 指定对话框的初始路径，title 用于指定对话框标题，所选路径返回至 selectedpath。

【例 8.1.24】 设计如图 8.55 所示 APP。要求：单击【Get】按钮选择某文件夹，在 Text Area 中显示该文件夹下的所有 *.txt 文件的文件名。

UI Text Area 与 UI Button 布局完成后，将 UI Button 的回调函数命名为 get。编辑回调函数：

```
% Button pushed function: GetButton
function get(app, event)
    selectedpath = uigetdir;                      % 获取用户选择的文件夹路径

    diroutput = dir(fullfile(selectedpath,'*.txt'));
    % 使用 fullfile 函数构造 selectedpath 路径下所有 txt 文件的通配文件名，再用 dir 函数获取所
    % 有 txt 文件的属性
    app.TextArea.Value = {diroutput.name}';
    % 获取所有 txt 文件的文件名，并将文件名进行转置显示
end
```

【注】 diroutput ＝dir(path\ *.txt)函数用于获取 path 路径下 *.txt 文件的属性，并将属性保存在 diroutput 中。属性为 n×1 结构体数组，n 为文件个数。每个结构体元素有 6 个字段，如表 8.12 所列。

表 8.12　结构体元素的字段

字段名称	说　　明	类　　型
name	文件名称	char
folder	文件位置	char
Date	修改日期时间戳	char
bytes	文件大小（以字节为单位）	double
isdir	0（若为文件夹，则为 1）	logical
datenum	修改日期（日期序列值）	double

可采用"结构体名.字段名"的方式访问某个字段。{diroutput.name}用于获取所有 *.txt 文件名称，且文件名以行向量形式存放，{diroutput.name}' 将文件名转置为列向量存放。

回调函数编辑完成后，单击 RUN 运行 APP。单击【Get】按钮，弹出文件夹选择对话框。将文件夹定位至图 8.54 所示文件夹，单击【确定】按钮后，APP 界面如图 8.56 所示。

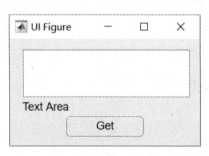

图 8.55　APP 界面

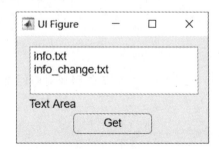

图 8.56　APP 获取的文件名

8. 打开文件对话框并加载文件到工作区(uiopen)

uiopen 用于打开文件选择对话框,并将所选的文件加载到 MATLAB 工作区。若 MAT-LAB 不支持所选文件类型(如 *.pdf 文件),则 MATLAB 会尝试利用计算机上已安装的其他软件(如 PDF 阅读器)打开该文件,若所有已安装软件均无法打开所选文件,则返回错误。

打开文件对话框并加载文件到工作区的函数为:

```
uiopen
```

对话框的文件类型筛选器默认为 MATLAB 支持的所有文件类型。

```
uiopen(type)
```

type 为指定的文件类型,该类型与文件扩展名不同,取值如表 8.13 所列。

表 8.13　Type 可取值及其说明

type	对话框显示的文件
'matlab'	MATLAB 支持的所有文件类型
'load'	*.mat 文件
'figure'	*.fig 文件
'simulink'	*.mdl 和 *.slx 文件(Simulink 文件)
'editor'	除 *.mat、*.fig、*.slx、*.mlapp 和 *.mlappinstall 文件之外的所有 MATLAB 文件

【注意】 若需要将 APP 打包为 exe 可执行应用程序,type 仅能设置为 'load'。

```
uiopen(file)
```

file 为文件扩展名时(如 *.mat),对话框仅显示与该扩展名匹配的所有 *.mat 文件。当 file 指定文件名(如 data.mat)时,对话框除显示与该扩展名匹配的所有 *.mat 文件外,对话框的文件名一栏中,还将显示 data.mat。

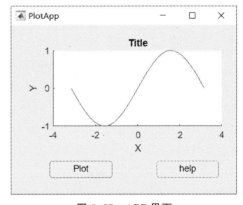
图 8.57　APP 界面

【例 8.1.25】 设计如图 8.57 所示 APP。要求:

① 单击【Plot】按钮在坐标区绘制正弦曲线;

② 单击【help】按钮,选择"PlotApp 帮助文件"查看该 APP 的 pdf 说明文档,如图 8.58、图 8.59 所示。

图 8.58　打开文件对话框

若您对此书内容有任何疑问,可以登录MATLAB中文论坛与同行交流。

图 8.59　MATLAB 利用 PDF 阅读器打开 pdf 文件

9. 保存工作区中的变量到文件(UI Save)

UI Save 用于将 MATLAB 工作区中的变量存储到 MAT 文件中。

```
uisave
```

将工作区中所有变量存储在 ∗.mat 文件中。

```
uisave(Vars)
```

将工作区中部分变量存储在 ∗.mat 文件中，变量由 Vars 指定。

```
uisave(Vars,file)
```

将工作区中部分变量存储在 ∗.mat 文件中，∗.mat 文件的文件名由 file 指定。

8.2　重难点讲解

8.1 节对 App Designer 对象做了详细介绍，并以绘制正弦曲线为例给出了各对象回调函数的使用方法。这些例子风格一致、结构清晰，目的是使读者能快速掌握各对象的使用规则。

然而，要设计结构复杂、功能完善的大型 APP，除掌握 8.1 节的基础内容外，设计者还需掌握 App Designer 提供的高级编程技巧。这些技巧包括：获取对象的属性值、私有属性的传递、公共属性的传递、私有函数的调用、公共函数的调用、通过脚本访问 APP、APP 界面添加背景图片、3 种 APP 打包方式、浅谈 MLAPP 代码结构。下面逐一进行介绍。

8.2.1　获取对象的属性值

APP 运行时，通常需要在某个对象的回调函数中获知另一对象的值，该值就是对象的属性值。

对象的实质是一组属性的集合，每个对象的属性不尽相同。在 MATLAB 命令行窗口输入某一对象的名称即可以查看该对象的所有属性及其对应的值。

例如查看按钮【UI Button】的属性与属性值，在命令行窗口输入：

```
>> uibutton          %所有字母小写
```

MATLAB 返回的按钮【UI Button】的属性与属性值为：

```
Button (Button) with properties:

    BackgroundColor: [0.9600 0.9600 0.9600]
    BeingDeleted: 'off'
    BusyAction: 'queue'

    %...

    HandleVisibility: 'on'
    HorizontalAlignment: 'center'

    %...

    Type: 'uibutton'
    UserData: []
    VerticalAlignment: 'center'
    Visible: 'on'
```

若需在某个对象的回调函数中获取另一对象的属性值,可采用:

```
Value = app.Component.Property
```

其中,Component 为对象名,Property 为属性名。例如将按钮【UI Button】的 Visible 属性值保存在 mydata 中,可以使用命令:

```
mydata = app.Button.Visible        % 获取按钮是否可见
```

查看结果:

```
mydata = 'on'                      % 结果为 on,按钮可见
```

若需在某个对象的回调函数中对另一对象的属性赋值,可采用:

```
app.Component.Property = Value
```

◢【例 8.2.1】　设计如图 8.60 所示 APP。要求:在 Edit Field 中输入数据 a,【Button】按下时,Slider 滑块自动调整为 a。

简析:仅需编写【Button】按钮的回调函数,单击【Button】按钮时,在其回调函数内获取 Edit Filed 数值,并将该值赋给 Slider 滑块。

UI Numeric Edit Field、UI Button 与 UI Slider 布局完成后,将 UI Button 的回调函数命名为 button_down。编辑回调函数:

```
% Button pushed function: Button
    function button_down(app, event)
        value_editfield = app.EditField.Value;      % 获取输入值 a
        app.Slider.Value = value_editfield;         % 将 a 赋值给 Slider,实现滑动条值的改变
    end
```

回调函数编辑完成后,单击 RUN 运行 APP,运行结果如图 8.60 所示。

若您对此书内容有任何疑问,可以登录MATLAB中文论坛与同行交流。

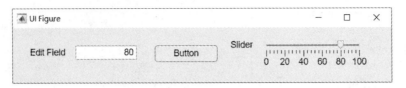

图 8.60　APP 界面与 APP 运行结果

8.2.2　私有属性的传递

属性有两种:私有属性(Private Property)、公共属性(Public Property)。

介绍私有属性的传递前,先介绍私有/公共属性的创建。

1. 创建私有/公共属性

当需要传递某个中间值给多个回调函数使用时,一般采用私有/公有属性来保存该中间值(私有/共有属性的实质为变量)。私有属性仅能在创建它的 APP 中传递,而公有属性可以跨 APP 传递。

创建私有/公共属性有两种方式:

① 如图 8.61 所示,单击 EDITOR 编辑器的【Property】按钮,展开下拉菜单,选择私有或公共属性。

图 8.61　创建私有/公共属性

② 如图 8.62 所示,单击代码浏览器中的 Properties,展开加号下拉菜单,选择私有或公共属性。

图 8.62　创建私有/公共属性

创建空 APP(除 UI Figure 外无其他对象),添加 2 个私有属性,1 个公共属性,App Designer 自动生成的代码为:

```
properties (Access = private)
    Property % Description        % 第 1 个私有属性,仅可在本 APP 内传递(本 APP 使用)
    Property2 % Description       % 第 2 个私有属性,仅可在该 APP 内传递
```

```
end

properties (Access = public)
    Property3 % Description                    % 第 1 个公共属性,可传递至其他 APP
end
```

属性名称可更改,属性的默认值可设置。例如:

```
properties (Access = private)
    fre = 5                                    % 修改 Property 为 fre,令初始值为 5
    fre2 = 10                                  % 修改 Property2 为 fre2,令初始值为 10
end
properties (Access = public)
    Property3 % Description
end
```

2. 私有属性的传递

私有属性仅能在 APP 内部传递。私有属性值的获取、对私有属性赋值语句分别为:

```
Value = app.fre;            % 获取值
App.fre = Value             % 赋值
```

【例 8.2.2】　设计如图 8.63 所示 APP。要求:

① 单击【Button】按钮,在坐标区绘制频率 fre = 5 的正弦曲线;

② 单击【Button2】按钮,在坐标区绘制频率 fre2 = 10 的正切曲线;

③ 单击【Button3】按钮,设置 fre = 10,fre2 = 15,并将设置结果显示在 Text Area 中。

简析:在【Button】按钮的回调函数内获取私有属性 app.fre 控制正弦频率,实现功能①。在【Button2】按钮的回调函数中获取私有属性 app.fre2 控制正切频率,实现功能②;在【Button3】按钮的回调函数中对私有属性 app.fre、app.fre2 赋值,并在 TextArea 中显示。

UI Button 对象(Button、Button2 与 Button3)、UI Axes 对象与 UI Text Area 对象布局完成后,将 Button、Button2、Button3 的回调函数分别命名为 button_down、button2_down、button3_down。编辑回调函数:

```
properties (Access = private)
    fre = 5;                                   % 正弦函数频率,初始值为 5
    fre2 = 10;                                 % 正切函数频率,初始值为 10
end

% Button pushed function: Button
function button_down(app, event)               % Button 回调函数
    ax = app.UIAxes;
    x = linspace( - pi,pi,50);
    y = sin(app.fre * x);                      % 私有属性 app.fre 控制 sin 函数频率
    plot(ax,x,y)
end

% Button pushed function: Button2            % button2 回调函数
function button2_down(app, event)
    ax = app.UIAxes;
```

若您对此书内容有任何疑问,可以登录 MATLAB 中文论坛与同行交流。

471

```
        x = linspace( - pi,pi,50);
        y = tan(app.fre2 * x);                    % 私有属性 app.fre2 控制 tan 函数频率
        plot(ax,x,y)
    end

    % Button pushed function: Button3             % Button3 回调函数
    function button3_down(app, event)
        app.fre = 10;                             % 对私有属性 app.fre 赋值
        app.fre2 = 15;                            % 对私有属性 app.fre2 赋值

        str = num2str(app.fre);
        % 利用 num2str 函数将数字 app.fre = 10 转化为字符 10
        str_full = strcat('1. the new sin function frequency is',str,';');   % 使用 strcat 连接字符

        str2 = num2str(app.fre2);
        % 利用 num2str 函数将数字 app.fre2 = 15 转化为字符 15
        str2_full = strcat('2. the new tan function frequency is',str2,'.');   % 使用 strcat 连接字符
        app.TextArea.Value = {str_full,str2_full};   % 对 TextArea 的 Value 属性赋值

    end
```

回调函数编辑完成后,单击 RUN 运行 APP。单击 Button、Button2、Butoon3 时,运行结果分别如图 8.63、图 8.64、图 8.65 所示。

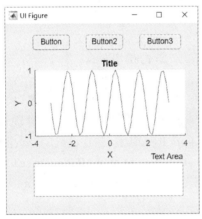

图 8.63 例 8.2.2 运行结果 1

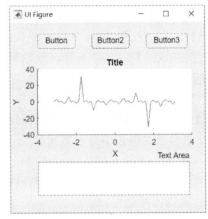

图 8.64 例 8.2.2 运行结果 2

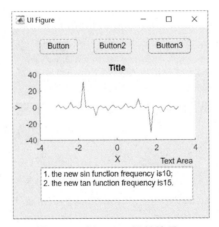

图 8.65 例 8.2.2 运行结果 3

8.2.3 公共属性的传递

例 8.2.2 中私有属性 fre、fre2 只能在定义它们的 APP 内传递。若要在两个或多个不同的 APP 间传递数据,则需要定义公共属性。下面举例说明公共属性的使用方式。

【例 8.2.3】 设计两个 APP,APP1 如图 8.66 所示,APP2 如图 8.67 所示。要求:

① 在 APP1 的 Frequency 内输入数字 a,单击【Data generator and send】按钮后,APP1 生成以 a 为频率的正弦曲线数据,并将该数据传递给 APP2;

② 单击 APP2 内【Plot】按钮,绘制正弦曲线(曲线数据来自 APP1)。

简析:要将正弦数据从 APP1 传递至 APP2,仅需在 APP2 中定义一个公共属性。

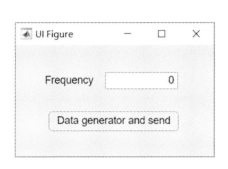

图 8.66 APP1 界面

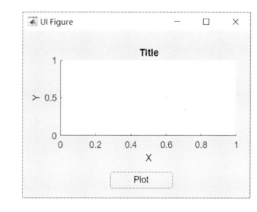

图 8.67 APP2 界面

APP1 与 APP2 布局完成后,将两个 APP 分别保存为 app1.mlapp、app2.mlapp。

APP1 中编辑【Data generator and send】按钮的回调函数:

```
% Button pushed function: DatageneratorandsendButton
    function DatageneratorandsendButtonPushed(app, event)
        val = app.FrequencyEditField.Value;     % 在 APP1 中获取 Frequency 输入框的数据
        x = (-3:0.1:3);
        y = sin(val * x);                        % 以 Frequency 为频率生成正弦数据 y
        a = app2;                                % 在 APP1 内创建 APP2 类
        a.Data = y;                              % 将正弦数据 y 传递给 APP2 中定义的公共属性 Data
                                                 % 实现数据传递
    end
```

APP2 中定义公共属性 Data,保存由 APP1 传递来的数据:

```
properties (Access = public)
    Data; % Description                          % APP2 中定义公共属性 Data,该属性可在 APP1 中访问
end
```

APP2 中编辑【Plot】按钮的回调函数:

```
% Button pushed function: plotButton
    function button2(app, event)                 % APP2 中【plot】按钮按下画图
        plot(app.UIAxes,app.Data)
    end
```

若您对此书内容有任何疑问,可以登录 MATLAB 中文论坛与同行交流。

【注】 APP1 访问 APP2 内公共属性 Data 时,需要在 APP1 中预先定义 APP2 类:

```
a = app2
```

app2 为 APP2 的文件名。类定义完成后,在 APP1 中使用语句 a.Data=y 对 APP2 中定义的公共属性 Data 赋值。若不定义 APP2 类,直接采用语句 app2.Data=y 赋值,程序会报错。

运行 APP1,在 Frequency 内输入数字 3,单击【Data generator and send】按钮,如图 8.68 所示。随后,APP2 自动弹出,单击 APP2 内【Plot】按钮,坐标区出现正弦曲线,如图 8.69 所示。

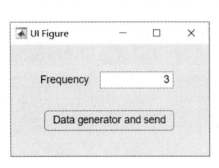

图 8.68　APP1 运行结果

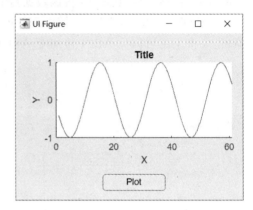

图 8.69　APP2 运行结果

8.2.4　私有函数的调用

函数有两种:私有函数(Private Function)、公共函数(Public Function)。

介绍私有函数的调用前,先介绍私有/公共函数的创建。

1. 创建私有/公共函数

当一个函数需要在 APP 中多次或多个地方使用时,一般将该函数定义为私有/公有函数。私有函数仅能在创建它的 APP 中调用,而公共函数可以跨 APP 调用。

创建私有/公共函数有两种方式:

① 如图 8.70 所示,单击 EDITOR 编辑器的【Function】按钮,展开下拉菜单,选择私有或公共函数;

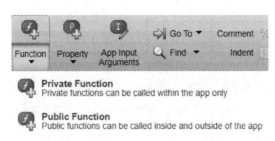

图 8.70　创建私有/公共函数

② 如图 8.71 所示,单击代码浏览器中的 Functions,展开加号下拉菜单,选择私有或公共函数。

创建空 APP(除 UI Figure 外无其他对象),添加一个私有函数,一个公共函数。代码为:

图 8.71　创建私有/公共函数

```
methods (Access = private)
    function results = func(app)                    % 私有函数名 func 可修改
    % 在此处添加私有函数
    end
end

methods (Access = public)                           % 公共函数名 func2 可修改
    function results = func2(app)
    % 在此处添加公共函数
    end
end
```

2. 私有函数的调用

【例 8.2.4】　创建如图 8.72 所示 APP。要求:采用私有函数的方式,用滑块控制正弦曲线的频率。

UI Axes 与 UI Slider 布局完成后,将 UI Slider 的回调函数 Valuechangedfcn、Value-changingdfcn 分别命名为 changed、changing。创建私有函数,编辑回调函数:

```
methods (Access = private)                          % 创建私有函数
    function results = MyPlotSinFcn(app,frequency)
    % 将默认函数名改为 MyPlotSinFcn,并添加一个形参 frequency

        x = linspace( - pi,pi,50);
        y = sin(frequency * x);                     % 用形参 frequency 控制正弦曲线的频率
        plot(app.UIAxes,x,y)                        % 画图
    end
end

methods (Access = private)
    % Value changed function: Slider                % slider value changed 回调函数
    function changed(app, event)
        value = app.Slider.Value;                   % 获取 Slider 最终值
        MyPlotSinFcn(app,value)                     % APP 内调用 MyPlotSinFcn
    end

    % Value changing function: Slider               % slider value changing 回调函数
    function chaning(app, event)
        changingValue = event.Value;                % 获取 Slider 瞬时值
        MyPlotSinFcn(app,changingValue)             % APP 内调用 MyPlotSinFcn
```

若您对此书内容有任何疑问,可以登录MATLAB中文论坛与同行交流。

```
          end
     end
```

编辑完成后，单击 RUN 运行 APP，运行结果如图 8.72 所示。

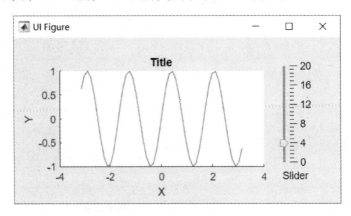

图 8.72　APP 运行结果

8.2.5　公共函数的调用

例 8.2.4 中私有函数 MyPlotSinFcn 只能在定义它的 APP 内调用。若要跨 APP 调用函数，则需要将函数声明为 Public 型，即公共函数类型。

【例 8.2.5】　设计两个 APP，APP1 界面如图 8.73 所示，APP2 界面如图 8.74 所示。要求：

① 在 APP1 的 a、b 文本框内输入数值，当 b 中数值输入完成后，APP1 调用 APP2 中的求和函数求 a＋b 的值，并将求和结果显示在 sum 中；

② 求和结果从 APP1 传递至 APP2，单击 APP2 内【Button】按钮，绘制以求和值为频率的正弦曲线。

简析：

① 在 APP2 中定义公共函数，在 APP1 中调用（求和用）；

② 在 APP2 中定义公共属性，接收 APP1 传递来的求和数据。

APP1 与 APP2 布局完成后，分别保存为 app1.mlapp、app2.mlapp。

APP1 中编辑文本框 b 的回调函数：

```
% Value changed function: bEditField          % 文本框 b 的回调函数
function edit_b(app, event)
    a = app.aEditField.Value;                  % 在 APP1 内获取输入的第一个数据 a
    b = app.bEditField.Value;                  % 在 APP1 内获取输入的第二个数据 b
    app2_handle = app2;                        % 定义 APP2 类
    results = MySumFcn(app2_handle,a,b);       % 调用 APP2 内的求和函数 MySumFcn
    app.sumEditField.Value = results;          % 求和结果在 sum 内显示
    app2_handle.frequency = results;           % 求和结果传递至 APP2 内的 frequency 中
end
```

APP2 代码如下：

```
properties (Access = public)
    frequency % Description
    % 在 APP2 中定义公共属性 frequency,用于接收 APP1 传递来的 sum 数据
end

methods (Access = public)
    function results = MySumFcn(app,a,b)
    % 定义公共函数,命名为 MySumFcn,供 APP1 调用求和
        results = a + b;                        % 返回求和结果 results
    end
end

methods (Access = private)
    % Button pushed function: Button      % APP2 内【Button】按钮的回调函数
    function b_down(app, event)
        x = linspace( - pi,pi,50);
        y = sin(app. frequency * x);         % 使用公共属性 frequency 控制正弦频率
        plot(app.UIAxes,x,y)                 % 画图
    end
end
```

运行 APP1,在 a,b 文本框内分别输入 1,2,随后 APP2 自动弹出,APP1 界面 sum 中出现求和结果,如图 8.73 所示。单击 APP2 的【Button】按钮,坐标区出现频率为 3 的正弦曲线,如图 8.74 所示。

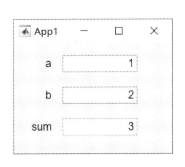

图 8.73　APP1 界面

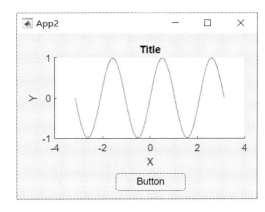

图 8.74　APP2 界面

【注】　公共属性 frequency 的跨 APP 传递与公共函数 MySumFcn 的跨 APP 调用需要注意以下两点:

① APP2 内定义的公共属性 frequency,在 APP1 中调用时,第一步要定义 APP2 类,app2_handle＝app2。继而访问 APP2 内的 frequency,即 app2_handle. frequency＝results。不能在 APP1 内直接使用语句 app2. frequency＝results 访问 APP2 中的 frequency。

② APP2 内定义的公共函数 MySumFcn(app,a,b),在 APP1 中调用时也需要定义 APP2 类。此外,APP1 调用该函数时,需要将第一个形参 app 替换为 APP1 内定义的 app2_handle,即 results＝MySumFcn(app2_handle,a,b)。

477

8.2.6 通过脚本访问 APP

APP 可以通过 MATLAB 脚本文件或命令行窗口进行调用。

🔷【例 8.2.6】 在 MATLAB 工作路径下放置两个 APP(PlotApp、CalcApp),通过脚本文件打开 APP。

代码如下:

```
app_want = input('run PlotApp,input 1, run CalcApp, input 2: ');
if app_want == 1
    PlotApp;                              % 若输入为 1,启动 PlotApp
elseif app_want == 2
    CalcApp;                              % 若输入为 2,启动 CalcApp
else
    ;                                     % 其他输入无效,不执行操作
end
```

单击运行,在命令行窗口输入 1,弹出 PlotApp,如图 8.75 所示。若输入 2,弹出 CalcApp,如图 8.76 所示。其他值为无效输入。

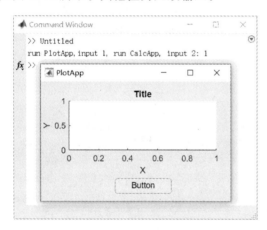

图 8.75　PlotApp 界面

图 8.76　CalcApp 界面

8.2.7 APP界面添加背景图片

8.1.3 节已讲解了如何给按钮添加图标。

目前对 APP 界面添加背景图片最直接且最有效的方式是将添加背景图片后的【UI Button】按钮拖拽放大到 APP 画布大小,即采用按钮做背景(当按钮尺寸大于画布背景尺寸时,单击背景图片,不会出现上下回弹的视觉效应)。

图 8.77 是一个添加了背景图片的 APP。图片的具体添加方式参见 8.1.3 节 UI Button 内容。

【注】 背景图片按钮需要最先添加至 APP。

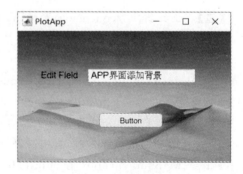

图 8.77　添加背景图片的 APP

8.2.8　3 种 APP 打包方式

在 App Designer 中设计的 APP 以 ∗.mlapp 的文件形式存在,该文件需要用 App Designer 打开。为方便设计者将 APP 共享给他人使用,App Designer 提供了 3 种共享方式:

① 独立桌面 APP:将 APP 打包为可执行应用程序;

② MATLAB APP:将 APP 打包为内嵌式的 MATLAB 应用程序;

③ Web App:将 APP 打包为可以在网页浏览器中运行的程序。

设计者可按需选择共享方式。现在以某个设计好的 APP(例 8.2.6 中 PlotApp)为例,分别采用以上 3 种方式对该 APP 进行共享。

如图 8.78 所示,在设计视图或代码视图下,在 DESIGNER 标签内单击 Share,选择所需共享方式即可进入配置页面。

图 8.78　App Designer 的 3 种共享方式

1. 独立桌面 APP

APP 打包后生成 EXE 可执行程序。单击图 8.78 中独立桌面 App (Standalone Desktop App)进入图 8.79 所示界面。该界面用于设置 ∗.mlapp 转 ∗.exe 的相关选项。设置步骤如下:

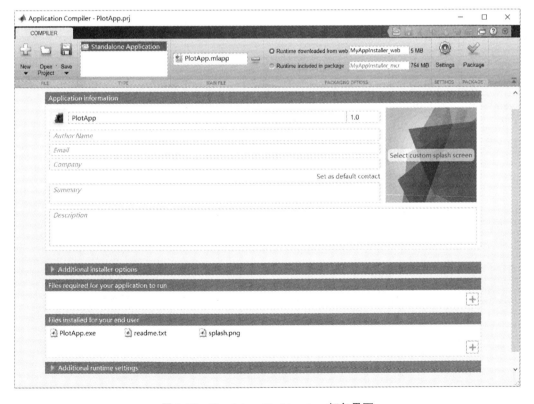

图 8.79　Standalone Desktop App 打包界面

（1）界面上方 MAIN FILE 中已自动加载了需要打包的文件：PlotApp. mlapp，该项可不用设置。

（2）PACKAGING OPTIONS 中有两个选项：Runtime downloaded from web 或 Runtime included in package，默认为 Runtime downloaded from web。

【注】 打包后的 EXE 程序在其他计算机上安装时需要 MATLAB Runtime 软件的支持。

① Runtime downloaded from web 表示从网络下载 MATLAB Runtime；Runtime included in Package 表示生成的 EXE 程序里包含 Runtime 程序，无须在线下载 Runtime。

② 若打包时选择 Runtime downloaded from web，则 EXE 程序安装时需要保证计算机联网，否则 MATLAB Runtime 会下载失败，EXE 程序无法安装；若安装时计算机无法联网，需要预先在计算机上安装 MATLAB Runtime，再运行 EXE 安装程序。

（3）接着设置应用程序信息(Application information)，其中应用名称为必填项。此外，还可设置作者名称、E-mail、公司信息、添加程序的相关说明信息、更改应用程序图标。

（4）其他安装选项(Additional installer options)中可编辑生成的 EXE 程序的默认安装路径，以及设置程序安装时需要显示的安装图标。

（5）运行程序所需文件(Files required for your application to run)中可添加生成的 EXE 程序运行所需的其他文件，这些文件包含在生成的应用程序安装程序中。此项一般不需要设置。

（6）随应用程序一起安装的文件(Files installed for your end user)包括 readme. txt 文件、为目标计算机生成的可执行文件等。此项一般不需要设置。

（7）其他运行设置(Additional runtime settings)用于设置生成的可执行文件的特定选项，一般不需要设置。

设置完成后，单击界面右上角【打包】按钮。指定保存目录后，弹出如图 8.80 所示界面。

打包完成后，自动弹出的文件夹内含 3 个子文件夹与 1 个文件：

（1）for_redistribution 文件夹：打开文件夹可见 MyAppInstaller_web. exe 文件。该文件用于安装应用程序、MATLAB Runtime。安装界面如图 8.81 所示(该文件夹一般共享给未安装 MATLAB 以及 MATLAB Runtime 的用户)。

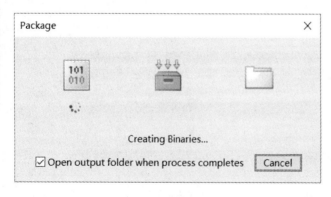

图 8.80　程序打包界面

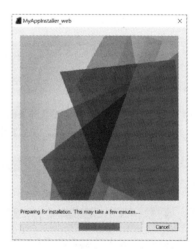

图 8.81　MyAppInstaller_web. exe 安装界面

（2）for_redistribution_files_only 文件夹：文件夹内包含无须安装、可直接运行的应用程序（该文件夹一般分发给安装了 MATLAB 或 MATLAB Runtime 的用户）。

（3）for_testing 文件夹：该文件夹包含测试应用程序的所有文件，包括二进制文件、JAR 文件、头文件和源文件。

（4）PackagingLog.html 文件：MATLAB 编译器生成的日志文件。

【注】 for_testing 测试应用程序的具体方法参见 MathWorks 官网主题："Install and Run MATLAB Generated Standalone Application""Execute Functions and Create Macros"。

2．MATLAB APP

APP 打包后生成 ∗．mlappinstall 安装程序。单击图 8.78 中 MATLAB App 进入图 8.82 所示界面。该界面用于设置 ∗．mlapp 转 ∗．mlappinstall 的相关选项。

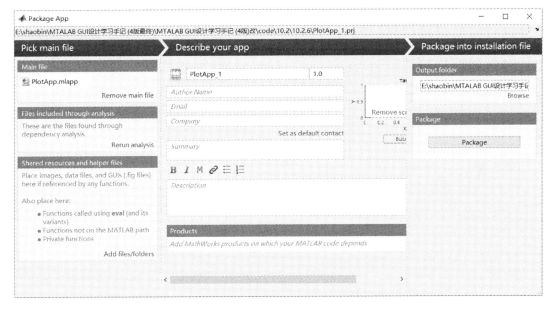

图 8.82　MATLAB App 打包界面

在 Describe your app 中输入描述性信息，在 Package into installation file 中选择输出路径后，选择 Package 打包。

APP 打包结果如图 8.83 所示。

图 8.83　MATLAB App 打包结果

双击打开文件,弹出界面提示该 APP 将安装至 MATLAB APPS 标签下,如图 8.84 所示。

安装完成后,可以在【APPS】→【MY APPS】下找到已安装的 APP,如图 8.85 所示。单击 APP 图标即可打开 APP。

图 8.84　安装提示

图 8.85　安装结果

3. WEB APP

WEB APP 是可以通过网页浏览器访问的应用程序。

若设计者需要将 APP 部署在网络上以供其他人访问使用,可采用以下步骤进行设置:

① 安装 MATLAB Web App Server;

② 配置 MATLAB Web App Server;

③ 使用 Web App Compiler 将 *.mlapp 文件打包为 *.ctf 文件;

④ 将 *.ctf 文件复制到 MATLAB Web App Server 中发布该 WEB APP;

⑤ 通过网址访问 WEB APP。

接下来详细介绍以上 5 个步骤。

(1) 安装 MATLAB Web App Server

MATLAB Web App Server 用于将 Web App Compiler 打包好的应用程序挂载在网络上,同时提供网页浏览器与 WEB APP 间的 HTTP/HTTPS 通信服务。

MATLAB Web App Server 有两种安装方式:在线安装、离线安装。

【注】　在线安装方式如下:

① 安装 MATLAB 软件;

② 将资源管理器定位至

```
C:\Program Files\MATLAB\R2018b\toolbox\compiler\deploy\win64\MATLABWebAppServerSetup
```

文件夹下(依 MATLAB 实际安装路径更改磁盘符),选中 MATLABWebAppServerSetup. exe,右击选择以管理员身份运行,如图 8.86 所示。

Linux 与 macOS 系统的文件默认路径为:

```
/usr/local/MATLAB/R2018b /toolbox/compiler/deploy/glnxa64/MATLABWebAppServerSetup
/Applications/MATLAB_R2018b.app/toolbox/compiler/deploy/maci64/MATLABWebAppServerSetup
```

图 8.86 MATLAB Web App Server 在线安装界面

③ MATLABWebAppServer. exe 安装程序将自动联网下载 MATLAB Runtime 以及 MATLAB Web App Server 程序,如图 8.87 所示。

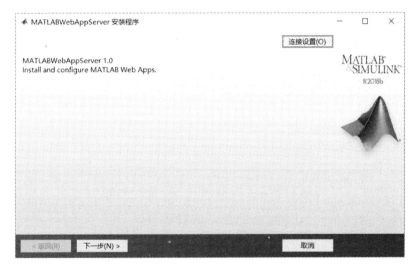

图 8.87 MATLABWebAppServer. exe 联网下载界面

④ 安装成功后,弹出图 8.88 所示界面。

离线安装方式如下:

① 未安装 MATLAB Runtime 的计算机,需在官网下载 MATLAB Runtime 离线安装包进行安装,下载地址为:https://www. mathworks. com/products/compiler/matlab - runtime. html。

② 安装 Web App Server。将 Windows 资源管理器定位至

`C:\Program Files\MATLAB\R2018b\toolbox\compiler\deploy\win64\MATLABWebAppServerSetup\offline`

文件夹下(依 MATLAB 实际安装路径更改磁盘符),选中 MATLABWebAppServer. zip 文件并解压。打开解压文件夹中的 MATLABWebAppServer. exe,右击以管理员身份运行,如图 8.88 所示。

(2) 配置 MATLAB Web App Server

图 8.88 中 Service Registration 下,有两个选项"Register the web apps service using a de-

若您对此书内容有任何疑问,可以登录MATLAB中文论坛与同行交流。

图 8.88　MATLAB Web App Server 软件界面

fault account(使用默认账户注册网页应用服务)""Register the web apps service using an existing local account(使用本地账户注册网页应用服务)"可供选择。

【注】　选择默认账户时,无须做其他设置。不同操作系统对应的默认账户名称与服务名称如表 8.14 所列。

表 8.14　各操作系统对应的账户名称与服务名称

操作系统	默认账户名称	默认服务名称
Windows	MATLABWebAppsGuest	MATLAB Web Apps (R2018b)
Linux	mwguest	mw - webapps - R2018b
MacOS	_mwguest	mw - webapps - R2018b

选择本地账户时,需要输入账户名与密码(账户名、密码必须与本地计算机登录名、登录密码保持一致),如图 8.89 所示。

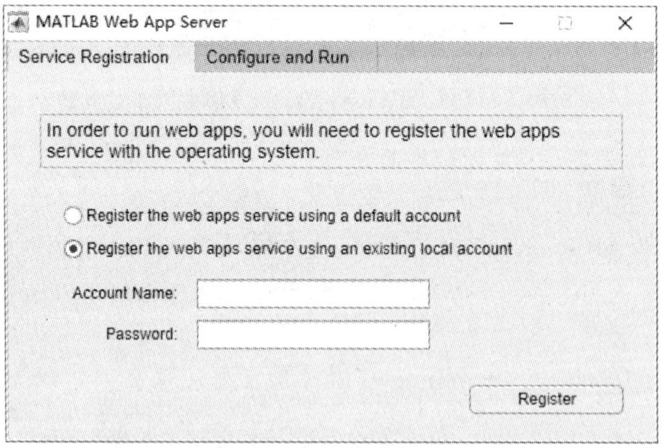

图 8.89　使用本地账户注册 web 应用服务

使用本地账户注册网页应用服务。注册完成后,弹出如图 8.90 所示界面。

【注】　各选项功能如下:

Start:启动/停止 MATLAB Web App Server;

Open Home Page:打开 WEB APP 主页;

Open App Folder:打开 ∗ ctf 文件(该文件由 Web App Compiler 生成);

Open Log Folder:打开服务器日志文档;

Port Number:指定访问端口号,默认端口为 9988;

Startup Timeout:启动超时(请求 Web App 时等待的最长时间),默认为 45 s。若服务器过载,需要调整超时时间;

Session Timeout:会话超时(Web App 用户与 APP 断开通信的最长时间,超过该时间,APP 无法运行),默认为 5 min。

Use Secure Connection:启用 SSL 安全连接,使用 https 协议访问 Web App。

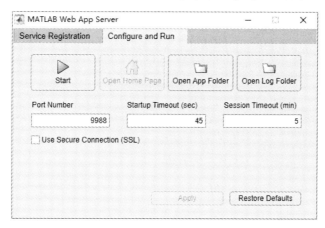

图 8.90　MATLAB Web App Server 配置界面

(3) 使用 Web App Compiler 将 ∗.mlapp 文件打包为 ∗.ctf 文件

单击图 8.78 中 Web App 进入图 8.91 所示界面。该界面用于设置 ∗.mlapp 转 ∗.ctf 相关选项。配置完成后单击 Package 打包。

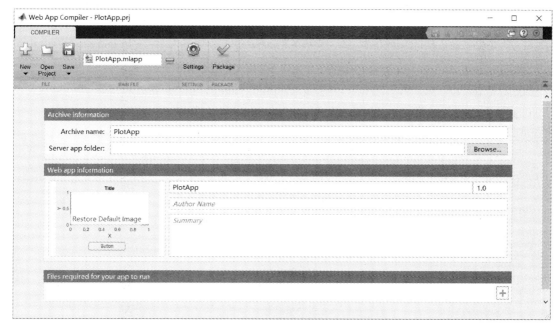

图 8.91　Web App Compiler 配置界面

打包结束后打开输出文件夹,在文件夹中可以看到打包(编译)好的 ∗.ctf 文件,如图 8.92 所示。

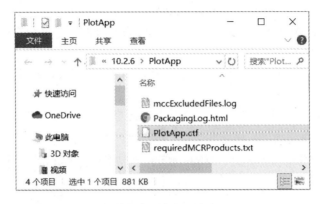

图 8.92 输出文件夹

(4) 将 ∗.ctf 文件复制到 MATLAB Web App Server 中发布该 Web App

单击图 8.90 中【Open App Folder】,自动弹出名为 apps 的文件夹。将图 8.92 中的 PlotApp.ctf 复制到 apps 文件夹中,如图 8.93 所示。

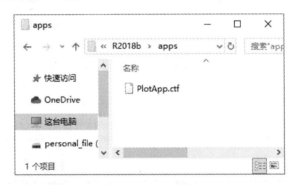

图 8.93 将 ∗.ctf 文件添加至 apps 文件夹中

【注】 若无法将 ∗.ctf 文件添加至 apps 中,需要修改 apps 文件夹写入限权。

关闭 apps 文件夹。单击图 8.90 中【Open home page】,可在服务器的浏览器中见到已配置好的 Web Apps,如图 8.94 所示。Web Apps 测试结果,如图 8.95 所示。

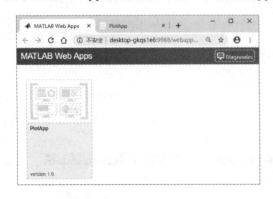

图 8.94 配置成功的 Web Apps

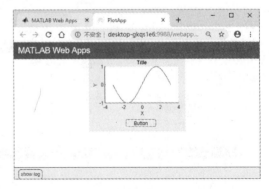

图 8.95 Web Apps 运行界面

（5）通过网址访问 Web Apps

图 8.94 浏览器地址栏中，Web App Server 给出的 Web Apps 主页地址为：

```
http://desktop - gkqs1e6:9988/webapps/home/index.html
```

图 8.95 浏览器地址栏中，PlotApp 的网址为：

```
http://desktop - gkqs1e6:9988/webapps/home/session.html? app = PlotApp
```

选择局域网中任意一台计算机，打开浏览器，输入以上网址，按【Enter】键后即可使用
Web Apps。

作者所在局域网存在两台计算机，如图 8.96 所示。

图 8.96　局域网计算机

DESKTOP － GKQS1E6 为已配置好的服务器。LAPTOP － T5SV94VQ 为另一台计算
机，在该计算机的浏览器地址栏输入 PlotApp 网址，按【Enter】键后弹出如图 8.97 所示界面。

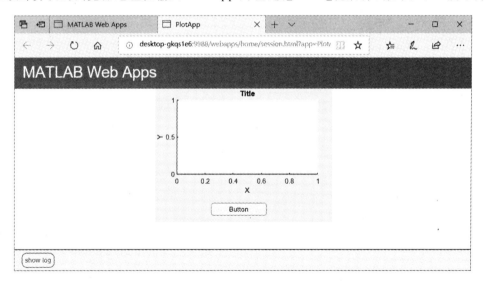

图 8.97　局域网内使用网址访问 Web Apps

【注】　使用 Web Apps 需要注意两个问题：

① 若计算机 1 想通过网址访问位于服务器（计算机 2）上的 Web Apps，计算机 1 与服务
器必须处于同一局域网内，否则会访问失败。

② 即使计算机 1 与服务器已处于同一局域网内，也需要在服务器端配置 Windows 防火

墙入站规则，否则计算机 1 仍会访问失败。具体配置步骤为：控制面板→系统和安全→Windows Defender 防火墙→高级设置→入站规则→新建规则→新建入站规则向导，接着：

A. 选择"端口"，单击【下一步】按钮。

B. 选择"tcp"→"所有本地端口"，单击【下一步】按钮。

C. 选择"允许连接"，单击【下一步】按钮。

D. 选择"域""专用""公用"，单击【下一步】按钮。

E. 输入任意名称（如 name），单击【完成】按钮。

组建局域网并按以上步骤完成服务器入站规则配置后可在局域网内使用网址访问 Web Apps。

8.2.9 浅谈 App Designer 代码结构

App Designer 生成的代码文件，控制 APP 并决定 APP 对用户操作的响应。用户仅需要在代码框架内编写对象的回调函数（或创建属性、函数），其他代码由 App Designer 自动生成。

新建 APP，在默认画布（UI Figure）上添加一个 UI Axes、一个 UI Button 对象，并对 UI Button 对象添加回调函数 button。

App Designer 生成代码如下：

```
classdef app1 < matlab.apps.AppBase

    % Properties that correspond to app components
    properties (Access = public)                % ① 属性声明
        UIFigure matlab.ui.Figure              % 声明 UIFigure 属性
        UIAxes   matlab.ui.control.UIAxes       % 声明 UIAxes 属性
        Button   matlab.ui.control.Button       % 声明 Button 属性
    end

    methods (Access = private)                  % ② 对象回调函数（需要编辑）
        % Button pushed function: Button
        function button(app, event)             % Button 回调函数命名为 button
            %编辑回调函数（只有此区域可编辑）

        end
    end

    % App initialization and construction
    methods (Access = private)                  % ③ 构建 APP 对象

        % Create UIFigure and components
        function createComponents(app)
        %调用函数 createComponents 创建对象；

            % Create UIFigure
            app.UIFigure = uifigure;                        % 创建 UIFigure
            app.UIFigure.Position = [100 100 640 480];      % 初始化 UIFigure 的位置
            app.UIFigure.Name = 'UI Figure';                % UIFigure 的名称为 'UI Figure'

            % Create UIAxes
```

```
            app.UIAxes = uiaxes(app.UIFigure);              % 创建 UIAxes
            title(app.UIAxes, 'Title')                      % 初始化 UIAxes 名称
            xlabel(app.UIAxes, 'X')                         % 初始化 UIAxes x 轴名称为 X
            ylabel(app.UIAxes, 'Y')                         % 初始化 UIAxes y 轴名称为 Y
            app.UIAxes.Position = [171 234 300 185];        % 初始化 UIAxes 位置

            % Create Button
            app.Button = uibutton(app.UIFigure, 'push');    % 创建 UIButton
            app.Button.ButtonPushedFcn = createCallbackFcn(app, @button, true);
            % 回调函数为 button,用函数句柄 @ button 表示;turn 表示 Button 按下时执行
            app.Button.Position = [289 160 100 22];         % 初始化 button 位置
        end
    end

    methods (Access = public)                               % ④ 创建 APP

        % Construct app
        function app = app1

            % Create and configure components
            createComponents(app)                           % 调用函数创建对象

            % Register the app with App Designer
            registerApp(app, app.UIFigure)                  % 注册对象以及对象的回调函数

            if nargout == 0                                 % 若 APP 的输出参数个数为 0
                clear app                                   % 删除当前工作区中所有变量,并将其从系统内存中释放
            end
        end

        % Code that executes before app deletion
        function delete(app)

            % Delete UIFigure when app is deleted
            delete(app.UIFigure)                            % 关闭 APP 时,删除 UIFigure
        end
    end
end
```

【注】　以上代码仅 UI Button 的回调函数可编辑,其余代码无法编辑。

通常可将代码分为 4 部分:属性的声明、回调函数/自定义函数的编辑、对象的构建、APP 的创建。

1. 属性的声明

App Designer 中,一个 APP 就是一个类(Class),APP 中所有对象以及私有/公共属性被称为类的属性,属性需要声明。

声明格式如下:

```
properties
  PropName   PropType
end
```

489

其中，PropName 为属性名称，PropType 为属性类型。若声明属性时不指定属性类型 Prop-Type，则属性类型依赋值类型自动变化。

【注】 对象的声明与字符变量的声明举例如下：

① 声明名为 MyButton 的 UI Button 对象（App Designer 会自动生成对象的声明代码，无须用户编写）：

```
properties (Access = public)
    MyButton    matlab.ui.control.Button
  end
```

UI Button 对象的类型为 matlab.ui.control.Button。在画布添加对象后，可切至代码视图查看该对象类型。

② 字符变量的声明——声明名为 Value 的 double 类型变量：

```
properties
  Value   double
end
```

此时，Value 仅接受 double 类型赋值，如果尝试对 Value 赋其他类型的值，MATLAB 将提示错误。

2. 回调函数/自定义函数的编辑

对象的回调函数以及用户自定义的函数（私有/公共函数）需要自行编写，它们是整个APP 的灵魂，控制着 APP 的具体功能。

回调函数指定各对象的功能，与对象相关；自定义函数一般与对象无关，可在其他位置调用。

回调函数的代码格式如下：

```
methods (Access = private)
    function ObjName(app, event)        % ObjName 为对象名
      % 在此处添加回调函数
      end
  end
```

自定义函数的代码格式如下：

```
methods (Access = private)        % private 表示函数仅能在 APP 内调用，Access = public 表示可跨 APP
                                  % 调用
    function results = func(app)
      % 在此处添加自定义函数
      end
  end
```

3. 对象的构建

createComponents 函数用于构建对象，该函数是 APP 类中的 private 方法，仅能在类的内部进行调用。该函数用于执行对象的生成、确定对象的位置、初始化值等操作。

4. APP 的创建

创建 APP 的关键函数为 registerApp，该函数继承自 APP 的基类 matlab.apps.AppBase，

它的主要工作为:为 APP 的 UIFigure 添加动态属性,并将属性指向 APP;另一函数为析构函数 delete,单击 APP 关闭按钮,会触发 MATLAB 关闭 UIFigure。

使用 App Designer 并不要求用户掌握全部代码构架,因此本节仅就代码的结构做了简要说明,有兴趣的读者可以自行搜索相关文献。

8.3 专题分析

前面介绍了单窗口 APP 的设计与编程。通常来说,APP 的功能越丰富,界面上的对象也就越多,各对象之间的逻辑关系也更复杂。为了避免 APP 界面因堆积过多对象而显得臃肿,同时为了向用户清晰表达 APP 的使用逻辑,在设计功能复杂的 APP 时,通常采用多窗口模式。

多窗口 APP 是由两个或两个以上窗口构成的 APP,窗口之间可以实现数据共享。由于多窗口 APP 可以拆解为多个两窗口 APP,因此,掌握好两窗口 APP 的设计至关重要。

① 专题 12 为如何设计两窗口 APP;

② 专题 13 在专题 12 的基础上,讲解分支式、链式多窗口 APP。

两个专题前后衔接、难度递增,读者可参考随书附赠的例题代码学习多窗口 APP 的设计。

专题 12 使用 App Designer 设计两窗口 APP

1. 两窗口 APP 的创建

两窗口 APP 由两个窗口构成,如图 8.98 所示:一个主窗(Main Window)、一个对话窗(Dialog Window)。通常在主窗内存在一个按钮(setup),单击按钮打开对话窗。用户在对话窗完成相应操作,单击对话窗按钮(OK)后,对话窗将数据传递给主窗,主窗根据传来的数据实施计算或进行其他操作。

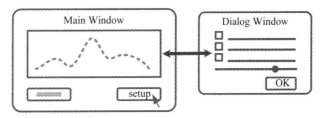

图 8.98 主窗口(左)与对话窗(右)

设计两窗口 APP 的关键点是如何将数据从主窗传递至对话窗以及如何将数据从对话窗传递至主窗。设计步骤为:

① 创建两个独立的 APP,分别保存为 app1. mlapp 与 app2. mlapp。

【注】 此处 app1. mlapp 作为主窗,app2. mlapp 作为对话窗。文件名可自定义。

② 设置对话窗的启动回调函数。

【注】 设置对话窗启动回调函数的输入参数(输入参数用于接收主窗传来的数据),编辑函数主体。

③ 在主窗内编写对话窗调用函数。

【注】 调用函数用于打开对话窗。

④ 在主窗内设置公共属性与(或)公共函数。

若您对此书内容有任何疑问,可以登录MATLAB中文论坛与同行交流。

【注】 主窗内的公共属性、公共函数可被对话窗访问（将数据从对话窗传向主窗）。

⑤ 在对话窗内访问公共属性与公共函数。

【注】 在对话窗内调用主窗公共函数，或将数据传递给主窗公共属性。

⑥ 编写主窗与对话窗功能函数。

【注】 步骤②～⑤完成数据传递设置，步骤⑥设置各窗口的具体功能。

⑦ 编写主窗与对话窗的窗口管理程序。

【注】 主窗与对话窗均需要编写窗口管理程序。例如：对话窗关闭前，需要禁用主窗，而主窗关闭前，需要关闭对话窗。

【例 8.3.1】 设计双窗口 APP，主窗界面如图 8.99 所示，对话窗界面如图 8.100 所示。

要求：

① 单击主窗【Plot】按钮，以 A 为频率绘制正弦曲线 $\sin(A*x)$；

② 单击主窗【Setup】按钮，对话窗自动弹出，主窗数据 A、B 传递至对话窗；

③ 选择对话窗 Add 或 multiply 实现 $A+B$ 或 $A*B$，计算结果为 C；单击 Backcolor 选择一种 RGB 颜色；

④ 单击对话窗【OK】按钮后，对话窗关闭，主窗内曲线自动更新为 $\sin(C*x)$，坐标区背景色更新为 Backcolor 选定的颜色。

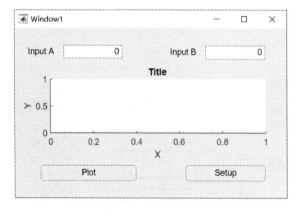

图 8.99 主窗

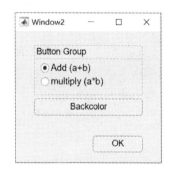

图 8.100 对话窗

简析： 步骤②将数据 A、B 从主窗传递至对话窗，步骤④将数据 C、RGB 数组从对话窗传递至主窗。

按照步骤①～⑦完成双窗口 APP 的设计。

① 两个 APP 布局完成后，分别保存为 Main.mlapp（主窗）与 Dialog.mlapp（对话窗）。

② 设置对话窗的启动回调函数。

【注】 本步骤需要设置对话窗启动回调函数 StartupFcn 的输入参数，编写回调函数。

设置输入参数：对话窗的代码视图中，单击编辑器下的 App input arguments ，打开启动回调函数 StartupFcn 的输入参数设置框，如图 8.101 所示。输入参数之间用逗号隔开，如图 8.102 所示，参数 a 用于接收主窗传递来的数据 A，参数 b 用于接收 B。除参数 a，b 外，参数 Main_Window（参数名可自定义）用于保存主窗文件名，不可缺少。

编写回调函数主体：参数添加完毕，单击【OK】按钮，光标自动跳转至 StartupFcn 函数下。编写代码：

```
function startupFcn(app, Main_Window, a, b)      % app 为默认参数，MATLAB 自动生成
        app.CallingApp = Main_Window;            % app.CallingApp 用于保存主窗口类
        app.dialog_recieved_a = a;               % 存储主窗传递来的参数 A(A = a)
        app.dialog_recieved_b = b;               % 存储主窗传递来的参数 B(B = b)
end
```

图 8.101　StartupFcn 输入参数设置　　　　　图 8.102　参数设置完成

StartupFcn 中的私有属性 CallingApp，dialog_recieved_a，dialog_recieved_b 需要预先定义。定义方法为：在 Eidtor 选项卡下选择【Property】→【Private Property】，添加代码：

```
properties (Access = private)
        CallingApp;                              % 创建私有属性 CallingApp 用于存储主窗口类
        dialog_recieved_a;                       % 创建私有属性 dialog_recieved_a 用于存储 A
        dialog_recieved_b;                       % 创建私有属性 dialog_recieved_b 用于存储 B
        C;                                       % 创建属性 C 用于存储计算结果
        ColorChoose = [0.9412 0.9412 0.9412];    % 创建 ColorChoose 存储 RGB 颜色，默认为灰色
end
```

③ 在主窗内编写对话窗调用函数。

【注】　调用函数可唤出对话窗。对主窗【Setup】按钮添加回调函数：

```
function setup(app, event)
        app.SetupButton.Enable = 'off';
        % 对话窗存在时，需要禁止主窗的 Setup 功能，避免打开多个对话窗

        app.DialogApp = Dialog(app,app.InputAEditField.Value,app.InputBEditField.Value);
        % 调用对话窗，输入参数分别为 app、app.InputAEditField.Value(主窗输入值 A) 以及 app.InputBE-
        % ditField.Value(主窗输入值 B)

end
```

私有属性 app.DialogApp 需要预先定义：

```
properties (Access = private)
        DialogApp                                % 保存对话窗类
        Main_recieved_C;                         % 该属性用于保存对话窗传递的 C，在④中使用
        Main_recieved_Color;                     % 该属性用于保存对话窗传递的 ColorChoose，在④中使用
end
```

步骤②、③完成后，运行主窗程序，单击主窗【Setup】按钮，对话窗会自动弹出；同时 A、B 也传递至对话窗，分别保存在 dialog_recieved_a、dialog_recieved_b 中。

④ 在主窗内设置公共属性与(或)公共函数。

【注】 主窗内的公共属性、公共函数可被对话窗访问。本例中仅需要设置公共函数。

```
methods (Access = public)

    function results = Recieve_DataFrom_Dialog(app,calc_c,color)
    % 公共函数名为 Recieve_DataFrom_Dialog,该函数将在对话窗内调用,输入参数 calc_c、color 由
    % 对话窗给出

        app.Main_recieved_C = calc_c;
        % 对话窗返回的数据 C 存储在 app.Main_recieved_C

        app.Main_recieved_Color = color;
        % 对话窗返回的数据 ColorChoose 存储在 app.Main_recieved_Color

        x = linspace( - pi,pi,50);
        y = sin(app.Main_recieved_C * x);
        plot(app.UIAxes,x,y);                   % 以 C 为频率绘制正弦曲线

        app.UIAxes.BackgroundColor = app.Main_recieved_Color;
        % 以 ColorChoose 为背景色修改 UIAxes 的背景色
    end
end
```

⑤ 在对话窗内访问公共属性与公共函数。

【注】 在对话窗内调用主窗公共函数,或将数据传递给主窗公共属性。对话窗【OK】按钮的回调函数为:

```
function ok(app, event)
    button_index = app.ButtonGroup.SelectedObject;          % 判断 Add 还是 multiply,按下

    if button_index == app.AddabButton                      % 若为加法 button
        app.C = app.dialog_recieved_a + app.dialog_recieved_b;    % 计算 a + b
    elseif   button_index == app.multiplyabButton           % 若为乘法 Button
        app.C = app.dialog_recieved_a * app.dialog_recieved_b;    % 计算 a * b
    end

    Recieve_DataFrom_Dialog(app.CallingApp,app.C,app.ColorChoose);
    % 调用主窗中定义的公共函数 Recieve_DataFrom_Dialog,将对话窗的数据 C、ColorChoose 返回
    % 至主窗

    app.CallingApp.SetupButton.Enable = 'on';               % 按下【OK】后使能主窗 Setup
    delete(app);                                            % 关闭对话窗
```

⑥ 编写主窗与对话窗功能函数。

【注】 该步骤可设置各窗口的具体功能。

主窗【Plot】按钮的回调函数:

```
function plot(app, event)
    x = linspace( - pi,pi,50);
    y = sin(app.InputAEditField.Value * x);
    plot(app.UIAxes,x,y)                     % 以主窗 A 为频率绘制曲线
end
```

对话窗【BackColor】按钮的回调函数：

```
function color(app, event)
    app.ColorChoose = uisetcolor;        % 调出颜色选择框,选择 RGB 颜色,返回值为三元数组
end
```

⑦ 编写主窗与对话窗的窗口管理程序。

【注】　对话窗关闭前,需要禁用主窗,避免重复打开对话窗;主窗关闭前,需要关闭对话窗,避免窗口残留。

主窗的窗口管理程序:打开主窗的代码视图,右击 Component Browser 中的 app.uifigure 对象,在属性设置中选择 Callbacks→Add CloserRequestFcn callback,添加主窗关闭时的回调函数：

```
function clsoeFcn(app, event)
    delete(app.DialogApp)            % 关闭主窗前先关闭对话窗
    delete(app)                      % 关闭主窗
end
```

对话窗的窗口管理程序:打开对话窗的代码视图,右键单击 Component Browser 中的 app.uifigure 对象,在属性设置中选择 Callbacks→Add closerfcn callback,添加对话窗关闭时的回调函数：

```
function closeFcn(app, event)
    app.CallingApp.SetupButton.Enable = 'on';    % 使能主窗中的【Setup】按钮
    delete(app);                                  % 关闭对话窗
end
```

APP 运行结果如下：

① 如图 8.103 所示,在主窗中输入数据 A、B 后,单击【Plot】按钮,以 A 为频率绘制正弦曲线 sin(A * x)。

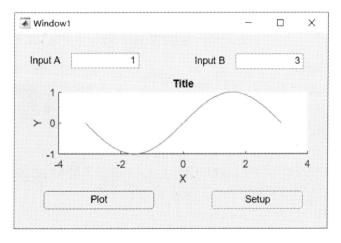

图 8.103　绘制正弦曲线 sin(A * x)

② 单击主窗【Setup】按钮,对话窗自动弹出,如图 8.104 所示。选择对话窗 multiply 选项;单击 Backcolor 弹出颜色选择器,如图 8.105 所示,选择颜色后单击颜色选择器【OK】按钮关闭颜色选择器。

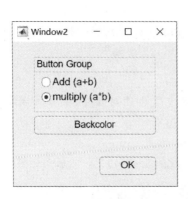

图 8.104　对话窗界面

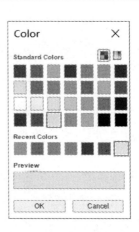

图 8.105　颜色选择器

③ 单击对话窗【OK】按钮,对话窗关闭,主窗界面更新,如图 8.106 所示。其中,正弦曲线频率与坐标区背景色均发生变化,说明对话窗内的选择已生效。

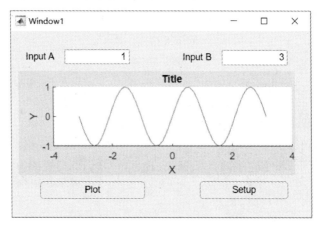

图 8.106　主窗更新后的界面

2. 两窗口 APP 再讨论

由例 8.3.1 可知,设计双窗口 APP 时需要在两个窗口之间轮流编程,且需要频繁调试。不同 APP 的代码千差万别,但编程核心却万变不离其宗,需要做好两点:

① 确保主窗能调出对话窗,并将数据传送给对话窗(过程一);

② 确保对话窗内的数据能返回至主窗(过程二)。

图 8.107 给出了双窗口 APP 的编程框架,表 8.15 给出了图 8.107 中各函数的功能及详细说明。

由表 8.5 可知,设计过程中需要确保:

① Main Window、Dialog Window 文件名、函数名的使用是否一致、正确;

② Main Window 与 Dialog Window 之间传递参数时,参数个数、类型是否有误;

③ 按需求设计窗口管理程序,避免出现逻辑错误。

双窗口 APP 作为最常见、最基础的多窗口 APP,深入掌握其编程技巧十分必要。在本专题的基础上,下一专题将展开讨论多窗口(3 个及以上)APP 的设计方法与编程原则。

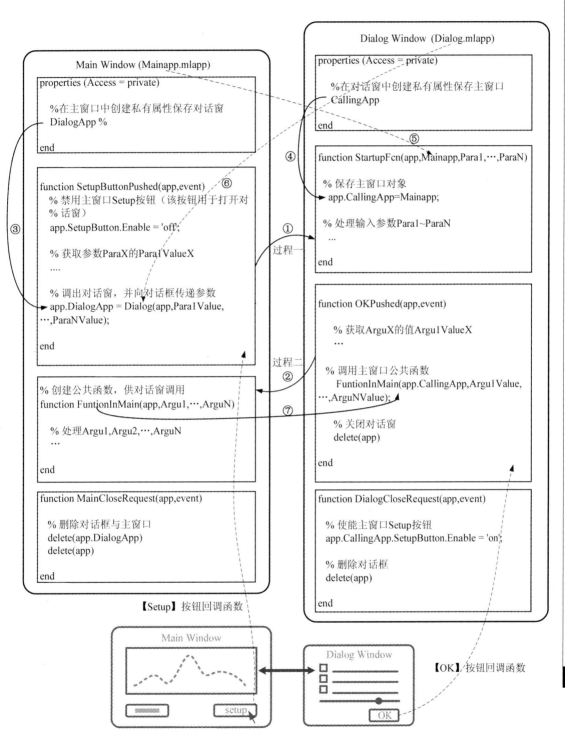

图 8.107　双窗口 APP 编程框架

表 8.15　图 8.107 中的函数详解

	Main Window（Mainapp. mlapp）	Dialog Window（Dialog. mlapp）
函数	properties（Access = private） … end	properties（Access = private） … end
功能详细说明	a. 在主窗口中定义私有属性，属性名任意（此处定义属性 DialogApp）； b. 该属性会在 function SetupButtonPushed(app, event) 函数中使用，见路径③	a. 在对话窗中定义私有属性，属性名任意，此处命名为 CallingApp； b. 该属性会在 function StartupFcn(app, Mainapp, Para1, Para2, …, ParaN) 函数中使用，见路径④
函数	function SetupButtonPushed(app, event) … end	function StartupFcn（app, mainapp, Para1, Para2, …, ParaN） … end
功能详细说明	a. 该函数是【Setup】按钮的回调函数，【Setup】按钮按下时该函数执行，对话窗自动弹出； b. 回调函数内首先应准备好需要从 Main Window 传递至 Dialog Window 的所有参数 ParaX 对应的值 ParaXValue； c. ParaXValue 准备好后，使用函数 app. DialogApp = Dialog(app, Para1Value, …, ParaNValue) 调出 Dialog Window，并将 ParaXValue 传递给 Dialog Window	a. 该函数是 Dialog Window 的启动函数，Dialog Window 弹出时首先执行该函数； b. 该函数用于接收 Main Window 传递来的参数； c. 对话框成功弹出与否取决于 StartupFcn(app, Mainapp, Para1, Para2, …, ParaN) 与 Dialog(app, Para1Value, …, ParaNValue) 之间的参数传递是否正确
注意事项	这两个函数是过程一（路径①）实现的关键。 ＊ Main Window 中 app. DialogApp = Dialog(app, Para1Value, …, ParaNValue) 共（N＋1）个输入参数，Dialog 为 Dialog Window 的文件名，见路径⑥。在 Dialog Window 中定义的 StartupFcn(app, main, Para1, …, ParaN) 共（N＋2）个参数，参数 app 由 MATLAB 自动添加，其位置与名称不可更改。 ＊ StartupFcn 中 Mainapp 用于存储 Main Window 的文件名，见路径⑤	
函数	function FuntionInMain(app, Argu1, Argu2, …, ArguN) … end	function OKPushed(app, event) … end
功能详细说明	a. 若要 Dialog Window 调用 Mian Window 的函数，则需要在 Main Window 中定义公共函数（Public function）。 b. 此处定义的公共函数名为 FuntionInMain，输入参数为（app, Argu1, Argu2, …, ArguN）	a. 过程一传递至 Dialog Window 的数据 ParaX 经过处理后变为 ArguX，ArguX 经由【OK】按钮的回调函数返回至 Main Window 中； b. 在【OK】按钮的回调函数内，首先应获取参数 ArguX 对应的值 ArguXValue； c. ArguXValue 准备好后，调用 Main Window 中定义的公共函数 function FuntionInMain(app. Calling, Argu1, Argu2, …, ArguN) 将参数 ArguXValue 传递至 MainWindow，见路径⑦。 d. 若此函数中不添加 delete(app) 语句，单击【OK】按钮后数据已传递至 Main Window，但是 Dialog Window 依旧显示在桌面上

续表 8.15

	Main Window（Mainapp. mlapp）	Dialog Window（Dialog. mlapp）
注意事项	这两个函数是过程二(路径②)实现的关键。Main Window 中定义的公共函数,第一个参数为 app,而在 Dialog Window 中调用该函数时,第一个参数为 app. Calling	
函数	function MainCloseRequest(app,event) … end	function DialogCloseRequest(app,event) … end
功能详细说明	单击 Main Window 右上角关闭按钮【×】时,应首先确保 Dialog Window 关闭,然后再关闭 Main Window	单击 Dialog Window 右上角关闭按钮【×】时,应首先确保使能 Main Window 中的【Setup】按钮,然后再关闭 Dialog Window

专题 13　使用 App Designer 设计多窗口 APP

对于多窗口(3 个及以上)APP,可将其拆分为两种简单结构加以处理。图 8.108 所示为一个典型的多窗口 APP 框架。

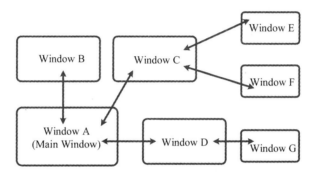

图 8.108　通用多窗口 APP 框架

拆分图 8.108 后可知它由两种简单结构组成:分支结构、链式结构。

分支结构如图 8.109 所示,主窗内存在多个按钮,单击不同按钮,调出不同窗口。

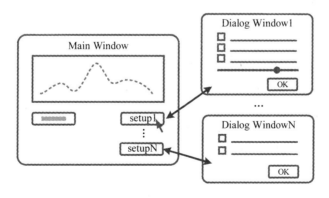

图 8.109　分支结构

链式结构如图 8.110 所示,主窗内存在一个按钮,单击该按钮,调出新窗口;新窗口也存在一个按钮,单击该按钮,调出另外一个新窗口。

上述两种结构任意组合,可设计出各类型多窗口 APP。

若您对此书内容有任何疑问,可以登录MATLAB中文论坛与同行交流。

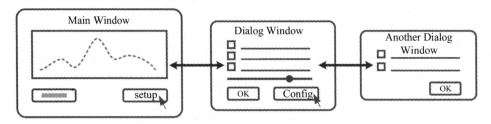

图 8.110　链式结构

1. 分支结构

分支结构由若干窗口构成,仅有一个窗口为主窗口。主窗口内有多个按钮,这些按钮用于调出其他窗口。分支结构的编程框架如图 8.111 所示。

图 8.111 中,Main Window 为主窗,Dialog Window1～N 为 N 个对话窗。图中各函数功能见表 8.15。

主窗代码结构:主窗按钮 setup1～N 用于调出 N 个对话窗,同时向对话窗传递数据。各对话窗中【OK】按钮用于调用主窗中的公共函数,并向主窗返回数据。

除开头

```
properties (Access = private)function
    DialogApp_1
    …;
    DialogApp_N
end
```

与结尾

```
function MainCloseRequest(app,event)
    delete(app.DialogApp1)
    …
    delete(app.DialogAppN)
    delete(app)
end
```

代码外,其余代码可划分为 N 部分(图中编号 1～N),分别对应 N 个对话窗。这 N 段代码的结构相同,均由两个函数组成:

① function Setup_XButtonPushed(app,event) 函数,其为主窗中【setupX】按钮的回调函数,用于调出第 X 个对话窗;

② function FuntionInMain_X(app,Argu1,Argu2,…,ArguN) 函数,其为定义在主窗中的公共函数,被第 X 个对话窗调用(可在该函数内加入主窗公共属性,实现数据从对话窗传递至主窗)。

对话窗代码结构:图 8.111 右侧为 N 个结构相同的对话窗。除

```
properties (Access = private)
    CallingApp
end
```

与

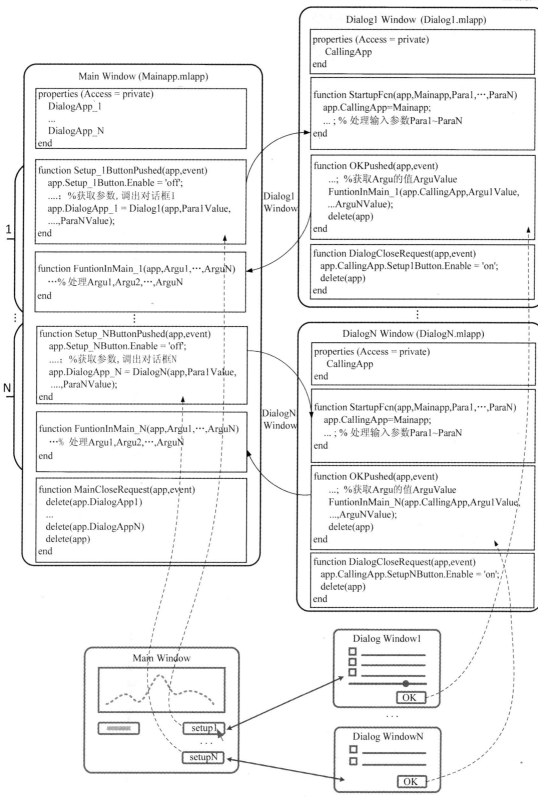

图 8.111   分支结构的编程框架

若您对此书内容有任何疑问，可以登录 MATLAB 中文论坛与同行交流。

```
function DialogCloseRequest(app,event)
    app.CallingApp.SetupXButton.Enable = 'on';
    delete(app)
end
```

外,各对话窗需要设置启动回调函数 function StartupFcn(app,mainapp,Para1,Para2,⋯,ParaN)与【OK】按钮回调函数 function OKPushed(app,event)。

【注】

① 对话窗功能各异,各对话窗调用的公共函数不尽相同。图 8.111 中令对话窗 X 调用的公共函数为 FuntionInMain_X(app,Argu1,Argu2,⋯,ArguN),这不是必需的。若对话窗 X 与对话窗 Y 调用的公共函数相同,只需在主窗内添加一个公共函数即可;若对话窗不调用主窗公共函数,则主窗内无须添加公共函数。

② 为方便读图,主窗按钮【setupX】的回调函数下紧跟着该按钮对应的对话窗需要调用的公共函数。实际编程时,公共函数与按钮回调函数是分离的,通常将所有公共函数放在一起(不分先后顺序)。

【例 8.3.2】 设计如图 8.112 所示的分支结构 3 窗口 APP。要求:

① 单击主窗【Frequency】按钮,弹出对话窗 1,同时禁用主窗【Frequency】按钮;

② 拖动对话窗 1 中滑块,设置数值 $a \in [1,11]$,单击【OK】关闭对话窗 1,主窗【Frequency】按钮使能,同时在主窗坐标区(上)绘制频率为 a 的正弦曲线 $\sin(a*x)$;

③ 单击主窗【Calculate】按钮,弹出对话窗 2,同时禁用主窗【Calculate】按钮;

④ 选择对话窗 2 内的 ABS(求绝对值)或 FFT(频谱分析),单击【OK】按钮关闭对话窗 2,主窗【Calculate】按钮使能,同时在主窗坐标区(下)绘制 $abs[\sin(a*x)]$ 或 $FFT[\sin(a*x)]$;

⑤ 单击主窗右上角关闭按钮【×】,所有窗口全部关闭。

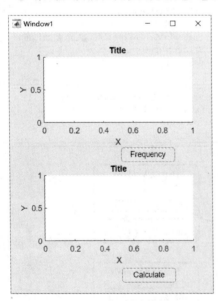

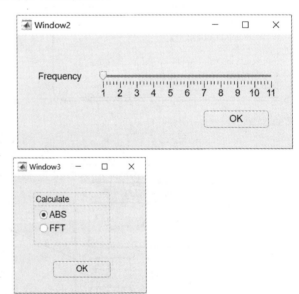

图 8.112 主窗(左),对话窗 1(右上),对话窗 2(右下)

简析:

根据要求①、③可知,主窗不需要向对话窗 1、2 传递参数,因此,对话窗 1、2 的启动函数

startupFcn 输入参数均设置为(app,主窗文件名)。

根据要求②、④可知,对话窗 1、2 需要调用主窗中的公共函数。对话窗 1 向主窗传递的参数为正弦频率 Frequency;对话窗 2 向主窗传递的参数为标志 Flag,Flag＝0 时表示选中 ABS 选项,Flag＝1 表示选中 FFT 选项。

主窗、对话窗 1、对话窗 2 分别命名为 main. mlapp、dialog1. mlapp、dialog2. mlapp。

(1) 主窗程序

A. 创建私有属性与公共函数

```
properties (Access = private)                 % 在主窗内创建私有属性
    DialogApp_1                               % DialogApp_1 用于保存对话窗 1
    DialogApp_2                               % DialogApp_1 用于保存对话窗 2
    DataX;                                    % 保存正弦曲线横坐标
    DataY;                                    % 保存正弦曲线纵坐标
end


% ------以下代码是主窗中定义的公共函数 Public_for_Dialog1 与 Public_for_Dialog2------

methods (Access = public)                     % 在主窗内创建公共函数

    function results = Public_for_Dialog1(app,fre)   % Public_for_Dialog1 函数供对话窗 1 调用,
                                                      % fre 为正弦频率
        app. DataX = linspace( - pi,pi,100);          % 设置正弦曲线横坐标
        app. DataY = sin(fre * app. DataX);           % 以 fre 为频率,求正弦曲线纵坐标
        plot(app. UIAxes,app. DataX,app. DataY)       % 在 UIAxes 中绘制频率为 fre 的正弦曲线
    end

    function results = Public_for_Dialog2(app,flag)   % Public_for_Dialog2 函数供对话窗 2 调用
        if flag == 0                                  % 选择对话窗 2 的绝对值,flag = 0
            DataY1 = abs(app. DataY);                 % 求 abs(DataY)
            plot(app. UIAxes2,app. DataX,DataY1)      % 在 UIAxes2 中绘图
        elseif flag == 1                              % 选择对话窗 2 的 FFT,flag = 1
            DataY2 = abs(fft(app. DataY));            % 求正弦曲线频谱
            plot(app. UIAxes2,DataY2);                % 在 UIAxes2 中绘制频谱
        end
    end
end
```

B. 创建【Frequency】、【Calculate】按钮的回调函数

```
function FreButton(app, event)                        % 【Frequency】按钮的回调函数
    app. FrequencyButton. Enable = 'off';             % 禁用【Frequency】按钮,避免调出多个对话窗 1
    app. DialogApp_1 = dialog1(app);                  % 调出对话窗 1
end

function calc(app, event)                             % 【Calculate】按钮的回调函数
    app. CalculateButton. Enable = 'off';            % 禁用【Calculate】按钮
    app. DialogApp_2 = dialog2(app);                  % 调出对话窗 2
end
```

若您对此书内容有任何疑问,可以登录 MATLAB 中文论坛与同行交流。

503

C. 创建 Window1 关闭回调函数

```
function closemain(app, event)              % 主窗的关闭回调函数
    delete(app.DialogApp_1)                 % 关闭对话窗 1
    delete(app.DialogApp_2)                 % 关闭对话窗 2
    delete(app);                            % 关闭主窗
end
```

(2) 对话窗 1 程序

A. 创建私有属性

```
properties (Access = private)               % Window2 创建私有属性保存 Window1
    CallingApp
end
```

B. 创建启动函数

```
function dialog1start(app, mainapp)
    app.CallingApp = mainapp;               % 创建 startupFcn
end
```

【注】 对话窗 1 的启动回调函数 dialog1start(app，mainapp)的参数为(app，mainapp)，在主窗中调用对话窗 1 时，调用函数 app. DialogApp_1＝dialog1(app)的参数为(app)。对话窗的启动函数参数比主窗中调用函数的参数多一个。

C. 创建【OK】按钮回调函数

```
function dialog1OK(app, event)
    frequency = app.FrequencySlider.Value;           % 获取滑块的值(frequency)
    Public_for_Dialog1(app.CallingApp,frequency);    % 调用主窗公共函数,将 frequency 传递回去
    app.CallingApp.FrequencyButton.Enable = 'on';    % 使能主窗中【Frequency】按钮
    delete(app);                                     % 关闭对话窗 1
end
```

D. 创建对话窗 1 的关闭回调函数

```
function dialog1close(app, event)
        app.CallingApp.FrequencyButton.Enable = 'on';    % 使能主窗【Frequency】按钮
        delete(app);                                     % 关闭对话窗 1
    end
```

(3) 对话窗 2 程序

A. 创建私有属性

```
properties (Access = private)
    CallingApp  % Description
end
```

B. 创建启动函数

```
function startupFcn(app, mainapp)
    app.CallingApp = mainapp;
end
```

C. 创建【OK】按钮回调函数

```
function dialog2OK(app, event)
    if app.ABSButton.Value                              % 若选择 ABS, flag = 0
        flag = 0;
    elseif app.FFTButton.Value                          % 若选择 FFT, flag = 1
        flag = 1;
    end

    Public_for_Dialog2(app.CallingApp,flag);            % 调用主窗公共函数,将 flag 传递回去
    app.CallingApp.CalculateButton.Enable = 'on';       % 使能主窗中【Calculate】按钮
    delete(app);                                        % 关闭对话窗 2
end
```

D. 创建对话窗 2 关闭回调函数

```
function clsseFcn(app, event)
    app.CallingApp.CalculateButton.Enable = 'on';       % 使能主窗【Calculate】按钮
    delete(app);                                        % 关闭对话窗 2
end
```

APP 运行结果如下：

① 运行主窗 APP,单击【Frequency】按钮,对话窗 1 弹出,【Frequency】按钮禁用,如图 8.113 所示。

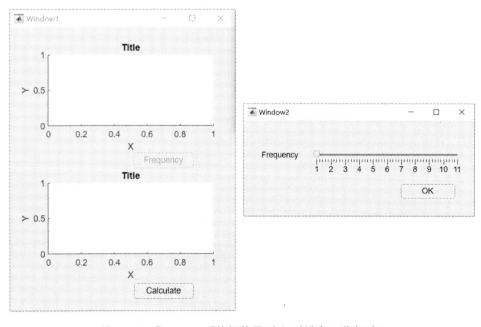

图 8.113　【Frequnecy】按钮禁用(左),对话窗 1 弹出(右)

② 拖动对话窗 1 内滑块至 6,单击【OK】按钮后对话窗 1 关闭,主窗【Frequency】按钮使能,主窗坐标区出现正弦曲线,如图 8.114 所示。

③ 单击主窗【Calculate】按钮,对话窗 2 弹出,【Calculate】按钮禁用,如图 8.115 所示。

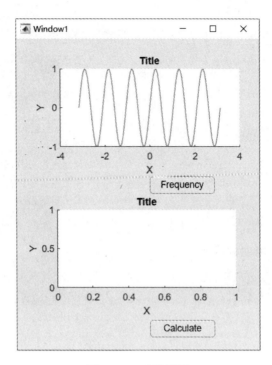

图 8.114　主窗界面

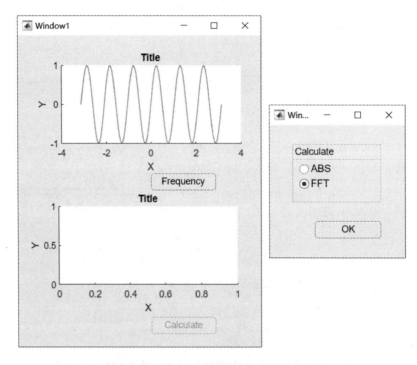

图 8.115　【Calculate】按钮按下时主窗界面

④ 选择对话窗 2 内 FFT，单击【OK】按钮，对话窗 2 关闭，主窗中坐标区出现正弦曲线频谱，如图 8.116 所示。

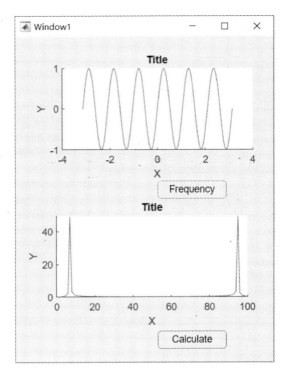

图 8.116　主窗界面

2. 链式结构

链式结构如图 8.110 所示,单击主窗内的按钮调出对话窗 1,单击对话窗 1 内的按钮调出对话窗 2,依次类推。链式结构的编程框架如图 8.117 所示。

Main Window 为主窗,Dialog1 Window 为对话窗 1,Dialog2 Window 为对话窗 2。图中各函数功能见表 8.15。

主窗按钮【setup】用于调出对话窗 1,对话窗 1 中的【Config】按钮用于调出对话窗 2。

对话窗 1 的程序框图中,function StartupFcn(app,Mainapp,Para1,…,ParaN)为窗口启动函数,function OKPushed(app,event)为【OK】按钮回调函数,这两个函数与主窗相联系;函数 function Setup_2ButtonPushed(app,event)、function FuntionInMain_2(app,Argu1,…,ArguN)与对话窗 2 相联系。

若主窗关闭时需要关闭由对话窗 1 调出的对话窗 2,则需要在主窗的关闭回调函数 function MainCloseRequest(app,event)中添加如下语句:

```
delete(app.DialogApp1.DialogApp2)
```

【例 8.3.3】　设计如图 8.118 所示的链式结构 3 窗口 APP。要求:

① 单击主窗【Setup】按钮,弹出对话窗 1,同时禁用主窗【Setup】按钮;

② 在对话窗 1 输入数值 A、B,单击【Calculate】按钮,对话窗 2 自动弹出,同时禁用对话窗 1 中的【Calculate】、【Plot】按钮;

③ 在对话窗 2 中选择 Add(Result=A+B)或 Multiply(Result=A*B),单击【OK】按钮后,对话窗 3 关闭,运算结果显示在对话窗 1 的 Result 中,同时使能对话窗 1 的【Calculate】、【Plot】按钮;

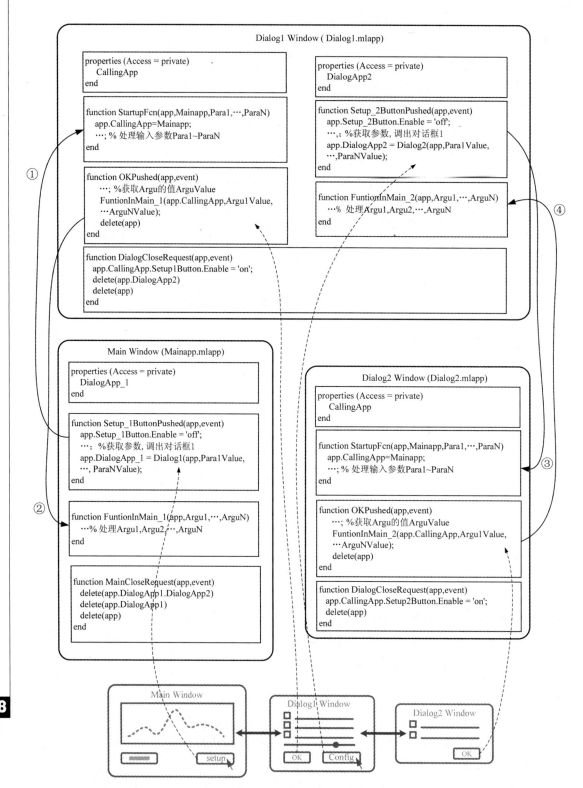

图 8.117　链式结构编程框架

④ 单击对话窗 1 内【Plot】按钮,对话窗 1 关闭,使能主窗【Setup】按钮,并在主窗中绘制正弦曲线 sin(Result * x)。

此外,还需要满足:

⑤ 关闭对话窗 1,对话窗 2 也需要关闭;

⑥ 关闭主窗,对话窗 1、2 均需要关闭。

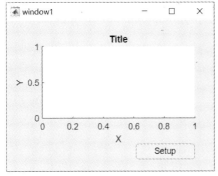 

图 8.118　主窗(左)、对话窗 1(中)、对话窗 2(右)

各窗口程序如下:

(1) 主窗程序

A. 创建私有属性与公共函数

```
properties (Access = private)
    DialogApp_1;                                % 主窗中创建私有属性保存对话窗 1
end

methods (Access = public)
    function results = Public_for_Dialog1(app,fre)   % 主窗中创建公共函数供对话窗 1 调用
        x = linspace( - pi,pi,100);
        y = sin(fre * x);                       % 参数 fre 由对话窗 1 传递至主窗
        plot(app.UIAxes,x,y)                    % 绘图
    end
end
```

B. 创建【Setup】按钮回调函数

```
function setup2(app, event)
    app.SetupButton.Enable = 'off';            % 打开对话窗 1 前禁用【Setup】按钮
    app.DialogApp_1 = dialog1(app);            % 打开对话窗 1
end
```

C. 创建主窗关闭回调函数

```
function clsoemain(app, event)
    close all force;                           % 关闭主窗时,强制关闭所有的窗口
end
```

【注】 主窗关闭时,需要同时确保对话窗 1、对话窗 2 关闭。若 function clsoemain(app, event)函数为:

若您对此书内容有任何疑问,可以登录MATLAB中文论坛与同行交流。

509

```
function clsoemain(app, event)
    delete(app.DialogApp_1.DialogApp_2);        % 关闭主窗调出的对话窗 1 调出的对话窗 2
    delete(app.DialogApp_1);                      % 关闭主窗调出的对话窗 1
    delete(app);                                   % 关闭主窗
end
```

则会出现如下问题:对话窗 1、对话窗 2 未弹出的情况下,单击 window1 右上角的关闭("×")按钮,主窗无法关闭,程序报错。这是因为 app. DialogApp_1. DialogApp_2、app. DialogApp_1 此时并不存在,致使语句 delete(app. DialogApp_1. DialogApp_2)无法执行。因此,要实现正常的窗口关闭功能,需要在 function clsoemain(app, event)函数中判断 app. DialogApp_1. DialogApp_2、app. DialogApp_1 存在与否,为了避免烦琐的判断,可在 function clsoemain(app, event)中使用强制关闭所有窗口的 close all force 语句。

(2) 对话窗 1 程序

A. 创建私有属性与公共函数

```
properties (Access = private)
    CallingApp;                              % 对话窗 1 中创建私有属性保存对话窗 2
    Result = 0;                              % 对话窗 1 中对象 Result 默认值为 0
end

properties (Access = private)
    DialogApp_2;                             % 对话窗 1 中创建私有属性保存对话窗 2
end

methods (Access = public)
    function results = Public_for_Dialog2(app,c)  % 对话窗 1 中创建公共函数供对话窗 2 调用
        app.Result = c;                           % c 为对话窗 2 返回的计算值
        app.ResultEditField.Value = app.Result;   % 将 c 显示在 Result 中
    end
end
```

B. 创建 window2 启动函数

```
function startupFcn(app, mainapp)
    app.CallingApp = mainapp;
end
```

C. 创建【Plot】按钮回调函数

```
function plot(app, event)
    Public_for_Dialog1(app.CallingApp,app.Result);  % 对话窗 1 调用主窗中定义的公共函数
    app.CallingApp.SetupButton.Enable = 'on';        % 使能主窗中的【Setup】按钮
    delete(app);                                      % 关闭对话窗 1
end
```

对话窗 1 不调出对话窗 2 时,语句 Public_for_Dialog1(app. CallingApp, app. Result)中 app. Result 取默认值 0;若对话窗 1 调出对话窗 2,则 app. Result 由对话窗 2 的返回值决定,app. Result＝A＋B 或 A * B。

D.　创建【Calculate】按钮回调函数

```
function calculate(app, event)
    app.CalculateButton.Enable = 'off';        % 打开对话窗 2 前禁用 Calculate
    app.PlotButton.Enable = 'off';             % 打开对话窗 2 前禁用 Plot 按钮

    app.DialogApp_2 = dialog2(app,app.AEditField.Value,app.BEditField.Value);
    % 调出对话窗 2 窗口,并将对话窗 1 中输入的数据 A、B 传递给对话窗 2

end
```

E.　创建对话窗 1 关闭回调函数

```
function closewindow1(app, event)
    app.CallingApp.SetupButton.Enable = 'on';   % 关闭对话窗 1 时使能主窗的【Setup】按钮
    delete(app.DialogApp_2)                      % 关闭对话窗 1 调出的对话窗 2
    delete(app);                                 % 关闭对话窗 1
end
```

（3）对话窗 2 程序
A.　创建私有属性与公共函数

```
properties (Access = private)
    CallingApp;        % 创建属性保存对话窗 1
    A;                 % 保存对话窗 1 数据 A(app.AEditField.Value)
    B;                 % 保存对话窗 1 数据 B(app.BEditField.Value)
    C;                 % 保存运算结果 A + B 或 A * B
end
```

B.　创建话窗 2 启动函数

```
function startupFcn(app, mainapp, a, b)
    app.CallingApp = mainapp;
    app.A = a;
    app.B = b;
end
```

C.　创建【OK】按钮回调函数

```
function OKbutton(app, event)                    % 创建【OK】按钮回调函数

    if app.AddButton.Value                        % 若选择【Add】按钮,则执行 A + B,将结果保存在 C
        app.C = app.A + app.B;
    elseif app.MultiplyButton.Value               % 若选择【Multiply】按钮,则执行 A + B,将结果保
                                                  % 存在 C
        app.C = app.A * app.B;
    end

    Public_for_Dialog2(app.CallingApp,app.C);     % 调用对话窗 1 中的公共函数,将 C 传递给对话窗 1
    app.CallingApp.CalculateButton.Enable = 'on'; % 使能对话窗 1 中的【Calculate】按钮
```

511

```
        app. CallingApp. PlotButton. Enable = 'on';          % 使能对话窗 1 中的【Plot】按钮
        delete(app);                                         % 关闭对话窗 2

    end
```

D. 创建 window3 关闭回调函数

```
function closewindow2(app, event)
        app. CallingApp. CalculateButton. Enable = 'on';     % 使能对话窗 1 中的【Calculate】按钮
        app. CallingApp. PlotButton. Enable = 'on';          % 使能对话窗 1 中的【Plot】按钮
        delete(app);                                         % 关闭对话窗 2
    end
```

程序运行结果如下：

① 运行主窗,单击【Setup】按钮,弹出对话窗 1,【Setup】按钮禁用,如图 8.119 所示。

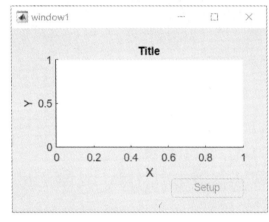
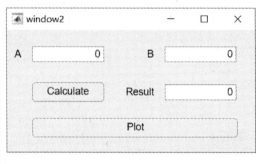

图 8.119　调出对话窗 1

② 在对话窗 1 的 A、B 栏分别输入 1、2,单击【Calculate】按钮,弹出对话窗 2,同时令【Calculate】、【Plot】按钮变灰,如图 8.120 所示。

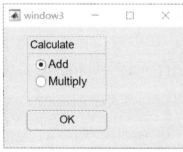

图 8.120　调出对话窗 2

③ 选择对话窗 2 内【Multiply】选项按钮,单击【OK】按钮,对话窗 2 关闭,对话窗 1 内 Result 显示 2,同时使能【Calculate】、【Plot】按钮,如图 8.121 所示。

④ 单击对话窗 1 中的【Plot】按钮,对话窗 1 关闭,主窗中绘制出正弦曲线 sin(2x),同时使能主窗【Setup】按钮,如图 8.122 所示。

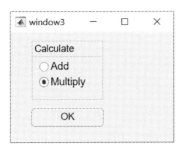 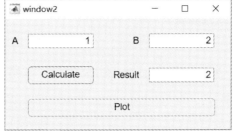

图 8.121　关闭对话窗 2

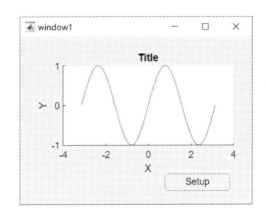

图 8.122　APP 运行结果

经测试,该多窗口 APP 可实现如下窗口管理功能:

① 主窗、对话窗 1、对话窗 2 均打开时,窗口管理如表 8.16 所列。

表 8.16　窗口管理功能①(×:窗口关闭,√:窗口不关闭)

用户动作	主窗状态	对话窗 1 状态	对话窗 2 状态
关闭主窗	×	×	×
关闭对话窗 1	√	×	×
关闭对话窗 2	√	√	×

② 主窗、对话窗 1 打开时,窗口管理如表 8.17 所列。

表 8.17　窗口管理功能②

	主窗状态	对话窗 1 状态
关闭主窗	×	×
关闭对话窗 1	√	×

③ 仅主窗打开时,窗口管理如表 8.18 所列。

表 8.18　窗口管理功能③

	主窗状态
关闭主窗	×

8.4　精选答疑

问题 35　如何使用 App Designer 设计数字信号滤波器

在工程项目与科学研究中,数字滤波器的使用十分广泛。数字滤波器是一种离散时间系统,通过设置参数可使其具有独特的频响特性,数字信号通过滤波器后仅保留特定频率范围内的信号分量。下面以 App Designer 为工具设计一个简易的数字滤波器。

【注】　以采样率 f_s 对频率为 f_0 的模拟信号连续采样。采样信号的数字频率为 $\Omega = f_0/f_s$,由奈奎斯特采样定律知 $\Omega \in [0,0.5)$。数字滤波器低通频率 Ω_{Low}、高通频率 Ω_{High} 需要满足条件:$0 \leqslant \Omega_{Low} < 0.5$(低通滤波)、$0 \leqslant \Omega_{High} < 0.5$(高通滤波)、$0 \leqslant \Omega_{Low} < \Omega_{High} < 0.5$(带通滤波)。

MATLAB 中,数字频率 Ω 归一化为 1(对 Ω、Ω_{Low}、Ω_{High} 同时乘 2),$\Omega \in [0,1]$。因此,数字滤波器的低通截止频率 Ω_{Low}、高通频率起始频率 Ω_{High} 需要满足条件:$0 \leqslant \Omega_{Low} < 1$(低通滤波)、$0 \leqslant \Omega_{High} < 1$(高通滤波)、$0 \leqslant \Omega_{Low} < \Omega_{High} < 1$(带通滤波)。

【例 8.4.1】　设计如图 8.123 所示数字滤波器 APP。要求:

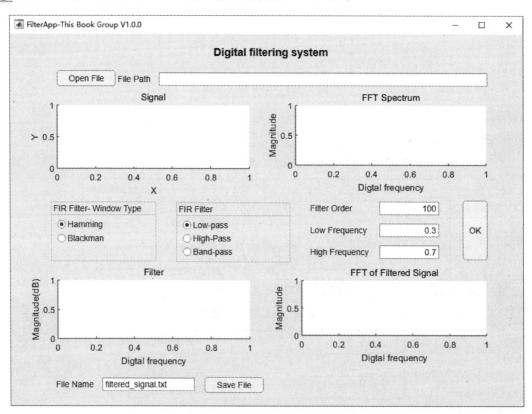

图 8.123　数字滤波器 APP 界面

① 单击 Open File 导入数字信号文件(*.txt),并将数据显示在 Signal 中,同时在 FFT Spectrum 中显示原始信号的频谱。

② 设置滤波器参数(5 个参数:窗型 Hamming/Blackman、通带类型 Low/High/Band-pass、阶数 Filter Order、低通频率 Low Frequency、高通频率 High Frequency),单击【OK】按

钮实现原始信号的滤波。其中,Filter 坐标区显示滤波器频响曲线,FFT of Filtered Signal 坐标区显示滤波信号的频谱。

简析:除设计参数可调的滤波器外,还须实现文件的选择与读写。

APP 布局完成后,编写程序:

(1) 创建属性与函数

```
% ------------------------- 创建私有属性 -------------------------
properties (Access = private)
    signal;                          % 保存原始信号
    path;                            % 保存原始信号所在文件夹路径
    filtered_signal;                 % 保存滤波后的信号
    flag;                            % 标志(中间参数)
    flag1;                           % 标志 1(中间参数)
  end


% ------------------- 创建私有函数 fft_function -------------------
methods (Access = private)
    function results = fft_function(app, para_signal, uiaxesflag)   % 该函数用于求 para_signal
                                                                    % 的 FFT 频谱

        length_signal = length(para_signal);     % 求 para_signal 长度
        x = (0:1:length_signal - 1)/length_signal * 2;     % 计算归一化横坐标
        fft_signal = abs(fft(para_signal));       % 计算频谱 abs(fft(para_signal))

        if uiaxesflag == 1                        % uiaxesflag 等于 1 时,频谱绘制在 FFT Spectrum
            plot(app.UIAxes_2, x, fft_signal);
        elseif  uiaxesflag == 2                   % uiaxesflag 等于 2 时,频谱绘制在 FFT of Filtered
                                                  % Signal 中
            plot(app.UIAxes2_2, x, fft_signal);
        end

    end
end

% ------------------- 创建函数 filterplot_filtersignal -------------------
% 输入参数为 app, lowfre 低通频率、highfre 高通频率、order 滤波器阶数
% app. flag 等于 0 表示窗取 Hamming 窗,app. flag 等于 1 表示 Blackman 窗
% app. flag1 = 0 表示低通,app. flag1 = 1 表示高通,app. flag1 = 2 表示带通

methods (Access = private)
    function results = filterplot_filtersignal(app, lowfre, highfre, order)
        if app.flag == 0

            if app.flag1 == 0
                filterdata = fir1(order, lowfre, hamming(order + 1));     % Hamming, 低通
                % 函数 fir1 用于计算滤波器系数(即差分方程分子系数),滤波器系数保存在
                % filterdata 中
```

```matlab
                    % filterdata 是滤波的关键,计算 filterdata 与 signal 的卷积,实现 signal 的滤波

        elseif app.flag1 == 1
            filterdata = fir1(order,highfre,'high',hamming(order + 1));    % Hamming,高通
        elseif app.flag1 == 2
            filterdata = fir1(order,[lowfre,highfre],hamming(order + 1));    % Hamming,带通
        end

    elseif app.flag == 1

        if app.flag1 == 0
            filterdata = fir1(order,lowfre,blackman(order + 1));    % Balckman,低通
        elseif app.flag1 == 1
            filterdata = fir1(order,highfre,'high',blackman(order + 1));    % Balckman,高通
        elseif app.flag1 == 2
            filterdata = fir1(order,[lowfre,highfre],blackman(order + 1));    % Balckman,带通
        end

    end

    [h,n] = freqz(filterdata,1,512);                    % 由滤波系数 filterdata,计算滤波器频率响应
    plot(app.UIAxes2,n/(pi),db(abs(h)));                    % 在 UIAxes2 中绘制滤波器频响特性曲线

    app.filtered_signal = conv(filterdata,app.signal);        % 对信号滤波,conv 为卷积函数

fft_function(app,app.filtered_signal,2);
    % 计算滤波后的频谱,2 表示将频率绘制在 FFT of Filtered Signal

        end
end
```

【注】 此处采用 app.filtered_signal = conv(filterdata,app.signal)进行滤波,也可采用 filter 函数进行滤波。

(2) 创建回调函数

【Open File】按钮的回调函数为:

```matlab
function openfile(app, event)

    [file,app.path] = uigetfile('* .txt');
    % uigetfile 弹出对话框,用于确定信号文件的路径、app.path 与名称 file

    filepath = fullfile(app.path,file);        % 连接 app.path 与 file,形成完整路径 filepath
    app.FilePathEditField.Value = filepath;    % 将 filepath 显示在 File Path 显示框中

    fileID = fopen(filepath);                    % 确定文件 ID
    C = textscan(fileID,'% f');                    % 扫描文件内容(signal 原始信号数据),注意 C 为结构体
    fclose(fileID);                                % 关文件
    app.signal = C{1};                            % 将 signal 信号数据赋值给 app.signal
```

```
        plot(app.UIAxes,app.signal);          % 将原始信号显示在 Signal 坐标区
        fft_function(app,app.signal,1);        % 调用计算频谱的函数,1 表示在 FFT Spectrum 中绘图

    end
```

【OK】按钮回调函数为:

```
function OK(app, event)
    if app.HammingButton.Value              % 若选 Hamming 窗,app.flag 赋值 0
        app.flag = 0;
    else                                     % 若选 Blackman 窗,app.flag 赋值 1
        app.flag = 1;
    end

    if app.LowpassButton.Value               % 若为低通,app.flag1 赋值 0
        app.flag1 = 0;
    elseif app.HighPassButton.Value          % 若为高通,app.flag1 赋值 1
        app.flag1 = 1;
    else                                     % 若为带通,app.flag1 赋值 2
        app.flag1 = 2;
    end

filterplot_filtersignal(app,app.LowFrequencyEditField.Value,app.HighFrequencyEditField.Val-
ue,app.FilterOrderEditField.Value);

    % 调用 filterplot_filtersignal 函数,参数为 app、低通频率 app.HighFrequencyEditField.Value、高通
    % 频率 app.HighFrequencyEditField.Value、滤波器阶数 FilterOrderEditField.Value

end
```

【Save】按钮的回调函数:

```
function save(app, event)
        file1 = app.FileNameEditField.Value;                    % 读取文件名
        filepath = fullfile(app.path,file1);                    % 获取完整路径
        dlmwrite(filepath,app.filtered_signal,'delimiter','');  % 保存滤波后的数据至新文件
end
```

程序运行结果如下:

① 单击【Open File】按钮,选中 signal 文件(signal. txt),使数据显示在 signal 坐标中,同时在 FFT Spectrum 显示 signal 频谱,如图 8.124 所示。

② 将滤波器默认参数(Hamming、Low - pass、Filter Order＝100、Low Frequency＝0.3、High Frequency＝0.7)修改为 Blackman、Band - pass、Filter Order＝40、Low Frequency＝0.2、High Frequency＝0.3,单击【OK】按钮,APP 运行结果如图 8.125 所示。

③ 在 File Name 输入文件名 filtered_siagnal. txt,该文件用于保存滤波后的信号,单击【Save File】按钮,滤波后的信号将保存在原始信号所在文件夹下,如图 8.126 所示。

④ 验证滤波信号是否正确,单击【Open File】按钮将 filtered_signal. txt 文件读入 APP,由图 8.127 可知 signal 仅保留了低频信号,说明滤波有效。

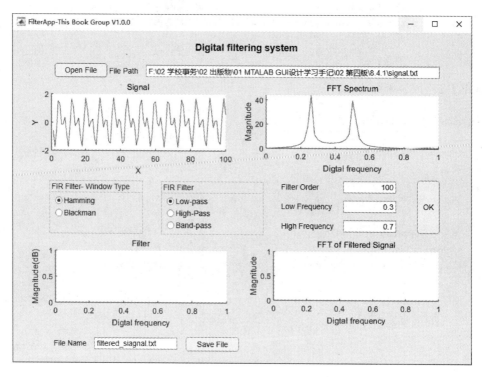

图 8.124　读入信号

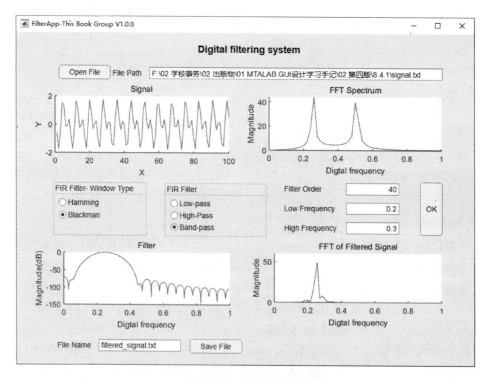

图 8.125　对信号滤波

图 8.126 原始信号 signal 与滤波后的信号 filtered signal

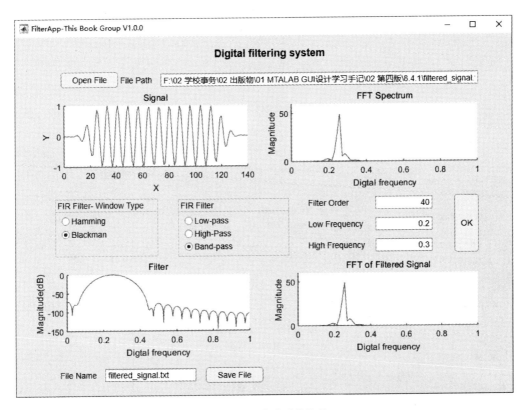

图 8.127 滤波后的信号

问题 36 如何使用 App Designer 设计数字图像处理器

随着计算机与数学的发展,数字图像处理在军事、工业和生物医疗等领域的应用需求快速增长。数字图像处理是利用计算机处理数字图像的过程,MATLAB 在数字图像处理中应用广泛,接下来以 App Designer 为工具,设计一个简易的数字图像处理 APP。

【例 8.4.2】 设计如图 8.128 所示的数字图像处理 APP。要求:

① 单击【Open】按钮选择并导入图片(支持 *.bmp; *.jpg; *.png 格式)至 Original image。

② 单击【Grey Scale】按钮,在 Processed image 中显示灰度图像。

③ 调节 Contrast 参数(默认值为 0.1、0.3),改变灰度增强效果。

④ 单击【Add Noise】按钮(或 Noise Type 选为 Pepper),在 Processed image 中显示加椒盐噪声后的图片。

⑤ 若 Noise Type 选为 Gaussian,则在 Processed image 中显示加高斯噪声后的图片。

⑥ 调节 Mean(高斯噪声均值,默认为 0)、Var(高斯噪声方差,默认为 0.01)参数,改变高斯加噪效果。

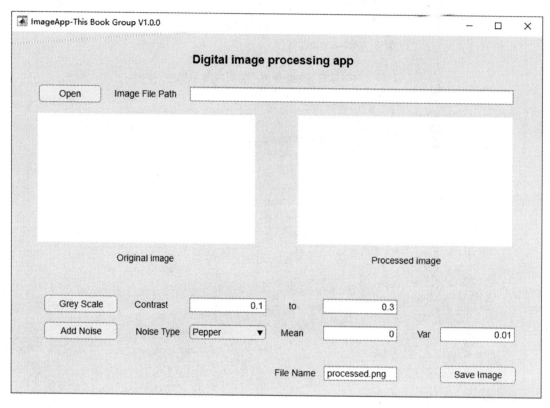

图 8.128　APP 界面

代码如下:

```
% ----------------------- 创建私有属性 -----------------------
    properties (Access = private)
        path_image;                          % 保存图片所在文件夹路径
        image_data;                          % 存储原始图片
        processed_image_data;                % 存储处理过后的图片
        grey_image;                          % 存储灰度图片
    end


% ----------------------- 创建私有函数 -----------------------
    methods (Access = private)

        % 函数 1:灰度转换
        function results = greyscale_fcn(app)
```

```
        app.grey_image = rgb2gray(app.image_data);    % 将原始 RGB 图像转换为灰度图像
        app.processed_image_data = app.grey_image;    % 将灰度图像赋值给 app.processed_image_data
        disp_processed_image_data_fcn(app);           % 在 processed image 显示灰度图像
    end

    % 函数 2:改变灰度增强效果
    function results = greyscale_contrast_fcn(app)
        compare_result = num_compare_fcn(app,app.ContrastEditField.Value,app.contrast-
        EditField_2.Value);

        % Contrast 第一个参数为 app.ContrastEditField.Value,第二个参数为 app.contrast-
        % EditField_2.Value,参数范围均为[0,1],且第一个参数需要小于第二个参数。调用
        % num_compare_fcn 函数进行参数有效性检验与修改

        app.ContrastEditField.Value = compare_result(1);    % 显示 num_compare_fcn 函数返回
                                                            % 的第一个参数
        app.contrastEditField_2.Value = compare_result(2);  % 显示 num_compare_fcn 函数返
                                                            % 回的第二个参数

        process_result = imadjust(app.grey_image,[compare_result(1),compare_result(2)],[]);
        % 图像灰度增强

        app.processed_image_data = process_result;    % 增强后的图像赋值为 app.processed_
                                                      % image_data
        disp_processed_image_data_fcn(app);           % 调用函数显示
    end

    % 函数 3:加噪函数
    function results = noise_add_fcn(app)
        if app.NoiseTypeDropDown.Value == "Pepper"    % 若选椒盐噪声
            process_result = imnoise(app.image_data,'salt & pepper');    % 对图像加椒盐噪声
        elseif app.NoiseTypeDropDown.Value == "Gaussian"    % 若选高斯噪声

            if app.VarEditField.Value <= 0                  % 判断高斯方差是否有效(大于 0)
                app.VarEditField.Value = 0.01;              % 若小于 0,自动替换为 0.01
            end

            process_result = imnoise(app.image_data,'gaussian',app.MeanEditField.Value,
            app.VarEditField.Value);                        % 对原始图像加高斯噪声

        end
        app.processed_image_data = process_result;    % 将加噪图片赋值为 app.processed_
                                                      % image_data
        disp_processed_image_data_fcn(app);           % 调用函数显示加噪图片
    end

    % 函数 4:图像显示函数
    function results = disp_processed_image_data_fcn(app)
        I = imshow(app.processed_image_data,'Parent',app.UIAxes_2,...
            'XData',[1 app.UIAxes_2.Position(3)],...
            'YData',[1 app.UIAxes_2.Position(4)]);
```

```
% 将(app.processed_image_data 显示在 Original image 中,'Parent',app.UIAxes_2 指明
% app.UIAxes_2 中显示图像。'XData', [1 app.UIAxes_2.Position(3)]指定 x 轴拉伸填充
% 范围,'YData', [1 app.UIAxes_2.Position(4)])指定 y 坐标轴拉伸填充范围

        app.UIAxes_2.XLim = [0 I.XData(2)];         % 限制坐标 x 轴范围
        app.UIAxes_2.YLim = [0 I.YData(2)];         % 限制坐标 y 轴范围

        title(app.UIAxes_2, []);                    % 不显示坐标 title
        xlabel(app.UIAxes_2, []);                   % 不显示坐标 xlabel
        ylabel(app.UIAxes_2, []);                   % 不显示坐标 ylabel
        app.UIAxes_2.XAxis.TickLabels = {};         % 不显示坐标 x 轴 TickLabels
        app.UIAxes_2.YAxis.TickLabels = {};         % 不显示坐标 y 轴 TickLabels
    end

    % 函数 5:参数有效性检验与参数修正
    function results = num_compare_fcn(app,a,b)
        if (a<0 || a>1)                             % 若输入参数 a 小于 0 或大于 1,参数无效
            a = 0;                                  % 将参数 a 修改为 0
        end
        if (b<0 || b>1)                             % 若输入参数 b 小于 0 或大于 1,参数无效
            b = 1;                                  % 将参数 b 修改为 1
        end
        if (a> = b)                                 % 若输入参数 a> = b,不满足条件 a<b

            if a == b                               % 若 a == b
                a = 0.1 + b;                        % a = 0.1 + b
            end
            t = a;                                  % 交换 a,b
            a = b;
            b = t;
        end
        results = [a b];                            % 输出有效的参数[a,b]

    end

end
```

【注意】　在函数 4 中使用了如下语句,其作用是使读入的图片以拉伸的方式填充坐标区。

```
function results = disp_processed_image_data_fcn(app)
    I = imshow(app.processed_image_data,'Parent',app.UIAxes_2,...
        'XData', [1 app.UIAxes_2.Position(3)], ...
        'YData', [1 app.UIAxes_2.Position(4)]);

    app.UIAxes_2.XLim = [0 I.XData(2)];
    app.UIAxes_2.YLim = [0 I.YData(2)];
```

不使用以上语句,坐标区的有效填充区随图像尺寸的不同而不同,影响 APP 界面美观。
各对象的回调函数为:

```matlab
function Open(app, event)                                % 【Open】按钮回调函数
    [file,app.path_image] = uigetfile({'*.bmp;*.jpg;*.png'});      % 获取文件路径、文件名
    filepath = fullfile(app.path_image,file);           % 生成文件完整路径

    app.ImageFilePathEditField.Value = filepath;        % 在 Image File Path 中显示路径

    app.image_data = imread(filepath);                  % 读原始图片
    I = imshow(app.image_data,'Parent',app.UIAxes,...   % 拉伸显示
        'XData', [1 app.UIAxes.Position(3)], ...
        'YData', [1 app.UIAxes.Position(4)]);

    app.UIAxes.XLim = [0 I.XData(2)];                   % 限制坐标轴范围
    app.UIAxes.YLim = [0 I.YData(2)];

    title(app.UIAxes, []);                              % 去除各类标签
    xlabel(app.UIAxes, []);
    ylabel(app.UIAxes, []);
    app.UIAxes.XAxis.TickLabels = {};
    app.UIAxes.YAxis.TickLabels = {};
end

function greyscale(app, event)                          % 【Grey Scale】按钮回调函数
    greyscale_fcn(app);
end

function grey_contra_1(app, event)                      % Contrast 第 1 个输入框回调函数
    greyscale_contrast_fcn(app);
end

function grey_contra_2(app, event)                      % Contrast 第 2 个输入框回调函数
    greyscale_contrast_fcn(app);
end

function addnoise(app, event)                           % 【Add Noise】按钮回调函数
    noise_add_fcn(app);
end

function noise_drop(app, event)                         % Noise Type 下拉框回调函数
    noise_add_fcn(app);
end

function mean(app, event)                               % Mean 输入框回调函数
    noise_add_fcn(app);
end

function var(app, event)                                % Var 输入框回调函数
    noise_add_fcn(app);
end

function save(app, event)                               % 【Save Image】按钮回调函数
    filepath = fullfile(app.path_image,app.FileNameEditField.Value);   % 文件保存路径
    imwrite(app.processed_image_data,filepath);         % 保存处理后的图片
end
```

若您对此书内容有任何疑问，可以登录MATLAB中文论坛与同行交流。

APP 运行结果如下：

① 单击【Open】按钮读入图片，单击【Grey Scale】按钮在 Processed image 中显示灰度图片。将 Contrast 修改为(0.2，0.8)后，APP 界面如图 8.129 所示。

图 8.129　APP 界面(图像灰度增强)

② 下拉 Noise Type，选择 Gaussian，将 Mean 设置为 0.05，Var 设置为 0.1，APP 界面如图 8.130 所示。

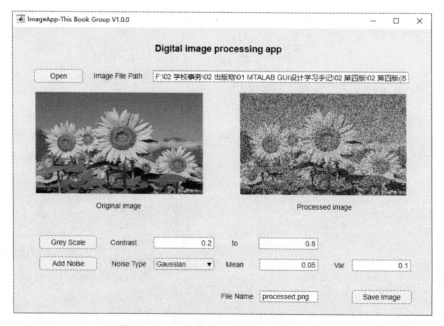

图 8.130　APP 界面(图像加入高斯噪声)

③ 单击【Save Image】按钮，在原始图像所在文件夹下保存处理过后的图像，如图 8.131 所示。

图 8.131　原始图像与处理过的图像

问题 37　如何采用纯代码创建 APP

8.2.9 节分析了 App Designer 代码结构。实际上,将代码视图内全部代码(包括不可编辑部分)拷贝至 * . m 脚本文件,运行脚本后也可创建相同的 APP。因此,即使脱离 App Designer 这一设计工具,以纯代码的方式也可创建 APP。

通用代码结构从上至下可拆分为以下几段,如表 8.19 所列。

表 8.19　代码结构

段　序	代　码	说　明
1	classdef app_name < matlab.apps.AppBase	a. 新建类 app_name(类名与 * . m 文件名一致); b. <表示类的继承,继承自 matlab. apps. App-Base 类
2	properties(Access = public) 　　% 添加所有的公共属性; end properties(Access = private) 　　% 添加所有的私有属性; end	a. 添加公共属性; b. 添加私有属性
3	methods (Access = public) 　　function results = public_func(app) 　　　　% 添加公共函数 　　end end methods (Access = private) 　　function results = Private_func(app) 　　　　% 添加私有函数 　　end end	a. 添加公共函数; b. 添加私有函数。 【注】　可添加多个公共、私有函数

段 序	代 码	说 明
| 4 | ```matlab
methods (Access = private)
    % 添加所有回调函数
end
``` | 添加对象的所有回调函数 |
| 5 | ```matlab
methods (Access = private)
    function createComponents(app)
    % 创建所有对象
    end
end
``` | 创建对象 |
| 6 | ```matlab
methods (Access = public)
    function app = app_name
        createComponents(app)
        registerApp(app, app.app_title)
        runStartupFcn(app, @startup_func_name)
        if nargout == 0
            clear app
        end
    end

    function delete(app)
        delete(app.app_title)
    end
end
``` | a. 调用 createComponents 函数创建所有对象；<br>b. 调用父类 registerApp 注册 APP；<br>c. 执行 APP 启动函数 runStartupFcn(可选)；<br>d. 若无输出参数，nargout＝0，清空 app |
| | end | |

下面利用纯代码方式创建一个简易的加法计算器。

【例 8.4.3】 采用纯代码方式创建加法计算器 APP。要求：在输入框 A、B 内输入数据，单击【SUM】按钮对 A、B 求和，求和结果显示在 C 中。

calc.m 脚本文件的代码如下：

```matlab
% ----------------------------- 段 1 -----------------------------
classdef calc < matlab.apps.AppBase        % 新建类 calc
% ----------------------------- 段 2 -----------------------------
    properties(Access = public)            % 创建公共属性,保存对象
        UIFigure          matlab.ui.Figure
        Button            matlab.ui.control.Button           % 求和按钮
        EditFieldLabel    matlab.ui.control.Label            % 对象标签
        EditField         matlab.ui.control.NumericEditField % 输入框 A
        EditField2Label   matlab.ui.control.Label            % 对象标签
        EditField2        matlab.ui.control.NumericEditField % 输入框 B
        EditField3Label   matlab.ui.control.Label            % 对象标签
        EditField3        matlab.ui.control.NumericEditField % 显示框 C
```

若您对此书内容有任何疑问，可以登录MATLAB中文论坛与同行交流。
```

```matlab
    end

    properties(Access = private)                    % 创建私有属性保存数据
        inputA;
        inputB;
        outputC;
    end
% ------------------------- 段 3 -------------------------
    methods (Access = private)                      % 创建私有函数,功能:加法计算
        function results = sum(app,paraA,paraB)
            app.outputC = paraA + paraB;
            results = app.outputC;
        end
    end

    methods (Access = private)                      % 创建第 2 个私有函数,显示结果
        function results = result_disp(app,paraResult)
            app.EditField3.Value = paraResult;
        end
    end

% ------------------------- 段 4 -------------------------
    methods (Access = private)                      % 添加【SUM】按钮回调函数
        function SumButton(app,event)
            app.inputA = app.EditField.Value;
            app.inputB = app.EditField2.Value;
            sum_result = sum(app,app.inputA,app.inputB);
            result_disp(app,sum_result);
        end
    end
% ------------------------- 段 5 -------------------------
    methods (Access = private)                      % 创建对象
        function createComponents(app)
            % 创建 UIFigure
            app.UIFigure = uifigure;
            app.UIFigure.Position = [100 100 432 164];
            app.UIFigure.Name = 'UI Figure';

            % 创建 Button
            app.Button = uibutton(app.UIFigure, 'push');
            app.Button.ButtonPushedFcn = createCallbackFcn(app, @SumButton, true);
            app.Button.FontSize = 14;
            app.Button.Position = [87 32 100 26];
            app.Button.Text = 'SUM';

            % 创建 EditFieldLabel
            app.EditFieldLabel = uilabel(app.UIFigure);
            app.EditFieldLabel.HorizontalAlignment = 'right';
            app.EditFieldLabel.FontSize = 14;
            app.EditFieldLabel.Position = [4 119 68 22];
            app.EditFieldLabel.Text = 'A';
```

```matlab
            % 创建 EditField
            app.EditField = uieditfield(app.UIFigure, 'numeric');
            app.EditField.FontSize = 14;
            app.EditField.Position = [87 119 100 22];

            % 创建 EditField2Label
            app.EditField2Label = uilabel(app.UIFigure);
            app.EditField2Label.HorizontalAlignment = 'right';
            app.EditField2Label.FontSize = 14;
            app.EditField2Label.Position = [172 119 76 22];
            app.EditField2Label.Text = 'B';

            % 创建 EditField2
            app.EditField2 = uieditfield(app.UIFigure, 'numeric');
            app.EditField2.FontSize = 14;
            app.EditField2.Position = [263 119 100 22];

            % 创建 EditField3Label
            app.EditField3Label = uilabel(app.UIFigure);
            app.EditField3Label.HorizontalAlignment = 'right';
            app.EditField3Label.FontSize = 14;
            app.EditField3Label.Position = [172 36 76 22];
            app.EditField3Label.Text = 'C';

            % 创建 EditField3
            app.EditField3 = uieditfield(app.UIFigure, 'numeric');
            app.EditField3.FontSize = 14;
            app.EditField3.Position = [263 36 100 22];
        end
    end

% ------------------------- 段 6 -------------------------
    methods (Access = public)
        function app = calc                            % app_name:app 文件的名称,见第 1 行
            createComponents(app)                      % 调用 createComponents 函数创建所有对象
            registerApp(app, app.UIFigure)             % 注册 APP
            % runStartupFcn(app, @startup_func_name)
                                                       % APP 启动函数(该 app 无须设置,注释该句)
            if nargout == 0                            % 若无输出参数
                clear app                              % 清空 app
            end
        end

        function delete(app)
            delete(app.UIFigure)                       % 删除 app
        end
    end
end
```

运行脚本文件,弹出 APP 界面。在 A、B 内分别输入 1、2,单击【SUM】按钮,运行结果如

图 8.132 所示。

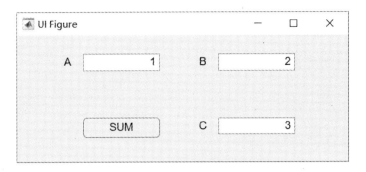

图 8.132 加法 APP

问题 38 如何将 GUIDE 创建的 APP 迁移至 App Designer

相较于 GUIDE，App Designer 作为新一代 APP 设计平台，它提供了：

① 增强的 UI 对象集与设计环境；

② 强大的程序编辑器与编程工作流；

③ 创建和共享应用程序的能力。

早期由 GUIDE 创建的 APP，推荐使用 GUIDE to App Designer Migration Tool for MATLAB 软件（可在 MATLAB 官网下载）迁移至 App Designer 进行再开发。

【例 8.4.4】 使用 GUIDE to App Designer Migration Tool for MATLAB 将 GUIDE 设计的 APP 迁移至 App Designer 进行再开发。GUIDE 创建的 APP 如图 8.133 所示，单击【Push Button】按钮，可在坐标区绘制正弦曲线。

迁移步骤如下：

① 如图 8.134 所示，使用 GUIDE 打开 ＊.fig 文件，单击 File→Migrate to App Designer，弹出如图 8.135 所示界面，单击【Migrate】按钮。

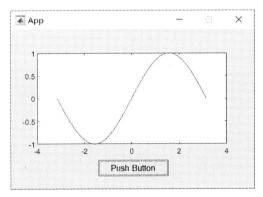

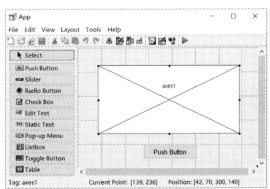

图 8.133 GUIDE 创建的 APP   图 8.134 使用 GUIDE 打开 ＊.fig 文件

529

【注】 若首次使用 GUIDE to App Designer Migration Tool for MATLAB 软件，单击 Migrate to App Designer 后会提示安装迁移软件，如图 8.136 所示，单击【Get Add-On】按钮后自动弹出安装界面。

在安装界面按要求输入 MathWorks 账户名与密码后，会弹出 MathWorks 辅助软件许可

协议，如图 8.137 所示，单击【I Accept】按钮。随后自动弹出安装界面，如图 8.138 所示。

图 8.135　迁移工具界面

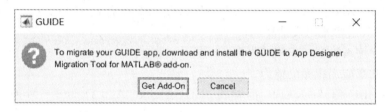

图 8.136　软件安装提示

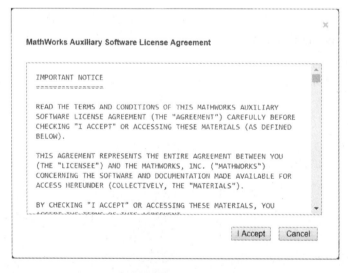

图 8.137　辅助软件许可协议

安装完成后，即可使用该迁移软件。

　　② 迁移完成后，App Designer 自动打开，如图 8.139 所示，对象布局区内即为完成迁移的 APP 界面。

　　同时，会自动弹出一份迁移报告，如图 8.140 所示。报告内会列出软件完成的具体迁移任务以及相应提示，根据提示检查或修改可能存在的问题。

　　③ 单击 RUN 运行 APP，运行结果如图 8.141 所示。

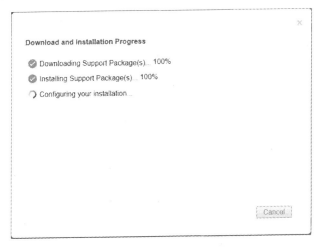

图 8.138 软件自动安装界面

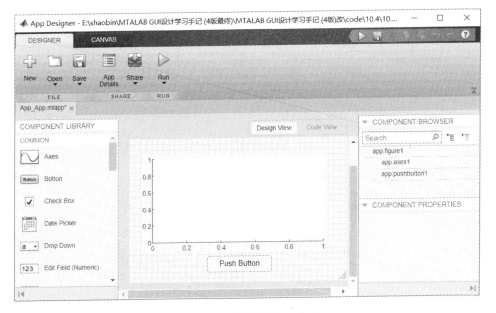

图 8.139 APP 迁移至 App Designer

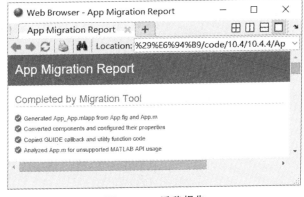

图 8.140 迁移报告

531

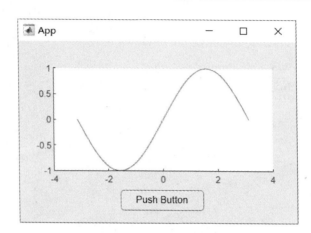

图 8.141　APP 运行结果

④ 对迁移好的 APP 进行再开发。在 App Designer 对象布局区添加数字编辑字段 A、B，分别控制正弦曲线的幅度与频率。将【Push Button】按钮的回调函数修改为：

```
function pushbutton1_Callback(app, event)
        a = app.AEditField.Value
        b = app.BEditField.Value
        x = - pi:0.01:pi;        % 定义 x 范围以及步长
        y = a * sin(b * x);      % 计算函数 y 值
        plot(app.axes1,x,y);
    end
```

运行 APP，界面如图 8.142 所示。

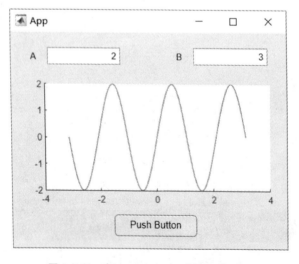

图 8.142　在 App Designer 内再开发 APP

MATLAB GUI 设计常用函数

函数/命令	函数说明	函数/命令	函数说明	函数/命令	函数说明
abs	绝对值	cat	连接数组	csvwrite	写逗号分隔的文件
acos	反余弦	cd	获取当前路径字符串	datacur-sormode	数据光标模式
acot	反余切	ceil	向正无穷取整	data	返回当前日期
actxcontrol	创建 ActiveX 控件	cell	创建单元数组	datenum	返回当前串行日期数
all	是否所有元素为真	cell2mat	单元数组转换为矩阵	datestr	转换日期为字符串
allchild	查找所有子对象	cell2struct	单元数组转换为结构体	deal	分配输入值给输出值
ancestor	查找父对象	celldisp	显示单元数组的内容	deblank	去掉字符串尾部空格
and	逻辑与	cellstr	字符数组转换单元数组	dec2base	十进制转换为 N 进制
angle	复数相位	char	转换为字符或字符串	dec2bin	十进制转换为二进制
annotation	创建注释对象	cla	清空当前坐标轴	dec2hex	十进制转换为十六进制
ans	最近生成的答案	clc	清空命令行	delete	删除文件或对象
any	是否所有元素为假	clear	清空工作空间	demo	查看产品演示
area	创建面(patch 对象)	clf	清空当前窗口	diag	创建对角矩阵
asin	反正弦	clipboard	复制、粘贴	dialog	创建普通对话框
atan	反正切	clock	返回当前时间为向量	diary	保存命令行记录
axes	创建坐标轴对象	close	删除指定的窗口	diff	相邻元素的差
axis	坐标轴的坐标范围	closereq	默认的窗口关闭函数	dir	当前目录的文件列表
bar	条状图(patch 对象)	colormap	获取/设置颜色映像值	disp	显示字符串到命令行
base2dec	N 进制转换为十进制	comet	2-D 数据轨迹绘图	dlmread	读数值数据到矩阵
beep	产生蜂鸣声	compass	绘制带指针的圆盘	dlmwrite	写矩阵为 ASCII 文件
bitand	位与	complex	创建复数	doc	显示帮助信息
bitcmp	位非	conj	复共轭	dot	矢量点积
bitget	访问位	continue	执行下一次循环	double	转换为双精度值
bitor	位或	conv	卷积;多项式乘法	drawnow	重绘窗口
bitset	设置位	copyobj	复制对象及其子对象	echo	回显执行的 M 文件
bitshift	移位	corrcoef	相关系数	eps	相邻最大的浮点数
bitxor	位异或	cos	余弦	error	显示错误信息
blanks	创建空格字符串	cot	余切	errordlg	错误提示对话框
box	设置坐标轴边框	cross	矢量叉积	eval	执行字符串
break	跳出 for 或 while 循环	csvread	读逗号分隔的文件	exist	变量/函数是否被定义

函数说明		函数/命令	函数说明	函数/命令	函数说明
exp	指数函数	gcbf	执行对象回调的窗口	intmax	可获得的最大整数值
eye	创建单位矩阵	gcbo	执行回调的对象句柄	intmin	可获得的最小整数值
ezplot	函数绘图	gcf	返回当前窗口的句柄	isa	数据是否为指定类别
factor	因式分解	gco	返回当前对象的句柄	isappdata	是否存在该应用数据
factorial	阶乘	genvarname	由字符串组建变量名	iscell	输入是否为单元数组
false	返回逻辑假	get	获取对象的属性	iscellstr	判断字符串单元数组
fclose	关闭打开的文件	getappdata	获取应用数据的值	ischar	输入是否为字符数组
feof	判断是否到达文件尾	ginput	获取输入点坐标	iscom	是否为 COM 对象
feval	执行函数	global	定义全局变量	isdir	检查输入是否为路径
fgetl	读一行字符串	grid	设置坐标轴的网格	isempty	检查数组是否为空
fgets	读一行字符串带换行	gtext	用鼠标放置文本	isequal	检查数组是否等价
fieldnames	返回结构体的域名	guidata	存储和更新 GUI 数据	isfield	是否为结构体的字段
figure	创建窗口对象	guide	打开 GUIDE	isfinite	查找值为有限的元素
find	返回非零元素的下标	guihandles	创建 handles 结构体	isfloat	输入是否为浮点数组
findall	指定属性的所有对象	help	查找函数的帮助信息	isglobal	输入是否为全局变量
findobj	查找指定属性的对象	helpdlg	创建帮助对话框	ishandle	输入是否为图形句柄
findstr	查找短的字符串	hex2dec	十六进制转换为十进制	ishold	返回当前 hold 状态
fix	向 0 取整	hex2num	十六进制转换为双精度	isinf	查找值为无限的元素
fliplr	左右翻转矩阵	hggroup	创建组对象	isinteger	输入是否为整数数组
flipud	上下翻转矩阵	hist	直方图	iskey-word	输入是否为关键字
floor	向负无穷大取整	hold	设置坐标轴 hold 状态	isletter	数组元素是否为字母
fopen	打开文件/串口	horzcat	水平连接数组	islogical	输入是否为逻辑数组
format	设置输出的显示格式	imag	获得复数的虚部	isnan	查找数组的非数元素
fprintf	写文本到文件/串口	image	显示图像对象	isnumeric	输入是否为数值数组
fread	从文件/串口读二进制	imfinfo	获得图片的信息	isprop	输入是否为对象属性
frewind	重置文件位置指针	imread	读图片为图像数据	isreal	所有元素是否为实数
fscanf	从文件/串口读文本	imwrite	写图像数据到图片	isscalar	检查输入是否为标量
fseek	设置文件位置指针	Inf	无穷大	issorted	元素是否按顺序排列
ftell	定位文件位置指针	input	请求用户输入	isspace	查找字符串中的空格
func2str	函数句柄提取函数名	inputdlg	创建输入对话框	isstr	输入是否为字符数组
function	定义一个函数	inputname	函数输入的变量名	isstrprop	字符串是否为该类别
functions	返回函数句柄的信息	instrfind	从内存查找串口对象	isstruct	输入是否为结构数组
fwrite	写二进制到文件/串口	int2str	整数转换为字符串	isvalid	串口/定时器是否有效
gca	返回当前坐标轴句柄	int8/int16	转换为带符号整数	isvarname	检查输入是否为变量

若您对此书内容有任何疑问，可以登录 MATLAB 中文论坛与同行交流。

续表

函数/命令	函数说明	函数/命令	函数说明	函数/命令	函数说明
isvector	检查输入是否为向量	ndims	返回数组的维数	regexptranslate	特殊字符的正则匹配
keyboard	等待键盘输入	ne	测试元素是否相等	repmat	扩展数组
lasterr	最后返回的错误信息	nnz	返回非零元素的个数	reset	重设对象属性为默认
lasterror	最后返回的错误信息	nonzeros	返回一列非零元素	reshape	重塑矩阵形状
lastwarn	最后返回的警告信息	norm	向量和矩阵的范数	rmappdata	移除应用数据
legend	图形的标注	not	逻辑非	rmfield	移除结构体的字段
length	向量的长度	now	返回当前日期和时间	round	四舍五入
light	创建光对象	num2cell	数值转换为单元数组	save	变量存储到磁盘
line	创建线对象	num2hex	数值转换为十六进制	saveas	窗口/模型保存为图片
listdlg	创建列表对话框	num2str	数值转换为字符串	serial	创建串口对象
load	从磁盘加载变量	numel	返回数组元素的个数	set	设置对象属性
log	自然对数	nzmax	返回非零元素的个数	setappdata	设置应用数据
log10	以 10 为底的对数	open	根据后缀名打开文件	sign	Signum 函数
log1p	求表达式 ln(1+x)的值	openfig	打开或创建 fig 文件	sin	正弦函数
log2	以 2 为底的对数	or	逻辑或	single	转换为单精度浮点数
logical	数值转换为逻辑量	pack	整理内存	size	数组的维数
lookfor	查找关键字	pagesetupdlg	页面设置对话框	sort	数组元素排序
lower	将字符串转换为小写	pan	拖拽当前窗口	sqrt	开方
mat2cell	矩阵拆分成单元数组	patch	创建块对象	sscanf	按指定格式读字符串
mat2str	矩阵转换为字符串	pcode	生成 P 文件	start	运行定时器
max	返回数组的最大元素	pi	圆周率	startat	指定时刻运行定时器
mean	返回数组的平均值	plot	2-D 绘图	std	标准差
median	返回数组的中值	print	创建硬拷贝输出	stem	绘制离散序列数据
menu	创建菜单选择对话框	printdlg	创建打印对话框	stop	停止定时器
mfilename	正运行的 M 文件名	questdlg	创建提问对话框	stopasync	停止异步读写
min	返回数组的最小元素	quit	退出当前 MATLAB	str2double	字符串转换为双精度值
mod	求模	rand	均匀分布	str2func	创建函数句柄
namelengthmax	支持的最长变量名	randn	正态分布	str2mat	字符串序列转换为矩阵
		readasync	异步读	str2num	字符串转换为数值
NaN	非数	real	返回复数的实部	strcat	字符串横向连接
nargchk	检查输入参数个数	rectangle	创建矩形对象	strcmp	字符串比较
nargin	输入参数的个数	regexp	正则匹配,大小写敏感	strcmpi	比较前 n 个字符
nargout	输出参数的个数	regexpi	正则匹配,大小写不敏感	strfind	查找字符串
nargoutchk	检查输出参数的个数	regexprep	正则匹配与替换	strmatch	匹配字符串

续表

函数/命令	函数说明	函数/命令	函数说明	函数/命令	函数说明
strncmp	比较前 n 个字符	timerfindall	查找所有定时器	uitoggletool	创建工具栏切换按钮
strjoin	连接字符串	title	设置坐标轴的标题	uitoolbar	创建工具栏对象
strncmpi	比较前 n 个字符	true	逻辑真	upper	字符串转换为大写
strread	按指定格式读字符串	type	显示文件内容	view	转换视角
struct	创建结构体	uibuttongroup	创建按钮组对象	wait	等待定时器停止运行
strvcat	字符串纵向连接	uicontextmenu	创建右键菜单对象	waitbar	创建进度条对象
subplot	创建子坐标轴	uicontrol	创建 UiControl 对象	waitforbuttonpress	等待键盘或鼠标动作
sum	数组元素求和	uigetdir	创建路径选择对话框	warndlg	创建警告对话框
surface	创建曲面对象	uigetfile	创建文件打开对话框	weekday	返回当前的星期
tan	正切	uimenu	创建菜单对象或选项	which	查找函数和文件
texlabel	字符串转为 TEX 格式	uipanel	创建面板对象	xlabel	设置坐标轴 X 轴标签
text	创建文本对象	uipushtool	创建工具栏按钮	xlim	设置坐标轴 X 轴范围
textread	从文本文件读数据	uiputfile	创建文件保存对话框	xlsinfo	是否包含 EXCEL 页
textscan	从文本文件读数据	uiwait	等待窗口对象被删除	xlsread	读 EXCEL 文件
tic	启动计时	uiresume	继续程序的执行	xlswrite	写 EXCEL 文件
toc	停止计时	uisetcolor	创建颜色设置对话框	xor	逻辑异或
timer	创建定时器对象	uisetfont	创建字体设置对话框	zeros	创建全 0 数组
timerfind	查找定时器	uistack	设置对象堆放顺序	zoom	放大或缩小

若您对此书内容有任何疑问，可以登录MATLAB中文论坛与同行交流。